資料結構與演算法：使用 JAVA (第六版)

Data Structures and Algorithms in Java, 6th Edition
International Student Version

Michael T. Goodrich、Roberto Tamassia、

Michael H. Goldwasser 原著

佘步雲　編譯・林志浩　審閱

WILEY

全華圖書股份有限公司

國家圖書館出版品預行編目資料

資料結構與演算法：使用 JAVA / Michael T. Goodrich,
Roberto Tamassia, Michael H. Goldwasser 原著；佘
步雲編譯. -- 六版. -- 新北市：全華圖書, 2017.12
　　面；　公分
譯自：Data structures and algorithms in Java, 6th ed.
ISBN 978-986-463-709-6(平裝)

1.資料結構　2.演算法　3.Java(電腦程式語言)

312.73　　　　　　　　　　　　　106021996

資料結構與演算法：使用 JAVA(第六版)
Data Structures and Algorithms in Java, 6th Edition
International Student Version

原著 / Michael T. Goodrich、Roberto Tamassia、Michael H. Goldwasser

作者 / 佘步雲　編譯・林志浩　審閱

執行編輯 / 王詩蕙

封面設計 / 楊昭琅

發行人 / 陳本源

出版者 / 全華圖書股份有限公司

郵政帳號 / 0100836-1 號

圖書編號 / 0596902

六版三刷 / 2024 年 9 月

定價 / 新台幣 690 元

ISBN / 978-986-463-709-6(平裝)

全華圖書 / www.chwa.com.tw

全華網路書店 Open Tech / www.opentech.com.tw

若您對書籍內容、排版印刷有任何問題，歡迎來信指導 book@chwa.com.tw

臺北總公司(北區營業處)
地址：23671 新北市土城區忠義路 21 號
電話：(02) 2262-5666
傳真：(02) 6637-3695、6637-3696

南區營業處
地址：80769 高雄市三民區應安街 12 號
電話：(07) 381-1377
傳真：(07) 862-5562

中區營業處
地址：40256 臺中市南區樹義一巷 26 號
電話：(04) 2261-8485
傳真：(04) 3600-9806(高中職)
　　　(04) 3601-8600(大專)

版權所有・翻印必究

第六版序言

本書「資料結構與演算法：使用 JAVA」介紹資料結構和演算法，包括其設計、分析和實作。第六版的主要變化包括：

- 重新設計了整個程式庫，以增加示範程式的清晰度和一致性，包括 Java 7 中引入的型態推論（type inference），當對泛型實例化時減少混亂。

- 增加 38 個新的圖片，重新設計了 144 個圖片。

- 將習題分為加強題、創新題和專案題。但是，對不同的題型不會重新編號，從而避免可能的誤導，如 R-7.5、C-7.5、P-7.5。

- 介紹性章節包含其他類別和繼承的範例，增加對 Java 泛型架構的討論，並擴大覆蓋在資料結構範圍中的物件複製和等價性測試。

- 以新的篇章介紹遞迴，全面統合之前在第五版中第 3 章、第 4 章和第 9 章涵蓋的範圍，並介紹新的方法，使用遞迴處理文件系統。

- 對 Java 的 StringBuilder 和相對的重複串聯字串的效率，提供了新的實證研究，然後對分期攤銷效能提出理論基礎。

- 對迭代器的提出更多的討論，惰性迭代器和快照迭代器兩者形成鮮明對比，並舉例說明使用各種資料結構實作這兩種迭代器。

- 在提供常用介面的多個實作時，增加了抽象類別的使用，以減少多餘的程式碼，使用嵌套的巢狀類別為資料結構提供更大的封裝性。

- 為範圍搜索查詢（range-search queries）增進一些新的內容。

- 為許多資料結構和演算法提供了完整的 Java 實作，在早期版本中這些只用虛擬程式碼來描述。這些新的實作包括以陣列和鏈結串列來實作佇列、基於堆積的適應性優先佇列、自下而上的堆積建構、具有單獨鏈接或線性探測的雜湊表、伸展樹、使用動態規劃計算解最長共同序列（longest common subsequence）問題、具有路徑壓縮的聯合查找資料結構、圖的廣度優先搜索、使用 Floyd-Warshall 演算法計算圖的遞移封閉包、DAG 的拓撲分類和使用 Prim-Jarník 和 Kruskal 的演算法計算最小伸展樹。

先修課程

假設讀者至少大略熟悉高級程式語言，如 C、C++、Python 或 Java，並理解這類高級語言的主要結構，包括：

- 變數和運算式
- 方法（也稱爲含式或程序）
- 決策結構（如 if 敘述和 switch 敘述）
- 循環結構（for 迴圈和 while 迴圈）

對於熟悉這些概念但不知道如何以 Java 實作的讀者，我們在第 1 章中提供了 Java 語言的介紹。本書主要是一本資料結構書，而不是一本 Java 專書；因此，沒有提供 Java 的完整內容。不過，我們不認爲讀者必須熟悉物件導向的設計或者鏈結的結構，譬如串列，這些主題在本書的核心章節中會有所描述。

在數學背景方面，假設讀者稍微熟悉高中數學題材。即使如此，在第四章中，仍討論演算法分析的七個最重要的函數。其實除了這七個函數之外，其餘都被認爲是可選的，並且以星號（★）表示。

線上資源（此處指購買原文書的讀者）

這本書伴有著廣泛的線上資源，可在以下網站找到：

www.wiley.com/go/global/goodrich

該網站包含一系列教育輔助工具，有助學生和老師對本書內容的理解。對於使用本書的學生，提供以下資源：

- 提供本書中所有的 Java 程式原始碼
- 附錄有常用的數學定理
- PowerPoint 投影片的 PDF 稿（每頁四張）
- 學習指南，提示練習，按問題索引編號

對於使用本書的教師，提供以下額外的教學輔助：

- 本書數以百計習題的詳解
- 書中所有彩色版本的插圖
- 以 PowerPoint 和 PDF 格式製作的投影片（每頁一張）

投影片是完全可編輯的，以便老師能夠充分自由地使用本書，並依需求製作適合學生學習的內容。

使用本書做為教科書

高效能資料結構的設計和分析，早已被公認為是計算領域的核心課題。我們認為，資料結構設計與分析在教學課程扮演中心角色是很適當的，因為在大部份的軟體系統中，資料結構的效率非常重要，包括 Web、作業系統、資料庫、編譯器以及科學模擬系統。

本書主要用於初級資料結構課程，或演算法課程的中級課程。各章節的組織安排依循教學路徑，從 Java 的基礎程式和物件導向設計開始討論具體的結構，如陣列和鏈結串列，以及演算法分析和遞迴等基礎技術。在本書的主要內容在基本的資料結構和演算法，最後，以記憶體管理的討論做個總結，結束本書內容。後面有本書內容的詳細目錄。

為協助教師設計 IEEE / ACM 2013 計算領域課程，下表列出 IEEE / ACM 2013 計算課程知識單元與本書內容的對照表。表中使用的縮寫，其全名與中文意義列示於下：

- AL：Algorithms and Complexity（演算法與複雜度）
- AR：Architecture and Organization（架構與組織）
- DS：Discrete Structures（離散結構）
- PL：Programming Languages（程式語言）
- SDF：Software Development Fundamentals（軟體開發基礎）
- SE：Software Engineering（軟體工程）

IEEE/ACM 2013 知識單元	本書相關章節
AL / 基本分析	第 4 章和第 5.2、13.1.4 節
AL / 演算法策略	第 5.3.3、13.1.1、12.2.1、12.4.2、12.5、14.6.2、14.7 節
AL / 基礎資料結構和演算法	第 3.1.2、5.1.3、9.3、9.4.1、10.2、11.1、12.2 節和第 13、14 章
AL / 高級資料結構	第 7.2.1、10.4、11.2-11.5、13.2.1、12.3、14.5.1、15.3 節
AR / 記憶體統組織和結構	第 15 章
DS / 集合、關係和函數	第 9.2.2、10.5 節
DS / 技術證明	第 4.4、5.2、7.2.3、9.3.4、13.3.1 節
DS / 計數基礎	第 2.2.3、6.2.2、8.2.2、13.1.4 節
DS / 圖和樹	第 8、14 章
DS / 離散機率	第 3.1.3、10.2、10.4.2、13.2.1 節
PL / 物件導向程式設計	第 2 章和第 7.3、9.5.1、11.2.1 節
SDF / 演算法和設計	第 2.1、4.3、13.1.1 節
SDF / 基礎程式設計概念	第 1、5 章
SDF / 基礎資料結構	第 3、6 章和第 1.3、9.1、10.1 節
SDF / 發展方法	第 1.8、2.4 節
SE / 軟體設計部分	第 2.1 節

ACM 2013 計算課程知識單元與本書內容的對照表

關於作者

Michael Goodrich 於 1987 年在普渡大學計算機科學系取得博士學位。目前是加州大學爾灣分校計算機科學系的資深教授。之前，他在約翰斯教授霍普金斯大學擔任教授。是富布萊特學和美國科學進步協會（AAAS）、計算機協會（ACM）、電機電子工程師學會（IEEE）的院士。也是 IEEE 計算機學會技術成就獎、ACM 認可服務獎、本科教學卓越獎的獲獎者。

　　Roberto Tamassia 於 1988 年在伊利諾斯大學香檳分校電機與計算機工程系取得博士學位。是 Plastech 計算機科學系教授和布朗大學計算機科學系主任、也是布朗幾何中心的主任。研究領域包括資訊安全、密碼學、分析、演算法設計和實作、圖形繪圖和幾何運算。他是美國科學進步協會（AAAS）、計算機協會（ACM）和電機電子工程師學會（IEEE）的院士。曾獲得 IEEE 計算機社群技術成就獎。

　　Michael Goldwasser 於 1997 年在史丹佛大學計算機科學系取得博士學位。目前是聖路易斯大學數學和計算機科學系教授。之前是芝加哥洛約拉大學計算機科學系教師。研究領域集中在演算法設計與執行，已出版有關近似演算法的書籍、線上計算、計算生物學和計算幾何。也積極參與計算機科學教學社群的活動。

推薦以下作者的書籍

- Di Battista, Eades, Tamassia, and Tollis, Graph Drawing, Prentice Hall
- Goodrich, Tamassia, and Goldwasser, Data Structures and Algorithms in Python, Wiley
- Goodrich, Tamassia, and Mount, Data Structures and Algorithms in C++, Wiley
- Goodrich and Tamassia, Algorithm Design: Foundations, Analysis, and Internet Examples, Wiley
- Goodrich and Tamassia, Introduction to Computer Security, Addison-Wesley
- Goldwasser and Letscher, Object-Oriented Programming in Python, Prentice Hall

致謝

有許多人在過去十年中為本書的出版做出貢獻，以致於很難將他們姓名全部列出，我們要重申對他們的感謝。也要感謝許多研究合作者和教學助理，對之前版本提出的各項深入教學建議，為本書的改版提供最好的依據。這些建議對本書的貢獻轉化為本書的優質內容。

　　對於第六版，我們感謝外部審稿人員和讀者們的評論，他們透過電子郵件提出建議和一些具建設性的批評，因此，我們感謝以下人士：Sameer O. Abufardeh（北達科他州立大學）、Mary Boelk（馬凱特大學）、Frederick Crabbe（美國海軍學院、Scot Drysdale（達特茅斯學院）、David Eisner、Henry A. Etlinger（羅切斯特理工學院）、Chun-Hsi Huang（康乃迪克州立大學）、John Lasseter（霍巴特和威廉史密斯學院）、Yupeng Lin, Suely Oliveira（愛荷華大學）、Vincent van Oostrom（烏得勒支大學）、Justus Piater（因斯布魯克大學）、Victor I. Shtern（波士頓大學）、Tim Soethout 和一些其他的匿名評審員。

有一些朋友和同事對本書的詞彙用語做出建議。我們特別感謝 Erin Chambers、KarenGoodrich、David Letscher、David Mount、和 Ioannis Tollis 所提出具有有深刻見解的評論。此外，David Mount 為遞迴內容和幾個圖表的貢獻致上深深謝意。

感謝 Wiley 的精彩團隊，尤其是編輯 Beth LangGolub，因為從出書計畫的開始到結束，她一直懷抱極大的熱情予以支持；產品解決方案群組的編輯 Mary O'Sullivan 和 Ellen Keohane，執行計畫直到完成。由於我們的編排人員 Julie Kennedy 的細心與技巧，使本書的質量大大提升並引起關注。出版過程的最後幾個月由 Joyce Poh 和 Jessie Yeo 優雅地管理整個流程。

最後，我們要熱烈地感謝 Karen Goodrich、Isabel Cruz、SusanGoldwasser、Giuseppe Di Battista、Franco Preparata、Ioannis Tollis、和我們的父母，在本書的各個準備階段提供諮詢、鼓勵和支持這本書。Calista 和 Maya Goldwasser 對於書中的插圖的美觀和藝術提供卓越的建議。更重要的是感謝所有這些人的提醒，除了寫書之外，生活中還有一些事情存在。

Michael T. Goodrich
Roberto Tamassia
Michael H. Goldwasser

譯序

電腦是用來處理資料，至於怎麼處理，端賴程式設計，而程式和資料又必須先載入到記憶體，再移轉到 CPU 的暫存器才能做運算處理。記憶體在電腦中構成一記憶體階層，根據存取速度分類有暫存器、快取、內部記憶體、外部記憶體和儲存設備。因此，如何有效率地組織資料，就成了寫個 " 好 " 程式的重要關鍵。

在程式設計領域的學習地圖中，資料結構和演算法課程之前通常是高階語言程式設計，本書的書名是「資料結構與演算法：使用 JAVA」，最適用的當然是學習過 JAVA 程式的讀者，但由於資料結構概念的通用性，學過其他高階語言的讀者，也能看懂本書的內容。本書並未要求讀者精通 Java 程式語言，對 Java 涉入不深的讀者，先精讀前兩章，當中有 Java 程式和物件導向的基礎知識。

本書特色是著重各種資料結構的效能分析，每討論完一個資料結構，接著必定是效能分析，讀完本書，應能養成一個習慣：對整體程式做效能分析。這部分在第四章：分析工具，有詳細的介紹。用對資料結構，在處理中大型資料時，影響效能甚巨。

那是不是設計程式時，用到的資料結構都要自行設計？不是的。Java 標準的核心程式庫就提供些有用的資料結構如字串（String）、串列（List）、集合（Set）以及對應（Map）等。這些程式庫由 Java 專業人士完成，讀完本書，有能力選取適當結構，可使程式設計者加速解決特定問題，也能提升程式品質。在課本的 4.1 節舉了個簡單有趣的例子：字串連接。Java 可用 + 運算子，重複執行字串連接，若你了解程式庫的話，也可使用 Java StringBuilder 類別的 append 方法執行字串連接，但兩者效能差異之大，令人驚訝。若執行 1280 萬次字元串接，使用 StringBuilder 類別的 append 方法需時 135 毫秒，但直覺地用 + 運算元需時超過 3 天。比較程式可參看程式 4.2，完整比較結果列在表 4.1，效能差異的原因在 7.2.4 節說明。由此可知，即便你有精緻的程式邏輯，不一定就寫出有效能的程式。有時候，深入了解一些運算子和程式庫中一些類別的方法是用何種資料結構實作，也是很重要的。也許會問，用得到 1280 萬次串接嗎？想想 Google 搜尋吧！必定是錙銖必較，學習資料結構，對時間和空間，就是要錙銖必較。

本書貫穿物件導向精神，奉行物件導向設計的四個原則：封裝（Encapsulation）、Abstraction（抽象）、多型（Polymorphism）和繼承（Inheritence），為物件導向程式設計做了最佳示範。書中的每一個資料結構都定義一個抽象資料型態，在 Java 中以介面和抽象類別封裝實現。封裝目的是將資料處理程序做隱藏，然後以 accessor 方法取得資料，mutator 方法變更資料，在本書中每個 accessor 方法名稱通常含有 "get"，每個 mutator 方法通常含有 "set"。另外，每一章節所用到的物件導向設計模式（design pattern）在 2.1.3 節中有詳細描述。

物件導向設計的一個優點是軟體再利用，本書既奉行物件導向四原則，後續章節往往用到前面章節定義的 ADT（抽象資料型態），所以，本書以循序閱讀較為適合。文中範例至少用 Eclipse 親手執行一遍，看懂和實際執行是有差異的：魔鬼藏在細節裡。

　　本書的另一個特色：豐富的習題。這本書已是第六版，也就是作者已沉浸在資料結構與演算法十餘年，於書中內容可了解到作者研讀過大量各類資料結構與演算法書籍與文獻，那麼作者累積的經驗智慧在哪呢？答案是習題。書中講述的是基礎內容，深入的部分在習題。在 Java 領域工作的專業人士或在學學生，不要錯過這部分。

　　另值得一提的是作者在第 7.3 節引入 Position 這個概念，後續的章節延續使用。Position 是個 Java 介面，當中只有一個方法 getElement( )，返回儲存在此位置的元素。讀者讀到這一部分稍加留意，了解定義 Position 介面的目的。

　　最後，對幾個名詞翻譯做個說明。

- **Reference（參考）**：看到 reference 常讓人聯想到 C 的 pointer，本書將其翻譯為「參考」，有些書將其翻譯為參照、參用等。參考變數目的在存取物件，儲存的是物件位址，相關內容在 1.2.1 節有詳細說明。

- **Sentinel（標兵）**：講到一些資料結構如雙向鏈結串列時，在存取首尾兩端節點時，其程式碼和存取中間節點略有不同，為使程式簡潔保有一致性，在首尾兩端加入額外不儲存資料的虛擬節點，本書將其譯為「標兵」節點，書中看到標兵，指的就是用座標識首尾的節點。

- **Map（對應）**：Map 是一種資料結構，若都翻譯的話，講到 map 類別變成 "對應類別" 容易造成混淆，課文中提到 map 資料結構就不做翻譯，直接用 map。

佘步雲

2017.12

譯者簡介 佘步雲

現職：

匯德生物科技股份有限公司資訊顧問

學歷：

中山大學電機工程研究所計算機組博士

中正理工學院電子工程研究所碩士

經歷：

陸軍官校資訊中心主任

和春技術學院電算中心主任

稻江科技管理學院數位內容與管理系主任

審閱者序

資料結構是一門資訊相關領域的核心課程，舉凡各類程式設計學程與計算機科學系所都會開設此進階課程。資料結構引導讀者從程式設計能力開始、深入探討問題解析方式、闡述複雜度計算概念、分析各類資料結構之使用時機、並且進而探索演算法之效能優劣，其目的在於訓練讀者完整的軟體設計以及問題解決能力。簡言之，程式設計之優劣，取決於對問題的分析能力以及資料結構的規劃設計，誠為有志從事程式設計與軟體開發人員之必備技能。

　　本書作者之一 Michael T. Goodrich 教授是資訊領域的國際知名學者，任職於加州大學爾灣分校的計算機科學學系，多年來已出版許多資料結構、演算法、以及資訊安全相關書籍，其著作廣為許多世界知名大學所採用。此資料結構一書已歷經六版，在無數國際評論者以及讀者的大量建議與增修之下，已經趨於完美，是修習資料結構課程的必備寶典。

　　本人任教於中原大學資訊管理學系，多年來本人所開設的資料結構課程都採用此書為教科書，主要著眼於此書內容循循善誘並且前後連貫的精神。書籍內容編排得宜，能夠引導讀者從程式設計基本觀念出發，逐漸進入資訊科學領域殿堂。本書的最大特色，是本書的所有 Java 原始程式碼完整串連整本書籍，迥異於其他多數資料結構書籍採取章節獨立範例程式的形式，這樣的整體程式架構能夠讓讀者充分應用書中的各種範例程式，並建構屬於自己的大型應用程式。況且，由於本書多年來被許多國際知名大學採用，因此讀者在研習本書之後，能夠無縫接軌世界學術領域，達到培育國際級專業人才的最終使命。

林志浩 于中原大學
2017.12

審閱者簡介 林志浩

現職：

中原大學 資訊管理學系 副教授
中原大學 商學院 AACSB 國際認證辦公室 執行長
中原大學 雲端科技跨領域學分學程 召集人

學歷：

國立台灣大學 資訊管理學 博士
國立成功大學 資訊工程學 碩士

經歷：

加拿大 University of Waterloo 電機與電腦工程學系 訪問學者
加拿大 Ryerson University 電機與電腦工程學系 訪問學者
裕隆汽車集團 裕隆經管公司 專案顧問
中原大學 資訊管理學系 助理教授

目錄

Chapter 13 排序和選擇

Chapter 14 圖

Chapter 15 記憶體管理與範圍樹

Chapter 1

Java程式基礎
(Java Programming Basics)

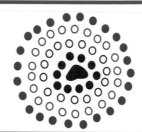

目錄

1.1 初步（Preliminaries）

若要建構資料結構與演算法，必須以詳細指令引導電腦執行。最佳方式便是採用高階電腦語言，如 Java。本章會簡單說明 Java 程式語言。我們假設讀者會使用某種現有高階語言。但本書不會完整探討 Java 語言。若語言中的某些函式與資料結構設計無關，則不予討論，如執行緒與 Socket 等。若讀者想深入了解 Java，請參閱本章末的後記。

我們從一個簡單的程式開始，它會在螢幕印出 "Hello Universe!"。圖 1.1 是本程式的分解圖。

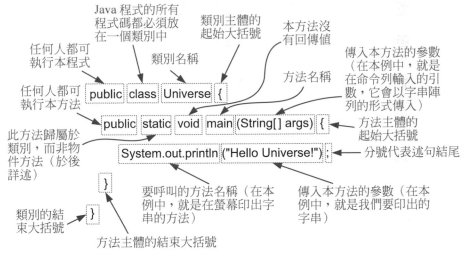

圖 1.1："Hello Universe!" 程式

在 Java 中，可執行敘述放在函式中，稱為**方法（*methods*）**，屬於**類別（*class*）**的定義。第一個例子中的 Universe 類別是非常簡單的；唯一的方法是一個名為 main 的靜態函式，這是在執行 Java 程式時第一個方法。用大括號 "{" 和 "}" 之間的敘述定義程式**區塊（*block*）**。注意整個 Universe 類別的定義也是由這種大括號劃界，正如 main 方法的主體。

保留字				
abstract	default	goto	package	synchronized
assert	do	if	private	this
boolean	double	implements	protected	throw
break	else	import	public	throws
byte	enum	instanceof	return	transient
case	extends	int	short	true
catch	false	interface	static	try
char	final	long	strictfp	void
class	finally	native	super	volatile
const	float	new	switch	while
continue	for	null		

表 1.1：Java 保留字列表。這些名稱不能用作類別、方法或變數名稱。

　　識別字（*identifier*）指的是 Java 中的類別名稱、變數名稱或方法名稱。識別字可以是任何字串，但必須以字母開頭，字串其餘部分由字母、數字和底線字元組成（其中"字母"和"數字"可以是 Unicode 定義的字元集）。我們在表 1.1 列出了 Java 識別字一般規則的例外，這些是 Java 的保留字，不可以用作識別字。

◉ 註解

除了可執行敘述和宣告，Java 允許程式工程師嵌入註解，註解是供人閱讀，不會被 Java 編譯器處理。Java 支援兩種註解格式：inline 註解和 block 註解。Java 使用 "//" 開始 inline 註解，忽略該行後面的所有內容。例如：

```
// This is an inline comment.
```

我們將刻意在本書中用灰色標記所有註解，避免與可執行的程式碼混淆。

　　雖然 inline 註解僅限於一行，但 Java 允許多行註解以區塊註解的形式出現。Java 使用"/*"開始區塊註解。例如：

```
/*
* This is a block comment.
*/
```

　　區塊註解以 "/**" 開頭（注意第二個星號）有一個特殊的目的，允許一個稱為 Javadoc 的程式讀取這些註解並自動產生軟體文件。在第 1.8.4 節將討論該語法並解釋 Javadoc 的註解。

1.1.1　基本型態（Base Types）

對於最常用的資料型態，Java 提供了以下八個**基本資料型態**（*base types*），也稱為**原生型態**（**primitive types**）：

boolean	boolean 值：true 或 false
char	16 位元 Unicode 字元
byte	8 位元帶正負號的二補數整數
short	16 位元帶正負號的二補數整數
int	32 位元帶正負號的二補數整數
long	64 位元帶正負號的二補數整數
float	32 位元浮點數（IEEE 754-1985）
double	64 位元浮點數（IEEE 754-1985）

具有這些資料型態的變數只儲存該型態的值。整數常數，如 14 或 195，型態為 **int**，若數值後緊跟 'L' 或 'l'，在這種情況下數值是 **long**。浮點常數，如 3.1416 或 6.022e23，是 **double** 型態，若數值後緊跟 'F' 或 'f'，這種情況下數值是 **float** 型態。程式 1.1 示範如何宣告變數，以及在某些情況下初始化各種基本型態的變數。

```
1   boolean flag = true;
2   boolean verbose, debug;              // two variables declared, but not yet initialized
3   char grade = 'A';
4   byte b = 12;
5   short s = 24;
6   int i, j, k = 257;                   // three variables declared; only k initialized
7   long l = 890L;                       // note the use of "L" here
8   float pi = 3.1416F;                  // note the use of "F" here
9   double e = 2.71828, a = 6.022e23;    // both variables are initialized
```

程式 1.1：幾個基本型態變數的宣告和初始化

注意，可以在單一敘述中宣告（和初始化）相同型態的多個變數，如範例程式的第 2、6 和 9 行。在這段程式中變數 verbose、debug、i 和 j 未初始化。宣告在一個程式區塊內的變數在它們首次使用之前必須先初始化。

Java 的一個好處是當基本型態變數被宣告為類別的實體時（參見下一節），如果沒有明確指定值，Java 確保以預設值做初始化。特別地，對所有數值型態都初始化為 0，布林值則被初始化為 false，字元預設初始化為空字元。

1.2　物件和類別（Objects and Classes）

在更複雜的 Java 程式中，主要的"角色"是 *objects*（物件）。每個 object 都是一個類別的 **instance**（**實體**，也可稱為實例），類別是物件的**資料型態**（*type*）並作為建構物件的藍圖。類別中定義了物件的資料以及存取和修改該資料的方法。Java 中類別的關鍵**成員**（*members*）如下：

- **實例變數**（*Instance variables*）：也稱為**欄位**，表示與類別物件相關的資料。實例變數必須有一個**型態**（*type*），可以是基本型態（如 **int**、**float** 或 **double**）或任何類別型態，類別型態又稱為**參考型態**（*reference type*），後面會解釋。
- **方法**（*Methods*）：Java 中的方法是一段可以被呼叫以執行操作的程式區塊（類似於其他高階語言的函式和程序）。方法可以接受參數（parameters），在程式執行過程，這些參數佔有記憶體，此時稱其為引數（arguments），因此可以說方法把參數當作引數來用。方法的行為取決於方法中的程式碼和傳遞進來的參數。一個方法若只是傳回資料給呼叫者，但不更改任何實例變數的內容，這個方法稱為**存取器方法**（*accessor method*）。一個方法若會更改一個或多個實例變數，這個方法稱為**更新方法**（*update method*）。

為了具體瞭解上述說明，程式 1.2 提供一個簡單類別的完整定義，名為 Counter，我們將在本節剩餘部分中使用本範例。

```
1   public class Counter {
2       private int count;                        // a simple integer instance variable
3       public Counter( ) { }                     // default constructor (count is 0)
4       public Counter(int initial) { count = initial; }   // an alternate constructor
5       public int getCount( ) { return count; }  // an accessor method
```

```
6       public void increment( ) { count++; }              // an update method
7       public void increment(int delta) { count += delta; }  // an update method
8       public void reset( ) { count = 0; }                // an update method
9   }
```

程式 1.2：一個名為 Counter 的簡單計數器類別，可用來查詢、增量和重置。

　　這個類別包括一個名為 count 的實體變數，宣告方式如前一頁所述，count 的預設值為零，除非另外對它做初始化。

　　Counter 類別共有六個方法：兩個稱為建構子的特殊方法（第 3 行和第 4 行），一個存取器方法（第 5 行）和三個更新方法（第 6-8 行）。和第 2 頁的 Universe 類別不同，程式 1.2 中的 Counter 類別沒有 main 方法，因此不能作為一個完整的程式來執行。Counter 類別用來在較大程式中建立物件實體。

1.2.1　建立和使用物件（Creating and Using Objects）

在探討 Counter 類別定義語法的複雜性之前，我們先描述如何建立和使用 Counter 實體。程式 1.3 提供了一個名為 CounterDemo 的新類別。

```
1   public class CounterDemo {
2     public static void main(String[ ] args) {
3       Counter c;                        // declares a variable; no counter yet constructed
4       c = new Counter( );               // constructs a counter; assigns its reference to c
5       c.increment( );                   // increases its value by one
6       c.increment(3);                   // increases its value by three more
7       int temp = c.getCount( );         // will be 4
8       c.reset( );                       // value becomes 0
9       Counter d = new Counter(5);       // declares and constructs a counter having value 5
10      d.increment( );                   // value becomes 6
11      Counter e = d;                    // assigns e to reference the same object as d
12      temp = e.getCount( );             // will be 6 (as e and d reference the same counter)
13      e.increment(2);                   // value of e (also known as d) becomes 8
14    }
15  }
```

程式 1.3：使用 Counter 實體的示範。

　　在 Java 中對於基本型態變數和類別型態變數的處理有一個重要的區別。在範例的第 3 行，一個新的變數 c 以下列語法宣告：

Counter c；

　　此敘述會建立名為 c 的識別字，c 是一個型態為 Counter 的變數，但尚未建立 Counter 實體。類別在 Java 中稱為**參考型態**（*reference types*），具有參考型態的變數（例如變數 c）被稱為**參考變數**（*reference variable*）。參考變數儲存的是類別物件的**記憶體位址**（*memory address*），物件的記憶體位址可稱為是此物件的參考。因此，我們可以將現有實體的位址設定給參考變數，這個行為也可稱為參考變數參考（refer）到實體。除了讓參考變數參考到現存實體，也可建立新的實體讓參考變數參考。參考變數可以儲存一個特殊的值，**null**，表示目前未參考到任何實體。此時，參考變數所佔用的記憶體未儲存任何實體物件的位址。

在 Java 中，通過使用 **new** 運算子，然後呼叫一個建構子來建立一個新的類別物件；建構子是一個和類別具有相同名稱的方法。**new** 運算子返回新建立物件實體的**參考**（*reference*）；返回的參考通常指派（assign）給變數以供進一步使用。

程式 1.3 的第 4 行建構一個新的 Counter 實體，並將其參考指派給變數 c。第 4 行敘述最重要的是建構子 Counter( )，建構子括號之間沒有參數，零參數建構子又稱為**預設建構子**（**default constructor**）。在第 9 行，我們使用一個參數形式的建構子建立另一個 Counter 實體。有了參數，我們就可為計數器指定一個非零的初始值。

建立類別新實體時會發生三件事：

- 動態配置記憶體給一個新物件，所有實體變數被初始化為標準預設值。參考變數預設值為 **null**，所有基本型態變數除了**布林**變數外初始值為 0（布林變數初始值為 **false**）。
- 使用指定的參數呼叫新物件的建構子。建構子中可以指派更有意義的值給實例變數，並執行任何額外的運算以便於建立物件。
- 建構子返回後，**new** 運算子返回一個參考（即一個記憶體位址）給新建立的物件。如果運算式是賦值形式的敘述，這個位址就會儲存在物件變數中，所以物件變數**參考**（*refers*）這個新建立的物件。

◉ 點運算子（The Dot Operator）

物件參考變數的主要用途之一，是可藉此存取這個物件的類別成員，物件是類別的一個實體。也就是說，一個物件參考變數對於存取物件的方法和變數是很有用的。存取物件成員是藉由用點（"."）運算子來執行。我們使用參考變數名稱來呼叫物件的方法，物件名稱後面跟隨一個點運算子，然後是方法名稱及其參數。例如，在程式 1.3 中，我們在第 5 行呼叫 c.increment( )，在第 6 行呼叫 c.increment(3)，在第 7 行呼叫 c.getCount( )，在第 8 行呼叫 c.reset( )。如果點運算子用於當前為 **null** 的參考，Java 執行時環境將拋出 NullPointerException 異常。

如果在類別的定義中有幾個方法具有相同名稱，則 Java 執行時系統會選擇與實際參數數量最為匹配的方法來執行。例如，我們的 Counter 類別支持兩個名為 increment 的方法：一個方法沒有參數，另一個同名方法有一個參數。Java 會對敘述做評估，以確定該呼叫哪個版本，例如 c.increment( ) 對 c.increment(3)。參數的數量和型態被稱為方法的**簽名**（*signature*），因為系統需要所有的資訊來確定該執行哪個方法。但是，請注意，Java 中方法的簽名不包括該方法返回的資料型態，因此 Java 不允許具有相同簽名的兩個方法返回不同的資料型態。

參考變數 v 可以被看作是某個物件 o 的 "指標"。這就好像該變數是用於控制新建立物件(設備)的遙控器。也就是說，變數可以指向物件並要求物件做事情或讓我們存取其資料。我們在圖 1.2 中闡述這個概念。使用遙控器類比的話，**null** 參考代表沒有遙控任何物件的遙控器。

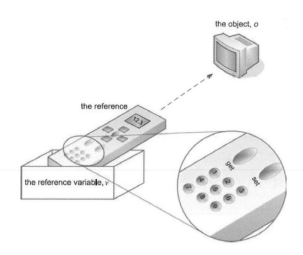

圖 1.2：說明物件和參考變數之間的關係。當我們將一個物件參考（即記憶體位址）指派
給一個參考變數時，就好像將該物件的遙控器儲存在該變數中一樣。

　　實際上，同一物件可以被許多參考變數所參考，每個特定物件的參考可以用來呼叫該物
件的方法。這種情況相當於用很多遙控器來遙控同一台設備。任何遙控器都可以用來對設備
進行控制（如改變電視上的頻道）。注意，如果使用一個遙控器更改設備，等同由所有遙控
器指向的（單個）物件都做了更改。同樣，如果一個物件參考變數用來更改物件的狀態，等
同所有該物件的參考都做了改變。這種行為來自於一個事實：即使有許多參考，但它們都指
向同一個物件。

　　回到 CounterDemo 例子，在第 9 行建立的實體為：

Counter d = **new** Counter（5）；

d 和 c 是不同的實體。然而，在第 11 行的敘述：

Counter e = d；

不會建立新的 Counter 實體。只是宣告一個新的參考變數，名為 e，並將 e 參考到目前
由 d 指向的 Counter 實體。執行完敘述，變數 d 和 e 都只是同一物件的別名，因此呼叫
d.getCount( ) 的行為和 e.getCount( ) 是一樣的。同樣，呼叫更新成員變數方法 e.increment(2)
也會影響到 d 所參考的同一物件。

　　有一點值得特別注意，兩個參考變數作為同一物件的別名並不是永久不變的。在任何時
間點，我們可以將參考變數重新參考到同型態的新實體，或指派為 **null**。

1.2.2　定義類別（Defining a Class）

到目前為止，我們已經提供了兩個簡單的類別定義：Universe 類別和 Counter 類別。類別的
核心定義在一對大括號"{"和"}"間的區塊程式內，其中包含類別成員的宣告，類別成員
有實例變數和方法。在本節中，我們將對 Java 中的類別定義進行更深入的研究。

修飾詞（Modifiers）

在 Java 中的類別、實體變數或方法的定義之前，可以放置稱爲**修飾詞**的關鍵字來傳達關於附加於該定義的規則。

◉ 存取控制修飾詞（Access Control Modifiers）

我們討論的第一組修飾詞稱爲**存取控制修飾詞**（*access control modifiers*），這一組修飾詞控制存取級別（也稱爲能見度：*visibility*），讓大型 Java 程式可將存取權授予給其他類別。在類別之間限制存取能力，目的在支援物件導向的一個關鍵原則：封裝（encapsulation，見第 2.1 節）。一般來說，不同的存取控制修飾詞及其意義如下：

- **public** 類別存取控制修飾詞：指定所有類別都可以存取 public 類別。例如，程式 1.2 的第 1 行敘述

  public class Counter {

  因此所有其他類別（如 CounterDemo）都允許建立 Counter 類別的新實體，以及宣告變數和 Counter 類型的參數。在 Java 中，每個 public 類別都必須定義在單獨的檔案中，檔案名稱是 *classname*.java，其中 "*classname*" 是類別的名稱（例如，定義 Counter 類別的檔案名稱是 Counter.java）。

  在方法前面加入 public 修飾詞，則可讓其他的任何類別呼叫該方法。例如，程式 1.2 的第 5 行

  public int getCount ( ) {**return** count; }

  正因爲 public 修飾詞，才讓 CounterDemo 類別可以呼叫 c.getCount()。

  如果類別的成員變數被宣告爲 public，任何其他類別中的程式若有參考變數參考到此類別的實體，只要在參考變數後面加上點運算子，就可直接存取此成員變數。例如，若 Counter 類別的成員變數 count 被宣告爲 public（目前不是），那麼 CounterDemo 可使用諸如 c.count 的語法讀取或修改該變數。

- **protected** 類別存取控制修飾詞：只將存取權限授權給下列類別：
  ◇ 經由繼承關係產生的**子類別**（*subclasses*）（第 2.2 節會討論繼承）。
  ◇ 和此類別屬於同一**套件**（*package*）的類別（第 1.7 節會討論套件）。

- **private** 類別存取控制修飾詞：只授權類別內的程式碼可存取 private 成員。譬如，類別內的方法才可以存取 private 變數。（如 getCount、increment 和 reset），但是其他類別如 CounterDemo 不能直接存取該欄位。當然，我們可以提供其他的 public 公共方法來授予外部類別可以執行一些結果存取當前 private 變數 count 值的程式。

- 最後，我們注意到如果沒有給定明確的存取控制修飾詞，則存取級別被定義爲 *package-private*。這允許在同一個套件中的類別（見第 1.7 節）有存取權，但對於其他套件中的的任何類別或子類別則禁止存取。

◉ **靜態修飾詞**（The **static** Modifier）

Java中的靜態修飾詞可用在類別的任何變數或方法宣告（或者巢狀類別，我們將在2.6節中介紹）。

當一個類別的變數宣告為 **static** 時，它的值與該類別的整體相關，而不是與該類別的每個單獨實體相關。static變數用來儲存關於該類別的"全局"資訊。（例如，一個static變數可以用來維護該類別已經建立實體的總數。）即使沒有類別的實體存在，靜態變數也是存在的。

當一個類別的方法宣告為 **static** 時，它也與類別本身相關聯，而不是與類別的特定實體相關聯。這意味著方法不使用類別的特定實體以點運算子來呼叫。而是使用類別名稱加上點運算子來呼叫。

例如，在java.lang套件中，它是標準Java的一部分，有一個Math類別提供了許多靜態方法，包括一個命名為sqrt的函式，用來計算數值的平方根。要計算平方根，你不需要建立Math類別的實體；該方法呼叫語法如Math.sqrt(2)，在點號前以類別名稱Math作為前置詞。

靜態方法可用於提供與類別相關的實用程式（utility），不需要在建立任何特定實體後才能執行相關的實用程式。

◉ **抽象修飾詞**（The **abstract** Modifier）

類別的方法可以被宣告為 **abstract**，在這種情況下只提供方法的簽名，但沒有方法的具體實現。抽象方法是一種物件導向程式設計結合繼承的一種機制，第2.3.3節會討論。簡而言之，任何帶有抽象方法的類別的子類別，預期會為每個抽象方法提供具體的實現。

具有一個或多個抽象方法的類別也必須正式宣告為 **abstract**，因為本質上有抽象方法的類別是不完整的（一個類別也可以宣告為抽象的，即使這個類別不含任何抽象方法）。結果是，Java將不允許對抽象類別建立任何實體，儘管參考變數可以用抽象型態來宣告。

◉ **final 修飾詞**（The final Modifier）

使用 **final** 修飾詞宣告的變數可以在宣告的同時初始化，但永遠不能再被更改。如果是基本型態，宣告的就是一個常數。如果一個參考變數是 **final**，那麼它總是參考到相同的物件（即使該物件改變其內部狀態）。如果一個類別的成員變數被宣告為 **final**，它通常也會被宣告為 **static**，因為若不宣告為static，則每個實體都儲存有相同的值，浪費記憶體空間。一個 **final** 變數的值可以由整個類別共享。

將方法或整個類別指定為 **final** 具有完全不同結果，final方法不能被子類別覆蓋，final類別則不能被繼承。

宣告實例變數（Declaring Instance Variables）

當定義一個類別後，我們可以宣告任意數量的實例變數（instance variables）。物件導向的一個重要原則是每個類別的實體維護自己的一組變數（實例變數）。譬如Counter類別，每個Counter實體將儲存自己的（獨立）count數值。

宣告一個類別的一個或多個實體變數的一般語法如下（括起部分是可選的）：

[*modifiers*] *type identifier*$_1$[=*initialValue*$_1$], *identifier*$_2$[=*initialValue*$_2$];

在 Counter 類別內，我們宣告

private int count；

其中 **private** 是修飾詞，**int** 是型態，count 是識別字。因為我們沒有設定初始值，基本型態整數預設的初始值是 0。

宣告方法（Declaring Methods）

方法的定義分成兩個部分：

- 簽名（*signature*）：用來定義方法的名稱和參數。
- 主體（*body*）：執行方法的程式碼。

方法的簽名指定如何呼叫方法，方法的主體程式指定方法被呼叫時將做什麼。定義方法的語法如下：

```
[modifiers] returnType methodName(type1 param1 , . . . , typen paramn) {
        // method body . . .
}
```

宣告的每一部分都有其重要的目的。我們已經討論了修飾詞的重要性，如 **public**、**private** 和 **static**。*returnType* 指定方法返回值的型態。*methodNam* 可以是任何有效的 Java 識別字。參數列表及其型態用來宣告區域變數，這些區域變數會傳遞給方法做為引數。每個型態可以是 Java 的任何資料型態名稱，每個參數可以是任何不同的 Java 識別字。這個參數列表和它們的型態可以為空，表示這個方法被呼叫時沒有要傳遞的值。這些參數變數和類別實例變數一樣，可以在方法的內部使用。同樣，這個類別的其他方法可以從方法的內部呼叫。

當呼叫類別的（非靜態）方法時，它是在類別的特定實體上被呼叫，可以更改該物件的狀態。例如，以下 Counter 類別的方法將計數器的值增加給定的量。

```
public void increment(int delta) {
    count += delta;
}
```

注意，方法主體使用一個實例變數 count，一個參數 delta。

◉ 返回型態（Return Types）

在方法的定義中必須指定返回值的型態。如果方法不返回值（與 Counter 類別的 increment 方法一樣），那麼必須使用關鍵字 **void**。要在 Java 中返回一個值，方法主體必須使用 **return** 關鍵字，之後跟著適當型態的返回值。一個方法範例（Counter 類別）返回型態是 nonvoid 的例子：

```
public int getCount( ) {
    return count;
}
```

　　Java 方法只能返回一個值。要在 Java 中返回多個值，我們應該將所有要返回的值合併成一個**複合物件**（***compound object***），物件的實體變數包括所有想要返回的值，然後返回該複合物件的參考。此外，我們可以改變傳遞給方法的物件內部狀態，作爲另一種"返回"多個結果的方法。

◉ **參數**（Parameters）

方法的參數列表定義在方法名稱後方的括號內，並用逗號分隔。參數由兩部分組成：參數型態和參數名稱。如果一個方法沒有參數，那麼只有一個空的括號對。

　　Java 中的所有參數都是以**值傳遞**（***passed by value***），即任何時候傳遞參數到一個方法，在方法主體內使用的是參數的副本。所以如果我們傳遞一個 int 變數到一個方法，那麼該變數的整數值被複製。該方法可以更改副本，但不會變更到原先傳遞的值。如果我們傳遞一個物件參考作爲方法的參數，那麼也會複製參考。記住我們可以有許多不同的變數，所有變數都指向同一個物件。在方法內的內部重新指派參考變數不會改變傳入的參考。

　　爲了便於示範，假設以下兩種方法可添加到任意類別（如 CounterDemo）。

```
public static void badReset(Counter c) {
    c = new Counter( );          // reassigns local name c to a new counter
}

public static void goodReset(Counter c) {
    c.reset( );                  // resets the counter sent by the caller
}
```

現在假設變數 strikes 參考到現有 Counter 實體，目前的值爲 3。

　　如果我們呼叫 badReset(strikes)，這對原先 strikes 變數參考的 Counter 實體沒有任何影響。badReset 方法的主體重新指派（local）參數變數 c，讓 c 參考到新建立的 Counter 實體；但這不會改變由呼叫者所傳遞的參數（即，strikes）。

　　但是，如果我們呼叫 goodReset(strikes)，這的確會讓呼叫者的計數器返回到零值。這是因爲變數 c 和 strikes 都是參考同一個 Counter 實體的參考變數。所以當呼叫 c.reset( ) 時，和呼叫 strikes.reset( ) 的效果是一樣的。

定義建構子（Defining Constructors）

建構子是一種特殊型態的方法，用來對新建立的類別實體做初始化，以便讓新建的實體處於一致且穩定的初始狀態。這通常是透過將每個實例變數初始化來完成（除非預設值就足夠了），雖然建構子可以執行更複雜計算。在 Java 中宣告建構子的一般語法如下：

```
modifiers name(type0 parameter0 , . . . , typen-1 parametern-1) {
    // constructor body . . .
}
```

定義建構子和定義類別方法非常相似，但是仍有幾個重要的區別：

1.　建構子不能是 **static**、**abstract** 或 **final**，所以唯一的修飾詞是那些影響能見度的存取修飾詞（即 **public**、**protected**、**private**，或預設的套件 - 層級 package-level 能見度）。

2. 建構子的名稱必須與類別的名稱相同。例如，當定義 Counter 類別時，建構子必須命名為 Counter。

3. 我們不為建構子指定返回型態（甚至不指定 **void**）。建構子的主體也不能返回任何東西。當一個類別的用戶使用下列語法建立實體：

Counter d = **new** Counter(5)；

new 運算子負責將新實體的參考傳遞給呼叫者；建構子的責任只對新實體的狀態做初始化。

一個類別可以有很多建構子，但每個都必須有不同的簽名，也就是說，每個都必須用參數的型態和數量來區分。如果沒有明顯定義建構子，Java 提供了一個隱式預設建構子，具有零參數並將所有實體變數初始化為其預設值。但是，如果一個類別定義了一個或多個非預設值建構子，就不會提供預設建構子。

例如，我們的 Counter 類別定義了下面兩個建構子：

```
public Counter( ) { }
public Counter(int initial) { count = initial; }
```

第一個建構子有一個簡單的主體 {}，這個預設建構子的目標是建立一個預設值為零的計數器，這對實體變數 count 來說是整數的預設值。但是，我們宣告這一個顯式建構子仍是很重要的，因為若沒有提供，就沒有預設建構子。在這種情況下，用戶就無法使用 **new** Counter( ) 來建立物件。

關鍵字 this（The Keyword **this**）

在 Java（非靜態）方法的主體中，關鍵字 **this** 自動的定義為呼叫該方法的實體參考。如果呼叫者使用 thing.foo(a, b, c) 敘述，那麼在主體中方法 foo 為該呼叫，方法 foo 主體程式中的關鍵字 **this** 參考的物件就是 thing。有三個常見原因，說明為什麼需要從方法主體內做這樣的參考：

1. 將參考儲存在變數中，或因應程式需要將其作為參數發送到另一個方法。

2. 實體變數和區域變數有一樣名稱的時候，便於區別。在方法中宣告區域變數 name 具有和類別的實體變數有相同的名稱，該名稱代表的是區域變數。（我們說區域變數掩蓋了實體變數。）在這種情況下，仍然可以存取實體變數，但須使用 **this** 這個關鍵字。例如，一些程式工程師喜歡使用以下樣式建立建構子，讓參數具有與基礎變數相同的名稱。

```
public Counter(int count) {
    this.count = count;      // set the instance variable equal to parameter
}
```

3. 讓一個建構子的主體能呼叫另一個建構子主體。當一個方法呼叫當前同一個實體的類別的另一個方法時，通常使用的是另一個方法（非限定的）的名稱來完成。但是呼叫建構子的語法是特殊的。Java 允許在建構子主體程式中使用關鍵字 **this** 來呼叫具有不同簽名的另一個建構子。

這通常很有用，因為一個建構子的所有初始化步驟可以適當的參數化（parameterization）重複使用。舉一個簡單的示範語法，重新實現我們的零參數版本的 Counter 建構子，當中呼叫單參數版本的建構子，並遞送 0 作為參數。程式如下：

```
public Counter( ) {
    this(0);          // invoke one-parameter constructor with value zero
}
```

main 方法（The main Method）

一些 Java 類別，例如 Counter 類別，目的在給其他類別使用，但不打算作為一個自立程式。在 Java 應用程式中的主要控制，必須在某個類別中執行一個名為 main 的特殊方法開始。此方法必須宣告如下：

```
public static void main（String [] args）{
    // main method body ...
}
```

args 參數是一個 String 物件陣列，也就是加上索引的字串集合，第一個字串為 args [0]，第二個是 args [1]，依此類推。（我們在第 1.3 節中討論字串和陣列。）這些參數就是用戶在程式執行時給予的**命令列參數**（*command-line arguments*）。

可以使用 java 命令從命令列呼叫 Java 程式（在 Windows、Linux 或 Unix shell 中），在 java 後面的是我們想要執行 main 方法的 Java 類別名稱，加上任何可選的參數。例如，要執行一個名為 Aquarium（魚缸）的類別的主要方法，我們可以發出以下命令：

```
java Aquarium
```

在這種情況下，Java 執行時，系統會查找 Aquarium 的編譯版本類別，然後呼叫該類別中的特殊方法 main。

如果我們在定義 Aquarium 程式採取可選的參數指定魚缸裡魚的數量，然後我們可以在 shell 窗口中鍵入以下內容來呼叫程式：

```
java Aquarium 45
```

指定我們想要一個有 45 條魚的魚缸。在這種情況下，args [0] 會參考到字串 "45"。至於如何解釋字串 args[0] 取決於 main 方法內的程式，本例中將 args[0] 解釋為所需魚的數目。

程式工程師使用整合的開發環境（IDE），例如 Eclipse，可以選擇透過 IDE 在執行程式時指定命令列參數。

◉ Unit Testing（單元測試）

當定義一個類別如 Counter 時，意味著 Counter 將被其他類別使用，而不是作為一個自立程式，所以沒有必要定義一個 main 方法。然而，Java 設計的一個好處是我們可以提供這樣的方法，作為一種單獨測試該類別函式的方法，平常它不會被執行，除非我們在其他的類別上使用 java 命令來呼叫。然而，對於更強大的測試，應優先選取諸如 JUnit 的架構。

1.3 特殊型態（Special Types）

字串類別（The String Class）

Java 的 **char** 基本型態儲存單個**字元**（*character*）的值。在 Java 中，所有可能字元的集合，稱為**字母表**（*alphabet*），是 Unicode 國際字元集，以 16 位元編碼，涵蓋大多數使用的書寫語言。（有些程式語言使用較小的 ASCII 字元集，這是一個基於 7 位元編碼的 Unicode 字母表）在 Java 中使用單引號表達字元文字，如 'G'。

因為在程式中處理字元序列是很常見的（例如，對於用戶互動或資料處理），Java 以 **String** 類別提供相關功能。字串實體表示零個或多個字元序列。該類別為各種文字處理工作提供了廣泛的支持。第 12 章我們會討論幾種文字處理的基本演算法。現在，只強調 String 類別最中心的應用部分。Java 使用雙引號來指定字串文字。因此，我們可以宣告並初始化 String 實體，如下所示：

```
String title = "Data Structures & Algorithms in Java"
```

◉ 字元索引（Character Indexing）

可以使用**索引**來取得字串 s 中的每個字元 c，索引等同在 s 中的 c 之前的字元數。按照這個慣例，第一個字元的索引是 0，最後一個索引是 $n-1$，其中 n 是字串長度。例如，上面定義的字串 title，長度為 36，索引 2 的字元是 't'（第三個字元），索引 4 的字元是 ' '（空格字元）。Java 的 String 類別提供 length( ) 方法，返回字串實體的長度。也提供 charAt(k) 方法，返回索引 k 的字元。

◉ 字串連接（Concatenation）

組合字串的動作稱為**連接**（*concatenation*），將字串 P 和字串 Q 組合成新字串 $P+Q$，當中包括 P 的所有字元，後面跟隨 Q 的所有字元。在 Java 中，"+" 運算子對兩個字串執行連接，如下所示：

```
String term = "over" + "load";
```

此敘述定義一個名為 term 的變數，參考到字串 "overload"。（我們將在本章後面更詳細討論上述的賦值敘述。）

StringBuilder 類別

Java 的 String 類別一個重要特點是它的實體是**不可變的**（*immutable*）；一旦實體被建立和初始化，該實體的值不能被改變。這是一個刻意的設計，這麼做使得 Java 虛擬機器有更好的效率和更好的最佳化。

但是，因為 String 是 Java 中的一個類別，它是一個參考型態。因此，可以重新指派給另一個字串實體給 String 型態的變數（即使當前字串實體不能更改），如下所示：

```
String greeting = "Hello";
greeting = "Ciao";                    // we changed our mind
```

在 Java 中使用字串連接來建立一個新的字串也很常見的，隨後用於替換參與串接的一個字串變數，如：

```
greeting = greeting + '!';                    // now it is "Ciao!"
```

然而，重要的是要記住這個操作建立一個新的字串實體，複製過程包括現有字串的所有字元。對於長的字串（如 DNA 序列），這可能非常耗時。（我們會在第 4 章試驗字串連接的效率。）

　　為了支持更有效的字串編輯，Java 提供一個 **StringBuilder** 類別，它實際上是一個字串的**可變**（*mutable*）版本。這個類別組合了一些 String 類別的 accessor 方法，同時支持其他方法（和更多），表列於下：

setCharAt(k,c)：　將索引 k 處的字元更改為字元 c。

insert(k,s)：　從序列的索引 k 開始插入 s 字串，將現有字元移出以便騰出空間。

append(s)：　將字串 s 加到字元序列的尾端。

reverse()：　反轉當前字元序列。

toString()：　返回由當前字元序列構成的 String 實體。

對於 String 和 StringBuilder 類別，如果索引 k 超出邊界之外，會產生錯誤。

　　StringBuilder 類別非常有用，可作為資料結構和演算法一個有趣的研究案例。在 4.1 節進一步探索 StringBuilder 類別的經驗效率，在 7.2.4 節探索其理論基礎和實現。

Wrapper 型態

在 Java 的程式庫中有許多資料結構和演算法，使用時只能搭配物件型態的資料（不是基本資料型態）。要克服這個障礙，Java 為每個基本型態定義了一個 *wrapper* 類別。每個 wrapper 型態的實體儲存相應基本型態的值。表 1.2，顯示基本型態及其相應的 wrapper 類別，並示範如何建立 wrapper 實體和存取其值。

基本型態	類別名稱	建立範例	存取範例
boolean	Boolean	obj = new Boolean(true);	obj.booleanValue()
char	Character	obj = new Character('Z');	obj.charValue()
byte	Byte	obj = new Byte((byte) 34);	obj.byteValue()
short	Short	obj = new Short((short) 100);	obj.shortValue()
int	Integer	obj = new Integer(1045);	obj.intValue()
long	Long	obj = new Long(10849L);	obj.longValue()
float	Float	obj = new Float(3.934F);	obj.floatValue()
double	Double	obj = new Double(3.934);	obj.doubleValue()

　　表 1.2：Java 的 wrapper 類別。每個類別都有相應的基礎型態，並示範如何建立 wrapper 型態物件。每一列，我們假設變數 obj 是相應類別的實體。

◉ **自動裝箱和拆箱**（Automatic Boxing and Unboxing）

Java 為基本型態和其相應的 wrapper 型態之間提供了隱式轉換，轉換的程序稱為自動裝箱和拆箱（automatic boxing and unboxing）。

　　在任何使用到整數資料型態的場合（例如，作為參數）可使用一個 **int** 值 k，在這種情況下，Java 自動將 **int** 裝箱（*boxes*），隱式呼叫 **new** Integer(k)。相對的，在程式的任何地方要使用整數值 v，Java 會自動隱式呼叫 v.intValue( ) 做拆箱動作。其他基本型態和 wrapper 一樣進行類似的轉換。最後，所有的 wrapper 型態的使用方式和基本型態的使用方式一樣，但是在背後自動執行裝箱和拆箱的轉換。程式 1.4 列舉一些使用範例。

```
1   int j = 8;
2   Integer a = new Integer(12);
3   int k = a;        // implicit call to a.intValue()
4   int m = j + a;                        // a is automatically unboxed before the addition
5   a = 3 * m;                // result is automatically boxed before assignment
6   Integer b = new Integer("-135");   // constructor accepts a String
7   int n = Integer.parseInt("2013");   // using static method of Integer class
```

程式 1.4：示範如何使用整數 wrapper 類別。

陣列（Arrays）

程式中常見的功能是追蹤相關有序值或物件組成的序列。例如，我們可能想要記錄一個電腦遊戲的前十名分數。使用的方法不是為這十個分數分別建立十個不同的變數，而是為這群變數指定使用單一名稱，並使用索引來取得群內的變數。同樣，我們可能需要一個醫療資訊系統，追蹤目前指派到某個醫院病床的病人。再次，我們不必因為醫院有 200 張床就在程式中導入 200 個變數。

　　在這種情況下，可以通過使用**陣列**來節省程式的工作量，這是一個由相同型態的變數所組成的一個序列。陣列中的每個變數（或稱為 **cell** 或儲存格也可以）有各自的**索引**，藉由索引取得儲存在陣列 cell 中的值。陣列中 cell 的編號為 0、1、2 等。圖 1.3 示範一個記錄電腦遊戲前十名分數的陣列。

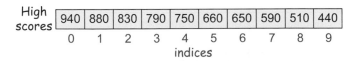

圖 1.3：一個記錄電腦遊戲前十名分數的陣列圖示。

◉ **陣列元素和容量**（Array Elements and Capacities）

儲存在陣列中的每個值稱為該陣列的**元素（*element*）**。陣列長度決定陣列中元素的數量，我們有時會將陣列的長度稱為陣列的**容量（*capacity*）**。在 Java 中，可以使用 a.length 敘述存取名為 *a* 陣列的長度。因此，陣列中元素的編號為 0、1、2 等，一直到 a.length-1 為止。陣列 *a* 中索引值為 *k* 的元素可以使用程式敘述 *a* [*k*] 來存取。

◉ **超出邊界錯誤**（Out of Bounds Errors）

嘗試存取陣列元素，但索引值超出 0 到 a.length-1 範圍，這對程式來說是很危險的。這樣的存取被認為是**超出範圍**（*out of bounds*）。越界存取已經被駭客用來做「**緩衝區溢位攻擊**」（*buffer overflow attack*），威脅到用 Java 以外的語言編寫的計算機系統的安全性。作為安全特性，Java 總是會檢查陣列索引值，確認是否超出範圍。如果陣列索引超出範圍，Java 的執行環境會發出錯誤警告。警告訊息是：

ArrayIndexOutOfBoundsException。

◉ **宣告和建立陣列**（Declaring and Constructing Arrays）

Java 中的陣列有點不尋常，因為它既不是基本型態也不是特定類別的實體。說到這一點，Java 把陣列的實體當作物件來處理，陣列型態的變數是參考變數。

　　要宣告一個變數（或參數）為一個陣列型態，我們在元素型態之後使用一對空的方括號接續空格和陣列名稱。例如：

int[ ] primes ;

因為陣列是參考型態，所以這將宣告變數 primes 作為一個整數陣列的參考，但不會立即構造這樣的陣列。有兩種建立陣列的方法。

　　建立陣列的第一種方法是在宣告陣列時使用字面形式的初始值指派敘述，語法如下：

elementType[ ] *arrayName* = {*initialValue*$_0$, *initialValue*$_1$, . . . , *initialValue*$_{N-1}$};

elementType 可以是任何 Java 基本型態或類別名稱，而 *arrayName* 可以是任何有效的 Java 識別字。初始值必須與陣列型態相同。例如，我們可以將陣列 prime 前十個元素以前十個質數來初始化：

int[ ] primes = {2,3,5,7,11,13,17,19,23,29} ;

當使用初始器（initializer）時，陣列具有的容量剛好可以儲存指派的初始值。

　　建立陣列的第二種方法是使用 **new** 運算子。但是，因為陣列不是類別的實體，我們不能使用典型的建構子語法。使用的語法如下：

new elementType[length]

其中 *length* 是正整數，表示新陣列的長度。**new** 運算子返回新陣列的參考，並且通常將其指派給一個陣列變數。例如，以下敘述宣告一個陣列變數 measurements，並立即為其指派 1000 個元素空間。

double[ ] measurements = **new double**[1000] ;

當使用 **new** 運算子建立陣列時，所有的元素都自動的指派了元素型態的預設值。也就是說，如果元素型態是數值，則陣列的所有元素都初始化為零。如果元素型態是布林，所有元素都初始化為 **false**。如果元素型態是參考型態（如一個 String 陣列實體），所有元素都初始化為 **null**。

列舉型態（Enum Types）

在程式發展的早期，程式工程師通常會定義一系列整數常數值用於表示有限集合中元素的數量。例如，表示星期幾，他們可能宣告一個 **int** 變數 today，然後設置值 0 表示星期一，1 表示星期二，依此類推。

一個更好的程式樣式是定義靜態常數（與最終關鍵字），進行關聯，如：

static final int MON = 0；
static final int TUE = 1；
static final int WED = 2；
… …

因爲隨後可以進行諸如 today= TUE 的指派，而不是用模糊的敘述 today= 1。不幸的是，使用這樣的程式樣式，today 變數仍然是宣告爲 **int**。在儲存 today 變數時，不管是作爲實體變數還是參數，程式並不清楚你意圖是將 today 表示爲一星期中的某一天。

Java 支持一種更優雅的方法來表示有限選擇，這部份是透過定義所謂的列舉型態（enumerated type）來設置，簡稱爲 enum。這些是只允許接受來自指定集合的名稱。宣告語法如下：

modifier **enum** *name* { *valueName*$_0$, *valueName*$_1$, . . . , *valueName*$_{n-1}$ };

其中修飾詞可以是空白、**public**、**protected** 或 **private**。name 是列舉的名稱，可以是任何合法的 Java 識別字。每個識別字，是此列舉型態變數可能值的名稱。每個這些名稱也可以是任何合法的 Java 識別字，但是 Java 慣例是，這些識別字通常用是大寫字母來命名。例如，表示一周天數的列舉型態定義爲：

public enum Day { MON,TUE,WED,THU,FRI,SAT,SUN }；

一旦完成定義，**Day** 成爲一種正式資料型態，我們可以用 **Day** 來宣告變數。宣告語法爲：

Day today；

對該變數指派值的語法爲：

today = Day.TUE；

1.4　Java 運算式（Java Expressions）

變數和常數可用於**運算式**（*expressions*）中，以定義新的值或修改變數。在本節中，我們將更詳細地討論運算式如何在 Java 中工作。運算式涉及使用的**字面文字**（*literals*）、**變數**（*variables*）和**運算子**（*operators*）。因爲已經討論過變數，讓我們簡單地關注字面文字，然後討論運算子的一些細節。

1.4.1　字面文字（Literals）

字面文字（*literal*）是任何的"常數"值，可用在指派運算或其他的運算式中。Java 允許以下型態的字面文字：

- **null** 物件參考（這是唯一的物件字面文字，可以用在任何參考型態）。
- 布林：**true** 和 **false**。
- 整數：像 176 或 -52 這樣的整數值，預設型態爲 **int**，是一個 32 位元的整數。長整數常數必須以 "L" 或 "I" 結尾，例如 176L 或 -52I，是 64 位元的整數。
- 浮點數：浮點數的預設值，例如 3.1415 和 135.23，這兩個數值是 **double**。要指定一個字面是一個浮點數，必須以 "F" 或 "f" 結尾。指數符號的文字值，例如 3.14E2 或 .19e10；假設其基數爲 10。
- 字元：在 Java 中，假設字元常數取自 Unicode 字母表。通常，字元以單引號括起來。例如，'a' 和 '?' 是字元常數。此外，Java 定義了以下特殊字元常數：

'\n'	(newline)	'\t'	(tab)
'\b'	(backspace)	'\r'	(return)
'\f'	(form feed)	'\\'	(backslash)
'\''	(single quote)	'\"'	(double quote).

- 字串字面文字：字串字面文字是用雙引號括起來的字元序列，例如，以下是一個字串字面文字：

```
"dogs cannot climb trees"
```

1.4.2　運算子（Operators）

Java 運算式涉及用運算子組合字面文字和變數。我們會在本節中檢視 Java 的運算子。

◉ Arithmetic Operators（算術運算子）

以下是 Java 中的二進位算術運算子：

+	加
−	減法
*	乘法
/	除法
%	模數運算子（modulo operator）

最後一個運算子 modulo 也稱爲 "餘數" 運算子，因爲它是在整數除法後留下的餘數。我們經常使用 "mod" 來表示模式運算子，將其正式定義爲

$$n \bmod m = r,$$

使得

$$n = mq + r,$$

其中 q 是整數且 $0 \leq r < m$。

　　Java 還提供了一元減號（−）運算子，它可以放在算術運算式前面反轉其符號。括號可以在任何運算式中使用以決定運算順序。Java 還使用相當直觀的運算子優先規則來確定不使用括號時的運算順序。不像 C++，Java 不允許類別型態的運算子重載（overloading）。

◉ String Concatenation（字串連接）

運算式有字串時，（+）運算子執行字串連接，程式：

```
String rug = "carpet";
String dog = "spot";
String mess = rug + dog;
String answer = mess + " will cost me " + 5 + " hours!";
```

將具有使 answer 參考字串的效果。

```
"carpetspot will cost me 5 hours!"
```

此範例還顯示了當涉及字串連接操作時，Java 如何將非字串值（如 5）轉換爲字串。

◉ Increment and Decrement Operators（遞增和遞減運算子）

和 C 和 C++ 一樣，Java 提供遞增和遞減運算子。具體來說，Java 提供加一遞增（++）和減一遞減（－－）運算子。如果這樣的運算子用於變數名稱前，會將 1 加到（或減去）變數且它的值被讀入運算式。如果使用在變數名稱之後，會先讀取變數原值，然後對變數值遞增 1 或遞減 1。例如：

```
int i = 8;
int j = i++;            // j becomes 8 and then i becomes 9
int k = ++i;            // i becomes 10 and then k becomes 10
int m = i－－;           // m becomes 10 and then i becomes 9
int n = 9 +－－i;        // i becomes 8 and then n becomes 17
```

指派 8 給 j，10 給 k，10 給 m，17 給 n，最後 i 值爲 8，如註釋部分說明。

◉ Logical Operators（邏輯運算子）

Java 提供數值之間的標準比較運算子：

>	小於
<=	小於等於
==	等於
!=	不等於
>=	大於等於
>	大於

這些比較結果的任何型態都是布林。比較也可對 **char** 值執行，根據編碼的值進行比較。

對於參考型態，了解 == 和！= 也是很重要的，運算式 a==b 表示 a 和 b 都指向相同的物件（或兩者都爲 **null**）。大多數物件型態支持一個名爲 equals 方法，例如 a.equals(b) 如果 a 和 b 指向的是 "等效" 的實體，則結果爲眞（即使不是同一個實體）；第 3.5 節有進一步的討論。

爲布林值定義的運算子如下：

!	否定（前置）
&&	條件運算，且
||	條件運算，或

如果運算式的結果已決定，布林運算子 && 和 || 不會將後續的運算子（右方）納入運算。這個 **"短路"**（*short circuiting*）特徵對於布林運算式是很有用的，首先測試某個條件是否成立（例如：陣列索引是有效的），然後才測試其他可能產生錯誤的條件運算式。

◉ Bitwise Operators（**逐位元運算子**）

Java 還爲整數和布林提供了以下逐位元運算子：

~	逐位元補數
&	逐位元 and 運算
|	逐位元 or 運算
^	逐位元互斥或運算
<<	左移，右邊位元填 0
>>	右移，左邊位元填正負號
>>>	右移，左邊位元填 0

◉ The Assignment Operator（**指派運算子**）

Java 中的標準指派運算子是 "="。用於將一個值指派給實體變數或區域變數。其語法如下：

variable = expression

其中 variable 變數可以參考到運算式產生的運算結果，兩者型態相容。指派的值是運算式運算的結果。因此，如果 j 和 k 都被宣告爲型態 int，下列的指派敘述是正確的：

```
j = k = 25 ;              // works because '=' operators are evaluated right-to-left
```

◉ Compound Assignment Operators（**複合指派運算子**）

除了標準指派運算子（=），Java 還提供了許多其他將二元運算（binary operation）與指派值組合的指派運算子。這些其他型態的運算子具有以下形式：

variable op= expression

其中 op 是任何二元運算子。上面的運算式等同於：

variable = variable op expression

所以 x * = 2 等價於 x = x * 2。但是，如果變數含一個運算式（例如：陣列索引），則運算式僅計算一次。程式：

```
a[5] = 10 ;
j = 5 ;
a[j++] += 2 ;                          // not the same as a[j++] = a[j++] + 2
```

會使 a [5] 的值爲 12，j 的值爲 6。

◉ Operator Precedence（**運算子優先等級**）

Java 中的運算式若沒有用括號框起運算子時，各個運算子以其預設的執行順序或優先等級來執行。例如，我們需要一種方法來決定運算式 "5 + 2 * 3" 的值爲 21 或 11（Java 說它是 11）。表 1.3 顯示 Java 運算子的優先等級（附帶說明，這部份與 C 和 C++ 相同）。

Operator Precedence		
	Type	Symbols
1	array index method call dot operator	[ ] ( ) .
2	postfix ops prefix ops cast	*exp*++ *exp* − − ++*exp* − − *exp* +*exp* − *exp* ˜*exp* !*exp* (*type*) *exp*
3	mult./div.	* / %
4	add./subt.	+ −
5	shift	<< >> >>>
6	comparison	< <= > >= **instanceof**
7	equality	== !=
8	bitwise-and	&
9	bitwise-xor	^
10	bitwise-or	|
11	and	&&
12	or	||
13	conditional	*booleanExpression ? valueIfTrue : valueIfFalse*
14	assignment	= += −= *= /= %= <<= >>= >>>= &= ^= |=

表 1.3：Java 優先序的規則。假如沒有用括號來決定計算的順序，Java 中的運算子是以上表的順序來做計算。同一列的運算子以由左到右的順序計算（指派與前置運算子除外，它們是以由右到左的順序計算），並遵從 Boolean && 以及 || 的條件計算規則。此表格中，我們將運算子以由高而低的優先序排列（exp 表示一個元素或一組括號內的運算）。在沒有括號的情況下，高優先序的運算子會在低優先序運算子之前被執行。

現在我們幾乎已經討論完表 1.3 內的所有運算子了。但有一個重要的條件運算子（conditional operator）還未討論，此運算子會計算一個 boolean 運算式，依照此 boolean 值的真假以呈現適當的值（我們會在下一章中討論 **instanceof** 運算子）。

1.4.3　型態轉換（Type Conversions）

型態轉換（*Casting*）允許我們更改值的型態。實質上，可以取一個型態的值，並將其轉換為等值的另一個型態。Java 中有兩種形式的轉換：**顯式轉換**（*explicit casting*）和**隱式轉換**（*implicit casting*）。

◉ Explicit Casting（**顯式轉換**）

Java 支持以下形式的顯式轉換語法：

　　(*type*) *exp*

其中 *type* 是我們希望運算式 *exp* 具有的型態。此語法只能用於從一個基本型態，或從一種參考型態轉換到另一種參考型態。在此將討論基本型態間的轉換，2.5.1 節中說明參考型態。

　　從 **int** 到 **double** 的轉換稱為**擴展轉換**（*widening cast*），因為 **double** 型態比 **int** 型態更寬廣，數值在轉換過程不會失真。從一個 **double** 轉換到 **int** 則是一個**縮減轉換**（*narrowing cast*）；轉換過程會產生精度遺失，因為值的任何小數部分將被截斷。例如：

```
double d1 = 3.2;
double d2 = 3.9999;
int i1 = (int) d1;              // i1 gets value 3
int i2 = (int) d2;              // i2 gets value 3
double d3 = (double) i2;        // d3 gets value 3.0
```

　　雖然顯式轉換不能直接將基本型態轉換為參考型態，反之亦然。但仍存在其他方式來執行這類型態的轉換。第 1.3 節已討論過一部分，將 Java 的基本型態與其對應的 wrapper 類別（例如 **int** 和 Integer）做轉換。為了方便起見，這些 wrapper 類別也提供了一些靜態方法，讓基本型態和 String 值間做轉換。

　　例如，Integer.toString 方法接受一個 **int** 參數並返回該整數的 String 表示式，而 Integer.parseInt 方法接受 String 作為參數，並返回字串的相應 **int** 值。（如果該字串不表示整數，則產生 NumberFormatException 結果）。範例：

```
String s1 = "2014";
int i1 = Integer.parseInt(s1);    // i1 gets value 2014
int i2 = －35;
String s2 = Integer.toString(i2); // s2 gets value "-35"
```

其他的 wrapper 型態也支持類似的方法，如 Double。

◉ Implicit Casting（隱式轉換）

有時 Java 會根據程式的上下文對運算式執行**隱式轉換**（*implicit cast*）。例如，可以在基本型態間執行擴展轉換（例如從 **int** 轉換到 **double**）且不需要明確使用轉換運算子。但是，如果嘗試執行隱式縮小轉換，則會導致編譯器錯誤。例如，以下程式示範合法和非法的隱式轉換：

```
int i1 = 42;
double d1 = i1;                // d1 gets value 42.0
i1 = d1;                       // compile error: possible loss of precision
```

　　當執行算術運算時，若運算元的資料型態不一致也會發生隱式轉換。最值得注意的是，當執行運算時，有一個整數的運算元，另有一個浮點型態的運算元，在執行運算前會執行隱式轉換，將整數值轉為浮點型態。例如，運算式 3 + 5.7，在運算前會隱式轉換為 3.0 + 5.7，得到結果為 **double** 值 8.7。

　　有一個常用的轉換：在兩個整數運算元間結合顯式轉換和隱式轉換執行浮點數除法。運算式（**double**）7/4 產生的結果為 1.75，因為運算子優先等級指示先執行轉換，如（（**double**）7）/ 4，因此 7.0 / 4，隱式地轉變為 7.0 / 4.0。注意，運算式（**double**）(7/4)產生的結果為 1.0。

　　順帶一提，在 Java 中做字串連接時只允許隱式轉換。任何時候字串與任何物件或基本型態之間執行的是連接（concatenated），該物件或基本型態會先自動轉換為字串。但是，將物件或基本型態顯式轉換為字串是不被允許的。以下的敘述就不是正確的：

```
String s = 22;                    // this is wrong!
String t = (String) 4.5;          // this is wrong!
String u = "Value = " + (String) 13;  // this is wrong!
```

要執行字串的轉換，我們必須使用適當的 toString 方法或者通過連接運算來執行隱式轉換。因此，以下敘述是正確的：

```
String s = Integer.toString(22);   // this is good
String t = "" + 4.5;               // correct, but poor style
String u = "Value = " + 13;        // this is good
```

1.5 控制流程（Control Flow）

Java 中的控制流程與其他高階語言很相似。在這一節裡，我們複習 Java 中控制流程的基本結構及語法，包含方法的回傳、**if** 敘述、**switch** 敘述、迴圈（loops）、以及有限制性的跳越（如 **break** 與 **continue** 敘述）。

1.5.1 If 和 Switch 敘述（The If and Switch Statements）

Java 中，條件敘述使用的方式與其他語言類似，首先做一個判斷，然後根據判斷結果，執行一個或數個不同的程式區塊。

◉ If 敘述

簡單 **if** 敘述的語法如下：

```
if (booleanExpression)
    trueBody
else
    falseBody
```

booleanExpression 是一個 Boolean 運算式；*trueBody* 以及 *falseBody* 是單一敘述或是一個以大括號「{」和「}」圍起來的程式區塊。請注意 Java 與某類似的語言不同：在 Java 中 **if** 敘述中檢驗的值必需是一個 Boolean 運算式，尤其是，它不能是一個整數運算式。與類似語言相同的是 Java 中 **else**（及其敘述）的部份是選用性的，我們也可以在後面增加更多的 Boolean 檢驗運算式，如下面的語法：

```
if (firstBooleanExpression)
    firstBody
else if (secondBooleanExpression)
    secondBody
else
    thirdBody
```

假如第一個 Boolean 運算式的值是 **false**，則第二個 Boolean 運算式就不會被檢驗，依此類推。If 敘述可以擁有不限個數的 **else if**。舉個巢狀 **if** 敘述範例：

```
if (snowLevel < 2) {
  goToClass( );
  comeHome( );
} else if (snowLevel < 5) {
  goSledding( );
  haveSnowballFight( );
} else
  stayAtHome( );                        // single-statement body needs no { } braces
```

◉ Switch 敘述

Java 替多值控制流程（multiple-value control flow）提供了 **switch** 敘述。switch 敘述特別適合與 enum 資料型態同時使用。下面舉個典型的範例（其中變數 d 擁有 1.3 節中 Day 的 enum 型態。）

```
switch (d) {
  case MON:
    System.out.println("This is tough.");
    break;
  case TUE:
    System.out.println("This is getting better.");
    break;
  case WED:
    System.out.println("Half way there.");
    break;
  case THU:
    System.out.println("I can see the light.");
    break;
  case FRI:
    System.out.println("Now we are talking.");
    break;
  default:
    System.out.println("Day off!");
}
```

　　switch 敘述會先檢測一個整數、字串或列舉運算式，使控制流程轉跳到與運算式值相同標記的位置。如果沒有匹配的標記，則控制流跳轉到標記為 **default** 的位置。這是 **switch** 語句唯一執行的顯式跳轉，然而，如果對於某標記的程式若不是以 **break** 敘述結束，則繼續執行下一個標記的程式（這導致控制流程持續執行，直到 **switch** 敘述結束為止）。

1.5.2　迴圈（Loops）

程式語言中，另一個重要的控制流程是「迴圈」（loops）。Java 提供了三種迴圈。

◉ While 迴圈

while 是 Java 中最簡單的迴圈。它會檢驗某一個條件，每當結果為 **true**，就會執行迴圈的本體。如下所述，這是一種檢驗條件位在迴圈本體敘述之前的語法：

```
while (booleanExpression)
  loopBody
```

與 **if** 敘述一樣，*booleanExpression* 可以是任意的布林運算式，並且迴圈的主體可以是任意程式區塊（包括巢狀的控制結構）。**while** 迴圈的執行從布林值的條件測試開始。如果該條件運算為真，則執行迴圈主體程式。在每次執行主體程式之後，迴圈條件被重新測試，並且如果運算結果為真，就再次迭代執行主體程式。如果測試條件運算式的結果（假設有執行的話）為 **false**，則退出迴圈。控制流程從迴圈主體程式後的程式接續執行。

迴圈範例：陣列 data，以變數 j 作為陣列的索引值，j 不斷推進遞增，直到陣列末端。

```java
int j = 0;
while ((j < data.length) && (data[j] != target))
    j++;
```

當這個迴圈終止時，若找到匹配，變數 j 的值將是 target 值出現在陣列中的最小位置的索引值。如沒有匹配，則 j 的值等於陣列的長度（這是個無效的索引值，可用來識別搜索失敗）。迴圈的正確性依賴於邏輯 && 運算子的短路行為（short-circuiting behavior），如 1.4.2 節所述，在取得元素 data[j] 之前，我們特意測試 j < data.length 以確保 j 是有效的索引。若以相反的順序寫複合條件，然後又在陣列中找不到 target 值，對 data[j] 的存取最終會拋出一個 ArrayIndex-OutOfBoundsException 異常。（見第 2.4 節對異常的討論）。

我們注意到若初始條件驗證失敗，則 **while** 迴圈的主體程式的執行次數為 0。例如，如果 data [0] 的值與變數 target 的值匹配，則迴圈變數 j 的值不會增加（或如果陣列長度為 0）。

◉ Do-While 迴圈

Java 有另一種形式的 **while** 迴圈，允許布林條件在迴圈主體程式執行完畢後檢查，而不是在迴圈主體程式執行之前檢查。這種形式被稱為 **do-while** 迴圈，語法如下：

```
do
    loopBody
while (booleanExpression)
```

do-while 迴圈的結果是它的主體程式至少會被執行一次（比對 **while-loop**：如果初始條件失敗，**while** 迴圈將執行零次）。這種形式對於初始條件為 false，直到迴圈主體程式執行後再次判斷的情況下特別有用。例如，提示用戶輸入，然後針對輸入做一些動作（在第 1.6 節中更詳細討論 Java 的輸入和輸出）。在這種情況下，退出迴圈可能的條件是當用戶輸入空字串時。然而，即使在這種情況下，我們可能想要處理該輸入並且通知用戶已經退出。下面的範例說明這種情況：

```java
String input;
do {
    input = getInputString( );
    handleInput(input);
} while (input.length( ) > 0);
```

◉ for 迴圈

另一種迴圈是 **for** 迴圈。Java 支持兩種不同樣式的 **for** 迴圈。第一種，我們將其稱為"傳統"樣式，類似 C 和 C++ 語言中的迴圈。第二種樣式，為"for-each"迴圈，在 2004 年導入 Java，作為 SE 5 版本的一部分。這種樣式提供了一種更簡潔的語法，用於巡訪陣列元素或適當型態的容器。

　　傳統的 **for** 迴圈語法包括四個部分：

- 初始化（initialization）
- 布林條件（boolean condition）
- 增量敘述（increment statement）
- 主體程式（loop body）

上述四個要件在 for 迴圈敘述中都可以省略。完整語法如下：

for（*initialization*；*booleanCondition*；*increment*）
　　loopBody

　　例如，**for** 迴圈的最常見用法是提供整數索引值，如下所示：

for（**int** j=0；j < n；j++）
　　// do something

for 迴圈的行為類似於 **while** 迴圈，以下是 **for** 迴圈的等價敘述：

```
{
    initialization;
    while (booleanCondition) {
        loopBody;
        increment;
    }
}
```

初始化會在迴圈的任何其他部分開始執行前先執行一次。傳統上，用於初始化現有變數或宣告並初始化新變數。注意在初始化中宣告的任何變數，只在 **for** 迴圈執行的時候存在。

　　布林條件將在每次迴圈主體程式執行之前運算。類似於 **while**-loop 條件運算式，若運算結果為 **true**，則迴圈主體被執行，如果為 **false**，則退出迴圈，程式繼續在 **for** 迴圈主體的下一個敘述執行。

　　增量部分在每次執行迴圈主體程式後立即執行，傳統上用於更新迴圈變數的值。然而，遞增部分也可以是任何合法的敘述，增加程式的靈活性。

　　舉一個具體的例子，使用 **for** 迴圈計算 **double** 陣列的和：

```
public static double sum(double[ ] data) {
    double total = 0;
    for (int j=0; j < data.length; j++)        // note the use of length
        total += data[j];
    return total;
}
```

另一個範例，找出陣列（非空）內的最大值。

```
public static double max(double[ ] data) {
    double currentMax = data[0];            // assume first is biggest (for now)
    for (int j=1; j < data.length; j++)      // consider all other entries
        if (data[j] > currentMax)            // if data[j] is biggest thus far...
            currentMax = data[j];            // record it as the current max
    return currentMax;
}
```

注意，條件敘述嵌套在迴圈主體中，並且不需要顯式的 "{" 和 "}" 作為迴圈主體，整個 if 條件結構作為 for 主體的單一敘述。

◉ For-Each 迴圈

因為用迴圈巡訪集合元素是一個常見的結構，Java 為這種迴圈提供了一個簡化語法，稱為 *for-each* 迴圈。語法如下：

> **for** (*elementType name : container*)
>   *loopBody*

其中 *container* 是型態為 *elementType* 的陣列（除陣列外，也可以是第 7.4.1 節中討論的實現 Iterable 介面的集合）。

回顧一個前面的例子，以傳統迴圈計算 double 陣列中元素的加總可以寫為：

```java
public static double sum(double[ ] data) {
   double total = 0;
   for (double val : data)                    // Java's for-each loop style
      total += val;
   return total;
}
```

當使用 for-each 迴圈時，沒有明確使用陣列索引。迴圈變數表示陣列的一個特定元素。但是，在迴圈主體內，沒有指定它是哪個元素。

還值得強調的是，對迴圈變數賦值對底層陣列是沒有影響的。因此，以下試圖調整陣列元素值的程式是無效的。

```java
public static void scaleBad(double[ ] data, double factor) {
   for (double val : data)
      val *= factor;                          // changes local variable only
}
```

為了覆蓋陣列 cell 中的值，我們必須使用索引。因此，這個任務最好用傳統的 **for** 迴圈來解決，譬如：

```java
public static void scaleGood(double[ ] data, double factor) {
   for (int j=0; j < data.length; j++)
      data[j] *= factor;                      // overwrites cell of the array
}
```

1.5.3　顯式控制流敘述（Explicit Control-Flow Statements）

Java 也提供了顯式改變程式控制流程的敘述。

◉ 從方法中返回值（Returning from a Method）

如果 Java 方法宣告返回型態為 **void**，當執行到方法中的最後一行程式或遇到 **return** 敘述（無參數）則控制流程返回。然而，如果一個方法被宣告為返回型態，該方法必須返回一個適當的值作為 **return** 的參數。通常，**return** 敘述必須是方法中最後執行的敘述，因為 **return** 後的其餘程式永遠不會被執行。

請注意，在方法中所執行的最後一個敘述和方法的最後一個敘述存在顯著差異，方法中的最後一個敘述不一定會被執行。以下（正確）範例說明從方法返回：

```
public double abs(double value) {
   if (value < 0)                    // value is negative,
      return − value;                // so return its negation
   return value;                     // return the original nonnegative value
}
```

在上面的例子中，**return** − value; ；顯然不是方法最後一行程式，但若執行的話（如果原始值爲負）就是最後一行程式。這樣的敘述明確地中斷了該方法中的控制流程。還有兩個其他這樣的顯式控制流程敘述，與迴圈和 switch 敘述一起使用。

◉ break 敘述

首先介紹 **break** 命令的使用，在 1.5.1 節中，可用 **break** 來退出 switch 的主體敘述。一般來說，break 敘述可用來退出 **switch**、**for**、**while** 或 **do-while** 敘述的最內層主體程式。當 break 敘述被執行時，控制流程跳到含有 **break** 敘述的迴圈或 **switch** 主體程式外的下一行程式繼續執行。

◉ continue 敘述

continue 敘述可以在迴圈（loop）內使用。它導致執行流程忽略當次迴圈 **continue** 後面的敘述，但是不同於 **break** 敘述，控制流程回到迴圈頂部，彷彿迴圈條件敘述執行的結果爲 true。

1.6　輸入和輸出（Input and Output）

在程式的輸入與輸出方面，Java 提供了許多豐富的類別以及方法。Java 提供一些圖形使用者介面（graphical user interface）的類別，以彈出式視窗及下拉式選單的方法，做爲文字及數字的顯示及輸入。Java 也提供了用來處理繪圖物件、圖形、聲音、網頁、滑鼠事件（點選、經過、拖曳）的方法。此外還有許多輸入和輸出的方法可以用在獨立的程式或是小程式（applet）中。

本書的範圍並不包括建構複雜的圖形使用介面。然而爲了完整性，我們將會在本節中介紹 Java 的簡單輸入及輸出。

Java 使用主控台視窗（Java console window）做簡單的輸入及輸出。依我們使用的 Java 環境，此視窗可能是一個特殊的彈出式視窗，用來顯示及輸入文字，或是一個對作業系統下達命令的視窗（可能是 shell 視窗、DOS 視窗或終端機視窗）。

◉ 簡單的輸出方法（Simple Output Methods）

Java 提供了一個內建的靜態物件，稱爲 System.out，用來執行輸出給「標準輸出」裝置（standard ouput device）。大部份的作業系統殼層（shell）允許使用者將標準輸出導向檔案，甚至成爲其他程式的輸入。Java 的預設輸出爲 Java 控制台視窗。System.out 物件是 Java.IO.

PrintStream 類別的實體。這個類別替緩衝區的輸出資料流定義了方法，意味著字元被放在稱為緩衝區的臨時位置，然後在控制台窗口準備好印出字元時清空。

具體來說，Java.io.PrintStream 類別提供了以下方法來執行簡單的輸出（我們在這裡使用 *baseType* 代表任何可能的基礎型態）：

> print(String *s*)：列印字串 *s*。
>
> print(Object *o*)：使用 toString 方法列印物件 *o*。
>
> print(*baseType b*)：列印基本型態值 *b*。
>
> println(String *s*)：列印字串 *s*，後跟換行符號。
>
> println(Object *o*)：類似於 print(*o*)，後跟換行符號。
>
> println(*baseType b*)：類似於 print(*b*)，後跟換行符號。

◉ 輸出範例（An Output Example）

例如，考慮下面的程式：

```
System.out.print("Java values: ");
System.out.print(3.1416);
System.out.print(',');
System.out.print(15);
System.out.println(" (double,char,int).");
```

執行時，此程式將在 Java 控制台窗口中輸出以下內容：Java values: 3.1416,15 (double,char,int)。

◉ 簡單輸入使用 Java.util.Scanner 類別

正如有一個特殊的物件用於執行輸出到 Java 控制台窗口，也有一個特殊的物件，稱為 System.in，用於從 Java 控制台窗口執行輸入。技術上，輸入實際上來自 "標準輸入" 設備。預設標準輸入設備是按下電腦鍵盤後，在 Java 控制台顯示的字元。System.in 物件是與標準輸入設備關聯的物件。使用此物件讀取輸入的一種簡單方法，是使用它來建立一個 Scanner 物件，使用運算式：

new Scanner(System.in)

Scanner 類別有許多方便的方法從給定的輸入流讀取資料，其中一個在以下程式中示範：

```
import java.util.Scanner;                 // loads Scanner definition for our use

public class InputExample {
  public static void main(String[ ] args) {
    Scanner input = new Scanner(System.in);
    System.out.print("Enter your age in years: ");
    double age = input.nextDouble( );
    System.out.print("Enter your maximum heart rate: ");
    double rate = input.nextDouble( );
    double fb = (rate — age) * 0.65;
    System.out.println("Your ideal fat-burning heart rate is " + fb);
  }
}
```

執行時，此程式可以在 Java 控制台上產生以下的內容：

```
Enter your age in years: 21
Enter your maximum heart rate: 220
Your ideal fat-burning heart rate is 129.35
```

◉ Java.util.Scanner 方法

Scanner 類別讀取輸入流，並將其劃分爲個別 ***token***（標記）。token 是由特定分隔符號分隔，由字元組成的字串。預設的分隔符號爲空格（whitespace）。也就是說，token 在預設情況下被空格字串、tabs 或 newlines 所分隔。可以立即讀取 token 作爲字串或 Scanner 物件可以將 token 轉換爲基本型態，如果 token 有正確的資料型態樣式。具體來說，Scanner 類別包括以下處理 token 的方法：

hasNext( )：	如果輸入流中有另一個 token，則返回 **true**。
next( )：	返回輸入流中的下一個 token 字串；此時如果沒 toke 則產生錯誤。
hasNext*Type*( )：	如果輸入流中有另一個 token，則返回 **true** 並且可以解譯成相應的基本型態。*Type*，其中 *Type* 可以是 Boolean、Byte、Double、Float、Int、Long 或 Short。
next*Type*( )：	返回輸入流中和 *Type* 基本型態對應的的下一個 token；如果沒有更多的 token 或下一個 token 不能被解譯爲對應於 *Type* 的基本型態則產生錯誤。

此外，Scanner 物件可以逐行處理輸入，忽略分隔符號，甚至在輸入行內尋找樣式。以這種方式處理輸入的方法如下：

hasNextLine( )：	如果輸入流有另一行文字，則返回 true。
nextLine( )：	使輸入超過當前行的結尾並返回被跳過的輸入。
findInLine(String *s*)：	嘗試查找與（正則表達式）*s* 樣式匹配的字串。如果找到該樣式，則返回，scanner 則前進到匹配的第一個字元。如果沒有找到樣式，scanner 返回 null，不移動。

這些方法可以與上述方法一起使用，如下所示：

```
Scanner input = new Scanner(System.in);
System.out.print("Please enter an integer: ");
while (!input.hasNextInt( )) {
  input.nextLine( );
  System.out.print("Invalid integer; please enter an integer: ");
}
int i=input.nextInt( );
```

1.7　Java 套件（Java Packages）

Java 語言對程式中類別的組織採用一個通用且有用的方法。在 Java 中定義的每個獨立的 public 類別必須在單獨的檔案中定義。檔案名稱的副檔名是 .Java。所以一個宣告爲 **public** 的類別 Window 其檔案名稱爲 `Window.Java` 中定義。檔案中可能包含其他獨立類別的定義，但其他類別都不能宣告爲 public。

　　爲了有助於組織大的程式儲存庫，Java 允許一組相關的型態（如：類別和列舉）組織成 **套件（*package*）**。對於屬於名爲 *packageName* 套件的型態，它們的原始程式必須全部放置在名爲 *packageName* 的目錄中，並且每個檔案必須以下列敘述起始：

> **package** *packageName*；

按照慣例，大多數套件名稱都是用小寫。例如，我們可以定義一個套件 architecture，當中定義類別如 Window、Door 和 Room 的。檔案中的 public 定義若沒有明確宣告套件的話，這些類別被放置在所謂的**預設套件（*default package*）** 中。

　　要使用一個命名套件中的型態，可以使用基於點符號的完全限定名稱，將該型態視爲套件的屬性。例如，宣告一個型態爲 architecture.Window 的變數。

　　套件可以進一步分層組織成**子套件（*subpackages*）**。子套件中的類別程式必須位於套件的子目錄中，限定名稱必須進一步的使用點符號。例如，在 Java.util 套件中有一個 Java.util.zip 的子套件（支持使用 ZIP 壓縮），那麼在 Java.util 子套件中的 Deflater 類別的完整限定名稱爲 Java.util.zip.Deflater。

　　將類別組織成套件有很多優點，最顯著的是：

- 套件能幫助我們避免名稱產生衝突。如果所有型態定義在一個單獨的套件中，就只能有一個命名爲 Window 的 public 類別。但是用套件，我們可以有一個 architecture. Window 類別獨立於用於圖形用戶界面的 gui.Window 類別。

- 當某些類別被組成套件時，可更容易貫徹程式再利用，將套件提供給其他程式工程師使用。

- 當型態定義具有類似的用途時，若將這些型態組成套件，其他程式工程師通常會更容易在大型程式庫中找到它們，做進一步了解並協調應用。

- 同一個套件中的類別可以存取每個其他任何具有 **public**、**protected**、或 **default** 能見度的成員（除 **private** 之外的任何東西）。

◉ 導入敘述（Import Statements）

如上一頁所述，我們可以使用完全限定名稱來使用套件中的型態。例如，第 1.6 節中介紹的 Scanner 類別，在 Java.util 套件中定義，因此可以將其稱爲 Java.util.Scanner。我們可以在 project 中以下列敘述宣告和建立一個新的類別實體：

> Java.util.Scanner input = **new** Java.util.Scanner(System.in)；

然而，當要參考當前套件之外的類別，需要鍵入這麼長的套件名稱似乎有些煩瑣。在 Java 中，我們可以使用 **import** 關鍵字在當前檔案中，導入外部類別或整個套件。從特定的套件導入單個類別，我們在檔案的開頭鍵入以下內容：

> **import** *packageName.className*；

例如，在第 1.6 節中，從 Java.util 套件中以卜列敘述導入 Scanner 類別套件：

> **import** *Java.util.Scanner*；

然後就可以使用簡化的語法：

> Scanner input = **new** Scanner(System.in)；

請注意，如果以上述語法導入一個類別，而程式已從其他套件導入同名的類別，則會產生錯誤。例如，我們不能同時導入 architecture.Window 和 gui.Window，並以非限定名稱來引用 Window。

◉ **導入整個套件**（Importing a Whole Package）

如果要使用同一個套件中的許多類別，我們可以使用星號字元（*）表示要導入套件的所有類別，如以下語法：

> **import** *packageName.**；

如果本地定義的名稱與導入的套件中的名稱衝突，那麼非限定名稱代表的是程式自行定義的類別。如果名稱衝突發生在兩個不同的套件之間時，那麼就不能使用非限定名稱，必須使用完整的限定名稱。例如，導入以下套件：

```
import architecture.*;          // which we assume includes a Window class
import gui.*;                    // which we assume includes a Window class
```

我們還必須在程式中使用限定名稱 architecture.Window 和 gui.Window。

1.8　編寫 Java 程式（Writing a Java Program）

傳統軟體開發涉及幾個階段。三個主要步驟是：

1. 設計（Design）
2. 撰寫程式（Coding）
3. 測試和除錯（Testing and Debugging）

在本節中，我們簡要討論這些階段的作用，並且介紹幾個Java中編寫程式的良好實踐，包括編碼樣式、命名約定、正式文件和測試。

1.8.1　設計（Design）

「設計」可能是撰寫物件導向程式裡最重要的一個步驟了。因為在「設計」時，必須決定要如何將程式切分為一個一個的類別，也必須決定這些類別之間如何互動，有哪些資料要儲存在裡面，有哪些動作要執行。實際上，對 Java 程式設計的初學者來說，最大的挑戰就是決定要怎麼定義類別，以使程式順暢運作。這很難得到一般性的規則，不過我們可以提供下列的基本原則，以決定要如何定義類別：

- **責任（*Responsibilities*）**：將工作切分為不同的「角色」（actor），每個角色都有不同的責任。試著使用行為動詞來描述這些責任。這些角色將會成為程式中的類別。
- **獨立（*Independence*）**：當定義類別的工作時，儘可能使類別彼此獨立。將類別間的責任細分清楚，使每個類別都能在程式的某一方面擁有自主權。在類別中置入資料（實體變數），此類別必須擁有某一行為的管轄權，而此行為可以存取此資料。
- **行為（*Behaviors*）**：我們需要謹慎並精確地定義類別的行為，以確保當類別執行每一個動作時，與它互動的其他類別能良好地理解這個動作所導致的結果。這些行為將定義類別執行的方法。有時候類別中的一組行為被稱為「**協定**」（*protocol*），我們期望類別中的這一組行為結合起來成為一個凝聚性的單元。

定義類別、實體變數及方法，決定了 Java 程式的設計部份。一個好的程式設計師會在執行這些任務的過程中，漸漸培養出更佳的技巧。經驗會教導他們和曾經看過的程式樣式（pattern）做比較，以符合目前程式的需求。

程式開發初期的高階設計常用工具是 **CRC 卡**。CRC（類別 - 責任 - 協作者：Class-Responsibility-Collaborator）卡是簡單的索引卡，將程式所需的工作細分。這背後的主要想法是讓每張卡代表一個組件，這個組件將最終成為程式中的一個類別。我們在索引卡的頂部寫入每個組件的名稱。在卡的左邊，寫下這個組件的責任。在右側，列出此組件的協作者。協作者是本組件在履行其職責時必須與之互動的其他組件。

設計過程通過一個 action / actor（動作 / 動作者）迴圈反覆執行，我們首先識別一個 action（即一個責任），然後決定一個最適合執行該 action 的 actor（即一個組件）。當我們將所有 action 指派給 actor 時就完成設計。在這個過程中使用索引卡（不是用大張的紙）。設計原則：每個組件規劃一小組責任和協作者。遵循此原則，有助於保有類別的管理性。

隨著設計成形，接下來用一個標準的方法來解釋和記錄設計：使用 UML（Unified Modeling Language）圖來表示一個程式組織。UML 圖是物件導向軟體設計的標準視覺表示法。有幾種計算機輔助工具可用來建立 UML 圖。一種常用的 UML 圖：**類別圖（*class diagram*）**。

類別圖的範例如圖 1.4 所示。該圖有三個部分，第一個指定類別的名稱，第二個指定推薦的實體變數，第三個指定推薦類別的方法。變數、參數和返回型態在冒號之後的適當位置中指定，每個成員在其左側指定能見度，**public** 以 "+" 號呈現；**protected** 以 "＃" 號呈現；**private** 以 "－" 號呈現。

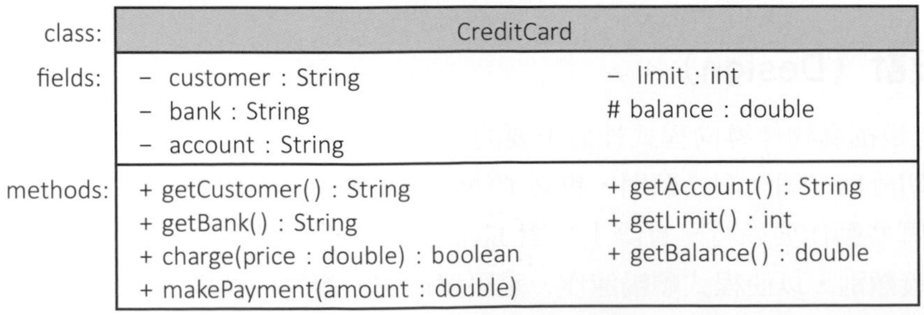

class:	CreditCard	
fields:	− customer : String − bank : String − account : String	− limit : int # balance : double
methods:	+ getCustomer() : String + getBank() : String + charge(price : double) : boolean + makePayment(amount : double)	+ getAccount() : String + getLimit() : int + getBalance() : double

圖 1.4：信用卡類別的 UML 類別圖。

1.8.2　虛擬程式碼（Pseudocode）

作為實現程式設計前的中間步驟，程式工程師是經常被要求以「人」的觀點來描述演算法。這樣的描述被稱為**虛擬程式碼**（*pseudocode*）。pseudocode 不是一個計算機程式，但是比一般語法更具結構性。它是一種自然語言與高階程式結構的混合物，用來描述程式背後所使用資料結構和演算法的思維邏輯。因為 pseudocode 是供人閱讀的，而不是給電腦讀的，我們要描述的是高層次的思維邏輯而不是低層次的施行細節。不要把重點全擺在執行步驟。像許多形式的人類溝通方式，要反覆精鍊才能找到正確的平衡點。

　　實際上並沒有虛擬程式碼的精確定義。為了能清晰表達程式邏輯，虛擬程式碼將自然語言與標準程式語言構造混合。我們選擇的程式語言是諸如 C、C++、Java 等現代高階語言。可建立的構造包括：

- **運算式**（*Expressions*）：我們使用標準數學符號來表示數值和布林運算式。為了與 Java 一致，我們使用等號 "=" 作為賦值敘述中的指派運算子，以及關係運算子 "==" 測試等值性。

- **方法宣告**（*Method declarations*）：**Algorithm** name（*param*1,*param*2,...），宣告了一個名為 new 的新方法，*param*1、*param*2.. 等，是此方法的參數。

- **決策結構**（*Decision structures*）：**if** 條件為 true 則執行 true- 程式碼 [**else** false- 程式碼]。我們使用縮格來呈現該執行的 true- 程式碼或 false- 程式碼。

- **While 迴圈**（*While-loops*）：**while** 條件 **do** 程式碼。我們使用縮格來表示迴圈動作中該執行的程式。

- **重複迴圈**（*Repeat-loops*）：**repeat** 程式碼 **until** 終止條件。在終止條件未成立前要執行的程式碼以縮格呈現。

- **For-loops**：**for** 對迴圈變數執行運算 **do** 程式碼。for 迴圈的程式碼以縮格呈現

- **陣列索引**（*Array indexing*）：$A[i]$ 表示陣列 A 中的第 i 個元素。一個有 n 個元素的陣列 A，以 $A[0]$ 到 $A[n-1]$ 存取陣列元素（這部份與 Java 一致）。

- **方法呼叫**（*Method calls*）：object.method(args)；如果已知道 method 屬於哪個 object，可不用寫物件名稱 object。

- **方法返回**（*Method returns*）：**return** 值。此操作將返回指定值給呼叫者。

- **評論**（*Comments*）：{ 註解內容 ... }。註解寫在大括號內。

1.8.3　撰寫程式（Coding）

物件導向程式的關鍵步驟是將類別及其資料和方法成員寫成程式。為了加速程式的發展，我們將討論在設計物件導向程式時使用的各種**設計模式**（*design patterns*）（見第 2.1.3 節）。這些模式提供了用於定義類別和這些類別間互動的樣板（template）。

　　一旦完成類別和整體程式的功能規劃，或已將上述規畫寫成虛擬程式碼，就準備好開始撰寫程式。我們使用文字編輯器鍵入 Java 的類別程式。文字編輯器有 emacs、寫字板、vi，

也可使用嵌入在**整合開發環境**（IDE：*integrated development environment*）中的編輯器，如 Eclipse 等。

　　一旦完成了一個類別（或套件）程式的撰寫，就呼叫編譯器執行編譯。如果不使用 IDE，那麼就要呼叫 Javac 來編譯程式。使用 IDE，只要單擊適當的編譯按鈕就可執行編譯動作。如果編譯成功，代表程式沒有語法錯誤，那麼這編譯過程將建立副檔名為 ".class" 的檔案。

　　如果我們的程式有語法錯誤，編譯器會識別錯誤，就必須回到編輯器中修復錯誤的程式。一旦消除了所有語法錯誤，並完成編譯，就可透過 "Java" 命令執行程式。使用 IDE 可點擊適當的 "執行" 按鈕執行程式。當一個 Java 程式以這種方式執行，執行環境會根據作業系統環境變數 "CLASSPATH" 涵蓋的目錄依出現的的順序執行搜尋，找到欲執行的類別和此類別使用到的任何其他類別。CLASSPATH 中的目錄在 Unix / Linux 中以冒號分隔，在 DOS / Windows 中以分號分隔。例如在 DOS / Windows 作業系統中設定 CLASSPATH：

```
SET CLASSPATH=.;C:\Java;C:\Program Files\Java\
```

而在 Unix / Linux 操作系統中指派一個範例 CLASSPATH 可以是以下：

```
setenv CLASSPATH ".:/usr/local/Java/lib:/usr/netscape/classes"
```

在這兩種情況下，點（"."）指的是執行時的當前目錄。

1.8.4　文件和樣式（Documentation and Style）

◉ Javadoc

為了鼓勵良好使用區塊註解和自動產生文件，Java 程式環境有個稱為 *Javadoc* 的文件產生程式。這個程式會收集一系列的 Java 原始碼檔案，這些檔案已使用某些關鍵字（稱為標記）做註解，***Javadoc*** 會產生一系列描述類別、方法、變數、常數的 HTML 檔案。圖 1.5 顯示了 CreditCard 類別產生的部分文件。

　　每個 Javadoc 註解是以 "/ **" 開頭並以 * /" 結尾的區塊註解 "，這兩符號之間的每一行可以用單個星號 "*" 開頭，星號會被忽略。假定區塊註解以描述性句子開始，後面跟著以 Javadoc 標記開頭的特殊行。出現在類別、實體變數宣告或方法等定義之前的區塊註解，由 Javadoc 處理，把它們轉換為結構化註解。主要的 Javadoc 標記如下：

- @author *text*：標識類別的每個作者（每行一位作者）。
- @throws *exceptionName description*：標識錯誤條件，透過此方法發出信號（參見第 2.4 節）。
- @param *parameterName description*：標識由此方法接受的參數。
- @return *description*：描述方法的返回型態及其值的範圍

還有其他標籤；感興趣的讀者可參考線上更多有關 Javadoc 資訊的文件。由於空間有限，無法列舉各種 Javadoc 風格的註解範例，在程式 1.5 舉個範例，這部份在本書網站的線上程式中也可看到。

---

charge
`public boolean charge(double price)`
Charges the given price to the card, assuming sufficient credit limit.
Parameters:
`price` - the amount to be charged
Returns:
true if charge was accepted; false if charge was denied

圖 1.5：Javadoc 為 CreditCard.charge 方法呈現的文件。

```
1   /**
2    * A simple model for a consumer credit card.
3    *
4    * @author Michael T. Goodrich
5    * @author Roberto Tamassia
6    * @author Michael H. Goldwasser
7    */
8   public class CreditCard {
9     /**
10     * Constructs a new credit card instance.
11     * @param cust       the name of the customer (e.g., "John Bowman")
12     * @param bk         the name of the bank (e.g., "California Savings")
13     * @param acnt       the account identifier (e.g., "5391 0375 9387 5309")
14     * @param lim        the credit limit (measured in dollars)
15     * @param initialBal the initial balance (measured in dollars)
16     */
17     public CreditCard(String cust, String bk, String acnt, int lim, double initialBal) {
18       customer = cust;
19       bank = bk;
20       account = acnt;
21       limit = lim;
22       balance = initialBal;
23     }
24
25     /**
26      * Charges the given price to the card, assuming sufficient credit limit.
27      * @param price the amount to be charged
28      * @return true if charge was accepted; false if charge was denied
29      */
30     public boolean charge(double price) {             // make a charge
31       if (price + balance > limit)                    // if charge would surpass limit
32         return false;                                 // refuse the charge
33       // at this point, the charge is successful
34       balance += price;                               // update the balance
35       return true;                                    // announce the good news
36     }
37
38     /**
39      * Processes customer payment that reduces balance.
40      * @param amount the amount of payment made
41      */
42     public void makePayment(double amount) {          // make a payment
```

```
43      balance −= amount;
44    }
45    // remainder of class omitted...
```

程式 1.5：CreditCard 類別定義的一部分，具有 Javadoc 風格的註解。

◉ **可讀性和撰寫程式慣例**（Readability and Programming Conventions）

程式應易於閱讀和理解。好的程式工程師應該注意程式樣式（style），並設計一種適於閱讀也有利於電腦的執行的樣式。已經有許多程式樣式出現，原則如下：

- 為識別字取個有意義的名稱。嘗試選擇可以方便讀取的名稱，且名稱能反映行動、目的或資料。Java 領域傳統用法是對方法和變數以外的識別字第一個字母用大寫。譬如 "Date"、"Vector"、"DeviceManager" 用來標識類別。"isFull( )"、"insertItem( )"、"studentName" 和 "studentHeight" 用來標識方法和變數。

- 使用具名的常數或列舉型態直接取代使用字面文字。如果在類別定義中使用具名常數值可增加程式的可讀性、強韌性和可修改性。這些可以在類別內使用，其他類別可參考這個類別的特殊值。傳統 Java 是完全以具名常數樣式來撰寫程式，如下所示：

```java
public class Student {
    public static final int MIN_CREDITS = 12; // min credits per term
    public static final int MAX_CREDITS = 24; // max credits per term
    public enum Year {FRESHMAN, SOPHOMORE, JUNIOR, SENIOR};

    // Instance variables, constructors, and method definitions go here...
}
```

- 縮排敘述區塊。通常程式工程師對每個敘述區塊縮排 4 個空格；在本書中，我們通常使用 2 個空格，避免程式超過了書的邊界。

- 每個類別以下列順序組織成員：

  1. 常數（Constants）

  2. 實例變數（Instance variables）

  3. 建構子（Constructors）

  4. 方法（Methods）

  我們注意到一些 Java 程式工程師喜歡將實例變數的定義放在最後面。我們則將實例變數的位置往前挪，便於循序閱讀每個類別並了解每種方法使用的資料。

- 使用註解，便於看出程式功能，並解釋模糊或混亂的程式結構。行內註解則可快速解釋且不需要完整句子。區塊註解有助於解釋方法的目的和複雜的程式。

1.8.5 測試和除錯（Testing and Debugging）

測試是實驗性地檢查程式正確性的過程，而除錯則是追蹤程式的執行，並在追蹤過程中發現錯誤。測試和除錯通常是開發程式中最耗時的動作。

◉ 測試（Test）

仔細的測試計劃是發展程式的重要部分。用所有可能的輸入來驗證程式的正確性通常是不可行的，應針對有代表性的輸入執行測式。至少，應確保程式中的每個方法都測試過一次（方法覆蓋）。更好的是，程式中的每個敘述應該至少執行一次，此程序稱爲敘述覆蓋 (statement coverage)。

程式往往對特定的輸入產生失敗。這種情況需要仔細鑑定和測試。例如，當測試一個排序的方法（整數陣列），我們應該考慮以下輸入：

- 陣列長度是否爲零（無元素）。
- 陣列有一個元素。
- 陣列的所有元素都相同。
- 陣列已排序。
- 陣列被反向排序。

除了程式的特定輸入外，我們還應考慮程式使用的特殊結構。例如，如果使用陣列儲存資料，則應該確保邊界情況，如在陣列起始端做刪除動作，或在陣列尾端執行插入動作。

雖然使用手動測試套件是必要的，但使用大量的隨機輸入對程式的執行也是有利的。在 Java.util 套件中的 Random 類別提供了幾種產生虛擬隨機數值的方法。

在一個程式的類別和方法之間有一個由呼叫者 - 被呼叫者導出的層次結構關係。如果 A 呼叫 B，方法 A 就高於方法 B。層次結構有兩個主要的測試策略，由上往下的測試和由下往上的測試，兩者在測試方法的順序上不同。

由上而下的測試則從方法階層的上端進行到下端。它通常與「**存根法**」（*stubbing*）一同使用，這是一種助抽樣（Boot-strapping）的技術，用一個「**存根**」（*stub*）模擬原方法的輸出，藉此將低階的方法替換掉。舉例來說，假如方法 A 呼叫方法 B，以得到某檔案的第一行資料。當我們要測試 A 時，可以將 B 用某一個固定的字串替換掉。

由下往上的測試從較低級別方法進行到較高階別方法。例如，不會呼叫其他方法的底層方法先測試，接下來測試只呼叫底層方法的方法，等等。同樣一個不依賴任何其他類別的類別可以先測試，然後對依賴前者類別進行測試。這種形式的測試通常被描述爲**單元測試**（*unit testing*）。單元測試就像是對大型軟體計劃中特定組件的功能做隔離測試。如果使用得當，這種策略可隔離被測組件產生的錯誤。高階組件部分功能依賴於低級組件，在應用前低階組件應該已經被完全測試。

Java 支持多種形式的自動化測試。我們已經討論了一個類別的靜態 main 方法可以被重用來執行該類別函式的測試。這樣的測試可以在輔助類別上通過呼叫 Java 虛擬機器來執行，而不必在整個應用程式的主類別上執行。當 Java 在主類別上啓動時，所有次要 main 方法的程式將被忽略。

JUnit 對單元測試自動化提供更強大的支援，這不是標準 Java 工具套件的一部分，www.junit.org 提供免費支援。這個架構允許將各個測試組合成更大的測試套件，並爲這些套件提供執行功能，並對測試結果提出報告或分析。隨著軟體的維護，**回歸測試**（*regression* *testing*）應該持續執行，當中自動化用於重新執行所有以前的測試，確保對軟體的更改不會對之前測試過的組件引入新的錯誤。

◉ 除錯（Debug）

最簡單的除錯技巧是使用 *print* **敘述**，在程式執行時追蹤變數的值。這種除錯方式產生的問題是在軟體發行之前，我們最終要將 print 敘述移除掉或加上註解標記。

　　比較好的方式是在一個「除錯器」（*debugger*）內執行程式，它是一個可以控制與監視程式執行的特殊環境。除錯器的基本功能之一是在程式中插入「**中斷點**」（*breakpoints*）。當程式在除錯器中執行時，它會在每個中斷點停止。當程式停止時，我們可以檢視變數當時的值。除了「**固定中斷點**」（*fixed breakpoints*）外，進階的除錯器還允許「**條件中斷點**」（*conditional breakpoints*），條件中斷點只有在滿足某些條件情況下才會起中斷作用。

1.9　習題

複習題

R-1.1 假設我們建立一個由 GameEntry 物件組成的陣列 A，GameEntry 有一個整數 score 欄位，我們複製 A 並將結果儲存在陣列 B 中。如果複製立即設置 A [4].score 等於 550，請問 B [4].score 是多少？

R-1.2 撰寫一個簡短的 Java 方法，isMultiple，它需要兩個 **long** 值，n 和 m，當 n 是 m 的倍數時返回真，即 $n = mi$，其中 i 為整數。

R-1.3 編寫一個簡短的 Java 方法 isOdd，它接受一個 **int** i，如果 i 是奇數則返回 true。您的方法不能使用乘法、模數或除法運算子。

R-1.4 寫一個簡短的 Java 方法，它接受一個整數 n，並返回所有小於或等於 n 的正整數的和。

R-1.5 寫一個簡短的 Java 方法，它接受一個整數 n，並返回所有小於或等於 n 的偶數的和。

R-1.6 寫一個簡短的 Java 方法，它接受一個整數 n，並返回所有小於或等於 n 的正整數平方的和。

R-1.7 寫一個簡短的 Java 方法，計算給定字串中母音的數量。

R-1.8 寫一個簡短的 Java 方法，使用 StringBuilder 實體來刪除字串變數 s 中的標點符號，例如，將 "Let's try, Mike!" 轉換為 "Lets try Mike"。

R-1.9 寫一個 Java 類別，Flower，它有三個型態為 **String**、**int**、**float** 的實例變數，分別代表花的名稱、花瓣數量和價格。類別必須包含一個將每個變數設定初始值的建構子，類別應該包含設定與讀取每個變數值的方法。

挑戰題

C-1.10 寫一個用於找出整數陣列中最小值和最大值的虛擬程式碼，並將其與一個同功能的 Java 方法做比較。

C-1.11 寫一個簡短程式，從 Java 控制台輸入三個整數 a、b 和 c 並確定它們是否可以在正確的算術式（按給定順序）中使用，如 "$a + b = c$"、"$a = b - c$" 或 "$a * b = c$"。

C-1.12 寫一個簡短的 Java 方法，它接受一個 **int** 型態的陣列，並確定陣列是否有一對元素其乘積為奇數。

C-1.13 寫一個 Java 程式，使用大於 2 的正整數作為輸入，然後將此變數不斷除以 2，在變數小於 2 之前可除幾次。

C-1.14 寫一個 Java 方法，它接受一個 **int** 值陣列，並確定是否所有元素的值都彼此不同（即，它們是不同的）。

C-1.15 寫一個 Java 方法，將一個含有 1 到 54 範圍所有值的陣列重新排列，此方法應該以相同機率輸出每個可能的順序。

C-1.16 編寫一個簡短的 Java 程式，輸出字元 'c'、'a'、'r'、'b'、'o' 和 'n' 所組成的所有可能字串，每個字串只能出現一次。

C-1.17 寫一個簡短的 Java 程式，它使用長度為 n 的兩個 **int** 陣列 a 和 b 作為輸入，並返回 a 和 b 的內積。也就是說，它返回一個長度為 n 的陣列 c，使得 $c[i] = a[i] \cdot b[i]$，其中 $i = 0$、1、2....、$n-1$。

軟體計畫

P-1.18 寫一個簡短的 Java 程式，將所有的行輸入到標準輸入並以相反的順序將它們寫入標準輸出。也就是說，每行都輸出正確的順序，但是行的順序顛倒。

P-1.19 使用 Java 國際化（在 Internet 上描述）或用自己的方法，寫一個 CreditCard 類別，以便可以在兩種不同的語言之間輕鬆切換。

P-1.20 「生日悖論」指的是當同一個房間中有 n 個人，且 n 大於 23 時，房間中至少有兩個人的生日相同的機率會大於 50%。它實際上並不是一個悖論，但卻令許多人驚異。設計一個 Java 程式以亂數產生生日，用一系列實驗數據來測試這個悖論。請測試當 $n=5$、10、15、20、…、100 時的結果。

後記

有關 Java 程式語言的更多詳細資訊，請讀者參考 Java 網站（http：//www.Java.com），以及一些關於 Java 的精彩書籍，包括 Arnold、Gosling 和 Holmes [8]、Flanagan [34]、Horstmann 和 Cornell [48，49]。

Memo

Chapter 2

物件導向設計
Object-Oriented Design

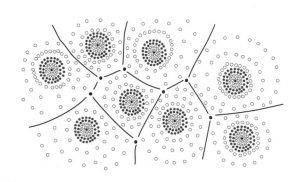

目錄

2.1 目標、原則與設計模式（Goals, Principles, and Patterns）

顧名思義，物件導向領域的主要角色是**物件**（*object*），物件是**類別**（*class*）的**實體**（*instance*）。每個類別都向外面世界呈現物件的簡潔和一致的外觀，不會涉及太多不必要的細節，或讓他人看透物件內部的工作方式。類別的定義中通常會有**資料欄位**（*data fields*）也稱為**實例變數**（*instance variables*），這部份是讓物件持有。類別中也會定義方法（操作），這部份是讓物件來執行。這種運算觀點實現了幾個目標並結合設計原則，我們將在本章中討論。

2.1.1 物件導向設計目標（Object-Oriented Design Goals）

軟體實作應該具備**強韌性**（*robustness*）、**適應性**（*adaptability*）和**再利用性**（*reusability*）。（見圖 2.1）

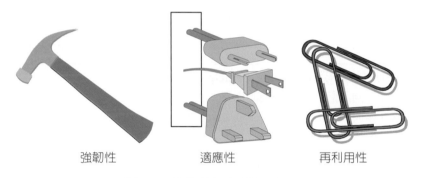

強韌性　　　　　　適應性　　　　　　再利用性

圖 2.1：物件導向設計的目標。

◉ **強韌性**（Robustness）

每一位好的程式設計師都想要開發出正確的軟體，意即對應用中所有預設輸入都能產生正確的輸出。除此之外，還希望軟體能夠強韌，可以處理非預期的情況，像是在應用中無明確定義的輸入。舉個例子，假如一個預設輸入正整數的程式（比如顯示商品的價格）卻被給定一個負整數，程式應該有能力由錯誤中修正。更甚者，在攸關**生命的應用中**（*life-critical applications*），軟體錯誤會導致對人的傷害或致死，強韌度不夠的軟體是可能致命的。在 1980 年代後期，Therac-25，一台放射性治療機器，在 1985 到 1987 年間，給予六名病患過度照射，造成其中幾位死於過度照射的併發症。這六件意外皆來自軟體錯誤。

◉ **適應性**（Adaptability）

現代軟體應用，如網頁瀏覽器和網際網路搜尋引擎，通常包含大量且使用多年的程式。因此，軟體必須能夠隨著時間進步以反映環境條件的改變。所以，一個優良軟體的重要目標即是具備**適應性**（*adaptability*）（也稱為**成長性**，*evolvability*）。與這個概念相關的是**可攜性**（*portability*），即軟體能以最小的改變就可以在不同硬體及作業系統上執行的能力。以 Java 撰寫軟體的優點之一，即是語言本身所提供的可攜性。

◉ **再利用性**（Reusability）

和適應性相伴而來的是希望軟體可被重複使用，如此一來，相同的程式碼可依元件的方式被使用在不同系統的各種應用中。發展優良軟體是一項昂貴的事業，但如果軟體被設計成能在未來的應用中輕易重複使用的話，花費是能被抵銷的。程式重複利用必須小心執行，Therac-25 軟體錯誤的主因之一就是不當的重複利用 Therac-20 的程式（非物件導向且不是以Therac-25 硬體為平台所設計的）。

2.1.2　物件導向設計原則（Object-Oriented Design Principles）

為了達成上面列出的目標，物件導向中最重要的法則，列之如下（見圖 2.2）：

- 抽象化（Abstraction）
- 封裝（Encapsulation）
- 模組化（Modularity）

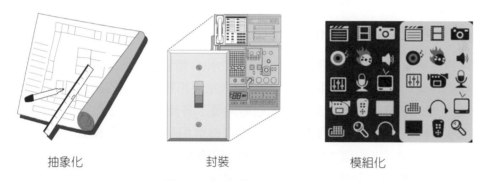

抽象化　　　　　　　　封裝　　　　　　　　模組化

圖 2.2：物件導向的設計原則

◉ **抽象化**（Abstraction）

抽象化的概念就是精煉出一個複雜系統最根本的部分，並以一種簡單、精準的語言來描述。一般來講，描述系統的這些部分包含了命名和闡明它們的功能性。在資料結構設計上應用抽象化手法引出**抽象化資料型態（ADT：*Abstract data type*）**的概念。ADT 是一個精確的資料結構模組，說明儲存資料的型態、支援的操作和操作的參數型態。一個抽象資料型態確切說明了每種操作做了**什麼（*what*）**，而非如何完成**操作（*how*）**。在 Java 中，一個 ADT 能被表示為一個**介面(*interface*)**，介面中僅有一連串方法宣告，而方法的主體部分都是空的。(2.3.1 節深入探討介面)

　　ADT 有一個具體的資料結構，在 Java 中被模組化成一個類別。類別中定義了資料和方法，類別的實體物件則儲存資料和執行方法。同時，和介面不一樣，類別在每個方法的主體中指定操作如何執行。假如一個 Java 類別包含某個介面中宣告的所有方法，並為所有方法填入主體程式，便稱為實作了此介面。然而，類別可以擁有比介面更多的方法。

◉ **封裝**（Encapsulation）

物件導向設計的另一個重要原則是**封裝**（*encapsulation*）；不同軟體系統的組件不應顯示其內部實現細節。封裝的一個主要優點是讓程式工程師可自由地實現組件的細節，不必因其他人會取用其所寫的程式碼，而考慮些非必要因素。程式工程師的唯一約束是保持組件的 public 介面，其他程式工程師也一樣，只要專注於編寫依賴於該介面的程式即可。封裝會產生穩健性和適應性，因為它允許程式各部分的實現細節改變，但不會對其他部件產生不良影響，從而使得錯誤更容易修復，也較容易為程式組件增添新的功能。

◉ **模組化**（Modularity）

現代軟體系統通常由幾個不同的組件組成，組件之間必須正確互動，才能使整個系統正常工作。為保有組件間的良好互動，就必須完善地組織這些組件。**模組化**（*Modularity*）是指組織原理，其中不同的組件的軟體系統被劃分為單獨的功能單元。軟體系統的細分使強韌性大大增加，因為單獨的功能單元在組合成大型軟體系統前容易測試和除錯。

2.1.3 設計模式（Design Patterns）

物件導向的設計更有利於軟體再利用、軟體強韌性和軟體適應性。要設計好的程式不僅只是簡單地依賴物件導向的方法，更重要的是要能有效地使用物件導向的設計技術。

計算機領域的研究人員和從業人員，已經開發了各種組織概念和方法來設計簡潔、正確、可重複使用的優質物件導向軟體。與這本書特別相關的是**設計模式**（*design pattern*）這個概念，當中描述了 "典型" 軟體設計問題的解決方案。設計模式提供了一個**通用模板**（*general template*）可在不同環境中應用。它以抽象方式描述特定問題的解決方案。設計模式包含：

- 名稱（name）：用來識別模式。
- 上下文（context）：描述此模式適用的環境。
- 樣板（template）：描述如何應用模式。
- 結果（result）：描述和分析模式產生的結果。

我們在這本書中介紹幾種設計模式，可一致地應用於資料結構和演算法的實現。這些設計模式分為兩組：(1) 解決演算法設計問題的模式 (2) 解決軟體工程問題的模式。討論的演算法設計模式包括：

- 遞迴（Recursion）（第 5 章）
- 攤銷分析（Amortization）（第 7.2.3、11.6.4 和 14.7.3 節）
- 分治法（Divide-and-conquer）（第 13.1.1 節）
- 修剪和搜索（Prune-and-search），也稱為減治法（decrease-and-conquer）（第 13.5.1 節）
- 暴力法（Brute force）（第 12.2.1 節）
- 貪婪法（greedy method）（第 12.4.2 節、14.6.2 節和 14.7 節）
- 動態編程（Dynamic programming）（第 12.5 節）

同樣，我們討論的一些軟體工程設計模式包括：

- 樣板方法（Template method）（第 2.3.3、10.5.1 和 11.2.1 節）
- 組合（Composition）（第 2.5.2 節、第 2.6 節和第 9.2.1 節）
- 配接器（Adapter）（第 6.1.3 節）
- 位置（Position）（第 7.3、8.1.1 和 14.7.3 節）
- 迭代器（Iterator）（第 7.4 節）
- 工廠方法（Factory Method）（第 8.3.1 和 11.2.1 節）
- 比較器（Comparator）（第 9.2.2、10.3 節和第 13 章）
- 定位器 Position（Locator）（第 9.5.1 節）

在這裡不詳細解釋每個概念，相關內容會分散在後面各章節。書中會說明每一個模式是適用在演算法工程還是軟體工程，書中會解釋其一般用法，並至少舉一個應用範例。

2.2　繼承（Inheritance）

以分層（hierarchical）方式組織各種軟體套件是最自然不過，具有類似抽象定義的套件已逐級的方式群聚，階層架構的底層是特定功能的套件，越往上看到的是越具通用性的套件。如圖 2.3 所示之範例。使用數學符號，房屋是建築物的**子集合（*subset*）**，建築物是個大集合組合而成的超集合。各層級間存在有一個稱為「是一個」或「是一種」（is a）的關係（"is a" *relationship*），譬如房子（house）是一種建築物（building）。

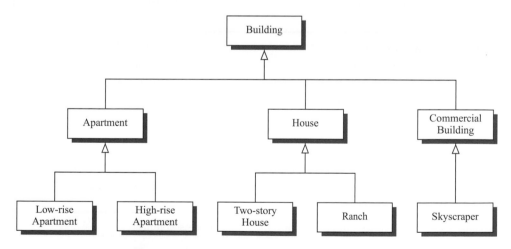

圖 2.3：涉及建築的 "是一個" 層次結構範例

層次化設計在軟體開發中有其作用，越具有普遍性功能的就放在一般層級，不同於一般層級的特殊應用可視一般層級的擴展，促進了軟體的再利用。在物件導向程式設計，模組化和層次化組織使用的機制其眾所周知被稱為**繼承（*inheritance*）**的技術。這允許一個新類別以現有類別做為起點來定義。在物件導向的術語中，現有類別通常被稱為**基礎類別（*base* *class*)、父類別（*parent class*）或超類別（*superclass*），而新定義的類別稱為副類別（*subclass*）或子類別（*child class*）。子類別擴展了父類別。

當使用繼承時，子類別自動繼承父類別做為其起始點，所有方法來自父類別（除了建構子）。子類別可以用兩種方式有別於父類別：(1) 子類別可以增加自己定義的新欄位，(2) 子類別可以對現有行為特殊化（*specialize*），使用的方法是以改寫來覆蓋（*overrides*）繼承而來的方法。

2.2.1　CreditCard 類別擴展（Extending the CreditCard Class）

為介紹繼承，我們重溫在第 1.8 節中的 CreditCard 類別，設計一個新的子類別，以 PredatoryCreditCard 來命名新的子類別。新類別與原類別有兩點不同：(1) 如果超過信用額度被拒絕刷卡，將收取 5 塊錢的費用，(2) 有一個機制用來估算每月未支付餘額產生的利息，使用年利率（APR）做為建構子的參數。

圖 2.4 提供了一個 UML 圖來綜覽由 CreditCard 類別所衍生的新類別 PredatoryCreditCard。該圖中的空心三角箭頭表示使用繼承，箭頭指向的是父類別。

PredatoryCreditCard 類別增強了原始的 CreditCard 類別，增加一個實例變數 apr，用於儲存年利率；增加一個新方法 processMonth，估算利息費用。新類別還對父類別施行特殊化，覆蓋父類別的方法 charge，用來對過度消費收取 5 元的手續費。

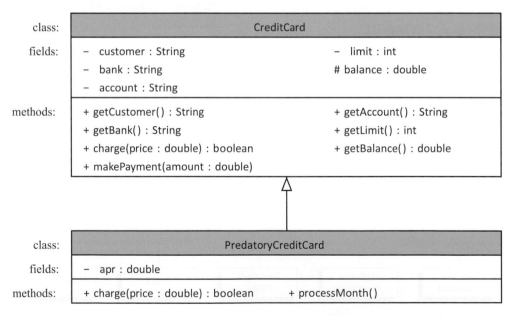

圖 2.4：UML 圖顯示 PredatoryCreditCard 子類別繼承 CreditCard 類別（CreditCard 設計請參見圖 1.4。）

為了示範 Java 中的繼承機制，程式 2.1 提供了 PredatoryCreditCard 類別的完整實現。對於 Java 實現的幾個部分會提醒需要注意。

從類別定義的第一行開始，Java 使用關鍵 **extends** 後面跟隨父類別的名稱 CreditCard，這種語法定義有三種等價意涵：(1) 本類別由 CreditCard 衍生而來，(2) 本類別繼承自

CreditCard 類別，(3)PredatoryCreditCard 擴展了 CreditCard 類別。在 Java 中，每個類別只能擴展一個其他類別。因為這個屬性，可以說 Java 只允許**單一繼承 (*single inheritance*)**。另外應該注意，即使類別定義中沒有明確使用 **extends** 指定繼承 java.lang.Object 類別，但每個類別會自動繼承 java.lang.Object。java.lang.Object 是 Java 中的通用超級類別。

接下來看第 3 行程式，新的實例變數 apr 的宣告。每個 PredatoryCreditCard 類別的實體除了儲存新的 apr 變數外，另外也會儲存由 CreditCard 定義的變數（customer、bank、account、limit、和 balance）。我們只負責在子類別定義中宣告新的實例變數。

```
1   public class PredatoryCreditCard extends CreditCard {
2     // Additional instance variable
3     private double apr; // annual percentage rate
4
5     // Constructor for this class
6     public PredatoryCreditCard(String cust, String bk, String acnt, int lim,
7                             double initialBal, double rate) {
8       super(cust, bk, acnt, lim, initialBal); // initialize superclass attributes
9       apr = rate;
10    }
11
12    // A new method for assessing monthly interest charges
13    public void processMonth( ) {
14      if (balance > 0) { // only charge interest on a positive balance
15        double monthlyFactor = Math.pow(1 + apr, 1.0/12); // compute monthly rate
16        balance *= monthlyFactor; // assess interest
17      }
18    }
19
20    // Overriding the charge method defined in the superclass
21    public boolean charge(double price) {
22      boolean isSuccess = super.charge(price); // call inherited method
23      if (!isSuccess)
24        balance += 5; // assess a $5 penalty
25      return isSuccess;
26    }
27  }
```

程式 2.1：CreditCard 的子類別，用於估算利息和費用。

建構子不會在 Java 中繼承。程式 2.1 的第 6-10 行定義新類別的建構子。當建立 PredatoryCreditCard 實體時，所有欄位必須正確初始化，包括任何繼承的欄位。為此，在建構子主體內執行的第一個操作，必須是呼叫父類別的建構子，它負責對父類別中定義的欄位正確的初始化。

在 Java 中，父類別的建構子是透過使用關鍵字 **super** 來呼叫，並具有適當的參數，如程式中的第 8 行：

super(cust, mk, acnt, lim, initialBal)；

呼叫同一類別中的不同建構子時（如第 1.2.2 節所述）使用 **super** 關鍵字與使用關鍵字 **this** 非常相似。如果子類別建構子的第一個命令沒有明確使用 **super** 或 **this** 呼叫，預設會隱式呼叫父類別零參數版本的建構子 **super( )**。呼叫完父類別的建構子之後，將注意力轉移到 PredatorCreditCard 類別帶有參數的建構子，第 9 行初始化 apr 欄位（父類別不知道 apr 欄位的存在）。

　　processMonth 方法是一個新的行為，因此沒有繼承的版本可依賴。在模型中，這種方法應該由銀行每月呼叫一次，對客戶的未支付餘額增加新的利息費用。從技術方面，我們注意到此方法存取繼承而來的變數 balance（第 14 行），並在第 16 行處做修改。這是允許的，因變數 balance 在 CreditCard 類別的可見度是 **protected**（見程式 1.5）。

　　在實現 processMonth 方法中，最具挑戰性的部分是確保將年利率轉變成月利率。並不是簡單地將年利率除以十二來計算每月費率（這太具掠奪性，因為它會導致比公告更高的 APR）。正確的計算是取 1 + apr 的十二次方根，然後做為乘法因子。例如，如果 APR 是 0.0825（表示 8.25%），我們計算 $\sqrt[12]{1.0825} \approx 1.006628$ 因此每月收取 0.6628% 的利息。這樣，每 100 元的債務一年的複利將累積為 8.25 元。注意，我們使用 Java 程式庫的 Math.pow 方法來計算 1 + apr 的十二次方根。

　　最後來看 PredatoryCreditCard 類別的 charge 方法（第 21-27 行）。此定義覆蓋了繼承的方法。然而，新方法的實現卻依賴於對繼承方法的呼叫，在第 22 行使用語法 **super.charge(price)**。該呼叫的返回值決定是否成功收費。我們檢查返回值決定是否評估費用，並且在任一情況下返回給呼叫者一個布林值，新版本 charge 函式維持與原始類別相似的外向介面（outward interface）。

2.2.2　多型與動態配置（Polymorphism and Dynamic Dispatch）

多型（*polymorphism*）字面意思是 " 許多形式 "。在物件導向設計的環境中，指的是參考變數採用不同形式的能力。例如，宣告一個型態為 CreditCard 的變數：

    CreditCard card;

因為這是一個參照變數，所以這個敘述宣告了新的變數，它還沒有參考到任何實體。雖然我們已經看到可以將新建立的 CreditCard 類別的實體指派給這個參照變數，Java 也允許指派子類別 PredatoryCreditCard 的實體給該變數，也就是說，我們可以執行以下操作：

    CreditCard card = new PredatoryCreditCard(...);　　　　　　　*//參數省略*

這是一個所謂的**里氏替換原則**（*Liskov Substitution Principle*）的示範，意義：某型態的變數（或參數）可以用此型態任何直接或間接子類別的實體來指派。非正式地，這是 " 是一種 " 關係建模繼承的一種表現形式，PredatoryCreditCard 是一種 CreditCard（但 card 不必具有 PredatoryCreditCard 定義的行為）。

　　我們說變數 card 是多型的；它可以採取許多形式之一，這取決於它所參考的類別物件。因為變數 card 已用型態 CreditCard 宣告，該變數可能只用於呼叫由 CreditCard 定義的部分方法。所以我們可以呼叫 card.makePayment(50) 和 card.charge(100)，但是若呼叫 card.

processMonth( )會產生編譯錯誤，因為不能保證 CreditCard 有這樣的行為（如果變數最初宣告是以 PredatoryCreditCard 做為其形態，就不會產生錯誤。）

　　一個有趣的（重要的）問題是當變數 card 具有 CreditCard 型態時，Java 如何處理諸如 card.charge(100) 的呼叫。回想一下，card 所參考到的物件有可能是 CreditCard 類別的實體，也有可能是 PredatoryCreditCard 類別的實體，這兩種類別實體都有 charge 方法：CreditCard.charge 和 PredatoryCreditCard.charge，但實現方式不同。Java 使用一個稱為**動態分派（*dynamic dispatch*）**的程式，在執行時期根據所參考物件的實際型態（不是宣告的型態）決定執行哪個版本的方法。所以，如果物件是 PredatoryCreditCard 實體，它會執行 PredatoryCreditCard.charge 方法，即使參考變數的型態是 CreditCard。

　　Java 還提供了一個 **instanceof** 運算子，在執行時測試一個實體是否是滿足某特定型態。例如：card **instanceof** PredatoryCreditCard，此敘述的結果為布林值，如果變數 card 目前參考的物件屬於 PredatoryCreditCard 類別或 PredatoryCreditCard 的子類別，則結果為 **true**，（第 2.5.1 節有進一步討論）。

2.2.3　繼承階層（Inheritance Hierarchies）

在 Java 語言中子類別不會從多個父類別繼承，但父類別可有很多子類別。事實上，在 Java 中開發複雜的繼承結構是很常見的，目的是最大化程式的可重用性。

　　本節中，舉第二個例子闡釋繼承觀念，開發一個類別的層次結構用於產生級數。級數是由一串數值組成的序列，其中每個數值取決於一個或多個先前的數值。例如，**算術級數（*arithmetic progression*）**將前一個值加上固定常數來計算下一個數值；**幾何級數（*geometric progression*）**將前一個值乘以固定常數來計算下一個數值。一般來說，級數需要先定義第一個值，然後根據初始值衍生後續數值序列。

　　我們的層次結構以 Progression 類別做為基礎類別。這個類別產生整數級數：0、1、2、...。更重要的是，這個類別的設計模式使得它可以容易地被其他專業級數型態所使用。圖 2.5 列出本範例的層次結構。

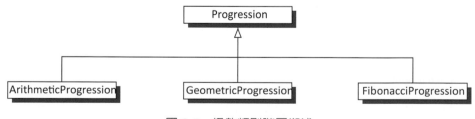

圖 2.5：級數類別階層概述

　　基本類別 Progression 的實現在程式 2.2 中，這個類別只有一個欄位，名為 current。Progression 類別定義了兩個建構子，一個接受級數的任意起始值，另一個用 0 做為預設起始值。Progression 類別的其餘部分包括三種方法：

> nextValue( )：public 方法，返回級數的下一個值，每次執行隱含級數推進。
>
> advance( )：protected 方法，負責推進 progression 的 current 值。
>
> printProgression(*n*)：public 方法，對級數進行 n 次推進並顯示每個值。

我們決定對 advance( ) 方法施行保護措施，將其能見度設為 protected，只在 nextValue( ) 執行時呼叫，目的是最小化子類別的負擔。子類別可以用自己的程式覆蓋 advance 方法來更新目前欄位，產生不同的級數。

```java
1   /** Generates a simple progression. By default: 0, 1, 2, ... */
2   public class Progression {
3
4     // instance variable
5     protected long current;
6
7     /** Constructs a progression starting at zero. */
8     public Progression( ) { this(0); }
9
10    /** Constructs a progression with given start value. */
11    public Progression(long start) { current = start; }
12
13    /** Returns the next value of the progression. */
14    public long nextValue( ) {
15      long answer = current;
16      advance( ); // this protected call is responsible for advancing the current value
17      return answer;
18    }
19
20    /** Advances the current value to the next value of the progression. */
21    protected void advance( ) {
22      current++;
23    }
24
25    /** Prints the next n values of the progression, separated by spaces. */
26    public void printProgression(int n) {
27      System.out.print(nextValue( ));              // print first value without leading space
28      for (int j=1; j < n; j++)
29        System.out.print(" " + nextValue( ));      // print leading space before others
30      System.out.println( );                       // end the line
31    }
32  }
```

程式 2.2：通用數值級數類別。

nextValue 方法的主體程式先臨時記錄目前值，隨後會很快被返回，然後呼叫 protected 方法 advance，更新變數 current 以備後續呼叫。

在 Progression 類別中的 advance 方法只是簡單遞增目前值。這個方法會被更特殊化的子類別（specialized subclasses）所覆蓋，用來產生另一種級數。

在本節的後續部分，我們定義 Progression 類別的三個子類別，分別是：ArithmeticProgression、GeometricProgression 和 FibonacciProgression。

◉算術級數類別（An Arithmetic Progression Class）

第一個專業級數類別是 ArithmeticProgression，用來產生算術級數。預設此算術級數遞增的值是 1。也可以設定遞增的值，產生不同的算術級數。例如，初始值為 0，遞增值為 4，產生的算術級數為：0、4、8、12、…。

ArithmeticProgression 類別的程式在程式 2.3 中，以 Progression 做為其基礎類別。ArithmeticProgression 類別有三個建構子，最通用的建構子（第 12-15 行）接受兩個參數：參數 stepsize 是增量值，參數 start 是級數初始值。譬如 ArithmeticProgression(4, 2) 產生的級數序列為 2、6、10、14、…。該建構子的主體會呼叫父類別建構子，使用語法 **super**(start)，參數 start 的值用來對類別變數 current 做初始化，然後用這個子類別的增量欄位產生級數。

為了方便起見，我們提供另兩個額外的建構子，一個用來產生預設級數 0、1、2、3，另一個建構子接受一個參數做為增量（預設起始值為 0），根據增量產生級數。

最後（最重要的是），覆蓋能見度為 protected 的方法 advance，將級數的每個數值以前一個數加上增量後產生連續序列。

```
1   public class ArithmeticProgression extends Progression {
2
3     protected long increment;
4
5     /** Constructs progression 0, 1, 2, ... */
6     public ArithmeticProgression( ) { this(1, 0); }              // start at 0 with increment of 1
7
8     /** Constructs progression 0, stepsize, 2*stepsize, ... */
9     public ArithmeticProgression(long stepsize) { this(stepsize, 0); }      // start at 0
10
11    /** Constructs arithmetic progression with arbitrary start and increment. */
12    public ArithmeticProgression(long stepsize, long start) {
13      super(start);
14      increment = stepsize;
15    }
16
17    /** Adds the arithmetic increment to the current value. */
18    protected void advance( ) {
19      current += increment;
20    }
21  }
```

程式 2.3：算術級數類別，繼承程式 2.2 中的一般級數類別。

◉ 幾何級數類別（A Geometric Progression Class）

第一個專業級數類別是 GeometricProgression，用來產生幾何級數。級數中每個值是由前一個數值乘以固定常數產生。幾何級數所使用的固定常數稱為幾何級數的基數。幾何級數傳統的起值為 1，而不是 0，因為任何數值乘以 0 的結果為 0。例如，起始值為 1，以 2 為基數的幾何級數，產生的序列為 1、2、4、8、16、…。

　　GeometricProgression 類別的程式碼列在程式 2.4。在程式結構部分，GeometricProgression 類別非常類似於 ArithmeticProgression 類別。比較特別的是，GeometricProgression 它引入了一個新的欄位 **base**（幾何級數的基數）。仍然提供三種形式的建構子，並覆蓋 advance 方法，以便產生幾何級數。

　　GeometricProgression 類別的預設建構子（0 個參數）中設定的起始值為 1 和基數 2，以便產生級數 1、2、4、8、…。單一參數的建構子接受任意基數並使用 1 做為起始值，因此 GeometricProgression(3) 產生的序列為 1、3、9、27、…。最後，我們提供了一個雙參數的建構子，兩個參數分別做為基數和起始值，例如 GeometricProgression(3, 2)，產生的序列為 2、6、18、54、…。

```java
 1   public class GeometricProgression extends Progression {
 2
 3     protected long base;
 4
 5     /** Constructs progression 1, 2, 4, 8, 16, ... */
 6     public GeometricProgression( ) { this(2, 1); }              // start at 1 with base of 2
 7
 8     /** Constructs progression 1, b, b^2, b^3, b^4, ... for base b. */
 9     public GeometricProgression(long b) { this(b, 1); }          // start at 1
10
11     /** Constructs geometric progression with arbitrary base and start. */
12     public GeometricProgression(long b, long start) {
13       super(start);
14       base = b;
15     }
16
17     /** Multiplies the current value by the geometric base. */
18     protected void advance( ) {
19       current *= base;                                           // multiply current by the geometric base
20     }
21   }
```

程式 2.4：幾何級數類別 GeometricProgression。

◉ 費伯納西級數類別（A Fibonacci Progression Class）

最後一個例子，示範如何使用級數架構產生**費伯納西級數**（*Fibonacci progression*）。費伯納西級數的每個值是前兩個最近值的和。為了起始數列，必須有兩個前導值，通常是 0 和 1，產生的費伯納西數列為 0、1、1、2、3、5、8、…。更一般化，此數列可以從任何兩個起始值產生。例如，如果從 4 和 6 值開始，產生的數列為 4、6、10、16、26、42、…。

　　FibonacciProgression 類別的程式在程式 2.5。這個類別明顯地和算術級數與幾何級數不同，因爲費伯納西數列不能僅從前一個值計算下一個值。我們必須保有兩個最近的值。因此 FibonacciProgression 類別引入了一個新成員，名爲 prev，用來儲存目前值的前一個值（目前值儲存在繼承而來的變數 current 中）。

　　然而，需先思考一個問題：當提供兩個參數 first 和 second，建構子如何初始化兩個前導值。此處的作法是：參數 first 儲存在變數 current 中（第 10 行），以便第一次呼叫 nextValue( ) 輸出正確的值。nextValue( ) 中的程式會更新 current 的值（數列的第二個值）等於第一個值加上前一個值 prev。所以初始化的時候要將前一個值 prev 初始化爲 (second − first)，如此，數列在第一次前進時將 current 值更新爲 first +prev= first + (second − first) = second，這正是我們所要的。

```
1   public class FibonacciProgression extends Progression {
2
3     protected long prev;
4
5     /** Constructs traditional Fibonacci, starting 0, 1, 1, 2, 3, ... */
6     public FibonacciProgression( ) { this(0, 1); }
7
8     /** Constructs generalized Fibonacci, with give first and second values. */
9     public FibonacciProgression(long first, long second) {
10      super(first);
11      prev = second – first;                  // fictitious value preceding the first
12    }
13
14    /** Replaces (prev,current) with (current, current+prev). */
15    protected void advance( ) {
16      long temp = prev;
17      prev = current;
18      current += temp;
19    }
20  }
```

程式 2.5：費伯納西數列類別程式。

2.3　介面與抽象類別（Interfaces and Abstract Classes）

當兩個物件需要互動時，必須「知道」彼此能夠接受的各式訊息，也就是物件所支援的「方法」。爲了要強制化這個「認知」，物件導向設計模式中，要求類別設定**「應用程式介面」**（**API**：*application programming interface*），或簡稱「介面」（*interface*），藉此，物件可呈現給其他物件。在本書以**抽象資料型態**（*ADT-based*，詳見 2.1.2 節）的方式描述書中的資料結構，一個介面定義一個 ADT 可用作型態定義，同時也爲此型態定義一組方法，每個方法有特定型態的參數。這種規格依序被編譯器或執行期系統強制要求：傳給方法的參數必須嚴格地符合介面中的定義。我們稱此種概念爲**「強型態」**（*strong typing*）。不可否認地，必須定義介面，以及強制要求「強型態」，對程式設計師來說是一種負擔。不過有一個好處可以彌補這個負擔，這些動作強制執行封裝的原則，而且通常會抓到不這麼做就難以注意到的程式錯誤。

2.3.1　java 中的介面（Interfaces in Java）

Java 中用來執行 API 的主要結構元素是「介面」（*interface*）。介面是一組方法的宣告，它沒有資料和主體程式。也就是說，介面的方法是空的，只有方法簽章。介面沒有建構子，不能被直接實體化。

當一個類別實作一個介面時，它必須實作此介面中宣告的所有方法。以這種方式，介面強迫一個實作類別以某些特定的簽章來建立方法。

例如，我們想要建立一個古董的存貨清單，並依物件的類別和特性來分類別。可能會想要標示某一個物件為「可販售」，在這個案例中，我們可以實作程式 2.6 中的「Sellable」介面。

接著可以定義一個具體的類別 Photograph，程式碼在程式 2.7 中。Photograph 類別實作了 Sellable 介面，這表示我們可以出售任何 Photograph 物件，這個類別所定義的物件，依其需求實作了每一個 Sellable 介面的方法。另外，還增加了一個方法，isColor，這是屬於 Photograph 物件的特性。

在我們的蒐藏品中，可能有另一種「可運輸的」的物件型態。在程式 2.8 中替這種物件定義了一個介面。

```
1   /** Interface for objects that can be sold. */
2   public interface Sellable {
3
4     /** Returns a description of the object. */
5     public String description( );
6
7     /** Returns the list price in cents. */
8     public int listPrice( );
9
10    /** Returns the lowest price in cents we will accept. */
11    public int lowestPrice( );
12  }
```

程式 2.6：Sellable 介面。

```
1   /** Class for photographs that can be sold. */
2   public class Photograph implements Sellable {
3     private String descript;           // description of this photo
4     private int price;                 // the price we are setting
5     private boolean color;             // true if photo is in color
6
7     public Photograph(String desc, int p, boolean c) {   // constructor
8       descript = desc;
9       price = p;
10      color = c;
11    }
12
```

```
13    public String description( ) { return descript; }
14    public int listPrice( ) { return price; }
15    public int lowestPrice( ) { return price/2; }
16    public boolean IsColor( ) { return color; }
17  }
```

程式 2.7：Photograph 類別，實作 Sellable 介面。

```
1  /** Interface for objects that can be transported. */
2  public interface Transportable {
3    /** Returns the weight in grams. */
4    public int weight( );
5    /** Returns whether the object is hazardous. */
6    public boolean isHazardous( );
7  }
```

程式 2.8：Transportable 介面。

　　我們接著在程式 2.9 中，為各種可以出售、包裝及出貨的古董定義一個名為 BoxedItem 的類別。BoxedItem 類別實作 Sellable 和 Transportable 介面，並加入特殊化的方法，用來設定出貨的保險金額，以及出貨箱的尺寸。

```
1  /** Class for objects that can be sold, packed, and shipped. */
2  public class BoxedItem implements Sellable, Transportable {
3    private String descript;           // description of this item
4    private int price;                 // list price in cents
5    private int weight;                 // weight in grams
6    private boolean haz;               // true if object is hazardous
7    private int height=0;              // box height in centimeters
8    private int width=0;               // box width in centimeters
9    private int depth=0;               // box depth in centimeters
10   /** Constructor */
11   public BoxedItem(String desc, int p, int w, boolean h) {
12     descript = desc;
13     price = p;
14     weight = w;
15     haz = h;
16   }
17   public String description( ) { return descript; }
18   public int listPrice( ) { return price; }
19   public int lowestPrice( ) { return price/2; }
20   public int weight( ) { return weight; }
21   public boolean isHazardous( ) { return haz; }
22   public int insuredValue( ) { return price*2; }
23   public void setBox(int h, int w, int d) {
24     height = h;
25     width = w;
26     depth = d;
27   }
28 }
```

程式 2.9：BoxedItem 類別。

BoxedItem 類別展示了 Java 中類別與介面的另一個功能，也就是，一個類別可以實作多個介面。這讓我們在定義類別時，擁有很大的彈性可來符合多個 API。

2.3.2　介面的多重繼承（Multiple Inheritance for Interfaces）

延伸多個類別的能力稱為「**多重繼承**」（*multiple inheritance*）。在 Java 中，介面允許多重繼承，而類別不能。這個規定是由於介面中的方法沒有包含本體，而類別中的方法一定有包含本體。因此，假如 Java 允許類別的多重繼承，當某一個類別嘗試著去延伸兩個類別，而這兩個類別中又包含兩個相同簽章的方法時，這將會造成困惑。這樣的困惑不會在介面中發生，因為介面中的方法是空的。既然這樣的困惑不會發生，而介面的多重繼承又具有實用價值，因此在 Java 中，我們允許介面使用多重繼承。

介面多重繼承的一個功用是模擬一種稱做「混入」（*mixin*）的多重繼承技術。與 Java 不同，某些物件導向語言像是 Smalltalk 和 C++，允許具體類別而非介面的繼承。在這些語言中會定義「混入類別」，它不是用來做為獨立物件，而是替已存在的類別提供額外的功能。這種繼承在 Java 中是不被允許的，因此程式設計師需藉著使用介面來模擬它。我們可以使用介面的多重繼承，將兩個或多個不相關介面中的方法「混合」，定義一個結合了這些功能的介面，或許再加入更多它自己的方法。回到範例的古董物件，我們替可保險的物品定義一個介面：

```
public interface Insurable extends Sellable, Transportable {
    /** Returns insured value in cents */
    public int insuredValue( );
}
```

這個介面混合了「Transportable」和「Sellable」介面的方法，並增加一個額外的「insuredValue」方法。這個介面讓我們可以用下面的方法來定義 BoxedItem：

```
public class BoxedItem2 implements Insurable {

// ... same code as class BoxedItem
}
```

在這個例子中，insuredValue 方法不是選用性的；而在之前的 BoxedItem 的宣告中它則是選用性的。

模擬「混入」技術的 Java 介面，包含：

- ava.lang.Cloneable：替類別加入了複製的功能。
- java.lang.Comparable：替類別加入了比較的功能（在實體中使用自然排序）。
- and java.util.Observer：替類別加入了更新（update）功能，當某一個 observable 物件更改狀態時，類別會被通知。

2.3.3　抽象類別（Abstract Classes）

在 Java 中，**抽象類別**（***Abstract class***）在某種程度上所扮演的角色介於傳統類別和介面之間。像介面一樣，抽象類別定義一個或多個方法的簽名，而不提供方法的主體程式；這樣的方法被稱爲**抽象方法**（***Abstract methods***）。然而，與介面不同，抽象類別可以定義一個或多個欄位和任何數量的有主體程式的方法（所謂的具體方法，***concrete methods***）。抽象類別也可以繼承其他類別，也可被其他類別繼承。

與介面的情況一樣，抽象類別不能被實體化，也就是說，沒有物件可以直接從一個抽象類別建立。在某種意義上，它仍然是一個不完全類別。抽象類別的子類別必須對於其父類別的抽象方法提供實現，或者保持抽象。爲了區分抽象類別，我們將非抽象類別稱爲**具體類別**（***concrete classes***）。

在比較介面和抽象類別的使用時，很清楚抽象類別更強大，因爲它們可以提供具體的函式。然而，在 Java 中使用抽象類別只能用於單一繼承，所以一個類別最多只能有一個父類別，無論是具體的還是抽象的（見第 2.3.2 節）。

在資料結構研究中，我們將充分利用抽象類別，因爲它們支持更廣的程式可重用性（物件導向的設計目標之一，第 2.1.1 節）。可以在類別家族中置入一些共通性（commonality），共通性以父類別的形式呈現。在這種結構，具體子類別僅需要實現附加的特定功能，也算在具體子類別間有了功能上的區隔。

做爲一個實際的例子，重新對第 2.2.3 節示範的級數類別思考引入進階層次。雖然在範例中並未將基礎類別抽象化，但這是一個合理的設計。現在，我們不打算讓用戶直接建立 Progression 類別的實體；事實上，Progression 產生的級數只是增量爲 1 的算術級數，算是算術級數中的一個簡單特例。Progression 基礎類別主要目的是爲子類別提供通用功能，包括：宣告和初始化 current 欄位、具體實現 nextValue 和 printProgression 方法。

將 Progression 基礎類別給特殊化的最重步驟是覆蓋 advance 方法。雖然 Progression 中的 advance 方法只是簡單遞增 current 變數的值，但三個子類別並未依賴這個簡單行爲。接下來，我們將重新設計 Progression 基礎類別，以抽象類別呈現，抽象類別的名稱是 AbstractProgression 基礎類別。在設計中，我們將 advance 方法改爲抽象方法，實現部分留給各個子類別來完成。

◉ Java 中抽象類別的機制（Mechanics of AbstractProgression Classes in Java）

在程式 2.10 中，我們列出新的級數抽象基礎類別程式。將新類別命名爲 AbstractProgression 而不是原先的名稱 Progression，只是爲了在討論過程中做個區別。兩者定義幾乎相同，我們會強調兩個關鍵區別。首先是在宣告類別時使用 AbstractProgression 修飾詞（第 1.2.2 節討論類別修飾詞）。

與原始類別一樣，新類別宣告目前欄位並提供建構子初始化。雖然我們的抽象類別不能被實體化，可以使用 **super** 這個關鍵字在子類別建構子中呼叫建構子（在所有三個升級的子類別中都是這麼處理。）

　　新的抽象類別具體實現 nextValue 方法和 printProgression 方法，這部分和原先 Progression 類似。第 19 行用 **abstract** 修飾詞定義 advance 方法，一個沒有主體的空方法。

　　即使還沒有實現 advance 方法做為 AbstractProgression 類別的一部分，從 nextValue 內部呼叫 advance 是合法的。這是一種物件導向設計模式，稱為**樣板方法模式**（*template method pattern*），其中抽象基礎類別提供了一個具體的行為，此具體行為藉由呼叫其他抽象行為來完成。一但子類別提供抽象行為的實現，繼承的具體行為也就被完整定義。

```
 1   public abstract class AbstractProgression {
 2     protected long current;
 3     public AbstractProgression( ) { this(0); }
 4     public AbstractProgression(long start) { current = start; }
 5
 6     public long nextValue( ) {                     // this is a concrete method
 7       long answer = current;
 8       advance( );                                  // this protected call is responsible for advancing the current value
 9       return answer;
10     }
11
12     public void printProgression(int n) {          // this is a concrete method
13       System.out.print(nextValue( ));              // print first value without leading space
14       for (int j=1; j < n; j++)
15         System.out.print(" " + nextValue( ));      // print leading space before others
16       System.out.println( );                       // end the line
17     }
18
19     protected abstract void advance( );            // notice the lack of a method body
20   }
```

程式 2.10：抽象版的進階基礎類別，初始程碼列在程式 2.2 中（為了簡潔，不重複列出）。

2.4　異常（Exceptions）

異常（exceptions）是在程式執行期間發生的意外事件。異常可能由於資源不足、用戶意外的輸入錯誤或者程式工程師邏輯錯誤等因素所導致。在 Java 中，異常是物件，可以由遇到意外情況的程式**拋出**（*thrown*），也可由 Java 虛擬機拋出，例如，記憶體不足。異常也可能被周圍處理問題的的程式區塊以適當的方式**捕捉**（*caught*）。如果未捕捉，則異常會導致虛擬機器停止執行，並向控制台報告相關訊息。在本節中，我們將討論 Java 中的常見異常型態以及在用戶定義的程式區塊中拋出和捕捉異常的語法。

2.4.1　捕捉異常（Catching Exceptions）

如果發生異常又未進行處理，則 Java 執行時期系統（Java runtime system）在列印相關訊息和追蹤執行堆疊後會停止程式的執行。堆疊追蹤會顯示異常發生時一系列的巢狀方法呼叫，如以下範例所示：

```
Exception in thread "main" java.lang.NullPointerException
    at java.util.ArrayList.toArray(ArrayList.java:358)
    at net.datastructures.HashChainMap.bucketGet(HashChainMap.java:35)
    at net.datastructures.AbstractHashMap.get(AbstractHashMap.java:62)
    at dsaj.design.Demonstration.main(Demonstration.java:12)
```

但是，在程式終止之前，堆疊追蹤上的每個方法都有一個機會捕捉異常。從最深層巢狀的方法開始發生異常，每個方法可以捕捉異常或允許它傳遞給呼叫者。例如，在上述堆疊追蹤中，ArrayList.java 方法是第一個有機會捕捉異常者。但未執行捕捉動作，所以異常向上傳遞給 HashChainMap.bucketGet 方法，也一樣，忽略了異常，於是又進一步向上傳遞給 AbstractProgressionHashMap.get 方法。這是在 Demonstration.main 方法中抓住異常的最後機會，但由於它沒有這樣做，結果程是以上述診斷訊息終止。

處理異常的一般方法是以 ***try-catch*** 程式區塊結構來完成，其中可能拋出異常的程式被執行並被監護著。如果程式拋出一個異常，程式流程將控制轉移到 **catch** 區塊，當中的程式可以分析異常，也可以適當的處理異常。如果在監護的程式中沒有發生異常，所有的 catch 區塊程式會被忽略。

Java 中 ***try-catch*** 敘述的典型語法如下：

try {
　　guardedBody
} **catch** (*exceptionType$_1$ variable$_1$*) {
　　remedyBody$_1$
} **catch** (*exceptionType$_2$ variable$_2$*) {
　　remedyBody$_2$
} . . .
. . .

每個 *exceptionType$_i$* 是一些異常的型態，每個 *variable$_i$* 是一個有效的 Java 變數名稱。

Java 執行期環境開始執行 try-catch 敘述，先執行的是監護主體（*guardedBody*）區塊內的程式。如果在執行期間沒有產生異常，控制流程轉移到整個 try-catch 敘述後的第一個敘述繼續執行。

另一方面，如果 guardedBody 區塊產生異常，該區塊的程式立即終止執行，執行控制跳轉到 **catch** 區塊，且此 **catch** 區塊的異常型態（*exceptionType*）與拋出的異常型態最為相似。此 **catch** 敘述的變數參考到異常物件本身，它可以在匹配的 **catch** 敘述區塊中使用。一旦執行 **catch** 區塊程式執行完畢，控制流程轉移到整個 try-catch 敘述後的第一個敘述繼續執行。

如果 guardedBody 區塊產生異常，**catch** 敘述中又沒有任何異常型態與之匹配，異常會在周圍環境重新拋出。

當異常被捕捉時，有幾種可能的反應。一種可能性是列印出錯誤信息並終止程式的執行。還有一些有趣的情況是：處理異常的最佳方式是靜靜地捕捉並忽略（這可以用空的 **catch** 區塊來實現）。另外一種合理處理異常方法是建立並拋出另一個異常，這個異常可能更精確地描述原先的異常。

我們簡要地指出，Java 中的 try-catch 敘述支持一些進階技術，但不會在這本書中使用。譬如關鍵字 **finally**，finally 關鍵字後面也是一個程式區塊，不管被監護的程式主體中是否發生異常，在離開 try-catch 敘述時都會執行 finally 區塊；在某些應用這是非常有用的，例如，在繼續執行後面的程式之前關閉先前開啓的檔案。Java SE 7 引入了一種稱爲 "try with resource" 的新語法爲諸如開啓的檔案等，必須正確清理資源提供了更高級的清理技術。同樣從 Java SE 7 開始，每個 catch 敘述都可以指定多個異常型態的處理；之前，每個異常型態要有獨立的敘述，即使這些異常都適用相同的處理。

```
1   public static void main(String[ ] args) {
2     int n = DEFAULT;
3     try {
4       n = Integer.parseInt(args[0]);
5       if (n <= 0) {
6         System.out.println("n must be positive. Using default.");
7         n = DEFAULT;
8       }
9     } catch (ArrayIndexOutOfBoundsException e) {
10       System.out.println("No argument specified for n. Using default.");
11     } catch (NumberFormatException e) {
12       System.out.println("Invalid integer argument. Using default.");
13     }
14   }
```

程式 2.11：示範捕捉異常。

做爲 try-catch 敘述的一個具體範例，程式 2.11 提供一個簡單的應用程式。這個程式的 main 方法試圖將命令列的第一個參數解釋爲正整數（命令列參數在第 1.2 節的 main 方法中介紹）。

第 4 行程式：n = Integer.parseInt(args [0])，有可能拋出異常。該敘述在兩種情況下會產生失敗。首先，如果用戶沒有指定任何參數，嘗試存取 args[0] 將會失敗，也就是，陣列是空的。在這種情況下會拋出 ArrayIndexOutOfBoundsException 異常（在第 9 行捕捉）。第二個潛在的異常是呼叫 Integer.parseInt 方法時，字串參數不是合法的整數表示式，例如 "2013"。因爲命令列參數可以是任何字串，用戶可能提供無效的整數表示字串，在這種情況下，parseInt 方法拋出一個 NumberFormatException 異常（在第 11 行捕捉）。

我們希望最終執行的條件是用戶輸入正確的正整數。爲了測試這個性質，得依賴一個傳統的條件敘述（第 5-8 行）。但是，請注意，我們已將該條件敘述放在 try-catch 敘述的主體中。該條件敘述只有在第 4 行程式執行成功無異常的條件下才會執行評估；若第 4 行發生異常，主程式區塊會被終止，程式的控制直接轉移到適當的 catch 異常處理區塊。

另外，如果願意對兩種異常使用相同的錯誤訊息，可以使用單個 catch 敘述：

```
} catch (ArrayIndexOutOfBoundsException | NumberFormatException e) {
  System.out.println("Using default value for n.");
}
```

2.4.2　拋出異常（Throwing Exceptions）

異常源於一段 Java 程式在其中發現某種問題並拋出異常物件。拋出異常是透過 **throw** 關鍵字來完成，**throw** 後面跟隨的是要拋出的異常型態實體，產生異常型態實體並不難，**throw** 敘述語法如下：

> **throw new** *exceptionType(parameters);*

其中 *exceptionType* 是異常的型態，參數發送到該型態的建構子大多數異常型態提供了一個版本的建構子，接受錯誤訊息字串做爲參數。

舉個範例，ensurePositive 方法只能接收正整數，若參數是負，拋出 IllegalArgumentException 異常。

```
public void ensurePositive(int n) {
  if (n < 0)
    throw new IllegalArgumentException("That's not positive!");
  // ...
}
```

執行 **throw** 敘述後會立即終止方法的主體程式。

◉ Throws 敘述

當宣告一個方法時，可以將呼叫期間可能拋出特定的異常型態，顯示宣告做爲其簽名的一部分。這個異常是否直接由該方法主體程式拋出，或是由方法內所呼叫的方法間接拋出並不重要。

在方法簽名中宣告可能的異常語法取決於關鍵字 **throws**（不要與實際的 **throw** 敘述混淆），例如，Integer 類別的 parseInt 方法具有以下形式簽名：

> **public**static int parseInt(String s) **throws** NumberFormatException

名稱 "**throws** NumberFormatException" 警告用戶可能發生的異常，以便發生異常時可被正確捕捉到。如拋出的異常有幾種型態，那麼，所有這些型態都可以列出，用逗號分隔。也可以列出包含所有特定異常的適當父類別。

在方法的簽名中使用 **throws** 關鍵字，不會影響 javadoc 註釋中的 @throws 標籤，所有可能的異常仍會出現在文件當中（見第 1.8.4 節）。異常型態和產生異常的原因仍應在方法的文件中正確宣告。

許多型態的異常，在方法簽名中使用 **throws** 關鍵字是可選的。例如，Scanner 類別的 nextInt( ) 方法的文件清楚地說明了可能出現三種不同的異常型態：

* IllegalStateException：如果 scanner 已關閉。
* NoSuchElementExceptionl：如果 scanner 是活動的，但目前沒有可用於輸入的 token。
* InputMismatchExceptionl：如果下一個可用的 token 不表示整數。

然而，在方法簽名中沒有正式宣告潛在的異常；它們只在文件中註明。

為了正確了解在方法簽名中使用 **throws** 宣告作用，了解 Java 異常型態層次結構組織方式是有幫助的。

2.4.3 Java 異常階層（Java's Exception Hierarchy）

Java 對所有可拋出（Throwable）的物件定義了完整的繼承層次結構。我們在圖 2.6 中顯示了這個層次結構的一小部分。層次結構是故意的分為兩個子類別：**錯誤（Error）**和**異常（Exception）**。Errors 通常只由 Java 虛擬機器拋出，代表有最嚴重且無法恢復的事件發生，例如當虛擬機器被要求執行時一個損壞的類別檔案，或者當系統記憶體不足時。相比之下，當有 *exceptions* 拋出時，代表正在運行的程式雖有異常但可能可以恢復正常。例如，無法打開資料檔案時。

◉ 已檢查和未檢查異常（Checked and Unchecked Exceptions）

Java 定義了一個重要的類別 RuntimeException，該類別由 Exception 類別衍生而來，目的在使異常的結構更精緻化。Java 中 RuntimeException 的所有子型態被正式視為「**未檢查的異常**」（*unchecked exceptions*），不是 RuntimeException 部分的任何異常型態則是一個「**已檢查的異常**」（*checked exception*）。

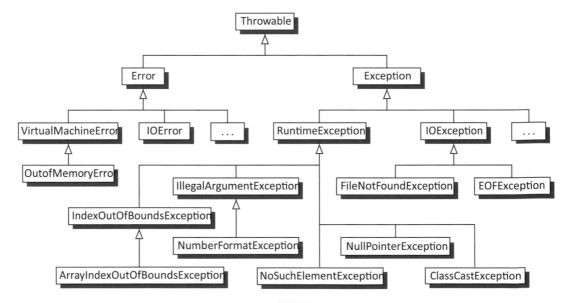

圖 2.6：JavaThrowable 型態層次結構的一小部分。

上述設計的目的是表現在程式執行時，因邏輯錯誤產生的異常，例如，陣列中越界的索引值或發送不適當的值做為方法的參數。雖然這樣的程式錯誤一定會在軟體開發過程中發生，但應該可以想見在軟體正式啓用前，這些錯誤可以被解決。因此為了程式效率，不會在程式執行時檢查每個這類的錯誤，因此這類錯誤被指定為 " 未檢查 " 異常。

相比之下，其他異常情況在程式執行前不容易被檢測，例如檔案或網路連接故障。這些通常在 Java 中被指定為 "checked" 異常（不是 RuntimeException 的子型態）。

檢查和未檢查異常之間的指定，在語言的語法上具有重要意義角色。特別是，所有可能從方法向上傳播的檢查異常必須在其簽名中顯式宣告。

結果是如果一個方法呼叫第二個宣告檢查異常的方法，那麼對第二個方法的呼叫必須放置在被監護的 try-catch 敘述中，否則呼叫方法必須自己在其簽名宣告檢查異常，因為這種異常存在由呼叫方法向上傳播的風險。

◉定義新的異常型態（Defining New Exception Types）

在本書中，將完全依賴現有的 RuntimeException 型態，來指定對資料結構使用的各種要求。但是，有些程式庫定義新的異常類別以描述更具體產生異常的原因。特殊的異常應該從 Exception 類別（如果是 checked）或 RuntimeException 類別繼承（如果是 unchecked）或從現有更相關的 Exception 子類別繼承。

2.5 轉型與泛型（Casting and Generics）

在這節中，我們從物件型態的轉型方式談起。

2.5.1 轉型（Casting）

開始討論物件轉換型態的方法。

◉放大轉型（Widening Conversions）

放大轉型發生在型態 T 要轉型成一個「更寬的」型態 U 時。下列是放大轉型的一般案例：

- T 和 U 是類別型態，U 是 T 的父類別。
- T 和 U 是介面型態，U 是 T 的父介面。
- T 是一個類別，實作介面 U。

當我們將一個運算式的結果存入變數時，放大轉型會自動執行，不需要做顯式轉型。因此，當型態 T 到 U 的轉型為放大轉型時，可以直接將型態為 T 的某運算式結果，指派給一個型態為 U 的變數 V。當討論多型時，有舉了一個隱式放大轉型範例，將一個較窄的 PredatoryCreditCard 類別的實體指派給一個 CreditCard 更寬型態的變數：

```
CreditCard card = new PredatoryCreditCard(...);      // parameters omitted
```

放大轉型的正確性可經由編譯器確認。程式執行時，Java 執行期環境不需要去驗證它的的合法性。

◉縮小轉型（Narrowing Conversions）

縮小轉型（*narrowing conversion*）發生在型態 T 要轉型成一個「更窄的」型態 S 時。下列是縮小轉型的一般案例：

- T 和 S 是類別型態，S 是 T 的子類別。
- T 和 S 是介面型態，S 是 T 的子介面。

- *T* 是一個介面，被類別 *S* 實作。

一般來說，參考型態的縮小轉型需要做顯式轉型。而且，縮小轉型的正確性不會由編譯器驗證。因此，它的合法性會在程式執行時，由 Java 執行期環境來驗證。

下面的程式碼顯示如何使用強制縮小轉型將 PredatoryCreditCard 型態轉型為 CreditCard 型態。

```
CreditCard card = new PredatoryCreditCard(...);          // widening
PredatoryCreditCard pc = (PredatoryCreditCard) card;     // narrowing
```

雖然變數 card 參考了 PredatoryCreditCard 的實例，但 card 變數是以 CreditCard 型態宣告。因此，指派 pc = card 是一個縮小轉型，在執行時必須使要顯式轉型（因為並不是所有的 card 卡都是 predatory）。

◉ 轉型異常（Casting Exceptions）

在 Java 中，可以將型態 T 的物件參考 *o* 轉型為型態 *S*，前提是物件 *o* 實際上參考的是型態 *S*。如果，物件 *o* 參考的不是型態 *S*，那麼試圖將 *o* 轉型為型態 *S* 將拋出一個 ClassCastException 異常。我們在下面的程式中說明這個規則，使用 Java 的 Number 抽象類別，它是 Integer 和 Double 的父類別。

```
Number n;
Integer i;
n = new Integer(3);
i = (Integer) n;                 // This is legal
n = new Double(3.1415);
i = (Integer) n;                 // This is illegal
```

為了避免像這樣的問題，又不想在每次執行類似轉型時使用 try-catch 區塊，Java 提供了一種確保物件正確轉型的方法。應該說，Java 供了一個運算子 **instanceof**，讓我們得以測試物件變數是否參考特定型態的物件。此運算子的語法是 objectReference **instanceof** referenceType，其中 objectReference 是一個結果為物件參考的運算式，referenceType 是一些現有類別、介面或列舉的名稱（第 1.3 節）。如果 objectReference 確實是一個滿足 referenceType 的實體，那麼運算子返回 **true**；否則，返回 **false**。因此，稍微修改上列程式，避免產生 ClassCastException 異常，修改如下：

```
Number n;
Integer i;
n = new Integer(3);
if (n instanceof Integer)
    i = (Integer) n;                 // This is legal
n = new Double(3.1415);
if (n instanceof Integer)
    i = (Integer) n;                 // This will not be attempted
```

◉介面轉型（Casting with Interfaces）

介面允許我們強制實現某些方法，但使用介面變數與具體物件有時需要轉型。假設宣告一個 Person 介面，如程式 2.12 所示。注意 Person 介面的 equals 方法需要一個 Person 型態的參數。因此，可以將實現 Person 介面的任何類別的物件傳遞給此方法。

```
1    public interface Person {
2        public boolean equals(Person other);        // is this the same person?
3        public String getName( );                    // get this person's name
4        public int getAge( );                        // get this person's age
5    }
```

程式 2.12：介面 Person。

在程式 2.13 中，顯示一個實現 Person 的類別 Student。因為 equals 的參數是 Person 型態，所以實現時不能假設它必須是 Student 型態。相反，它首先在第 15 行使用 **instanceof** 運算子，如果參數不是學生則返回 **false**（因為它肯定不是學生），只有在驗證參數是 student 之後，才顯式地轉型為學生，此時可以存取其 id 欄位。

```
1    public class Student implements Person {
2        String id;
3        String name;
4        int age;
5        public Student(String i, String n, int a) {        // simple constructor
6            id = i;
7            name = n;
8            age = a;
9        }
10       protected int studyHours( ) { return age/2;}       // just a guess
11       public String getID( ) { return id;}               // ID of the student
12       public String getName( ) { return name; }          // from Person interface
13       public int getAge( ) { return age; }               // from Person interface
14       public boolean equals(Person other) {              // from Person interface
15           if (!(other instanceof Student)) return false; // cannot possibly be equal
16           Student s = (Student) other;                   // explicit cast now safe
17           return id.equals(s.id);                        // compare IDs
18       }
19       public String toString( ) {                        // for printing
20           return "Student(ID:" + id + ", Name:" + name + ", Age:" + age + ")";
21       }
22   }
```

程式 2.13：類別 Student 實現介面 Person。

2.5.2　泛型（Generics）

Java 支持可用於各種資料型態的**泛型**（*generic*）類別和方法，同時避免顯式強制轉型。泛型架構允許根據一組**「形式型態參數」**（*formal type parameters*）來定義一個類別，然後可將其用在類別中變數、參數和返回值的型態。當在程式中的其他地方使用泛型做為型態，稍後這些形式型態參數須明確規範。

　　為說明泛型的用法，舉一個簡單的泛型案例研究。經常，我們希望將一對相關值視為單個物件，例如，這樣可以從一個方法返回這兩個值。一個解決方案是定義一個新類別，其實體儲存兩個值。這是我們物件導向設計模式 *composition design pattern*（組合設計模式）所舉的第一個例子。當想要儲存的資料對，其中一個是字串，另一個是浮點數，可分別代表股票代碼和股票價格，我們可以輕鬆地為此目的設計一個自定義的類別。然而，為了另一個目的，可能想儲存的資料對，一個是 Book 物件，另一個是表示數量的整數。泛型的目標是只要寫一個單一的類別，就滿足上述不同的需求。

　　泛型架構不是原始 Java 語言的一部分；它是在 Java SE 5 加入的。在此之前，泛型的實現很大部分是依賴 Java 的 Object 類別，這是所有類別物件的通用父型態（包括對應於基本資料型態的 wrapper 型態）。用這種 " 古典 " 樣式，泛型數對可用程式 2.14 實現。

```
1   public class ObjectPair {
2      Object first;
3      Object second;
4      public ObjectPair(Object a, Object b) { // constructor
5         first = a;
6         second = b;
7      }
8      public Object getFirst( ) { return first; }
9      public Object getSecond( ) { return second;}
10  }
```

程式 2.14：使用古典樣式表示一對通用物件。

　　ObjectPair 實體儲存送到建構子的兩個物件，並對的每個物件提供單獨的存取器（accessors），有了這樣的定義，可以使用以下敘述宣告和實體化一個數對：

```
ObjectPair bid = new ObjectPair ("ORCL", 32.07);
```

此實體化敘述是合法的，因為建構子的參數會經過放大轉型。第一個參數 "ORCL" 是一個字串，因此也是一個物件。第二個參數是一個 double，但它會自動裝入一個 Double，然後做為一個物件（其實本範例也不是很 " 古典 "，因為自動裝箱這個動作直到 Java SE 5 才出現）

　　古典方法的缺點是涉及使用存取器（accessor），兩者會返回一個 Object 參考。即使我們知道第一個物件在我們的應用程式是一個字串，但不能以下列敘述做指派：

```
String stock = bid.getFirst( );          // illegal；編譯錯誤
```

這表示要從返回型態 Object 縮小轉型到 String 型態變數。正確語法是要顯式轉型，如下所示：

```
        String stock = (String) bid.getFirst( );                      // narrowing cast: Object to String
```

這種古典形式的泛型，使得程式碼到處可見這類的顯式轉型。

◉ 使用 Java 的泛型架構

使用 Java 的泛型架構，我們可以使用形式型態參數（formal typeparameter）來表示數對中的兩種相關型態。使用泛型架構的範例列在程式 2.15 中。

```
 1   public class Pair<A,B> {
 2      A first;
 3      B second;
 4      public Pair(A a, B b) {                    // constructor
 5         first = a;
 6         second = b;
 7      }
 8      public A getFirst( ) { return first; }
 9      public B getSecond( ) { return second;}
10   }
```

程式 2.15：使用泛型形式參數表示一對物件。

在第 1 行使用角括號括起形式型態參數序列。雖然可以用任何有效的識別字來代表形式型態參數，但常規習慣使用大寫單一字母代表形式型態參數（本範例中的 A 和 B）。然後可以在類別定義的主體中使用這些形式參數。例如，宣告實例變數，其型態為 A；我們同樣使用型態做為 A 做為建構子第一個參數的型態，也用 A 做為 getFirst 方法的返回型態。

當隨後宣告一個帶有這類形式型態的變數時，必須明確指定真實型態來取代形式型態。例如，宣告一個數對變數，持有的資料對是股票代碼和價格，宣告語法如下：

```
        Pair<String,Double> bid;
```

在我們宣告的變數 bid 中已經使用 String 型態取代形式型態 A，使用 Double 取代形式型態 B。泛型程式使用的型態必須是物件，這就是為什麼我們使用包裝類別 Double 代替原始型態 double（幸運的是，有自動裝箱和拆箱的支持）。

我們可以使用以下語法實體化泛型類別：

```
        bid = new Pair<>("ORCL", 32.07);                    //依賴型態推斷
```

在 **new** 運算子之後，我們提供泛型類別的名稱，然後一個空的角括號（菱形），最後是給建構子的參數。執行此敘述，建立了泛型類別的實體，取代形式參數的實際型態得根據參數型態來判定數。這個過程稱為**型態推斷**（*type inference*），並被引入到 Java SE 7 中的泛型架構。

還可以使用在 Java SE 7 之前存在的樣式，其中泛型型態參數在實體化期間在角括號之間顯式指定。使用這種風格的語法：

```
        bid = new Pair<String,Double>("ORCL", 32.07);      //指定顯式型態
```

使用上述兩種方式要特別注意。如果完全省略掉角括號，如：

```
        bid = new Pair ("ORCL", 32.07);                    //古典風格
```

這個敘述恢復到古典風格，Object 自動套用到所有泛型的型態參數，若指派的變數屬於更具體的型態時編譯器會發出警告。

雖然使用泛型架構來宣告和實體化物件的語法比古典風格稍微凌亂，但優點是不需要用縮小轉型來將 Object 轉型到更具體的型態。繼續我們的範例，因爲 bid 已宣告實際型態參數 <String，Double>，getFirst( ) 方法的返回型態是 String，getSecond( ) 方法的返回型態是 Double。不像古典樣式，我們可以用下列沒有任何明確轉型的指派敘述（仍有 Double 自動拆箱動作）：

```
String stock = bid.getFirst( );
double price = bid.getSecond( );
```

◉ 泛型與陣列（Generics and Arrays）

有一個重點必須注意，這與泛型型態和陣列的使用相關。雖然 Java 允許陣列元素爲參數化型態，但在技術上卻不允許這種型態的新陣列實體化。幸好，它允許用參數化型態定義的陣列以新的非參數陣列初始化，然後轉型爲參數化型態。即使如此，這種機制也會導致 Java 編譯器發出警告，因爲它不是 100% 的型態安全（type-safe）。

可從兩個面向看這個問題：

- 泛型類別外的程式希望宣告一個能儲存泛型形式類別實體的陣列。
- 泛型類別內希望宣告一個能儲存屬於正式參數型態物件的陣列。

第一個面向範例：沿用股票市場的例子，並假定我們想持有 Pair <String,Double> 物件的陣列。這樣的陣列可以用參數化型態宣告，但必須先以未參數化的型態實體化，然後轉型到參數化型態。我們示範此用法：

```
Pair<String,Double>[ ] holdings;
holdings = new Pair<String,Double>[25];       // illegal; compile error
holdings = new Pair[25];                       // correct, but warning about unchecked cast
holdings[0] = new Pair<> ("ORCL", 32.07);     // valid element assignment
```

第二個範例，假設我們想建立一個名爲 Portfolio 的泛型類別，可以在陣列中儲存固定數量的泛型項目。假設 Portfolio 類別使用 <T> 做爲參數化型態，則可以宣告一個型態 T [] 的陣列，但是它不能直接實體化這樣的陣列。一種常見的方法是實體化 Object [] 型態的陣列，然後進行縮小轉型爲型態 T []，如下所示：

```
public class Portfolio<T> {
   T[ ] data;
   public Portfolio(int capacity) {
      data = new T[capacity];               // illegal; compiler error
      data = (T[ ]) new Object[capacity];   // legal, but compiler warning
   }
   public T get(int index) { return data[index]; }
   public void set(int index, T element) { data[index] = element; }
}
```

◉ 泛型方法（Generic Methods）

泛型架構允許定義個別的泛型版本方法（而不是整個泛型版本的類別）。為此，我們在方法修飾詞中包括一個泛型的形式型態宣告。

　　例如，在下面顯示一個非參數化的 GenericDemo 類別，有一個參數化的靜態方法可以反轉陣列元素，陣列元素可為任何物件型態。

```
public class GenericDemo {
    public static <T> void reverse(T[ ] data) {
        int low = 0, high = data.length − 1;
        while (low < high) {                    // swap data[low] and data[high]
            T temp = data[low];
            data[low++] = data[high];           // post-increment of low
            data[high−−] = temp;                // post-decrement of high
        }
    }
}
```

注意使用 <T> 修飾詞來宣告方法是泛型的，並在方法主體內宣告局部變數 temp 時使用型態 T。

　　可以使用語法 GenericDemo.reverse(books) 來呼叫該方法，由型態推斷來確定泛型型態，假設書是一些物件型態陣列（此泛型方法不能應用於由基本資料型態構成的陣列，因為自動裝箱不適用於整個陣列）。

　　另外，若使用古典樣式，Object [] 陣列，也同樣能實現 reverse 方法。

◉ 有界泛型型態（Bounded Generic Types）

預設情況下，在泛型類別或方法中使用型態名稱，例如 T 時，用戶可以指定任何物件型態做為泛型的實際型態。形式參數型態可以通過使用 **extends** 關鍵字後面跟一個類別或介面來做限制。在這種情況下，僅允許滿足所述條件的型態可以代替形式參數。這種有界型態的優點是只要物件滿足界限條件，則呼叫任何方法可保證成功。

　　例如，可以宣告一個名為 ShoppingCart 的泛型類別，只有滿足 Sellable 介面的型態才能實體化 ShoppingCart 類別（程式 2.6）。這樣的類別宣告語法如下：

```
public class ShoppingCart<T extends Sellable>{
```

在該類別定義中，我們將被允許對型態 T 的任何實體呼叫方法 description( ) 和 lowestPrice( )。

2.6　巢狀類別（**Nested Classes**）

Java 允許類別以巢狀方式定義在另一個類別的定義內。巢狀類別的主要用途是定義一個與其他類別強烈關聯的類別。有助於增加封裝和減少不必要的名稱衝突。巢狀類別是實現資料結構的一種有價值的技術，因為巢狀使用的實體可用於表示大型資料結構的細微部分，或做為有助於引導主資料結構體的輔助類別。我們將在本書的許多實現中使用巢狀類別。

　　為了示範巢狀類別的機制，可以考慮一個新的 Transaction 類別以支持與信用卡交易相關的事務。Transaction 類別嵌套在 CreditCard 類別中：

```java
public class CreditCard {
    private static class Transaction { /* details omitted */ }

    // instance variable for a CreditCard
    Transaction[ ] history;          // keep log of all transactions for this card
}
```

　　包含類別（*containing class*）又稱為**外部類別**（*outer class*）。**巢狀類別**（*nested class*）是外部類別的成員，其完全限定名稱為 *OuterName.NestedName*。例如，對於上面的定義，巢狀類別是 CreditCard.Transaction，雖然可以在 CreditCard 類別內簡單地稱其為 Transaction。

　　和套件一樣（第 1.7 節），使用巢狀類別可以幫助減少名稱衝突，譬如，其他類別（獨立類別）也可以有一個名為 Transaction 的巢狀類別。

　　巢狀類別具有來自外部類別的一群獨立修飾詞。能見度修飾詞（**public**，**private**）影響的是外部類別之外的類別是否可存取巢狀類別。例如，一個 **private** 巢狀類別除了外部類可使用外，其他的任何類別都不可以使用。

　　巢狀類別也可以指定為靜態或（預設）非靜態，這會有很大的影響。靜態巢狀類別最像傳統類別；它的實體與外部類別的任何特定實體沒有關聯。

　　非靜態巢狀類別在 Java 中更常被稱為**內部類別**（*inner class*）。內部類別的實體只能由外部類別的非靜態方法來建立，內部實體與建立它的外部實體相關聯。內部類別的每個實體隱式儲存與其關聯的外部實體的參考，可以從內部類別方法中使用敘述 *OuterName.***this**（若只用 **this**，指的是內部實體）存取外部類別成員。內部實體還可存取其關聯外部實體的所有 private 成員，並且如果是泛型的話，也可以使用外部類別的形式型態參數，。

2.7　習題

複習題

R-2.1　舉一個軟體應用程式的例子，其中適應性意味著延長銷售壽命和破產之間的差異。

R-2.2　從描述一個 GUI 文字編輯器的元件和此元件封裝的方法。

R-2.3　寫個簡短的 Java 程式，使用 2.2.3 節中的級數類別找到費伯納西級數的第八個值，前導值是兩個 2。

R-2.4　如果我們選擇的增量是 128，則在長整數溢出前使用 2.2.3 節的 ArithmeticProgression 類別呼叫 nextValue 方法的次數為何？

R-2.5　兩個介面可以相互延伸嗎？為什麼或者為什麼不？

R-2.6　寫個使用陣列的 Java 程式，如果索引超出範圍，程式捕捉異常並輸出以下錯誤訊息：" 不要在 Java 程式中嘗試做緩衝區溢位攻擊！"

R-2.7 具有非常深的繼承樹的一些效率上潛在的缺點是什麼，也就是一大組的類別 A、B、C 等等，使得 B 擴展 A，C 擴展 B，D 擴展 C 等等？

R-2.8 具有非常淺的繼承樹的一些潛在的效率缺點是什麼，也就是說，一大組類別，A、B、C 等等，使所有這些類別擴展單個類別，Z？

R-2.9 以下列類別畫一個類別繼承圖：

- 類別 Goat 延伸 Object 並增加一個實例變數 tail 以及方法 milk( ) 和 jump( )。
- 類別 Pig 延伸 Object 並增加一個實例變數 nose 以及方法 eat(food) 和 wallow( )。
- 類別 Horse 延伸 Object 並增加實例變數 height 和 color，以及方法 run( ) 和 jump( )。
- 類別 Racer 延伸 Horse 並增加方法 race( )。
- 類別 Equestrian 延伸 Horse 並增加實例變數 weight 以及方法 trot( ) 和 isTrained( )。

R-2.10 考慮從 R-2.9 的類別的繼承，並讓 d 是一個 Horse 型態的物件變數。如果 d 參考的是 Equestrian 型態的實際物件，可以被轉型到 Racer 類別嗎？為什麼可以或者為什麼不？

挑戰題

C-2.11 寫一個 Java 程式，執行時輸出其程式碼。這樣的程式被稱為 *quine*。

C-2.12 PredatoryCreditCard 類別提供了一個 processMonth( ) 方法，用來處理一個月的帳務。修改類別，讓客可戶在一個月內對 charge 方法進行十次呼叫，每超出一次會產生 1 塊錢的額外附加費用。

C-2.13 修改 PredatoryCreditCard 類別，告知客戶分每月應支付的最小金額，若用戶在下個月前未支付，列入循環利息，延遲支付產生的費用可讓用戶取得。

C-2.14 寫一個 Java 程式，內有三個類別 A、B 和 C，使 B 擴展 A，C 擴展 B。每個類別應該定義一個名為 "x" 的實例變數，(即，每個都有自己的變數 x)。描述如何在 C 中的方法存取 A 中的 x 變數，但不會改變 B 或 C 的 x 值。

C-2.15 解釋為什麼 Java 動態調度演算法（dynamic dispatch algorithm）在尋找一個方法呼叫 obj.foo( ) 時，永遠不會進入無窮迴圈。

C-2.16 修改 FibonacciProgression 類別的 advance 方法，避免使用的任何臨時變數。

C-2.17 寫一個 Java 類別來擴展 Progression 類別，以便在級數中產生前兩個值相減，所得差額的絕對值。你應該建立兩個建構子：一個預設建構子以 2 和 200 做為級數的前兩個值；另外建立一個需要兩個參數的建構子，以兩個參數值做為級數的前兩個值。

C-2.18 將 Progression 類別重新設計為抽象和泛型，產生一個型態為 T 的泛型序列，並建立一個建構子接受一個初始值。接著對其餘的類別進行該有修正，使這些類別保持非泛型類別，但仍繼承新的泛型 Progression 類別。

C-2.19 使用練習 C-2.18 的解決方案來建立一個新的 progression 類別，級數元素型態為 Double，且每個值都是前一個值的平方根。建立兩個建構子，一個預設建構子，以 65,536 做為第一個值；另一個建構子以一個參數做為級數的第一個值。

C-2.20 使用練習 C-2.18 的解決方案，重新實現 FibonacciProgression 子類別，並使用 BigInteger 類別以避免溢出。

C-2.21 寫一個 Java 程式類別，模擬一個 Internet 應用程式，讓 Alice 定期建立一組要發送給 Bob 的封包。互聯網程式不斷地檢查 Alice 是否有任何封包要發送。如果有，則將它們發送到 Bob 的電腦；Bob 則定期檢查電腦內是否有來自 Alice 的封包，如果有，則先讀取然後刪除。

軟體專案

P-2.22 寫一個 Java 程式，輸入一個檔案，並計算檔案中每個字母出現的頻率，輸出一個長條圖。

P-2.23 寫一個 Java 程式來模擬有熊和魚兩種型態生物的生態系統。生態系統有一條河流，並將其模式化為大型陣列。陣列的每個 cell 應該包含一個 Animal 物件，它可以是 Bear 物件，Fish 物件或 **null**。時間軸上每個點，基於隨機過程，每隻動物試圖移動到相鄰陣列或停留在原處。如果兩個相同型態的動物將在同一個 cell 中碰撞，則留在原處，但是它們會建立該型態動物的新實體，並隨機放置在陣列空位 (**null**) 中。然而，如果熊和魚碰撞，則魚死亡（即，它消失）。使用 new 運算子建立實體物件，並在每個時間點後，提供一個將陣列視覺化的方法。

P-2.24 寫一個 Java 程式，模擬電子書讀者所需的功能。當中有一個顧客 " 購買 " 新書的方法，顧客可查看購買書籍的列表，顧客可閱讀購買的書籍。你的系統應使用實際的書籍，其版權已過期且可在 Internet 上取得，為您系統的顧客增加可用的電子書，讓顧客可 " 購買 " 並閱讀。

P-2.25 寫一個 Java 程式，模擬手持式計算器。你的程式應該能夠在 GUI 或 Java 控制台中按下按鈕後輸入資料，然後在螢幕輸出內容。最低限度，你的計算器應該能夠處理基本算術運算和重置 / 清除操作。

P-2.26 寫一個「找零」的 Java 程式，你的程式需要輸入兩個數字。一個是需付金額，另一個是已付金額。此程式計算兩者的差額（需找回的零錢），並回傳找零的金額，以鈔票或硬幣的數量呈現。鈔票或硬幣的值可以基於任何一個目前政府的貨幣系統，試著將你需要找零的鈔票或硬幣數量減到最低。

後記

關於計算機科學與工程發展概觀，建議讀者參考 *The Computer Science and Engineering Handbook* [92]。要了解更多關於 Therac-25 事件，請參閱 Leveson 和 Turner 的論文 [65]。

想進一步研究物件導向程式設計的讀者可參考 Booch [16]，Budd [19] 和 Liskov 和 Guttag [67] 的書籍。 Liskov 和 Guttag 對抽像資料型態有很好的討論。Demurjian [28] 的 *The Computer Science and Engineering Handbook* [92] 也是很好的參考資料。設計模式部分可參考 Gamma 等人的著作 [38]。

Chapter

3

陣列與鏈結串列

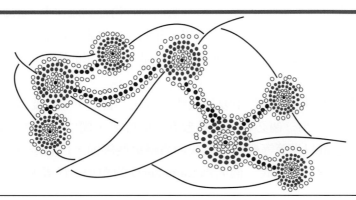

目錄

3.1　陣列的實際用法（Practical Uses of Arrays）

在本節中，我們將探討幾個和陣列相關的應用程式，具體的資料結構已在第 1.3 節中介紹，使用整數索引存取陣列的項目。

3.1.1　在陣列存放遊戲記錄（Storing Game Entries in an Array）

我們研究的第一個應用是影像遊戲，將遊戲分數的排行榜存到陣列中。這範例具有應用代表性：儲存一序列的物件。譬如，在醫院的應用，我們可以很容易地儲存病人的記錄；在運動場上可以儲存足球隊的球員名單等。影像遊戲雖然是一個簡單的應用程式，但已足夠呈現資料結構的一些重要概念。

　　首先，我們要考慮排行榜物件中要放入哪些資訊。當然，一定要有個整數欄位存放分數，欄位名稱為 score。另一個必要欄位是參賽者的姓名，欄位名稱為 name。我們可以從這裡開始，再添加遊戲日期等等欄位。但我們省略這些細節，目的是呈現陣列的用法，以免混淆講述的主題。程式中定義一個名為 GameEntry 的類別，代表遊戲項目，程式 3.1 為類別定義。

```java
1   public class GameEntry {
2     private String name;                    // name of the person earning this score
3     private int score;                      // the score value
4     /** Constructs a game entry with given parameters.. */
5     public GameEntry(String n, int s) {
6       name = n;
7       score = s;
8     }
9     /** Returns the name field. */
10    public String getName( ) { return name; }
11    /** Returns the score field. */
12    public int getScore( ) { return score; }
13    /** Returns a string representation of this entry. */
14    public String toString( ) {
15      return "(" + name + ", " + score + ")";
16    }
17  }
```

程式 3.1：GameEntry 類別。類別內有三個方法成員：getName 傳回參賽者姓名、getScore 傳回分數、toString 傳回姓名與分數的字串組合。

◉ 排行榜的類別（A Class for High Scores）

為了維持排行榜序列，我們定義一個名為 Scoreboard 的類別。Scoreboard 類別代表一個計分板，記分板要表達的是排行榜。所以，不是任何分數都能上榜，記錄在計分板當中。計分板只記錄上榜的分數；若計分板滿額，新的分數必須超過 "排行榜" 的最低分才可加入。計分板可記錄資料的筆數取決於遊戲，也許是 10、50 或 500 等。由於資料筆數這個限制可能會變化，我們允許用 Scoreboard 建構子的參數來設定。

在內部，我們將使用一個名為 board 的陣列來管理排行榜中的 GameEntry 實體。陣列大小則根據指定的容量來配置，陣列的所有項目初始設為 **null**。隨著項目的添加，我們會從最高到最低分排序，陣列的索引值從 0 開始。圖 3.1 顯示上述資料結構的圖示，資料結構的程式碼列在程式 3.2 中。

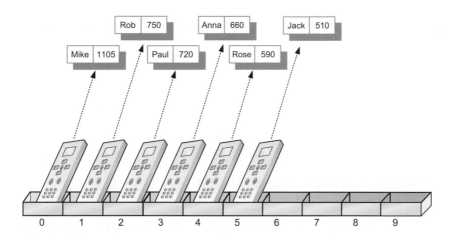

圖 3.1： 示範一個長度為十的陣列。已經存有六個 GameEntry 物件的參考，索引值從 0 到 5，其餘的參考為 **null**。

```
1   /** Class for storing high scores in an array in nondecreasing order. */
2   public class Scoreboard {
3     private int numEntries = 0;              // number of actual entries
4     private GameEntry[ ] board;              // array of game entries (names & scores)
5   /** Constructs an empty scoreboard with the given capacity for storing entries. */
6     public Scoreboard(int capacity) {
7       board = new GameEntry[capacity];
8     }
      ... // more methods will go here
36  }
```

程式 3.2：Scoreboard 類別用於維護一組 GameEntry 物件（1/3）

◉ 添加項目（Adding an Entry）

計分板最常見的更新動作是增加一個新紀錄，不是任何分數都能上排行榜。若排行榜未滿額，當然，只要有分數就能上榜。一旦排行滿額，只有優於排行榜的分數才能上榜，這個底線就是排行榜目前的最低分。

程式 3.3 為 Scoreboard 類別提供了一個名為 add 的方法，用來更新排行榜，加入一筆新分數資料。

```
9    /** Attempt to add a new score to the collection (if it is high enough) */
10   public void add(GameEntry e) {
11     int newScore = e.getScore( );
12     // is the new entry e really a high score?
13     if (numEntries < board.length || newScore > board[numEntries−1].getScore( )) {
14       if (numEntries < board.length)            // no score drops from the board
```

```
15          numEntries++;                    // so overall number increases
16      // shift any lower scores rightward to make room for the new entry
17      int j = numEntries − 1;
18      while (j > 0 && board[j−1].getScore( ) < newScore) {
19        board[j] = board[j−1];               // shift entry from j-1 to j
20        j−−;                                // and decrement j
21      }
22      board[j] = e;                          // when done, add new entry
23    }
24  }
```

程式 3.3：用於將 GameEntry 物件插入 Scoreboard。(2/3)

　　比賽過程中每產生一個新的分數時，第一件事就是驗證這個分數是否夠格上榜。如果排行榜尚有餘額或新的分數高於排行榜的最低分（見第 13 行），新的分數就能上榜，加入記分板。

　　一旦確定分數夠格上榜，則有兩個工作要執行：(1) 正確更新上榜的數量，這部份記錄在變數 numEntries 中，(2) 放置新的分數項目在適當的位置，根據需要移動較差分數的項目，使陣列維持在排序狀態。

　　第一個工作不難，在程式第 14 和 15 行處理，排行榜未滿額，也就是 numEntries 小於 board.length 時，分數總量 numEntries 才能增加（當排行榜已滿額，要添加新分數項目，得先移除陣列中的最低分數項目，此時分數總量 numEntries 變數不做更新。）

　　擺放新項目位置的程式由第 17-22 行執行。索引 j 的初值為 numEntries − 1，這是陣列中最後一個 GameEntry 元素的索引值。j 有可能是新分數項目的索引值，或在 j 之前還有一些比新分數低的項目。while 迴圈檢查複合條件，只要在索引 j − 1 處存在具有小於新分數的項目，則向右移動項目和遞減 j 值。

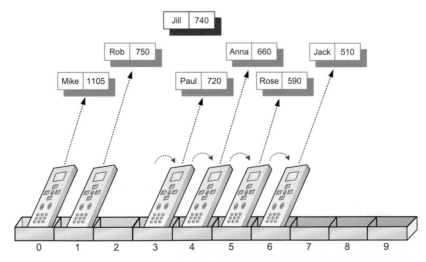

圖 3.2：準備在 entries 陣列中加入一個新的 GameEntry 物件。為了挪出空間給新的參考，必須將分數比新參考低的遊戲項目往右移一格。

　　圖 3.2 顯示執行過程的一個情況，移動項目之後，在添加新項目之前。當迴圈執行完畢，j 就是新項目的正確索引值。圖 3.3 顯示了完整操作的結果，在分配 board[j] = e 之後，執行第 22 行完成插入項目動作。

在練習題 C-3.16 中，我們簡化遊戲項目的添加，不需要排序。

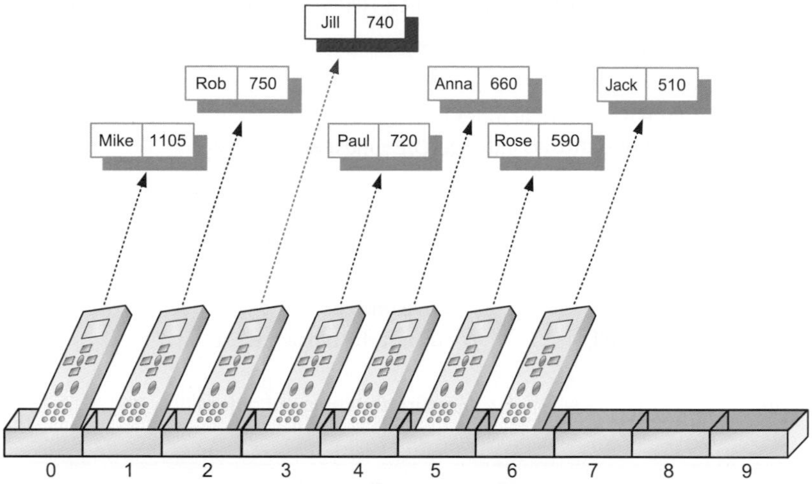

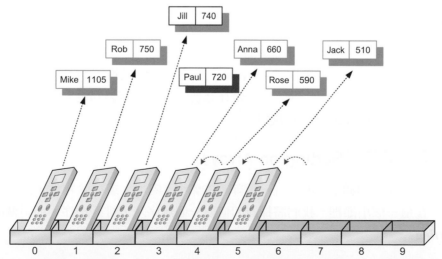

圖 3.3：在陣列 board 新增一個 Jill 的 GameEntry 物件參考。這個參考可以被插入在索引為 2 的位置，比 740 分低的物件均已右移。

◉ **移除項目**（Removing an Entry）

假設有某個高手玩了這個電視遊戲，且名字已列在排行榜裡，但後來發現有作弊的情事發生，在這個情況下，需要有從排行裡移除項目的方法。當移除一個分數物件，其他物件位置須往前挪動。接下來思考，如何從 Scoreboard 類別移除 GameEntry 物件。

我們選則在 Scoreboard 增加一個方法，使用的簽名是 remove(*i*)，其中 i 表示該索引項目應該被移除和返回。當分數被移除時，任何較低的分數將向上移動以填補已刪除的項目。如果索引 *i* 超出目前項目的範圍，則方法將拋出 IndexOutOfBoundsException。

move 方法的實作跟 add 方法所用的演算法非常相似，都用迴圈來完成，不過是倒過來做的。為了移除索引 *i* 的物件參考，我們從索引 *i* 開始，把後面所有的參考往左移一格（見圖 3.4）。

圖 3.4：從儲存 GameEntry 物件參考的陣列中，移除索引 3，名為 Paul 的物件參考。

　　Scoreboard 類別的 remove 方法列在程式 3.4 中。執行刪除動作有幾個地方需要注意。首先，爲了刪除和返回索引 i 的遊戲項目（我們稱呼它爲 e），我們必須將 e 儲存在一個臨時變數，當完成刪除時，返回 e。

```
25   /** Remove and return the high score at index i. */
26   public GameEntry remove(int i) throws IndexOutOfBoundsException {
27     if (i < 0 || i >= numEntries)
28       throw new IndexOutOfBoundsException("Invalid index: " + i);
29     GameEntry temp = board[i];              // save the object to be removed
30     for (int j = i; j < numEntries −1; j++)  // count up from i (not down)
31       board[j] = board[j+1];                // move one cell to the left
32     board[numEntries −1 ] = null;           // null out the old last score
33     numEntries − −;
34     return temp;                            // return the removed object
35   }
```

程式 3.4：用於執行 Scoreboard.remove 操作的 Java 程式。（3/3）

　　第二個重點是，將索引值高於 i 的物件向左移動一個位置，我們不會一路走到陣列的末尾。首先，迴圈循環次數爲陣列現有的項目數量，不是陣列容量，沒有必要移動位在陣列尾端 **null** 參考。我們還仔細定義循環條件，j <numEntries - 1，以便最後一次循環分配 board[numEntries-2] = board [numEntries-1]。沒有項目會移動到 board[numEntries-1]，所以在迴圈執行完畢後，我們將該索引位置的參考設爲 **null**。最後返回刪除的物件（board 陣列不再有任何對此物件的參考）。

◉ **結論**（Conclusions）

Scoreboard 類別的程式碼可在線上取得，當中包括 toString( ) 方法的程式碼，可顯示目前計分板的內容，每個項目用逗號分隔。我們還寫了一個 main 方法，用來執行類別的基本測試。

　　在排行榜陣列中增加和刪除物件的方法是很簡單的。雖簡單，但可重複使用，這是來建構更複雜資料結構的基礎技術。這些結構比上述的陣列結構更具普遍性，也有更多的操作，而不僅僅是增加和刪除元素。但現在所學習的具體陣列資料結構，是理解其他結構一個很好的開始，因爲每個資料結構都必須用具體的方法來實現。

　　事實上，在本書的後面，我們將學習 Java 的 collection 群集類別：ArrayList，這比我們在這裡研究的陣列結構更具通用性。ArrayList 具有對底層陣列操作的方法；當對一個裝滿資料的陣列添加元素時不會產生錯誤，做法是在必要時將物件複製到更大的陣列。我們將在第 7.2 節討論更多有關 ArrayList 類別的應用。

3.1.2　陣列排序（Sorting an Array）

在前一個小節裡，我們顯示了如何在一個陣列的索引 i 處加入或移除物件，同時保持原本的順序不變。在這一個小節裡，我們將探討如何對一個無序陣列排好順序，而這個問題被稱爲**排序**（*sorting*）。

◉ 插入排序演算法（The Insertion-Sort Algorithm）

我們在這本書會探討一些排序演算法，大部分會在第 13 章裡提到。現在先在這個小節描述一個簡單的排序演算法：**插入排序（*insertion-sort*）**。在這個情況下，我們所描述的版本，其輸入值會是一堆可以比較大小的元素，所構成的一個陣列。我們在這本書的後面會提及一些更為普遍的排序演算法。這個簡單的插入排序演算法如下所示。我們先從陣列的第一個元素開始，單一元素本身是已排序好的。接下來我們看陣列中的下一個元素，如果它比第一個元素小，我們會將兩者交換。接下來會考慮陣列中的第三個元素，我們會將它跟左邊的元素作交換，直到它位於前面兩個元素中適當的順序。接下來會考慮陣列中的第四個元素，並將它跟左邊的元素作交換，直到它位於前面三個元素中適當的順序。我們會接續執行這個動作，直到整個陣列排序完畢。結合上述非正式的描述以及程式的建構，程式 3.5 顯示插入排序演算法。

Algorithm InsertionSort(A):

　Input: An array A of n comparable elements

　Output: The array A with elements rearranged in nondecreasing order

　for k from 1 to n−1 **do**

　　Insert A[k] at its proper location within A[0], A[1], . . ., A[k].

程式 3.5：插入排序演算法的高階描述。

　　這是一個簡單的，高階的插入排序描述。如果我們回頭看看在第 3.1.1 節中的程式 3.3，我們看到插入一個新項目進入排行榜和在 insertion-sort 中插入新元素的動作幾乎相同（除了遊戲分數從高依序排到低）。我們在程式 3.6 中呈現插入排序的程式碼，使用外迴圈循環每個元素，在內迴圈將元素插入適當位置，相對於（已排序）在它左邊的子陣列。圖 3.5 示範插入排序演算。

　　我們注意到，如果陣列已經排序，插入排序的內迴圈只有一個比較動作，確定不需要交換，並返回到外迴圈。當然，如果陣列未排序，程式碼就不會這麼簡單。事實上，是針對降冪排序的陣列，需要花費最多的工作量來完成排序。

```
1    /** Insertion-sort of an array of characters into nondecreasing order */
2    public static void insertionSort(char[ ] data) {
3      int n = data.length;
4      for (int k = 1; k < n; k++) {          // begin with second character
5        char cur = data[k];                  // time to insert cur=data[k]
6        int j = k;                           // find correct index j for cur
7        while (j > 0 && data[j−1] > cur) {    // thus, data[j-1] must go after cur
8          data[j] = data[j−1];               // slide data[j-1] rightward
9          j − −;                             // and consider previous j for cur
10       }
11       data[j] = cur;                       // this is the proper place for cur
12     }
13   }
```

程式 3.6：對字元陣列執行插入排序。

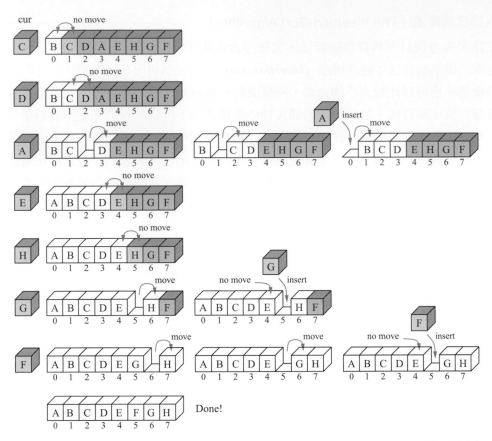

圖 3.5：對有 8 個字元的陣列執行插入排序。每一列對應一個外迴圈的迭代，每列中的複製圖形，對應於內部迴圈的迭代。目前正在插入元素以深色顯示，並標示為 cur。

3.1.3　用於陣列隨機數值的 java.util 方法（java.util Methods for Arrays and Random Numbers）

因為陣列是如此的重要，Java 提供了一個類別：java.util.Arrays。java.util.Arrays 類別有許多內建的靜態方法，用來對陣列執行基本操作。在本書後面章節，我們將說明當中幾個方法所使用的演算法。現在，對最常用的方法提出簡要說明（3.5.1 節會有更多的討論）：

equals(A, B)：當陣列 A 和陣列 B 相等時，回傳真值。兩個陣列只有在兩者元素數量相等且所有相對應的元素也相等時，才會被認為是相等。亦即，A 和 B 在同樣的位置上有相同的元素。

fill(A, x)：在陣列 A 的每個單元格中儲存值 x，前提是陣列 A 的型態須正確定義，以便能儲存值 x。

copyOf(A, n)：返回大小為 n 的陣列，使得前 k 個元素從陣列 A 複製，其中 k = min {n,A.length}。如果 n> A.length，那麼最後的 n-A.length 個元素將使用預設值填充。例如，型態為 **int** 的陣列預設值是 0，型態為 object 的物件預設值為 **null**。

copyOfRange(A, s, t)：返回大小為 $t - s$ 的陣列，此陣列元素從 $A[s]$ 到 $A[t-1]$ 依序複製，其中 $s < t$。如果 $t > A.\text{length}$，使用的填充機制和 copyOf( ) 相同。

toString(A)：返回陣列 A 的字串表示形式，以 " [" 符號開頭，以 "] " 符號結束，每個元素用 ", " 符號隔開。$A[i]$ 元素的字串表示形式使用 String.valueOf($A[i]$) 取得，對於 **null** 參考則返回字串 "null"，否則呼叫 $A[i]$.toString( )。

sort(A)：根據陣列元素型態的自然順序對陣列 A 進行排序，元素必須是可比較的。排序演算法是第 13 章的重點主題。

binarySearch(A, x)：對排序陣列 A 搜尋 x 值，返回 j 所在位置的索引，或同時保持排序的插入點。第 5.1.3 節中講述二元搜尋演算法。

　　靜態方法，可直接在 java.util.Arrays 類別上呼叫，不必產生類別的實體。如果資料是陣列，我們可以使用語法：java.util.Arrays.sort(data)。如果我們首先導入 Arrays 類別，也可使用較短的語法：Arrays.sort(data) 進行排序（參見第 1.7 節）。

◉ 虛擬亂數產生（PseudoRandom Number Generation）

產生虛擬亂數是 Java 中內建的另一項特性，在測試與陣列相關的程式時特別有用。虛擬亂數是隨機數字（但不一定是真正隨機的）。Java 有一個內建的類別 java.util.Random，該類別的實體是**虛擬亂數產生器**（*pseudorandom number generators*），此物件產生的數值序列在統計上是隨機的。實際上，這些序列不是隨機的，因為可根據串列前面的數值預測下一個數值。一個常用的虛擬亂數發生器是根據目前值，cur，產生下一個數，next，根據公式（在 Java 語法中）：

next = (a * cur + b) %n；

其中 a，b 和 n 是適當選擇的整數，% 是模數運算子。java.util.Random 物件使用的方法中 $n=2^{48}$。結果證明，這樣的序列可以被證明在統計學上是均勻的，這對於需要亂數的大多數應用，如遊戲，通常算品質夠好的亂數。對於應用程式，如電腦安全設置，其中需要不可預測的隨機序列，不應該使用這種公式來產生亂數。理想情況下，應該使用實際上是隨機來源的樣本，例如來自外太空的無線隨機訊號。

　　由於虛擬亂數產生器中的下一個數字由前一個數字確定，這樣的產生器總是要有個起始值，這被稱為 **seed**（種子）。給定 seed 產生的數值序列相同。java.util.Random 類別實體的 seed 值可以在其建構子中設定或使用 setSeed( ) 方法設定。

　　每次執行程式時若想獲得不同序列值，一個常見技巧每次執行程式時使用不同的 seed 值。例如，讓用戶定時輸入，或者我們可以將種子設置自 1970 年 1 月 1 日至目前的時間（以毫秒為單位）（由 System.currentTimeMillis 提供）。java.util.Random 類別的方法包括：

nextBoolean( )：返回下一個 **boolean** 虛擬亂數。

nextDouble( )：返回下一個 **double** 虛擬亂，範圍 0.0 和 1.0。

nextInt( )：返回下一個 **int** 虛擬亂數。

nextInt(n)：返回範圍中的下一個 **int** 虛擬亂數，從 0 到 n，但不包括 n。

setSeed(s)：將此虛擬亂數產生器的 seed 值設為 s，s 型態為 **long**。

3.1.4 使用字串和字元陣列的簡單密碼學（Simple Cryptography with Strings and Character Arrays）

字元陣列和字串的一個重要應用是**密碼學**（*cryptography*）：一種對訊息加密的科學。加密碼學領域涉及加密過程，其中稱為**明文**（*plaintext*）的訊息被轉型為**混亂的訊息**（*scrambled message*），稱為**密文**（*ciphertext*）。同樣，密碼學研究相應的**解密**（*decryption*）程序，將密文轉型回其原來的明文。

凱撒密碼（*Caesar cipher*）可以說是最早的加密方案，凱撒利用這個方法保護重要的軍事訊息（所有的凱撒的訊息都是用拉丁語寫的，當然，加密後文字對大多數人是不可讀的）。凱撒密碼用在以字母為主體的語言，單字以字母構成，然後用簡單的方法混亂字母順序。

凱撒密碼是一種替換加密的技術，明文中的所有字母都在字母表上向後按照一個固定數目進行偏移後被替換成密文。所以，若是一個英語訊息，我們可以用 D 替換 A，用 E 替換 B，用 F 替換 C，等等，如果移位三個字元。我們繼續這種方法一直到 W，它被替換為與 Z 後，我們讓替換模式**繞回**（*wrap around*），以便將替 X 替換成 A、Y 替換成 B 和 Z 替換成 C。

◉ **字串和字元陣列之間的轉型**（Converting Between Strings and Character Arrays）

鑑於字串是不可變的，我們不能直接編輯要加密的字串實體。我們得先產生一個新的字串。一個方便的技術是將字串轉型為一個等價的字元陣列，編輯陣列，然後在陣列中重新組合（新）字串。

Java 支持從字串到字元陣列的轉型，反之亦然。給定一個字串 S，可以使用 S.toCharArray( ) 方法，建立一個與 S 等價的新字元陣列。例如，如果 s = "bird"，該方法返回字元陣列 A = {'b','i','r','d'}。相反，有一種形式的字串建構子接受字元陣列作為參數。例如，用字元陣列 A = {'b','i','r','d'}，語法 **new** String(A) 會產生 "bird"。

◉ **使用字元陣列作為替換碼**（Using Character Arrays as Replacement Codes）

如果我們像陣列索引那樣對字母進行編號，那麼 A 為 0，B 為 1，C 為 2。我們可以將替換規則表示為字元陣列，陣列名稱是 encoder，使 A 映射到 encoder [0]，B 映射到 encoder [1]，等等。然後，為了找到在我們的凱撒密碼中替換的字元，我們需要從 A 到 Z 映射到從 0 到 25 相應的數值。幸運的是，字元的編碼在加密過程是用得上的，字元用 Unicode 以整數編碼，而且大寫拉丁字母是連續的（為了簡單起見，我們將加密限制為大寫字母）。

Java 允許我們對兩個字元執行"減法"，產生的結果是個整數，代表字元建在編碼中的分隔距離。給定一個變數 C，已知為大寫字母，Java 計算，j = c − 'A' 產生的索引值存到 j。譬如，如果字元 c 是 'A'，則 j = 0。當 c 是 'B' 時，j=1。通常，從這樣的計算得到的整數 j 可以用做我們的預先編碼陣列的索引，如圖 3.6 所示。

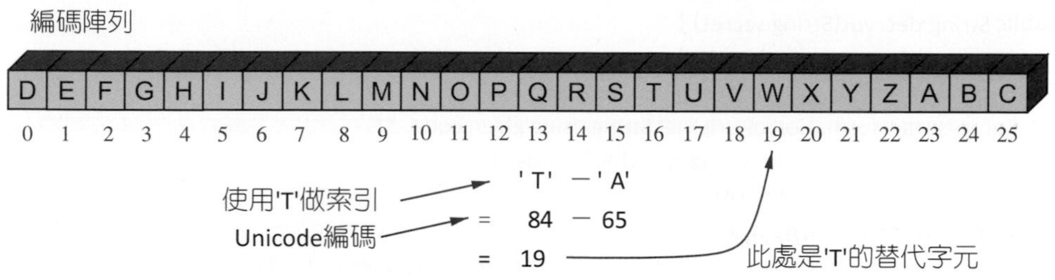

編碼陣列

圖 3.6：說明大寫字元作為索引使用，在這種情況下執行 Caesar 密碼加密的替換規則。

解密的過程，可以簡單透過一個不同的字元陣列來實現替換規則，在相反方向移動字元。

在程式 3.7 中，我們提供一個可任意旋轉移位的凱撒密碼的 Java 類別。類別的建構子根據給定的旋轉值建立編碼器和解碼器轉型陣列。程式中主要使 Java 提供的模數運算。舉例，旋轉值為 r 的的凱撒密碼，對字母 k 做編碼，編碼後字元的索引值為 $(k + r)$ mod 26，其中 mod 是模數運算子，在執行整數除法之後返回餘數。這個運算子在 Java 中用 % 表示，正是我們所需要的，容易在字母表的末尾執行環繞動作，對於 26 mod 26 是 0，27 mod 6 是 1，和 28 mod 26 是 2。用於凱撒密碼的解碼器陣列恰恰相反，用字母的前 r 個字母做替換。譬如，將轉換後的字母 K 恢復原字母，使用的公式是 $(k - r)$ mod 26；但 $k - r$ 有可能是負值，為避免負值，將恢復原字母的公式改為 $(k - r + 26)$ mod 26。

若有編碼器和解碼器的陣列在手，加密和解密演算法本質上是相同的，所以我們透過名為 transform 的 private 方法來實施加解密。此方法將字串轉型為字元陣列，對任何大寫字母執行圖 3.6 中所示的符號轉換，最後從更新的陣列返回一個新的字串。

以類別的 main 方法作簡單的測試，產生以下輸出：

```
Encryption code = DEFGHIJKLMNOPQRSTUVWXYZABC
Decryption code = XYZABCDEFGHIJKLMNOPQRSTUVW
Secret: WKH HDJOH LV LQ SODB; PHHW DW MRH'V.
Message: THE EAGLE IS IN PLAY; MEET AT JOE'S.
```

```
1   /** Class for doing encryption and decryption using the Caesar Cipher. */
2   public class CaesarCipher {
3     protected char[ ] encoder = new char[26];         // Encryption array
4     protected char[ ] decoder = new char[26];         // Decryption array
5     /** Constructor that initializes the encryption and decryption arrays */
6     public CaesarCipher(int rotation) {
7       for (int k=0; k < 26; k++) {
8         encoder[k] = (char) ('A' + (k + rotation) % 26);
9         decoder[k] = (char) ('A' + (k — rotation + 26) % 26);
10      }
11    }
12    /** Returns String representing encrypted message. */
13    public String encrypt(String message) {
14      return transform(message, encoder);              // use encoder array
15    }
16    /** Returns decrypted message given encrypted secret. */
```

```
17    public String decrypt(String secret) {
18      return transform(secret, decoder);              // use decoder array
19    }
20    /** Returns transformation of original String using given code. */
21    private String transform(String original, char[ ] code) {
22      char[ ] msg = original.toCharArray( );
23      for (int k=0; k < msg.length; k++)
24        if (Character.isUpperCase(msg[k])) {          // we have a letter to change
25          int j = msg[k] − 'A';                       // will be value from 0 to 25
26          msg[k] = code[j];                           // replace the character
27        }
28      return new String(msg);
29    }
30    /** Simple main method for testing the Caesar cipher */
31    public static void main(String[ ] args) {
32      CaesarCipher cipher = new CaesarCipher(3);
33      System.out.println("Encryption code = " + new String(cipher.encoder));
34      System.out.println("Decryption code = " + new String(cipher.decoder));
35      String message = "THE EAGLE IS IN PLAY; MEET AT JOE'S.";
36      String coded = cipher.encrypt(message);
37      System.out.println("Secret:  " + coded);
38      String answer = cipher.decrypt(coded);
39      System.out.println("Message: " + answer);     // should be plaintext again
40    }
41  }
```

程式 3.7：用於執行 Caesar 密碼的完整 Java 類別。

3.1.5 二維陣列和定位遊戲（Two-Dimensional Arrays and Positional Games）

很多電腦遊戲，如策略遊戲、模擬遊戲或是第一人稱戰鬥遊戲，會使用到一個二維的遊戲空間。處理這種定位遊戲的程式需要一個方法來表示二維空間中的物件。一個直覺的作法是使用一個二維陣列，其中我們用兩個索引 i 和 j 表示陣列中的每個元素。第一個索引通常代表的是列數而第二個代表行數。給予一個上述的陣列，我們可以拿來當作二維的遊戲盤，同時可以對儲存在行列中的資料執行各種的運算。

　　Java 中的陣列是一維的，我們經由單一索引來存取陣列中的每一個元素。然而，我們可以在 Java 上想出方法來定義二維陣列，我們可以用一個由陣列所組成的陣列來產生二維陣列。即是說，可以定義一個二維陣列為一個每個元素都是另一個陣列的一維陣列。這樣的一個二維陣列有時被稱為矩陣。在 Java 裡，用下述方法來宣告一個二維陣列：

　　int[ ][ ] data = new int[8][10]；

這個敘述產生一個二維 "陣列組成的陣列"，data，其大小為 8×10，即 8 個列數和 10 個行數。即是說，data 是一個長度為 8 的陣列，其中 data 的每個元素都是一個由整數所構成的長度為 10 的陣列（見圖 3.7）。以下是一個針對陣列 data 和變數 i、j 及 k 的合法敘述：

```
data[i][i+1] = data[i][i] + 3;
j = data.length;                  // j is 8
k = data[4].length;               // k is 10
```

二維陣列針對數值分析有很多的應用。現在暫不討論那些應用細節，目前針對二維陣列的應用實作一個簡單的定位遊戲。

	0	1	2	3	4	5	6	7	8	9
0	22	18	709	5	33	10	4	56	82	440
1	45	32	830	120	750	660	13	77	20	105
2	4	880	45	66	61	28	650	7	510	67
3	940	12	36	3	20	100	306	590	0	500
4	50	65	42	49	88	25	70	126	83	288
5	398	233	5	83	59	232	49	8	365	90
6	33	58	632	87	94	5	59	204	120	829
7	62	394	3	4	102	140	183	390	16	26

圖 3.7：一個整數的二維陣列的圖解，其中有 8 個列數和 10 個行數。Y[3] [5] 的值是 100，而 Y[6][2] 的值是 632。

◉ 井字遊戲（Tic-Tac-Toe）

正如大部分人所知道的，井字遊戲是個在三乘三的遊戲盤上所玩的遊戲。兩個玩家分別以 X 和 O 輪流在遊戲盤上的空格做記號，通常是由劃 X 的玩家開始。如果有哪個玩家用三個記號劃成一直線或斜線，他就是贏家。

這是一個不會很複雜的定位遊戲，而且玩起來也不是很有趣，因為一個劃 O 且會玩的玩家永遠有辦法達成平手。井字遊戲的好處在於它是用以顯示二維陣列如何用在定位遊戲上一個好又簡單的例子。用在更複雜的定位遊戲上的軟體，諸如跳棋、西洋棋或是常見的模擬遊戲，都是根據於我們這裡所描述，在井字遊戲上使用的二維陣列方法。

基本的計畫是用一個二維陣列 board 來作為遊戲盤。這個陣列的元素所存放的值是用來表示格子為空、為 X 或為 O。即是說，board 是一個三乘三的二維矩陣，中間那一列是由 board[1][0]、board [1] [1] 和 board [1] [2] 所組成。在我們的例子裡，我們存放整數到陣列 board 的格子裡，其中 0 代表的是格子為空，1 代表的是格子為 X，而 −1 代表的是格子為 O。這個作法讓我們可用一個簡單的方式，來測試某個遊戲盤是由 X 或 O 獲勝，只要看是否有直線或斜線上三個元素相加後的值為 3 或者是 −3。我們在圖 3.8 描述這個方法。

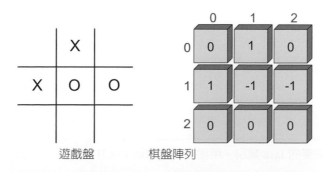

圖 3.8：一個井字遊戲的遊戲盤和用來表示這個遊戲盤的二維整數陣列 board 的圖解。

我們在程式 3.8 和 3.9 中列出完整的 Java 類別程式，當作有兩個玩家的井字遊戲的遊戲盤。我們在圖 3.9 呈現一個輸出的範例。要注意到的是，這個程式碼只是用於當作井字遊戲的遊戲盤並且記錄棋步，它沒有提供任何策略或著是讓使用者來跟電腦對抗。

```java
 1    /** Simulation of a Tic-Tac-Toe game (does not do strategy). */
 2    public class TicTacToe {
 3      public static final int X = 1, O = −1;           // players
 4      public static final int EMPTY = 0;               // empty cell
 5      private int board[ ][ ] = new int[3][3];         // game board
 6      private int player;                              // current player
 7      /** Constructor */
 8      public TicTacToe( ) { clearBoard( ); }
 9      /** Clears the board */
10      public void clearBoard( ) {
11        for (int i = 0; i < 3; i++)
12          for (int j = 0; j < 3; j++)
13            board[i][j] = EMPTY; // every cell should be empty
14        player = X; // the first player is 'X'
15      }
16      /** Puts an X or O mark at position i,j. */
17      public void putMark(int i, int j) throws IllegalArgumentException {
18        if ((i < 0) || (i > 2) || (j < 0) || (j > 2))
19          throw new IllegalArgumentException("Invalid board position");
20        if (board[i][j] != EMPTY)
21          throw new IllegalArgumentException("Board position occupied");
22        board[i][j] = player;                          // place the mark for the current player
23        player = − player;                             // switch players (uses fact that O = - X)
24      }
25      /** Checks whether the board configuration is a win for the given player. */
26      public boolean isWin(int mark) {
27        return ((board[0][0] + board[0][1] + board[0][2] == mark*3)    // row 0
28             || (board[1][0] + board[1][1] + board[1][2] == mark*3)    // row 1
29             || (board[2][0] + board[2][1] + board[2][2] == mark*3)    // row 2
30             || (board[0][0] + board[1][0] + board[2][0] == mark*3)    // column 0
31             || (board[0][1] + board[1][1] + board[2][1] == mark*3)    // column 1
32             || (board[0][2] + board[1][2] + board[2][2] == mark*3)    // column 2
33             || (board[0][0] + board[1][1] + board[2][2] == mark*3)    // diagonal
34             || (board[2][0] + board[1][1] + board[0][2] == mark*3));  // rev diag
35      }
36      /** Returns the winning player's code, or 0 to indicate a tie (or unfinished game).*/
37      public int winner( ) {
38        if (isWin(X))
39          return(X);
40        else if (isWin(O))
41          return(O);
42        else
43          return(0);
44      }
```

程式 3.8：一個簡單，完整的 Java 類別，用於提供兩個玩家玩井字遊戲。（1/2）

```
45    /** Returns a simple character string showing the current board. */
46    public String toString( ) {
47      StringBuilder sb = new StringBuilder( );
48      for (int i=0; i<3; i++) {
49        for (int j=0; j<3; j++) {
50          switch (board[i][j]) {
51          case X:       sb.append("X"); break;
52          case O:       sb.append("O"); break;
53          case EMPTY:   sb.append(" "); break;
54          }
55          if (j < 2) sb.append("|");             // column boundary
56        }
57        if (i < 2) sb.append("\n-----\n");       // row boundary
58      }
59      return sb.toString( );
60    }
61    /** Test run of a simple game */
62    public static void main(String[ ] args) {
63      TicTacToe game = new TicTacToe( );
64      /* X moves: */ /* O moves: */
65      game.putMark(1,1);          game.putMark(0,2);
66      game.putMark(2,2);          game.putMark(0,0);
67      game.putMark(0,1);          game.putMark(2,1);
68      game.putMark(1,2);          game.putMark(1,0);
69      game.putMark(2,0);
70      System.out.println(game);
71      int winningPlayer = game.winner( );
72      String[ ] outcome = {"O wins", "Tie", "X wins"}; // rely on ordering
73      System.out.println(outcome[1 + winningPlayer]);
74    }
75  }
```

程式 3.9：一個簡單，完整的 Java 類別，用於提供兩個玩家玩井字遊戲。（2/2）

```
O|X|O
-----
O|X|X
-----
X|O|X
Tie
```

圖 3.9：井字遊戲的輸出範例。

3.2　單向鏈結串列（**Singly Linked Lists**）

在上一節中，我們介紹了陣列資料結構並討論了一些應用。陣列非常適合以一定的順序儲存物件，但是它們有些缺點。陣列的容量必須在建立時固定，並且在陣列的內部位置插入和刪除元素時，若必須做大量的移位會非常耗時。

在本節中，介紹一個稱爲**鏈結串列（*linked list*）**的資料結構，它提供基於陣列的另類結構。一個最簡單形式的鏈結串列是由一群**節點（*node*）**組成的線性序列。在一個**單向鏈結串列（*singly linkedlist*）**中，每個節點儲存物件的參考，物件是序列中的一個元素；節點也必須儲存下一個節點的參考（參見圖 3.10）。

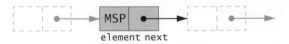

圖 3.10：形成單向鏈結串列一部分的節點實體。節點儲存物件的參考，物件是序列中的一個元素（本例是機場代碼），next 欄位參考到鏈結串列的後續節點（如果沒有其他節點，則爲 null）。

鏈結串列的表示依賴於許多物件的協作（參見圖 3.11）。最起碼，鏈結串列實體必須保有串列第一個節點的參考，稱爲**起點（*head*）**。沒有明確參考到起點，將無法定位該節點（間接或任何其他方式）。串列的最後一個節點稱爲**終點（*tail*）**或尾節點。串列的尾部可以**通過巡訪（*traversing*）**鏈結串列程序找到。巡訪的意思是從鏈結串列的起點開始，根據 next 欄位存取下一個節點，持續此過程，直到終點節點。我們可以將尾節點的 next 欄位設爲 **null**。這個過程也稱爲**鏈路跳躍（*link hopping*）**或**指標跳躍（*pointer hopping*）**。然而，儲存尾節點參考可避免全程巡訪這個耗時的動作。鏈結串列實體也保有節點的總數（稱爲串列的大小），以避免計數節點數時要全程巡訪。

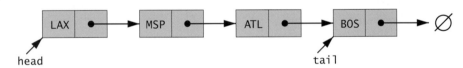

圖 3.11：一個單向鏈結串列的例子，它的元素是表示機場代號的字串。串列實體維護一個名爲 head 的成員，head 參考到串列的第一個節點，另一個名爲 tail 的成員，參考到串列的第最後一個節點。**null** 值以 ∅ 表示。

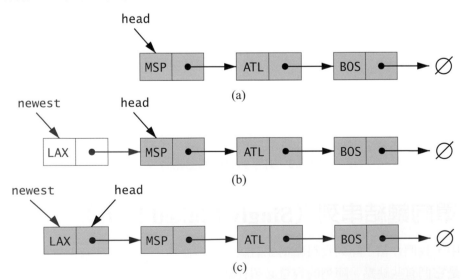

圖 3.12：在單向鏈結串列起點插入一個元素：(a) 插入前；(b) 建立新節點並鏈接到現有的 head；(c) 重新設定 head 指向新節點。

◉ **在單向鏈結串列的起點插入元素**（Inserting an Element at the Head of a Singly Linked List）

鏈結串列的一個重要屬性是它沒有預定的固定尺寸，所使用的空間和目前元素數量成正比。使用單向鏈結串列時，我們可以輕鬆地在串列的起點插入一個元素，如圖 3.12 所示，程式碼在程式 3.10 中。做法是先建立一個新的節點，將其元素設置為新的元素，設置 next 欄位參考到起點，然後將串列的 head 指向新節點。

Algorithm addFirst(*e*):
 newest = Node(*e*)   {create new node instance storing reference to element e}
 newest.next = head   {set new node's next to reference the old head node}
 head = newest   {set variable head to reference the new node}
 size = size+1   {increment the node count}

程式 3.10：在單向鏈結串列的開頭插入一個新的元素。注意，在重新分配變數 head 之前設置新節點的 next 指標。如果串列最初為空（即，head 為 null），則將新節點的 next 設為 null。

◉ **插入元素到一個單向鏈結串列的尾端**（Inserting an Element at the Tail of a Singly Linked List）

若保有指向最後一個節點的參考 tail，我們可以很簡單地插入元素到串列的尾端，如圖 3.12 所示。在這個情形下，我們先產生一個新的節點，把它的 next 指向 null，然後將 tail 指向這個新物件。我們在程式 3.11 列出虛擬程式碼。

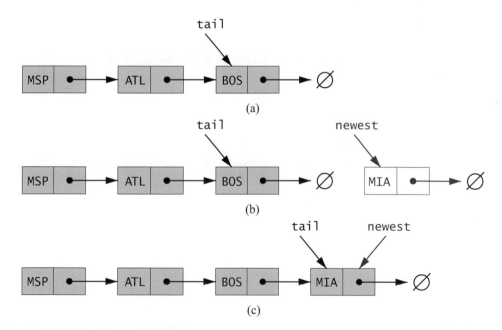

圖 3.13：在單向鏈結串列的尾部插入節點：(a) 插入之前；(b) 在建立新節點之後；(c) 在重新定位 tail 參考之後。注意，在設定 tail 指向新節點之前，應該先將 tail 的 next 指向新節點。

Algorithm addLast(*e*):
   newest = Node(*e*)   {create new node instance storing reference to element e}
   newest.next = null   {set new node,s next to reference the null object}
   tail.next = newest   {make old tail node point to new node}
   tail = newest   {set variable tail to reference the new node}
   size = size+1   {increment the node count}

程式 3.11： 在單向鏈結串列的末尾插入一個新節點。注意我們在設置尾節點指向新節點之前，應先將
         舊尾節點的 next 指到新節點。這個程式需要調整以適應插入節點到空串列，因為空串列
         沒有尾節點。

◉ **從單向鏈結串列中刪除元素**（Removing an Element from a Singly Linked List）

從單向鏈結串列的 ***head*** 刪除元素本質上和在 head 插入新元素做相反的動作。圖 3.14 示範
刪除程序，程式碼列在程式 3.12 中。

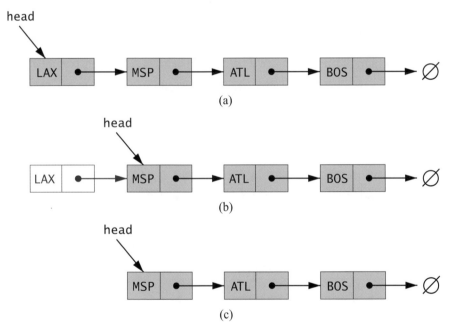

圖 3.14：在單向鏈結串列起點（head）移除節點：(a) 移除前；(b) 舊的 head 斷開鏈結指向下一個節點；
     (c) 最終配置。

Algorithm removeFirst( ):
   if head == **null** then
     the list is empty.
   head = head.next   {make head point to next node (or null)}
   size = size－1   {decrement the node count}

程式 3.12：在單向鏈結串列的起點移除節點

    不幸的是，我們不能輕易地刪除單向鏈結串列的最後一個節點。即使將 tail 直接指向串
列的最後一個節點也不行，我們必須能夠存取最後一個節點之前的節點，然後 tail 參考指向
這個節點。但我們無法透過尾節點的 next 取得尾節點的前一個節點。存取尾節點的前一個

節點的唯一方式，是從起點開始貫穿幾乎整個串列。但是這種鏈接跳躍操作非常耗時。若想有效地支持這樣的操作，我們將需要使用雙向鏈結（第 3.4 節中討論）。

3.2.1　實現單向鏈結串列（Implementing a Singly Linked List Class）

在本節中，我們提供了一個 SinglyLinkedList 類別，支持以下方法：

size( )：返回串列中元素的數量。

isEmpty( )：如果串列為空，則返回 **true**，否則返回 **false**。

first( )：返回（但不刪除）串列中的第一個元素。

last( )：返回（但不刪除）串列中的最後一個元素。

addFirst(*e*)：在串列的前面添加一個新元素。

addLast(*e*)：在串列的末尾添加一個新元素。

removeFirst( )：刪除並返回串列的第一個元素。

如果對一個空的串列呼叫 first( )、last( ) 或 removeFirst( )，將簡單地返回一個空參考並保持串列不變。

　　因為對我們來說串列中儲存什麼型態的元素並不重要，我們使用 Java 的泛型架構（見第 2.5.2 節）用一個形式型態參數 E 來定義我們的類別，E 表示用戶所需的元素型態。

　　我們的實現還利用了 Java 對巢狀類別的支持（見第 2.6 節），因為我們在 publicSinglyLinkedList 類別內定義了一個 private 的 Node 類別。程式 3.13 提供了 Node 類別的定義，程式 3.14 定義 SinglyLinkedList 類別的其餘部分。將 Node 作為一個巢狀類別提供了強大的封裝，隱藏有關節點和鏈結的基礎底層施行細節。這種設計還允許 Java 得以和用於其他結構的節點形式加以區隔。

```
 1   public class SinglyLinkedList<E> {
 2     //---------------- nested Node class ----------------
 3     private static class Node<E> {
 4       private E element;                      // reference to the element stored at this node
 5       private Node<E> next;                   // reference to the subsequent node in the list
 6       public Node(E e, Node<E> n) {
 7         element = e;
 8         next = n;
 9       }
10       public E getElement( ) { return element; }
11       public Node<E> getNext( ) { return next; }
12       public void setNext(Node<E> n) { next = n; }
13     } //----------- end of nested Node class -----------
     ... rest of SinglyLinkedList class will follow ...
```

程式 3.13：嵌套在 SinglyLinkedList 類別內的 Node 類別。（1/2）

```
 1   public class SinglyLinkedList<E> {
...      (nested Node class goes here)
14       // instance variables of the SinglyLinkedList
15       private Node<E> head = null;              // head node of the list (or null if empty)
16       private Node<E> tail = null;              // last node of the list (or null if empty)
17       private int size = 0;                     // number of nodes in the list
18       public SinglyLinkedList( ) { }            // constructs an initially empty list
19       // access methods
20       public int size( ) { return size; }
21       public boolean isEmpty( ) { return size == 0; }
22       public E first( ) {                       // returns (but does not remove) the first element
23         if (isEmpty( )) return null;
24         return head.getElement( );
25       }
26       public E last( ) {                        // returns (but does not remove) the last element
27         if (isEmpty( )) return null;
28         return tail.getElement( );
29       }
30       // update methods
31       public void addFirst(E e) {               // adds element e to the front of the list
32         head = new Node<>(e, head);             // create and link a new node
33         if (size == 0)
34           tail = head;                          // special case: new node becomes tail also
35         size++;
36       }
37       public void addLast(E e) {                // adds element e to the end of the list
38         Node<E> newest = new Node<>(e, null);   // node will eventually be the tail
39         if (isEmpty( ))
40           head = newest;                        // special case: previously empty list
41         else
42           tail.setNext(newest);                 // new node after existing tail
43         tail = newest;                          // new node becomes the tail
44         size++;
45       }
46       public E removeFirst( ) {                 // removes and returns the first element
47         if (isEmpty( )) return null;            // nothing to remove
48         E answer = head.getElement( );
49         head = head.getNext( );                 // will become null if list had only one node
50         size − −;
51         if (size == 0)
52           tail = null;                          // special case as list is now empty
53         return answer;
54       }
55     }
```

程式 3.14：SinglyLinkedList 類別定義。（2/2）

3.3　環狀鏈結串列（**Circularly Linked Lists**）

鏈結串列傳統上被視為以線性順序儲存，由第一個項目到最後一個項目組成的序列。有很多應用程式中的資料可以更自然地被視為具有**循環次序**（*cyclic order*），具有明確定義的相鄰關係，但沒有固定的起始或結束節點。

　　例如，多人遊戲是基於回合的，輪到玩家 A，然後是玩家 B，然後是玩家 C，等等，但最終又回到玩家 A，和玩家 B，具有重複的模式。另一個例子，城市的巴士和地鐵通常在行駛在環形路徑，以排定的次序停車，但是沒有指定的哪個是第一站或最後一站。接下來我們考慮電腦作業系統中一個循環次序操作的重要範例。

3.3.1　循環式排程（Round-Robin Scheduling）

作業系統最重要的角色之一是管理目前電腦上許多處於活動狀態的程序，包括在一個或多個中央處理單元（CPU）上做排程。為了支持任意數量並行程序的響應性，大多數作業系統允許程式使用某種機制來有效地共享 CPU，這個機制稱為**循環式排程演算法**（*round-robin scheduling*）。一個行程給予一個短暫的執行時間，稱為**時間片或時槽**（*time slice*），時槽結束，即使工作尚未完成仍然會中斷執行。每個活動程序都分配有自己的時槽，時槽按循環輪替使用。新的程序可以加入系統，程序完成工作就可以刪除。

　　循環排程器可以通過傳統的鏈結串列來實現，鏈結串列重複執行以下步驟（見圖 3.15）：

1. process $p = L$.removeFirst( )
2. 給一個時槽來處理程序 p
3. L.addLast(p)

不幸的是，使用傳統的鏈結串列做循環排程存在一些缺點。沒有必要反覆在串列的一端丟棄節點，只有在為同一個元素建立一個新節點重新插入時，更不用說執行遞減和遞增導致的各種更新串列的大小和解除鏈接和重新鏈接節點。

　　在本節的剩餘部分，示範如何稍微修改我們的單向鏈結串列，以提供更有效的循環次序的資料結構。

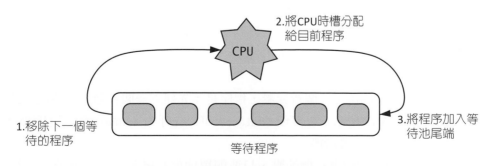

圖 3.15：循環排程的三個迭代步驟。

3.3.2　設計與實現環狀鏈結串列（Designing and Implementing a Circularly Linked List）

在本節中，我們設計一個稱為**循環鏈結串列**（*circularly linked list*）的結構，基本上這是一個單向鏈結串列，但是將尾節點 (tail node) 的下一參考指向串列的起點（而不是 **null**），如圖 3.16 所示。

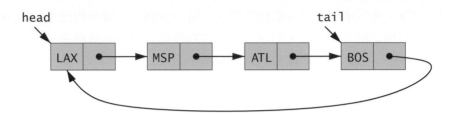

圖 3.16：具有環狀結構的單向鏈結串列。

我們使用這個模型來設計和實現一個新的 CircularlyLinkedList 類別，此類別支持 SinglyLinkedList 類別的所有 public 行為和一個附加的更新方法：

rotate( )：將第一個元素移動到串列的尾端。

使用這個新操作，可以對循環鏈結串列，C，重複執行以下步驟，以有效地實現循環排程：

1. 將一個時槽配置給程序 *C*.first( )
2. *C*.rotate( )

◉ 額外的最佳化（Additional Optimization）

在實現新類別時，我們進行一個額外的最佳化─我們不再明確維護 head 參考。我們只維護一個尾節點的參考，只要使用 tail.getNext( ) 就可定位起始節點。只保留尾參考不僅節省了一點點的記憶體，還使程式更簡單和更高效，因為它不需要執行額外的操作來保持目前的起點參考。事實上，新的結構可以說是優於原來的單向鏈結串列實現，即使我們對新的 rotate 方法不感興趣。

◉ 對圓形鏈結串列的操作（Operations on a Circularly Linked List）

實現新的 rotate 方法是相當簡單的。我們不移動任何節點或元素，簡單地將 tail 參考指向原先 tail 後面的節點（串列的隱式起點 head）。圖 3.17 使用更多的結構圖形對循環鏈結串列操作視覺化。

我們可以在串列的前面添加一個新元素，程序是：先建立一個新節點，然後將此節點鏈接到 tail 的後端。如圖 3.18 所示。要實現 addLast，可以先呼叫 addFirst 然後立即推進 tail 參考，使最新的節點成為最後一個節點。

要從循環鏈結串列中刪除第一個節點，只要簡單地更新尾節點的 next 欄位，繞過隱式 head 即可。程式 3.15 列出 CircularlyLinkedList 類別所有方法的程式碼。

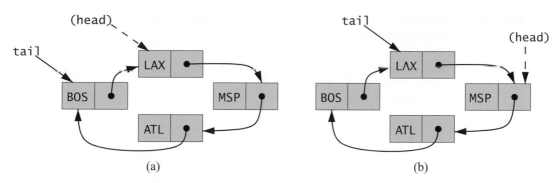

圖 3.17：循環鏈結串列中的旋轉操作：(a) 在旋轉之前，序列為 {LAX,MSP,ATL,BOS}；(b) 旋轉後，序列變為 {MSP,ATL,BOS,LAX}，我們以半隱藏（虛線）的方式顯示 head 參考，它在實現中僅以 tail.getNext( ) 標識。

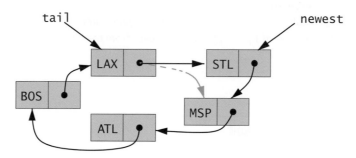

圖 3.18：對圖 3.17(b) 的循環鏈結串列呼叫 addFirst(STL) 的影響。變數 newest 在方法執行期間只具有局部作用。注意當操作完成時，STL 是串列的第一個元素，它儲存在隱式起點，tail. getNext( )。

```
1   public class CircularlyLinkedList<E> {
...     (nested node class identical to that of the SinglyLinkedList class)
14      // instance variables of the CircularlyLinkedList
15      private Node<E> tail = null;          // we store tail (but not head)
16      private int size = 0;                 // number of nodes in the list
17      public CircularlyLinkedList( ) { }    // constructs an initially empty list
18      // access methods
19      public int size( ) { return size; }
20      public boolean isEmpty( ) { return size == 0; }
21      public E first( ) {                   // returns (but does not remove) the first element
22        if (isEmpty( )) return null;
23        return tail.getNext( ).getElement( );   // the head is *after* the tail
24      }
25      public E last( ) {                    // returns (but does not remove) the last element
26        if (isEmpty( )) return null;
27        return tail.getElement( );
28      }
29      // update methods
30      public void rotate( ) {               // rotate the first element to the back of the list
31        if (tail != null)                   // if empty, do nothing
32          tail = tail.getNext( );           // the old head becomes the new tail
33      }
```

```
34      public void addFirst(E e) {              // adds element e to the front of the list
35        if (size == 0) { 36 tail = new Node<>(e, null);
37          tail.setNext(tail);                  // link to itself circularly
38        } else {
39          Node<E> newest = new Node<>(e, tail.getNext( ));
40            tail.setNext(newest);
41        }
42        size++;
43      }
44      public void addLast(E e) {               // adds element e to the end of the list
45        addFirst(e);                           // insert new element at front of list
46        tail = tail.getNext( );                // now new element becomes the tail
47      }
48      public E removeFirst( ) {                // removes and returns the first element
49        if (isEmpty( )) return null;           // nothing to remove
50        Node<E> head = tail.getNext( );
51        if (head == tail) tail = null;         // must be the only node left
52        else tail.setNext(head.getNext( ));    // removes "head" from the list
53        size－－;
54        return head.getElement( );
55      }
56    }
```

程式 3.15：實現 CircularlyLinkedList 類別。

3.4　雙向鏈結串列（Doubly Linked Lists）

在單向鏈結串列中，每個節點保持對該節點之後的參考。我們已經證明了這種表示法對序列元素管理的可用性。然而，單向鏈結串列的不對稱性也帶來了些限制。在 3.2 節中，我們展示了可以有效地在單向鏈結串列的任一端插入節點，並且可以刪除節點串列的起點，但是我們無法有效地刪除串列的尾部節點。更一般地，如果只給出一個欲刪除節點參考，不能從內部位置有效地刪除該節點。因為我們不能確定緊接在要刪除的節點之前的節點（該節點需要使其下一參考做更新）。

為了提供更大的對稱性，定義鏈結串列中的每個節點保有在它之前的節點和在它之後的節點的參考。這樣一個結構稱為**雙向鏈結串列**（*doubly linked list*）。這些串列允許更多種 O(1) 時間的更新操作，包括在串列內任意位置執行插入和刪除。我們繼續使用 "next" 來代表下一個節點的參考，並且使用 "prev" 來代表前一個節點的參考。

◉ **頭端和尾端標兵節點**（Header and Trailer Sentinels）

為了避免在邊界附近對雙向鏈結串列操作產生一些特殊狀況，在串列的兩端添加特殊節點：*header* 節點和 *tailer* 節點是有幫助的。這些"虛擬"節點被稱為標兵 (sentinel) 或警示 (guard) 節點，並且它們不儲存主序列的元素。具有標兵的雙向鏈結串列如圖 3.19 所示。

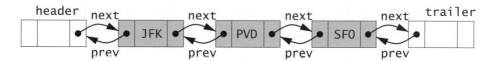

圖 3.19：表示序列 {JFK，PVD，SFO} 的雙向鏈結串列，使用 header 和 trailer 兩個標兵來標定串列的兩端。

　　當使用標兵節點時，初始化一個空串列，使 header 的 next 欄位指向 trailer；trailer 的 prev 欄位指向 header，標兵節點的其他欄位並無作用（在 Java 中可以是 null）。對於非空串列，header 的 next 將指向包含眞正的元素的第一個節點；trailer 的 prev 節點參考到序列的最後一個元素。

◉ **使用標兵的優點**（Advantage of Using Sentinels）

我們可以實現沒有標兵節點的雙向鏈結串列（就像 3.2 節的單向鏈結串列），但使用標兵節點雖然增加些微額外的記憶體，卻大大簡化了操作邏輯。最引人注目的是，header 和 trailer 節點從不改變－只有它們之間的節點會改變。此外，我們可以用統一的方式處理所有插入，因爲一個新節點始終被放置在一對現有節點之間。類似方式，每個將被刪除的元素保證其兩端都有鄰居節點。

　　相比之下，看看 3.2 節中 SinglyLinkedList 類別的程式。addLast 方法需要一個條件（程式 3.14 的第 39-42 行）管理插入空串列的特殊情況。在一般情況下，新的節點在現有尾節點之後鏈接。但是當添加到空串列時，有沒有現存的尾端；解決方法是重新配置 head 來參考新節點。在實現中使用標兵節點可消除上述特殊情況，因爲在新節點之前總是存在現有節點（可能是 header）。

◉ **使用雙向鏈結串列插入和刪除**（Inserting and Deleting with a Doubly Linked List）

每次插入到雙向鏈結串列中，都會發生在有一對節點的情況下，如圖 3.20 所示。例如，當有一個新的元素要插入在序列的前面，我們可將新節點簡單地插入到 header 和 header 後的節點之間（見圖 3.21）

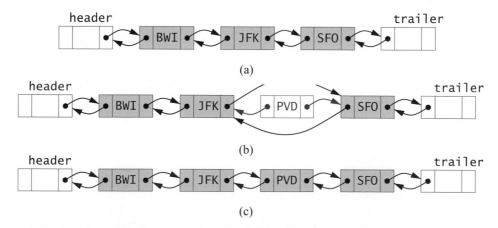

圖 3.20：將元素添加到具有 header 和 trailer 標記的雙向鏈結串列中：(a) 操作前；(b) 在建立新節點之後；(c) 新節點與鄰居鏈結後。

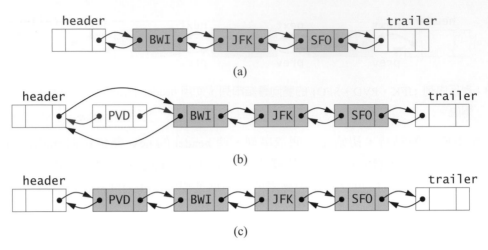

圖 3.21：將元素添加到具有 header 和 trailer 標兵的雙向鏈結串列前端：(a) 操作之前；(b) 建立新節點之後；(c) 新節點與鄰居鏈結後。

　　圖 3.22 中描繪的節點刪除，以和插入節點相反的方式進行，如圖 3.22 所示。將準備刪除的節點的兩個鄰居直接鏈接，從而繞過刪除的節點，如此該節點將不會被認為是串列的一部分，並且它可以被系統回收。因為我們使用了標兵節點，同樣的實現可以在刪除第一個元素或最後一個元素時使用，因為即使這種在串列兩端的元素也是被儲存在兩個其他節點之間。

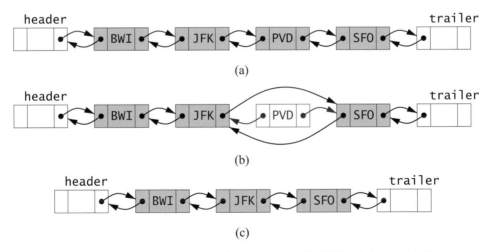

圖 3.22：從雙向鏈結串列中刪除元素 PVD：(a) 刪除之前；(b) 在斷開舊節點之後；(c) 刪除後（垃圾蒐集）。

3.4.1　實現雙向鏈結串列（Implementing a Doubly Linked List Class）

在本節中，我們介紹一個 DoublyLinkedList 類別的完整實現，該類別支持以下 public 方法。

size( )：返回串列中元素的數量。

isEmpty( )：如果串列為空，則返回 **true**，否則返回 **false**。

first( )：返回（但不刪除）串列中的第一個元素。

last( )：返回（但不刪除）串列中的最後一個元素。

addFirst(e)：在串列的前面添加一個新元素。

addLast(e)：在串列的末尾添加一個新元素。

removeFirst( )：刪除並返回串列的第一個元素。

removeLast( )：刪除並返回串列的最後一個元素。

如果在空串列上呼叫 first( )、last( )、removeFirst( ) 或 removeLast( ) 將返回一個空參考並保持串列不變。

　　雖然我們已經知道，可以在雙向鏈結串列內部位置插入或刪除一個元素，但要這麼做，串列要有一個或更多節點的資訊，才可以確認插入或刪除的真實位置。在這裡章節，為保有更好的封裝，我們對巢狀的類別 Node 成員的存取範圍限定為 private。在第 7 章，我們會再度使用雙向鏈結串列，提供更先進的介面，支持內部插入和刪除，同時保持封裝。

　　程式 3.16 和 3.17 呈現 DoublyLinkedList 類別的實作。和 SinglyLinkedList 類別一樣，使用泛型架構接受任何型態的元素。雙向鏈結串列的巢狀 Node 類別類似於單向鏈結串列，不同處是 Node 類別有個成員 prev，用來參考前一個節點。

　　我們使用標兵節點 header 和 trailer，這會對程式產生幾個影響。當建造一個空串列時，先建立 header 和 trailer 兩個節點，彼此相互鏈接（第 25-29 行）。另外要記住，非空串列的第一個點位在 header 節點之後(不在 header 中)。同樣，最後一個節點位在 trailer 之前。

　　標兵節點在實現各種更新方法時帶來了極大的方便性。我們將提供一個 private 方法 addBetween，來處理一般情況下的插入，然後我們將依靠該實用程式 (utility) 作為一種直接的方法來實現 addFirst 和 addLast。以類似方式，我們將先定義一個 remove 方法作為 utility，然後利用該 utility 輕鬆實現 removeFirst 和 removeLast。

```
1    /** A basic doubly linked list implementation. */
2    public class DoublyLinkedList<E> {
3      //--------------- nested Node class ----------------
4      private static class Node<E> {
5        private E element;                    // reference to the element stored at this node
6        private Node<E> prev;                 // reference to the previous node in the list
7        private Node<E> next;                 // reference to the subsequent node in the list
8        public Node(E e, Node<E> p, Node<E> n) {
9          element = e;
10         prev = p;
11         next = n;
12       }
```

```
13          public E getElement( ) { return element; }
14          public Node<E> getPrev( ) { return prev; }
15          public Node<E> getNext( ) { return next; }
16          public void setPrev(Node<E> p) { prev = p; }
17          public void setNext(Node<E> n) { next = n; }
18        } //----------- end of nested Node class -----------
19
20        // instance variables of the DoublyLinkedList
21        private Node<E> header;                        // header sentinel
22        private Node<E> trailer;                       // trailer sentinel
23        private int size = 0;                          // number of elements in the list
24        /** Constructs a new empty list. */
25        public DoublyLinkedList( ) {
26          header = new Node<>(null, null, null);       // create header
27          trailer = new Node<>(null, header, null);    // trailer is preceded by header
28          header.setNext(trailer);                     // header is followed by trailer
29        }
30        /** Returns the number of elements in the linked list. */
31        public int size( ) { return size; }
32        /** Tests whether the linked list is empty. */
33        public boolean isEmpty( ) { return size == 0; }
34        /** Returns (but does not remove) the first element of the list. */
35        public E first( ) {
36          if (isEmpty( )) return null;
37          return header.getNext( ).getElement( );      // first element is beyond header
38        }
39        /** Returns (but does not remove) the last element of the list. */
40        public E last( ) {
41          if (isEmpty( )) return null;
42          return trailer.getPrev( ).getElement( );     // last element is before trailer
43        }
```

程式 3.16：DoublyLinkedList 類別的實現。（1/2）

```
44        // public update methods
45        /** Adds element e to the front of the list. */
46        public void addFirst(E e) {
47          addBetween(e, header, header.getNext( ));    // place just after the header
48        }
49        /** Adds element e to the end of the list. */
50        public void addLast(E e) {
51          addBetween(e, trailer.getPrev( ), trailer);  // place just before the trailer
52        }
53        /** Removes and returns the first element of the list. */
54        public E removeFirst( ) {
55          if (isEmpty( )) return null;                 // nothing to remove
56          return remove(header.getNext( ));            // first element is beyond header
57        }
58        /** Removes and returns the last element of the list. */
59        public E removeLast( ) {
60          if (isEmpty( )) return null;                 // nothing to remove
61          return remove(trailer.getPrev( ));           // last element is before trailer
```

```
62      }
63
64      // private update methods
65      /** Adds element e to the linked list in between the given nodes. */
66      private void addBetween(E e, Node<E> predecessor, Node<E> successor) {
67          // create and link a new node
68          Node<E> newest = new Node<>(e, predecessor, successor);
69          predecessor.setNext(newest);
70          successor.setPrev(newest);
71          size++;
72      }
73      /** Removes the given node from the list and returns its element. */
74      private E remove(Node<E> node) {
75          Node<E> predecessor = node.getPrev( );
76          Node<E> successor = node.getNext( );
77          predecessor.setNext(successor);
78          successor.setPrev(predecessor);
79          size－－;
80          return node.getElement( );
81      }
82  } //----------- end of DoublyLinkedList class -----------
```

程式 3.17：實現 DoublyLinkedList 類別中的 public 和 public 更新方法。（2/2）

3.5　測試相等性（Testing for Equality）

當使用參考型態時，對於一個運算式是否等於另一個運算式，當中有些概念和以往不同。在最低層意義，如果 a 和 b 都是參考變數，則運算式 a==b 指的是 a 和 b 是否指向相同物件（或者如果兩者都設置爲 **null**）。

　　然而，對於許多型態，"等價"（equivalent）或"等於"（equal）這個概念就有更高層的意義，即使同型態的變數並不指向相同的實體。例如，我們通常比較兩個不同的 String 實體，如果它們表示相同的字元序列，則彼此等價。

　　爲了支持更廣泛的等價性概念，所有物件型態都支持一個命名爲 **equals** 的方法。若使用參考型態，等價性的判斷得依賴語法 a.equals(b)，除非他們有特定的需求來測試更狹窄的等價概念。equals 方法在 Object 類別中正式定義，Object 是所有參考型態的父類別，若沒有重新定義 equals( ) 方法，則預設繼承自 Object。Object 的預設 equals( ) 方法與 == 運算子同義。要定義更有意義的等價概念需要確實了解類別及其表示方式。

　　如果對類別的兩個實體的等價性有更具體定義，則類別的建立者有責任提供一個實現 equals 的方法，覆蓋繼承自 Object 的 equals。例如，Java 的 String 類別就重新定義 equals 方法，用來測試字元對字元的等價性。

　　覆蓋 equals 方法時必須非常小心，爲了維持 Java 程式庫的一致性，equals 方法須滿足一些數學上所熟知**等價關係**（*equivalence relation*）該有的一些性質：

null 的處理：對於任何非 **null** 的參考變數 x，呼叫 x.equals(**null**) 應該返回 **false**（即，沒有什麼等於 **null**，除非 **null**）。

反身性：對於任何非 **null** 的參考變數 x，呼叫 x.equals(x) 應該 return **true**（即，一個物件應該等於它自己）。

對稱性：對於任何非 **null** 參考變數 x 和 y，呼叫 x.equals(y) 和 y.equals(x) 應該返回相同的值。

遞移性：對於任何非 **null** 參考變數 x，y 和 z，如果兩個呼叫 x.equals(y) 和 y.equals(z) 返回 **true**，然後呼叫 x.equals(z) 必須返回 **true**。

雖然這些屬性可能看起來直觀，但要對某些資料結構正確地實現 equals 可能是具有挑戰性的，特別是在物件導向具有繼承和泛型的環境中。對於本書中的大多數資料結構，我們省略實現有效的 equals 方法（將其作為習題）。然而，在本節中，會對陣列和鏈結串列實施等價測試，並舉一個範例，適當實現 SinglyLinkedList 類別的 equals 方法。

3.5.1 測試陣列的相等性（Equivalence Testing with Arrays）

正如我們在 1.3 節中提到的，陣列是 Java 中的參考型態，但在技術上並不是類別。但是，在第 3.1.3 節中介紹的 java.util.Arrays 類別，提供了一些靜態方法，在處理陣列時特別有用。以下對陣列的等價運算做個摘要，假設變數 a 和 b 參考陣列物件：

a == b：測試 a 和 b 是否指向相同的陣列實體。

a.equals(b)：有趣的是，這與 a == b 相同。因為陣列不是一個真實的類別型態，並且不覆蓋 Object.equals 方法。

Arrays.equals(a,b)：這提供了一個更具意義的等價概念，如果陣列具有相同的長度且陣列 a 和 b 構成的所有資料對彼此都滿足"相等"關係則返回 **true**。更具體地說，如果陣列元素是基本型態，則使用比較是標準運算子，==。如果陣列的元素是一個參考型態，使用的比較語法則是 a [k] .equals(b [k])。

對於大多數應用程式，Arrays.equals 行為滿足了適當的等價性概念。但是，若用在多維陣列時，還有些額外的複雜性。事實上，Java 中的二維陣列是將一組一維陣列嵌入到普通一維陣列中，這引發了一個有趣的問題：如何由其他物件組成複合物件，就像一個二維陣列一樣。尤其是，它引出了複合物件開始和結束位置的問題。

因此，如果我們有一個二維陣列 a 和 b。b 具有與 a 相同的項目，我們可能想要認為 a 和 b 是相等的。但是構成 a 和 b 資料列的一維陣列（例如 a [0] 和 b [0]）卻儲存在不同的記憶體位置，即使它們具有相同的內部內容。因此，呼叫方法 java.util.Arrays.equals(a,b) 在這種情況下將返回 **false**，因為在它測試 a [k] .equals(b [k]) 時，呼叫的是 Object 類別的 equals 方法。

為支持多維陣列更自然的相等概念，類別提供了另一種方法：

Arrays.deepEquals(a,b)：基本上本方法與 Arrays.equals(a,b) 相同，但若 a 和 b 元素本身是陣列，
在這種情況下它對當中的元素呼叫 Arrays.deepEquals(a[k]，b[k])，而不
是 a[k] .equals(b[k])。

3.5.2 測試鏈結串列的相等性（Equivalence Testing with Linked Lists）

在本節中，我們對 3.2.1 節介紹的 SinglyLinkedList 類別，以新的方式實現 equals 方法。使用的是類似 java.util.Arrays.equals 處理陣列的方法，如果兩個串列具有相同的元素內容和長度，則是等價的。我們可以通過同時走訪（traversing）兩個串列來評估這種等價性，以 x.equals(y) 驗證每對應元素 x 和 y 的相等性。

SinglyLinkedList.equals 方法的程式碼列在程式 3.18。雖然我們專注於比較兩個單向鏈結串列，equals 方法必須將一個任意的 Object 作為參數。我們採取保守方法，要求兩個物件是同一個類別的實體，且具有任何等價的可能性（例如，我們不考慮單向鏈結串列等同於具有相同元素序列的雙向鏈結串列）。程式碼第 2 行，確保參數 o 是非 null，第 3 行使用支持所有物件的 getClass( ) 方法來測試這兩個實體是否屬於同一個類別。

當到達第 4 行時，我們已經確保該參數是一個 SinglyLinkedList 類別的實體（或一個合適的子類別），所以可以安全地將該實體轉型到一個 SinglyLinkedList，這樣可以存取它的實體變數 size 和 head。若涉及 Java 的泛型架構則須小心處理。雖然我們的 SinglyLinkedList 類別有一個形式型態參數 <E>，我們不能在執行時檢測其他串列是否具有匹配型態（對此主題些感興趣的讀者，可上網查看關於對 Java 中 *erasure* 的討論）。所以在第 4 行以更經典方法使用參數化型態 SinglyLinkedList，在第 6 行和第 7 行宣告非參數化的節點。如果兩個串列具有不相容的型態，這將在對相應元素呼叫 equals 方法時被檢測。

```
1   public boolean equals(Object o) {
2     if (o == null) return false;
3     if (getClass( ) != o.getClass( )) return false;
4     SinglyLinkedList other = (SinglyLinkedList) o;       // use nonparameterized type
5     if (size != other.size) return false;
6     Node walkA = head;                                   // traverse the primary list
7     Node walkB = other.head;                             // traverse the secondary list
8     while (walkA != null) {
9       if (!walkA.getElement( ).equals(walkB.getElement( ))) return false;    //mismatch
10      walkA = walkA.getNext( );
11      walkB = walkB.getNext( );
12    }
13    return true;            // if we reach this, everything matched successfully
14  }
```

程式 3.18：SinglyLinkedList.equals 方法的實現。

3.6　複製資料結構（Copying Data Structures）

物件導向程式之美，在於其抽象化的特性允許將資料結構視爲單個物件，即使是封裝實現的結構可能得依賴更複雜的多物件組合。在本節中，我們討論複製類別結構。

在程式環境中，一個共同的期望是一個複製物件(副本)有自己的狀態，並且一旦建立，副本獨立於原始物件（例如，使得對一個物件的改變不直接影響另一個物件）。然而，當物件具有指向輔助物件的參考變數時，副本相應的欄位是否該參考到相同的輔助物件或是複製輔助物件，當中的定義並不明確。

例如，如果假設的 AddressBook 類別具有表示電子地址簿的實體，地址簿具有聯絡人資訊(例如電話號碼和電子郵件地址等)用來聯繫朋友或熟人，我們該怎麼看待地址簿的副本？添加到地址簿中的項目應該出現在另一地址簿嗎？如果我們在一個地址簿中更改一個人的電話號碼，我們會期望這種變化會在另一個地址簿同步嗎？

沒有一個萬全的答案可回應這樣的問題。實際做法是，在 Java 中的每個類別負責定義其實體是否可以複製，如果可以的話，如何複製。通用的 Object 父類別就定義了一個名爲 **clone** 的方法，它可以用來產生物件的所謂的**淺副本（*shallow copy*）**。Object 類別使用的是指派語意（assignment semantics），意思是使用標準的指派運算子對新物件的每個欄位以原物件相應欄位的值作設定。這就是所謂的「淺」的原因所在，如果複製的欄位是參考型態，則指派敘述 duplicate.field = original.field 將導致新物件欄位參考的實體與原始物件欄位參考的實體相同。

淺複製並不總是適合所有類別，因此，Java 故意將其宣告爲 **protected** 來禁用 clone( ) 方法，當呼叫 clone 方法時會拋出一個 CloneNotSupportedException 異常。類別的建立者必須實現 Cloneable 介面，並定義 public 版本的 clone( ) 方法。這時候就可在自定義的 public 方法內呼叫上述被宣告爲 protected 的 clone 方法來做淺複製，也就是逐欄位的指派設定。然而，對於許多類別，可以選擇實現更深層次的複製，其中一些被參考的物件本身以完整複製來完成。

對於本書中的大多數資料結構，我們省略了 clone 方法的有效實現（將其作爲習題）。但是，在本節中，我們考慮如何複製陣列和鏈結串列的方法，具體實現 SinglyLinkedList 類別的 clone 方法。

3.6.1　複製陣列（Cloning Arrays）

雖然陣列支持一些特殊的語法，如 a [k] 和 a.length，但記住，它們是物件，而陣列變數是參考變數。這會有重要的影響。第一個範例，請考慮以下程式碼：

```
int[ ] data = {2, 3, 5, 7, 11, 13, 17, 19};
int[ ] backup;
backup = data;                          // 注意，此敘述沒有複製陣列元素
```

將變數 data 指派給 backup 不會建立任何新陣列；只是簡單爲同一個陣列建立一個新的別名，如圖 3.23 所示。

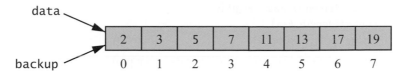

圖 3.23：對 **int** 陣列執行 backup = data 敘述的結果。

相反，如果我們想要建立陣列 data 的複製品，並將 backup 變數參考到此新的陣列，語法：

backup = data.clone( )；

clone 方法在陣列上執行時，會將新陣列的每個元素以原陣列對應元素的值來初始化。結果會產生一個獨立的陣列，如圖 3.24 所示。

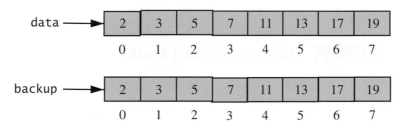

圖 3.24：在 **int** 陣列執行 backup = data.clone( ) 敘述的結果。

如果我們隨後執行 data[4] = 23 敘述，不會影響到 backup 陣列。

所要複製的陣列儲存的若是參考而不是基本資料型態時，所要考慮的事項就更多了。clone( ) 方法只是對陣列做淺拷貝，產生的新陣列的元素和原陣列相應元素參考到相同的實體。

例如，變數 contacts 參考到一個陣列，該陣列的每個元素參考到 Person 實體，執行 guests = contacts.clone( ) 敘述產生一個淺的複製，如圖 3.25 所示。

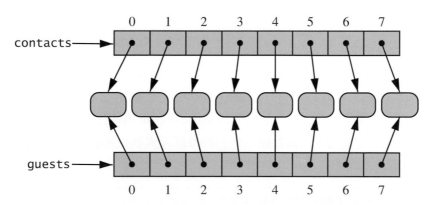

圖 3.25：由 guests = contacts.clone( ) 敘述產生物件陣列的淺複製。

可以通過巡訪每個陣列元素執行 clone 敘述來深化複製的結果，但前提是 Person 類別被宣告爲 Cloneable。

```
      Person[ ] guests = new Person[contacts.length];
      for (int k=0; k < contacts.length; k++)
        guests[k] = (Person) contacts[k].clone( );          // returns Object type
```

　　因為二維陣列實際上是儲存其他陣列的一維陣列，所以也存在淺層複製和深層複製的問題。但不幸的是，java.util.Arrays 類別不提供任何 "deepClone" 方法。然而，我們可以通過定義自己的 clone 方法來實施深層真實的陣列複製，如程式 3.19 所示，可用於二維整數陣列

```
1   public static int[ ][ ] deepClone(int[ ][ ] original) {
2     int[ ][ ] backup = new int[original.length][ ];           // create top-level array of arrays
3     for (int k=0; k < original.length; k++)
4       backup[k] = original[k].clone( );                       // copy row k
5     return backup;
6   }
```

程式 3.19：一種用於建立整數二維陣列深層副本的方法。

3.6.2　複製鏈結串列（Cloning Linked Lists）

在本節中，我們對 3.2.1 節定義的 SinglyLinkedList 類別添加了對其實體的深層複製。第一步是宣告它實現了 Cloneable 介面，使類別在 Java 中可使用 clone 方法。因此，我們調整第一行類別的定義如下：

　　public class SinglyLinkedList <E> implements Cloneable {

　　剩下的任務是實現該類別一個 public 版本的 clone( ) 方法，程式碼在程式 3.20 中。按照慣例，該方法應該首先使用對 super.clone( ) 的呼叫來建立一個新實體，這是呼叫 Object 類別的方法（第 3 行）。因為是繼承的版本，所以會返回一個 Object，我們以型態 SinglyLinkedList <E> 執行一個縮小轉型。

　　程式執行到這裡，串列 other 已經由原始串列做淺層複製產生。因為我們的串列類別有兩個欄位，size 和 head，以下敘述：

　　other.size = this.size；
　　other.head = this.head；

雖然 size 變數的賦值是正確的，我們不能允許新的串列共享相同的 head 值（除非它為 null）。對於一個非空的串列必須有一個獨立的狀態，也就是它必須有一個全新的節點鏈（chain of nodes），每個節點都儲存一個參考到原始串列中的相應元素。因此，我們在第 5 行程式定義一個新的節點 head，然後對原始串列的每個元素執行巡訪動作（第 8-13 行），同時為新串列建立新節點和鏈接。

```
1   public SinglyLinkedList<E> clone( ) throws CloneNotSupportedException {
2     // always use inherited Object.clone() to create the initial copy
3     SinglyLinkedList<E> other = (SinglyLinkedList<E>) super.clone( ); // safe cast
4     if (size > 0) {                                  // we need independent chain of nodes
5       other.head = new Node<>(head.getElement( ), null);
6       Node<E> walk = head.getNext( );                // walk through remainder of original list
7       Node<E> otherTail = other.head;                // remember most recently created node
```

```
8      while (walk != null) {                    // make a new node storing same element
9        Node<E> newest = new Node<>(walk.getElement( ), null);
10       otherTail.setNext(newest);              // link previous node to this one
11       otherTail = newest;
12       walk = walk.getNext( );
13     }
14   }
15   return other;
16 }
```

程式 3.20：SinglyLinkedList.clone 方法的實現。

3.7　習題

加強題

R-3.1　寫一個 Java 程式，反覆隨機刪除陣列元素，直到陣列不再有元素。

R-3.2　說明必須對程式 3.7 程式進行那些修改，以便可以對英語以外的其他語言如希臘語，俄語或希伯來語，執行 Caesar 密碼。

R-3.3　程式 3.8 和 3.9 的 TicTacToe 類別有一個缺陷，即使在遊戲已經被某人贏得之後，玩家還可以放置標記。修改類別，以便 putMark 方法在這種情況下會引發 IllegalStateException 異常。

R-3.4　在單向鏈結串列中設計一個演算法，巡訪第二個到最後一個節點，串列中最後一個節點的 next 指向 null。

R-3.5　考慮在程式中 3.15 的 CircularlyLinkedList.addFirst 定義。該方法的第 39 行和第 40 行的 else 主體敘述依賴於宣告區域變數，newest。重新設計該敘述，以避免使用任何區域變數。

R-3.6　描述一種使用 "鏈接跳躍" 在雙向鏈結串列找到中間節點的方法，該串列具有 header 和 tailer 兩個標兵節點，並且不使串列大小值。若有偶數個節點，中間節點為中心稍微偏左。這種方法的執行時間是多少？

R-3.7　為 SingularlyLinkedList 類別提供一個 size( ) 方法的實現，假設我們沒有維持實體變數 size。

R-3.8　為 CircularlyLinkedList 類別提供一個 size( ) 方法的實現，假設我們沒有維持實體變數 size。

R-3.9　為 DoublyLinkedList 類別提供一個 size( ) 方法的實現，假設我們沒有維持實體變數 size。

R-3.10　在 SinglyLinkedList 類別中實現一個 rotate( ) 方法，它的功能等於 addLast(removeFirst( ))，但不建立任何新節點。

R-3.11　在 Java **int** 型態的兩個一維陣列 *A* 和 *B* 之間執行深層和淺層等價測試有什麼區別？如果陣列是 **int** 型態的二維陣列呢？

R-3.12 實現 DoublyLinkedList 類別的 equals( ) 方法。

R-3.13 為 CircularlyLinkedList 類別實現 equals( ) 方法，如果串列具有相同的元素序列，則兩個串列是相等的。對應元素（correspondingelements）目前在串列的前端。

R-3.14 用三種不同的語法以一個單獨的 Java 敘述將原始陣列的所有 **int** 元素指派給變數 backup。

創新題

C-3.15 令 B 為一陣列其長度 $n \geq 6$ 並包含 1 到 $n - 5$ 的整數，其中有五個數字會重複。描述一個好的演算法來從 B 中找出重複的數字。

C-3.16 和程式 3.3 及 3.4 一樣，對 Scoreboard 類別設計 add(e) 和 remove(i) 方法，但不用保持遊戲項目的順序，假設我們仍需要在位置 0 到 $n - 1$ 儲存 n 個項目。試著不要用迴圈，以使得執行步驟的數目跟 n 沒有關係。

C-3.17 用 3.1.3 節中虛擬亂數產生器產生亂數 a 和 b，對於 $n=1000$ 產生的結果看起來不是非常的隨機。

C-3.18 假設給定一個陣列 A，其中包含 100 個以 r.nextInt(10) 方法產生的整數，其中 r 是 java.util.Random 型態的物件。令 x 表示在 A 中整數的乘積。A 中有 x 值得機率至少為 0.99。x 數值為何？，描述 x 等於該數值機率的公式是甚麼？

C-3.19 寫一個方法，shuffle(a)，重新排列陣列 A 的元素，使每個可能的排序以相同的機率出現。你可以用 java.util.Random 類別的 nextInt(n) 方法，它會返回 0 和 $n - 1$ 之間的隨機數，包括 0 和 $n - 1$。

C-3.20 假設你要設計一個超過 1000 個玩家的多人遊戲，分別標示為 1 到 n，場地為森林，遊戲的贏家是第一個遇到所有其他玩家至少一次者（允許平手）。假設有一個函式 meet(i, j) 每當玩家 i 遇到玩家 j 時會被呼叫（i 不等於 j），描述一個方法來記錄相遇的玩家以及贏家。

C-3.21 寫一個 Java 程式，將兩個三維整數陣列的每個元素做加法運算。

C-3.22 描述一個將兩個單向鏈結串列 L 和 M 連接成單個串列 L' 的演算法，L' 包含 L 的所有節點，然後是 M 的所有節點。

C-3.23 給出一個用來將兩個雙向鏈結串列 L 和 M 連接成單個串列 L' 的演算法，L 和 M 都有標兵節點 header 和 tailer。

C-3.24 詳細描述僅用來反轉單向鏈結串列 L 的演算法，限定使用恆定的額外空間。

C-3.25 假設給定兩個循環鏈結串列，L 和 M，描述用於回報 L 和 M 是否儲存相同元素序列的演算法（起點可能不同）。

C-3.26 給定包含偶數個節點的循環鏈結串列 L，描述如何將 L 分成兩個同大小的循環鏈結串列。

C-3.27 我們的雙向鏈結串列的實現使用了兩個標兵節點，header 和 trailer，但兩端其實只使用一個標兵節點應該就足夠。請重新實現 DoublyLinkedList 類別。

C-3.28 實現一個雙向鏈結串列的循環版本，沒有任何標兵節點來支援 public 方法 rotate( ) 和 rotateBackward( )。

C-3.29 使用繼承解決上面的問題，使得 DoublyLinkedList 類別繼承自現有的 CircularlyLinkedList，DoublyLinkedList.Node 巢狀類別繼承自 CircularlyLinkedList.Node。

C-3.30 實現 CircularlyLinkedList 類別的 clone( ) 方法。

C-3.31 實現 DoublyLinkedList 類別的 clone( ) 方法。

專案題

P-3.32 設計一個類別，記錄遊戲前十名分數，實現第 3.1.1 節的 add 和 remove 方法，但使用單向鏈結串列而不是陣列。

P-3.33 執行上一個計劃，但使用雙向鏈結串列。此外，在實現 remove(i) 時應該使用最少的指標跳數到達欲刪除的節點。

P-3.34 編寫一個程式，可以執行凱撒密碼，英語訊息包括大寫和小寫字元。

P-3.35 實現一個類別，SubstitutionCipher，建構子有一個字串參數，該字串爲 26 個大寫字母按任意順序組合，用作加密的編碼器（即，A 被映射到參數的第一個字元，B 被映射到第二個，字元等等。）你應該從編碼器導出解碼器。

P-3.36 延續前一個習題，將 CaesarCipher 類別重新設計成爲 SubstitutionCipher 的子類別

P-3.37 設計 RandomCipher 類別，使其成爲 P-3.35 中 SubstitutionCipher 類別的子類別，類別的每個實體依賴於隨機置換的字母作爲其映射。

後記

本章所討論的陣列和鏈結串列基本資料結構，屬於到電腦科學領域的基礎結構。它們首先出現在 Knuth 的開創性著作 *Fundamental Algorithms* [60]。

Memo

Chapter

4

分析工具

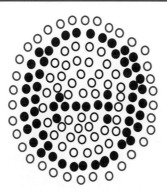

目錄

在一個經典的故事中，著名的數學家阿基米德（Archimedes）被要求確定國王的金皇冠確實是純金的，未摻雜銀在裡面。阿基米德苦思好久，想不出方法，吃不下也睡不好。有一天，他在洗澡的時候發現，當他坐在浴盆裡時注意到水濺出浴缸，這使得他想到了，濺出的水量應該等同王冠的體積，所以只要拿與王冠等重的金子，放到水裡，測出外溢水的體積，如果比王冠體積大，這就表示其中摻雜了銀。阿基米德立刻離開了浴室，赤裸裸地穿過城市的大喊，"尤里卡，尤里卡！"（eureka, eureka），表示他發現了一個分析工具（位移），可以確定國王的新王冠是否是純金的。於是在國王面前做了測試，結果是皇冠溢出的水比同等重量的純金塊溢出的水多，證明皇冠不是純金的。

在本書中，我們對設計"好"的資料結構和演算法感興趣。簡單地說，**資料結構**是一種以系統化組織和存取資料的方式，**演算法**則是逐步在有限時間完成工作的方法。這些概念是計算的核心，但是為了辨別資料結構和演算法"好"的程度，我們必須有精確的方法來做分析。

本書中使用的主要分析工具與演算法和資料結構操作所需的執行時間有關，對運算所佔用的空間也特別關注。執行時間是衡量"好"的自然量度，因為時間是寶貴的資源－電腦解決方案應該以盡可能快的方式執行。一般來說，演算法或資料結構操作的執行時間隨著輸入量而增加，但是對於等量但不同的輸入資料，運算所需時間和空間也會有變化。另外，執行時間也會受執行演算法的硬體環境（例如，處理器、時脈速率、記憶體、磁碟機）和軟體環境（例如，作業系統、程式語言）的影響。假設所使用的演算法、輸入資料和其他所有因素是相同的，如果電腦有更快的處理器執行時間會較快。還有編譯型態也會影響執行速度，編譯成本地機器的程式，一定比在虛擬機上執行的中間碼要快。本章討論用於進行實驗研究的工具，不使用程式的實際執行來做為評估演算法效率的主要手段。

以執行時間評估演算法效率需要使用幾個數學工具。儘管不同的環境會影響執行速度，關注的焦點主要在演算法和輸入資料量。我們感興趣的是將演算法的執行時間作為輸入大小的函數。但到底什麼是正確的測量方法？在這一章中，我們"捲起袖子"開發分析演算法的數學方法。

4.1　實證分析（Empirical Analysis）

研究演算法效率的一種方法是以各種不同輸入來執行程式，每次執行記錄所花費的時間。在 Java 中收集這種執行時間的簡單機制可使用 System 類別的 currentTimeMillis 方法。此方法報告自紀元時間（1970 年 1 月 1 日 UTC）以來經過的毫秒數。執行演算法前執行 currentTimeMillis 記錄起始時間；程式執行完畢立刻再度執行 currentTimeMillis，兩者時間的差就是演算法的執行時間。程式 4.1 中顯示執行此過程的程式。

```
1  long startTime = System.currentTimeMillis( );      // record the starting time
2  /* (run the algorithm) */
3  long endTime = System.currentTimeMillis( );        // record the ending time
4  long elapsed = endTime − startTime;                // compute the elapsed time
```

程式 4.1：在 Java 中評估演算法的典型方法。

以這種方式測量耗費的時間合理的反映演算法效率；對於極快的操作，Java 提供了一種方法，nanoTime，以奈秒爲單位而不是毫秒。

因爲我們關注的是資料量的大小和結構，我們應該對不同的資料量進行獨立實驗。然後將實驗結果視覺化，以二維函數圖來呈現，x 坐標代表輸入大小，y 坐標代表執行時間。之後做統計分析，試圖找輸入和執行時間的確切函數關係。爲了評估的精準性，得選擇良好的樣本輸入和執行足夠的測試，才能達到統計所需的精度。

然而，測量時間的兩種方法 currentTimeMillis 和 nanoTime 會隨機器而有很大的變化，甚至在同一台機器上也會產生變化。這是因爲許多程序共享**中央處理單元**（或 **CPU**）和記憶體系統；因此，執行時間將取決於測試當時，電腦上正在執行的其他程序。雖然精確的執行時間可能不可靠，但在相同的環境進行實驗，比較兩個或多個演算法的效率，還是相當有用的。

舉個實際例子來做實驗分析，設計兩個演算法在 Java 中建立長字串。設計一個方法，簽名爲 repeat('*', 40)，產生由 40 個星號組成的字串："**"。

第一個演算法使用 + 運算子，重複執行的字串連接，程式碼在程式 4.2 中的 repeat1 方法。第二種演算法使用 Java 的 StringBuilder 類別（見第 1.3 節），程式碼在程式 4.2 中的 repeat2 方法。

```
1   /** Uses repeated concatenation to compose a String with n copies of character c. */
2   public static String repeat1(char c, int n) {
3       String answer = "";
4       for (int j=0; j < n; j++)
5           answer += c;
6       return answer;
7   }
8
9   /** Uses StringBuilder to compose a String with n copies of character c. */
10  public static String repeat2(char c, int n) {
11      StringBuilder sb = new StringBuilder( );
12      for (int j=0; j < n; j++)
13          sb.append(c);
14      return sb.toString( );
15  }
```

程式 4.2：兩種用於組成重複字串的演算法。

作爲一個實驗，我們使用 System.currentTimeMillis( )，在樣式程式 4.1，測量 repeat1 和 repeat2 產生大字串的效率。我們使用不同的 n 值來測試執行時間和字串長度之間的關係。實驗結果列在表 4.1 中示出，圖 4.1 則以對數 - 對數標度示出結果。

n	repeat1 (in ms)	repeat2 (in ms)
50,000	2,884	1
100,000	7,437	1
200,000	39,158	2
400,000	170,173	3
800,000	690,836	7
1,600,000	2,874,968	13
3,200,000	12,809,631	28
6,400,000	59,594,275	58
12,800,000	265,696,421	135

表 4.1：來自程式 4.2 的方法的時序實驗的結果。

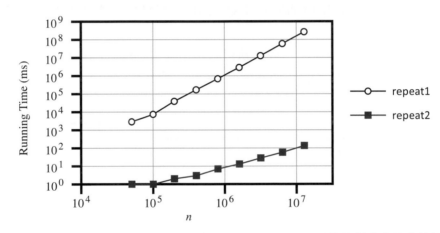

圖 4.1：來自程式 4.2 的耗時實驗結果圖，以對數 - 對數比例顯示。發散的斜率表現出執行時間數量級
　　增長的差異。

　　這些實驗最引人注目的是 repeat2 演算法是比 repeat1 要快許多。repeat1 需要超過 3 天
來組成一個包含 1280 萬個字元的字串，repeat2 卻只要以秒計就能完成同樣的工作。我們還
看到一些有趣的趨勢，演算法執行時間是如何各自受 n 的影響。當 n 的值加倍時，repeat1
的執行時間增加超過四倍，而 repeat2 的執行時間大約加倍。

◉ 實驗分析的挑戰（Challenges of Experimental Analysis）

雖然對執行時間的實驗研究是有價值的，特別是為了程式品質做微調時，但這種類型的演算
法分析有三個主要的限制：

- 除非實驗在相同的硬體和軟體環境中執行，兩種演算法的實驗執行時間難以直接比
  較。
- 實驗只能在有限的測試輸入上進行；因此，對於未做實驗的輸入就無法估測執行時間
  （這些資料可能很重要）。
- 必須完全實現一個演算法，才能藉由執行來研究執行時間。

最後一個要求是使用實驗測試最嚴重的缺點。在設計的早期階段，當考慮資料結構或演算法的選擇，花費大量的時間實現將是愚蠢的，這種測試很容易被高層次的分析視爲差勁的方法。

4.1.1　超越實驗分析（Moving Beyond Experimental Analysis）

我們的目標是開發一種分析演算法效率的方法：

1. 以獨立於硬體和軟體環境的方式，評估任何兩種演算法的相對效率。
2. 透過研究演算法的高階層描述來執行評估，不需要用實驗來驗證。
3. 考慮所有可能的輸入。

◉ **計數基本操作**（Counting Primitive Operations）

爲了分析演算法的執行時間但不進行實驗，我們直接對演算法的高階描述執行分析（在實際程式的形式，或和語言無關的虛擬程式）。我們定義一組**基本操作**（*primitive operations*），如下所示：

- 爲變數賦值（Assigning a value to a variable）
- 跟蹤物件參考（Following an object reference）
- 執行算術運算（Performing an arithmetic operation）（例如，添加兩個數字）
- 比較兩個數字（Comparing two numbers）
- 通過索引存取陣列的單個元素（Accessing a single element of an array by index）
- 呼叫方法（Calling a method）
- 從方法返回（Returning from a method）

形式上，基本操作對應於低階指令，執行時間是恆定的。理想情況下，這可能是由硬體執行的基本操作型態，雖然可將許多基礎操作轉譯成少量指令。我們不會試圖具體確定每個基本操作的執行時間，我們關注的是要執行多少次（t 次）的基本操作，並使用數值 t 作爲演算法執行的時間度量。

操作計數將與特定電腦中的實際執行時間相關，每個基本操作對應於恆定數目的指令，並且只有固定數量的原始操作。在這種方法中隱含一個假設：不同基本操作的執行時間將是非常相似的。因此，演算法執行的基本操作數目 t，與該演算法的實際執行時間成比例。

◉ **測量操作為輸入大小的函數**（Measuring Operations as a Function of Input Size）

爲了捕捉演算法執行時間的增長級數，我們將每個演算法與一個函數 $f(n)$ 相關聯。$f(n)$ 代表執行基本操作的次數，n 代表輸入大小，函數表達的是演算法執行時間和處理資料量間的關係。第 4.2 節將介紹最常出現的七個函數，第 4.3 節將介紹用於函數比較的數學架構。

◉ **關注最差輸入情況**（Focusing on the Worst-Case Input）

一個演算法在某些輸入上的執行速度，可能比在相同大小的其他輸入執行的速度快。因此，我們可能希望將演算法的執行時間作爲輸入 x 的函數，x 是對所有相同大小尺寸的不同輸入取平均值而獲得。不幸的是，這種**平均情況**（*average-case*）分析通常是相當具有挑戰性的。

需要在輸入集合上定義機率分佈，這通常是一個艱鉅的任務。圖 4.2 示意性地標示出了根據輸入分佈，估算演算法的執行時間。執行時間可以介於最壞和最佳執行時間之間。例如，如果輸入眞的只是型態"A"或是"D"？

平均情況分析通常需要我們根據給定的輸入分佈計算執行時間，當中通常涉及複雜的機率論。因此，對於本書的其餘部分，除非我們特別指定，否則將在**最壞情況**（*worst-case*）下評估執行時間，將演算法的執行時間表示爲輸入大小 n 的函數。

最壞情況分析（*worst-case* analysis）比**平均情況分析**（*average-case* analysis）要容易得多，因爲只要有識別最壞情況輸入的能力，這通常很簡單。此外，這方法通常導致更好的演算法。制定在最糟糕的情況能成功執行的標準演算法，在其他不同輸入的環境下，必然執行得更好。也就是說，針對最壞情況的設計導致更強的演算"肌肉"，就像一個總是在上坡練跑的田徑賽高手。

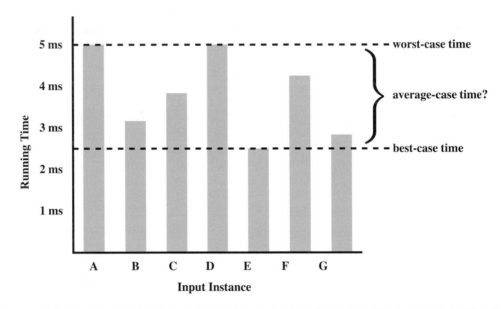

圖 4.2：最佳情況和最差情況執行時間的差異。每個直條代表演算法對不同輸入的執行時間。

4.2 常用數學函式 (Common Mathematical Functions)

在本節之中，我們會簡單的介紹七個最常用在分析演算法的函數。在本書之中的所有分析幾乎都離不開這七個函數。實際上，如果某章節用到了這七個之外的函數，會在前面加上一個✳號，代表這個部分可以選擇性的閱讀。除了這七個函數之外，附錄 A 也列出了許多用在演算法或資料結構的數學論述。

常數函數（Constant Function）

在我們認知中最簡單的函數應該就是所謂的**常數函數**（*constant function*），如下所示：

$$f(n) = c$$

為某個固定的常數，例如 $c = 5$，$c = 27$ 或 $c = 2^{10}$。也就是說，對於任何參數 n，$f(n)$ 由 c 的值決定。換言之，無論 n 值為何，$f(n)$ 將永遠等於常數 c。

因為我們通常對整數函數比較有興趣，所以最基本的常數函數就是 $g(n) = 1$，這也是我們在本書中最常用的典型常數函數。請注意任何其他的常數函數 $f(n) = c$，都可以把它改寫成常數 $g(n)$ 的 c 倍，也就是 $f(n) = cg(n)$。

就因為是簡單，所以常數函數在演算法分析中常用，代表在計算機上執行基本操作所需的步驟數量，例如，將兩個數值相加、為變數賦值或對兩個數值進行比較。

對數函數（Logarithm Function）

在分析演算法或資料結構時，有個地方常使人感到驚奇且有趣，就是隨處可見的對數函數。$f(n) = \log_b n$，其中 $b > 1$，這個函數是指數函數的反函數，定義如下：

$$x = \log_b n \text{ 若且唯若 } b^x = n$$

其中 b 的值也就是這個對數的**基數**（*base*）。根據上述的定義，對於任何基數 $b > 0$，可得 $\log_b 1 = 0$。

電腦科學中對數函數最常見的基數是 2，因為電腦以二進制儲存整數。事實上，這個基數是如此常見，我們把 2 當成基數的預設值，對數函數中省略不記。也就是說：

$$\log n = \log_2 n$$

注意大多數掌上型計算器有一個按鈕標記為 LOG，預設基數是 10 而不是 2。

對任何整數 n 正確計算對數函數涉及使用微積分，但我們可以使用夠好的近似值來達到我們的目的，不用計算。我們記得，數值 x 的**上限**（*ceiling*）是將數字無條件進位到最接近的整數，也就是大於或等於 x 的最小整數，用 $\lceil x \rceil$ 表示。我們可把 x 的上限作為 x 的整數近似值，$x \leq \lceil x \rceil < x + 1$。對於正整數 n，我們可重複將 n 除以 b，當商數小於或等於 1 時，停止計算。執行除法的次數等於 $\lceil \log_b n \rceil$。舉三個用連續除法計算 $\lceil \log_b n \rceil$ 的範例：

- $\lceil \log_3 27 \rceil = 3$, 因為 $((27/3)/3)/3 = 1$;
- $\lceil \log_4 64 \rceil = 3$, 因為 $((64/4)/4)/4 = 1$;
- $\lceil \log_2 12 \rceil = 4$, 因為 $(((12/2)/2)/2)/2 = 0.75 \leq 1$.

以下幾個定理描述對數中基數大於 1 的重要等式。

定理 4.1（**對數規則**）：給定實數 a > 0，b > 1，c > 0，和 d > 1，可得：

1. $\log_b(ac) = \log_b a + \log_b c$
2. $\log_b(a/c) = \log_b a - \log_b c$
3. $\log_b(a^c) = c\log_b a$
4. $\log_b a = \log_d a / \log_d b$
5. $b^{\log_d a} = a^{\log_d b}$

　　按照慣例，未加括號的 $\log n^c$ 表示 $\log(n^c)$。縮寫 $\log^c n$ 代表 $(\log n)^c$，其中對數的結果被提高到一個冪次。

　　上述等式可從指數公式反導出，透過幾個例子來說明這些等式。

範例 4.2：我們在下面展示一些使用定理 4.1 規則的對數應用範例（依慣例，如果省略，則對數的基數為 2）。

- $\log(2n) = \log 2 + \log n = 1 + \log n$，根據規則 1
- $\log(n/2) = \log n - \log 2 = \log n - 1$，根據規則 2
- $\log n^3 = 3\log n$，根據規則 3
- $\log 2^n = n\log 2 = n \cdot 1 = n$，根據規則 3
- $\log_4 n = (\log n)/\log 4 = (\log n)/2$，根據規則 4
- $2^{\log n} = n^{\log 2} = n^1 = n$，根據規則 5

請注意規則 4，提供給我們一個使用計算器中以 10 為底的對數按鈕 LOG，來計算基數二的對數

$$\log_2 n = \text{LOG } n/\text{LOG } 2$$

線性函數（Linear Function）

另外一個簡單又重要的函數為線性函數（linear function）。

$$f(n) = n$$

也就是說，輸入一個 n，f 會將 n 這個值指派給自己。

　　這個函數常在我們分別對 n 個元素執行單一的基本命令時出現。例如，將數字 x 與某陣列中的 n 個元素做比較，將會用到 n 個比較指令。線性函數也代表著某演算法要對 n 個尚未讀入記憶體的物件進行運算時，所能得到的最佳執行時間，因為要讀取 n 個物件至少需要執行 n 次指令。

N-log-N 函數

接下來本節要討論的就是 **n-log-n** 函數。

$$f(n) = n\log n,$$

代入 n 到這個函數中，會將 n 乘上以 2 為底的對數 n。這個函數成長得比線性函數稍為快一點，但比二次方函數稍慢。所以，我們希望能將解決某個問題所需時間，從二次方函數減少為 n-log-n 函數。後面會看到有幾個演算法的執行時間和 n-log-n 函數成正比。例如，用於排序 n 個任意值的最快演算法，執行時間與 $n\log n$ 成正比。

二次方函數（Quadratic Function）

另一個在演算法分析中常出現的函數為二次方函數（Quadratic Function）。

$$f(n) = n^2$$

即是，將 n 代入函數中會得到 n 與自己的乘積（換句話說，就是 n 的平方）。

　　為何在分析演算法時常看到二次方函數的主要原因是：有許多演算法之中會用到巢狀迴圈，其外部迴圈執行次數爲線性，而內部迴圈執行次數也是線性。所以，在這種情形，這個演算法會執行 $n \times n = n^2$ 次的操作。

◉ 巢狀迴圈及二次方函數（Nested Loops and the Quadratic Function）

在某一種巢狀迴圈的情形也會出現二次方函數，在迴圈第一次重複時使用一個指令，第二次重複時使用二個指令，第三次使用三個指令，以此類別推。也就是說，總共的指令次數爲

$$1 + 2 + 3 + \cdots + (n-2) + (n-1) + n$$

換句話說，這即是當外部迴圈每重複一次時，內部迴圈重複的次數就加一，最後所計算出的總次數，這數字具有一個很有趣的歷史。

　　西元 1787 年，德國某小學老師要求幾個大約九到十歲的學生，計算由 1 加到 100 的總和。但其中有一個學生馬上就把答案算出來！當學生在石板上寫下答案時，老師感到非常驚訝，這個答案是正確的：5050！這位學生名叫"卡爾‧高斯"（Carl Gauss），長大之後成爲當時非常有名的數學家，我們料想他所使用的方法如下。

定理 4.3：對任何整數 $n \geq 1$，我們可得：

$$1 + 2 + 3 + \cdots + (n-2) + (n-1) + n = \frac{n(n+1)}{2}$$

圖 4.3 中用兩個圖形來顯示定理 4.3。

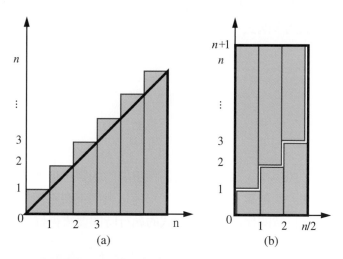

圖 4.3：定理 4.3 之圖示。這兩個圖形以面積呈現運算結果，總面積被 n 個寬度爲 1，高度分別爲 1、2、…、n 的長方型所覆蓋。(a) 圖中的長方型表示出一個面積爲 $n^2/2$ 的大三角型（底及高爲 n），再加上 n 個面積爲 1/2 的三角型（底及高爲 1）。(b) 此圖只有在 n 爲偶數時成立，這些長方型集合所覆蓋的面積爲一個底爲 $n/2$，高爲 $n+1$ 的大長方型。

　　定理 4.3 告訴我們的是，如果在演算法之中有巢狀迴圈，且當外部迴圈每執行一次，內部迴圈的執行次數就被加一，此時的總指令執行次數爲一個 n 的二次方函數。或公平一點，實際執行時間爲 $n^2/2+n/2$，稍爲比 n^2 這個二次方函數的一半還要多一些。也就是說，它只比另一個內部迴圈執行次數皆爲 n 的演算法要來得好一點。但成長的級數依然是 n 的二次方。

三次方函數和其他多項式（Cubic Function and Other Polynomials）

接下來我們要討論的主題是更高幕次的輸入，稱其爲三次方函數（Cubic Function）。

$$f(n) = n^3,$$

將 n 代入其中可得到 n 乘三次的值。

　　在分析演算法時，這個函數出現的頻率比常數、線性、二次方函數低，但仍然不時會看到它。

◉ 多項式（Polynomials）

很有趣地，以上我們所提到的所有函數，都可以算是多項式（Polynomials）這個大分類的一個部分。某個函數爲以下型式時可稱之爲多項式：

$$f(n) = a_0+a_1n+a_2n^2+a_3n^3 +\cdots+a_dn^d,$$

其中 a_0、a_1、$...$、a_n 均爲常數，稱之爲多項式的**係數（*Coefficient*）**，並且 $a_d \neq 0$。整數 d，代表這個多項式的最高次方，稱之爲多項式的冪次。

　　舉例來說，以下函數爲多函式：

- $f(n) = 2+5n+n^2$
- $f(n) = 1+n^3$
- $f(n) = 1$
- $f(n) = n$
- $f(n) = n^2$

然而，我們可能會質疑，照這樣說來只能算是四個重要的函數，但本書卻堅稱有七個。原因是由於常數、線性及二次方函數實在是太重要了，所以我們不將它們放在一般的多項式一起討論。低冪次多項式的執行時間比高冪次多項式的執行時間要來得好。

◉ 加總（Summations）

有個在分析資料結構及演算法時不斷出現的符號：**加總（*Summation*）**。其定義如下：

$$\sum_{i=a}^{b} f(i) = f(a) + f(a+1) + f(a + 2) + \cdots + f(b)$$

其中 a 和 b 爲整數，且 $a \leq b$。由於計算迴圈的執行時間基本上就是加總，所以它常出現在資料結構及演算法分析之中。

我們可以利用加總將定理 4.3 重寫成以下形式：

$$\sum_{i-1}^{n} i = \frac{n(n+1)}{2}.$$

同樣地，我們也可以將 d 次多項式 $f(n)$ 與其係數 a_0、a_1、...、a_n 寫成以下形式：

$$f(n) = \sum_{i=0}^{d} a_i n^i.$$

所以，加總符號給我們一個更簡便的方式，來表達一般具規則性的結構。

指數函數（Exponential Function）

另一個用在演算法分析的函數稱為指數函數（***exponential Function***）。

$$f(n) = b^n$$

其中 b 為一正整數，稱為**基底**（***base***），而參數 n 稱為**指數**（***exponent***）。也就是，$f(n)$ 會傳回將基底 b 乘以自己 n 次所得的值。在演算法分析之中，指數函數最常出現的基底為 $b = 2$。例如，有個迴圈一開始時會執行某指令一次，往後每重複一次迴圈，則該指令執行的次數就多一倍，則在第 n 次迴圈時指令會被執行 2^n 次。

有時我們會遇到 n 之外的指數，所以如果我們能了解一些簡易的指數規則將會有幫助。以下是幾個很有用的**指數規則**（***exponent rules***）。

定理 4.4（指數規則）：給予正整數 a, b 及 c 可得

1.　$(b^a)^c = b^{ac}$
2.　$b^a b^c = b^{a+c}$
3.　$b^a / b^c = b^{a-c}$

我們以下列運算式為例：

- $256 = 16^2 = (2^4)^2 = 2^{4 \cdot 2} = 2^8 = 256$ (指數規則 1)
- $243 = 3^5 = 3^{2+3} = 3^2 3^3 = 9 \cdot 27 = 243$ (指數規則 2)
- $16 = 1024/64 = 2^{10}/2^6 = 2^{10-6} = 2^4 = 16$ (指數規則 3)

我們可以將上述的指數規則延伸到指數為分數或實數以及負數指數，如下所述。

給予一個正整數 k，我們將 $b^{1/k}$ 定義為 b 的 k 次方根，也就存在一個整數 r，使得 $r^k = b$。舉例來說，$25^{1/2} = 5$ 因為 $5^2 = 25$。同樣地，$27^{1/3} = 3$ 和 $16^{1/4} = 2$。這個方法能讓我們用任何可表示為分數的指數來表達冪次，根據指數規則 1，$b^{a/c} = (b^a)^{1/c}$。舉例，$9^{3/2} = (9^3)^{1/2} = 729^{1/2} = 27$。所以 $b^{a/c}$ 其實就是整數 b^a 開 c 次方根。

我們可以更進一步的將指數函數定義為 b^x，其中 x 為任一實數。經由計算一連串 $b^{a/c}$ 型式中的 a/c，將其值漸漸接近 x。因為任何一個實數 x 可被分數 a/c 近似到任何程度。所以我們可用分數 a/c 做為 b 的指數，求得任意程度的 b^x 近似值。所以，例如 2^π 這個值就被賦予完善的定義。最後，給予一個負數指數 d，我們定義 $b^d = 1/b^{-d}$，也就是對應到指數規則 3，當 $a = 0$，$c = -d$，譬如，$2^{-3} = 1/2^3 = 1/8$。

◉ **幾何加總**(Geometric Sums)

假設我們有個迴圈在每次執行時,會比上次多出某個倍數,這種迴圈可用下列定理來分析。

定理 4.5:對任何整數 $n \geq 0$ 以及任何實數 a,其中 $a > 0$ 且 $a \neq 1$,加總

$$\sum_{i=0}^{n} a^i = 1 + a + a^2 + \cdots + a^n$$

(回想一下之前提過的,$a^0 = 1$ 若 $a > 0$),加總的結果為:

$$\frac{a^{n+1} - 1}{a - 1}$$

定理 4.5 所表示的加總稱為**幾何和**(*geometric summation*),因為,如果 $a > 1$,則在這數列中的每項都比前一項大幾合倍數。舉例來說,每位從事電腦工作的人都知道:

$$1 + 2 + 4 + 8 + \cdots + 2^{n-1} = 2^n - 1,$$

這代表可用 n 個位元表示的最大整數。

4.2.1　比較成長速率(Comparing Growth Rates)

總結以上,表 4.2 依序列出之前提過的七個演算法分析中常見的函數。

常數	對數	線性	n-log-n	二次方	三次方	指數
1	$\log n$	n	$n \log n$	n^2	n^3	a^n

表 4.2:常用於演算法分析的七個函數,其中 $\log n = \log_2 n$,$a > 1$。

理想情況下,我們希望資料結構能在對數或常數時間比例下執行,也希望我們的演算法執行時間為線性或 n-log-n。二次方或三次方執行時間的演算法較不實用,對於指數時間的演算法來說,除非輸入的資料量很小,否則是完全不可行的方法。圖 4.4 為七個函數的圖型。

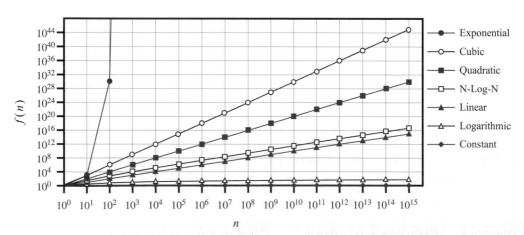

圖 4.4:演算法分析中常出現的七個函數之成長率。$a = 2$ 為指數函數中所用的基底。這些函數被畫在一個 log-log 的圖表中,可以用曲線的斜率來看出成長率。即使如此,指數函數仍然成長的太快,以致於我們無法將所有數值都標示在圖中。

◉ **上限及下限函數**（The Ceiling and Floor Functions）

對數所求得的數值通常不是整數。但演算法的執行時間一般都表示為整數，例如運算指令所執行的次數。所以，在演算法分析時常會用到**上限**（*ceiling*）及**下限**（*floor*）函數，分別定義如下：

- $\lfloor x \rfloor$ = 小於或等於 x 的最大整數。（例如，$\lfloor 3.7 \rfloor = 3$）
- $\lceil x \rceil$ = 大於或等於 x 的最小整數。（例如，$\lceil 5.2 \rceil = 6$）

4.3　Big-Oh 表示法（Big-Oh Notation）

在演算法分析中，我們關注的是執行時間增長率作為輸入大小 n 的函數，採取"大局觀"（big-picture）方法。例如，只要知道一個演算法的執行時間成比例增長到 n（***grows proportionally to n***）通常就足夠了。

使用數學函數分析演算法通常會忽略常數因子。即，解決一個輸入為 n 的問題所花費的時間，當 n 值成長，可以找到一個其他各項可忽略的主導函數。這種方法反映了虛擬程式碼或高級語言中的每個基本步驟的實現，可對應到少量的基本操作。從而，我們可以用一個恆定的因素，估算演算法基本操作的數量來執行分析，不必陷入特定於語言或特定硬體的操作困境，來計算在電腦上執行所需的確切時間。

4.3.1　定義 Big-Oh 符號（Defining the "Big-Oh" Notation）

令 $f(n)$ 和 $g(n)$ 是將正整數映射到正實數的函數。我們說 $f(n)$ 是 $O(g(n))$ 若存在實常數 $c > 0$ 和整數常數 $n_0 \geq 1$ 使得

$$f(n) \leq c \cdot g(n)，其中 n \geq n_0$$

這個定義通常被稱為"big-Oh"符號，有時把它唸成是"$f(n)$ is **big-Oh** of $g(n)$."圖 4.5 說明一般定義。

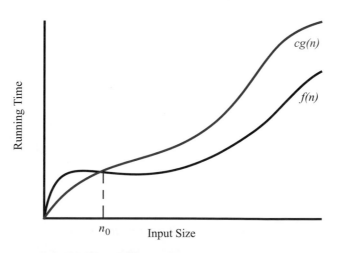

圖 4.5：說明"big-Oh"表示法。函數 $f(n)$ 是 $O(g(n))$，因為當 $n \geq n_0$ 時，$f(n) \leq c \cdot g(n)$

範例 4.6：函數 8n + 5 是 $O(n)$。

證明：通過 big-Oh 的定義，我們需要找到一個實常數 $c > 0$ 和整數常數 $n_0 \geq 1$，使對於每個整數 $n \geq n_0$，$8n+5 \leq cn$。這很容易看出，只要選擇 $c = 9$ 和 $n_0 = 5$。事實上，有無限多個選擇可用，因為在 c 和 n_0 之間存在權衡。例如，我們可以選擇 $c = 13$ 和 $n_0 = 1$。∎

big-Oh 的表示法允許我們說函數 $f(n)$ "小於或等於" 另一函數 $g(n)$ 的某個常數倍，或 n 趨近（成長）無限大時的**漸近（*asymptotic*）**關係。這是因為定義中使用 < 來比較 $f(n)$ 及某個常數 c 倍的 $g(n)$，在漸近範例中使用 $n \geq n_0$。然而，說成 "$f(n) \leq O(g(n))$" 總是不太精準，因為 big-Oh 已經表示 "小於或等於" 的概念。同樣地，也常聽到有人說成 "$f(n) = O(g(n))$" 這是不完全了解 "=" 關係，因為不能對稱地說成 "$O(g(n)) = f(n)$"，最好的說法是："$f(n)$ 是 $O(g(n))$"。

或者，我們可以說 "$f(n)$ 是 $g(n)$ 的階數 (order)"。以數學觀點說成："$f(n) \in O(g(n))$" 也是正確的，big-Oh 符號在技術上代表整個函數集合。在這本書中，我們會堅持以 "$f(n)$ 是 $O(g(n))$" 來表示 big-Oh 敘述。即使有了這種解釋，對於如何在 big-Oh 敘述使用數學運算，仍有相當大的自由度，和這種自由度也帶有一定的規範。

◉ **big-Oh 符號的一些屬性**（Some Properties of the Big-Oh Notation）

big-Oh 的符號讓我們忽略常數因子和低階數學項目，專注在真正影響函數成長率的主要元素。

範例 4.7：$5n^4 +3n^3+2n^2 +4n+1$ *is* $O(n^4)$。

證明：注意 $5n^4+3n^3+2n^2+4n+1 \leq (5+3+2+4+1)n^4 = cn^4$, 其中，$c = 15$，$n \geq n_0 = 1$。∎

事實上，我們可以籍此描繪出所有多項式函數的成長率。

定理 4.8：如果 $f(n)$ 為一個 d 次多項式，也就是

$$f(n) = a_0 +a_1n+\cdots+a_dn^d ,$$

若 $a_d > 0$,，則 $f(n)$ 是 $O(n^d)$。

證明：注意，對於 $n \geq 1$，我們有；因此，$1 \leq n \leq n^2 \leq \cdots \leq n^d$

$$a_0+a_1n+a_2n^2+\cdots+a_dn^d \leq (|a_0|+|a_1|+|a_2|+\cdots+|a_d|)n^d.$$

接下來我們可以經由定義 $c = |a_0|+|a_1|+\cdots+|a_d|$ 和 $n_0 = 1$，證明 $f(n)$ 是 $O(n^d)$。∎

因此，多項式中最高次項將會決定這個多項式的漸近成長率。在習題中我們將會看到 Big-Oh 更多的特性。接下來先讓我們專注在演算法設計的七種函數的進階範例。記住數學公式：對於 $n \geq 1$，$\log n \leq n$。

範例 4.9：$5n^2 +3n\log n+2n+5$ *is* $O(n^2)$。

證明：$5n^2+3n\log n+2n+5 \leq (5+3+2+5)n^2 = cn^2$，其中 $c = 15$，$n \geq n_0 = 1$。∎

範例 4.10：$20n^3 + 10n\log n + 5$ is $O(n^3)$。

證明：$20n^3 + 10n\log n + 5 \leq 35n^3$，其中 $n \geq 1$。　　　　　　　■

範例 4.11：$3\log n + 2$ 是 $O(\log n)$。

證明：$3\log n + 2 \leq 5\log n$，對於 $n \geq 2$。注意，於 $n = 1$，$\log n$ 為零。這也就是為何在這裡我們會用 $n \geq n_0 = 2$。　　　　　　　■

範例 4.12：2^{n+2} 是 $O(2^n)$。

證明：$2^{n+2} = 2^n \cdot 2^2 = 4 \cdot 2^n$，其中 $c = 4$ 和 $n_0 = 1$。　　　　　　　■

範例 4.13：$2n + 100\log n$ 是 $O(n)$。

證明：$2n + 100\log n \leq 102n$，其中 $n \geq n_0 = 1$；因此，在這種情況下我們可以取 $c = 102$。　　　　　　　■

◉ 用最簡化的項目描述函數（Characterizing Functions in Simplest Terms）

一般來說，我們會盡可能的用最接近的 Big-Oh 標記法來描述一個函數。儘管 $f(n) = 4n^3 + 3n^2$ 為 $O(n^5)$ 是成立的，但 $O(n^3)$ 是更為精確。這可以用一種情形來比喻它。有一個飢餓的旅者獨自在一個很長的鄉間小道走著，遇上一個從市場回來的農夫。如果這個旅者詢問農夫到底他還要走多久才能找到食物，農夫可以回答他 "不會超過十二小時"' 這個答案並沒有錯。不過如果農夫說"你再延著路走幾分鐘就會看到市場"這個答案會比較精準（也比較有幫助）。所以，即使我們在使用 Big-Oh 標記法時，也要盡可能的描述整個事實。

在 Big-Oh 標記法中，將常數因數及較低的次方項寫進來，也不是一個好的做法。例如，將 $2n^2$ 寫成 $O(4n^2 + \log n)$ 雖然是正確的，但不是一種常見的做法。我們該盡量用「**最簡化的項目**」（*simplest terms*）來描述一個函數。

在 4.2 節中提到的七個函數與 Big-Oh 標記法常一起使用來描述演算法的執行時間或空間需求。當然，通常會直接用這些函數的名稱來敘述某個演算法的執行時間。例如，某個演算法的最差情況下的執行時間為 $4n^2 + n\log n$，即稱為**二次方時間**（*quadratic-time*）演算法，因為它的執行時間為 $O(n^2)$。同樣地，如果一個演算法的執行時間最多為如 $5n + 20\log n + 4$，則可以稱它為**線性時間**（*linear-time*）演算法。

◉ Big-Omega

如同 Big-Oh 標記法用一種漸近的概念來說明某個函數 "小於或等於" 另一個函數。下列符號可以用漸近的概念來說明某個函數 "大於或等於" 另一個函數。

令 $f(n)$ 及 $g(n)$ 為將非負整數對映到實數的函數。我們說 $f(n)$ 是 $\Omega(g(n))$（讀作 $f(n)$ 是 $g(n)$ 的 Big-Omega），若存在一個實數常數 $c > 0$ 及整數常數 $n_0 \geq 1$，使得

$$f(n) \geq cg(n), \text{其中 } n \geq n_0$$

這個定義允許我們說一個函數漸近地大於或等於另一個函數，當 n 大於某常數因子。

範例 4.14：$3n\log n - 2n$ is $\Omega(n\log n)$。

證明：$3n\log n - 2n = n\log n + 2n(\log n - 1) \geq n\log n$ 其中 $n \geq 2$；因此，在這種情況下我們可以取 $c = 1$ 和 $n_0 = 2$。　■

◉ Big-Theta

除此之外，還有一個符號能在到達某常數因子時，表示兩個函數 $f(n)$ 和 $g(n)$ 以相等速率成長。稱 $f(n)$ 是 $\Theta(g(n))$，讀作 "$f(n)$ 是 $g(n)$ 的 big-Theta"。如果 $f(n)$ 為 $O(g(n))$ 且 $f(n)$ 為 $\Omega(g(n))$，即存在實數常數 $c' > 0$、$c'' > 0$ 和 $n_0 \geq 1$，使得

$$c'g(n) \leq f(n) \leq c''g(n)，for\ n \geq n_0$$

範例 4.15：$3n\log n + 4n + 5\log n$ 是 $\Theta(n\log n)$。

證明：$3n\log n \leq 3n\log n + 4n + 5\log n \leq (3+4+5)n\log n$ 其中 $n \geq 2$。　■

4.3.2　比較分析（Comparative Analysis）

big-Oh 符號廣泛用於以單一參數 n 來估算執行演算法所需時間和空間，等同於以問題的 "大小" 來衡量效能。假設有兩個可以解相同問題的演算法，一個是演算法 A，執行時間為 $O(n)$；另一個是演算法 B，執行時間為 $O(n^2)$。哪個演算法比較好？我們知道 n 是 $O(n^2)$，這也就暗喻演算法 A **漸近優於**（*asymptotically better*）演算法 B。雖然在 n 的數值較小時，B 的執行時間可能比 A 好。

　　我們可以用 big-Oh 將函數的漸近成長率排序。以下將七個函數依成長率由小到大排序，也就是，如果 $f(n)$ 排在 $g(n)$ 之前，則可說 $f(n)$ 為 $O(g(n))$：

$$1,\ \log n,\ n,\ n\log n,\ n^2,\ n^3,\ 2^n.$$

我們使用表 4.3 說明七個函數的增長率（也可看 4.2.1 節的圖 4.4）。

n	$\log n$	n	$n\log n$	n^2	n^3	2^n
8	3	8	24	64	512	256
16	4	16	64	256	4,096	65,536
32	5	32	160	1,024	32,768	4,294,967,296
64	6	64	384	4,096	262,144	1.84×10^{19}
128	7	128	896	16,384	2,097,152	3.40×10^{38}
256	8	256	2,048	65,536	16,777,216	1.15×10^{77}
512	9	512	4,608	262,144	134,217,728	1.34×10^{154}

表 4.3：演算法分析中常用的七個基本函數，以漸增數值觀察增長率。

　　我們進一步說明在表 4.4 中所呈現漸近趨勢的重要性。此表顯示演算法在 1 秒、1 分鐘和 1 小時內能處理的最大輸入。這個表顯示了演算法設計的重要性，因為一個漸近較快的演算法，長時間執行起來可以打敗一個漸近上較慢的演算法，即使這個漸近上較快的演算法在問題處理量不大時表現不佳。

執行時間	問題最大尺寸		
Time (μs)	1 second	1 minute	1 hour
$400n$	2,500	150,000	9,000,000
$2n^2$	707	5,477	42,426
2^n	19	25	31

表 4.4：一秒、一分鐘及一小時內可解決的問題量，執行時間測量單位為微秒。

　　好的演算法設計可能決定一台電腦可解決什麼程度的問題。然而，如表 4.4 所示，即使我們在硬體上得到戲劇性的進步，我們仍然無法克服漸近上較慢的演算法所帶來的障礙。以下的表列出一個固定時間內，不同演算法所能解決的最大問題，假設他在一台比以前快 256 倍的電腦上執行。

執行時間	新的最大問題大小
$400n$	$256m$
$2n^2$	$16m$
2^n	$m+8$

表 4.5：在一個比以前快 256 倍的電腦上，固定時間內可解決的最大問題大小。每個欄位為 m 的函數，m 代表之前的電腦所能解決的問題大小。

◉ **注意事項**（Some Words of Caution）

在此依序提出幾個漸近式表示法的注意事項。首先，請注意 Big-Oh 及其相關表示法在使用時，如果被 "隱藏" 的常數倍數非常大，那麼將會造成某種程度的迷惑。例如，儘管函數 $10^{100}n$ 為 $O(n)$ 是正確的，但是如果這是一個演算法的執行時間，而且它正與另一個執行時間為 $10n\log n$ 的演算法比較。那麼即使在漸近的角度來看，線性時間的演算法會比較快，但我們仍寧願選擇 $10n\log n$ 這個演算法。做這個選擇是因為，許多天文學家相信，10^{100} 這個常數稱之為 "googol"，是目前可觀察到的宇宙中原子的總合。所以我們在真實世界中不太可能遇到這麼大的輸入量。

　　上述的觀察結果引發了一個問題，如何才能稱得上是 "快速" 演算法。一般來說，任何一個執行時間為 $O(n\log n)$ 以內的演算法（具有合理的常數倍數），都可視為有效率的演算法。甚至 $O(n^2)$ 演算法在某些情況也執行得變快，例如在 n 很小的時候。但是 $O(2n^2)$ 卻不可視為一個有效率的演算法。

◉ **指數執行時間**（Exponential Running Times）

有一個關於西洋棋發明者的著名故事。他只要求國王在棋盤的第一格放一粒米，第二格放二粒米，第三格放四粒米，第四格放八粒米，以此類推。國王第 64 格中的米粒數將是

$$2^{63} = 9,223,372,036,854,775,808$$

這大約是 90 億！

如果我們必須要在有效率跟無效率的演算法之間畫一條界線。那麼，這條線很自然的可以畫在多項式執行時間的演算法及指數執行時間的演算法之間。換言之，這條界線是畫在執行時間為 $O(n^c)$ 和 $O(b^n)$ 的演算法之間，其中常數 $c > 1$，$b > 1$。如同本節所提到的其他表示法一樣，對於這種說法我們也要抱持懷疑態度。因為執行時間為 $O(n^{100})$ 的演算法可能就不能視為有效率。儘管如此，用多項式或指數執行時間來區分演算法的複雜度，還算是一個健全的判斷原則。

4.3.3　演算法分析範例（Examples of Algorithm Analysis）

現在我們有 big-Oh 符號進行演算法分析，舉幾個例子使用 big-Oh 符號估算簡單演算法的執行時間。此外，為了符合我們早先的承諾，我們將在下面分別說明本章前面提到的七個函數是如何代表演算法的執行時間。

◉ **常數時間操作**（Constant-Time Operations）

在第 4.1.1 節介紹的基本操作，都假定可在某常數時間內執行完畢；我們說這些基本操作所需的執行時間為 $O(1)$。在此要特別強調涉及陣列的幾個重要的常數時間操作。假設變數 A 是具有 n 個元素的陣列。在 Java 中使用運算式 A.length 評估常數時間，陣列在內部用一個明確變數記錄陣列的長度。陣列的另一個中心行為是對任何有效索引 j，個別元素 A [j] 可以在常數時間內存取。這是因為陣列使用連續的記憶體區塊。定位第 j 個元素不必一一走訪整個陣列，只要有適當的索引值，就可用它作為陣列啟始的偏移量，確定記憶體地址。因此，我們說 A [j] 運算式所耗時間為 $O(1)$。

◉ **找出陣列的最大值**（Finding the Maximum of an Array）

演算法執行時間和 n 成正比的一個經典範例：找出陣列中的最大值元素。走訪整個陣列，並在走訪過程以變數 currentMax 儲存當前的最大值。程式 4.3 提出了一個名為 arrayMax 的方法來執行搜尋。

```
1    /** Returns the maximum value of a nonempty array of numbers. */
2    public static double arrayMax(double[ ] data) {
3      int n = data.length;
4      double currentMax = data[0];        // assume first entry is biggest (for now)
5      for (int j=1; j < n; j++)           // consider all other entries
6        if (data[j] > currentMax)         // if data[j] is biggest thus far...
7          currentMax = data[j];           // record it as the current max
8      return currentMax;
9    }
```

程式 4.3：返回陣列最大值的方法。

使用 big-Oh 符號，可以用定理 4.16 的精確數學敘述評估演算法 arrayMax 的執行時間。

定理 4.16：用於尋找 n 個元素陣列中最大元素的演算法 arrayMax，在任何電腦中以 $O(n)$ 的時間執行完畢。

證明：程式第 3 行和第 4 行執行初始化，第 8 行執行返回敘述，這幾個敘述屬於常數基本操作。迴圈的每次迭代也只需幾個常數量的基本操作，迴圈會循環執行 $n - 1$ 次。因此，我們可計算所需的基本操作數量為 $c' \cdot (n-1) + c''$，c' 和 c'' 分別代表迴圈內部和外部所執行的基本操作數。因為每個基本操作執行在常數時間執行完畢，因此可估算演算法 arrayMax 在輸入量為 n 時的執行時間為 $c' \cdot (n-1) + c'' = c' \cdot n + (c'' - c') \leq c' \cdot n$ 其中合理假設 $c'' \leq c'$。我們得出結論：演算法 arrayMax 的執行時間是 $O(n)$。　　　　　　■

◉ **最大值搜尋演算法的進一步分析**（Further Analysis of the Maximum-Finding Algorithm）

關於 arrayMax 的一個更有趣的問題是我們要對目前的"最大"值做多少次的更新。在最壞的情況下，如果資料為遞增排序，最大值要更改 $n - 1$ 次。但是陣列是隨機排序，所有順序以同樣機率出現；預期最大值的更新次數為何？為了回答這個問題，注意，我們僅在目前元素比之前處理過的所有元素值都大的時候才要做更新。如果陣列為元素以隨機順序出現，第 j 個元素是前 j 個元素最大值的機率為 $1 / j$（假設具唯一性）。因此，我們預期最大值的更新次數是 $H_n = \sum_{j=1}^{n} 1/j$，這就是第 n 次**調和數**（*Harmonic number*）。可以證明 H_n 是 $O(\log n)$。因此，對隨機順序陣列施行 arrayMax 演算法，預期的最大值更新次數是 $O(\log n)$。

◉ **組成長字串**（Composing Long Strings）

回想 4.1 節提出的兩個構成長字串的不同方法（見程式 4.2）。我們的第一個演算法是基於重複使用字串連接運算子，為方便說明，該方法在程式 4.4 中重現。

```
1    /** Uses repeated concatenation to compose a String with n copies of character c. */
2    public static String repeat1(char c, int n) {
3        String answer = "";
4        for (int j=0; j < n; j++)
5            answer += c;
6        return answer;
7    }
```

程式 4.4：使用重複連接來組合字串

這個實現中有一個最重要的觀念：Java 中的字串**不可變**物件（*immutable* objects）。一旦建立後，無法加以修改。敘述，answer + = c，是 answer =（answer + c）的簡寫。此命令不會將一個新字元添加到現有的 String 實體；實際上它會產生一個新字串，內容為此敘述期望的字元序列，然後重新將變數 answer 參考到這個新字串。

在效率方面，上述的操作會產生一個問題：建立新字串的執行時間和字串長度成正比。第一次進入迴圈的結果具有長度 1，第二次進入迴圈的結果具有長度 2，等等，直到最後一個長度為 n 的字串。因此，這個演算法所花費的總時間與下列運算式成正比：

$$1 + 2 + \cdots + n,$$

由定理 4.3 這就是 $O(n^2)$。因此，repeat1 演算法的時間複雜度為 $O(n^2)$。

　　這個理論分析反映在實驗結果中。若問題大小加倍，理論上二次演算法的執行時間應該是原先的四倍，$(2n)^2 = 4 \times n^2$（我們說"理論上"，因為無法在低階項明顯看出，被漸近趨勢給隱藏了）我們看到在表 4.1 中可得知 repeat1 的執行時間增加了近 4 倍。

　　相對的，該表顯示使用 StringBuilder 類別的 repeat2 演算法，若問題大小加倍，則執行時間也近似加倍。StringBuilder 類別依賴於高階技術，在最壞情況下組成長度為 n 的字串，執行時間為 $O(n)$；我們將第 7.2.1 節深入探討此技術。

◉ **三互斥集**（three-way set disjointness）

假設三個集合，A、B 和 C，儲存在三個不同的整數陣列中。我們將假設個別集合中沒有重複值，但集合間可能有相同數值。**三互斥集**（***three-way set disjointness***）問題在確定三個集合的交集是否為空集合，即，沒有元素 x，使得 $x \in A$，$x \in B$ 和 $x \in C$。程式 4.5 用一個簡單的 Java 方法來解此問題。

```
1    /** Returns true if there is no element common to all three arrays. */
2    public static boolean disjoint1(int[ ] groupA, int[ ] groupB, int[ ] groupC) {
3      for (int a : groupA)
4        for (int b : groupB)
5          for (int c : groupC)
6            if ((a == b) && (b == c))
7              return false;              // we found a common value
8      return true;                       // if we reach this, sets are disjoint
9    }
```

程式 4.5：用於測試三互斥集的演算法 disjoint1。

　　這個簡單的演算法以三個迴圈走訪每個可能的三元值，以查看這些值是否相等。如果每個集合大小為 n，則此演算在最壞情況下所需的執行時間為 $O(n^3)$。

　　可透過簡單的觀察來提高程式性能。一旦進入 B 的循環體內，如果二元匹配不滿足（元素 a 和 b 彼此不匹配），就沒必要迭代 C 的所有值尋找三元匹配。程式 4.6 以這個觀察做了改進。

```
1    /** Returns true if there is no element common to all three arrays. */
2    public static boolean disjoint2(int[ ] groupA, int[ ] groupB, int[ ] groupC) {
3      for (int a : groupA)
4        for (int b : groupB)
5          if (a == b)                    // only check C when we find match from A and B
6            for (int c : groupC)
7              if (a == c)                // and thus b == c as well
8                return false;            // we found a common value
9      return true;                       // if we reach this, sets are disjoint
10   }
```

程式 4.6：用於測試三互斥集的演算法 disjoint2。

在改進的版本中，要運氣夠好才能節省時間。我們聲稱，在最壞情況下 disjoint2 的執行時間是 $O(n^2)$。有二次方個資料對 (a,b) 需要進行比較。但如果 A 和 B 兩集合互斥，相等資料對 (a, b) 的數日最多為 $O(n)$。因此，最內循環，在 C 上，最多執行 n 次。

為了考慮總體執行時間，我們檢查執行每行程式所花費的時間。執行 A 的 for 迴圈需要 $O(n)$ 時間。執行 B 的 for 迴圈需要 $O(n^2)$ 時間，因為 B 迴圈要執行 n 次。測試 $a == b$ 的次數為 $O(n^2)$ 次。剩餘的時間取決於存在多少匹配的 (a, b) 資料對。上述提到，最多有 n 個這樣的資料對；因此，C 最多執行 n 次，C 所在的外迴圈最多執行 $O(n^2)$ 次。透過定理 4.8，總花費時間是 $O(n^2)$。

◉ 元素唯一性（Element Uniqueness）

有一個和三互斥集密切相關的問題：**元素唯一性問題**（*element uniqueness problem*）。在三互斥集我們給定三個各自互斥的集合。在元素唯一性問題，我們給定的是一個包含 n 個元素的陣列，並詢問陣列所有元素是否彼此不同。

解決問題最直接的方式是使用迭代演算法。程式 4.7 中以 unique1 方法解析元素唯一性問題，程式中對所有 $j < k$ 形成的資料對作比較，檢視兩元素是否相等。使用兩個巢狀 for 迴圈，使得外迴圈的第一次巡訪產生 $n - 1$ 次的內迴圈巡訪，外迴圈的第二次巡訪產生 $n - 2$ 次的內迴圈巡訪，等等。這種方法在最壞情況下執行時間和下列運算式成正比：

$$(n - 1) + (n - 2) + \cdots + 2 + 1,$$

根據定理 4.3 的這就是 $O(n^2)$。

```
1  /** Returns true if there are no duplicate elements in the array. */
2  public static boolean unique1(int[ ] data) {
3      int n = data.length;
4      for (int j=0; j < n−1; j++)
5          for (int k=j+1; k < n; k++)
6              if (data[j] == data[k])
7                  return false;                // found duplicate pair
8      return true;                             // if we reach this, elements are unique
9  }
```

程式 4.7：用於測試元素唯一性的演算法 unique1。

◉ 使用排序作為問題解決工具（Using Sorting as a Problem-Solving Tool）

解決元素唯一性問題的演算法可使用一個更好的工具：排序。先將陣列元素排序，保證任何重複的元素將被放置在彼此相鄰位置，然後確定是否有任何重複。在這種情形下只要對陣列元素作一次巡訪，每次巡訪作一次相鄰比較（*consecutive* duplicates）就可以。

在程式 4.8 中列出此演算法的 Java 程式碼（看第 3.1.3 節對 java.util.Arrays 類別的討論）。

```
1   /** Returns true if there are no duplicate elements in the array. */
2   public static boolean unique2(int[ ] data) {
3     int n = data.length;
4     int[ ] temp = Arrays.copyOf(data, n);      // make copy of data
5     Arrays.sort(temp);                         // and sort the copy
6     for (int j=0; j < n−1; j++)
7       if (temp[j] == temp[j+1])                // check neighboring entries
8         return false;                          // found duplicate pair
9     return true;                               // if we reach this, elements are unique
10  }
```

程式 4.8：用於測試元素唯一性的演算法 unique2。

　　排序演算法是第 13 章的重點內容。最佳排序演算法（包括 Java 中的 Array.sort）保證最壞的執行時間為 $O(n\log n)$。一旦資料排序，後續迴圈執行時間為 $O(n)$，因此整個 unique2 演算法執行時間為 $O(n\log n)$。

◉ 前綴平均值（Prefix Averages）

我們考慮的下一個問題是對一個數值序列計算所謂的前綴平均值（*prefix averages*）。給定由 n 個數值組成的序列 x，計算序列 a，使得 a_j 是元素 x_0、…、x_j 的平均值，其中 $j = 0$、…、$n-1$，即，

$$a_j = \frac{\sum_{i=0}^{j} x_i}{j+1}$$

前綴平均值在經濟學和統計學中有許多應用。例如，共同基金的逐年回報、從最近到過去訂購、投資者希望看到近年、近三年、近五年等等的基金回報。同樣，給定一個網站每日流量日誌，網站管理員可能希望追掫各時段的平均使用趨勢。我們提出兩個使用前綴平均值的範例，但兩者的執行時間明顯不同。

◉ 一個二次方時間演算法（A Quadratic-Time Algorithm）

第一個計算前綴平均值的演算法：prefixAverage1。程式碼在程式 4.9 中。獨立地計算每個元素 a_j，使用內迴圈來計算該部分和。

```
1   /** Returns an array a such that, for all j, a[j] equals the average of x[0], ..., x[j]. */
2   public static double[ ] prefixAverage1(double[ ] x) {
3     int n = x.length;
4     double[ ] a = new double[n]; // filled with zeros by default
5     for (int j=0; j < n; j++) {
6       double total = 0; // begin computing x[0] + ... + x[j]
7       for (int i=0; i <= j; i++)
8         total += x[i];
9       a[j] = total / (j+1); // record the average
10    }
11    return a;
12  }
```

程式 4.9：演算法 prefixAverage1。

讓我們分析 prefixAverage1 演算法。

- 先在第 3 行初始化 n = x.length，最後在第 11 行返回陣列 a 的參考，兩者的執行時間都是 $O(1)$。

- 在第 4 行建立和初始化新陣列 a，執行時間是 $O(n)$，每個元素使用常數量的基本操作。

- 有兩個巢狀的 *for* 迴圈，它們分別由計數器 j 和 i 控制。外迴圈由計數器 j 控制，執行 n 次，其中 $j = 0$、...、$n - 1$。因此，敘述 total = 0 和 a [j] = total /(j + 1) 各執行 n 次。這意味著這兩個敘述加上迴圈中計數器 j，構成的基本操作和 n 成正比，即 $O(n)$ 時間。

- 內部迴圈的主體由計數變數 i 控制，執行 $j + 1$ 次，取決於外部迴圈計數器 j 的目前值。因此，敘述 total + = x [i]，在內迴圈中會執行 $1 + 2 + 3 + \cdots + n$ 次。根據定理 4.3，我們知道 $1 + 2 + 3 + \cdots + n = n（n + 1）/ 2$，這意味著內迴圈中的敘述需要 $O(n^2)$ 時間。與之對應的計數變數 i 的操作也需要 $O(n^2)$ 時間。

執行 prefixAverage1 的執行時間為上述分項的總和。第一項是 $O(1)$，第二和第三項是 $O(n)$，第四項項是 $O(n^2)$。根據定理 4.8，prefixAverage1 執行時間是 $O(n^2)$。

◉ 線性時間演算法（A Linear-Time Algorithm）

在前綴平均值的計算中的中間值是前綴和（prefix sum）$x_0 + x_1 + \cdots + x_j$，以變數 total 來表示；因此，前綴平均值 a [j] = total / (j + 1)。在我們的第一個演算法中，前面部份的和對 j 的每個值重新計算和。每個 j 需要 $O(j)$ 時間，導致一個二次行為。

為了更高的效率，我們可以動態地維持目前前綴和，可用效率的運算式 total + x_j 取代 $x_0 + x_1 + \cdots + x_j$，迴圈在第 j 次巡迴時 total 等於 $x_0 + x_1 + \cdots + x_{j-1}$。程式 4.10 提供了一個新的實現，方法名稱為 prefixAverage2。

```
1   /** Returns an array a such that, for all j, a[j] equals the average of x[0], ..., x[j]. */
2   public static double[ ] prefixAverage2(double[ ] x) {
3     int n = x.length;
4     double[ ] a = new double[n]; // filled with zeros by default
5     double total = 0; // compute prefix sum as x[0] + x[1] + ...
6     for (int j=0; j < n; j++) {
7       total += x[j]; // update prefix sum to include x[j]
8       a[j] = total / (j+1); // compute average based on current sum
9     }
10    return a;
11  }
```

程式 4.10：演算法 prefixAverage2。

演算法 prefixAverage2 的執行時間分析如下：

- 初始化變數 n 和 total 使用 $O(1)$ 時間。

- 初始化陣列 a 使用 $O(n)$ 時間。

- 有一個由計數變數 j 控制的 **for** 迴圈，迴圈共需要 $O(n)$ 時間。

- 迴圈體執行 n 次，其中 $j = 0$、...、$n-1$。因此，敘述 total + = x [j] 和 a [j] = total /(j + 1) 各要執行 n 次。因為每個敘述每次迭代使用 $O(1)$ 次，整體需要的時間是 $O(n)$。
- 最後對返回陣列 A 的參考使用 $O(1)$ 時間。

演算法 prefixAverage2 的執行時間由五個分項的和給定。第一個和最後一個是 $O(1)$，其餘三個是 $O(n)$。根據定理 4.8，prefixAverage2 的執行時間是 $O(n)$，大幅改善了演算法 prefixAverage1 所需的二次時間。

4.4　證明方法（Proof Methods）

有時候，我們會提出一些演算法，並展現它們的正確性或執行得夠快。要嚴謹的寫下演算法，常會用到一些數學語法。為了能夠有理論依據支持我們的演算法，通常需要驗證或證明它。幸好，目前有許多簡單的方法來做這些工作。

4.4.1　實例證明（By Example）

有些主張是以很一般化的形式提出來，例如"有一個在集合 S 之中的元素 x 擁有屬性 p"，要驗證此敘述，只須要找出一個 x 的實例，其在集合 S 之中並擁有屬性 p。同樣地，有些讓人抱持懷疑態度的主張也會以一般化的形式提出，例如"集合 S 中的所有元素 x 都擁有屬性 p"，要驗證這個主張是不正確的，只須要找出一個 x 的實例，其在集合 S 之中且不擁有屬性 p。這個實例就稱之為**反例**（*counterexample*）。

範例 4.17：Amongus 教授主張，如果 i 是大於 1 的整數，則 $2^i - 1$ 必為質數。Amongus 教授的主張是錯的。

證明：如果要證明 Amongus 教授的主張是錯的，我們必須找出一個反例。很幸運地，這個反例並不難找，因為 $2^4 - 1 = 15 = 3 \cdot 5$。 ∎

4.4.2　反向證明法（The Contra Attack）

另外一套驗證的技巧則涉及否定的運用。其中兩個主要的方法是使用"**對換法**"（*contrapositive*）及"**矛盾法**"（*contradiction*）。對換法的使用很像經由一個負面鏡觀看事物，如果要證明"如果 p 為眞，則 q 為眞"這個敘述，我們可以用"如果 q 為非眞，則 p 為非眞"來代替。就邏輯上而言，這兩個敘述是相同的。但是後者為前者的對換，它有可能會比較容易思考。

範例 4.18：設 a 及 b 為整數，如果 ab 為偶數，則 a 或 b 為偶數。

證明：要證明這個主張，可對換其邏輯思考。"如果 a 為奇數，b 為奇數，則 ab 為奇數"。所以，設 $a = 2i + 1, b = 2j + 1$，其中 j 及 k 為整數。則 $ab = 4jk + 2j + 2k + 1 = 2(2jk + j + k) + 1$；所以 ab 為奇數。 ∎

前面的例子除了說明對換法的應用之外，也包含了**笛摩根定律**（*de Morgan's law*）的應用。這個定律幫助我們處理否定句。它設定某個 "p or q" 形式的敘述其否定句為 "not p and not q"。同樣地，它將 "p and q" 的否定句設定為 "not p or not q"。

◉ 矛盾法（Contradiction）

另一個否定式證明法是矛盾法，它通常也會用到笛摩根定律。在使用矛盾法的時候，我們會先假設敘述 q 為偽，然後證明這樣的假設會導致矛盾（例如 $2 \neq 2$ 或 $1 > 3$），藉此推得 q 為真的結論。經由形成這樣的矛盾，我們證明了當 q 為偽的時候，沒有任何情形可以和 q 為偽並存，所以 q 必須為真。當然，為了達到這樣的結論，我們必須先確定在假設 q 為偽之前的立足點是正確的。

範例 4.19：設 a 及 b 為整數，如果 ab 為奇數，則 a 及 b 皆為奇數。

證明：設 ab 為奇數，我們希望能夠證明 a 及 b 皆為奇數。所以，為了達到矛盾的情況，讓我們先做一個反面的假設。也就是 a 或 b 為偶數。事實上，為了不失一般化，我們可以先假設 a 為偶數（或也可以假設 b 為偶數）。則 $a = 2j$，其中 j 為任意整數。所以，$ab = (2j) \; b = 2(jb)$，這也就代表 ab 為偶數。但這與題目矛盾，ab 不可能同時為奇數又為偶數，所以證得 a 為奇數或 b 為奇數。∎

4.4.3　歸納法及迴圈不變式（Induction and Loop Invariants）

我們針對執行時間或空間界限所提出的大部分主張，都會有一個整數參數 n 參與（直觀上用來代表問題的大小）。而且，大部分的主張都相當於在表示某個敘述 q(n) 當 "$n \geq 1$" 時為真。這個主張通常涉及一個含有無窮多個數字的集合，我們無法以詳盡列舉的方式證明它。

◉ 歸納法（Induction）

不過我們通常可以用歸納法來證明上述的問題。這個技巧相當於從 $n \geq 1$ 的任一個已知是真的敘述開始，依序隱含歸納，並且最終會導致證明 q(n) 為真。具體的說就是，我們可以從證明 n = 1 時 q(n) 為真開始（也可由其他的數字 k 開始，例如 n = 2、3、...、k），然後證明歸納性為真，其中 n > k。也就是，我們證明 "如果在 j < n 時，q(j) 為真，則 q(n) 為真"。結合這兩個部分就可完成歸納法證明。

定理 4.20：考慮一個 Fibonacci 函數 F(n)，我們定義 $F(1) = 1$，$F(2) = 2$，$F(n) = F(n) = F(n-2) + F(n-1)$（參考 2.2.3 節）。我們宣稱 $F(n) < 2^n$。

證明：我們使用歸納法來證明這個主張為真。

　　基本情形：$(n \leq 2)$。$F(1) = 1 < 2 = 2^1$，$F(2) = 2 < 4 = 2^2$。

　　歸納步驟：$(n > 2)$。假設對所有的 j < n 時我們的主張為真。因為 $n-1$ 和 $n-2$ 都小於 n，我們可以用以下歸納性假設（或稱歸納性假設）來導出

$$F(n) = F(n-2) + F(n-1) < 2^{n-2} + 2^{n-1}$$

因為

$$2^{n-2} + 2^{n-1} < 2^{n-1} + 2^{n-1} = 2 \cdot 2^{n-1} = 2^n，$$

∎

讓我們來進行另一個歸納法論證，這次是有關一個我們之前已看過的定理。

定理 4.21：（同定理 4.3）

$$\sum_{i=1}^{n} i = \frac{n(n+1)}{2}$$

證明：我們將通過歸納法來證明這個等式。

基本情況：$n = 1$。成立，$1 = n(n+1)/2$，如果 $n = 1$。

歸納步驟：$n \geq 2$。假設對任何 $j < n$ 歸納假設為真。

因此，對於 $j = n - 1$

$$\sum_{i=1}^{n-1} i = \frac{(n-1)(n-1+1)}{2} = \frac{(n-1)n}{2}$$

因此，可得

$$\sum_{i=1}^{n} i = n + \sum_{i=1}^{n-1} i = n + \frac{(n-1)n}{2} = \frac{2n+n^2-n}{2} = \frac{n^2+n}{2} = \frac{n(n+1)}{2},$$

從而證明了 n 的歸納假設。 ∎

有時在證明所有 $n \geq 1$ 為真的動作時，會讓我們無法忍受。不過，我們應該記住，歸納法技巧的確定性。歸納法表明，對於任何特定的 n，存在有限的步驟序列，從某步驟為真開始，推導出第 n 步驟也為真。簡而言之，歸納論證是用範本執行一系列的直接證明。

◉ 迴圈不變式（Loop Invariants）

最後一個要討論的證明技巧稱為迴圈不變式（loop invariant）。如果要證明有個有關迴圈的敘述 $\mathcal{L}$ 是正確的，我們可以先用一系列比較小的敘述 $\mathcal{L}_0$、$\mathcal{L}_1$、…、$\mathcal{L}_k$ 來定義 $\mathcal{L}$。

1. 初始主張 $\mathcal{L}_0$ 在迴圈開始前為真。
2. 如果 $\mathcal{L}_{j-1}$ 在迴圈執行第 j 次之前為真，則執行完第 j 次之後 $\mathcal{L}_j$ 為真。
3. 最後一個敘述 $\mathcal{L}_k$，可以導出我們希望為真的敘述 $\mathcal{L}$。

讓我們使用迴圈不變引數的簡單範例，來證明演算法的正確性。特別是，我們使用迴圈不變式來證明方法 arrayFind（見程式 4.11）找到 val 出現在陣列 A 的最小索引。

```
1    /** Returns index j such that data[j] == val, or −1 if no such element. */
2    public static int arrayFind(int[ ] data, int val) {
3        int n = data.length;
4        int j = 0;
5        while (j < n) { // val is not equal to any of the first j elements of data
6            if (data[j] == val)
7                return j;                        // a match was found at index j
8            j++;                                 // continue to next index
9            // val is not equal to any of the first j elements of data
10       }
11       return −1;                               // if we reach this, no match found
12   }
```

程式 4.11：演算法 arrayFind 用於查找元素出現在陣列中的第一個索引。

要證明 arrayFind 是正確的，我們會定義一系列的敘述 $\mathcal{L}_j$ 來驗證演算法的正確性。明確的說，主張以下敘述在 **while** 迴圈第 j 次迭代時為真。

$$\mathcal{L}_j: \text{val 不等於 data 的前 } j \text{ 個元素}$$

這個主張在迴圈剛開始為真，因為在迴圈開始前，j 是 0，data 的前個元素中沒有任何元素存在（這很顯然沒有什麼意義）。在迴圈執行到第 j 次時，我們會比較 val 及 $A[j]$，如果兩者相等則傳回索引值 j。所以對於 j 的新值而言 $\mathcal{L}_j$ 為真，所以，它在下個新的迴圈迭代時為真。如果整個 while 迴圈結束後任沒有傳回任何 data 的索引值，則我們得到 $j=n$。這也就代表，$\mathcal{L}_n$ 為真，在 data 之中沒有任何元素等於 val。然後，這個演算法正確的傳回 -1，代表 val 不在 data 中。

4.5 習題

加強題

R-4.1 演算法 A 和 B 執行的操作數分別為 $8n\log n$ 和 $2n^2$。確定 n_0，使得當 $n \geq n_0$ 時，A 比 B 好。

R-4.2 演算法 A 和 B 執行的操作數分別為 $40n^2$ 和 $2n^3$。確定 n_0，使得當 $n \geq n_0$ 時，A 比 B 好。

R-4.3 自行選取一個函數，分別在標準座標和 log-log 座標繪製函數圖。

R-4.4 解釋為什麼函數 n^c 的圖形在 log-log 座標中的圖是斜率為 c 的直線。

R-4.5 對於任何整數 $n \geq 1$，從 0 到 $2n$ 的所有偶數的和是多少？

R-4.6 證明以下兩個敘述是等效的：

(a) 演算法 A 的執行時間總是 $O(f(n))$。

(b) 在最壞的情況下，演算法 A 的執行時間為 $O(f(n))$。

R-4.7 以漸近成長率對下列函數排序。

$$
\begin{array}{lll}
4n\log n + 2n & 2^{10} & 2^{\log n} \\
3n + 100\log n & 4n & 2^n \\
n^2 + 10n & n^3 & n\log n
\end{array}
$$

R-4.8 以 big-O 評估程式 4.12 中的 example1 方法的執行時間，假設資料量為 n。

R-4.9 以 big-O 評估程式 4.12 中的 example2 方法的執行時間，假設資料量為 n。

R-4.10 以 big-O 評估程式 4.12 中的 example3 方法的執行時間，假設資料量為 n。

R-4.11 以 big-O 評估程式 4.12 中的 example4 方法的執行時間，假設資料量為 n。

R-4.12 以 big-O 評估程式 4.12 中的 example5 方法的執行時間，假設資料量為 n。

R-4.13 證明如果 $d(n)$ 是 $O(f(n))$，則對於任何常數 $a > 0$，$ad(n)$ 是 $O(f(n))$。

R-4.14 假設 $d(n)$ 是 $O(f(n))$ 且 $e(n)$ 是 $O(g(n))$。證明 $d(n)$ 和 $e(n)$ 的乘積是 $O(f(n)g(n))$。

R-4.15 假設 $d(n)$ 是 $O(f(n))$ 且 $e(n)$ 是 $O(g(n))$。證明 $d(n)+e(n)$ 是 $O(f(n)+g(n))$。

```
1   /** Returns the sum of the integers in given array. */
2     public static int example1(int[ ] arr) {
3       int n = arr.length, total = 0;
4       for (int j=0; j < n; j++)                    // loop from 0 to n-1
5         total += arr[j];
6       return total;
7   }
8
9   /** Returns the sum of the integers with even index in given array. */
10  public static int example2(int[ ] arr) {
11    int n = arr.length, total = 0;
12    for (int j=0; j < n; j += 2)                  // note the increment of 2
13      total += arr[j];
14    return total;
15  }
16
17  /** Returns the sum of the prefix sums of given array. */
18  public static int example3(int[ ] arr) {
19    int n = arr.length, total = 0;
20    for (int j=0; j < n; j++)                     // loop from 0 to n-1
21      for (int k=0; k <= j; k++)                  // loop from 0 to j
22        total += arr[j];
23    return total;
24  }
25
26  /** Returns the sum of the prefix sums of given array. */
27  public static int example4(int[ ] arr) {
28    int n = arr.length, prefix = 0, total = 0;
29    for (int j=0; j < n; j++) {                   // loop from 0 to n-1
30      prefix += arr[j];
31      total += prefix;
32    }
33    return total;
34  }
35
36  /** Returns the number of times second array stores sum of prefix sums from first. */
37  public static int example5(int[ ] first, int[ ] second) { // assume equal-length arrays
38    int n = first.length, count = 0;
39    for (int i=0; i < n; i++) {                   // loop from 0 to n-1
40      int total = 0;
41      for (int j=0; j < n; j++)                   // loop from 0 to n-1
42        for (int k=0; k <= j; k++)                // loop from 0 to j
43          total += first[k];
44      if (second[i] == total) count++;
45    }
46    return count;
47  }
```

程式 4.12：一些用於分析的樣本演算法。

R-4.16 假設 $d(n)$ 是 $O(f(n))$ 且 $e(n)$ 是 $O(g(n))$。證明 $d(n)-e(n)$ 不等同於 $O(f(n)-g(n))$。

R-4.17 證明如果 $d(n)$ 是 $O(f(n))$ 和 $f(n)$ 是 $O(g(n))$，那麼 $d(n)$ 是 $O(g(n))$。

R-4.18 證明 $O(\max \{f(n)，g(n)\}) = O(f(n)+ g(n))$。

R-4.19 證明 $f(n)$ 是 $O(g(n))$ 若且為若 $g(n)$ 是 $\Omega(f(n))$。

R-4.20 證明如果 $p(n)$ 是 n 的多項式，則 $\log p(n)$ 是 $O(\log n)$。

R-4.21 證明 $(n+1)^5$ 是 $O(n^5)$。

R-4.22 證明 2^{n+1} 是 $O(2^n)$。

R-4.23 證明 n 是 $O(n\log n)$。

R-4.24 證明 n^2 是 $\Omega(n\log n)$。

R-4.25 證明 $n\log n$ 是 $\Omega(n)$。

R-4.26 證明 $[f(n)]$ 是 $O(f(n))$ 若 $f(n)$ 是個大於 1 的一個正的非遞減函數。

R-4.27 演算法 A 對一個 n 元素陣列中的每個元素所花的計算時間為 $O(\log n)$，請問在最差情況下 A 的執行時間為何？

R-4.28 有一個 n 元素陣列 X，演算法 B 會隨機在 X 之中選出 $\log n$ 個元素，並且每個元素花費 $O(n)$ 的計算時間。請問在最差情況下 B 的執行時間為何？

R-4.29 有一個 n 元素陣列 x，演算法 C 會花費 $O(n)$ 的計算時間在 X 之中的偶數元素，並且花費 $O(\log n)$ 的計算時間在奇數元素。請問在最差情況下 C 的執行時間為何？

R-4.30 有一個 n 元素陣列 X，演算法 D 會對每個陣列元素 $X[i]$ 呼叫一次演算法 E。而演算法 E 會花費 $O(i)$ 的時間在陣列元素 $X[i]$ 之上。請問在最差情況下 D 的執行時間為何。

R-4.31 A1 及 Bob 在為他們的演算法而爭執，A1 聲稱他的 $O(n\log n)$ 演算法總是在任何時候都比 Bob 的 $O(n^2)$ 要來得快。為了處理這個疑慮，他們做了一連串的實驗。但讓 A1 感到沮喪的是，他們發現當 $n < 100$ 的時候，$O(n^2)$ 執行得比較快。當 $n \geq 100$ 的時候，$O(n\log n)$ 才會比較好，請解釋為什麼。

R-4.32 有一個知名的城市（無名），其居民們有一個知名的行為：只有當一餐飯品質是他們一生中吃過最好的時候才覺得用餐是個享受，否則就討厭這餐飯。假設餐飲質量平均分佈在一生中，描述預期的居民享受用餐的數量。

創新題

C-4.33 描述一個有效率的演算法，找出陣列中十個最大元素，陣列大小為 n。你提出的演算法執行時間是多少？

C-4.34 給定一個正函數 $f(n)$，使得 $f(n)$ 既不是 $O(n)$ 也不是 $\Omega(n)$。

C-4.35 證明 $\sum_{i=1}^{n} i^2$ 是 $O(n^3)$。

C-4.36 證明 $\sum_{i=1}^{n} i/2^i < 2$。

C-4.37 確定國際象棋發明人要求的米粒總數。

C-4.38 證明 $\log_b f(n)$ 是 $\Theta(\log f(n))$ 若 b 是大於 1 的常數。

C-4.39 描述一個找到 n 個數字中最小和最大值的演算法，使用少於 $3n/2$ 的比較。

C-4.40 繪製與圖 4.3(b) 類似的定理 4.3 的視覺圖，其中 n 為奇數。

C-4.41 陣列 A 含有 $n - 1$ 個具唯一值的整數，範圍是 $[0, n - 1]$，也就是說，範圍內有一個數值是 A 所沒有的。設計一個演算法找出這個元素，執行時間是 $O(n)$。除了陣列 A 本身，只能使用 $O(1)$ 額外的空間。

C-4.42 對 3.1.2 章節的插入排序演算法進行漸近分析。

C-4.43 A1 說，他可以證明羊群裡的所有羊都是同一種顏色：

基本案例：一隻羊。它顯然是與自己相同的顏色。

歸納步驟：有 n 隻羊的羊群。拿一隻羊出來。透過歸納，剩餘的 $n - 1$ 隻羊都是相同的顏色。現在把羊 a 放回，取出不同羊 b。透過歸納，$n - 1$ 隻羊（含 a）都是相同的顏色。因此，羊群中的所有羊都是相同的顏色。A1 的證明哪裡不對？

C-4.44 試考慮下列關於 Fibonacci 函數的論證，$F(n)$ 為 $O(n)$（參考定理 4.20）。

基本情形：$(n \le 2), F(1) = 1$ 及 $F(2) = 2$。

歸納步驟：$(n > 2)$，考慮 n 的情形，假設這個主張在 $n' < n$ 為眞。對於 n，$F(n) = F(n - 2) + F(n - 1)$，根據歸納法 $F(n - 1)$ 爲 $O(n - 1)$ 且 $F(n - 2)$ 爲 $O(n - 2)$。然後 $F(n)$ 是 $O((n - 2) + (n - 1))$，則根據習題 R-4.15，$F(n)$ 是 $O(n)$。請問這個論證錯在哪裡。？

C-4.45 考慮費伯納西函數 $F(n)$（見定理 4.20）。通過歸納法證明

$F(n)$ 爲 $\Omega((3/2)^n)$。

C-4.46 S 是平面中的 n 條線，沒有任兩條線是平行的，沒有三條線在同一點相交。證明，根據歸納法，S 中的線有 $\Theta(n^2)$ 個交點。

C-4.47 證明總和 $\sum_{i=1}^{n} \log i$ 是 $O(n\log n)$。

C-4.48 證明總和 $\sum_{i=1}^{n} \log i$ 是 $\Omega(n\log n)$。

C-4.49 令 $p(x)$ 爲 n 次多項式，即 $p(x) = \sum_{i=0}^{n} a_i x^i$。

　　a. 描述一個簡單的 $O(n^2)$ 時間演算法，計算 $p(x)$。

　　b. 描述一個 $O(n\log n)$ 時間演算法，用於計算 $p(x)$，用更有效率的方式計算 x^i。

　　c. 現在考慮重寫 $p(x)$

$$p(x) = a_0 + x(a_1 + x(a_2 + x(a_3 + \cdots + x(a_{n-1} + xa_n) \cdots))),$$

這被稱爲霍納的方法（Horner's method）。使用 big-Oh 的符號，評估此運算式所需的算術運算數。

C-4.50 陣列 A 包含從區間 $[0, 4n]$ 中取出的 n 個整數，允許重複。描述用於找出陣列 A 中做常出現數值 k 的演算法。演算法的執行時間？

C-4.51 給定一個有 n 個正整數的陣列 A，每個整數以 $k = \lceil \log n \rceil + 1$ 個位元來表示，描述一個 $O(n)$ 時間演算法，找出不在 A 的 k- 位元整數。

C-4.52 解釋爲什麼對上一個問題的任何解決方案必須在 $\Omega(n)$ 時間執行。

C-4.53 給定一個含有 n 個任意整數的陣列 A，設計一個 $O(n)$ 時間演算法來找出一個整數，該整數不能爲 A 中任兩個整數之和。

專案題

P-4.54 對程式 4.12 進行實驗分析，比較相對執行時間。

P-4.55 對 Java 的 Array.sort 執行實驗分析，確認平均執行時間為 $O(n\log n)$。

P-4.56 演算法 unique1 和 unique2 用來解決元素的唯一性問題，進行實驗分析，確定最大值 n，使得給定演算法在一分鐘或更短時間內執行完畢。

後記

有幾個關於 big-Oh 符號正確使用的評論 [18, 44, 59]。Knuth [60, 59] 使用符號 $f(n) = O(g(n))$ 定義，但是說這個 "等式" 只是 "一種方式"。我們選擇採取一個更標準的觀點來看這個等式，把 big-Oh 符號看成是一個集合，遵循 Brassard [18]。對研究平均案例分析（average-caseanalysis）感興趣讀者可參考 Viter 和 Flajolet 的書 [96]。

Memo

Chapter
5

遞迴

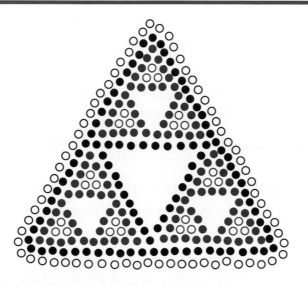

目錄

在電腦程式內使用迴圈處理重複行為，例如第 1.5.2 節中所描述 Java 的 while-loop 和 for-loop 等結構。另有一個以完全不同的方式來實現重複運算：**遞迴**（**recursion**）。

遞迴是一種方法，在執行期間會做自我呼叫，適用在同類型的資料結構。在工藝和自然領域有很多遞迴的例子。例如，分形模式（fractal patterns）就是一種自然遞迴。一個工藝遞迴的實體例子是俄羅斯套娃（Russian Matryoshka dolls）。每個娃娃不是由實木製成而是空心的，空心的娃娃包含另一個套娃在裡面。

在電腦應用中，遞迴提供了另一種優雅又強大的運算模式來執行重複性任務。事實上，一些程式語言（例如 Scheme、Smalltalk）不明確支持迴圈結構，而直接依賴遞迴表達重複。大多數現代程式語言用和傳統方法呼叫相同的機制支持函式遞迴。當一個方法進行遞迴呼叫，該方法會先被暫停，直到遞迴呼叫完成後回復執行。

遞迴是研究資料結構和演算法的重要技術。我們將在本書後面的章節使用遞迴（特別是第 8 章和第 13 章）。在本章中，提供四個使用遞迴的範例，每個範例以 Java 程式碼完成。

- **階乘函數**（**factorial function**）：通常以 n! 表示，是一個經典的數學函數，具有自然遞迴定義。
- **英制尺**（**English ruler**）：具有遞迴模式，這是一個簡單的分型結構（fractal structure）。
- **二元搜尋**（**Binary search**）：是電腦領域最重要的演算法之一。可有效率地在數十億筆以上的資料集中定位要找的資料。
- **檔案系統**（**file system**）：電腦的檔案系統具有遞迴結構，其中目錄可以任意深度巢狀嵌套在其他目錄中。遞迴演算法被廣泛用於探索和管理這些檔案系統。

然後我們描述如何對遞迴演算法的執行時間做正式分析，在定義遞迴時會討論一些潛在的陷阱。本章的其餘部分，會提供更多遞迴演算法範例，範例的組織形式在突顯一些常見的設計形式。

5.1 遞迴基礎（Foundations of Recursion）

5.1.1 階乘函數（The Factorial Function）

為了示範遞迴的機制，我們從一個簡單的數學**階乘函數**開始。正整數 n 的階乘數以 $n!$ 表示，其定義為從 1 到 n 的整數乘積。如果 $n = 0$，則 $n!$ 按照慣例定義為 1。更正式地，對於任何整數 $n \geq 0$：

$$n! = \begin{cases} 1 & \text{若 } n = 0 \\ n \cdot (n-1) \cdot (n-2) \cdots 3 \cdot 2 \cdot 1 & \text{若 } n \geq 1 \end{cases}$$

例如，5!= 5 · 4 · 3 · 2 · 1 = 120。階乘函數很重要，n 個項目以不同方式排列的數目就是 $n!$。例如，三個字母 a、b 和 c 可以 3!= 3 · 2 · 1 = 6 種不同方式排列：abc、acb、bac、bca、cab 和 cba。

對於階乘函數有一個自然的遞迴定義。觀察 5! = 5 · (4 · 3 · 2 · 1)= 5 · 4!，更一般地，對於正整數 n，我們可以定義 $n!$ 為 $n \cdot (n-1)!$。這個**遞迴定義**可以形式化為：

$$n! = \begin{cases} 1 & \text{若 } n = 0 \\ n \cdot (n-1)! & \text{若 } n \geq 1. \end{cases}$$

許多遞迴函式都有類似的遞迴型式。首先，遞迴函數都具有一個或多個基礎情況，在某種條件下指定函數值。譬如，階乘函數就有一個基礎情況：當 $n=0$ 時，$n! = 1$。其次，有一個或更多個遞迴案例，函數型式是自我定義。譬如，上述階乘函數，就有一個遞迴自我定義，$n! = n \cdot (n-1)!$ 其中 $n \geq 1$，階乘函數的定義中有階乘函數參與。

◉ **階乘函數的遞迴實現**（A Recursive Implementation of the Factorial Function）

遞迴不僅僅是一個數學符號；我們可在 Java 以遞迴方式執行階乘函數，見程式 5.1。

```
1  public static int factorial(int n) throws IllegalArgumentException {
2    if (n < 0)
3      throw new IllegalArgumentException( );        // argument must be nonnegative
4    else if (n == 0)
5      return 1;                                     // base case
6    else
7      return n * factorial(n−1);                    // recursive case
8  }
```

程式 5.1：以遞迴實現階乘函數。

此方法不明確使用任何迴圈。重複是透過方法中反覆遞迴呼叫完成。這個過程是有限的，因為每次呼叫方法，參數值減一，當到達基本情況，則不再進行進一步的遞迴呼叫。

我們使用**遞迴追蹤**（*recursion trace*）說明執行遞迴方法。每個追蹤的項目對應到一個遞迴呼叫。每個新的遞迴方法呼叫，以向下箭頭指到新的呼叫。當方法返回時，以向上箭頭表示返回給呼叫者，箭頭旁是返回值。以這樣的方式追蹤階乘函數的流程，參見圖 5.1。

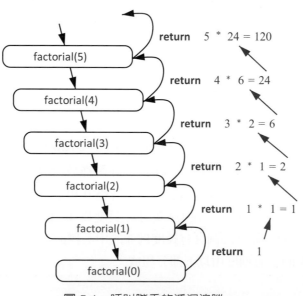

圖 5.1：呼叫階乘的遞迴追蹤。

遞迴追蹤緊密地反映了程式語言執行遞迴的流程。在 Java 中，每次呼叫一個方法（遞迴或其他方法），一個被稱為「**啟動記錄**」（*activation record*）或「**啟動框**」（*activation frame*）的結構會被建立，用來儲存關於該方法呼叫的進程資訊。activation record 中儲存的是形式參數、區域變數和目前正在方法主體中執行的是哪個敘述。

當方法的執行引起巢狀方法呼叫時，前一個呼叫會暫停執行，且其 activation record 會儲存當巢狀呼叫結束時繼續執行程式的位址。然後為下層巢狀方法呼叫建立新的 activation record。這個過程適用在標準情況下，在一個方法內呼叫不同的方法，也適用在遞迴情況下的方法自我呼叫。關鍵點是每個呼叫都會有各自的 activation record。

5.1.2　描繪英制尺（Drawing an English Ruler）

在計算階乘函數的情況下，沒有令人信服的理由來優先選擇以迴圈方式完成遞迴。現在舉一個使用遞迴的更複雜例子，考慮如何畫一個典型的英制尺。尺上每隔一英寸，就用數字標籤來標記。最長的刻度距離稱為**主要刻度長**（*major tick length*）。一把尺會分為好幾個一英吋的間隔，每個間隔包含了 1/2 英吋的刻度、1/4 英吋的刻度等依此類推的刻度。隨著間隔的尺寸減半，刻度的長度也會減一。圖 5.2 展示了幾個不同英制尺的刻度（未按比例繪製）。

```
---- 0           ----- 0           --- 0
-                -                 -
--               --                --
-                -                 -
---              ----             --- 1
-                -                 -
--               --                --
-                -                 -
---- 1           ----             --- 2
-                -                 -
--               --                --
-                -                 -
---              ---              --- 3
-                -                 -
--               --                 -
-                -
---- 2           ----- 1
(a)              (b)              (c)
```

圖 5.2：三個英制尺的刻度圖示：(a) 一把 2 英吋的尺其主要刻度長為 4；(b) 一把 1 英吋的尺其主要刻度長為 5；(c) 一把 3 英吋的尺其主要刻度長為 3。

◉ **以遞迴繪製英制尺**（A Recursive Approach to Ruler Drawing）

英制尺模式是一個簡單的**分形**（*fractal*）範例，即，在各種放大倍率形狀下有自我遞迴結構。以圖 5.2(b) 一個 1 英吋的尺主要刻度長為 5 為例。忽略 0 和 1 部分，讓我們考慮如何繪製位於這些線之間的刻度。中心刻度（位在 1/2 英寸）長度為 4。觀察在該中心標記上方和下方的兩種刻度模式是相同的，並且每個具有長度為 3 的中心標記。

通常，長度 $L \geq 1$ 的中心刻度由以下部分組成：

- 一個區間，中心刻度長 $L-1$。
- 刻度長為 L 的單個刻度。
- 一個區間，中心刻度長 $L-1$。

雖然可以使用迭代方式繪製這樣的尺（見練習 P-5.24），但使用遞迴會以更簡單的方式完成。我們定義三個方法來完成繪製工作，如程式 5.2 所示。

主要方法 drawRuler 管理整個標尺的構造。它的參數指定標尺中的英寸總數和主刻度長度。utility 方法 drawLine 使用指定數量的破折號繪製單個刻度（在刻度旁邊加上整數標籤，這部份是可選的）。

有趣的工作是通過遞迴 drawInterval 方法完成的。這種方法是基於間隔的中心刻度，在一些間隔內繪製次刻度。我們依賴上述 3 個組成部分來完成，並且當 $L=0$ 時不劃任何東西。對於 $L \geq 1$，第一個和最後一個步驟通過遞迴呼叫 drawInterval($L-1$) 來執行。中間步驟是通過呼叫方法 drawLine(L) 執行。

```
1   /** Draws an English ruler for the given number of inches and major tick length. */
2   public static void drawRuler(int nInches, int majorLength) {
3       drawLine(majorLength, 0);                  // draw inch 0 line and label
4       for (int j = 1; j <= nInches; j++) {
5           drawInterval(majorLength – 1);          // draw interior ticks for inch
6           drawLine(majorLength, j);               // draw inch j line and label
7       }
8   }
9   private static void drawInterval(int centralLength) {
10      if (centralLength >= 1) {                   // otherwise, do nothing
11          drawInterval(centralLength – 1);        // recursively draw top interval
12          drawLine(centralLength);                // draw center tick line (without label)
13          drawInterval(centralLength – 1);        // recursively draw bottom interval
14      }
15  }
16  private static void drawLine(int tickLength, int tickLabel) {
17      for (int j = 0; j < tickLength; j++)
18          System.out.print("-");
19      if (tickLabel >= 0)
20          System.out.print(" " + tickLabel);
21      System.out.print("\n");
22  }
23  /** Draws a line with the given tick length (but no label). */
24  private static void drawLine(int tickLength) {
25      drawLine(tickLength, –1);
26  }
```

程式 5.2：以遞迴方法實現繪製英制標尺。

◉ 用遞迴追蹤來解釋英制尺（Illustrating Ruler Drawing Using a Recursion Trace）

遞迴函式 drawInterval 的執行可以用遞迴追蹤來圖像化。然而，因為每次呼叫的時候都會呼叫兩次遞迴，所以 drawInterval 的記錄比階乘的例子要來得複雜。我們會以類似文件綱要方式來顯示遞迴追蹤，如圖 5.3。

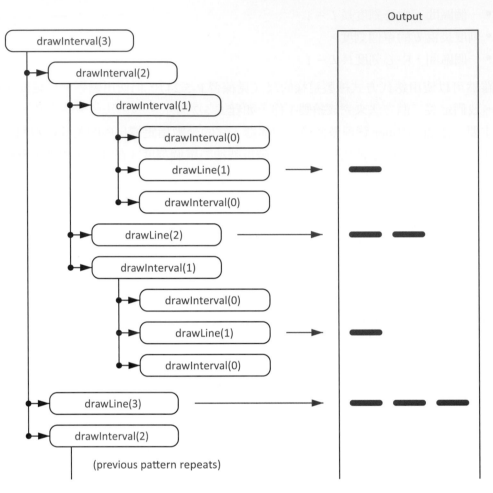

圖 5.3： 呼叫 drawInterval(3) 的部分遞迴追蹤。第二種模式呼叫 drawInterval(2) 則未顯示，但與第一個相同。

5.1.3 二元搜尋 (Binary Search)

在本節中，我們描述一個經典的遞迴演算法，**二元搜尋**（*binary search*），用來對有 n 個元素的已排序陣列做有效率地定位搜尋。這是最重要的電腦演算法之一，因為我們經常以排序方式儲存資料（如圖 5.4 所示）。

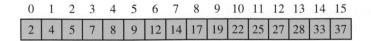

圖 5.4：以有序陣列儲存的值。上方的數字是索引。

當序列未排序時，搜尋目標的標準方法值是使用迴圈來檢查每個元素，直到找到目標或訪遍所有元素。此演算法稱為**線性搜尋**（*linear search*），或**循序搜尋**（*sequential search*），執行時間為 $O(n)$（線性時間），在最壞的情況下每個元素都會被走訪。

　　當序列已**排序**（*sorted*）並可**索引**（*indexable*）時，就可使用更有效率的演算法。（以直覺，想想如何手動完成這個任務！）如果我們尋找序列中具有 v 值的任意元素，我們可以確定所有在該元素前的元素全都小於或等於 v 值，並且所有在該元素之後的元素，全都大於或等於 v 值。這個觀察結果允許我們藉由兒童 " 高 - 低 " 遊戲快速專注在目標搜尋。我們稱目前需要比對的一群陣列元素稱為**候選元素**（*candidate*），依演算法繼續在候選元素間執行搜尋。二元搜尋演算法保持兩個參數，分別是 low 和 high，使得所有候選元素的索引值最低者為 low，最高者為 high。最初，low = 0 和 high = $n-1$。然後，我們將目標值與中間候選元素進行比較，中間候選元素的索引值為：

$$mid = \lfloor (low + high)/2 \rfloor .$$

我們考慮三種情況：

- 如果目標等於中間候選元素，則我們找到要找的值，搜尋成功終止。
- 如果目標值小於中間候選元素，則我們在上半部分重複尋找，即從 low 到 mid − 1 的索引間隔。
- 如果目標大於中間候選元素，則我們在下半部分重複尋找，即從 mid+1 到 high 的索引的間隔上。

如果 low > high，代表搜尋失敗，因為區間 [low,high] 為空。

　　此演算法稱為**二元搜尋**（*binary search*）。程式 5.3 是二元搜尋的 Java 程式碼，圖 5.5 是執行二元搜尋演算法的圖示。循序搜尋所需時間為 $O(n)$，更有效的二元搜尋所需時間為 $O(\log n)$。這是一個重大的改進，如果 n 是 10 億，$\log n$ 只有 30。（我們在 5.2 節中的定理 5.2 對二元搜尋時間做正式分析）

```
1  /**
2   * Returns true if the target value is found in the indicated portion of the data array.
3   * This search only considers the array portion from data[low] to data[high] inclusive.
4   */
5  public static boolean binarySearch(int[ ] data, int target, int low, int high) {
6    if (low > high)
7      return false;                                 // interval empty; no match
8    else {
9      int mid = (low + high) / 2;
10     if (target == data[mid])
11       return true;                                // found a match
12     else if (target < data[mid])
13       return binarySearch(data, target, low, mid – 1);   // recur left of the middle
14     else
15       return binarySearch(data, target, mid + 1, high);  // recur right of the middle
16   }
17 }
```

程式 5.3：在排序陣列中實現二元搜尋演算法的程式碼。

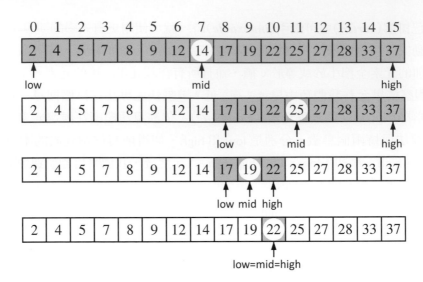

圖 5.5：對具有 16 個元素有序陣列進行二元搜尋，目標值為 22。

5.1.4　檔案系統（File Systems）

現代作業系統以遞迴方式定義檔案系統目錄（也稱為 " 資料夾 "）。檔案系統由頂層目錄組成，此目錄的內容包括檔案和其他目錄，頂層目錄中的目錄可以包含文件和其他目錄，等等。作業系統允許目錄以任意深度巢狀嵌套（只要有足夠的記憶體），當中一定有一些僅包含檔案的基本目錄，沒有子目錄。此類型檔案系統的一部分可用圖 5.6 表示。

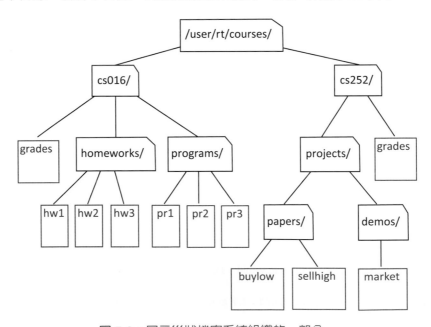

圖 5.6：展示巢狀檔案系統組織的一部分。

　　檔案系統所展現遞迴性質，並不令人驚訝，這是作業系統許多常見行為，如複製目錄或刪除目錄，都是通過遞迴演算法來實現。在本節，我們考慮一個演算法：計算某特定目錄中檔案和目錄所佔用容量。

為了說明，圖 5.7 描繪某特定樣本目錄的檔案系統。對所佔用的容量，我們用兩個模式來描述：(1) 立即磁碟空間（immediate disk space）：每個項目實際佔有的空間 (2) 累積磁碟空間（cumulative disk space）：每個項目累積佔有的空間，包含子目錄。例如，cs016 目錄只使用 2K 的立即空間，但總共占用 249K 的累積空間。

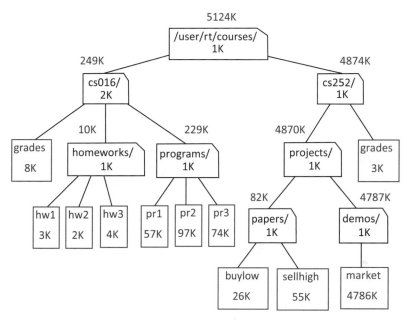

圖 5.7：　和圖 5.6 中相同的檔案系統，但標記使用的磁碟機空間。方框內的容量是該檔案項目實際占用的空間。方框上方的容量是目錄占用的所有空間，包含該目錄的所有（遞迴）內容。

可以使用簡單的遞迴演算法計算目錄的累積磁碟機空間。它等於目錄的直接磁碟機空間，加上儲存在其中的每個目錄的累積磁碟機空間。例如，cs016 目錄的累積磁碟機空間為 249K，包括自身用掉 2K 立即空間、grade 的 8K 累積空間、homeworks 的 10K 累積空間、programs 的 229K 累積空間。該演算法的虛擬程式碼在程式 5.4 中。

Algorithm DiskUsage(*path*):

    Input: A string designating a path to a file-system entry

    Output: The cumulative disk space used by that entry and any nested entries

    total = size(*path*)　　　　　　　　　　　　　　　　{immediate disk space used by the entry}

    if *path* represents a directory **then**

        for each *child* entry stored within directory *path* **do**

            total = *total* + DiskUsage(*child*)　　　　　　　　　　　　{recursive call}

    return *total*

程式 5.4：用於計算檔案系統目錄累積磁碟機空間的演算法。我們假設方法 size 返回立即磁碟機空間。

◉ java.io.File 類別

要用遞迴演算法計算 Java 中磁碟機的使用率，得使用 java.io.File 類別。此類別的實體代表作業系統中的一個抽象路徑名稱，藉由此實體可查詢此路徑的各項屬性。java.io.File 類別提供下列方法：

- **new File(pathString) 或 new File(parentFile, childString)**

  可以通過提供完整路徑字串來建構新的 File 實體。提供兩參數，一個是 File 實體作為目錄，一個是字串參數代表該目錄中的子項目。

- **file.length( )**

  返回 File 實體所指檔案項目的立即磁碟空間（以 bytes 為單位），譬如 / user / rt / courses。

- **file.isDirectory( )**

  如果 File 實體表示一個目錄，則返回 true；否則返回 false。

- **file.list( )**

  返回一個字串陣列，字串元素是目錄下檔案和目錄的名稱。在我們的範例檔案系統，如果 File 與路徑 / user / rt / courses / cs016 關聯，則會返回一個陣列，內容為：`{"grade", "homework", "programs"}`。

◉ Java 實現 (Java Implementation)

使用 File 類別，我們現在把程式 5.4 的虛擬碼轉換到程式 5.5，以 Java 程式實現演算法。

```
1    /**
2     * Calculates the total disk usage (in bytes) of the portion of the file system rooted
3     * at the given path, while printing a summary akin to the standard 'du' Unix tool.
4     */
5    public static long diskUsage(File root) {
6      long total = root.length( ); // start with direct disk usage
7      if (root.isDirectory( )) { // and if this is a directory,
8        for (String childname : root.list( )) { // then for each child
9          File child = new File(root, childname); // compose full path to child
10         total += diskUsage(child); // add child's usage to total
11       }
12     }
13     System.out.println(total + "\t" + root); // descriptive output
14     return total; // return the grand total
15   }
```

程式 5.5：使用遞迴方式報告檔案系統使用的磁碟機容量。

◉ 遞迴追蹤（Recursion Trace）

為了產生不同形式的遞迴追蹤，程式中有一個 print 輸出敘述（程式 5.5 的第 13 行）。該輸出的精確格式反映 Unix / Linux 實用程序 du（disk usage）所產生的輸出。du 命令會列出目錄所使用的磁碟機空間和嵌套在其中的所有內容，並且產生一個詳細報告，如圖 5.8 所示。

　　程式 5.5 在圖 5.7 的檔案系統上執行時，由 diskUsage 方法產生的輸出列在圖 5.8 中。在執行演算法時，當時目錄下的每個檔案項目都會被走訪。因為每行都是在遞迴呼叫返回之前列印的，輸出行反映遞迴呼叫完成的順序。注意程式會對巢狀項目計算和報告累積磁碟空間，這部份會在包含這些項目的目錄做出報告前先完成。例如，對於 grade、homeworks 和 program 的遞迴呼叫會在計算目錄 / user / rt / courses / cs016 累積磁碟空間前先執行。

8	/user/rt/courses/cs016/grades
3	/user/rt/courses/cs016/homeworks/hw1
2	/user/rt/courses/cs016/homeworks/hw2
4	/user/rt/courses/cs016/homeworks/hw3
10	/user/rt/courses/cs016/homeworks
57	/user/rt/courses/cs016/programs/pr1
97	/user/rt/courses/cs016/programs/pr2
74	/user/rt/courses/cs016/programs/pr3
229	/user/rt/courses/cs016/programs
249	/user/rt/courses/cs016
26	/user/rt/courses/cs252/projects/papers/buylow
55	/user/rt/courses/cs252/projects/papers/sellhigh
82	/user/rt/courses/cs252/projects/papers
4786	/user/rt/courses/cs252/projects/demos/market
4787	/user/rt/courses/cs252/projects/demos
4870	/user/rt/courses/cs252/projects
3	/user/rt/courses/cs252/grades
4874	/user/rt/courses/cs252
5124	/user/rt/courses/

圖 5.8： 程式 5.5 中的 diskUsage 方法在圖 5.7 的檔案系統上執行時產生的輸出。此輸出和在 Unix / Linux 作業系統下達 du-a（列出目錄和檔案）命令的輸出相同。

5.2　遞迴分析（Recursive Analysis）

在第 4 章中，我們介紹了用於分析演算法執行效率的技術，這部份是針對演算法基本操作數目來估算。我們使用 big-Oh 符號來對操作數量和輸入大小之間的關係做個總結。在本節，我們示範如何對遞迴演算法執行這種類型的執行時間分析。

　　使用遞迴演算法，我們會考慮每個在方法中執行的特殊**動作**（*activation*），特殊動作在執行時管理控制流程。換句話說，對於遞迴方法的每次呼叫，我們只計算特殊動作的操作次數。然後藉由計算操作的總數來代表該次遞迴演算法的一部分操作次數。（除此之外，這也可用來分析其他非遞迴方法，這些方法在主體程式中呼叫其他方法。）

　　為了示範這種分析風格，我們重溫在 5.1.1 至 5.1.4 節中提出的四種遞迴演算法：階乘計算、繪製英制尺、二元搜尋和檔案系統累積磁碟空間計算。一般來說，我們關注的是在遞迴追蹤過程中遞迴發生的次數，以及每次遞迴產生的原始操作數量。這四個遞迴演算法有各自獨特的結構和形式。

◉ 階乘計算（Computing Factorials）

分析 5.1.1 節中的階乘效率分析，相對來說較容易些。階乘演算法的遞迴追蹤如圖 5.1 所示。為了計算 factorial(n)，我們看到總共有 $n + 1$ 次的特殊活動（遞迴呼叫），參數從第一次呼叫中的 n 減小到第二次呼叫的 $n - 1$ 時，等等，直到參數值為 0 的遞迴呼叫。

另外在程式 5.1 中的方法主體可很清楚看到，每次遞迴呼叫所要執行的特殊活動次數是固定的。因此，我們得出結論，factorial(n) 所需的操作總數是 $O(n)$，在 $n + 1$ 個遞迴中，每次遞迴操作數為 $O(1)$。

◉ 繪製英制尺（Drawing an English Ruler）

要分析第 5.1.2 節中英制尺程式時，先得決定產生多少總輸出行，這部分是呼叫 drawInterval(c) 來完成，其中 c 表示中心長度。這對演算法的總效率而言是一個合理的基準（reasonable benchmark），當中每行輸出藉由呼叫 drawLine 來完成，每次對 drawInterval 的遞迴呼叫，若傳入的參數非零值，會呼叫一次 drawLine。

其實，直接看程式的原始碼對於遞迴追蹤也會有些直覺。對 $c > 0$，呼叫 drawInterval(c)，會呼叫 drawInterval($c - 1$) 兩次，呼叫 drawLine 一次。我們將依靠這種直覺來推理證明。

定理 5.1：對於 $c \geq 0$，對 drawInterval(c) 的呼叫產生 $2^c - 1$ 行的輸出。

證明：我們藉由歸納法來證明（見第 4.4.3 節）。事實上，歸納法是一種自然的數學技術，可用來證明遞迴過程的正確性和效率。在英制尺的情況下，我們注意到 drawInterval(0) 不產生輸出，並且 $2^0 - 1 = 1 - 1 = 0$。這是遞迴的基本情況。

進一步分析，drawInterval(c) 印出的的行數比呼叫兩次 drawInterval($c - 1$) 印出的行數多出一行，多出的這一行是在兩次 drawInterval($c - 1$) 間的敘述產生的。使用歸納法，產生的行數是 $1+2 \cdot (2^{c-1} - 1) = 1+2^c - 2 = 2^c - 1$。 ∎

這個證明可用一個更嚴謹的數學工具來完成，稱為「**遞迴方程式**」（*recurrence equation*），可以用來分析遞迴演算法的執行時間。這個技術會在 13.1.4 節中的遞迴排序演算法中討論。

◉ 執行二元搜尋（Performing a Binary Search）

當思考 5.1.3 節中二元搜尋演算法的執行時間時，我們觀察到二元搜尋方法在每次遞迴呼叫期間執行的原始操作數是恆定的。因此，執行時間與執行的遞迴呼叫的次數成正比。我們會證明，對於 n 個序列元素進行二元搜尋，最多進行 $\lfloor \log n \rfloor + 1$ 次遞迴呼叫，這可導出定理 5.2。

定理 5.2：對有 n 個元素的排序陣列執行二元搜尋演算法，所需的執行時間為 $O(\log n)$。

證明：為了證明這個定理，一個關鍵的事實是每次遞迴呼叫仍然要搜尋的候選元素的數量是：

$$high - low + 1$$

此外，每次遞迴呼叫，剩餘的候選元素數量至少減少一半。具體來說，從 mid 的定義來看，剩餘的候選元素數量是

$$(mid - 1) - low + 1 = \left\lfloor \frac{low + high}{2} \right\rfloor - low \leq \frac{high - low + 1}{2}$$

或

$$high - (mid + 1) + 1 = high - \left\lfloor \frac{low + high}{2} \right\rfloor \leq \frac{high - low + 1}{2}.$$

最初，候選元素的數量是 n；第一次呼叫候選元素做多是 $n / 2$ 個；第二次呼叫後，最多為 $n / 4$ 個；等等。一般來說，在二元搜尋中的第 j 次呼叫，剩餘的候選元素數量最多為 $n/2^j$。在最壞的情況下（搜尋失敗），沒有候選元素時，停止遞迴呼叫。因此，最大的遞迴呼次數，是對於最小的整數 r，其中

$$\frac{n}{2^r} < 1.$$

換句話說（回憶之前說過，數基為 2 時，對數的表示方式），r 是最小整數，使得 $r > \log n$。因此，可得

$$r = \lfloor \log n \rfloor + 1,$$

這意味著二元搜尋執行時間為 $O(\log n)$。　　　　　　　　　　　　　　　　■

◉計算磁碟機空間使用率（Computing Disk Space Usage）

最後一個遞迴演算法是 5.1 節的針對檔案系統計算磁碟機使用空間。爲了表示 " 問題大小 "，我們以 n 表示檔案系統中所擁有的項目數（包含檔案和目錄）。（例如，在圖 5.6 檔案系統，$n = 19$）。

　　爲了表示初始呼叫 diskUsage 所花費的累積時間，我們必須分析遞迴呼叫的總數，以及在這些呼叫中執行的操作數。

　　我們以精確的 n 次遞迴呼叫開始分析，特別是，每次用於檔案系統的一個項目。直觀地，對於檔案系統特定項目 e 呼叫 diskUsage，只會在程式 5.5 的 for 迴圈中唯一含有項目 e 的目錄執行，此項目只會走訪一次。

　　爲了形式化這個引數，我們可以定義每個檔案項目的「**巢狀層級**」（*nesting level*），起始時，檔案項目的 nesting level 爲 0，儲存在 nesting level 爲 0 項目中的其他項目的 nesting level 爲 1，儲存在 nesting level 爲 1 的項目中的其他項目的 nesting level 爲 2，等等。我們可以通過歸納證明，在級別 k 上的每個項目有恰好一個 diskUsage 遞迴呼叫。作爲推論的基本情況，當 $k = 0$ 時，初始只執行一次遞迴呼叫。持續歸納步驟，一旦我們知道目前是在嵌套級別爲 k 中的每個項目執行一個遞迴呼叫，我們可以聲稱對於巢狀層級爲 $k + 1$ 處的每個項目 e 也恰好有一個呼叫，這部份是在 for 迴圈中對於包含 e 的巢狀層級爲 k 的項目所完成。

　　已經確定對檔案系統的每個項目有一個遞迴呼叫，我們回到演算法的總計算時間問題。如果我們可在任何單個呼叫中的執行時間是 $O(1)$ 的話，那整體估算就簡單多了，但實際情

況並非如此。當檔案項目是目錄的時候，有一個恆定的步驟反映在對 root.length( ) 的呼叫，計算該目錄的立即磁碟空間，diskUsage 方法的主體包括 for 迴圈，它走訪該目錄中包含的所有項目。在最糟糕的情況下，一個項目可能包括 $n-1$ 個其他項目。

基於這個推理，我們可以得出結論：有 $O(n)$ 個遞迴呼叫，每個遞迴呼叫執行時間為 $O(n)$，導致總體執行時間為 $O(n^2)$。雖然這個上限在技術上是對的，它不是一個嚴謹的上限。

值得注意的是，我們可以證明 diskUsage 的遞迴演算法更嚴謹的執行時間上限是 O(n)! 鬆散上界（weaker bound）是悲觀的，因為它假設每個目錄的最差項目數。雖然可能有某些目錄包含的項目數與 n 成正，但絕不是每個目錄都包含這麼多的項目。為了證明上述嚴格的執行時間上限，我們選擇考慮由所有遞迴呼叫引起的 for 迴圈**迭代總數**（**overall number of iterations**）。我們聲稱迴圈精確的有 $n-1$ 次的迭代。我們做此聲稱是基於該迴圈的每一次迭代對 diskUsage 進行一次遞迴呼叫，而且我們已預測呼叫 diskUsage 總次數為 n（包括原始呼叫）。因此，得出結論：有 $O(n)$ 個遞迴呼叫，每個遞迴呼叫在外迴圈的執行時間是 $O(1)$，以及迴圈操作的總數是 $O(n)$。綜合所有這些邊界估算，操作的總數是 $O(n)$。

在此，所做的論證比先前的遞迴例子更先進。我們有時可以藉由累積效應導出一系列更嚴謹的邊界，而不是假設每個實現都在最壞的情況下進行，這是一種稱為**攤銷**（**amortization**）的技術；我們將在第 7.2.3 節看到另一個分析案例。此外，檔案系統隱含一個稱為**樹**（**tree**）的資料結構，我們的磁碟機使用率演算法用的其實是一個更一般的演算法：**樹走訪**（**tree traversal**）。第 8 章的重點內容是「樹」，此處關於磁碟機使用時間為 $O(n)$ 的結論，會在 8.4 節的 tree traversal 有更廣泛的討論。

5.3　遞迴的應用（Applications of Recursion）

在本節中，我們提供其他使用遞迴的範例。我們藉由單一主體所能引起的最多遞迴呼叫數次來組織這些範例。

- 如果遞迴呼叫最多啟動另一個遞迴呼叫，我們稱之為**線性遞迴**（*linear recursion*）。
- 如果遞迴呼叫啟動另外兩個遞迴呼叫，我們稱之為**二元遞迴**（*binary recursion*）。
- 如果遞迴呼叫可能啟動三個或更多的其他遞迴呼叫，我們稱之為**多次遞迴**（*multiple recursion*）。

5.3.1　線性遞迴（Linear Recursion）

如果設計一個遞迴方法，使得每個主體呼叫最多引起一次新的遞迴呼叫，這就是**線性遞迴**（*linear recursion*）。到目前為止我們討論的遞迴，階乘方法的實現（第 5.1.1 節）是一個典型線性遞迴的範例。更有趣的是，儘管在術語名稱裡有 " 二元 " 這兩個字，二元搜尋演算法（第 5.1.3 節）也是線性遞迴的一個例子。二元搜尋的程式碼（程式 5.3）包括一個案例分析，兩個分支導致進一步的遞迴呼叫，但只有一個分支在主體的特定執行期間跟隨。

　　線性遞迴定義的結果是任何遞迴追蹤將以單個呼叫序列顯示，如 5.1.1 節的圖 5.1，追蹤階乘演算法。注意線性遞迴術語同時也反映了遞迴的追蹤結構，而不是漸近分析其執行時間；例如，我們已經看到二元搜尋執行時間為 $O(\log n)$。

◉ 遞迴計算陣列元素總和（Summing the Elements of an Array Recursively）

線性遞迴可以是處理序列的有用工具，如 Java 陣列。假設，我們要計算一個有 n 個整數元素的陣列的和。我們可以使用線性遞迴來解決這個求和問題。首先觀察到，當 $n=0$ 時總和為 0，否則總和為陣列前 $n-1$ 個元素的和，加上陣列的最後一個元素。（見圖 5.9）

0	1	2	3	4	5	6	7	8	9	10	11	12	13	14	15
4	3	6	2	8	9	3	2	8	5	1	7	2	8	3	7

圖 5.9：使用線性遞迴來求陣列和，總和是前 $n-1$ 個元素加上最後一個元素。

使用遞迴演算法計算整數陣列的和，程式 5.6 實現此演算法。

```
1    /** Returns the sum of the first n integers of the given array. */
2    public static int linearSum(int[ ] data, int n) {
3        if (n == 0)
4            return 0;
5        else
6            return linearSum(data, n-1) + data[n-1];
7    }
```

程式 5.6：使用線性遞迴計算整數陣列的和。

　　圖 5.10 是 linearSum 方法的遞迴追蹤圖示。對於大小為 n 的輸入，linearSum 演算法使用 $n+1$ 次方法呼叫。因此，它將花費 $O(n)$ 時間，因為每個呼叫的非遞迴部分，執行時間是常數。此外，我們也可以看到演算法使用的記憶體空間（除了陣列）也是 $O(n)$，在 $n+1$ 個追蹤方塊中的每一個，所佔用的記憶體空間是恆定的。$n=0$ 時進行最後一次遞迴呼叫。

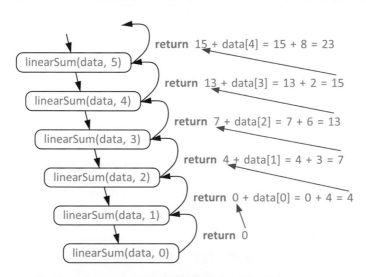

圖 5.10：對 linearSum(data, 5) 進行遞迴追蹤，輸入參數 data = 4, 3, 6, 2, 8。

◉ **使用遞迴反轉序列**（Reversing a Sequence with Recursion）

接下來，讓我們考慮將陣列的 n 個元素反轉的問題，第一個元素成為最後一個元素，第二個元素成為倒數第二個元素，等等。我們可以使用線性遞迴來解決這個問題。仔細想想交換程序，先將第一個和最後一個元素交換，之後對剩下元素的第一個和最後一個元素交換，等等。相同交換動作可以遞迴來完成。程式 5.7 實現這個交換演算法。要使用這個演算法，必須以 reverseArray(data, 0, n − 1) 敘述來對這個演算法做第一次呼叫。

```
1    /** Reverses the contents of subarray data[low] through data[high] inclusive. */
2    public static void reverseArray(int[ ] data, int low, int high) {
3        if (low < high) {                              // if at least two elements in subarray
4            int temp = data[low];                      // swap data[low] and data[high]
5            data[low] = data[high];
6            data[high] = temp;
7            reverseArray(data, low + 1, high – 1);       // recur on the rest
8        }
9    }
```

程式 5.7：使用線性遞迴反轉陣列的元素。

我們注意到，每當一個遞迴呼叫時有兩個（或更少）元素參與（見圖 5.11）。基本情況發生在 low < high 不成立時：(1)n 為奇數的情況下，最後導致 low == high。(2)n 為偶數的情況下，最後導致 low == high + 1。

上面的引數（argument）意味著程式 5.7 的遞迴演算法保證會在 $1+\lfloor\frac{n}{2}\rfloor$ 次遞迴呼叫後終止。由於每次呼叫只涉及恆量工作，整個過程在 $O(n)$ 時間完成。

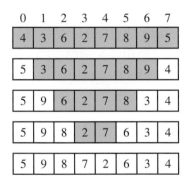

圖 5.11：反轉序列的遞迴追蹤。陰影部分表示尚未被反轉。

◉ **以遞迴演算法計算冪次**（Recursive Algorithms for Computing Powers）

另一個使用線性遞迴的有趣範例：考慮將數值 x 提高到任意的非負整數 n。**冪次函數（*power function*）**，其定義為 $power(x, n)= x^n$。（我們使用名稱"power"以和 Math 類別的 pow 方法有所區隔，Math 類別也提供這樣的功能。）我們將考慮兩種不同的遞迴公式，各公式導出的演算法具有非常不同的效能。

最一般的遞迴定義，遵循以下事實：對於 $n > 0$，$x^n = x \cdot x^{n-1}$。

$$power\,(x, n) = \begin{cases} 1 & \text{若 } n = 0 \\ x \cdot power\,(x, n-1) & \text{其他} \end{cases}$$

這個定義產生程式 5.8 中所示的遞迴演算法。

```
1  /** Computes the value of x raised to the nth power, for nonnegative integer n. */
2  public static double power(double x, int n) {
3    if (n == 0)
4      return 1;
5    else
6      return x * power(x, n–1);
7  }
```

程式 5.8：使用簡單的遞迴計算冪次函數。

對這個版本的 $power(x, n)$ 遞迴呼叫，執行時間為 $O(n)$。它的遞迴結構追蹤和圖 5.1 中的階乘函數非常相似，每次呼叫時參數遞減 1，執行的工作固定在 $n + 1$ 等級。

然而，有一個更快的方法來計算冪次函數：使用平方技術來定義冪次函數。令 $k = \lfloor \frac{n}{2} \rfloor$ 表示整數除法的最低值（當 n 是 int 時，等價於 Java 中的 $n / 2$）。考慮運算式 $(x^k)^2$。當 n 為偶數時，$\lfloor \frac{n}{2} \rfloor = \frac{n}{2}$ 因此 $(x^k)^2 = \left(x^{\frac{n}{2}}\right)^2 = x^n$。當 n 為奇數時，$\lfloor \frac{n}{2} \rfloor = \frac{n-1}{2}$ 和 $(x^k)^2 = x^{n-1}$ 因此 $x^n = (x^k)^2 \times x$ 正如 $2^{13} = (2^6 \times 2^6) \times 2$ 此分析導致以下遞迴定義：

$$power(x, n) = \begin{cases} 1 & \text{若 } n = 0 \\ \left(power\left(x, \lfloor \frac{n}{2} \rfloor\right)\right)^2 \cdot x & \text{若 } n > 0 \text{ is 奇數} \\ \left(power\left(x, \lfloor \frac{n}{2} \rfloor\right)\right)^2 & \text{若 } n > 0 \text{ is 偶數} \end{cases}$$

如果我們實現這個遞迴，使兩個遞迴呼叫計算 $power(x, \lfloor \frac{n}{2} \rfloor) \cdot power(x, \lfloor \frac{n}{2} \rfloor)$，遞迴追蹤將證明有 $O(n)$ 次呼叫。執行 $power(x, \lfloor \frac{n}{2} \rfloor)$，然後將部分結果儲存在變數中，然後將其乘以自身，這將大量減少數學運算。一個基於此遞迴定義的實現在程式 5.9 中給出。

```
1   /** Computes the value of x raised to the nth power, for nonnegative integer n. */
2   public static double power(double x, int n) {
3     if (n == 0)
4       return 1;
5     else {
6       double partial = power(x, n/2);           // rely on truncated division of n
7       double result = partial * partial;
8       if (n % 2 == 1)                            // if n odd, include extra factor of x
9         result *= x;
10      return result;
11    }
12  }
```

程式 5.9：使用重複平方來計算冪次函數。

為了說明我們改進演算法的執行，圖 5.12 提供了一個計算冪次的遞迴追蹤 power(2, 13)。

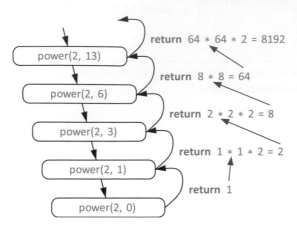

圖 5.12：執行 power（2,13）的遞迴追蹤。

　　為了分析修改後的演算法的執行時間，我們觀察到每次呼叫 power(x,n)，指數部分減半。正如我們看到的二元搜尋的分析，將 n 持續除以 2，在商數小於或等於 1 前，可除的次數是 $O(\log n)$。因此，我們的新的冪次公式會產生 $O(\log n)$ 次遞迴呼叫。個別操作使用時間為 $O(1)$（不包括遞迴呼叫），所以計算 power(x,n) 的運算次數為 $O(\log n)$。這對原先演算法耗用的 $O(n)$ 時間是很大的改進。

　　改進的版本還顯著地減少記憶體的使用。前一版本具有 $O(n)$ 的遞迴深度，因此具有 $O(n)$ 的遞迴紀錄同時儲存在記憶體中。改良版本的遞迴深度是 $O(\log n)$，它的記憶體使用量也是 $O(\log n)$。

5.3.2　二元遞迴（Binary Recursion）

當一個方法進行兩次遞迴呼叫時，我們說它使用**二元遞迴**（*binary recursion*）。我們已經在畫英制尺（5.1.2 節）時看到二元遞迴的例子。作為二元遞迴的另一個應用，讓我們重溫一下對陣列的 n 個整數求和的問題。不考慮計算一個或零個元素的和。若陣列有兩個以上的值，我們可以遞迴計算上半部分和下半部分的和，並將這些和加在一起。我們在程式 5.10 實現這個演算法，以敘述 binarySum(data, 0, n − 1) 做起始呼叫。

```
1   /** Returns the sum of subarray data[low] through data[high] inclusive. */
2   public static int binarySum(int[ ] data, int low, int high) {
3     if (low > high)                          // zero elements in subarray
4       return 0;
5     else if (low == high)                    // one element in subarray
6       return data[low];
7     else {
8       int mid = (low + high) / 2;
9       return binarySum(data, low, mid) + binarySum(data, mid+1, high);
10    }
11  }
```

程式 5.10：使用二元遞迴對序列元素求和。

分析演算法 binarySum，為了簡單起見，假設 n 是 2 的冪次。圖 5.13 顯示執行 binarySum(data, 0, 7) 的遞迴追蹤。方塊內的值分別是參數 low 和 high。每次遞迴呼叫將範圍的大小分成兩半，因此遞迴的深度為 $1 + \log_2 n$。因此，binarySum 使用 $O(\log n)$ 額外的空間，這對於程式 5.6 中的線性遞迴方法 linearSum 使用 $O(n)$ 空間是一個很大的改進。但是，binarySum 的執行時間是 $O(n)$，因為有 $2n - 1$ 次的方法呼叫，每次都需要固定的時間

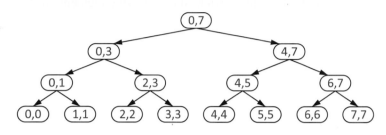

圖 5.13：執行 binarySum（data，0,7）的遞迴追蹤。

5.3.3　多次遞迴

將二元遞迴概念推廣，我們可以推導出**多次遞迴（*multiple recursion*）**，其中的方法一次執行多於兩次的遞迴呼叫。我們以遞迴分析檔案磁碟使用空間（第 5.1.4 節）就是一個多次遞迴的例子，因為在一次遞迴呼叫期間，另外需進行的遞迴次數等於該目錄下的所有子目錄數。

另一個這種遞迴最常見的應用即是數字化各種的結構設定，以便用來解決組合式的猜謎。舉例來說，下述是**加總猜謎（*summation puzzles*）**的例子：

$$pot + pan = bib$$
$$dog + cat = pig$$
$$boy + girl = baby$$

為了解決上述的猜謎，我們要給等式中每個字母分配一個獨特的數字（即 0、1、…、9），使得等式成立。我們通常用觀察的方式，針對某個猜謎來排除各種分配的可能，直到剩下較簡單的可能的分配，再一個個的做測試，來解決這個猜謎。

然而，如果可能的配置不過於龐大，我們可以用電腦將所有的可能列舉出來，並一個個的測試，而不需要任何人為的觀察。此外，這樣的一個演算法可以系統地使用多元遞迴來達成數字的分配，程式 5.11 顯示這個演算法的虛擬碼。為了使其能適用於各式的猜謎，演算法數字化，並測試集合 U 中所有任意 k 個不重複的元素。我們用下述的步驟來產生 k 個元素所組成的序列：

1. 用遞迴的方式產生 $k - 1$ 個元素的序列。
2. 在每個序列加上一個原本不在序列中的元素。

在執行演算法的過程中，我們用集合 U 來記錄不在目前的序列中的元素，使得一個元素 e 在 U 且只有在 U 時表示 e 未被使用。從另一個方向來看程式 5.11 的演算法，我們可以得知這個演算法會數字化所有 U 中大小可能為 k 的有序子集合，並測試所有的子集合是否有可能是此猜謎的解答。

　　對於加總猜謎來說，$U = \{0,1,2,3,4,5,6,7,8,9\}$ 且序列中每個位置代表一個字母。舉例來說，第一個位置可能是 b，第二個位置是 o，第三個位置是 y，依此類推。

Algorithm PuzzleSolve(k, S, U):

　　Input: An integer k, sequence S, and set U

　　Output: An enumeration of all k-length extensions to S using elements in U

　　　　without repetitions

　　for each e in U **do**

　　　　Add e to the end of S

　　　　Remove e from U　　　　　　　　　　　　　　　　　　　　{e is now being used}

　　　　if k == 1 **then**

　　　　　　Test whether S is a configuration that solves the puzzle

　　　　　　if S solves the puzzle **then**

　　　　　　　　add S to output　　　　　　　　　　　　　　　　{a solution}

　　　　else

　　　　　　PuzzleSolve($k - 1$, S, U)　　　　　　　　　　　　{a recursive call}

　　　　Remove e from the end of S

　　　　Add e back to U　　　　　　　　　　　　　　{e is now considered as unused}

程式 5.11：將所有可能的分配數字化並一一測試，來解決一個組合式的猜謎。

　　圖 5.14 中顯示一個呼叫 PuzzleSolve(3,S,U) 的遞迴記錄，其中 S 為空集合，$U = \{a,b,c\}$。在執行過程中，會產生三個字元所有的排列組合並一一測試。要注意到最初的遞迴呼叫會產生三個遞迴呼叫，而這三個遞迴呼叫又會各自產生兩個遞迴呼叫。如果我們用一個包含四個元素的 U 來執行 PuzzleSolve(3,S,U)，那最初的遞迴呼叫會產生四個遞迴呼叫，而這四個遞迴呼叫又會各自產生如圖 5.14 一樣的記錄。

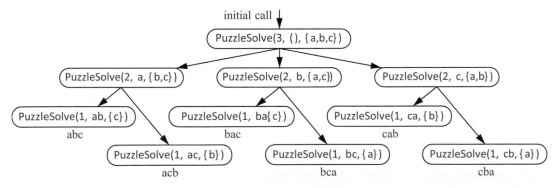

圖 5.14：執行 PuzzleSolve(3,S,U) 的遞迴記錄，其中 S 為空集合，$U = \{a,b,c\}$。執行中會產生並測試 a,b,c 所有的排列組合。我們在每個空格底下標註其所產生的排列組合。

5.4　使用遞迴（Using Recursion）

使用遞迴的演算法通常具有以下形式：

- **測試基本情況（Test for base cases）**：開始時先測試一組基本狀況（應該至少有一個）。這些基本情況應該被良好定義，使每一個可能的鏈式遞迴呼叫最終會到達基本情況，每個基本情況下不應使用遞迴。
- **遞迴（Recur）**。如果不是基本情況，我們執行一個或多個遞迴呼叫。這個遞迴步驟涉及決定執行哪幾個或哪個遞迴呼叫。我們應該仔細定義每個可能的遞迴呼叫，使遞迴呼叫最後能進入基本情況。

◉ **參數化遞迴**（Parameterizing a Recursion）

為解決某問題而設計遞迴演算法，一個主要的思考方式是如何把問題切分成子問題，且子問題的結構和原問題相似。如果在設計遞迴演算法時，很難找到所需的重複結構，有時可藉由一些現有的解決方法來看看子問題應該如何定義。

　　成功的遞迴設計有時需要我們對原始的問題重新定義，以產生相似結構的子問題。通常，這涉及重新參數化（reparameterizing）方法的簽名。例如，當在陣列中執行二元搜尋時，對呼叫者很自然的方法簽名將顯示為 binarySearch(data, target)。然而，在第 5.1.3 節中，定義了我們的方法與呼叫簽名 binarySearch(data, target, low, high)，使用附加參數以便在遞迴進行時劃分子陣列。這種參數化的變化是二元搜尋的關鍵。本章中的其他幾個例子（例如，reverseArray、linearSum、binarySum）也示範了使用附加參數定義遞迴子問題。

　　如果我們希望為演算法提供一個更清晰的公共介面，而不暴露用戶對遞迴的參數化，一個標準的技術就是將遞迴版本私有化，並引入一個更簡單的 public 方法（以適當的參數呼叫私有化的遞迴版本）。例如，可提供以下簡單的 binarySearch 版本給公眾使用：

```
/** Returns true if the target value is found in the data array. */
public static boolean binarySearch(int[ ] data, int target) {
    return binarySearch(data, target, 0, data.length − 1);          // use parameterized version
}
```

5.5　遞迴的陷阱（Pitfalls of Recursion）

　　雖然遞迴是一個非常強大的工具，但也可以很容易被濫用在各種方法上。在本節中，我們研究幾個不良遞迴實現導致嚴重效率低下，討論一些策略來認識並避免這類陷阱。

　　可從重新檢視第 4.3.3 節提出的**元素唯一性問題**（*element uniqueness problem*）開始。我們可以使用以下遞迴公式來確定是否序列的所有 n 個元素具唯一的。作為基本情況，當 $n = 1$ 時，元素是唯一的。對於 $n \geq 2$，所有元素具有唯一性，若且為若當前 $n − 1$ 個元素具有唯一的、且最後的 $n − 1$ 個元素具有唯一性、且第一個和最後一個元素是不同的（因為這兩個值是唯一尚未被被檢查的）。基於此思維的遞迴在程式 5.12 實現，命名為 unique3（以便與第 4 章中的 unique1 和 unique2 有所區別）。

```
1    /**如果從data[low]到data[high]間沒有重複的值，則返回true*/
2    public static boolean unique3(int[ ] data, int low, int high) {
3        if (low >= high) return true;                          // 至少有一個項目
4        else if (!unique3(data, low, high−1)) return false;    // 前n-1個項目有重複
5        else if (!unique3(data, low+1, high)) return false;    // 後n-1個項目有重複1
6        else return (data[low] != data[high]);                 // 第一個元素是否和最後一個元素相等？
7    }
```

程式 5.12：遞迴 unique3 用於測試元素唯一性。

不幸的是，這個遞迴的效率非常低。非遞迴的每個呼叫使用 $O(1)$ 時間，所以整體執行時間將與遞迴呼叫的總數成正比。為了分析問題，我們讓 n 表示正在考慮的項目數量，即 $n = 1 + high − low$。

如果 $n = 1$，則 unique3 的執行時間為 $O(1)$，這種情況沒有遞迴呼叫。在一般情況下，觀察對於大小為 n 進行單次呼叫所產生的重大問題。unique3 會能導致兩次遞迴呼叫，問題大小為 $n − 1$。那兩個大小為 $n − 1$ 的呼叫會導致四個呼叫，其大小為 $n − 2$。由四個大小為 $n − 2$ 的呼叫又導致大小為 $n − 3$ 的八個呼叫等等。因此，在最壞的情況下，方法的呼叫總數可由幾何和求出：

$$1 + 2 + 4 + \cdots + 2^{n-1},$$

根據定理 4.5 上述幾何和等於 $2^n − 1$。因此，unique3 方法的執行時間是 $O(2^n)$。對於解決元素唯一性問題，這是一個難以置信的低效率。它的低效率不是因為使用遞迴，而是未好好地使用遞迴，這部份會出現在習題 C-5.10 中。

◉ **以無效率遞迴計算費伯納西級數**（An Inefficient Recursion for Computing Fibonacci Numbers）

在 2.2.3 節中，我們介紹了一個產生費伯納西級數的程式，費伯納西級數可以遞迴定義如下：

$$F_0 = 0$$
$$F_1 = 1$$
$$F_n = F_{n-2}+F_{n-1} \, for \, n > 1.$$

諷刺的是，若直接根據此定義實現的話，在每個非基本情況下會進行兩次遞迴呼叫。程式碼列在程式 5.13 中，方法名稱是 fibonacciBad，用來計算費伯納西數。

```
1    /** Returns the nth Fibonacci number (inefficiently). */
2    public static long fibonacciBad(int n) {
3        if (n <= 1)
4            return n;
5        else
6            return fibonacciBad(n−2) + fibonacciBad(n−1);
7    }
```

程式 5.13：使用二元遞迴計算第 n 個費伯納西數。

　　不幸的是，這樣一個直接實現費伯納西公式的結果，是產生一個非常低效率的方法。以這種方式計算第 n 個費伯納西數，需要對此方法進行呼叫的次數竟達指數等級。假設 c_n 代表執行 fibonacciBad(n) 中執行的呼叫次數。然後，我們有以下 c_n 值：

$$c_0 = 1$$
$$c_1 = 1$$
$$c_2 = 1+c_0+c_1 = 1+1+1 = 3$$
$$c_3 = 1+c_1+c_2 = 1+1+3 = 5$$
$$c_4 = 1+c_2+c_3 = 1+3+5 = 9$$
$$c_5 = 1+c_3+c_4 = 1+5+9 = 15$$
$$c_6 = 1+c_4+c_5 = 1+9+15 = 25$$
$$c_7 = 1+c_5+c_6 = 1+15+25 = 41$$
$$c_8 = 1+c_6+c_7 = 1+25+41 = 67$$

　　如果我們按照此模式向前看，我們看到每隔一個費伯納西數，呼叫方法的次數增加了一倍以上。也就是說，c_4 是 c_2 的兩倍以上，c_5 是 c_3 的兩倍以上，c_6 是 c_4 的兩倍以上，依此類推。因此，$c_n > 2^{n/2}$，這意味著 fibonacciBad(n) 使用的是指數為 n 的多次呼叫。

◉ 以有效率遞迴計算費伯納西級數（An Inefficient Recursion for Computing Fibonacci Numbers）

我們被誘惑使用壞的遞迴公式，因為依此公式，第 n 個費伯納西數，F_n 取決於前兩個值 F_{n-2} 和 F_{n-1}。但注意在計算 F_{n-2} 之後，計算 F_{n-1} 的呼叫需要再次計算 F_{n-2}，因為它不知道前次遞迴已經計算過的 F_{n-2} 的值。這是一個重複的工作。更糟糕的是，這兩個值在計算 F_{n-3} 的時候又要重新計算一次，就和計算 F_{n-1} 一樣。這種雪球效應導致 fibonacciBad 方法產生指數執行時間。

　　我們可以使用更有效率的方法來計算 F_n，其中每次遞迴只要再進行一次遞迴呼叫即可。為此，需要重新定義實行的方法。不再只返回單一值，F_n，我們重新定義一個返回陣列的遞迴方法，陣列內含兩個連續的費伯納西數 $\{F_n, F_{n-1}\}$，使用慣例 $F_{-1} = 0$ 作為基本情況。表面上看，要返回個連續的費伯納西數似乎增加了負擔，但將這些額外的資訊從遞迴的一個層級傳遞到下一個層級，會使後續的計算更容易進行。（它允許在遞迴計算中避免重新計算已知的第二個值）。基於此策略的實現列在程式 5.14 中。

```
1    /** Returns array containing the pair of Fibonacci numbers, F(n) and F(n-1). */
2    public static long[ ] fibonacciGood(int n) {
3      if (n <= 1) {
4        long[ ] answer = {n, 0};
5        return answer;
6      } else {
7        long[ ] temp = fibonacciGood(n – 1);              // returns {F_{n-1}, F_{n-2}}
8        long[ ] answer = {temp[0] + temp[1], temp[0]};    // we want {F_n, F_{n-1}}
9        return answer;
10     }
11   }
```

程式 5.14：使用線性遞迴計算第 n 個費伯納西數。

在效率方面，不良和良好的遞迴之間的差異問題，就像白天和夜晚一樣。 fibonacciBad 方法使用指數時間。我們聲稱方法 fibonacciGood(n) 的執行時間為 $O(n)$。每次遞迴呼叫 fibonacciGood 會將參數 n 減 1。因此，遞迴追蹤包括一系列 n 個方法呼叫。因為非遞迴性的工作使用恆定時間，整個計算在 $O(n)$ 時間內執行。

5.5.1 Java 中的最大遞迴深度 (Maximum Recursive Depth in Java)

濫用遞迴的另一個危險是**無限遞迴 (*infinite recursion*)**。如果每個遞迴進行另一個遞迴呼叫，但又不會達到基本情況，則會產生無數次的遞迴呼叫。這是一個嚴重的錯誤。無限遞迴可以快速的吞噬計算資源，不僅只是 CPU 的資源，因為每個連續的呼叫還需要額外的記憶體來儲存遞迴紀錄。一個公然惡意遞迴的範例如下：

```
1   /** Don't call this (infinite) version. */
2   public static int fibonacci(int n) {
3       return fibonacci(n);                            // After all Fn does equal Fn
4   }
```

然而，有更多的微妙錯誤可能導致無限遞迴。回顧我們的二元搜尋的實現（程式 5.3），當我們在序列的右側部分進行遞迴呼叫（第 15 行），指定從索引 mid+1 到 high 的子陣列。若將該行程式寫成：

```
return binarySearch（data, target, mid, high）;       //送出mid，而不是mid+ 1
```

這可能導致無限遞迴。特別是當搜尋範圍只有兩個元素時，可能在相同的範圍內進行遞迴呼叫。

程式工程師應該確保每個遞迴呼叫，都以某種方式朝基本情況行進（例如，每次呼叫減少參數值）。為了克服無限遞迴問題，Java 的設計師有意限制用於儲存遞迴紀錄的記憶體空間。如果達到這個限制，Java Virtual 機器拋出一個 StackOverflowError（我們將在第 6.1 節進一步討論 " 堆疊 " 資料結構）。此限制的精確值取決於 Java 的安裝，一個典型的值可能允許高達 1000 個同時呼叫。

對於大多數的遞迴應用程式，允許多達 1000 個巢狀呼叫就足夠了。例如，我們的 binarySearch 方法（第 5.1.3 節）具有 $O(\log n)$ 遞迴深度，因此要達到默認的遞迴限制，則需要 2^{1000} 個元素（遠遠超過宇宙中估計的原子數）。然而，我們已經看到幾個線性遞迴，其遞迴深度和 n 成正比。Java 對遞迴深度的限制可能會中斷此類計算。

可以重新配置 Java 虛擬機器（Java VirtualMachine），使其可以更大空間用於巢狀方法呼叫。這是在啟動 Java 時透過設置 -Xss 選項來完成，用命令列選項或是設置 IDE 都可以。到底需要多少記憶體，往往依遞迴演算法的直覺而定，不直接用傳統的迴圈來估算所需的重複運算。我們以上述對遞迴的直覺做為本章的結束。

習題

加強題

R-5.1 說明如何修改遞迴二元搜尋演算法，使其返回序列中目標的索引或 −1（如果未找到目標）。

R-5.2 繪製用於計算 *power*(2,5) 的遞迴追蹤，使用程式 5.8 傳統的演算法實現。

R-5.3 繪製用於計算 *power*(2,18) 的遞迴追蹤，使用平方演算法，以程式 5.9 實現。

R-5.4 繪製用於執行 reverseArray(data, 0, 4), 的遞迴追蹤，用程式 5.7 實現，陣列 data = {4, 3, 6, 2, 5}。

R-5.5 繪製用於執行 PuzzleSolve(3,*S*,*U*) 方法的遞迴追蹤，用程式 5.11 實現，其中 *S* 爲空，*U* = {*a*,*b*,*c*,*d*}。

R-5.6 描述用於計算第 *n* 個 ***Harmonic number*** 的遞迴演算法，$H_n = \sum_{k=1}^{n} 1/k$。

R-5.7 描述將數值字串轉換爲整數的遞迴演算法。例如，將字串 '13531' 轉換爲整數 13,531。

R-5.8 開發計算冪次的非遞迴演算法，可參考程式 5.9，使用重複平方（repeated squaring）。

R-5.9 描述一種使用遞迴來計算所有元素總和的方法，元素儲存在 $n \times n$（二維）整數陣列中。

挑戰題

C-5.10 描述一個有效率的遞迴演算法來解決元素唯一性問題，在最壞的情況下執行時間最多爲 $O(n^2)$，不使用排序。

C-5.11 給出遞迴演算法來計算兩個正整數的乘積，*m* 和 *n*，僅使用加法和減法。

C-5.12 寫一個遞迴方法程式，輸出一組 *n* 個元素的所有子集合（不重複任何子集）。

C-5.13 寫一個簡短的遞迴 Java 方法，將字串 *s*，以反序輸出。例如 'pots&pans' 的反序輸出將是 'snap&stop'。

C-5.14 寫一個簡短的遞迴 Java 方法來確定字串 *s* 是否是迴文（palindrome），也就是說，正向讀取和反向讀取都相同。迴文的例子包括 "racecar" 和 "gohangasalamiimalasagnahog"。

C-5.15 使用遞迴來寫一個 Java 方法，確定字串 *s* 的母音是否多於子音。

C-5.16 寫一個簡短的遞迴 Java 方法，重新排列整數值，使陣列所有偶數值都出現在所有奇數值之前。

C-5.17 給定一個未排序的整數陣列，*A*，和整數 *k*，描述一個用於重新排列 *A* 中的元素的遞迴演算法，使得所有小於或等於 *k* 的元素出現在任何大於 *k* 的元素之前。在有 *n* 個元素的陣列，你的演算法執行時間是多少？

C-5.18 假設給定一個陣列 *A*，其中包含 *n* 個不同的整數以增冪順序儲存。給定一個 *k* 值，描述一個遞迴演算法，在 *A* 找兩個元素其和爲 *k*（如果存在這樣的數對）。你的演算法執行時間是多少？

C-5.19 描述一個遞迴演算法，檢查整數的陣列 A 是否包含一個整數 $A[i]$，它是 A 中較早出現的兩個整數之和，也就是 $A[i] = A[j] + A[k]$ 其中 j、$k < i$。

C-5.20 伊莎貝拉（Isabel）有一個有趣的方法來加總陣列 A 中的值，陣列 A 有 n 個整數，其中 n 是 2 的冪次。她建了陣列 B，B 的元素只有 A 的一半，並設置 $B[i] = A[2i] + A[2i + 1]$，其中 $i = 0$、1、2、$...$、$(n / 2) - 1$。如果 B 的大小為 1，那麼她輸出 $B[0]$。否則，她用 B 替換 A，並重複該過程。她的演算法執行時間爲何？

C-5.21 描述用於反轉單向鏈結串列的快速遞迴演算法，使得節點的順序變得與之前相反。

C-5.22 以遞迴定義一個不使用任何 Node 類別的單向鏈結串列。

專案題

P-5.23 通過列舉和測試寫一個解加總猜謎(summation puzzles)問題的程式。使用你的程式，解第 5.3.3 節中的三個謎題。

P-5.24 爲第 5.1.2 節的英制尺 drawInterval 方法提供一個非遞迴實現。如果 c 代表中心刻度的長度，應該有精確的 $2^c - 1$ 行輸出。如果一個計數值從 0 遞增到 $2^c - 2$，每個刻度線的破折號數目應該比計數值以二進位表示時末尾連續 1 的數目還多一個。

後記

在程式中使用遞迴屬於電腦科學的民俗學（參見 Dijkstra [31] 的文章）。它也是功能型程式語言的核心（見 Abelson、Sussman 和 Sussman [1] 的書）。有趣的是，二元搜尋在 1946 年首次發布，但直到 1962 年才算完全正確發布。有關進一步的討論，請參見 Bentley [13] 和 Lesuisse [64] 的論文。

Chapter 6

堆疊與佇列
（Stacks and Queues）

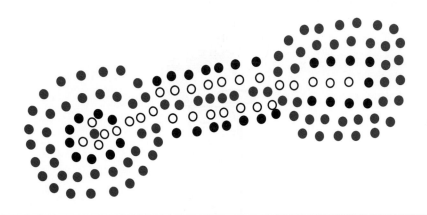

目錄

6.1　堆疊（Stacks）

堆疊（*stack*）是物件的集合，會依**後進先出**（*LIFO：last-in, first-out*）的原則，插入和移除容器中的物件。物件可以在任何時刻插入堆疊中，但是只有最近一次插入的物件能在任何時間移出(也就堆疊的「頂端」)。自助餐館使用一種裝有彈簧、可以堆疊並且取放盤子的機器，這便是「堆疊」這個名稱的來源。對這種機器而言，它的基本操作包括對那疊盤子進行「壓入」（pushing）和「彈出」（popping）等動作。當我們要拿一個新盤子時，我們將最上面的一個盤子「彈出」（pop），當我們要加入一個盤子峙，我們將它「壓入」（push），使它變成堆疊最上方的盤子。一個更有趣的例子是「PEZ 糖果盒」，這是一種裝著薄荷糖的小容器，當內部彈簧的頂端上昇峙，會將堆疊最上層的糖果「彈出」（請參看圖 6.1）。

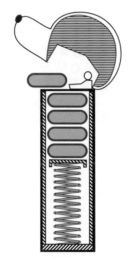

圖 6.1：PEZ® 糖果盒的圖解，這是堆疊的實際應用（PEZ® 是 PEZ 糖果公司的註冊商標）。

堆疊是基礎的資料結構。它可以有很多應用，包括下面幾種：

範例 6.1：網際網路瀏覽器將最近瀏覽過的網站位址，儲存在堆疊中。每次使用者造訪新網站的時候，該網站的位址會被「壓入」至位址堆疊內。然後使用者可以用瀏覽器的「上一頁」按鈕，將前一個造訪的網站「彈出」。

範例 6.2：文字編輯器通常提供「還原」功能。此功能可以取消之前的編輯指令，並回到文件的前一個狀態。我們可以將文字的更動儲存在一個堆疊中，來實作「還原」的功能。

6.1.1　堆疊抽象資料型態（The Stack Abstract Data Type）

堆疊是所有資料結構中最簡單但也是最重要的一種，可有很多不同的應用，其中包含了許多更複雜的資料結構。堆疊是一種支援以下兩種操作方法的抽象資料型態（ADT）：

Push(e)：插入元素 e 到堆疊最頂端。

pop( )：移除並回傳堆疊最頂端的元素。

（若 stack 為空的則回傳 null）

另外，為方便起見，堆疊支持以下的存取方法（accessor methods）：

top( )：回傳堆疊頂端的元素，但是不會移除此元素；
如果堆疊是空的，則發出錯誤訊息。

size( )：回傳堆疊中的元素個數。

isEmpty( )： 回傳布林值，指出堆疊是否已經沒有元素。

按照慣例，我們假設添加到堆疊中的元素可以具有任意型態，且新建立的堆疊是空的。

範例 6.3：下面的表格展示了一系列的堆疊運算，我們可以看到一個開始是空的堆疊 S，在這一系列運算之後所受的影響。

方法	回傳值	堆疊內容
push(5)	–	(5)
push(3)	–	(5, 3)
size( )	2	(5, 3)
pop( )	3	(5)
isEmpty( )	false	(5)
pop( )	5	( )
isEmpty( )	true	( )
pop( )	null	( )
push(7)	–	(7)
push(9)	–	(7, 9)
top( )	9	(7, 9)
push(4)	–	(7, 9, 4)
size( )	3	(7, 9, 4)
pop( )	4	(7, 9)
push(6)	–	(7, 9, 6)
push(8)	–	(7, 9, 6, 8)
pop( )	8	(7, 9, 6)

◉ Java 的堆疊介面（A Stack Interface in Java）

為了正式將堆疊抽象化，我們以 Java 介面的形式定義了所謂的**應用程式介面**（**API：** *application programming interface*），其中描述 ADT 支持方法的名稱以及它們將如何進行宣告和使用。此介面在程式 6.1 中定義。

我們依靠 Java 的**泛型架構**（*generics framework*）（見 2.5.2 節），允許儲存在堆疊中的元素屬於任何物件型態 <E>。例如，一個代表整數堆疊的變數可以用 Stack<Integer> 來宣告。形式型態參數可用來當作 push 方法的參數型態，以及 pop 和 top 的返回型態。

回想一下，第 2.3.1 節討論的 Java 介面，介面可作為型態定義，但不能直接實體化。至於 ADT 要怎麼用都可以，我們必須提供一個或多個具體類別（concrete class），這些具體類別實現和 ADT 相關聯的介面方法。在以下小節中，我們將設計兩個這樣的 Stack 介面的實現：一個使用陣列，另一個則使用鏈結串列。

◉ java.util.Stack 類別（The java.util.Stack Class）

由於堆疊 ADT 的重要性，Java 從原始版本就已經包含了一個名為 java.util.Stack 的具體類別，該類別實現 LIFO 模式的堆疊。然而，Java 的 Stack 類別的存在只是出於歷史原因，而且它的介面與 Java 程式庫中大多數的其他資料結構不一致。事實上，Stack 類別的當前文件建議不要把它當傳統 LIFO 堆疊使用，因為 LIFO 功能（和更多）可由更一般的資料結構：雙向佇列，來提供（第 6.3 節討論雙向佇列）。

　　為了比較起見，表 6.1 將我們的堆疊 ADT 和 java.util.Stack 類別，做了一個並行比較。此外方法名稱有一些差異，我們注意到 java.util.Stack 類別的 pop 方法和 peek 方法在堆疊是空的時候，會拋出一個自定義的 EmptyStackException 異常（而我們的 Stack ADT 則是返回 null）。

Our Stack ADT	java.util.Stack 類別	
size( )	size( )	
isEmpty( )	empty( )	⇐
push(e)	push(e)	
pop( )	pop( )	
top( )	peek( )	⇐

表 6.1：自訂的堆疊 ADT 方法和 ava.util.Stack 類別的相應方法，不一致處在右方以箭頭標示。

```
1   /**
2    * A collection of objects that are inserted and removed according to the last-in
3    * first-out principle. Although similar in purpose, this interface differs from
4    * java.util.Stack.
5    *
6    * @author Michael T. Goodrich
7    * @author Roberto Tamassia
8    * @author Michael H. Goldwasser
9    */
10  public interface Stack<E> {
11
12    /**
13     * Returns the number of elements in the stack.
14     * @return number of elements in the stack
15     */
16    int size( );
17
18    /**
19     * Tests whether the stack is empty.
20     * @return true if the stack is empty, false otherwise
21     */
22    boolean isEmpty( );
23
24    /**
25     * Inserts an element at the top of the stack.
26     * @param e the element to be inserted
```

```
27      */
28      void push(E e);
29
30      /**
31       * Returns, but does not remove, the element at the top of the stack.
32       * @return top element in the stack (or null if empty)
33       */
34      E top( );
35
36      /**
37       * Removes and returns the top element from the stack.
38       * @return element removed (or null if empty)
39       */
40      E pop( );
41  }
```

程式 6.1：介面 Stack，以 Javadoc 樣式做註解（第 1.8.4 節）。注意使用泛型參數化型態 E，其中允許堆疊包含任何指定型態（參考）的元素。

6.1.2 用陣列完成的簡單堆疊實作（A Simple Array-Based Stack Implementation）

作為自訂的第一個堆疊 ADT 實現，我們將元素儲存在一個陣列中。陣列名稱為 data，容量 N。先定向堆疊，使堆疊的底部元素總是儲存在 data[0] 儲存格（cell）中，而堆疊的頂部元素儲存在儲存格 data[t] 中，索引值 t 等於堆疊當前大小值減去一（見圖 6.2）。

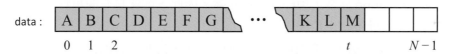

data :

```
0   1   2                                      t           N − 1
```

圖 6.2：用陣列表示堆疊；頂端元素在 data[t] 中。

回想一下，在 Java 中，陣列的第一個元素由索引 0 開始，當堆疊持有從 data[0] 到 data[t] 間的元素時，堆疊的大小是 $t + 1$。傳統作法：當堆疊是空的，t 值等於 -1（此時堆疊的大小等於 $t + 1$，也就是 0）。根據上述原則的完整 Java 實現，列在程式 6.2 中（基於空間考量，省略 Javadoc 型式的註解）。

```java
1   public class ArrayStack<E> implements Stack<E> {
2     public static final int CAPACITY=1000;        // default array capacity
3     private E[ ] data;                            // generic array used for storage
4     private int t = −1;                           // index of the top element in stack
5     public ArrayStack( ) { this(CAPACITY); }      // constructs stack with default capacity
6     public ArrayStack(int capacity) {            // constructs stack with given capacity
7       data = (E[ ]) new Object[capacity];        // safe cast; compiler may give warning
8     }
9     public int size( ) { return (t + 1); }
10    public boolean isEmpty( ) { return (t == −1); }
11    public void push(E e) throws IllegalStateException {
12      if (size( ) == data.length) throw new IllegalStateException("Stack is full");
```

```
13        data[++t] = e;                      // increment t before storing new item
14    }
15    public E top( ) {
16      if (isEmpty( )) return null;
17      return data[t];
18    }
19    public E pop( ) {
20      if (isEmpty( )) return null;
21      E answer = data[t];
22      data[t] = null;                        // dereference to help garbage collection
23      t--;
24      return answer;
25    }
26 }
```

程式 6.2：以陣列實現 Stack 介面。

◉ 以陣列實現 Stack 的缺點（A Drawback of This Array-Based Stack Implementation）

以陣列實現 Stack 是簡單而有效率的。然而，這種實現有一個負面本質，陣列的容量是固定的，這限制了堆疊的最終大小。

　　為了方便起見，我們允許用建構子的參數指定堆疊的容量（預設建構子設定的預設容量是 1,000）。若用戶能準確估算出所需的堆疊容量，那麼基於陣列的實現很難被取代。但是，如果估計是錯誤的，可能會有嚴重的後果。如果應用程式需要的空間遠少於預留容量，浪費了記憶體。更糟糕的是，如果嘗試將物件 push 到已經達最大容量的堆疊，程式 6.2 會拋出一個 IllegalStateException 異常，拒絕儲存新元素。因此，即使具有簡單性和效率兩項優點，但是用陣列來實現堆疊不一定是理想的。

　　幸運的是，我們稍後將示範兩種實現堆疊的方法，沒有這樣的尺寸限制，佔用空間總是與儲存在堆疊中元素的實際數量成正比。下一節中，以單向鏈結串列作為堆疊的儲存體；在 7.2.1 節中，我們將提供一個更先進的基於陣列的方法，克服固定容量的限制

◉ 分析以陣列實作的堆疊（Analyzing the Array-Based Stack Implementation）

在這個以陣列為基礎的實作中，方法的正確性來自於我們對索引 t 的定義。請注意，當 push 元素時，t 在儲存新元素之前遞增，所以 t 指向的是第一個可用元素。

方法	執行時間
size	$O(1)$
isEmpty	$O(1)$
top	$O(1)$
push	$O(1)$
pop	$O(1)$

表 6.2：陣列堆疊的執行效能。空間需求為 O(N)，N 為陣列大小，在堆疊初始化時即決定。注意空間需求與 n 無關，其中 n ≤ N，n 是堆疊實際使用的元素個數。

　　表 6.2 展示了陣列堆疊方法的執行時間。在以陣列實作出來的堆疊中，每一個方法都執行了定量敘述，這些敘述包含算術運算、比較和指定。另外，也呼叫 size 和 isEmpty，這些方法也是以定量時間執行。因此，在這個堆疊 ADT 的實作中，每個方法都以定量時間執行，也就是說，它們都以 $O(1)$ 時間執行。

◉ Java 中的垃圾收集（Garbage Collection in Java）

我們希望提請注意一個涉及程式 6.2 中 pop 方法的一個有趣觀念。我們設置一個區域變數，answer，用來參考正在彈出的元素。遞減 t 之前，在第 22 行程式，我們有意將 data[t] 重置為 null。在技術上指派 null 不是必須的，因為不將已彈出物件的儲存格設定為 null，我們的堆疊仍然可以正常執行。

　　將儲存格設定為 null 的原因是幫助 Java 的垃圾收集機制，該機制會搜索記憶體，將不再被參考的空間收回，供將來使用。（相關詳細信息，請參閱第 15.1.3 節）如果我們繼續儲存已彈出元素的參考，堆疊類別將忽略它（若有更多元素添加到堆疊中，最終會覆蓋參考）。但是，如果沒有其他應用程式有效參考元素，堆疊的陣列中的保留的虛參考會停止 Java 從該元素做垃圾收集。

◉ 示範用途（Sample Usage）

我們提供一段程式，示範如何使用 ArrayStack 類別。在這個例子中，我們以 Integer wrapper 宣告參數化型態堆疊。這會使 push 方法的簽名接受一個 Integer 實體作為參數，且 top 和 pop 返回的型態是一個 Integer。當然，會使用到 Java 的自動裝箱和拆箱（見第 1.3 節），可以將基本型態 int 作為 push 方法的參數。

```
Stack<Integer> S = new ArrayStack<>( );        // contents: ()
S.push(5);                                     // contents: (5)
S.push(3);                                     // contents: (5, 3)
System.out.println(S.size( ));                 // contents: (5, 3)        outputs 2
System.out.println(S.pop( ));                  // contents: (5)           outputs 3
System.out.println(S.isEmpty( ));              // contents: (5)           outputs false
System.out.println(S.pop( ));                  // contents: ()            outputs 5
System.out.println(S.isEmpty( ));              // contents: ()            outputs true
System.out.println(S.pop( ));                  // contents: ()            outputs null
S.push(7);                                     // contents: (7)
S.push(9);                                     // contents: (7, 9)
System.out.println(S.top( ));                  // contents: (7, 9)        outputs 9
S.push(4);                                     // contents: (7, 9, 4)
System.out.println(S.size( ));                 // contents: (7, 9, 4)     outputs 3
System.out.println(S.pop( ));                  // contents: (7, 9)        outputs 4
S.push(6);                                     // contents: (7, 9, 6)
S.push(8);                                     // contents: (7, 9, 6, 8)
System.out.println(S.pop( ));                  // contents: (7, 9, 6)     outputs 8
```

程式 6.3：ArrayStack 類別的使用範例。

6.1.3 用鏈結串列完成堆疊實作（Implementing a Stack with a Singly Linked List）

在本節中，我們將示範如何使用單向鏈結串列進行儲存，輕鬆實現 Stack 介面。不像先前基於陣列的實現，單向鏈結串列使用的記憶體，總是與目前在堆疊中的實際元素量成正比，並且沒有任何容量限制。

在設計這樣一個實現時，要確定堆疊的頂部位在串列的前面還是後面。其實，最好的選擇就在眼前，只有在前端插入和刪除時，才會以常量時間執行。將堆疊頂端元素儲存在串列的前面，則所有方法都在常量時間內執行。

◉ 配接器模式（The Adapter Pattern）

「配接器」（*adapter*）設計模式適用於當我們想要修改一個現存的類別，讓它的方法能與另一個相關但不同類別或介面中的方法相符合。一般來說，應用「配接器模式」的方式是定義一個新的類別，讓它包含一個舊類別的實體做爲隱藏的欄位，然後使用這個隱藏的實體變數中的方法來實作新類別的方法。以這種方式應用配接器模式可以產生一個新類別，以更爲便捷的方式，執行與舊類別幾乎相同的功能，但以更方便的方式重新包裝。

在堆疊 ADT 環境，我們定義一個新類別 LinkedStack 類別來調整第 3.2.1 節定義的 SinglyLinkedList 類別，如程式 6.4 所示。新類別宣告一個名爲 list 的 private 欄位，型態爲 SinglyLinkedList，並使用以下相對應方法：

Stack Method	Singly Linked List Method
size( )	list.size( )
isEmpty( )	list.isEmpty( )
push(e)	list.addFirst(e)
pop( )	list.removeFirst( )
top( )	list.first( )

```
1   public class LinkedStack<E> implements Stack<E> {
2     private SinglyLinkedList<E> list = new SinglyLinkedList<>( );   // an empty list
3     public LinkedStack( ) { }                                       // new stack relies on the initially empty list
4     public int size( ) { return list.size( ); }
5     public boolean isEmpty( ) { return list.isEmpty( ); }
6     public void push(E element) { list.addFirst(element); }
7     public E top( ) { return list.first( ); }
8     public E pop( ) { return list.removeFirst( ); }
9   }
```

程式 6.4：使用 SinglyLinkedList 作為儲存體來實現 Stack。

6.1.4　括號及 HTML 標籤配對（Matching Parentheses and HTML Tags）

在這　節中，我們將探討與堆疊相關的兩個應用，這兩個應用都涉及括號配對。第一個是在算術運算式中配對，算數運算式中含有各種不同的括號，譬如：

- 圓括號："(" 和 ")"。
- 大括號："{" 和 "}"。
- 方括號："[" 和 "]"。

每一個開啓符號必須與它的對應關閉符號配對。舉例來說，一個左方括號，"[" 必須與對應的右方括號 "]" 配對，如下列運算式：

$$[(5 + x) - (y + z)]$$

下面的範例更進一步說明這個觀念：

- 正確：( )(( )){([( )])}
- 正確：((( )(( )){([( )])})))
- 不正確：)(( )){([( )])}
- 不正確：({[ ])}
- 不正確：(

習題 R-6.4 對括號配對有精確定義。

◉括號配對的演算法（An Algorithm for Matching Delimiters）

在處理運算式時，有一個重要的問題，是確認它們的括號能夠正確地配對。我們可以使用一個堆疊，由左到右單向地掃描一個運算式來執行括號的配對。

每次我們遇到一個起始的括號，我們把這個括號 push 到堆疊，每次遇到一個關閉括號，就從堆疊中 pop 出一個括號（假設它不是空的），並檢查這兩個括號是否形成一個有效的配對。如果我們到達運算式的結尾，堆疊是空的，那麼原來的運算式的配對正確。否則，在堆疊上一定有一個起始括號但沒有適當的關閉括號來配對。如果原運算式的長度是 n，演算法會對 push 和 pop 做 n 次呼叫。程式 6.5 以 Java 程式實現上述括號配對。指定檢查括號對 ()，{ } 和 []，但可以輕鬆更改以適應後續應用。具體來說，我們定義兩個固定的字串："（{[" 和 "）}]"，代表用來檢查的括號對。當檢查運算式字串中的字元，會呼叫上述兩個內容為括號字串 String 類別的 indexOf 方法，決定字元是否出現在括號字串中，如果是，是哪一個括號。方法 indexOf 返回給定字元首先出現的位置（如果沒有找到該字元，則返回 -1）。

```
1   /** Tests if delimiters in the given expression are properly matched. */
2   public static boolean isMatched(String expression) {
3     final String opening = "({[";            // opening delimiters
4     final String closing = ")}]";            // respective closing delimiters
5     Stack<Character> buffer = new LinkedStack<>( );
6     for (char c : expression.toCharArray( )) {
7       if (opening.indexOf(c) != −1)          // this is a left delimiter
8         buffer.push(c);
```

```
9      else if (closing.indexOf(c) != –1) {        // this is a right delimiter
10       if (buffer.isEmpty( ))                    // nothing to match with
11         return false;
12       if (closing.indexOf(c) != opening.indexOf(buffer.pop( )))
13         return false;                           // mismatched delimiter
14     }
15   }
16   return buffer.isEmpty( );                      // were all opening delimiters matched?
17 }
```

程式 6.5：在算術運算式中匹配括號的方法。

◉ 標記語言中的標籤匹配（Matching Tags in a Markup Language）

另一種形式的括號匹配應用，是驗證標記語言如 HTML 或 XML。HTML 是互聯網上超鏈結文件的標準格式。XML 是可擴展標記語言，用於各種各樣的結構化資料集。我們在圖 6.3 中顯示一個 HTML 文件範例。

```
<body>
<center>
<h1> The Little Boat </h1>
</center>
<p> The storm tossed the little
boat like a cheap sneaker in an
old washing machine. The three
drunken fishermen were used to
such treatment, of course, but
not the tree salesman, who even as
a stowaway now felt that he
had overpaid for the voyage. </p>
<ol>
<li> Will the salesman die? </li>
<li> What color is the boat? </li>
<li> And what about Naomi? </li>
</ol>
</body>
```
(a)

The Little Boat

The storm tossed the little boat like a cheap sneaker in an old washing machine. The three drunken fishermen were used to such treatment, of course, but not the tree salesman, who even as a stowaway now felt that he had overpaid for the voyage.

1. Will the salesman die?
2. What color is the boat?
3. And what about Naomi?

(b)

圖 6.3：示範（a）HTML 原始檔案和（b）HTML 檔案呈現的外觀。

在 HTML 文件中，部分文字由 HTML 標籤分隔。舉一個簡單的 HTML 標籤的形式，譬如 "<name>"，相應的結束標籤為 "</name>"。例如，我們看到第一行的 <body> 標籤圖 6.3a 和該檔案附近的 </body> 標籤匹配。其他在此範例中常用的 HTML 標籤包括：

- <body>: document body
- <h1>: section header
- <center>: center justify
- <p>: paragraph
- <ol>: numbered (ordered) list
- <li>: list item

理想情況下，HTML 文件應該具有匹配的標籤，儘管大多數瀏覽器容忍一定數量的不匹配標籤。在程式 6.6 中，我們定義一個 Java 方法，用來檢測字串中的標籤是否相匹配，字串內容是 HTML 格式的文件。

我們從左到右檢視原始字串，使用索引 j 來記錄檢視程序。String 類別的 indexOf 方法，可選地接受起始索引作為第二個參數，尋找用來定義標籤的字元 '<' 和 '>'。String 類別的方法 substring 會返回子字串，子字串範圍由兩個代表字串位置的參數決定。起始標籤被 push 到堆疊上，被 pop 出時與結束標籤進行匹配，這部份和程式 6.5 執行的括號匹配類似。

```
1   /** Tests if every opening tag has a matching closing tag in HTML string. */
2   public static boolean isHTMLMatched(String html) {
3     Stack<String> buffer = new LinkedStack<>( );
4     int j = html.indexOf('<');                      // find first '<' character (if any)
5     while (j != -1) {
6       int k = html.indexOf('>', j+1);               // find next '>' character
7       if (k == -1)
8         return false;                               // invalid tag
9       String tag = html.substring(j+1, k);          // strip away < >
10      if (!tag.startsWith("/"))                      // this is an opening tag
11        buffer.push(tag);
12      else {                                         // this is a closing tag
13        if (buffer.isEmpty( ))
14          return false;                             // no tag to match
15        if (!tag.substring(1).equals(buffer.pop( )))
16          return false;                             // mismatched tag
17      }
18      j = html.indexOf('<', k+1);                    // find next '<' character (if any)
19    }
20    return buffer.isEmpty( );                        // were all opening tags matched?
21  }
```

程式 6.6：測試 HTML 檔案是否具有匹配標記的方法。

6.2　佇列（Queues）

另外一個基本資料結構是**佇列**（**queue**）。佇列是堆疊的近親，它也是物件容器的一種，不過它是依據**先進先出**（*FIFO：first-in, first-out*）的原則來插入和移除物件。即佇列的元素能在任何時間插入，但只有在佇列中存在最久的元素可以在任何時間予以移出。

我們通常會說，元素在佇列後面進入並從前方刪除。這個術語可用來比喻排成隊的一群人等待進入遊樂區。這種隊形就是佇列，新來的遊客必須在佇列後方加入並等待，佇列前方的人優先進入園區。佇列還有很多其他的應用（見圖 6.4）。商店、劇院、預訂中心等服務，通常根據 FIFO 原則處理客戶請求。因此，佇列將是處理客戶服務中心或餐廳等待名單等應用的邏輯資料結構。FIFO 佇列也被使用在許多運算設備上，例如網路印表機或回應客戶要求的 Web 伺服器。

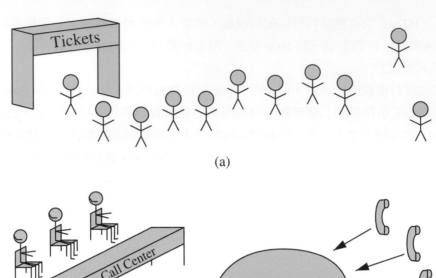

(a)

(b)

圖 6.4：先進先出佇列的實際範例。(a) 一群人排隊等待購票；(b) 撥打電話到客戶服務中心。

6.2.1 佇列抽象資料型態（The Queue Abstract Data Type）

佇列抽象資料型態定義了一個將物件保存在序列的集合，其中元素的存取和刪除是從佇列的最前端執行，元素的插入則限制在佇列的後端。這個限制物件在佇列中插入和刪除的規則以先進先出（FIFO）為原則。**佇列**抽象資料型態（ADT）支持以下兩種更新方式：

> Enqueue(*e*)：將元素 e 添加到佇列後面。
>
> Dequeue( )：從佇列中移除並返回第一個元素
> （如果佇列為空，則返回 null）。

佇列 ADT 還包括以下的 accessor 方法（方法 first 的功能和堆疊的 top 方法類似）：

> first( )：返回佇列的第一個元素，而不刪除它
> （如果佇列為空，則返回 null）。
>
> size( )：返回佇列中的元素個數。
>
> isEmpty( )：返回一個布林值，表示佇列是否為空。

按照慣例，我們假設添加到佇列中的元素可以是任意型態，並且新建立的佇列是空佇列。佇列 ADT 介面的定義列在程式 6.7 中。

```
1   public interface Queue<E> {
2       /** Returns the number of elements in the queue. */
3       int size( );
4       /** Tests whether the queue is empty. */
5       boolean isEmpty( );
6       /** Inserts an element at the rear of the queue. */
7       void enqueue(E e);
8       /** Returns, but does not remove, the first element of the queue (null if empty). */
9       E first( );
10      /** Removes and returns the first element of the queue (null if empty). */
11      E dequeue( );
12  }
```

程式 6.7：定義佇列 ADT 的佇列介面，插入和刪除動作使用標準 FIFO 協定。

範例 5.4：下面的表格展示一系列的佇列運算，並顯示一個空佇列在一系列運算之後所受的影響。

方法	返回值	first ← Q ← last
enqueue(5)	–	(5)
enqueue(3)	–	(5, 3)
size( )	2	(5, 3)
dequeue( )	5	(3)
isEmpty( )	false	(3)
dequeue( )	3	( )
isEmpty( )	true	( )
dequeue( )	null	( )
enqueue(7)	–	(7)
enqueue(9)	–	(7, 9)
first( )	7	(7, 9)
enqueue(4)	–	(7, 9, 4)

◉ Java 中的 java.util.Queue 介面（The java.util.Queue Interface in Java）

Java 提供了一種型態的佇列介面：java.util.Queue。該介面具有的功能類似於上述傳統佇列 ADT。但在 java.util.Queue 文件中卻不單純強調只支持 FIFO 原則。當支持 FIFO 原則時，java.util.Queue 介面提供的方法和表 6.3 由佇列 ADT 提供的方法等效。

java.util.Queue 介面為大多數的操作支持兩種樣式，它們處理異常的方式有所不同。當佇列為空時，remove( ) 和 element( ) 方法會拋出一個 NoSuchElementException 異常，而相應的方法 poll( ) 和 peek( ) 則會返回 **null**。對於有容量限制的實現，當容量已滿時，add 方法會拋出 IllegalStateException 異常，而 offer 方法則是忽略新元素，並返回 **false** 來表示該元素不被接受。

我們的佇列 ADT	java.util.Queue	
	介面拋出異常	回傳特殊值
enqueue(e)	add(e)	offer(e)
dequeue( )	remove( )	poll( )
first( )	element( )	peek( )
size( )	size( )	
isEmpty( )	isEmpty( )	

表 6.3：佇列 ADT 和 java.util.Queue 介面的相應方法，java.util.Queue 介面支持 FIFO 原則。

6.2.2　利用陣列完成佇列實作(Array-Based Queue Implementation)

在 6.1.2 節中，我們使用陣列實現了具 LIFO 原則的堆疊 ADT（儘管具有固定容量），使得每個操作執行時間都不變。在本節中，我們將考慮如何使用陣列來有效地支持 FIFO 型式的佇列 ADT。

我們假定當元素插入佇列時，將它們儲存在一個陣列，使得第一個元素存在索引為 0 的儲存格，第二個元素存在索引為 1 的儲存格，等等。（見圖 6.5）

圖 6.5：使用陣列儲存佇列的元素，使第一個元素，"A"，插入到儲存格 0，第二個元素 "B" 插入到儲存格 1，依此類別推。

有了這樣一個慣例，問題是我們應該如何實施 dequeue 操作。要刪除的元素儲存在陣列的索引 0 處。一個策略是執行一個迴圈，來將佇列的所有其他元素向左邊移動一個儲存格，這樣佇列的前面再次與陣列的儲存格 0 對齊。不幸的是使用這樣的迴圈將導致 $O(n)$ 的執行時間。

我們可以通過完全避免迴圈來改善上述策略。我們可用 null 來替換陣列中透過 dequeue 移出的元素，並使用一個變數 f 儲存佇列前端索引。這型演算法 dequeue 的時間為 $O(1)$。經過幾個 dequeue 後，佇列的狀態如圖 6.6。

圖 6.6：允許佇列的前端偏離索引為 0 的儲存格，索引 f 表示佇列前端的位置。

但是，修改後的方法仍然存在挑戰。使用容量為 N 的陣列，在產生任何異常前，應該能儲存 N 個元素。如果我們持續讓佇列的前端，f，向右漂移，佇列的後端可能到達陣列的末尾，即使當時佇列的元素個數少於 N。我們必須決定在這類型的組態中遇到陣列後端已無空位時，該如何處理元素插入。

◉ **循環使用陣列**（Using an Array Circularly）

在實現佇列時，我們允許佇列前端和後端向右漂移，佇列中的內容可從陣列尾端 " 環繞 "（wrapping around）到陣列起始端。假設陣列具有固定長度 N，新的元素持續向陣列尾端插入，然後到達索引為 $N-1$ 的儲存格，接著插入索引值為 0，然後 1 的儲存格等等。圖 6.7 說明了這種型態的佇列，第一個元素為 F，最後一個元素為 R。

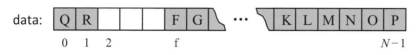

圖 6.7：使用循環陣列的佇列。

使用**模數運算子**（*modulo*）實現循環模式的佇列相對來說要容易得多，Java 中的模數運算子符號為：%。回想一下，模數運算子在整數除法後取餘數。例如：14 除以 3 商數為 4，餘數為 2，即 $\frac{14}{3} = 4\frac{2}{3}$。所以在 Java 中，14/3 得到的商為 4，而 14%3 餘數為 2。

模數運算子是迴圈處理陣列的理想選擇。當我們提取（dequeue）一個元素時，要"推進"前端索引，我們使用算術 $f = (f+1)\%N$。舉個具體的例子，如果我們有一個容量為 10 的陣列，前端索引值是 7，我們可以 (7 + 1)%10 推進前端索引，前端索引值變 8，8 除以 10 的商為 0，餘數為 8。同樣，推進前端索引值 8，前端索引值變 9。但是當我們從前端索引值 9（陣列最後一個元素）向前推進，計算 (9 + 1)%10，前端索引值變 0（10 除以 10 餘數為零）。

◉ **Java 佇列實現**（A Java Queue Implementation）

以循環方式使用陣列的佇列 ADT，完整的程式碼在程式 6.8 中。在內部，佇列類別保持以下三個實例變數：

> data：底層陣列。
>
> f：陣列內的整數索引值，佇列的第一個元素（假定佇列不為空）。
>
> sz：整數，表示當前佇列元素的數量（不要與陣列的長度混淆）。

我們允許用戶將佇列的容量指定為可選參數，這部分可用建構子來完成。

方法 size 和 isEmpty 的實現不難，定義 sz 欄位即可。給定索引 f，實現 first 方法也很簡單。至於會變動資料的方法 enqueue 和 dequeue 可參考程式 6.8。

```java
1   /** Implementation of the queue ADT using a fixed-length array. */
2   public class ArrayQueue<E> implements Queue<E> {
3     // instance variables
4     private E[ ] data;                  // generic array used for storage
5     private int f = 0;                  // index of the front element
6     private int sz = 0;                 // current number of elements
7
8     // constructors
9     public ArrayQueue( ) {this(CAPACITY);}   // constructs queue with default capacity
```

```
10    public ArrayQueue(int capacity) {              // constructs queue with given capacity
11       data = (E[ ]) new Object[capacity];         // safe cast; compiler may give warning
12    }
13
14    // methods
15    /** Returns the number of elements in the queue. */
16    public int size( ) { return sz; }
17
18    /** Tests whether the queue is empty. */
19    public boolean isEmpty( ) { return (sz == 0); }
20
21    /** Inserts an element at the rear of the queue. */
22    public void enqueue(E e) throws IllegalStateException {
23       if (sz == data.length) throw new IllegalStateException("Queue is full");
24       int avail = (f + sz) % data.length;          // use modular arithmetic
25       data[avail] = e;
26       sz++;
27    }
28
29    /** Returns, but does not remove, the first element of the queue (null if empty). */
30    public E first( ) {
31       if (isEmpty( )) return null;
32       return data[f];
33    }
34
35    /** Removes and returns the first element of the queue (null if empty). */
36    public E dequeue( ) {
37       if (isEmpty( )) return null;
38       E answer = data[f];
39       data[f] = null;                               // dereference to help garbage collection
40       f = (f + 1) % data.length;
41       sz--;
42       return answer;
43    }
```

程式 6.8：基於陣列的佇列實現。

◉ 添加和刪除元素（Adding and Removing Elements）

方法 enqueue 的目標是將一個新的元素添加到佇列的後面。我們需要確定放置新元素的適當索引。雖然我們沒有明確宣告一個實例變數來儲存佇列後端索引值，下一個可用儲存格的索引值可用下列公式倒出：

avail = (f + sz) % data.length;

請注意，上述公式中的 sz 值指的是在添加新元素前佇列的大小。對於容量為 10 的佇列，當前大小為 3，第一個元素索引值為 5，三個元素儲存在索引 5、6 和 7，以及下一個元素應該在索引 8 中添加，計算公式為 (5 + 3)%10。看個循環例子，如果佇列的容量為 10，當前大小為 3，第一個元素索引值為 8，則三個元素儲存在索引 8、9 和 0，下一個元素應在索引 1 中添加，計算公式為 (8 + 3)%10。

當呼叫 dequeue 方法時，f 值是將被刪除和返回元素的索引。在將具有 f 索引的儲存格設置爲 **null** 之前，先將該儲存格保留在區域參考，以幫助垃圾收集器。然後更新索引 f，反映第一個元素已刪除。然後 f 推進到第二個元素，成爲新的第一個元素。在大多數情況下，我們只想將索引值增加一，但是因爲可能產生循環，還是得依靠模數運算，計算 f = (f + 1)%data.length，如前面所述。

◉ **分析基於陣列的佇列的效率**（Analyzing the Efficiency of an Array-Based Queue）

表 6.4 顯示了以陣列實現佇列方法的執行時間。和基於陣列的堆疊實現一樣，佇列的每個方法都在執行固定的敘述，包括算術運算、比較運算、指派運算等。因此，這個實現中的每個方法在 $O(1)$ 時間執行。

方法	執行時間
size	$O(1)$
isEmpty	$O(1)$
first	$O(1)$
enqueue	$O(1)$
dequeue	$O(1)$

表 6.4： 用陣列實現佇列的效能。空間使用量是 $O(N)$，其中 N 是陣列的大小，在建立佇列時確定，獨立於實際上在佇列中的 n 個元素，其中 $n < N$。

6.2.3　使用單向鏈結串列實作佇列（Implementing a Queue with a Singly Linked List）

就像我們對堆疊 ADT 所做的那樣，可以很容易地調整單向鏈結串列來實現佇列 ADT，同時讓所有操作的最壞情況都維持在 $O(1)$ 時間，以及沒有任何人爲限制佇列容量。佇列的自然性質是將佇列的前端與串列的前端對齊，並將佇列的後端與串列的後端對齊。鏈結串列唯一支持的更新操作是在後端插入。用 Java 實現 LinkedQueue 類別的程式碼在程式 6.9 中。

```
1  /** Realization of a FIFO queue as an adaptation of a SinglyLinkedList. */
2  public class LinkedQueue<E> implements Queue<E> {
3      private SinglyLinkedList<E> list = new SinglyLinkedList<>( );   // an empty list
4      public LinkedQueue( ) { }                                      // new queue relies on the initially empty list
5      public int size( ) { return list.size( ); }
6      public boolean isEmpty( ) { return list.isEmpty( ); }
7      public void enqueue(E element) { list.addLast(element); }
8      public E first( ) { return list.first( ); }
9      public E dequeue( ) { return list.removeFirst( ); }
10  }
```

程式 6.9：使用 SinglyLinkedList 實現佇列。

◉ **分析鏈結佇列的效率**（Analyzing the Efficiency of a Linked Queue）

雖然我們在第 3 章中的 SinglyLinkedList 實現中尚未介紹漸近分析，但重新檢視 SinglyLinkedList 的每個方法，在最壞的情況下都是在 $O(1)$ 時間執行。因此，我們的 LinkedQueue 的每種方法最壞的情況下也在 $O(1)$ 時間執行。

我們也避免了為佇列指定最大容量，這在用陣列實現的佇列卻是必要的。但是，優點是要付出些代價。除了元素參考，每個節點還要儲存下一個節點的參考，鏈結串列使用的記憶體空間大於陣列。

另外，儘管在兩種實現中，所有方法都以定量的時間執行，很明顯，涉及鏈結串列操作的每一次呼叫都要執行較多的基本操作。例如，將元素添加到基於陣列的佇列時，主要的運算有模數運算、儲存元素到陣列儲存格中、增加計數器的大小。對於鏈結串列，插入新元素要做的動作包括：新節點的實體化、初始化、重新鏈結現有節點到新節點、增加大小計數器。實作時，基於鏈結串列的方法比基於陣列的方法更昂貴。

6.2.4　環狀佇列（A Circular Queue）

在 3.3 節中，我們實現了循環鏈結串列，該串列支持單向鏈結串列的所有行為，另增加一個 rotate( ) 方法，將第一個元素移動到串列末尾。我們可以藉由定義有上述行為的一個新的 CircularQueue 介面來延伸 Queue 介面。如程式 6.10 所示。

```
1    public interface CircularQueue<E> extends Queue<E> {
2      /**
3       * Rotates the front element of the queue to the back of the queue.
4       * This does nothing if the queue is empty.
5       */
6      void rotate( );
7    }
```

程式 6.10：Java 介面 CircularQueue，使用一個新的方法 rotate( ) 延伸 Queue ADT。

該介面可以通過適應第 3.3 節的 CircularlyLinkedList 類別，來輕鬆實現一個新的 LinkedCircularQueue 類別。這個類別有一個優於傳統 LinkedQueue 的地方，因為呼叫 Q.rotate( ) 比起組合呼叫 Q.enqueue(Q.dequeue( )) 能更有效率地被實現，因為在循環鏈結串列執行 rotate 方法，不用對節點做建立、移除、重新鏈結的操作。

循環佇列有助於許多應用程式，當中元素以循環方式佈置，可用於多人遊戲、回合遊戲或對計算機程序**輪循排程**（***round-robin scheduling***）。在本節的其餘部分，我們示範循環佇列的使用。

◉ **約瑟夫斯問題**（The Josephus Problem）

在小孩子玩的「燙手山芋」遊戲中，有 n 個小孩圍成一圈，並且沿著圓圈傳遞一個稱為「洋芋」的物件（在此假設是以順時針方向傳遞）。洋芋從圓圈中的第一個小孩開始傳遞並持續到首領搖鈴，此時拿著洋芋的小孩必須將洋芋拿給圓圈中的下一位小孩，並退出遊戲。在這位小孩離開後，其他的小孩把圓圈合起來。這個程序會繼續直到只剩下一人為贏家為止。假如首領的策略是每當洋芋被傳遞 k 次時搖鈴，k 為某個固定的值。則約瑟夫問題要決定在一個串列中的小孩誰是贏家。

◉ 使用佇列解決約瑟夫問題（Solving the Josephus Problem Using a Queue）

我們可以用一個佇列來解決 n 個元素的約瑟夫問題。我們將洋芋跟佇列的前端放在一起，並依序將圓圈內的每一個元素儲存在佇列中。傳遞洋芋的動作等同於對一個元素執行 dequeue，再馬上對它執行 enqueue。在這個過程進行 k 次之後，我們用 dequeue 將最前端的元素刪掉。程式碼 6.11 中展示了使用這個方法解決約瑟夫問題的完整 Java 程式，它以 $O(nk)$ 時間執行。（我們可以用更快的方法來解決這個問題，但這在本書的範圍之外。）

```java
1   public class Josephus {
2     /** Computes the winner of the Josephus problem using a circular queue. */
3     public static <E> E Josephus(CircularQueue<E> queue, int k) {
4       if (queue.isEmpty( )) return null;
5       while (queue.size( ) > 1) {
6         for (int i=0; i < k−1; i++)              // skip past k-1 elements
7           queue.rotate( );
8         E e = queue.dequeue( );                  // remove the front element from the collection
9         System.out.println(" " + e + " is out");
10        }
11      return queue.dequeue( );                   // the winner
12    }
13
14    /** Builds a circular queue from an array of objects. */
15    public static <E> CircularQueue<E> buildQueue(E a[ ]) {
16      CircularQueue<E> queue = new LinkedCircularQueue<>( );
17      for (int i=0; i<a.length; i++)
18        queue.enqueue(a[i]);
19      return queue;
20    }
21
22    /** Tester method */
23    public static void main(String[ ] args) {
24      String[ ] a1 = {"Alice", "Bob", "Cindy", "Doug", "Ed", "Fred"};
25      String[ ] a2 = {"Gene", "Hope", "Irene", "Jack", "Kim", "Lance"};
26      String[ ] a3 = {"Mike", "Roberto"};
27      System.out.println("First winner is " + Josephus(buildQueue(a1), 3));
28      System.out.println("Second winner is " + Josephus(buildQueue(a2), 10));
29      System.out.println("Third winner is " + Josephus(buildQueue(a3), 7));
30    }
31  }
```

程式 6.11：一個完整的 Java 程式，使用循環佇列來解決 Josephus 問題。

6.3　雙向佇列（Double-Ended Queues）

我們接下來考慮一個類 - 佇列（*queue-like*）資料結構，支持在佇列的前端和後端執行插入和刪除動作。這樣的結構稱爲**雙向佇列**（*doubleendedqueue*），也可簡稱爲 **deque**，通常發音爲 "deck"，以避免與正常佇列 ADT 的出列方法 dequeue 發音混淆，dequeue 的縮寫爲 "D.Q."。

　　deque 抽象資料型態比堆疊和佇列 ADT 更具通用性。額外的通用性對一些應用特別有幫助。例如，餐廳使用佇列維護等候清單。偶爾，第一個等候顧客可能得從佇列中刪除，原因是發現座位排錯了；然後，餐廳將該顧客重新插入佇列中的第一個位置。也有個狀況，排在佇列尾端的客戶可能會不耐煩而離開餐廳。（如果想要處理在佇列中其他位置的顧客離開，我們將需要一個更通用的資料結構模型。）

6.3.1　雙向佇列抽象資料型態（The Deque Abstract Data Type）

deque 抽象資料型態比堆疊和佇列 ADT 都更豐富。爲了提供對稱抽象，deque ADT 支持以下更新方法：

> addFirst(e)：在 deque 的前端插入一個新元素 e。
>
> addLast(e)：在 deque 的後端插入一個新元素 e
>
> RemoveFirst( )：刪除並返回 deque 的第一個元素
> （如果 deque 為空，則返回 null）。
>
> removeLast( )：刪除並返回 deque 的最後一個元素
> （如果 deque 為空，則返回 null）。

此外，deque ADT 將包括以下存取器（accessors）：

> first( )：返回 deque 的第一個元素，而不刪除它
> （如果 deque 為空，返回 null）。
>
> last( )：返回 deque 的最後一個元素，而不刪除它
> （如果 deque 為空，返回 null）。
>
> size( )：返回 deque 中的元素個數。
>
> isEmpty( )：返回一個布林值，表示 deque 是否為空

我們用程式 6.12 中的 Java 介面來形成 deque ADT。

```
 1  /**
 2  * Interface for a double-ended queue: a collection of elements that can be inserted
 3  * and removed at both ends; this interface is a simplified version of java.util.Deque.
 4  */
 5  public interface Deque<E> {
 6    /** Returns the number of elements in the deque. */
 7    int size( );
 8    /** Tests whether the deque is empty. */
 9    boolean isEmpty( );
10    /** Returns, but does not remove, the first element of the deque (null if empty). */
```

```
11    E first( );
12    /** Returns, but does not remove, the last element of the deque (null if empty). */
13    E last( );
14    /** Inserts an element at the front of the deque. */
15    void addFirst(E e);
16    /** Inserts an element at the back of the deque. */
17    void addLast(E e);
18    /** Removes and returns the first element of the deque (null if empty). */
19    E removeFirst( );
20    /** Removes and returns the last element of the deque (null if empty). */
21    E removeLast( );
22  }
```

程式 6.12：Java 介面，Deque，描述雙向佇列 ADT。注意使用泛型參數化型態，E，允許 deque 包含任何類別的元素。

範例 6.5：下表顯示了在執行一系列操後，一個最初為空的整數雙向佇列 D 的狀態。

Method	Return Value	D
addLast(5)	–	(5)
addFirst(3)	–	(3, 5)
addFirst(7)	–	(7, 3, 5)
first( )	7	(7, 3, 5)
removeLast( )	5	(7, 3)
size( )	2	(7, 3)
removeLast( )	3	(7)
removeFirst( )	7	( )
addFirst(6)	–	(6)
last( )	6	(6)
addFirst(8)	–	(8, 6)
isEmpty( )	false	(8, 6)
last( )	6	(8, 6)

6.3.2　雙向佇列實作（Implementing a Deque）

我們可以使用陣列或鏈結串列儲存元素，有效地實現 deque ADT。

◉ **用循環陣列實現 Deque（Implementing a Deque with a Circular Array）**

如果使用陣列，我們建議使用類似於 ArrayQueue 類別的呈現方式，以循環方式處理陣列，將第一個元素的索引值和當前 deque 的大小定義為類別中的欄位。deque 最後一個元素的索引可用計算來獲取，若需要的話，使用模數運算。

　　一個額外的問題是避免使在模數運算中使用負值。當移除第一個元素時，前端索引以循環方式推進，重新計算 f 值，f = (f + 1)%N。但是當在前端插入元素時，第一個索引值必須以循環方式有效地減少，重新計算 f 值，f = (f − 1)%N，但這個公式並不正確。問題是當 f 為 0 時，f 值應該是 "遞減" 到陣列的另一端，f 值是 N − 1。但是，Java 中的 −1%10 計算結果

的值為 −1。一種標準遞減循環索引的方式為 f = (f − 1 + N)%N。在計算模數之前先加上 N，確保運算結果為正值。我們將這種方法的細節留給習題 P-6.34。

◉ **用雙向鏈結串列實現 Deque（Implementing a Deque with a Doubly Linked List）**

因為 deque 需要在兩端執行插入和移除動作，雙向鏈結串列最適合實現 deque 的所有操作。其實，3.4.1 節中的 DoublyLinkedList 類別已經實現了整個 Deque 介面；我們只需在類別宣告中增加一小段敘述："**implements** Deque <E>"，就可把 DoublyLinkedList 當作 deque 來用。

◉ **Deque 操作的效能**

表 6.5 顯示了使用雙向鏈結串列實現 deque 方法的執行時間。請注意，每個方法都執行在 $O(1)$ 時間內。

方法	執行時間）
size, isEmpty	$O(1)$
first, last	$O(1)$
addFirst, addLast	$O(1)$
removeFirst, removeLast	$O(1)$

表 6.5： 通過循環陣列或雙向鏈結串列實現的 deque 的性能。基於陣列的實現，使用空間是 $O(N)$，其中 N 是陣列的大小。雙向鏈結串列的使用空間是 $O(n)$，其中 $n < N$，n 是 deque 中實際的元素數。

6.3.3 Java 集合架構中的雙向佇列（Deques in the Java Collections Framework）

JavaCollection 架構有它自己定義的的 deque。java.util.Deque 介面有幾個不同的實現方式，一個基於循環陣列（java.util.ArrayDeque），另一個基於雙向鏈結串列（java.util.LinkedList）。所以，如果我們需要使用一個 deque 但又不從頭開始設計，我們可以簡單地選擇使用內建類別中的 deque。

和 java.util.Queue 類別（參見 6.2.1 節）一樣，java.util.Deque 提供了重複的方法，但使用不同技術來通知異常，表 6.6 對這些方法提出總結。

我們的 DequeADT	java.util.Deque 介面	
	拋出異常	返回特殊值
first( )	getFirst( )	peekFirst( )
last( )	getLast( )	peekLast( )
addFirst(e)	addFirst(e)	offerFirst(e)
addLast(e)	addLast(e)	offerLast(e)
removeFirst( )	removeFirst( )	pollFirst( )
removeLast( )	removeLast( )	pollLast( )
size( )	size( )	
isEmpty( )	isEmpty( )	

表 6.6：我們的 deque ADT 方法和相應的 java.util.Deque 介面方法。

　　當嘗試對空 deque 的第一個或最後一個元素做存取或刪除時，若使用表 6.6 中間的方法，即 getFirst( )、getLast( )、removeFirst( ) 和 removeLast( )，會導致拋出一個 NoSuchElementException 異常。若是用右邊的方法，即 peekFirst( )、peekLast( )、pollFirst( ) 和 pollLast( )，當 deque 為空時，將返回 null。類似地，當嘗試將一個元素添加到具有容量限制的 deque 的末尾時，addFirst 和 addLast 方法會拋出異常，而 offerFirst 和 offerLast 方法則返回 false。

　　以更柔和的方式（不拋出異常）處理不良情況，在應用程式中非常有用，稱為生產者 - 消費者環境。該環境中常可見到軟體元件要找到的元素，已被另一個程式放在佇列中，或者是嘗試將項目插入固定大小可能已滿的緩衝區。但是，這種在 deque 為空時，回傳 null 的做法有時並不妥當，尤其是有些應用程式把 null 當成 queue 中元素時，更是如此。

習題

加強題

R-6.1 在執行下列堆疊操作時會返回哪些值, 最初堆疊是空的？ push(5),push(3),pop( ), push(2),push(8)pop( ),pop( ),push(9),push(1),pop( ),push(7),push(6)pop( ),pop( )。

R-6.2 實現一個方法其簽名為 transfer(S, T)，將堆疊 S 的所有元素轉移到堆疊 T，使得從 S 的頂部開始的元素是第一個被插入到 T 上，並且 S 底部的元素最終在 T 的頂部。

R-6.3 設計一個遞迴方法，從堆疊中刪除所有元素。

R-6.4 給出一個精確和完整的定義，測試算術運算式中各型括號是否匹配。也可用遞迴來定義。

R-6.5 假設一個最初為空的佇列 Q 已經執行了總共 32 個 enqueue 操作，10 個 first 操作，15 個 dequeue 操作，其中 5 個返回 null 表示空佇列。Q 的當前大小是多少？

R-6.6 前述問題的 queue 成為程式 6.8 中 ArrayQueue 類別的一個實體，從未超過容量 30，實例變數 f 的最終值為何？

R-6.7 以下序列佇列操作期間會返回哪些值，如果最初是在空佇列上執行？ enqueue(5),enqueue(3),dequeue( ),enqueue(2),enqueue(8),dequeue( ),dequeue( ), enqueue(9),enqueue(1),dequeue( ),enqueue(7),enqueue(6),dequeue( ),dequeue( ), enqueue(4),dequeue( ),dequeue( )。

R-6.8 設定一個簡單的配接器，實現 stack ADT 時使用 deque 作為容器。

R-6.9 設定一個簡單的配接器，實現 queue ADT 時使用 deque 作為容器。

R-6.10 以下列順序執行 deque ADT 操作會返回什麼，假設最初在一個空的 deque 上執行？ addFirst(3),addLast(8),addLast(9),addFirst(1),last( ),isEmpty( ),addFirst(2), removeLast( ), addLast(7),first( )last( ),addLast(4),size( ),removeFirst( ),removeFirst( )。

R-6.11 假設你有一個包含數值（1,2,3,4,5,6,7,8）的 deque D，元素依此順序入列。假設你有一個最初為空的佇列 Q。寫一段僅使用 D 和 Q（沒有其他變數）的程式，D 儲存元素順序為（1,2,3,5,4,6,7,8）。

R-6.12 重複上述問題，使用 deque D 和最初為空的堆疊 S。

R-6.13 使 用 一 個 新 的 rotate( ) 方 法 擴 充 ArrayQueue 來 實 現 語 義 相 同 的 下 列 組 合：enqueue(dequeue( ))。但是，你的實現應該比兩個各別呼叫更有效率（例如，因為沒有必要修改大小）。

挑戰題

C-6.14 顯示如何使用習題 R-6.2 中描述的 transfer 方法以及兩個臨時堆疊，用相同的元素反序替換堆疊 S 的內容。

C-6.15 在程式 6.6 中，我們假設在 HTML 開啟標籤為 <name> 與 <li>。更一般來說，HTML 允許表達可選屬性作為開啟標籤的一部分。用於表達屬性的一般形式是 <name attribute1 ="value1"attribute2 ="value2">；例如，一個表格透過開啟標籤給予邊框和附加填充 <table border ="3" 儲存格 padding ="5">。修改程式 6.6 使得它可以正確匹配標籤，即使開啟標籤可能包含一個或多個標籤屬性。

C-6.16 *Postfix notation*（後置表示法）是一種不用括號也不會混淆的算術運算式。它的定義是：假如 "(exp_1)**op**(exp_2)" 是一個一般的括號運算式，運算子為 **op**，它的後置版本則為 "$pexp_1\ pexp_2$ **op**"，其中 $pexp_1$ 是 exp_1 的後置版本，而 $pexp_2$ 是 exp_2 的後置版本。單一數字或變數的後置版本就是此數字或變數本身。例如，"$((5+2)*(8-3))/4$ " 的後置版本是 "$5\ 2+8\ 3-*4/$"。請描述一個非遞迴的方式來計算後置運算式。

C-6.17 假設你有三個非空堆疊 R、S 和 T。描述一系列操作，使得 S 將原來在 T 中的所有元素儲存在 S 所有原始元素下方，這兩類元素的以原始順序儲存。最終 R 的配置應與原始配置相同。例如，如果 $R = (1,2,3)$，$S = (4,5)$ 和 $T = (6,7,8,9)$，當從底部到頂部排序時，那麼最終配置應該有 $R = (1,2,3)$ 和 $S = (6,7,8,9,4,5)$。

C-6.18 顯示如何使用堆疊 S 和佇列 Q 以非遞迴方式來產生所有可能的子集合 T，T 有 n 個元素。

C-6.19 假設你有一個包含 n 個元素的堆疊 S，和一個最初為空的佇列 Q。描述如何使用 Q 掃描 S 來查看它是否包含某元素 x，附加約束：你的演算法必須以原來的順序返回元素給 S。你只能使用 S、Q、常數和其他原始型態的變數。

C-6.20 描述如何使用單個佇列作為實例變數來實現堆疊 ADT，方法主體內只能有定量的本地記憶體。你設計的 push( )、pop( ) 和 top( ) 方法的執行時間是多少？

C-6.21 實現 ArrayQueue 類別時，我們初始化了 $f = 0$（在程式 6.8 的第 5 行）。如果我們將這個欄位初始化為其他一些正值，會發生什麼？如果初始化為 -1，該怎麼辦？

C-6.22 為 ArrayStack 類別實現 clone( ) 方法（見第 3.6 節討論複製資料結構）。

C-6.23 為 ArrayQueue 類別實現 clone( ) 方法（見第 3.6 節討論複製資料結構）。

C-6.24 實現帶有簽名 concatenate(LinkedQueue <E> Q2) 的方法，LinkedQueue <E> 類別，它接受 Q2 的所有元素，並將它們附加到原始佇列尾端。操作應該在 $O(1)$ 時間執行，使 Q2 變成空佇列。

C-6.25 設計一個以陣列實行 deque ADT 的虛擬程式碼。每個操作的執行時間是多少？

C-6.26 描述如何使用兩個堆疊作為唯一的實體變數，來實現 deque ADT。此方法的執行時間是多少？

C 6.27 假設你有兩個非空堆疊 S 和 T 和一個 deque D。描述如何使用 D，使 S 儲存 T 的所有元素低於其所有原始元素，兩組元素仍然是原來的順序。

C-6.28 Alice 有兩個用來儲存整數的佇列。Bob 給 Alice 50 個奇數和 50 個整數，並堅持她把這個 100 個整數儲存在 S 和 T 中。接下來他們玩一個遊戲：Bob 隨機地從 S 或 T 中選取一個佇列，並拿這個佇列來玩本章中提到的約瑟夫遊戲，其次數為隨機選取的。假如最後留在佇列中的數字是奇數，則 Bob 會贏，否則，Alice 會贏。Alice 要如何將整數放到佇列中，以使她贏得遊戲的機會最大？她贏得遊戲的可能性為何？

C-6.29 假設 Bob 有四隻母牛，只有一副軛，每次能扼住兩隻母牛一起走。軛對 Bob 來講太重了，他沒辦法背著它過橋，但他可以立刻把軛繫在（或解開）牛身上。他的四隻牛中，Mazie 可以在 2 分鐘內過橋，Daisy 可以在 4 分鐘內過橋，Crazy 可以在 10 分鐘內過橋，而 Lazy 可以在 20 分鐘內過橋。當兩隻牛綁在一起時，當然要用較慢的那隻牛的速度行進。請描述 Bob 要如何讓他所有的牛在 34 分鐘內全部都通過橋。

專案題

P-6.30 設計一個雙色 ADT，double-stackADT，一個是 " 紅色 " 另一個是 " 藍色 "，支持一般堆疊操作，但不同顏色有各自版本。例如，這個 double-stackADT 應該支持 redPush 操作和 bluePush 操作。提供這個 ADT 有效的實現，用容量為 N 的單一陣列來完成，假設紅色和藍色堆疊合起來的大小不超過 N。

P-6.31 假如某公司的普通股賣出，其盈餘（有時為虧損）為此股票的賣出價格與它原先買入的價格差。當我們只有單一股票時，這個規則很容易理解，但是如果我們在一段期間內買入多張股票，則必須能分辨每一張買入的股票。一個標準的會計原則是以 FIFO 規則來識別我們賣出了哪一張股票，也就是持有最久的股票會先被賣出（事實上，這也是很多個人財務軟體中的預設方法）。例如，假設我們在第一天買入 100 張股票，每張 20 元；第二天買入 20 張，每張 24 元；第三天買入 200 張，每張 36 元。然後在第四天以每張 30 元的價格賣出 150 張。應用 FIFO 規則，在這 150 張股票中，有 100 張是第一天買的，20 張是第二天買的，30 張是第三天買的。在這個例子中，盈餘為 100 × 10+20 × 6+30 ×(6) 或 \$940 。寫一個程式，其輸入一串列的交易資料，其格式為 "buy x share(s) at ¥y each" 或 "sell x share(s) at ¥y each,"。假設交易是在連續的日期發生且 x 與 y 皆為整數。使用 FIFO 規則辨識股票，計算這串輸入的全部盈餘或虧損，並將它輸出。

P-6.32 6.1 節提到，堆疊通常用來支持應用程式的 " 還原 " 動作，如 Web 瀏覽器或文字編輯器。" 還原 " 這個動作可以無限堆疊來實現，許多應用程式使用固定容量的堆疊，只能提供有限的 " 還原 "。當堆疊滿時執行 push，不會拋出異常，而是從堆疊 " 洩漏 " 最老的元素，騰出空間容納新元素。使用循環陣列設計一個上述的 LeakyStack 抽象類別。

P-6.33 重複上一個問題，使用單向鏈結串列作為容器，並且最大容量被指定為建構子的參數。

P-6.34 使用固定容量陣列來完全實現 Deque ADT，以便每個更新方法在 $O(1)$ 時間內執行。

後記

根據 Aho，Hopcroft 和 Ullman 的經典書籍 [5,6]，我們先定義 ADT 資料結構，然後才具體實行。練習 C-6.28 和 C-6.29 類似於來自知名軟體公司面試題目。有關抽象資料類型的進一步研究，請參閱 Liskov 和 Guttag [67] 和 Demurjian [28]。

目錄

7.1 串列 ADT（The List ADT）

在第 6 章中，我們介紹了 stack、queue 和 deque 抽象資料型態，討論如何把陣列或鏈結串列當作儲存體，用於高效能的具體實現。每一個這類型的 ADT 都代表線性有序元素序列。deque 是三個中最普遍的，但即使如此，也只允許在序列的前端或後端執行插入和移除動作。

在本章中，將探討幾種代表線性序列元素的抽象資料型態，支持多樣的添加和移除操作，這些操作可在任意位置執行。但是，要設計一個使用陣列或鏈結串列的單一抽象型態並高效實現，是具有挑戰性的。陣列和鏈結串列這兩個基本資料結構的性質截然不同。

陣列中的位置可以用**整數索引**進行存取。前面提過，序列中索引為 e 的元素，意味著此元素前面有 e 個元素。以這種方式來定義，序列的第一個元素具有索引 0，最後一個索引為 $n - 1$，n 表示序列元素的個數。元素索引也可在鏈結串列中良好地定義，雖然這不是一個很好的做法，因為沒有辦法不走訪串列其他元素，就能有效地存取某索引的元素，要走訪多少元素還得視索引值而定。

Java 定義了一個通用介面 java.util.List，包含以下基於索引的方法（有些未列出）：

size( )：返回串列中元素的數量。

isEmpty( )：返回一個布林值，表示串列是否為空。

get(i)：返回具有索引 i 的串列元素；如果 i 超出 [0,size( ) − 1] 範圍，會產生錯誤。

set(i, e)：用 e 替換索引 i 處的元素，並返回被替換的舊元素。如果 i 超出 [0,size( ) − 1] 範圍，會產生錯誤。

add(i, e)：在串列中插入一個新的元素 e，將索引 i 後的所有元素往後移動，騰出空間。如果 i 超出 [0,size( ) − 1] 範圍，會產生錯誤。

remove(i)：移除並返回索引 i 處的元素，將索引 i 後的所有元素前移；如果 i 超出 [0,size( ) − 1] 範圍，會產生錯誤。

可以注意到，隨著時間的推移，當有元素在前面加入或移除，現有元素的索引可能會因而改變。並請注意一個事實，add 方法的有效索引範圍包括串列的當前大小，在這種情況下，新元素成為最後一個元素。

範例 7.1 示範了一系列關於串列實例的操作，程式 7.1 為簡化版的 List 介面程式碼。當有無效的索引時，拋出 IndexOutOfBoundsException 異常。

範例 7.1：示範字元串列的操作，串列最初是空的。

方法	回傳值	串列內容）
add(0, A)	–	(A)
add(0, B)	–	(B, A)
get(1)	A	(B, A)
set(2, C)	"error"	(B, A)
add(2, C)	–	(B, A, C)
add(4, D)	"error"	(B, A, C)
remove(1)	A	(B, C)
add(1, D)	–	(B, D, C)
add(1, E)	–	(B, E, D, C)
get(4)	"error"	(B, E, D, C)
add(4, F)	–	(B, E, D, C, F)
set(2, G)	D	(B, E, G, C, F)
get(2)	G	(B, E, G, C, F)

```
1   /** A simplified version of the java.util.List interface. */
2   public interface List<E> {
3       /** Returns the number of elements in this list. */
4       int size( );
5
6       /** Returns whether the list is empty. */
7       boolean isEmpty( );
8
9       /** Returns (but does not remove) the element at index i. */
10      E get(int i) throws IndexOutOfBoundsException;
11
12      /** Replaces the element at index i with e, and returns the replaced element. */
13      E set(int i, E e) throws IndexOutOfBoundsException;
14
15      /** Inserts element e to be at index i, shifting all subsequent elements later. */
16      void add(int i, E e) throws IndexOutOfBoundsException;
17
18      /** Removes/returns the element at index i, shifting subsequent elements earlier. */
19      E remove(int i) throws IndexOutOfBoundsException;
20  }
```

程式 7.1：簡化版的 List 介面。

7.2　基於陣列的串列（Array-based Lists）

實現串列 ADT 的一個明顯的選擇是使用陣列 A，其中 $A[i]$ 儲存（參考）具有索引 i 的元素。假設從一個固定容量的陣列開始，在 7.2.1 節會描述一個更先進的技術，允許基於陣列的串列具有無限容量。這種無界串列在 Java 中被稱為**陣列型串列**（**array list**）（在 C ++ 或最早的 Java 稱之為向量）。

使用基於陣列 A 的表示法，get(i) 和 set(i, e) 方法透過存取 $A[i]$（假設 i 是一個合法的索引）可以很容易實現。方法 add(i, e) 和 remove(i) 則會耗時多些，因為需要向上或向下移動元素，以維持我們的規則：串列索引值為 i 的元素，儲存在陣列索引值為 i 的儲存格中（見圖 7.1）。ArrayList 類別的程式碼在程式 7.2 和 7.3 中。

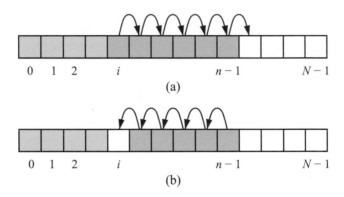

圖 7.1：基於陣列的陣列型串列實現，串列有 n 個元素：(a) 向上移動以便在索引 i 插入元素，(b) 向下移動以便在索引 i 移除元素。

```
1   public class ArrayList<E> implements List<E> {
2       // instance variables
3       public static final int CAPACITY=16;          // default array capacity
4       private E[ ] data;                             // generic array used for storage
5       private int size = 0;                          // current number of elements
6       // constructors
7       public ArrayList( ) { this(CAPACITY); }        // constructs list with default capacity
8       public ArrayList(int capacity) {               // constructs list with given capacity
9           data = (E[ ]) new Object[capacity];        // safe cast; compiler may give warning
10      }
```

程式 7.2：一個簡單 ArrayList 類別的實現，有容量限制。(1/2)

```
11      // public methods
12      /** Returns the number of elements in the array list. */
13      public int size( ) { return size; }
14      /** Returns whether the array list is empty. */
15      public boolean isEmpty( ) { return size == 0; }
16      /** Returns (but does not remove) the element at index i. */
17      public E get(int i) throws IndexOutOfBoundsException {
18          checkIndex(i, size);
19          return data[i];
```

```
20     }
21     /** Replaces the element at index i with e, and returns the replaced element. */
22     public E set(int i, E e) throws IndexOutOfBoundsException {
23       checkIndex(i, size);
24       E temp = data[i];
25       data[i] = e;
26       return temp;
27     }
28     /** Inserts element e to be at index i, shifting all subsequent elements later. */
29     public void add(int i, E e) throws IndexOutOfBoundsException,
30       IllegalStateException {
31       checkIndex(i, size + 1);
32         if (size == data.length)                    // not enough capacity
33       throw new IllegalStateException("Array is full");
34       for (int k=size-1; k >= i; k--)               // start by shifting rightmost
35         data[k+1] = data[k];
36       data[i] = e;                                  // ready to place the new element
37       size++;
38     }
39     /** Removes/returns the element at index i, shifting subsequent elements earlier. */
40     public E remove(int i) throws IndexOutOfBoundsException {
41       checkIndex(i, size);
42       E temp = data[i];
43       for (int k=i; k < size-1; k++)                // shift elements to fill hole
44         data[k] = data[k+1];
45       data[size-1] = null;                          // help garbage collection
46       size--;
47       return temp;
48     }
49     // utility method
50     /** Checks whether the given index is in the range [0, n-1]. */
51     protected void checkIndex(int i, int n) throws IndexOutOfBoundsException {
52       if (i < 0 || i >= n)
53         throw new IndexOutOfBoundsException("Illegal index: " + i);
54     }
55   }
```

程式 7.3：一個簡單 ArrayList 類別的實現，有容量限制。(2/2)

◉ 基於陣列簡單實現的效能（The Performance of a Simple Array-Based Implementation）

表 7.1 顯示了陣列型串列的最差執行時間，此陣列型串列有 n 個元素，並以陣列實現。方法 isEmpty、size、get 和 set 很明顯地在 $O(1)$ 時間執行，但插入和移除方法可能需要更長的時間。特別地，add(i, e) 執行時間為 $O(n)$。事實上，最糟糕的情況發生在當 i 為 0 的時候，因為所有現有的 n 個元素都必須被往前移。類似的引數適用在方法 remove(i)，執行時間為 $O(n)$，因為在最壞的情況下，i 為 0，必須向後移動 $n - 1$ 個元素。事實上，假設每個可能的索引值，都有同樣的可能被傳遞做為這些操作的參數，它們的平均執行時間是 $O(n)$，因為平均會移動 $n / 2$ 個元素。

方法	執行時間
size( )	$O(1)$
isEmpty( )	$O(1)$
get(i)	$O(1)$
set(i, e)	$O(1)$
add(i, e)	$O(n)$
remove(i)	$O(n)$

表 7.1：具有 n 個元素的陣列型串列效能，固定容量。

更仔細地檢視 add(i, e) 和 remove(i)，我們注意到它們各自的執行時間為 $O(n - i + 1)$，因為只有索引 i 和更高的元素必須上下移位。因此，在陣列型串列的末尾使用方法 add(n, e) 和 remove($n - 1$) 來插入和移除項目，每次執行時間是 $O(1)$。此外，這一觀察結果對於 6.3.1 節的將串列 ADT 調適成雙向佇列 ADT 是有意義。如果儲存 deque 的元素，使得的第一個元素索引值為 0，最後一個元素的索引值為 $n - 1$，那麼 deque 的方法 addLast 和 removeLast 都將在 $O(1)$ 時間執行。但是，deque 的方法 addFirst 和 removeFirst 每個都會在 $O(n)$ 時間執行。

實際上，再透過一點小小的修改，可以產生一個基於陣列實現的陣列型串列 ADT，其在索引 0 處實現插入和移除的執行時間為 $O(1)$ 時間，和在陣列型串列末尾插入和移除的執行時間一樣。要達到這個要求就得放棄我們的原則，即索引 i 中的元素儲存在索引 i 的陣列中。然而，因為必須像 6.2 節實現一個佇列一樣，使用循環陣列。我們將這個實現的細節留給習題 C-7.20。

7.2.1　動態陣列（Dynamic Arrays）

程式 7.2 和 7.3 中的 ArrayList 實現（以及第 6 章中的 stack、queue 和 deque）有嚴重的限制；必須要宣告一個固定的最大容量，如果容量已滿，嘗試加入元素，會拋出異常。這是一個主要的弱點，因為如果用戶不確定集合的最大容量，可能的風險是要求了過量的陣列容量，導致記憶體無謂浪費；也有可能要求的陣列容量太小，在容量耗盡時造成嚴重錯誤。

Java 的 ArrayList 類別提供了更強大的抽象，允許用戶添加元素到串列中，對整體容量沒有明顯的限制。要提供這類型抽象，Java 得依賴**動態陣列**。

實際上，ArrayList 的元素儲存在傳統的陣列中，而且必須在內部宣告該傳統陣列的精確容量，系統才能正確分配連續的儲存空間來儲存元素。例如，圖 7.2 顯示了一個有 12 個儲存格的陣列，在電腦系統記憶體中的位址可能從 2146 至 2157。

圖 7.2：有 12 個儲存格的陣列，分配到的記憶體位址從 2146 至 2157。

因為系統可以分配相鄰的記憶體位置，來儲存其他資料，所以陣列不能用接續陣列後方的記憶體來擴增容量。

提供無界陣列的第一個關鍵，是陣列型串列實例必須維護一個內部陣列，該陣列的容量大於現存 list 長度。例如，用戶已經建了一個有五個元素的 list，系統可能在底層陣列保留能儲存八個元素（而不是只有五個）的容量。這額外的容量使得 list 在末端新增元素變得容易，只要用陣列的下一個可用的儲存格來儲存即可。

如果用戶繼續在 list 中添加元素，則底層中所有保留的容量終將耗盡。在這種情況下，該類別會請求一個新的更大的陣列，將原先較小陣列的元素複製到新的大陣列中。此時，舊的陣列已經不再需要了，所以它可以被系統回收。直觀地說，這個策略就像寄居蟹一樣，當身形長大時就移動到更大的殼。

7.2.2　實現動態陣列（Implementing a Dynamic Array）

我們現在用程式 7.2 和程式 7.3 來示範原始版本的 ArrayList，可以轉換為用動態陣列（dynamic-array）來實現，具有無限容量。我們依然使用傳統的陣列 A，初始化為預設容量或指定容量當作參數傳送給陣列 A 的建構子。

關鍵是提供 " 增長 " 陣列 A 的方法，以因應更多的空間需求。當然，實際上不能增長該陣列，因為陣列的容量是固定的。替代方案，當添加新元素造成當前**陣列溢出**（*overflowing*），必須執行以下步驟：

1. 分配一個容量較大的新陣列 B。
2. 設置 $B[k] = A[k]$，其中 $k = 0$、...、$n-1$，其中 n 表示當前項目數量。
3. 設置 $A = B$，即之後用新陣列來作為串列的儲存體。
4. 將新元素插入到新陣列中。

此過程用圖 7.3 呈現。

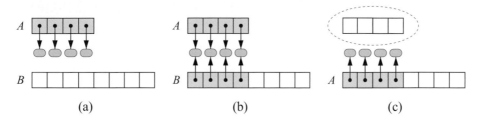

圖 7.3：" 增長 " 動態陣列的說明：(a) 建立新陣列 B；(b) 將 B 中元素存放到 A 中；(c) 將 A 重新參考到新陣列。本圖未顯示未來對舊陣列的垃圾收集和插入新元素。

程式 7.4 提供了 resize 方法的具體實現，在原始的 ArrayList 類別中，能見度應設為 protected。實例變數 data 對應於上述討論中的陣列 A，區域變數 B 對應到陣列 B。

```
/** Resizes internal array to have given capacity >= size. */
protected void resize(int capacity) {
  E[ ] temp = (E[ ]) new Object[capacity];          // safe cast; compiler may give warning
  for (int k=0; k < size; k++)
    temp[k] = data[k];
  data = temp;                                       // start using the new array
}
```

程式 7.4：ArrayList.resize 方法的實現。

要考慮的剩餘問題是要建立多大的新陣列，一般使用的規則是新陣列容量爲舊陣列容量的兩倍。在 7.2.3 節中，會對上述容量選擇提供一個數學論證。

要完成原來的 ArrayList 實現的修訂，可重新設計 add 方法，以便在檢測到當前陣列容量已滿時，呼叫 resize 方法（而不是拋出異常）。修訂版本在程式 7.5 中。

```
28   /** Inserts element e to be at index i, shifting all subsequent elements later. */
29   public void add(int i, E e) throws IndexOutOfBoundsException {
30     checkIndex(i, size + 1);
31     if (size == data.length)              // not enough capacity
32       resize(2 * data.length);            // so double the current capacity
...        // rest of method unchanged...
```

程式 7.5：修訂程式 7.3 的 ArrayList.add 方法，當中呼叫了程式 7.4 的 resize 方法以增加更多功能。

最後，我們注意到原來的 ArrayList 類別包括兩個建構子：預設建構子將初始容量設爲 16，參數化建構子允許呼叫者指定容量值。使用動態陣列，容量不再受限制。選擇與實際匹配的初始容量，會有更大的效能，避免中間陣列重新分配耗費的時間，並且避免了潛在無謂的記憶體浪費。

7.2.3　動態陣列的攤銷分析（Amortized Analysis of Dynamic Arrays）

在本節中，將對動態陣列的執行時間進行詳細分析。我們將插入的元素當作是陣列型串列中的最後一個元素，這個動作稱爲 *push*（壓入）。

首先，使用新的更大的陣列替換舊陣列，剛開始看來似乎拖累執行速度，因爲單次 push 操作就需要 $\Omega(n)$ 的執行時間，其中 n 是陣列中當前的元素數。（回想 4.3.1 節，big-Omega 表示法用來描述演算法執行時間的漸近下限）。然而，在陣列替換時將容量加倍，新陣列允許在陣列再次替換之前添加 n 個以上的元素。這樣，每次執行昂貴的替換操作後，就可執行多次簡單的 push 操作（見圖 7.4）。這個事實使最初爲空的動態陣列能執行一系列的 push 操作，其總執行時間是有效率的。

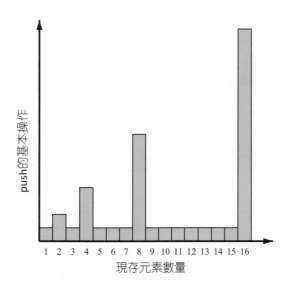

圖 7.4：動態陣列上的一系列 push 操作的執行時間。

　　使用一個稱為**攤銷**（*amortization*）的**演算法設計模式**（*algorithmic design pattern*），可以證明執行在動態陣列上的一系列 push 操作實際上是非常有效率的。要進行攤銷分析，將使用消費支付行為，把電腦當作為投幣器，需要支付**網路幣 (cyberyuan)** 來買執行時間。當一個操作執行時，我們的 " 銀行帳戶 " 目前應該有足夠的網路幣來支付操作所需的執行時間。因此，對於任何一個計算，使用網路幣的總量和花費的總時間成比例。使用這種分析方法的優點在於：可對某些簡單操作支付多一點網路幣，多付出的網路幣留給其他耗時的操作使用。

定理 7.2：L 為一個最初為空的陣列型串列，容量為 1，以一個動態陣列實現，每當容量已滿，就加倍容量。則在 L 執行 n 個 push 操作的總執行時間是 $O(n)$。

證明：假設一個網路幣就足以支付 L 執行一個 push 操作花費的時間，但不包括用於增長陣列的時間。此外，假設從陣列 k 增加到 $2k$ 的陣列需要 k 個網路幣。訂個規則：對每次的 push 操作收取 3 個網路幣。因此，多收的兩個網路幣目的在支付增加陣列容量，確保不會發生溢位。假想，若插入資料時不會引起引起陣列容量不足，多出的 2 個網路幣形同儲存在儲存格中。當陣列 L 具有 2^i 個元素時，會發生溢位，其中 $i \geq 0$，L 所代表的陣列使用的量為 2^i。因此，將陣列的大小加倍將需要 2^i 個網路幣。幸運的是，這些網路幣已儲存在 2^{i-1} 到 $2^i - 1$ 的儲存格中（見圖 7.5）。

注意，前一次的溢位發生在元素的量第一次大於 2^{i-1} 時，儲存在儲存格 2^{i-1} 到儲存格 $2^i - 1$ 的網路幣還沒花掉。所以每次 push 收 3 個網路幣，並未多收，而是平均分攤所有開銷。也就是說，可以用 $3n$ 個網路幣支付使用 n 次 push 操作。換句話說，每個 push 操作分攤的執行時間是 $O(1)$；因此，n 個 push 操作的總執行時間為 $O(n)$。　　　　　　■

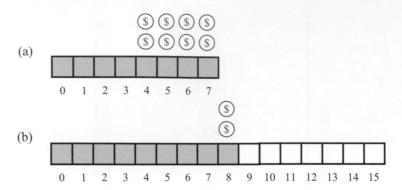

圖 7.5： 動態陣列上的一系列 push 操作的圖示：(a) 一個 8 儲存格的陣列已滿，儲存格 4 至儲存格 7，
各存有兩個網路幣；(b)push 操作會導致容量溢位，然後倍增容量，增加 8 個儲存格，支付 8
個網路幣，用囤積在儲存格 4 至儲存格 7 的網路幣來支付。複製 8 個老元素到新陣列。插入
新元素收取 3 個網路幣，本身用掉 1 個網路幣，多出的兩個網幣儲存在儲存格 8 中。

◉ 幾何式增加容量（Geometric Increase in Capacity）

雖然定理 7.2 的證明是在倍增容量的前提下完成，但可證明，若陣列以幾何級數（見第 2.2.3
節討論幾何級數）方式擴增，每個 $O(1)$ 操作的分攤成本和定理 7.2 的結論相同。當選擇幾
何基數時，存在執行時效率和記憶體使用量間的權衡。如果最後一個插入導致調整陣列大小
的事件，若當時使用的基數為 2（即將陣列加倍），陣列容量可能變成需求量的兩倍之多。
但如果只將陣列增加 25%（即幾何基數為 1.25），可能就不會浪費那麼多的記憶體，但是會
有更多的中間調整陣列大小事件。仍然可證明分攤操作時間仍是 $O(1)$，使用的常數因子比
定理 7.2 中每個操作 3 個網路幣還大（參見習題 R-7.6）。效能的關鍵在於額外的空間量與陣
列當前大小成正比。

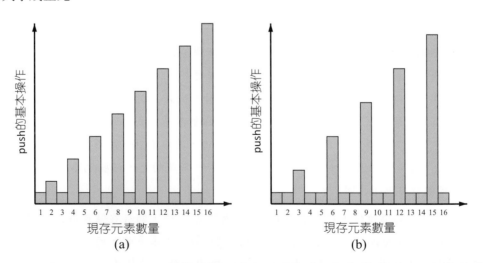

圖 7.6： 使用動態陣列的一系列 push 操作的執行時間，以算術級數作為陣列大小。(a) 陣列增量為 2；
(b) 陣列增量為 3。

◉ **了解算術級數**（Beware of Arithmetic Progression）

為了避免一次保留太多的空間，可能會試圖使用另一種動態陣列增長策略，每次調整陣列時都保留定量的儲存格。不幸的是，這種策略的效能很差。在極端情況下：只增加一個儲存格，使得每次 push 操作就得調整陣列的大小，導致熟悉的 1 + 2 + 3 + ... + n，總和是 $\Omega(n^2)$。一次增加 2 或 3 個儲存格，情況會好些，如圖 7.4 所示，但總體成本依然是二次方。

為每次調整使用固定的增量，從而對陣列容量產生算術級數式的成長，但總執行時間仍是二次方之高，如定理 7.3 所示。在本質上，即使每次增加 10,000 個儲存格對於大型資料集來說也不算多。

定理 7.3：在最初空的動態陣列並使用定量陣列容量增長，執行 n 個 push 操作花費的時間是 $\Omega(n^2)$。

證明：令 $c > 0$，代表調整陣列大小的增量。在一系列 n 次操作中會消耗時間，陣列初始化大小為 c、$2c$、$3c$、$...$、mc，其中 $m = \lceil n / c \rceil$，因此，整體時間與 $c + 2c + 3c + ... + mc$ 成正比。通過定理 4.3，加總：

$$\sum_{i=1}^{m} ci = c \cdot \sum_{i=1}^{m} i = c\frac{m(m+1)}{2} \geq c\frac{\frac{n}{c}(\frac{n}{c}+1)}{2} \geq \frac{1}{2c} \cdot n^2$$

因此，執行 n 個 push 操作需要 $\Omega(n^2)$ 時間。　■

◉ **記憶體使用和收縮陣列**（Memory Usage and Shrinking an Array）

以幾何級數方式遞增動態陣列容量的另一影響：最終陣列大小保證是與整體元素數量成正比的。也就是說，資料結構使用 $O(n)$ 記憶體。這是資料結構一個非常理想的屬性。

如果容器，譬如陣列型串列，提供了導致移除一個或多個元素的操作，就必須更加小心，以確保動態陣列 $O(n)$ 的記憶體使用。風險是不斷插入可能導致底層陣列任意增長，且若後續有許多元素被移除，陣列容量與實際元素數量成正比的關係將會破除。

這類型資料結構的一個強大實現是藉由縮小陣列來完成，偶爾，在個別操作的攤銷維持在 $O(1)$。但是，必須注意確保結構不會快速對底層陣列在生長和收縮之間發生振盪，在這種情況下分攤將無法實現。在習題 C-7.23 中，我們探索一個策略，其中當實際元素的數量下降到容量的四分之一時，陣列容量減半，從而保證了陣列容量最多是元素數量的四倍；習題 C-7.24 和 C-7.25 研究這類的攤銷策略。

7.2.4　Java 的 StringBuilder 類別

在第四章的開頭，我們描述了一個實驗，用來比較構成長字串的兩種演算法（程式 4.2）。第一個演算法依賴 String 類別的重複連接，第二個則依賴於 JavaStringBuilder 類別的使用。觀察到 StringBuilder 明顯更快，String 類別的重複連接具有二次方執行時間，使用 StringBuilder 的演算法具有線性執行時間，我們現在可以對這些觀察提出理論解釋。

　　StringBuilder 類別透過在動態陣列中儲存字元來表示一個可變字串。通過類似於定理 7.2 的分析，保證一系列的附加（append）操作，會用 $O(n)$ 的時間產生長度為 n 的字串（在字串建構器末尾以外的位置插入則不帶有此保證，就像 ArrayList 一樣）。

　　相較之下，字串重複連接連接需要二次方時間（quadratic time）。我們最初在第 4 章分析了此演算法。事實上，重複連接方法和以大小為 1 的算術級數增長的動態陣列類似，重複將所有字元從一個陣列，複製到另一個新陣列，新陣列比前一個陣列的容量多一個儲存格。

7.3　基於位置的串列（Position-Based Lists）

當使用基於陣列的序列時，整數索引提供了極好工具來定位元素的位置，在該位置執行插入或移除操作。然而，數值索引並不是描述鏈結串列位置一個好的選擇用，因為只知道元素的索引，達到該位置的唯一方法是從頭到尾開始遍訪串列元素，沿途執行計數動作。

　　此外，索引不是描述局部性序列位置的一個很好的方法，項目的索引因為插入或移除隨時間而變。例如，索引就不方便用來描述排隊等待中一個人的位置，因為這需要精確知道這個人離前方有多遠的距離。我們更喜歡如圖 7.7 所示的抽象資料，用其他的方式來描述一個位置。

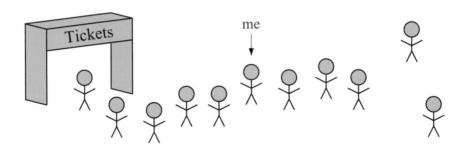

圖 7.7：希望能夠確定序列中元素的位置而不使用整數索引。標籤 "me" 代表識別位置的抽象資料。

　　我們的目標是設計一個抽象資料型態，為用戶提供一種存取序列中任何位置元素的方式，並可在任何位置執行插入和移除。這將能有效地描述一個顧客決定在到達前端之前，離開隊伍的行為，或讓一個朋友在他身後插隊。

　　另一個例子，文字檔案可以被看作是一個很長的字元序列。文字處理器使用**游標**（*cursor*）這個抽象名詞來描述檔案位置，沒有明確使用整數索引，允許一些操作，例如 " 移除游標處的字元 " 或 " 在游標後面插入新字元 "。此外，或許可以參考檔案中的固有位置，例如特定章節的開始，而不依賴隨著檔案的發展而改變的字元索引（或甚至章節編號）。

　　由於這些原因，我們暫時放棄了 Java 正規 List 介面基於索引的方法，而是開發我們自己的抽象資料型態：**位置串列**（*positional list*）。雖然 positional list 是一個抽象資料型態，不需要依賴在鏈結串列中實現，在設計 ADT 時當然還是要保有鏈結串列概念，以保有鏈結串列的特定功能，例如以 $O(1)$ 時間在任意位置加入和移除（某些操作在基於陣列的序列是做不到的）。

在設計 ADT 時面臨著迫切的挑戰，譬如，以定量時間在任意位置實現插入和移除，我們需要對儲存元素的節點有一個有效地參考。因此，在發展 ADT 時我們急需一個節點參考機制描述節點位置。實際上，在第 3.4.1 節 DoublyLinkedList 類別的 addBetween 和 remove 方法就接受節點參考做為參數；不過，我們刻意將這些方法宣告為 private。

但是，以 public 方式使用 ADT 中的節點，違反在第二章中提到的物件導向抽象和封裝的設計原則，有幾個理由引導我們封裝鏈結串列節點，這種抽象對設計者和使用者都有好處：

- 對於使用我們的資料結構的讀者來說，將會是簡單的，不用被實現細節所困擾，如對節點的低階操作，或了解我們使用的標兵（sentinel）節點。注意使用我們 DoublyLinkedList 類別的 addBetween 方法，添加一個節點到序列前端，前端標兵節點必須做為參數來發送。

- 如果不允許用戶直接存取或操縱節點，可以提供更強大的資料結構。然後可以確保用戶不會在缺乏管理的環境下攪亂序列的一致性。如果用戶被允許呼叫執行 DoublyLinkedList 類別中的 addBetween 或者 remove 方法，則會出現更細微的問題，譬如，發送一個不屬於串列的參考作為參數。（回頭看看程式，了解為什麼會導致問題！）

- 我們的實現，內部有更好的封裝，有大的靈活性，重新設計資料結構並提高其性能。事實上，通過精心設計的抽象，我們可以提供非數值化的位置概念，即使是用基於陣列的序列。（見習題 C-7.37）

因此，在定義位置型態串列 ADT（positional list ADT）時，介紹**位置**（*position*）這個概念。有了這個概念，相對的也對串列中的其他元素 " 位置 " 有了直覺概念。（當使用鏈結串列進行實現時，稍後會看到我們私下將節點參考做為位置的一種自然呈現）

7.3.1　位置（Positions）

為了將結構中元素的位置抽象化，我們定義一個簡單的抽象資料型態：***position***。position 類別只有一個方法：

getElement( )：返回儲存在此位置的元素。

position 在位置串列內扮演 token 製造者的角色。一個位置「p」與串列 L 中的某個元素「e」相關聯，此關聯不會改變，即使在串列其他位置執行插入或移除動作而改變 e 的索引值。唯一會解除此種關聯的動作是將 position（及其元素）從串列中明確移除。

對 position 型態有了正式定義，就可將 position 當作方法的參數，也可當作 positional list ADT 中方法的返回型態，接下來定義位置串列 ADT。

7.3.2 位置串列抽象資料型態（The Positional List Abstract Data Type）

現在將 ***positional list*** 視為一組位置，每個位置都儲存一個元素。positionallist ADT，對串列 L 提供下列存取器方法（accessor methods）：

first( )：返回 L 的第一個元素的位置（如果為空則返回 null）。

last( )：返回 L 的最後一個元素的位置（如果為空則返回 null）。

before(p)：返回位置 p 之前的位置（如果 p 是第一個位置，則返回 null）。

after(p)：反回位置 p 之後的位置（如果 p 是最後一個位置，則返回 null）。

isEmpty( )：如果串列 L 不包含任何元素，則返回 true。

size( )：返回串列 L 中的元素個數。

如果傳送給方法的 position p 不是串列的有效參考，則會發生錯誤。

請注意，位置串列 ADT 的 first( ) 和 last( ) 方法返回的是 *position*，而不是 *element*（這是相對於 deque ADT 的 first 和 last 方法。）位置串列的第一個元素可以呼叫 position 的 getElement 方法來取得，譬如，first( ).getElement。將 position 當作返回值的優點是可以隨後使用該 position 遍訪串列。

作為典型的遍訪型式的 positionallist，程式 7.6 遍訪一個名為 guest 的 list，該 list 儲存字串元素，並遍訪整個 list，從頭到尾列印 list 的每一個元素。

```
1   Position<String> cursor = guests.first( );
2   while (cursor != null) {
3     System.out.println(cursor.getElement( ));
4     cursor = guests.after(cursor);                    // advance to the next position (if any)
5   }
```

程式 7.6：遍訪位置串列。

這個程式得依賴於在最後位置呼叫 after 時返回 null（從任何有效位置返回的值具有清晰的辨別性），否則會產生無窮迴圈。位置串列 ADT 在邊界位置執行某些方法時會返回 null，譬如，在串列前端呼叫 before 方法，當串列為空時，呼叫 first 和 last 方法。所以即使串列為空，上面的程式也能正常工作。

◉ **位置串列的更新方法**（Updated Methods of a Positional List）

位置串列 ADT 還包括以下更新方法：

addFirst(e)：在串列的前端插入一個新元素 e，返回新元素的位置。

addLast(e)：在串列的後端插入一個新的元素 e，返回新元素的位置。

addBefore(p,e)：在串列位置 p 之前插入一個新元素 e，返回新元素的位置。

addAfter(p,e)：在串列位置 p 之後插入一個新元素 e，返回新元素的位置。

set(p,e)：用元素 e 替換位置 p 處的元素，返回以前在位置 p 的元素。

remove(p)：移除並返回串列中位置 p 處的元素，使位置無效。

　　從上面所列的方法看來，ADT 似乎在功能上有些重複，譬如，可用 addBefore(first(), *e*) 來取代 addFirst(*e*)，用 addAfter(last(), *e*) 來取代 addLast(*e*)。但這些替換只能用於非空串列，所以功能並不完全一樣。

範例 7.4：下表顯示了在最初為空的整數位置串列，執行一系列操作後的內容。使用變數如 *p*、*q*、*r*、*s* 等代表位置實例。為了便於說明，在顯示串列內容時，我們使用下標符號，代表元素的儲存位置。

方法	回傳值	串列內容
addLast(8)	*p*	(8p)
first( )	*p*	(8p)
addAfter(p, 5)	*q*	(8p, 5q)
before(q)	*p*	(8p, 5q)
addBefore(q, 3)	*r*	(8p, 3r, 5q)
r.getElement( )	3	(8p, 3r, 5q)
after(p)	*r*	(8p, 3r, 5q)
before(p)	null	(8p, 3r, 5q)
addFirst(9)	*s*	(9s, 8p, 3r, 5q)
remove(last( ))	5	(9s, 8p, 3r)
set(p, 7)	8	(9s, 7p, 3r)
remove(q)	"error"	(9s, 7p, 3r)

◉ **Java 介面定義**（Java Interface Definitions）

現在準備正式定義 position ADT 和 positional list ADT。一個 Java 介面 Position，代表 position ADT，在程式 7.7 中定義。程式 7.8 為 PositionalList 介面的定義。如果在一個 Position 實例上呼叫 getElement( ) 方法，而此 Position 實例又已從串列中移除，將拋出 IllegalStateException 異常。如果將無效的 Position 實例做為參數傳送到 PositionalList 的方法，則會拋出 IllegalArgumentException 異常。（這兩個異常型態都定義在標準 Java 層次結構中。）

```
1    public interface Position<E> {
2      /**
3       * Returns the element stored at this position.
4       *
5       * @return the stored element
6       * @throws IllegalStateException if position no longer valid
7       */
8      E getElement( ) throws IllegalStateException;
9    }
```

程式 7.7：Position 介面

```
1   /** An interface for positional lists. */
2   public interface PositionalList<E> {
3
4       /** Returns the number of elements in the list. */
5       int size( );
6
7       /** Tests whether the list is empty. */
8       boolean isEmpty( );
9
10      /** Returns the first Position in the list (or null, if empty). */
11      Position<E> first( );
12
13      /** Returns the last Position in the list (or null, if empty). */
14      Position<E> last( );
15
16      /** Returns the Position immediately before Position p (or null, if p is first). */
17      Position<E> before(Position<E> p) throws IllegalArgumentException;
18
19      /** Returns the Position immediately after Position p (or null, if p is last). */
20      Position<E> after(Position<E> p) throws IllegalArgumentException;
21
22      /** Inserts element e at the front of the list and returns its new Position. */
23      Position<E> addFirst(E e);
24
25      /** Inserts element e at the back of the list and returns its new Position. */
26      Position<E> addLast(E e);
27
28      /** Inserts element e immediately before Position p and returns its new Position. */
29      Position<E> addBefore(Position<E> p, E e)
30          throws IllegalArgumentException;
31
32      /** Inserts element e immediately after Position p and returns its new Position. */
33      Position<E> addAfter(Position<E> p, E e)
34          throws IllegalArgumentException;
35
36      /** Replaces the element stored at Position p and returns the replaced element. */
37      E set(Position<E> p, E e) throws IllegalArgumentException;
38
39      /** Removes the element stored at Position p and returns it (invalidating p). */
40      E remove(Position<E> p) throws IllegalArgumentException;
41  }
```

程式 7.8：PositionalList 介面。

7.3.3 雙向鏈結串列實現（Doubly Linked List Implementation）

實現 PositionalList 介面首選的儲存體是雙向鏈結串列。雖然已經在第 3 章實現了一個 DoublyLinkedList 類別，但該類別未附著在 PositionalList 介面上。

在本節中，使用雙向鏈結串列來具體實現 PositionalList 介面。在新的鏈結串列的低層級細節，如果使用前端和尾端標兵節點，將和我們之前的版本相同；讀者可參考第 3.4 節中的雙向鏈結串列操作。和本節不同之處在於我們把位置管理抽象化。

識別鏈結串列中的位置的明顯方式是使用節點參考。因此，我們宣告了鏈結串列的巢狀 Node 類別，以便實現 Position 介面並支持所需的 getElement 方法。因此，節點就是位置（position）。然而，Node 類別被宣告為私有的，以保持正確封裝。位置串列的所有公共方法都依賴 Position 型態，所以雖然知道我在發送和接收節點，但這些節點從外部看來都只是 position；因此，在類別中除了 getElement( ) 無法呼叫任何其他方法。

在程式 7.9-7.12 中，定義了 LinkedPositionalList 類別，實現 positional list ADT。提供以下程式指南：

- 程式 7.9 包含巢狀 Node <E> 類別的定義，並實現 Position <E> 介面。接下來是外部類別 LinkedPositionalList 實例變數及其建構子的宣告。

- 程式 7.10 前面有個重要的實用方法，幫助在 Position 和 Node 型態之間作轉型，只要 validate(p) 方法被呼叫，用戶一定要傳送一個 Position 實例作為參數。如果確定該 position 無效則拋出異常。如果傳給 validate(p) 的 position 是有效的，則返回被隱式轉換為 Node 的實例，以便接下來可呼叫 Node 類別的方法。當返回 Position 給用戶時，私有的 position(node) 方法就派上用場。其主要目的是確保不會將標兵節點暴露給呼叫者，若會暴露的話，就返回 **null**。在 public accessor 方法中使用這兩種私有方法。

- 程式 7.11 提供了大部分的 public update 方法，依賴於一個私有的 addBetween 方法來統一各種插入操作的實現。

- 程式 7.12 提供了 public remove 方法。注意被移除節點的所有欄位被設為 null，稍後檢測到 null 就知道是個不起作用的 position。

```
1   /** Implementation of a positional list stored as a doubly linked list. */
2   public class LinkedPositionalList<E> implements PositionalList<E> {
3     //---------------- nested Node class ----------------
4     private static class Node<E> implements Position<E> {
5       private E element;                          // reference to the element stored at this node
6       private Node<E> prev;                       // reference to the previous node in the list
7       private Node<E> next;                       // reference to the subsequent node in the list
8       public Node(E e, Node<E> p, Node<E> n) {
9         element = e;
10        prev = p;
11        next = n;
12      }
```

```
13       public E getElement( ) throws IllegalStateException {
14         if (next == null)                               // convention for defunct node
15           throw new IllegalStateException("Position no longer valid");
16         return element;
17       }
18       public Node<E> getPrev( ) {
19         return prev;
20       }
21       public Node<E> getNext( ) {
22         return next;
23       }
24       public void setElement(E e) {
25         element = e;
26       }
27       public void setPrev(Node<E> p) {
28         prev = p;
29       }
30       public void setNext(Node<E> n) {
31         next = n;
32       }
33     } //----------- end of nested Node class -----------
34
35     // instance variables of the LinkedPositionalList
36     private Node<E> header;                              // header sentinel
37     private Node<E> trailer;                             // trailer sentinel
38     private int size = 0;                                // number of elements in the list
39
40     /** Constructs a new empty list. */
41     public LinkedPositionalList( ) {
42       header = new Node<>(null, null, null);            // create header
43       trailer = new Node<>(null, header, null);         // trailer is preceded by header
44       header.setNext(trailer);                          // header is followed by trailer
45     }
```

程式 7.9：LinkedPositionalList 類別的實現。(1/4)

```
46     // private utilities
47     /** Validates the position and returns it as a node. */
48     private Node<E> validate(Position<E> p) throws IllegalArgumentException {
49       if (!(p instanceof Node)) throw new IllegalArgumentException("Invalid p");
50       Node<E> node = (Node<E>) p;                       // safe cast
51       if (node.getNext( ) == null)                      // convention for defunct node
52         throw new IllegalArgumentException("p is no longer in the list");
53       return node;
54     }
55
56     /** Returns the given node as a Position (or null, if it is a sentinel). */
57     private Position<E> position(Node<E> node) {
58       if (node == header || node == trailer)
59         return null;                                    // do not expose user to the sentinels
60       return node;
61     }
```

```
62
63    // public accessor methods
64    /** Returns the number of elements in the linked list. */
65    public int size( ) { return size; }
66
67    /** Tests whether the linked list is empty. */
68    public boolean isEmpty( ) { return size == 0; }
69
70    /** Returns the first Position in the linked list (or null, if empty). */
71    public Position<E> first( ) {
72       return position(header.getNext( ));
73    }
74
75    /** Returns the last Position in the linked list (or null, if empty). */
76    public Position<E> last( ) {
77       return position(trailer.getPrev( ));
78    }
79
80    /** Returns the Position immediately before Position p (or null, if p is first). */
81    public Position<E> before(Position<E> p) throws IllegalArgumentException {
82    Node<E> node = validate(p);
83       return position(node.getPrev( ));
84    }
85
86    /** Returns the Position immediately after Position p (or null, if p is last). */
87    public Position<E> after(Position<E> p) throws IllegalArgumentException {
88    Node<E> node = validate(p);
89       return position(node.getNext( ));
90    }
```

程式 7.10：LinkedPositionalList 類別的實現。(2/4)

```
91     // private utilities
92     /** Adds element e to the linked list between the given nodes. */
93     private Position<E> addBetween(E e, Node<E> pred, Node<E> succ) {
94        Node<E> newest = new Node<>(e, pred, succ);            // create and link a new node
95        pred.setNext(newest);
96        succ.setPrev(newest);
97        size++;
98        return newest;
99     }
100
101    // public update methods
102    /** Inserts element e at the front of the linked list and returns its new Position. */
103    public Position<E> addFirst(E e) {
104       return addBetween(e, header, header.getNext( ));        // just after the header
105    }
106
107    /** Inserts element e at the back of the linked list and returns its new Position. */
108    public Position<E> addLast(E e) {
109       return addBetween(e, trailer.getPrev( ), trailer);      // just before the trailer
110    }
```

```
111
112   /** Inserts element e immediately before Position p, and returns its new Position.*/
113   public Position<E> addBefore(Position<E> p, E e)
114                             throws IllegalArgumentException {
115     Node<E> node = validate(p);
116     return addBetween(e, node.getPrev( ), node);
117   }
118
119   /** Inserts element e immediately after Position p, and returns its new Position. */
120   public Position<E> addAfter(Position<E> p, E e)
121                             throws IllegalArgumentException {
122     Node<E> node = validate(p);
123     return addBetween(e, node, node.getNext( ));
124   }
125
126   /** Replaces the element stored at Position p and returns the replaced element. */
127   public E set(Position<E> p, E e) throws IllegalArgumentException {
128     Node<E> node = validate(p);
129     E answer = node.getElement( );
130     node.setElement(e);
131     return answer;
132   }
```

程式 7.11：LinkedPositionalList 類別的實現。(3/4)

```
133   /** Removes the element stored at Position p and returns it (invalidating p). */
134   public E remove(Position<E> p) throws IllegalArgumentException {
135     Node<E> node = validate(p);
136     Node<E> predecessor = node.getPrev( );
137     Node<E> successor = node.getNext( );
138     predecessor.setNext(successor);
139     successor.setPrev(predecessor);
140     size--;
141     E answer = node.getElement( );
142     node.setElement(null);                    // help with garbage collection
143     node.setNext(null);                       // and convention for defunct node
144     node.setPrev(null);
145     return answer;
146   }
147 }
```

程式 7.12：LinkedPositionalList 類別的實現。(4/4)

◉ 鏈結位置串列的效能（The Performance of a Linked Positional List）

Positional list ADT 非常適合以雙向鏈結串列實現，因爲所有操作在最壞情況下都以定量時間執行，如表 7.2 所示。這與 ArrayList 結構形成鮮明對比（表 7.1 中分析），在任意位置插入或移除需要線性時間，這部份肇因於循環移動其他元素。

positional list 不支援 7.1 節介紹的官方串列介面基於索引的方法。但可以將這些方法加入我們的設計，使用的方法是在遍訪串列節點時，執行計數動作（參見習題 C-7.32），但所需時間與經過的子串列成正比。

方法	執行時間
size( )	$O(1)$
isEmpty( )	$O(1)$
first( ), last( )	$O(1)$
before(p), after(p)	$O(1)$
addFirst(e), addLast(e)	$O(1)$
addBefore(p, e), addAfter(p, e)	$O(1)$
set(p, e)	$O(1)$
remove(p)	$O(1)$

表 7.2：有 n 個元素的 positional list，以雙向鏈結串列實現。空間使用量為 O(n)。

◉ **使用陣列實現位置串列**（Implementing a Positional List with an Array）

我們可以使用陣列 A 來當儲存體實現 positional list L，但在設計過程得關注當作 positions 使用的 objects。乍看之下，position p 只需要儲存其關聯的陣列索引 i，元素在陣列中。然後可以實現方法 getElement(p)，只需返回 A [i]。這種方法的問題是，其他元素插入或移除，元素 e 的索引會發生更改。如果已經返回與元素 e 相關聯的 position p，p 儲存過時的索引，當使用 p 時，將存取到陣列中錯誤的儲存格。（請記住，positional list 中的 position 始終為相對定義到它們的鄰近位置，而不是它們的索引。）

　　因此，如果要實現一個陣列的位置串列，我們需要一個不同的做法。建議以下的表示法。不是直接將 L 的元素儲存在陣列 A 中，在 A 中的每個儲存格儲存 position 物件。position 物件 p 儲存元素 e 以及此元素在串列的索引值 i。這樣的資料結構如圖 7.8 所示。

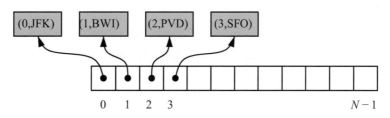

圖 7.8：位置串列的基於陣列的表示。

　　有了這種表示法，我們可以把索引和 position 相關聯。因此，可以實現存取器，譬如，before(p)，先找到和 p 關聯的索引，然後是用陣列找到相鄰的 position。

　　當元素在串列中的某個位置被插入或移除時，可以通過迴圈來更新 position 物件中的索引值，但不必全盤更新，只要更新被移動過的元素即可，這些元素通常位在插入或移除元素的後面。

◉ **基於陣列的序列的效率權衡**（Efficiency Trade-Offs with an Array-Based Sequence）

在這個以陣列實行的序列中，addFirst、addBefore、addAfter 和 remove 方法使用的時間是 $O(n)$，因為必須移動 position 物件來挪出空間或填補空位（就像在基於索引的資料結構執行插入和移除）。所有其他基於 position 的方法。執行時間為 $O(1)$。

7.4　迭代器（Iterators）

迭代器是一種軟體設計模式（software design pattern），它將遍訪序列中各個元素的過程給抽象化。遍訪的元素可能儲存在容器類別、網路串流或經由一系列計算產生。

　　爲了統一迭代物件的處理和語法，讓這部份獨立於特定組織，Java 定義了 java.util. Iterator 介面，並定義以下兩種方法：

> hasNext( )：如果序列中至少有還有一個元素，則返回 true，否則返回 false。
>
> next( )：返回序列中的下一個元素。

　　該介面使用 Java 的泛型架構，next( ) 方法返回參數化元素型態。例如，Scanner 類別（描述於 1.6 節）正式實現了 Iterator <String> 介面，其 next( ) 方法返回一個 String 實例。

　　如果沒有其他元素可用時，呼叫 iterator 的 next( ) 方法，會拋出一個 NoSuchElementException 異常。當然，在呼叫 next( ) 前，可先呼叫 hasNext( ) 確認是否還有元素。

　　這兩種方法的組合可以用一般的迴圈結構處理迭代器的元素。例如，如果讓變數 iter 表示爲一個 Iterator <String> 型態的實例，那麼可以寫出下列程式：

```
while (iter.hasNext( )) {
    String value = iter.next( );
    System.out.println(value);
}
```

　　java.util.Iterator 介面還包含有第三種方法，它是可選的選項，有些迭代器支持這個選項：

> remove( )：從集合中移除呼叫 next( ) 返回的元素。如果沒先呼叫 next( )，或呼叫後又執行 remove，會拋出 IllegalStateException 異常。

　　此方法可用於過濾集合中的元素，例如：丟棄資料集中的所有負數。

　　爲了簡單起見，我們不會在本書討論大部分的資料結構實現 remove 方法，但本節稍後會給出兩個具體的範例。如果不支持移除，通常會拋出 UnsupportedOperationException 異常。

7.4.1　可迭代介面和 Java 的 For-Each 迴圈（The Iterable Interface and Java's For-Each Loop）

單個迭代器實例僅對集合實施一次巡訪；可以呼叫 next 直到所有元素都被巡訪，但是沒有辦法透過 "reset" 將迭代器返回到序列的開頭。

　　然而，希望允許重複迭代的資料結構可以在每次呼叫時，支持一種返回新迭代器的方法。提供更大的標準化，Java 定義了另一個參數化介面，命名爲 Iterable 包括以下單一方法：

iterator( )：返回集合中元素的迭代器。

Java 典型集合類別的實例，例如 ArrayList，是**可迭代的**（*iterable*）（但本身不是 *iterator*）；可使用 iterator( ) 方法返回代表自己的迭代器。每次呼叫 iterator( ) 返回一個新的迭代器實例，從而允許對集合執行多次（甚至同時）巡訪。

Java 的 Iterable 類別在 "for-each" 迴圈語法（在第 1.5.2 節中描述）也扮演至關重要角色。迴圈語法：

```
for (ElementType variable : collection) {
    loopBody                              // may refer to "variable"
}
```

支持任何可迭代類別的實例與群集（*collection*）。*ElementType* 必須是由迭代器返回的物件型態，*variable* 在 *loopBody* 內代表某迭代元素。基本上，這個語法是以下敘述的縮寫：

```
Iterator<ElementType> iter = collection.iterator( );
while (iter.hasNext( )) {
    ElementType variable = iter.next( );
    loopBody                              // may refer to "variable"
}
```

請注意，當使用 for-each 迴圈語法時，remove 方法不能被呼叫，必須明確使用迭代器才行。舉個例子，可以使用以下迴圈來從 ArrayList 中移除所有負的浮點數值。

```
ArrayList<Double> data; // populate with random numbers (not shown)
Iterator<Double> walk = data.iterator( );
while (walk.hasNext( ))
    if (walk.next( ) < 0.0)
        walk.remove( );
```

7.4.2　實現迭代器（Implementing Iterators）

迭代器有兩種風格，其中的差異是當迭代器實例建立時，所完成的工作，另外就是呼叫 next( ) 所完成的工作也不相同。

快照迭代器（*snapshot iterator*）維護其自己元素序列的私有副本，這部份是在建立迭代器物件時建立的。它有效記錄建立迭代器時元素序列的 " 快照 "，因此不受主集合任何後續更改的影響。實現快照迭代器不難，只需要對主結構做一次巡訪。這種風格的迭代器的缺點在於它需要 $O(n)$ 時間和 $O(n)$ 的輔助空間，在建立時，要對 n 個元素的集合執行複製和儲存。

惰性迭代器（*lazy iterator*）是不產生副本的，只有當呼叫 next( ) 方法請求另一個元素時，逐步巡訪元素。這種迭代器的優點就是只需要 $O(1)$ 空間和 $O(1)$ 的施工時間。惰性迭代器的一個缺點（或特徵）是若主要結構被修改（通過除了迭代器之外的方式），它的行為會受到影響。許多在 Java 程式庫中的迭代器都會實現一個 " 快速無效 "（fail-fast）的行為：當底層集合被意外修改，立即使迭代器失效。

我們將示範如何為 ArrayList 和 LinkedPositionalList 類別實現迭代器。為兩者實現惰性迭代器，包括支持 remove 操作（但沒有任何 fail-fast 保證）。

◉ ArrayList 類別迭代（Iterations with the ArrayList class）

從 ArrayList <E> 類別的迭代開始討論。ArrayList <E> 必須實現 Iterable <E> 介面（其實這個要求已經是 Java 的 List 介面的一部分了）。因此，必須在該類別中添加一個 iterator( ) 方法，此方法會返回實現 Iterator <E> 介面的物件實例。爲此，我們將一個新的類別 ArrayIterator 定義爲非靜態的巢狀類別 ArrayList（即內部類別，如第 2.6 節所述）。將迭代器作爲內部類別的優點是它可以存取私有欄位（例如陣列 A），這些欄位是外部串列類別的私有成員。

程式 7.13 中。ArrayList 的 iterator( ) 方法會返回內部 ArrayIterator 類別的新實例。每個迭代器維護一個欄位：j，表示要返回的下一個元素的索引。初始化爲 0，當 j 達到串列的大小時，代表已經沒有更多的元素可返回。爲了支持使用迭代器也可移除元素，也可保留一個布林變數，表示目前是否允許呼叫 remove。

```
1    //---------------- nested ArrayIterator class ----------------
2    /**
3     * A (nonstatic) inner class. Note well that each instance contains an implicit
4     * reference to the containing list, allowing it to access the list's members.
5     */
6    private class ArrayIterator implements Iterator<E> {
7      private int j = 0;                          // index of the next element to report
8      private boolean removable = false;          // can remove be called at this time?
9
10     /**
11      * Tests whether the iterator has a next object.
12      * @return true if there are further objects, false otherwise
13      */
14     public boolean hasNext( ) { return j < size; }     // size is field of outer instance
15
16     /**
17      * Returns the next object in the iterator.
18      *
19      * @return next object
20      * @throws NoSuchElementException if there are no further elements
21      */
22     public E next( ) throws NoSuchElementException {
23       if (j == size) throw new NoSuchElementException("No next element");
24       removable = true;                         // this element can subsequently be removed
25       return data[j++];                         // post-increment j, so it is ready for future call to next
26     }
27
28     /**
29      * Removes the element returned by most recent call to next.
30      * @throws IllegalStateException if next has not yet been called
31      * @throws IllegalStateException if remove was already called since recent next
32      */
33     public void remove( ) throws IllegalStateException {
34       if (!removable) throw new IllegalStateException("nothing to remove");
35       ArrayList.this.remove(j-1);               // that was the last one returned
36       j--; // next element has shifted one cell to the left
```

```
37        removable = false;                    // do not allow remove again until next is called
38      }
39    } //------------ end of nested ArrayIterator class ------------
40
41    /** Returns an iterator of the elements stored in the list. */
42    public Iterator<E> iterator( ) {
43      return new ArrayIterator( );          // create a new instance of the inner class
44    }
```

程式 7.13：支持 ArrayList 迭代器的程式碼。（這部分應該嵌在程式 7.2 和 7.3 的 ArrayList 類別定義中。）

◉ LinkedPositionalList 類別迭代（Iterations with the LinkedPositionalList class）

爲支持 LinkedPositionalList 類別的迭代概念，第一個問題是支持串列中的元素迭代，還是支持串列中的 position 迭代。如果允許用戶巡訪串列的所有 position，那麼這些 position 可用於存取底層元素，因此支持 position 迭代會更適用。但是，容器類別支持核心元素迭代會更爲標準，預設情況下，可以使用 for-each 迴圈語法敘述：

> **for** (String guest：waitlist)

假設變數 waitlist 的型態爲 LinkedPositionalList <String>。

爲了最大的方便，將支持這兩種形式的迭代。我們會有標準的 iterator( ) 方法返回串列元素的迭代器，所以串列類別爲了元素型態的迭代，正式實現 Iterable 介面。

對於希望透過 position 對串列進行迭代者，將提供一個新方法：positions( )。乍看之下，返回一個 Iterator 的方法似乎是一個自然的選擇。但是，我們更需要返回的是可迭代（Iterabl）的物件（因此，有自己的 iterator( ) 方法返回 position 的迭代器）。它們的複雜之處在於希望讓類別用戶能夠使用簡單 for-each 迴圈敘述：

> **for** (Position<String> p : waitlist.positions( ))

爲了使這種語法合法，position( ) 的返回型態必須是 Iterable。

程式 7.14 針對 LinkedPositionalList 提供了 position 和元素兩種型態的迭代功能。我們定義了三個新的內部類別。第一個是 PositionIterator，提供串列迭代的核心功能。而陣列型的串列迭代器則維護要返回的下一個元素的索引，並將此索引定義爲一個欄位，此類別保留要返回的下一個元素的位置（以及最近返回的元素的位置，以支持移除）。

爲了支持 position( ) 方法返回一個 Iterable 物件，定義一個簡單的 PositionIterable 內部類別，在每次呼叫 iterator( ) 方法時會建立並返回 PositionIterable 物件。最上層類別的 position( ) 方法會返回一個新建的 PositionIterable 實例。我們的架構在很大程度上依賴於這些內部類別，而不是靜態的巢狀類別。

最後，我們希望有最上層的 iterator( ) 方法，返回一個元素迭代器（不是 position）。但不是重新設計元素迭代器，而是輕鬆地調整 PositionIterator 類別來定義一個新的 ElementIterator 類別，以惰性型態管理位置迭代器實例，並當 next( ) 被呼叫後，將返回的元素儲存在 position 中。

```
1   //--------------- nested PositionIterator class ----------------
2   private class PositionIterator implements Iterator<Position<E>> {
3     private Position<E> cursor = first( );                    // position of the next element to report
4     private Position<E> recent = null;                        // position of last reported element
5     /** Tests whether the iterator has a next object. */
6     public boolean hasNext( ) { return (cursor != null); }
7     /** Returns the next position in the iterator. */
8     public Position<E> next( ) throws NoSuchElementException {
9       if (cursor == null) throw new NoSuchElementException("nothing left");
10      recent = cursor; // element at this position might later be removed
11      cursor = after(cursor);
12      return recent;
13    }
14    /** Removes the element returned by most recent call to next. */
15    public void remove( ) throws IllegalStateException {
16      if (recent == null) throw new IllegalStateException("nothing to remove");
17      LinkedPositionalList.this.remove(recent);                // remove from outer list
18      recent = null;                                           // do not allow remove again until next is called
19    }
20  } //------------ end of nested PositionIterator class ------------
21
22  //--------------- nested PositionIterable class ----------------
23  private class PositionIterable implements Iterable<Position<E>> {
24    public Iterator<Position<E>> iterator( ) { return new PositionIterator( ); }
25  } //------------ end of nested PositionIterable class ------------
26
27  /** Returns an iterable representation of the list's positions. */
28  public Iterable<Position<E>> positions( ) {
29    return new PositionIterable( );                            // create a new instance of the inner class
30  }
31
32  //--------------- nested ElementIterator class ----------------
33  /* This class adapts the iteration produced by positions() to return elements. */
34  private class ElementIterator implements Iterator<E> {
35    Iterator<Position<E>> posIterator = new PositionIterator( );
36    public boolean hasNext( ) { return posIterator.hasNext( ); }
37    public E next( ) { return posIterator.next( ).getElement( ); }    // return element!
38    public void remove( ) { posIterator.remove( ); }
39  }
40
41  /** Returns an iterator of the elements stored in the list. */
42  public Iterator<E> iterator( ) { return new ElementIterator( ); }
```

程式 7.14：支持 LinkedPositionalList 類別提供位置和元素迭代。(本程式應該嵌套在程式 7.9-7.12 定義的 LinkedPositionalList 類別中)

7.5　群集架構（The Collections Framework）

Java 提供了許多資料結構介面和類別，它們一起形成 **Java 群集架構**（*Java Collections Framework*）。這個架構是 java.util 套件的一部分，包括本書中討論的幾個資料結構的版本，其他的將在後續章節討論。Java 群集架構中的主介面命名為 Collection。這是任何資料結構的通用介面，例如用串列來表示元素的群集。Collection 介面包括許多方法，有一些是我們已經看到的（例如：size( )、isEmpty( )、iterator( )）。在 Java Collections 的架構中，Collection 是其他介面的超級介面，Java Collections 可容納元素，包括 java.util 介面 Deque、List、Queue 以及其他會在本書後面討論的子介面，包括 Set（第 10.5.1 節）和 Map（第 10.1 節）。

　　Java Collections Framework 還包括具體類別，並實現各種由屬性和底層表示組合而成的介面。表 7.3 列出幾個常用類別，並列出這些類別會實現的介面（也可能實現好幾個介面）包括 Queue、Deque 或 List。我們還討論幾個行為屬性。有些類別強制或允許固定的容量限制。功能強大的類別提供**並行計算**（*concurrency*），允許多個程序以**執行緒安全**（*thread-safe*）的方式共享資料結構。如果資料結構被指定為**阻擋**（*blocking*），一個對空群集執行存取呼叫，會進入等待狀態，直到其他程序插入一個元素。同樣，對一個已滿的容器執行插入呼叫，也會進入等待狀態直到有空間可用。

類別	介面			性質			儲存體	
	Queue	Deque	List	Capacity Limit	Thread-Safe	Blocking	Array	Linked List
ArrayBlockingQueue	✓			✓	✓	✓	✓	
LinkedBlockingQueue	✓			✓	✓	✓		✓
ConcurrentLinkedQueue	✓				✓		✓	
ArrayDeque	✓	✓					✓	
LinkedBlockingDeque	✓	✓		✓	✓	✓		✓
ConcurrentLinkedDeque	✓	✓			✓			✓
ArrayList			✓				✓	
LinkedList	✓	✓	✓					✓

表 7.3：Java Collection 架構中的幾個類別。

7.5.1　Java 中的串列迭代器（List Iterators in Java）

java.util.LinkedList 類別並沒有將位置的概念暴露在使用者的 API 面前。在不使用索引的情況下，在 Java 中存取和更新 Linkedlist 物件的替代方案是使用一個 ListIterator，它是由鏈結串鏈的 listIterator( ) 方法所產生的。這種迭代器提供了區域性的更新方法以及前進和後退的走訪方法。它將「目前位置」視為在第一個元素之前、兩個元素之間、或是最後一個元素之後。也就是說，它使用串列**游標**，類似螢幕游標，它的所在位置是螢幕上的兩個字元中間。java.util.ListIterator 介面包含下列方法：

add(*e*)：在迭代器的目前位置加入元素 *e*。

hasNext( )：若迭代器目前的位置之後存在一個元素，則回傳 *True*。

has Previous( )：若代器目前的位置之前存在一個元素，則回傳 *True*。

previous( )：回傳目前位置的前一個元素 *e*，並將目前位置設為在 *e* 之前。

next( )：回傳目前位置的後一個元素 *e* 並將目前位置設為在 *e* 之後。

nextIndex( )：回傳下一個元素的索引。

previousIndex( )：回傳前一個元素的索引。

rmove( )：將上一個 next 或 previous 運算所回傳的元素移除。

set(*e*)：將上一個 next 或 previous 運算所回傳的元素以 *e* 替換。

使用多個迭代器來改變一個串列的內容是很危險的。假如必須新增、移除、或替換串列中的多個「地方」，使用 position 來標示這些地方會比較安全。但是 java.util.LinkedList 並沒有對使用者曝露出 position 物件。因此，為了避免串列藉由呼叫 iterator( ) 方法產生多個迭代器所導致的修改風險，java.util.Iterator 物件有「快速無效」（fail-fast）的功能，當迭代器之下的容器被無預期地修改時，可以馬上讓此迭代器無效。例如，假如 java.util.Linkedlist 物件 *L* 回傳了五個不同的迭代器，而其中一個更動了 *L*，其他四個會馬上變成無效。也就是說，Java 允許多個串列迭代器同時遍訪一個鏈結串鏈 *L*，但是假如其中一個更動了 *L*（使用 add、set 或 remove 方法），則其他 *L* 的迭代器都會變成無效。同樣地，假如 *L* 被它自己的其中一個更新方法所修改，則 *L* 所有現存的迭代器都會變成無效。

7.5.2　與 Positional List ADT 做比較（Comparison to Our Positional List ADT）

Java 在 java.util.List 介面中提供了類似於陣列型串列，以及節點串列 ADT 的功能。java.util. ArrayList 是以陣列實作；java.util.LinkedList 是以鏈結串列實作。在這兩個實作間有一些取捨，我們將在下一節中探討。

此外，Java 也使用迭代器，類似於節點陣列 ADT 由位置衍生出來的功能。表 7.4 展示了我們的（陣列和位置）串列 ADT 、java.util 中的 List 、以及 ListIterator 介面的對應表，並註記關於 java.util 中的 Arraylist 及 Linked list 類別實作的資訊。

位置串列 ADT	java.util.List Method	ListIterator Method	註記
size( )	size( )		$O(1)$ time
isEmpty( )	isEmpty( )		$O(1)$ time
	get(i)		A is $O(1)$, L is $O(\min\{i,n-i\})$
first( )	listIterator( )		first element is next
last( )	listIterator(size( ))		last element is previous
before(p)		previous( )	$O(1)$ time
after(p)		next( )	$O(1)$ time
set(p, e)		set(e)	$O(1)$ time
	set(i, e)		A is $O(1)$, L is $O(\min\{i,n-i\})$
	add(i, e)		$O(n)$ time
addFirst(e)	add(0, e)		A is $O(n)$, L is $O(1)$
addFirst(e)	addFirst(e)		only exists in L, $O(1)$
addLast(e)	add(e)		$O(1)$ time
addLast(e)	addLast(e)		only exists in L, $O(1)$
addAfter(p, e)		add(e)	insertion is at cursor; A is $O(n)$, L is $O(1)$
addBefore(p, e)		add(e)	insertion is at cursor; A is $O(n)$, L is $O(1)$
remove(p)		remove( )	deletion is at cursor; A is $O(n)$, L is $O(1)$
	remove(i)		A is $O(1)$, L is $O(\min\{i,n-i\})$

表 7.4： positional list ADT、java.util interfaces List 和 ListIterator 介面中方法之對應表。我們使用 A 和 L 做為 java.util.Arraylist 和 java.util. Linked list 的簡稱（或代表它們的執行時間）。

7.5.3　Java 群集架構中基於串列的演算法（List-Based Algorithms in the Java Collections Framework）

Java Collections Framework 除了提供的類別外，還提供許多簡單的演算法。這些演算法是在 java.util.Collections 類別中以靜態方法實現（不要與 java.util.Collection 介面混淆）包含以下方法：

> copy(L_{dest}，L_{src})：將 L_{src} 串列的所有元素複製到相應索引中的 L_{dest} 串列。

> disjoint(C,D)：返回一個布林值，指示集合 C 和 D 是不相交的。

> fill(L,e)：用元素 e 替換串列 L 中的每個元素。

> frequency(C,e)：返回集合 C 中元素等於 e 的數量。

max(C)：返回集合 C 中的最大元素，基於元素的自然排序。

min(C)：返回集合 C 中的最小元素，基於元素的自然排序。

replaceAll(L,e,f)：用元素 f 替換 L 中等於 e 的每個元素。

reverse(L)：反轉串列中元素的順序。

rotate(L,d)：將串列 L 中的元素旋轉 d 次（可以是負值），以圓形方式。

shuffle(L)：對串列 L 中的元素隨機排列

sort(L)：對串列 L 進行排序，使用元素的自然排序。

swap(L, i, j)：交換串列 L 中索引 i 和索引 j 處的元素。

◉ **將串列轉換為陣列**（Converting Lists into Arrays）

串列是一個優美的概念，可以應用在許多不同的環境中，但是有些情況下，如果我們可把串列當陣列使用，那將是非常有用的。幸運的是，java.util.Collection 介面包括以下有用的方法，用來產生陣列，且陣列元素與 Collection 中的相同：

toArray( )：返回 Object 型態元素的陣列，陣列有集合中的所有元素。

toArray(A)：返回一個陣列，陣列元素是此集合型態和 A 相同的所有元素。

如果 collection 是一個串列，那麼返回的陣列所儲存的元素會與原始串列有相同的順序。因此，如果我們有一個有用但基於陣列的方法，要用在串列或其他型態的 collection，只要簡單地使用 toArray( ) 方法來產生代表此 collection 的陣列即可。

◉ **將陣列轉換為串列**（Converting Arrays into Lists）

類似地，能夠將陣列轉換為等價的串列也是有用的。幸運的是，java.util.Arrays 類別提供以下方法：

asList(A)：返回代表陣列 A 的串列，串列元素型態與 A 相同。

此方法返回的串列使用陣列 A 作為其內部儲存體。所以這個串列被保證是一個基於陣列的串列，對串列進行任何修改會自動反映在陣列 A 上。因為有這個副作用，所以在使用 asList 方法時要謹慎，以避免意外後果。但是，只要能謹慎使用，這種方法往往可以節省大量的工作。舉個範例，以下程式可用於隨機排列 Integer 陣列，arr：

```
Integer[ ] arr = {1, 2, 3, 4, 5, 6, 7, 8};        // allowed by autoboxing
List<Integer> listArr = Arrays.asList(arr);
Collections.shuffle(listArr);                      // this has side effect of shuffling arr
```

值得注意的是，傳送到 asList 方法的陣列 A 應該是一個參考型態（因此，在上面的例子中我們使用 Integer 而不是 **int**）。這是因為 List 介面是泛型的，並且要求元素型態為物件。

7.6　習題

加強題

R-7.1　實現 stack ADT，使用陣列型串列做為儲存體。

R-7.2　實現 deque ADT，使用陣列型串列做為儲存體。

R-7.3　證明表 7.1 所列示的執行時間，這些 array list 方法以（非擴展）陣列實現。

R-7.4　java.util.ArrayList 包含一個替換底層陣列的方法，trimToSize( )，新陣列的容量恰等於串列中元素的數量。為我們 7.2 節中動態版本的 ArrayList 類別實現這樣一種方法。

R-7.5　重新證明定理 7.2，假設陣列從 k 增長到 $2k$ 的成本是 $3k$ 網路幣。每個 push 應該用多少網路幣來攤銷增長容量所花費的成本？

R-7.6　考慮使用動態陣列實現 list ADT，但不是將元素複製到雙倍容量的陣列（即從 N 到 $2N$）當達到容量時，我們將元素複製到具有 $[N/4]$ 個額外容量的陣列，容量從 N 到 $N + [N/4]$。證明在這種情況下執行 n 次 push 操作（在末端插入）執行時間仍是 $O(n)$。

R-7.7　假設我們正在維護一個元素集合 C，這樣每次在集合中添加一個新的元素，將 C 的內容複製到一個容量恰好的新陣列型串列。在這種情況下，將 n 個元素添加到一個最初是空集合 C 的執行時間是多少？

R-7.8　動態陣列的 add 方法如程式 7.5，在某些情況效率差。當發生調整大小時，要將所有的元素從舊的陣列複製到新的陣列，然後在 add 方法主體的迴圈敘述還要移動一些元素為新元素騰出空間。設計一個改良版的 add 方法，使得在調整大小時，直接將元素將複製到新陣列的最終位置（也就是說不用移位）。

R-7.9　重新實現 6.1.2 節的 ArrayStack 類別，使用支持無限容量的動態陣列。

R-7.10　描述並實現 positional list 的方法 addLast 和 addBefore，且只能使用下列方法集 {isEmpty, first, last, before, after, addAfter, addFirst}。

R-7.11　假設想用一個方法，indexOf(p)，來擴展 PositionalList 抽象資料型態，該方法返回儲存在位置 p 元素的當前索引。描述如何僅使用 Positional 串列介面的其他方法來實現此方法（不是我們的 LinkedPositionalList 的實現細節）。

R-7.12　假設要用一個方法 findPosition(e) 來擴展 PositionalList 抽象資料型態，該方法返回內容為 e 的第一個位置（如果沒有這樣的位置，則為 null）。描述如何僅使用 Positional 串列介面的其他方法來實現此方法（不是我們的 LinkedPositionalList 的實現細節）。

R-7.13　程式 7.9-7.12 的 LinkedPositionalList 實現沒有做任何錯誤檢查，以測試一個給定的位置 p 是否實際上是該串列的成員。詳細說明呼叫 L.addAfter(p, e) 在串列 L 上產生的效應，位置 p 屬於其他串列 M。

R-7.14　以更好的方式對 FIFO 佇列建模，其中項目可以在到達前端之前就移除，設計一個支持完整的 LinkedPositionalQueue 類別，支持完整的 queue ADT，還有一個 enqueue 方法返回一個位置實例，並支持新方法，remove(p)，從佇列中移除與位置 p 關聯的元素。您可以使用配接器設計模式（adapter design pattern）（第 6.1.3 節），用 LinkedPositionalList 做為儲存體。

R-7.15 描述如何為 positional list 實現一個方法 alternateIterator( )，返回一個迭代器，僅報告那些具有偶數索引的元素。

R-7.16 重新設計 2.2.3 節的 Progression 類別，以便它正式實現 Iterator <Long> 介面。

R-7.17 java.util.Collection 介面包含一個方法 contains(o)，如果集合包含任何等於 Object o 的物件則返回 true。在第 7.2 節的 ArrayList 類別實現這樣一個方法。

R-7.18 java.util.Collection 介面包含一個方法 clear( )，將集合中的元素全部移除。以 7.2 節的 ArrayList 類別實現這個方法。

R-7.19 示範如何使用 java.util.Collections.reverse 方法來反轉物件陣列。

挑戰題

C-7.20 設計用陣列來實現串列，具有固定容量，以循環方式處理陣列使得其在索引 0 處的插入和移除使用的時間為 $O(1)$，和在尾端執行插入和移除一樣。你的實現還應該提供一個恆定時間的 get 方法。

C-7.21 完成之前的練習，使用動態陣列提供無限制容量。

C-7.22 在第 7.5.3 節中，我們示範了 Collections.shuffle 方法，可以對參考型態的陣列重新排列。請直接對 int 值陣列實現 shuffle 方法。你可以使用 Random 類別的 nextInt(n) 方法，返回 0 和 $n-1$ 之間的隨機數，包括 0 和 $n-1$。你的方法應該保證每一個可能的順序是平衡的，其方法的執行時間是多少？

C-7.23 修改第 7.2.1 節中的陣列型串列實現，當實際陣列中的元素個數 n 降到 $N/4$ 以下時，將陣列大小減半，其中 N 是陣列容量。

C-7.24 證明當使用之前那種增長和縮小的動態陣列的方式，則執行以下的 $2n$ 個操作需要 $O(n)$ 個時間：對一個最初為空的串列在尾端執行 n 次插入，接著是 n 次移除，每次都是從末端移除。

C-7.25 證明，在最初為空的動態陣列上執行 n 次 push 或 pop 操作（即在尾端執行插入或移除）需要 $O(n)$ 時間，使用習題 C-7.23 中描述的方法。

C-7.26 考慮習題 C-7.23 的變體，當陣列中的元素量低於 $N/4$，就將陣列的大小調整成實際容量。證明在最初的空動態陣列上執行 n 個 push 或 pop 操作所需的執行時間為 $O(n)$。

C-7.27 考慮練習 C-7.23 的變體，當陣列中的元素量低於 $N/2$，就將陣列的大小調整成實際容量。證明在最初為空動的態陣列上執行 n 個 push 或 pop 操作所需的執行時間為 $\Omega(n^2)$。

C-7.28 描述如何使用兩個堆疊做為實例變數來實現 queue ADT，使所有 queue 的操作攤銷的 $O(1)$ 時間執行。對攤銷界限提出證明。

C-7.29 重新實現 6.2.2 節中的 ArrayQueue 類別，使用動態陣列來支持無限容量。處理循環陣列時要特別小心。

C-7.30 假設我們要擴展 PositionalList 介面，增加一個方法：positionAtIndex(i)。該方法返回索引 i 元素的 position（或拋出 IndexOutOfBoundsException，如果 i 越界）。說明如何

實現這個方法，只使用 PositionalList 介面，遍訪串列前面適當數量的元素。

C-7.31 重複上述問題，利用串列大小，從尾端開始遍訪串列，直到所需的索引。

C-7.32 解釋要如何實現 PositionalList ADT，以支持第 7.1 節中描述的串列 ADT，假設要實現 PositionAtIndex(i) 方法，這部份已在習題 C-7.30 提出。

C-7.33 假設我們想用一個方法 moveToFront(p) 來擴展 PositionalList 抽象資料型態，將位置 p 處的元素移動到串列的前端（如果不在那裡），同時保持剩餘元素的相對順序不變。描述如何僅使用 PositionalList 介面現有的方法來實現此方法（不是 LinkedPositionalList 實現的細節）。

C-7.34 重做前個問題，但在 LinkedPositionalList 類別內提供一個實現，該類別不會建立或銷毀任何節點。

C-7.35 修改 LinkedPositionalList 實現以支持 Cloneable 介面，如第 3.6 節所述。

C-7.36 描述使用非遞迴方法於反轉位置串列，此串列以雙向鏈結串列構成使用單次遍訪。

C-7.37 7.3.3 節描述了一種用於實現位置的基於陣列的表示列出 ADT。寫出 addBefore 方法的虛擬程式碼。

C-7.38 描述對於 $2n$ 個元素的串列執行洗牌動作，並轉換成兩個串列。洗牌是將串列 L 切割成兩個串列 L_1 和 L_2，其中 $L1$ 是 L 的前半部分，L_2 是後半部分的 L，然後這將這兩個串列合併，合併方式是取 $L1$ 的第一個元素，然後 L_2 的第一個元素，其次是 L_1 的第二個元素，L_2 的第二個元素，等等。

C-7.39 如何重新設計 LinkedPositionalList 類別以檢測在習題 R-7.13 描述的錯誤。

C-7.40 修改 LinkedPositionalList 類別以支持方法 swap(p, q)，將位置 p 和 q 的底層節點交換。重新鏈結現有節點；不要建立任何新節點。

C-7.41 如果大部分項目為空，則陣列是稀疏的。串列 L 可有效率地實現這樣一個陣列，A。特別地，對於每個非空儲存格 $A[i]$，我們可以在 L 儲存一個數對 (I, e)，其中 e 是儲存在 $A[i]$ 的元素。這種方法使我們能夠將 A 的使用空間以 $O(m)$ 表示，其中 m 是 A 中的非空項目數。描述和分析執行陣列型串列方法的有效方式，維持使用空間為 $O(m)$。

C-7.42 設計一個循環的位置串列 ADT，它提取循環鏈結串列的方式和位置串列 ADT 提取雙向鏈結串列的方式相同。

C-7.43 在類別 LinkedPositionalList 實現 listiterator( ) 方法，返回的物件支持 java.util. ListIterator 介面，如第 7.5.1 節所述。

C-7.44 描述建立快速失敗的串列迭代器方案，一旦底層串列發生變化，則所有迭代器都會變為無效。

C-7.45 有一個簡單的演算法，叫做泡沫排序（bubble-sort），用於對串列 L 元素進行排序。該演算法掃描串列 $n-1$ 次，其中，在每次掃描中，該演算法將當前元素與下一個元素進行比較，如果順序不對則進行交換。假設 L 用雙向鏈結串列來實現出，寫一段儘可能有效率的虛擬程式，將 L 以泡沫排序法排序，演算法的執行時間為何？

C-7.46 重做練習 C-7.45。假設 L 用陣列型串列實現

C-7.47 在資料庫系統中常用的一個運算稱為「自然合併」（natural join）。假如我們將資料庫視為經排序的物件組成的串列，則資料庫 A 以及 B 的自然合併為有序三元對 (x,y,z)，其中 (x,y) 在 A 中，(y,z) 在 B 中對。描述並分析一個有效率的演算法，將 n 對元素的串列 A 與 m 對元素的串列 B 做自然合併。

C-7.48 Bob 想要在網路上傳送一個訊息 M 給 Alice，他會將 M 切成 n 個封包，將這些封包連續編號並傳送出去。當 Alice 收到這些封包時，它們的次序可能已經弄混了，因此 Alice 需要重新組合 n 個封包，才能確認她已經收到整個訊息了。請描述一個有效率的演算法來執行這個動作。請問設計出來的演算法的執行時間為何？

專案題

P-7.49 開發實驗，使用類似於 4.1 節中的技術進行測試，連續 n 次呼叫 ArrayList 的 add 方法，在以下三種情況下，用各種不同的 n 測試：

a. 每次加入都在索引 0 處進行。

b. 每次加入都在 index size( ) / 2 處進行。

c. 每次加入都在索引 size( ) 處進行。

P-7.50 重新實現 LinkedPositionalList 類別，以便報告無效的位置，執行環境在習題 R-7.13 中描述。

P-7.51 實現一個 CardHand 類別，代表可被一個人持有的撲克牌。模擬器應該使用單個 positional listADT 代表卡序列，使得同一套撲克牌保持在一起。實行這個策略，牌色有紅心、梅花、黑桃和鑽石，讓發牌和出牌可在恆定時間內完成。該類別應該支持以下方法：

- addCard(r, s)：發一張牌到手中，點數為 r，花色為 suit。
- play(s)：從玩家的手中取出並返回花色為 s 的牌；如果沒有該花色則從手中取出任意一張牌。
- iterator( )：返回當前手中所有牌的迭代器。
- suitIterator(s)：針對花色 s，返回所有該花色牌的迭代器。

P-7.52 寫一個簡單的文字編輯器，使用 positional listADT 儲存並顯示一串字元，文字編輯器中有游標物件以突顯字串位置。編輯者必須支持以下操作：

- left：將游標向左移動一個字元（如果開始，則不執行任何操作）。
- right：將游標向右移動一個字元（如果結束，則不執行任何操作）。
- insertc：在游標後面插入字元 c。
- delete：移除游標後的字元（如果游標未在檔案結束處）。

後記

將資料結構當作群集來使用（其他物件導向設計原則）可以在 Booch [16]，Budd [19] 和 Liskov 的物件導向設計書中找到。串列和迭代器是 Java Collections Framework 中普遍的概念。我們的 positional list ADT，主要是參考 Aho, Hopcroft, 和 Ullman [6], 和 Wood [100] list ADT 等提出的 "position" 抽象概念。以陣列和鏈結串列實現串列，這部份可參考 Knuth [60]。

Memo

Chapter

8

樹結構

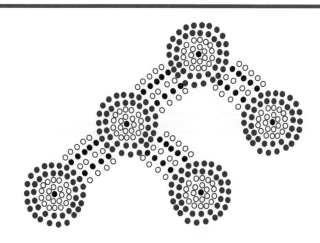

目錄

8.1 樹的定義和性質（Trees Definitions and Properties）

樹（**tree**）是一種以階層方式儲存各元素的抽象資料型態。除了最頂層的元素之外，樹中的每個元素都其有**父**（**parent**）元素以及零個或多個**子**（**children**）元素。樹通常可以用圖形化的方式顯現出來：將樹的各元素放置在橢圓形或矩形格子中，並且以一條直線連接父元素以及子元素。（請參看圖 8.1）我們通常稱最頂層的元素爲樹的**根**（**root**），不過在繪製樹的圖形時會將根畫成最高的元素，在它下面則連接著其他各元素（剛好和眞實的樹的圖形相反）。

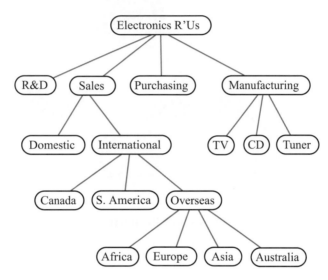

圖 8.1： 有 17 個節點的樹，用來表示一個虛構的公司組織，根節點中儲存 *Electronics R'Us*，其子節點儲存 *R&D*、*Sales*、*Purchasing* 和 *Manufacturing*。內部節點中儲存 *Sales*、*International*、*Overseas*、*Electronics R'Us* 以及 *Manufacturing*。

我們正式定義樹 *T* 爲一組用來儲存元素的**節點**（**nodes**），這些節點具有**父 - 子**（**parent-child**）關係，並滿足下列特性：

- 假如 *T* 爲非空的，則會有一個特殊的節點，稱爲 *T* 的**根**（**root**），根沒有父節點。
- 除了根以外的每一個節點，都具有一個唯一的**父節點**（**parent node**）*w* ，而每一個父節點爲 *w* 的節點，都稱爲 *w* 的**子節點**（**child node**）。

請注意，根據定義，樹可以爲空的，意謂著它沒有任何節點。根據這樣的定義，我們也可以用遞迴的方式定義樹：樹 *T* 可以爲空的，或包含一個節點 *r*，此節點稱爲 *T* 的根，以及一群以 *r* 爲根節點的子樹集合（可能爲空的）。

◉ **其他節點關係**（Other Node Relationships）

同一父節點的子節點稱爲**兄弟**（**siblings**）節點。假如 *v* 沒有子節點，將節點 *v* 稱爲**外部節點**（**external node**）。假如 *v* 有一或多個子節點，將節點 *v* 稱爲**內部節點**（**intenal node**）。外部節點也稱爲樹的**葉節點**（**leaves node**）。

範例 8.1：在大部分作業系統中，檔案是以階層化的方式組織到巢狀目錄中（也稱為資料夾），此巢狀目錄會以樹的型式呈現在使用者面前。在圖 8.2 中，可回顧前面章節的例子。樹的內部節點代表目錄，而外部節點則代表普通的檔案。在 Unix/Linux 作業系統中，樹的根節點被稱為根目錄，並且以符號 / 表示。

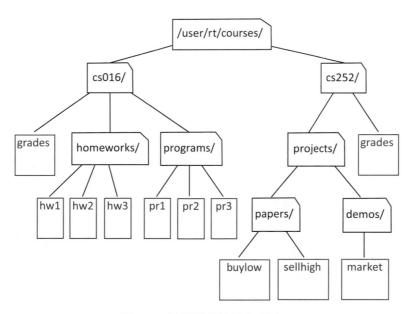

圖 8.2：以樹呈現的檔案系統。

我們稱節點 u 為節點 v 的**祖先**（*ancestor*），假如 $u = v$ 或 u 為 v 的父節點的祖先。相反地，我們稱節點 v 為節點 u 的**後代**（*descendent*），如果 u 是 v 的祖先。例如，在圖 8.2 中，cs252 / 為 papers / 的祖先，而 pr3 為 cs016 / 的後代。在 T 中以 v 為根節點的**子樹**（*subtree*），包含 v 的所有後代（包括 v 本身）。在圖 8.2 中，以 cs016 / 為根的子樹包含了 cs016 / 、grades、homewoks / 、pograms / 、hwl、hw2、hw3、prl、pr2 以及 pr3。

◉ **樹的邊與路徑**（Edges and Paths in Trees）

樹 T 的**邊**（*edge*）是一對節點 (u, v)，其中 u 為 v 的父節點，或反之亦然。樹 T 的**路徑**（*path*）則為一個由節點所組成的序列，在此序列中，任意兩個相鄰的節點可形成一個邊。例如，圖 8.2 中包含有一個路徑：（cs252/, projects/, demos/, market）。

◉ **有序樹**（Ordered Trees）

一顆樹稱為**有序樹**（*ordered tree*），條件是樹的每個子節點都定義有一個**線性次序**（*linear order*），也就是說，如果一個節點的子節點都可以辨識出為第一個、第二個、第三個等等。通常我們會由左到右依序排列這些兄弟節點。

範例 8.2：一個結構化的文件，譬如說書，具有像樹一般的階層化組織，其中章、節和子節就是內部節點，段落、表格、圖形以及參考書目等等，就是外部節點。（請參看圖 8.3）而樹的根就是書本身。事實上，可以進一步將樹展開，顯示段落，段落中有句子，句子包含些單字，單字包含些字元等結構。上述的樹為有序樹的一個例子，因為其中每個節點的子節點之間，有著明確的前後順序。

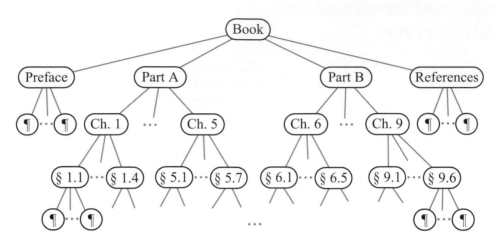

圖 8.3：與書相關聯的有序樹。

讓我們回顧一下迄今為止所描述過樹的範例，並思考子節點順序的重要性。譬如，家譜樹，用來描述一個家族的世代關係，通常以有序樹來塑模，兄弟姐妹根據出生日排序。

相較之下，公司的組織結構圖，如圖 8.1 所示，被認為是無序的樹。同樣，當使用一顆樹描述一個繼承層次結構，如圖 2.6 所示，在父類別的子類別之間，順序沒有特別的意義。最後，我們考慮使用一棵樹來對電腦的檔案系統進行塑模，如圖 8.2 所示。雖然作業系統通常以特定順序（例如：按字母順序、按時間順序）顯示目錄內容，這種順序通常不是檔案系統固有的表示方式。

8.1.1　樹抽象資料型態（The Tree Abstract Data Type）

正如在 7.3 節中對 position 串列所做的那樣，使用 ***position***（**位置**）作為樹的節點，用此結構來定義樹 ADT。元素儲存在每個 position 中，position 滿足樹結構的父子關係。樹的 position 物件支援下列方法：

> getElement( )：返回儲存在此 position 的元素。

然後樹 ADT 支援以下**存取方法**（***accessor methods***），允許用戶巡訪樹 T 的各個position：

> root( )：返回樹根的 position（或如果為空，則返回 null）。
>
> parent(p)：返回 position p 的父 position（如果 p 是根，則返回 null）。
>
> children(p)：返回包含 position p 的可迭代群集（iterable collection）（如果有的話）。
>
> numChildren(**p**)：返回 position p 的子節點數。

如果 T 是有序樹，那麼 children(p) 函式就按照 p 的順序輸出。

除了上述基本的存取方法之外，樹也支援以下查詢方法：

isInternal(p)：如果 position p 至少有一個子節點，則返回 true。

isExternal(p)：如果 position p 沒有任何子節點，則返回 true。

isRoot(p)：如果 position p 是樹的根，則返回 true。

這些方法使得寫程式更加容易，程式的可讀性也會比較高，因為在程式中我們可以用 **if** 敘述和 **while** 敘述使用這些方法。樹支持一些更通用的方法，與樹的具體結構無關。這些方法有：

size( )：返回樹中的 position（元素）數。

isEmpty( )：如果樹不包含任何 position，則返回 true（沒有元素）。

iterator( )：返回樹中所有元素的迭代器，樹本身是 Iterable（可迭代的）。

positions( )：返回由樹所有 position 組合成的可迭代群集。

如果將無效 position 作為參數傳送給樹的任何方法，則會拋出異常：IllegalArgumentException。

目前還沒有定義任何建立或修改樹的方法。我們慣於在定義了特定樹的介面實現後，才來描述樹的不同的更新方法以及樹的具體應用。

Java 中的樹介面（A Tree Interface in Java）

在程式 8.1 中，使用 Tree 介面來定義樹 ADT。我們依賴 Position，就像 7.3.2 節中的 position 串列類別。請注意，宣告 Tree 介面來擴展 Java 的 Iterable 介面（我們宣告了 iterator( ) 方法）。

```
1   /** An interface for a tree where nodes can have an arbitrary number of children. */
2   public interface Tree<E> extends Iterable<E> {
3       Position<E> root( );
4       Position<E> parent(Position<E> p) throws IllegalArgumentException;
5       Iterable<Position<E>> children(Position<E> p)
6                                   throws IllegalArgumentException;
7       int numChildren(Position<E> p) throws IllegalArgumentException;
8       boolean isInternal(Position<E> p) throws IllegalArgumentException;
9       boolean isExternal(Position<E> p) throws IllegalArgumentException;
10      boolean isRoot(Position<E> p) throws IllegalArgumentException;
11      int size( );
12      boolean isEmpty( );
13      Iterator<E> iterator( );
14      Iterable<Position<E>> positions( );
15  }
```

程式 8.1：樹介面的定義。

Java 中的 AbstractTree 基礎類別（An AbstractTree Base Class in Java）

在 2.3 節中，我們討論了 Java 中介面和抽象類別的作用。雖然介面是一種類別型態定義，包括各種以 public 宣告的方法，介面只能宣告方法，不能有這些方法的具體實現。但是，**抽象類別**可以定義一些具體方法，也可定義沒具體實現的抽象方法。

在繼承架構，抽象類別被設計作為基礎類別，並可具體實現一個或多個介面。當介面的一些功能在一個抽象類別中實現，應具體實現的工作就所剩不多了。標準的 Java 程式庫有許多這樣的抽象類別，包括 Java Collections Framework 中的幾個。為讓使用者清楚所提供類別的目的，這些類別通常以 Abstract 開頭。例如，AbstractCollection 類別，實現一些 Collection 介面的功能；AbstractQueue 類別實現 Queue 介面的一些功能；AbstractList 類別實現 List 介面的一些功能。

前面已經定義了 Tree 介面，現在將定義一個 AbstractTree 基礎類別，這麼做是為了在基礎類別內提供一些演算法，這些演算法和樹的底層所使用的資料結構無關。其實，要具體實現一棵樹，只要實現三個基本方法：root( )、parent(p) 和 children(p) 就可以，其他 Tree 介面需要實現的方法，在 AbstractTree 基礎類別中就已經實現。

程式 8.2 提供了一個 AbstractTree 基礎類別的初始實現，該類別提供了 Tree 介面所需最簡單的方法。我們會在第 8.4 節才討論一般樹的遍訪演算法，在 AbstractTree 類別中產生 position( ) 迭代器。和在第 7 章的 position 串列 ADT 一樣，對樹中 position 的巡訪只要對樹的元素產生迭代器就可很容易實現，甚至可確定樹的大小（後面對樹的具體現將提供更直接計算大小的方法）。

```
1    /** An abstract base class providing some functionality of the Tree interface. */
2    public abstract class AbstractTree<E> implements Tree<E> {
3        public boolean isInternal(Position<E> p) { return numChildren(p) > 0; }
4        public boolean isExternal(Position<E> p) { return numChildren(p) == 0; }
5        public boolean isRoot(Position<E> p) { return p == root( ); }
6        public boolean isEmpty( ) { return size( ) == 0; }
7    }
```

程式 8.2：AbstractTree 基礎類別的初始實現。（本章後面各節繼續添加其他功能。）

8.1.2　計算深度和高度（Computing Depth and Height）

p 是樹 T 中的一個 position。p 的深度是 p 的祖先數量，不包括 p 本身。例如，在圖 8.1 的樹中，儲存 *International* 的節點深度是 2。注意這個定義意味著 T 的根節點深度值為 0。p 的深度也可以遞迴地定義如下：

- 如果 p 是根，則 p 的深度為 0。
- 否則，p 的深度是一加上 p 的父節點的深度。

基於這個定義，我們在程式 8.3 用一個簡單的遞迴演算法定義 depth 方法，計算樹 T 中 position p 的深度。此方法對父節點 p 執行身遞迴呼叫，此方法返回的值為：將遞迴呼叫返回的值加 1。

對 position p 執行 depth(p) 的執行時間爲 $O(d_p +1)$，其中 d_p 代表 p 在樹中的深度，演算法對每個父節點遞迴步驟執行的時間是恆定的。因此，演算法 depth(p) 最壞情況下執行時間爲 $O(n)$，其中 n 是樹 T 的所有 position 總數，最壞情況發生在所有節點形成單個分支，此時 T 的深度爲 $n - 1$。雖然這樣的執行時間是輸入大小的函數，但使用 d_p 做爲參數會更精準，因爲該參數可能遠小於 n。

```
1    /** Returns the number of levels separating Position p from the root. */
2    public int depth(Position<E> p) {
3        if (isRoot(p))
4            return 0;
5        else
6            return 1 + depth(parent(p));
7    }
```

程式 8.3：方法 depth，在 AbstractTree 類別中實現。

◉ 高度（Height）

接下來定義樹的**高度**（***height***）。樹的高度等於其 position 深度的最大值（如果樹爲空，則深度爲零）。例如，圖 8.1 的樹，高度爲 4，因爲 *Africa* 節點（及其兄弟節點）深度爲 4。很容易看到出來，最大深度的 position 必定是葉節點。

在程式 8.4 中，提出了一種基於這個定義計算樹高度的方法。不幸的是，這個方法不是很有效率，所以將演算法命名爲 heightBad，並將其宣告爲 AbstractTree 類別的私有方法（使其不能被別人使用）。

```
1    /** Returns the height of the tree. */
2    private int heightBad( ) {                    // works, but quadratic worst-case time
3        int h = 0;
4        for (Position<E> p : positions( ))
5            if (isExternal(p))                     // only consider leaf positions
6                h = Math.max(h, depth(p));
7        return h;
8    }
```

程式 8.4：AbstractTree 類別的方法 heightBad。注意這個方法會呼叫程式 8.3 的 depth 方法。

雖然我們還沒有定義 position( ) 方法，我們將它實現成整個迭代運算在 $O(n)$ 時間內執行，其中 n 是樹 T 的 position 數。因爲 heightBad 對 T 的每個葉節點呼叫演算法 depth(p)，其執行時間爲 $O(n + \sum_{p \in L}(d_p + 1))$，其中 L 是葉節點的集合。在最壞的情況下，總和 $\sum_{p \in L}(d_p + 1)$ 與 n^2 成正比 (習題 C-8.27)。因此，演算法 heightBad 在最壞情況下執行時爲 $O(n^2)$。

我們可以用更有效率的方式計算樹的高度，讓計算程序在最壞情況下執行時間爲 $O(n)$，這部份得使用遞迴定義。爲此，使用基於樹中的 position 來參數化一個函數，並計算出以 position p 爲根的子樹的高度。現在，我們正式定義樹 T 中 position p 的高度：

- 如果 p 是葉節點，p 的高度為 0。
- 否則，p 的高度比的 p 的子節點的高度多 1。

以下定理涉及我們對樹的高度的原始定義，使用樹的根位置，遞迴定義高度。

定理 8.3：非空樹 T 中根的高度，根據遞迴定義，等於樹 T 的所有樹葉中的最大深度。

我們將這個定理的證明留給習題 R-8.2。

以遞迴演算法實現某位置 p 的子樹高度計算在程式 8.5 中完成。非空樹整體高度計算可以通過發送樹的根節點作為參數來完成。

```java
1   /** Returns the height of the subtree rooted at Position p. */
2   public int height(Position<E> p) {
3       int h = 0;                                  // base case if p is external
4       for (Position<E> c : children(p))
5           h = Math.max(h, 1 + height(c));
6       return h;
7   }
```

程式 8.5：AbstractTree 類別的方法 height，計算 position p 子樹的高度。

瞭解為什麼方法 height 比方法 heightBad 更有效率這是很重要的。該演算法是遞迴的，並以從上到下的方式進行。如果最初該方法在 T 的根上呼叫，最終 T 的每個 position 都會被呼叫一次。這是因為根節點最終會以遞迴走訪每個子節點，子節點又以遞迴走訪其每個子節點，等等。

我們可用加總的方式，來確定遞迴高度演算法的執行時間，加總的對象是所有 position 花費在非遞迴的每個呼叫（回顧第 5.2 節關於遞迴過程的分析）。在我們的實現中，每個 position 有固定的工作量，加上迭代計算子節點最大值的工作量。雖然我們還沒有具體實施 children(p)，我們假設這樣的迭代運算是在 $O(c_p +1)$ 時間執行，其中 c_p 表示 p 的子節點數。演算法 height(p) 在每個 position p 花費 $O(c_p + 1)$ 時間來計算最大值，其總體執行時間為 $O(\sum_p(c_p + 1)) = O(n + \sum_p c_p)$。為了完成分析，我們利用以下性質。

定理 8.4：令 T 為具有 n 個 position 的樹，c_p 表示數 T 的中 position p 的子節點數量。然後，對 T 的 position 進行加總 $\sum_p c_p = n - 1$。

證明：T 的每個 position，除了根，都是另一個 position 的子節點，對上述加總的影響度為一個單位。∎

根據定理 8.4，演算法 height 用在 T 的根節點的話，執行時間是 $O(n)$，其中 n 是 T 的 position 數。

8.2 二元樹（**Binary Trees**）

二元樹（***binary tree***）為具有下列特性的有序樹：

1. 每一個節點最多有兩個子節點。
2. 每一個子節點會被標示為**左子節點**（***left child***）或**右子節點**（***right child***）。
3. 在節點的順序上，左子節點會排在右子節點之前。

以內部節點 v 的左子節點或右子節點為根的子樹，分別稱為 v 的**左子樹**（***left subtree***）或**右子樹**（***right subtree***）。如果一個二元樹中的每個內部節點都有零個或兩個子節點，則稱它為**完全的**（***proper***）。有些人也稱這樣的樹為**完全二元樹**（***full binarytrees***）。因此，在完全二元樹中，每一個內部節點都具有正好兩個子節點。非完全的二元樹則為**不完全的**（***improper***）。

範例 8.5：二元樹有一個重要的類別，它用來表示當我們回答一系列的是或否問題時，會產生的許多不同結果。每一個內部節點屬於一個問題。從根節點開始，我們依照問題的答案為是或否來決定要走向左子節點或右子節點。在做每一個決策時，我們跟隨著一個由父節點到子節點的邊（edge），最後在樹中產生一個由根到外部節點的路徑（path）。這種二元樹被稱為**決策樹**（***decision trees***），因為樹中的每一個外部節點 p 代表了該怎麼做的一個決策，而 p 的祖先答詢則導致通往 p 的路。決策樹為完全二元樹。圖 8.4 展示了一個決策樹，用來對未來的投資者提供一些建議。

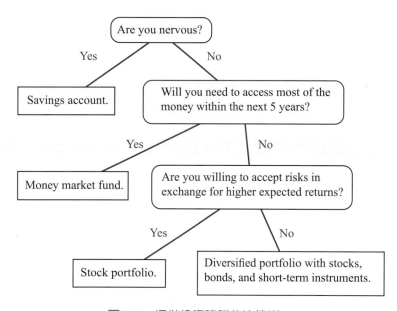

圖 8.4：提供投資建議的決策樹。

範例 8.6：算術運算式可以表示成樹狀結構，其中外部節點代表變數或常數，內部節點代表＋、－、× 和 / 等運算子，參看圖 8.5。在這種樹中的每個節點都有一個與它相結合的值。

- 如果節點是外部節點，則其值為它所代表的變數或常數的值。
- 如果節點是內部節點，則其值為：以此節點所代表的運算子和子節點的值作為運算元，計算後所得到的值。

　　因為這種算術運算樹的每一個＋、−、× 和 / 運算子都恰好擁有兩個運算元，所以這種運算樹是一個完全二元樹。當然，如果這種算術運算樹允許單元運算元子存在，例如 − x 中的負號（−），則會產生不完全二元樹。

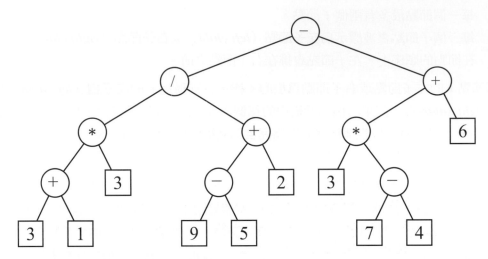

圖 8.5：以二元樹表示算術運算式。這棵樹代表 $((((3+1) *3)/((9-5)+2))-((3 *(7-4))+6))$。與內部節點 "/" 相關聯的值是 2。

◉ **遞迴的二元樹定義**（A Recursive Binary Tree Definition）

順帶一提，二元樹也可以用遞迴的方式來定義。二元樹是：

* 一棵空的樹。
* 具有根節點 r 的非空樹，儲存一個元素和兩個二元樹，兩個二元樹分別是 r 的左右子樹。我們注意到這個定義中的一個或兩個子樹可以是空的。

8.2.1　二元樹抽象資料型態（The Binary Tree Abstract Data Type）

作為抽象資料型態，二元樹是一個特殊化的樹，支援三個額外的存取方法（accessor methods）：

> left(p)：返回 p 的左邊子節點的 position（如果 p 沒有左子節點，則返回 null）。
>
> right(p)：返回 p 的右邊子節點的 position（如果 p 沒有右子節點，則返回 null）。
>
> sibling(p)：返回 p 的兄弟 position（如果 p 沒有兄弟節點，則返回 null）。

和 8.1.1 節的樹 ADT 一樣，我們先不定義專用的更新方法，在具體實現和應用二元樹的時候，才思考一些可能的更新方法。

◉ 定義二元樹介面（Defining a BinaryTree Interface）

程式 8.6 通過定義 BinaryTree 的 Java 介面來形式化二元樹。該介面擴展了 8.1.1 的 Tree 介面，增加了三個新行為。這樣，一個二元樹就具有一般樹定義的所有功能（例如：root、isExternal、parent），另外還具有三個新行為：left、right 和 sibling。

```
1    /** An interface for a binary tree, in which each node has at most two children. */
2    public interface BinaryTree<E> extends Tree<E> {
3      /** Returns the Position of p's left child (or null if no child exists). */
4      Position<E> left(Position<E> p) throws IllegalArgumentException;
5      /** Returns the Position of p's right child (or null if no child exists). */
6      Position<E> right(Position<E> p) throws IllegalArgumentException;
7      /** Returns the Position of p's sibling (or null if no sibling exists). */
8      Position<E> sibling(Position<E> p) throws IllegalArgumentException;
9    }
```

程式 8.6：BinaryTree 介面擴展了程式 8.1 中的 Tree 介面。

◉ 定義 AbstractBinaryTree 基礎類別（Defining an AbstractBinaryTree Base Class）

我們繼續使用抽象基礎類別來提升內部程式的再利用性，程式 8.7 中提供的 AbstractBinaryTree 類別繼承第 8.1.1 節的 AbstractTree 類別。AbstractBinaryTree 類別提供了更多的具體方法，這些方法可以被新宣告的 left 和 right 方法繼承使用（AbstractBinaryTree 類別保持抽象）。

新的 sibling 方法由 left、right 和 parent 三個方法組合所產生。通常，我們將 position p 的兄弟節點看成是 p 的父節點的 " 其他 " 子節點。但是，如果 p 是根節點，或者 p 是父節點唯一的子節點，則 p 不具有兄弟節點。

我們還可以使用尚未實作的 left 和 right 方法來提供 numChildren 和 children 方法的具體實現，它們是原始樹介面的一部分。使用第 7.4 節的術語，實現 children 方法依賴于產生**快照**（*snapshot*）。我們建立一個空的 java.util.ArrayList，java.util.ArrayList 在程式領域向來被認為是一個可迭代的容器，然後添加任何存在的子節點，並以有序方式安排節點，左節點比右節點優先。

```
1    /** An abstract base class providing some functionality of the BinaryTree interface.*/
2    public abstract class AbstractBinaryTree<E> extends AbstractTree<E>
3                                              implements BinaryTree<E> {
4      /** Returns the Position of p's sibling (or null if no sibling exists). */
5      public Position<E> sibling(Position<E> p) {
6        Position<E> parent = parent(p);
7        if (parent == null) return null;              // p must be the root
8        if (p == left(parent))                        // p is a left child
9          return right(parent);                       // (right child might be null)
10       else // p is a right child
11         return left(parent);                        // (left child might be null)
12     }
13     /** Returns the number of children of Position p. */
14     public int numChildren(Position<E> p) {
```

```
15       int count=0;
16       if (left(p) != null)
17          count++;
18       if (right(p) != null)
19          count++;
20       return count;
21     }
22     /** Returns an iterable collection of the Positions representing p's children. */
23     public Iterable<Position<E>> children(Position<E> p) {
24     List<Position<E>> snapshot = new ArrayList<>(2);            // max capacity of 2
25     if (left(p) != null)
26        snapshot.add(left(p));
27     if (right(p) != null)
28        snapshot.add(right(p));
29     return snapshot;
30     }
31   }
```

程式 8.7：AbstractBinaryTree 類別，擴展程式 8.2 中的 AbstractTree 類別，並實現程式 8.6 中的 BinaryTree 介面。

8.2.2 二元樹的屬性（Properties of Binary Trees）

二元樹有幾個有趣的特質，關係到它們的高度以及節點的數量。我們將樹 T 中在同一深度 d 的全部節點，表示為 T 的**階層（level）**d。在二元樹中，階層 0 只有一個節點（根節點），階層 1 最多有兩個節點（根節點的子節點），階層 2 最多有四個節點，以此類推。（請參看圖 8.6）一般來說，階層 d 最多有 2^d 個節點。

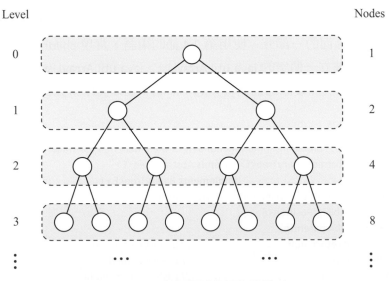

圖 8.6：二元樹各階層的最大節點數。

可以看到在二元樹的階層中,當我們往樹的下方走,節點的最大個數會呈指數式成長。從這個簡單的觀察,可以得知下列關於二元樹高度以及節點數量的性質。這個性質的證明我們留給習題 R-8.7。

定理 8.7:T 為一個非空的二元樹,n、n_E、n_I 和 h 分別為 T 節點的數量、外部節點的數量、內部節點的數量,以及高度。則 T 具有下列性質:

1. $h + 1 \leq n \leq 2^{h+1} - 1$
2. $1 \leq n_E \leq 2^h$
3. $h \leq n_I \leq 2^h - 1$
4. $\log(n + 1) - 1 \leq h \leq n - 1$

同樣地,假如 T 是完全二元樹,則有下列性質:

1. $2h + 1 \leq n \leq 2^{h+1} - 1$
2. $h + 1 \leq n_E \leq 2^h$
3. $h \leq n_I \leq 2^h - 1$
4. $\log(n + 1) - 1 \leq h \leq (n-1)/2$

◉ 將完全二元樹的內部節點與外部節點搭上關係(Relating Internal Nodes to External Nodes in a Proper Binary Tree)

二元樹除了上述的特質以外,完全二元樹的內部節點和外部節點之間還有如下的關係:

定理 8.8:一個非空的完全二元樹 T,有 n_E 個外部節點和 n_I 個內部節點,則 $n_E = n_I + 1$。

證明:藉由下列的方式來證明這個定理:從 T 中移除節點,並將它們分成兩堆:內部節點堆和外部節點堆,直到 T 變成空的。兩邊的節點堆一開始都是空的。最後,外部節點堆會比內部節點堆多一個。可思考以下兩種狀況:

狀況 1:假如 T 只有一個節點 v,我們將 v 移除,並將它放到外部節點堆中。如此一來,外部節點堆有一個節點,而內部節點堆為空的。

狀況 2:否則(T 超過一個節點),我們從 T 中移除(任意)一個外部節點 w 以及 w 的父節點 v,其中 v 為內部節點。我們將 w 放到外部節點堆,而 v 放到內部節點堆中。如果 v 有父節點 u,則將 u 和原本 w 的兄弟節點 z 重新鏈結在一起,如圖 8.7 所示。這個操作會同時移除一個內部節點和一個外部節點,並且使樹保持為完全二元樹。重複這個操作,我們最後會得到一個只有一個節點的樹。請注意,在一系列的操作後,到達這顆樹最後節點的過程中,我們移除了相同數目的外部節點和內部節點,並將它們放到各自的堆中。現在,我們將這棵樹的最後節點移除,並將它放到外部節點堆。因此,外部節點堆會比內部節點堆多一個。 ∎

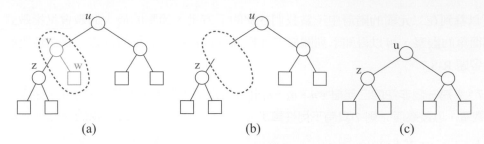

圖 8.7：移除外部節點及其父節點的操作，用來證明定理 8.8

　　請注意，一般來說，上述的關係不適用於不完全二元樹，以及非二元樹。然而這些樹有一些其他的有趣關係。（見習題 C-8.26 到 C-8.28）。

8.3　樹的表示方式（Tree Representations）

本章之前定義的 AbstractTree 和 AbstractBinaryTree 類別都是抽象基礎類別。雖然它們都提供了很多支援，都不能直接產生實體。我們還沒有討論在內部實現樹的關鍵細節，以及如何有效地在父節點和子節點間巡訪。

　　樹的內部表示方式有幾種選擇。本節我們描述最常見的表示方式。我們從一顆二元樹開始，因為二元樹有嚴格的形狀定義。

8.3.1　二元樹的鏈結結構（Linked Structure for Binary Trees）

樹的一種自然呈現方式是使用**鏈結結構**（*linked structure*）。其中我們使用 position 物件來表示樹中的一個節點 p（見圖 8.8a），和 p 的子節點和父節點。假如 v 是 T 的根節點，則它的 parent 欄位為 null。假如 v 沒有左子節點（或是右子節點），則相關欄位為 null。樹 T 自己維護一個實例變數 size，用來儲存 T 的節點數。圖 8.8b 所示即為二元樹的鏈結結構表示法。

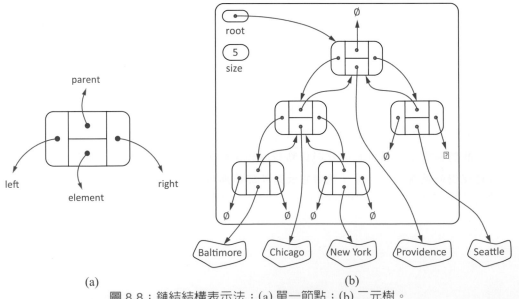

圖 8.8：鏈結結構表示法：(a) 單一節點；(b) 二元樹。

◉ **更新鏈結二元樹的操作**（Operations for Updating a Linked Binary Tree）

Tree 和 BinaryTree 介面定義了各種檢查樹的方法，但卻沒有宣告任何更新方法。假設一個新的建立的樹是空的，我們希望能有改變樹結構內容的方法。

　　雖然封裝原理表明了抽象資料型態的**外向行為**（*outward behaviors*）不需要依賴內部表示方式，但各項操作的執行效率在很大程度上取決於內部表示方式。我們因此更喜歡每個樹類別的具體實現能對樹的更新提供最佳支援。在鏈結二元樹的情況下，我們建議支援下列更新方法：

> addRoot(e)：為空樹建立一個根節點，儲存 e 作為元素，並返回根節點的 position，如果樹不是空的，則產生錯誤。
>
> addLeft(p,e)：建立 position p 的左子節點，儲存元素 e，返回新節點的 position；如果 p 已經有一個左子節點，則會產生錯誤。
>
> addRight(p,e)：建立 position p 的右子節點，儲存元素 e，返回新節點的 position；如果 p 已經有一個右子節點，則會產生錯誤。
>
> set(p,e)：用元素 e 替換儲存在 position p 的元素，並返回先前儲存的元素。
>
> attach(p, T_1, T_2)：在內部結構附加子樹，其中 T_1 做為 position p 的左子樹，T_2 做為 position p 的右子樹，重置 T_1 和 T_2 為空的樹；如果 p 不是葉節點，則會產生錯誤。
>
> remove(p)：刪除 position p 處的節點，以其子節點（如果有的話）來取代，並返回已儲存在 p 的元素；如果 p 有兩個子節點，則會產生錯誤。

　　這些方法是特別選擇的，因為每個方法在最壞的情況下執行時間為 $O(1)$。這些方法中最複雜的算是 attach 和 remove，原因在於不同的父子節點關係和邊界條件，但仍然保有常數執行時間。（如果我們在樹中使用標兵節點，則兩種方法的實現就可以大大簡化，類似於我們對 position 串列的處理；見習題 C-8.34。）

◉ **Java 實現鏈結二元樹結構**（Java Implementation of a Linked Binary Tree Structure）

現在開始具體實現 LinkedBinaryTree 類別，LinkedBinaryTree 類別用來實現二元樹 ADT，並支援前述的更新方法。新類別正式擴展了 AbstractBinaryTree 基礎類別，繼承了該類別的幾個具體方法（AbstractBinaryTree 類別還實現了 BinaryTree 介面）。

　　我們的鏈結樹所實現的低階細節，讓人聯想到在 7.3.3 節中實現 LinkedPositionalList 類別時使用的技術。我們定義一個非 public 巢狀式的 Node 類別來表示一個節點，並作為 Position 的一個公共介面。如圖 8.8 所示，節點維護一個元素、父節點、左子節點和右子節點的參考（其中任何一個可能為 null）。樹實體保留根節點的參考（可能為空），以及樹中節點數的計數。

　　我們還提供一個 validate 方法，只要收到 Position 參數就呼叫 validate 方法，確認 Position 參數是一個有效的節點。在鏈結樹的情況下，採用一個約定，當一個節點從樹中移除時，則將該節點的父節點指向自己，之後我們就可辨識這是個無效的 position。

整個 LinkedBinaryTree 類別在程式 8.8-8.11 中呈現。提供以下程式指南：

- 程式 8.8 包含內部類別 Node 的定義，Node 類別實現 Position 介面。程式中還定義了一個方法，createNode，返回一個新節點的實例。這樣的設計使用了所謂的**工廠方法模式**（*factory method pattern*），允許我們稍後對子樹使用特殊的節點類型（見第 11.2.1 節）。程式 8.8 後面部分，宣告外部類別 LinkedBinaryTree 的實例變數，並定義建構子。

- 程式 8.9 包含一個 protected 方法 validate(p)，後面跟著幾個存取方法：size、root、left 和 right。我們注意到所有其他 Tree 和 BinaryTree 介面定義的方法都是從這四個具體方法衍生而來，繼承 AbstractTree 和 AbstractBinaryTree 基礎類別。

- 程式 8.10 和 8.11 爲鏈結二元樹提供六個更新方法，其功能已在前面小節定義。我們注意到這三個方法：methods-addRoot、addLeft 和 addRight 都依賴於工廠方法，createNode，以產生新的節點實例。

  程式 8.11 中的 remove 方法，刻意將刪除節點的父欄位參考到自己，遵循已停用節點的常規表示（以 validate 方法驗證）。remove 方法將刪除節點的所有其他欄位重置爲null，以幫助垃圾收集。

```java
1   /** Concrete implementation of a binary tree using a node-based, linked structure. */
2   public class LinkedBinaryTree<E> extends AbstractBinaryTree<E> {
3
4     //---------------- nested Node class ----------------
5     protected static class Node<E> implements Position<E> {
6       private E element;                         // an element stored at this node
7       private Node<E> parent;                    // a reference to the parent node (if any)
8       private Node<E> left;                      // a reference to the left child (if any)
9       private Node<E> right;                     // a reference to the right child (if any)
10      /** Constructs a node with the given element and neighbors. */
11      public Node(E e, Node<E> above, Node<E> leftChild, Node<E> rightChild) {
12        element = e;
13        parent = above;
14        left = leftChild;
15        right = rightChild;
16      }
17      // accessor methods
18      public E getElement( ) { return element; }
19      public Node<E> getParent( ) { return parent; }
20      public Node<E> getLeft( ) { return left; }
21      public Node<E> getRight( ) { return right; }
22      // update methods
23      public void setElement(E e) { element = e; }
24      public void setParent(Node<E> parentNode) { parent = parentNode; }
25      public void setLeft(Node<E> leftChild) { left = leftChild; }
26      public void setRight(Node<E> rightChild) { right = rightChild; }
27    } //----------- end of nested Node class -----------
```

程式 8.8：LinkedBinaryTree 類別的實現。（1/4）

```
28
29    /** Factory function to create a new node storing element e. */
30    protected Node<E> createNode(E e, Node<E> parent,
31                                 Node<E> left, Node<E> right) {
32       return new Node<E>(e, parent, left, right);
33    }
34
35    // LinkedBinaryTree instance variables
36    protected Node<E> root = null;              // root of the tree
37    private int size = 0;                       // number of nodes in the tree
38
39    // constructor
40    public LinkedBinaryTree( ) { }              // constructs an empty binary tree
41     // nonpublic utility
42    /** Validates the position and returns it as a node. */
43    protected Node<E> validate(Position<E> p) throws IllegalArgumentException {
44       if (!(p instanceof Node))
45          throw new IllegalArgumentException("Not valid position type");
46       Node<E> node = (Node<E>) p;              // safe cast
47       if (node.getParent( ) == node)           // our convention for defunct node
48          throw new IllegalArgumentException("p is no longer in the tree");
49       return node;
50    }
51
52    // accessor methods (not already implemented in AbstractBinaryTree)
53    /** Returns the number of nodes in the tree. */
54    public int size( ) {
55       return size;
56    }
57
58    /** Returns the root Position of the tree (or null if tree is empty). */
59    public Position<E> root( ) {
60       return root;
61    }
62
63    /** Returns the Position of p's parent (or null if p is root). */
64    public Position<E> parent(Position<E> p) throws IllegalArgumentException {
65       Node<E> node = validate(p);
66       return node.getParent( );
67    }
68
69    /** Returns the Position of p's left child (or null if no child exists). */
70    public Position<E> left(Position<E> p) throws IllegalArgumentException {
71       Node<E> node = validate(p);
72       return node.getLeft( );
73    }
74
75    /** Returns the Position of p's right child (or null if no child exists). */
76    public Position<E> right(Position<E> p) throws IllegalArgumentException {
77       Node<E> node = validate(p);
```

程式 8.9：LinkedBinaryTree 類別的實現。（2/4）

```
78        return node.getRight( );
79    }
80    // update methods supported by this class
81    /** Places element e at the root of an empty tree and returns its new Position. */
82    public Position<E> addRoot(E e) throws IllegalStateException {
83      if (!isEmpty( )) throw new IllegalStateException("Tree is not empty");
84      root = createNode(e, null, null, null);
85      size = 1;
86      return root;
87    }
88
89    /** Creates a new left child of Position p storing element e; returns its Position. */
90    public Position<E> addLeft(Position<E> p, E e)
91                          throws IllegalArgumentException {
92      Node<E> parent = validate(p);
93      if (parent.getLeft( ) != null)
94        throw new IllegalArgumentException("p already has a left child");
95      Node<E> child = createNode(e, parent, null, null);
96      parent.setLeft(child);
97      size++;
98      return child;
99    }
100
101   /** Creates a new right child of Position p storing element e; returns its Position. */
102   public Position<E> addRight(Position<E> p, E e)
103                          throws IllegalArgumentException {
104      Node<E> parent = validate(p);
105      if (parent.getRight( ) != null)
106        throw new IllegalArgumentException("p already has a right child");
107      Node<E> child = createNode(e, parent, null, null);
108      parent.setRight(child);
109      size++;
110      return child;
111    }
112
113    /** Replaces the element at Position p with e and returns the replaced element. */
114    public E set(Position<E> p, E e) throws IllegalArgumentException {
115      Node<E> node = validate(p);
116      E temp = node.getElement( );
117      node.setElement(e);
118    return temp;
119    }
120    /** Attaches trees t1 and t2 as left and right subtrees of external p. */
121    public void attach(Position<E> p, LinkedBinaryTree<E> t1,
122                  LinkedBinaryTree<E> t2) throws IllegalArgumentException {
123      Node<E> node = validate(p);
124      if (isInternal(p)) throw new IllegalArgumentException("p must be a leaf");
125      size += t1.size( ) + t2.size( );
126      if (!t1.isEmpty( )) {                    // attach t1 as left subtree of node
127        t1.root.setParent(node);
128        node.setLeft(t1.root);
```

程式 8.10：LinkedBinaryTree 類別的實現。（3/4）

```
129        t1.root = null;
130        t1.size = 0;
131      }
132      if (!t2.isEmpty( )) {                        // attach t2 as right subtree of node
133        t2.root.setParent(node);
134        node.setRight(t2.root);
135        t2.root = null;
136        t2.size = 0;
137      }
138    }
139    /** Removes the node at Position p and replaces it with its child, if any. */
140    public E remove(Position<E> p) throws IllegalArgumentException {
141      Node<E> node = validate(p);
142      if (numChildren(p) == 2)
143        throw new IllegalArgumentException("p has two children");
144      Node<E> child = (node.getLeft( ) != null ? node.getLeft( ) : node.getRight( ));
145      if (child != null)
146        child.setParent(node.getParent( ));          // child's grandparent becomes its parent
147      if (node == root)
148        root = child;                              // child becomes root
149      else {
150        Node<E> parent = node.getParent( );
151        if (node == parent.getLeft( ))
152          parent.setLeft(child);
153        else
154          parent.setRight(child);
155      }
156      size--;
157      E temp = node.getElement( );
158      node.setElement(null);                        // help garbage collection
159      node.setLeft(null);
160      node.setRight(null);
161      node.setParent(node);                         // our convention for defunct node
162      return temp;
163    }
164  } //----------- end of LinkedBinaryTree class -----------
```

程式 8.11：LinkedBinaryTree 類別的實現。（4/4）

◉ 鏈結二元樹的實現效能（Performance of the Linked Binary Tree Implementation）

為了總結鏈結結構表示法的效率，我們分析了 LinkedBinaryTree 方法的執行時間，包括從 AbstractTree 和 AbstractBinaryTree 類別繼承來的方法：

- 在 LinkedBinaryTree 中實現的 size 方法，使用實例變數儲存樹的節點數，因此需要 $O(1)$ 執行時間。方法 isEmpty，繼承自 AbstractTree，依賴單次呼叫 size 因此需要 $O(1)$ 執行時間。

- 存取方法 root、left、right 和 parent 都是直接實現在 LinkedBinaryTree 中，每個方法執行時間為 $O(1)$。sibling、children 和子 numChildren 方法由 AbstractBinaryTree 衍生而來，對這些其他存取呼叫次數為常量，所以它們的執行時間也是 $O(1)$。

- isInternal 和 isExternal 方法，繼承自 AbstractTree 類別，依賴對 numChildren 執行呼叫，因此在 $O(1)$ 時間執行。isRoot 方法，在抽象類別 AbstractTree 中實現，依靠比較 root 方法的結果，並在 $O(1)$ 時間執行。

- 更新方法，明顯地在 $O(1)$ 時間執行。更重要的是，方法：addRoot、addLeft、addRight、attach 和 remove 全部在 $O(1)$ 時間執行，因爲每個方法僅涉及常量的父子關係重新鏈結。

- 第 8.1.2 節分別對方法 depth 和 height 進行了分析。在 position p 的 depth 方法在 $O(d_p + 1)$ 時間執行，其中 d_p 是其深度；height 方法在根節點的執行時間爲 $O(n)$。

這個資料結構的整體空間要求是 $O(n)$，對於一個有 n 個節點的樹，除了有頂層的 size 和 root 欄位變數外，每一個節點還有一個 Node 類別的實例。表 8.1 總結了以鏈結結構實現二元樹的性能。

Method	Running Time
size, isEmpty	$O(1)$
root, parent, left, right, sibling, children, numChildren	$O(1)$
isInternal, isExternal, isRoot	$O(1)$
addRoot, addLeft, addRight, set, attach, remove	$O(1)$
depth(p)	$O(d_p+1)$
height	$O(n)$

表 8.1：以鏈結結構實現 n 節點二元樹方法的效能，整體空間要求是 $O(n)$。

8.3.2　基於陣列的二元樹表示方式（Array-Based Representation of a Binary Tree）

二元樹 T 的另一種表示方法是基於 T 的 position 編號。對於 T 的每個 position p，令 $f(p)$ 是整數，其中

- 如果 p 是 T 的根，則 $f(p) = 0$。
- 如果 p 是 positionq 的左子節點，則 $f(p) = 2f(q) + 1$。
- 如果 p 是 positionq 的右子節點，則 $f(p) = 2f(q) + 2$。

編號函數 f 被稱爲二元樹 T 中 position 的**層級編號**（*level numbering*），因爲它將 T 中每個層級上的 position 以增冪順序從左到右對進行編號（見圖 8.9）。請注意，層級編號是基於樹中潛在的 position，而不是特定樹的實際形狀，因此它們不一定是連續的。例如，在圖 8.9(b) 中，沒有層級編號 13 和 14，因爲層級編號爲 6 的節點沒有子節點。

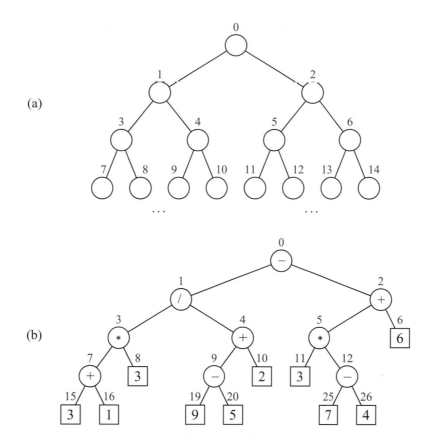

圖 8.9：二元樹層級編號：(a) 一般情況；(b) 特殊情況。

　　層級編號函數 f 為二元樹 T 帶來另一種的表示方式，這種表示方式適合用基於陣列的結構 A 來實現，其中在 position p 處的元素，可儲存在索引值為 $f(p)$ 的儲存格（cell）中。在圖 8.10 中，我們展示了一個基於陣列表示形式的二元樹。

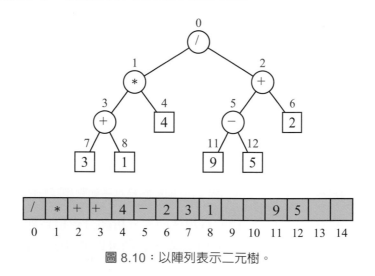

圖 8.10：以陣列表示二元樹。

基於陣列的二元樹的一個優點是 position p 可以用一個整數 $f(p)$ 來表示，而且基於 position 的方法如 root、parent、left、right 都可以使用簡單的算術來計算 $f(p)$。根據我們的層級編號公式，p 的左子節點具有索引 $2f(p) + 1$，p 的右子節點具有索引 $2f(p) + 2$，以及 p 的父節點的索引值為 $\lfloor (f(p) - 1) / 2 \rfloor$，我們將完整的陣列實施細節留給習題 R-8.14。

基於陣列二元樹的空間使用量，在很大程度上取決於樹的形狀。令 n 為 T 的節點數，令 f_M 為 T 的所有節點 $f(p)$ 的最大值。陣列 A 需要長度 $N = 1 + f_M$，因為元素範圍從 A [0] 到 A [f_M]。請注意，A 可能有多個空儲存格，不參考 T 的現有 position。實際上，在最壞的情況下，$N = 2^n - 1$，證明部分留給習題（R-8.12）。在 9.3 節，我們會看到一個二元樹類別，稱為 " 堆積 "（heap），其中 $N = n$。因此，儘管有最壞情況下的使用空間，仍有些應用程式，得使用的基於陣列的二元樹才能得到較佳執行效率。不過，對於一般的二元樹，這種表示法在最壞情況下的指數空間要求，是令人望而卻步的。

陣列表示法的另一個缺點是許多更新操作無法有效地支持樹。例如，刪除一個節點並連接子節點需要 $O(n)$ 時間，因為它不只是移動 position 的子節點，這個子節點的所有後代節點都要移動。

8.3.3 一般樹的鏈結結構（Linked Structure for General Trees）

鏈結結構二元樹，每個節點都明確維護代表兩個子節點的 left 和 right 欄位。對於一般的樹，節點可擁有的子節點數量並沒有限制。鏈結結構樹 T 的自然實現方式是讓每個節點用一個容器儲存其子節點的參考。例如，一個節點的 children 欄位可以是陣列或串列，儲存所有子節點（如果有）的參考。這樣的鏈結結構以圖 8.11 呈現。

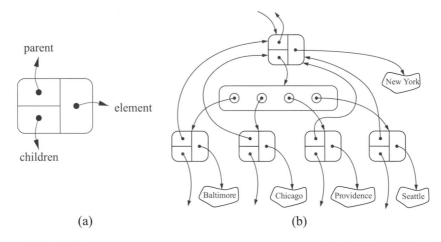

圖 8.11：一般樹的鏈結結構：(a) 節點的結構；(b) 與節點及其子節點相關聯的大部分資料結構。

表 8.2 總結了一般樹使用鏈結結構的實現性能。分析部分留給習題（R-8.11），但我們注意到，使用集合來儲存每個 position p 的子節點，我們可以透過簡單地集合迭代運算實現 children(p)。

Method	Running Time
size, isEmpty	$O(1)$
root, parent, isRoot, isInternal, isExternal	$O(1)$
numChildren(p)	$O(1)$
children(p)	$O(c_p +1)$
depth(p)	$O(d_p +1)$
height	$O(n)$

表 8.2：以鏈結結構實現 n 節點的常規樹，各存取方法的執行時間。c_p 代表 position p 和的子節點數，d_p 代表深度。空間使用情況是 $O(n)$。

8.4 樹遍訪演算法（Tree Traversal Algorithms）

樹 T 的遍訪其意為：以系統化（systematic）的方式存取（accessing）或是走訪（visiting）樹的所有 position。對 position p 進行 " 走訪 " 所執行的運算取決於應用程式，除了遞增計數值，還可能對 p 進行複雜運算。在這一節，我們介紹樹的幾種常見的遍訪方案，並討論遍訪樹的幾個常見應用。

8.4.1 一般樹的前序和後序遍訪（Preorder and Postorder Traversals of General Trees）

樹 T 的**前序遍訪**（*preorder traversal*），首先走訪 T 的根節點，然後走訪以子節點作為根的子樹，以遞迴方式遍訪。如果樹已排序，那麼子樹根據子節點的順序遍訪。遍訪子樹的虛擬碼列在程式 8.12 中。

Algorithm preorder(p):

  perform the "visit" action for position p { this happens before any recursion }

  for each child c in children(p) **do**

    preorder(c)   { recursively traverse the subtree rooted at c }

程式 8.12：preorder 演算法的虛擬碼，遍訪以 position p 為根的子樹。

圖 8.12 描繪一顆樹以前序遍訪時，各 position 的走訪順序。

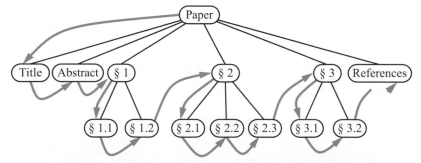

圖 8.12：前序遍訪一個有序樹，每個 position 的子節點從左到右的順序走訪。

◉ Postorder 遍訪（Postorder Traversal）

另一個重要的樹遍訪演算法是**後序遍訪**（*postorder traversal*）。感覺上，這個演算法可以被看作與前序遍訪相反，因為它會遞迴地遍訪以根的子節點為根的子樹，然後走訪根節點（因此，稱為後序走訪）。後序遍訪的虛擬碼在程式 8.13 中，圖 8.13 描繪一個樣本樹以後序遍訪時，各 position 的走訪順序。

Algorithm postorder(p):

  for each child c in children(p) **do**

    postorder(c)   { recursively traverse the subtree rooted at c }

    perform the "visit" action for position p { this happens after any recursion }

程式 8.13：postorder 演算法的虛擬碼，遍訪以 position p 為根的子樹。。

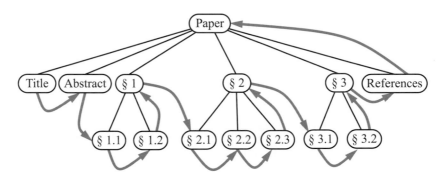

圖 8.13：有序樹的後序遍訪。

◉ 執行期分析（Running-Time Analysis）

前序和後序遍訪演算法都是走訪一棵樹所有 position 的有效方法。這兩個遍訪演算法和第 8.1.2 節程式 8.5 演算法 height 類似。在每一個 position p，遍訪演算法的非遞迴部分需要時間 $O(c_p + 1)$，其中 c_p 是 p 的子節點數量，假設 " 走訪 " 本身需要 $O(1)$ 時間。由定理 8.4，遍訪樹 T 的整體執行時間是 $O(n)$，其中 n 是樹中的 position 數。這個執行時間是漸近最佳的，因為遍訪必須走訪樹的所有 n 個 position。

8.4.2 廣度優先樹遍訪（Breadth-First Tree Traversal）

雖然 preorder 和 postorder 遍訪是常見的走訪樹 position 的方式，另一種遍訪一棵樹的方法是，先走訪深度 d 的所有 position，然後走訪深度為 $d + 1$ 的所有 position。這個演算法被稱為**廣度優先遍訪**（*breadth-first traversal*）。

    廣度優先遍訪是軟體遊戲中常用的方法。**遊戲樹 (*game tree*)** 代表玩家（或電腦）在遊戲中可能做出的動作，樹的根是遊戲的初始配置。例如，圖 8.14 顯示了部分的井字遊戲樹。

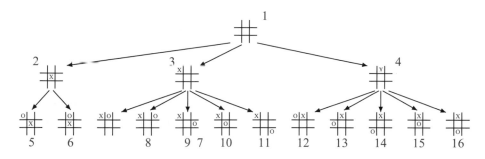

圖 8.14：忽略對稱性的部分井字遊戲樹；數字標記代表在廣度優先的樹遍訪中走訪 position 的順序。

電腦通常會以廣度優先遍訪遊戲樹，因為電腦可能無法在有限時間內探索完整的遊戲樹。電腦會考慮所有的動作，然後對這些動作做出反應，若計算時間允許能探索多深就探索多深。

　　程式 8.14 中列出廣度優先遍訪的虛擬碼。不是用遞迴進行，因為不是一次遍訪整個子樹。我們使用佇列的 FIFO（即，先進先出）特性走訪節點。整體執行時間是 $O(n)$，因為要對 enqueue 和 deque 做 n 次呼叫。

Algorithm breadthfirst( ):

　　Initialize queue Q to contain root( )

　　while Q not empty **do**

　　　　$p = Q$.dequeue( )　　　　　　　　　　　　　　　{ p is the oldest entry in the queue }

　　　　perform the "visit" action for position p

　　　　for each child c in children(p) **do**

　　　　　　Q.enqueue(c)　　　　　　　{ add p's children to the end of the queue for later visits }

程式 8.14：執行樹的廣度優先遍訪的演算法。

8.4.3　二元樹的中序遍訪（Inorder Traversal of a Binary Tree）

一般樹所使用的前序、後序和廣度優先遍訪可以直接應用於二元樹。在本節中，我們會介紹專為二元樹設計的遍訪演算法：**中序遍訪**（*inorder traversal*）。

　　在中序遍訪過程中，以遞迴遍訪 position 的左右子樹。中序遍訪二元樹 T 可以非正式看成是從左到右走訪 T 的節點。的確，對於每一個 position p，中序遍訪先走訪 p 的左子樹，然後走訪 p，最後走訪 p 的右子樹。中序遍訪演算法的虛擬碼在程式 8.15 中，圖 8.15 描繪一個二元樹中序遍訪。

Algorithm inorder(p):

　　if p has a left child lc **then**

　　　　inorder(lc)　　　　　　　　　　　　　{ recursively traverse the left subtree of p }

　　perform the "visit" action for position p

　　if p has a right child rc **then**

　　　　inorder(rc)　　　　　　　　　　　　　{ recursively traverse the right subtree of p }

程式 8.15：演算法 inorder 用來對以 position p 為根的子樹執行中序遍訪。

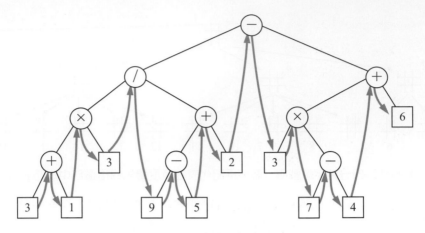

圖 8.15：二元樹的順序遍訪。

中序遍訪演算法有幾個重要的應用。當使用一個二元樹來表示算術運算式時，如圖 8.15 所示，中序遍訪以一致的順序走訪二元樹的 position，該二元樹代表一個標準的算術運算式，如 $3 + 1 \times 3/9 - 5 + 2 \dots$（儘管沒有括號）。

◉ 二元搜尋樹（Binary Search Trees）

中序遍訪演算法一個重要的應用是針對儲存在二元樹中的有序序列，這個結構稱為**二元搜尋樹（binarysearch tree）**。S 是一個不重複元素的有序集合。例如，S 可以是一組整數。S 的二元搜尋樹 T 是一顆完全二元樹，T 的每個內部 position p 有下列性質：

- Position p 儲存 S 的元素，表示為 $e(p)$。
- 儲存在 p 的左子樹（如果有）中的元素值小於 $e(p)$。
- 儲存在 p 的右子樹（如果有）中的元素值大於 $e(p)$。

圖 8.16 是一個二元搜尋樹的範例。上述屬性確保若以中序遍訪二元搜尋樹 T 是以降冪的方式走訪其中的元素。

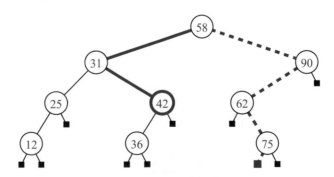

圖 8.16：儲存整數的二元搜尋樹。搜尋 42 的路徑以粗線條表示（搜尋成功），搜尋 70 的路徑以虛線條表示（搜尋失敗）。

我們可以使用代表 S 的二元搜尋樹 T 來搜尋值 v 是否在 S 中，搜尋方式是從樹 T 的根節點開始，向下搜尋。對每個 position p，我們將搜尋值 v 與儲存的元素 $e(p)$ 進行比較，如果 $v < e(p)$，則繼續搜尋 p 的左子樹。如果 $v = e(p)$，代表搜尋成功，終止搜尋。如果 $v >$

$e(p)$，則繼續搜尋 p 的右子樹。最後，如果到達一個葉節點，則搜尋終止失敗。換句話說，二元搜尋樹可以被視為二元決策樹（範例 8.5），其中每個內部節點詢問的問題是：在該節點處的元素是小於、等於或人於被搜尋的元素。我們舉幾個例子說明圖 8.16 中的搜尋操作。

請注意，在二元搜尋樹 T 中搜尋的執行時間與 T 的高度成正比。回憶定理 8.7，一個具有 n 個節點的二元樹，其高度可以小到 $\log(n + 1) - 1$，也可能大到 $n - 1$。因此，當二元搜尋樹高度很小時效率最高。第 11 章專注於搜尋樹的研究。

8.4.4　在 Java 中實現樹的遍訪（Implementing Tree Traversals in Java）

在第 8.1.1 節中首次定義樹 ADT 時，我們提到樹 T 必須包含以下配套方法：

Iterator( )：返回樹中所有元素的迭代器。

positions( )：返回樹的所有可迭代 position 的集合。

同時，我們沒有對這些迭代器的輸出順序做出任何假設。在本節中，將展示如何在 AbstractTree 或 AbstractBinaryTree 基礎類別中使用樹遍訪演算法，來具體實現產生這些迭代器的方法。

首先，我們注意到，如果有樹的所有 position 的迭代器，就可以很輕鬆地巡訪樹的所有元素。程式 8.16 提供實現 iterator( ) 方的法，只要調適 position( ) 方法產生的迭代即可。事實上，這和 7.4.2 節中程式 7.14 LinkedPositionalList 類別使用的方法相同。

```
1  //---------------- nested ElementIterator class ----------------
2  /* This class adapts the iteration produced by positions() to return elements. */
3  private class ElementIterator implements Iterator<E> {
4    Iterator<Position<E>> posIterator = positions( ).iterator( );
5    public boolean hasNext( ) { return posIterator.hasNext( ); }
6    public E next( ) { return posIterator.next( ).getElement( ); }          // return element!
7    public void remove( ) { posIterator.remove( ); }
8  }
9
10  /** Returns an iterator of the elements stored in the tree. */
11  public Iterator<E> iterator( ) { return new ElementIterator( ); }
```

程式 8.16：遍訪 AbstractTree 實例的所有元素，使用樹的 position 迭代來完成。

為了實現 positions( ) 方法，我們可以選擇樹的遍訪演算法。為了讓後續的應用程式，可靈活選擇所需的遍訪順序，我們以 public 方式實現產生各種順序輸出的迭代器。然後，我們可以輕易地將其中一種設定為 AbstractTree 類別 position 方法的預設順序。例如，在下一頁將定義一種公共方法，preorder( )，它產生樹的 position 的迭代器，以前序遍訪順序輸出。程式 8.17 示範了 position( ) 方法可以用 preorder( ) 方法簡單實現。

```
public Iterable<Position<E>>positions( ) { return preorder( ); }
```

程式 8.17：將前序遍訪作為樹中 public position 方法的預設遍訪演算法。

◉ 前序遍訪（Preorder Traversals）

首先思考前序遍訪演算法。我們的目標是提供一個 public 方法 preorder( ) 作爲 AbstractTree 類別的一部分，preorder 方法會返回一個可迭代的容器，容器各元素以前序遍訪的順序出現。爲方便實施，我們選擇產生一個**快照迭代器**（*snapshot iterator*），如第 7.4.2 節中定義的那樣，返回由所有 position 組成的串列。（習題 C-8.43 探討產生一個惰性迭代器，並以前序方式遍訪 position。）

　　首先在程式 8.18 定義一個私有的實用方法：preLogSubtree，讓遞迴程序可使用參數化型態，在執行過程以傳入特定型態的 position 作爲參數，方法中把傳入的 position 當作準備遍訪的子樹。（我們也嘗試傳遞串列作爲參數，把串列當作緩衝器，把走訪過的 position 加入其中。）

```
1    /** Adds positions of the subtree rooted at Position p to the given snapshot. */
2    private void preorderSubtree(Position<E> p, List<Position<E>> snapshot) {
3      snapshot.add(p); // for preorder, we add position p before exploring subtrees
4      for (Position<E> c : children(p))
5        preorderSubtree(c, snapshot);
6    }
```

程式 8.18：用於執行前序遍訪的遞迴函式，參數 position p 是子樹的根節點。此程式應該放在 AbstractTree 類別的定義中。

　　preorderSubtree 方法遵循最初 8.12 中虛擬碼所描述的演算法。它有一個隱含的基礎狀況，如果一個 position 沒有子節點，迴圈程式就不會被執行。

　　程式 8.19 中的公共方法 preorder 有責任爲快照緩衝區建立一個空串列，並在樹的根節點呼叫遞迴方法（假定樹是非空的）。我們用 java.util.ArrayList 實例當作快照緩衝區的 Iterable 實例。

```
1    /** Returns an iterable collection of positions of the tree, reported in preorder. */
2    public Iterable<Position<E>> preorder( ) {
3      List<Position<E>> snapshot = new ArrayList<>( );
4      if (!isEmpty( ))
5        preorderSubtree(root( ), snapshot);              // fill the snapshot recursively
6      return snapshot;
7    }
```

程式 8.19：使用一個公共方法執行整個樹的前序遍訪。該程式碼應該在 AbstractTree 類別中定義。

◉ 後序遍訪（Postorder Traversal）

實現**後序遍訪**（*postorder traversal*）的方式和前述前序遍訪類似。唯一的區別是沒有將 " 走訪 " 的 position 添加到後序快照，直到所有的子樹都被遍訪。兩者都是遞迴實用程式，頂層公共方法在程式 8.20 中定義。

```
1    /** Adds positions of the subtree rooted at Position p to the given snapshot. */
2    private void postorderSubtree(Position<E> p, List<Position<E>> snapshot) {
3      for (Position<E> c : children(p))
4        postorderSubtree(c, snapshot);
5      snapshot.add(p);                          // for postorder, we add position p after exploring subtrees
6    }
7    /** Returns an iterable collection of positions of the tree, reported in postorder. */
8    public Iterable<Position<E>> postorder( ) {
9      List<Position<E>> snapshot = new ArrayList<>( );
10     if (!isEmpty( ))
11       postorderSubtree(root( ), snapshot);     // fill the snapshot recursively
12     return snapshot;
13   }
```

程式 8.20：支持執行樹的後序遍訪。這個程式碼應該包含在 AbstractTree 類別內。

◎ 廣度優先遍訪（Breadth-First Traversal）

接下來，我們將在 AbstractTree 類別中提供一個實現廣度遍訪演算法的方法（程式 8.21）。回想一下，廣度優先遍訪演算法不是遞迴的；它依賴於一個由 position 組成的佇列，藉由佇列來管理遍訪程序。我們選擇使用 6.2.3 節的 LinkedQueue 類別，選擇其他佇列 ADT 的任何實現也可以。

◎ 二元樹中序遍訪（Inorder Traversal for Binary Trees）

前序遍訪、後序遍訪和廣度優先遍訪可適用在所有的樹。而中序遍訪明確地依賴一個節點的左，右子節點這個概念，所以只適用於二元樹。因此，我們將其定義在 AbstractBinaryTree 類別內。在本書的前序和後序遍訪也使用類別似的設計，使用遞迴實用程式來遍訪子樹（見程式 8.22）

　　對於二元樹的許多應用（例如，參見第 11 章），中序遍訪是最自然的順序。因此，以程式 8.22 覆寫 AbstractBinaryTree 類別從 AbstractTree 類別繼承而來的 position 方法，將中序遍訪作為預設的遍訪方式。因為 iterator( ) 方法依賴於 positions( )，所以 iterator( ) 方法返回的迭代器也是以中序輸出。

```
1    /** Returns an iterable collection of positions of the tree in breadth-first order. */
2    public Iterable<Position<E>> breadthfirst( ) {
3      List<Position<E>> snapshot = new ArrayList<>( );
4      if (!isEmpty( )) {
5        Queue<Position<E>> fringe = new LinkedQueue<>( );
6        fringe.enqueue(root( ));                  // start with the root
7        while (!fringe.isEmpty( )) {
8          Position<E> p = fringe.dequeue( );      // remove from front of the queue
9          snapshot.add(p);                        // report this position
10         for (Position<E> c : children(p))
11           fringe.enqueue(c);                    // add children to back of queue
12       }
13     }
14     return snapshot;
15   }
```

程式 8.21：實現樹的廣度優先遍訪。這個程式應該包含在 AbstractTree 類別內。

```
1  /** Adds positions of the subtree rooted at Position p to the given snapshot. */
2  private void inorderSubtree(Position<E> p, List<Position<E>> snapshot) {
3    if (left(p) != null)
4      inorderSubtree(left(p), snapshot);
5    snapshot.add(p);
6    if (right(p) != null)
7      inorderSubtree(right(p), snapshot);
8  }
9  /** Returns an iterable collection of positions of the tree, reported in inorder. */
10 public Iterable<Position<E>> inorder( ) {
11   List<Position<E>> snapshot = new ArrayList<>( );
12   if (!isEmpty( ))
13     inorderSubtree(root( ), snapshot);        // fill the snapshot recursively
14   return snapshot;
15 }
16 /** Overrides positions to make inorder the default order for binary trees. */
17 public Iterable<Position<E>> positions( ) {
18   return inorder( );
19 }
```

程式 8.22：支持執行二元樹的無序遍訪，並設定為二元樹的預設遍訪。這段程式應該包含在 AbstractBinaryTree 類別中。

8.4.5　樹遍訪的應用（Applications of Tree Traversals）

在本節中，我們示範了樹遍訪的幾個代表性應用，包括一些標準遍訪演算法。

◉ 目錄（Table of Contents）

當使用樹來表示檔案的層次結構時，前序樹的遍訪可以用於產生檔案目錄。例如，與圖 8.12 關聯目錄樹令顯示在圖 8.17。圖 8.17(a) 用簡單方式顯示目錄內容，每行一個項目 (b) 更引人注目的顯示方式，根據項目在樹中的深度內縮，呈現階層架構。

```
Paper          Paper
Title            Title
Abstract        Abstract
§1              §1
§1.1              §1.1
§1.2              §1.2
§2              §2
§2.1              §2.1
 ...              ...

    (a)           (b)
```

圖 8.17：由圖 8.12 中目錄樹表示的檔案系統：(a) 沒有內縮；(b) 根據樹的深度內縮。

以平面無內縮方式顯是目錄內容，可由下列程式完成，其中樹 T 支援 preorder( ) 方法：

```
for (Position<E> p : T.preorder( ))
  System.out.println(p.getElement( ));
```

　　為了產生圖 8.17(b)，我們依據檔案項目在樹中的深度縮格，縮格數是深度的兩倍（因此，根項目是不變的）。假設方法 spaces(*n*) 產生一個 *n* 個空格的字串，我們可將上述的輸出敘述改為 System.out.println(spaces(2*T.depth(p)) + p.getElement( ))。不幸的是，雖然前序遍訪的執行時間是 $O(n)$，但根據 8.4.1 節的分析，呼叫 depth 方法會產生隱性成本。對樹的每個 position 呼叫 depth，在最壞情況下導致執行時間為 $O(n^2)$，這部份和第 8.1.2 節中的演算法 heightBad 類似。

　　製作縮格目錄的首選方法是重新設計一個由上而下的遞迴，將當前深度作為額外參數。程式 8.23 中提供了這種實現。這個實現在最壞情況下以 $O(n)$ 時間執行（在技術上，還要加上列印字串所需的時間，尤其是字串長度增加）。

```
1   /** Prints preorder representation of subtree of T rooted at p having depth d. */
2   public static <E> void printPreorderIndent(Tree<E> T, Position<E> p, int d) {
3     System.out.println(spaces(2*d) + p.getElement( ));          // indent based on d
4     for (Position<E> c : T.children(p))
5       printPreorderIndent(T, c, d+1);                           // child depth is d+1
6   }
```

程式 8.23：使用高效的前序遞迴遍訪進行列的縮格。要列印整棵樹 *T*，應使用下列敘述 printPreorderIndent(T, T.root( ), 0)。

　　在圖 8.17 的例子中，嵌入到樹的元素已經適度編號。更一般的用法，我們可能會喜歡以前序遍訪來顯示樹的結構，顯示的內容有縮格也有層次編號，這些編號是樹中項目所沒有的。例如，以下列格式顯示圖 8.1：

```
Electronics R'Us
  1 R&D
  2 Sales
    2.1 Domestic
    2.2 International
      2.2.1 Canada
      2.2.2 S. America
```

　　這就更具挑戰性，因為用作標籤的數字是隱含在樹的結構中。某 position 的標籤值取決於當前從根到該 position 的路徑。為了實現我們的目標，我們在遞迴方法增加了一個參數。傳送一個整數串列做為某 position 的標籤。例如，當走訪到前述的 *Domestic* 節點時，我們將發送串列 {2,1} 來組成其標籤值。

　　在實施階段，當從遞迴的一個層級向下一個層級發送新參數時，我們希望避免複製產生的效率低下。一個標準的解決方案是在整個遞迴中傳遞相同的串列。在某一層級的遞迴，一個新資料臨時添加到串列的末尾，之後再進行遞迴呼叫。為了 " 不留痕跡 "，無關緊要臨時添加的資料必須由添加它的相同的遞迴呼叫中刪除。程式 8.24 中列出了基於此方法實現的程式碼。

```
1    /** Prints labeled representation of subtree of T rooted at p having depth d. */
2    public static <E>
3    void printPreorderLabeled(Tree<E> T, Position<E> p, ArrayList<Integer> path) {
4      int d = path.size( );                              // depth equals the length of the path
5      System.out.print(spaces(2*d));                     // print indentation, then label
6      for (int j=0; j < d; j++) System.out.print(path.get(j) + (j == d−1 ?  "  "  :  "."));
7      System.out.println(p.getElement( ));
8      path.add(1);                                       // add path entry for first child
9      for (Position<E> c : T.children(p)) {
10       printPreorderLabeled(T, c, path);
11       path.set(d, 1 + path.get(d));                    // increment last entry of path
12     }
13     path.remove(d);                                    // restore path to its incoming state
14   }
```

程式 8.24：一個高效率遞迴方法，以前序遍訪做縮格和層級標籤列印。

◉ 計算磁碟機空間（Computing Disk Space）

在範例 8.1 中，可考慮使用樹作爲檔案系統結構的模型，內部節點 position 代表目錄，葉節點 position 代表檔案。實際上，在第 5 章介紹使用遞迴的時候，我們就已介紹過檔案系統（見第 5.1.4 節）。雖然當時沒有明確把它建模成一棵樹，但提出了一個遞迴演算法，計算磁碟機使用量（程式 5.5）。

　　磁碟機空間的遞迴計算是後序遍訪的一個特性，因爲在計算完所有子目錄的使用空間後，才能計算磁碟機使用的總空間。不幸的是，8.20 這個正規實現 *postorder* 的程式，無法完成我們所需的運算。我們希望有一種機制，子節點能返回自己使用空間的資訊給父節點作爲遍訪程序的一部分。有一個磁碟機空間的解決方案，每個層級的遞迴提供一個返回值給（父節點）呼叫者，程式碼在程式 8.25 中。

```
1    /** Returns total disk space for subtree of T rooted at p. */
2    public static int diskSpace(Tree<Integer> T, Position<Integer> p) {
3      int subtotal = p.getElement( );                    // we assume element represents space usage
4      for (Position<Integer> c : T.children(p))
5        subtotal += diskSpace(T, c);
6      return subtotal;
7    }
```

程式 8.25：以遞迴計算樹的磁碟空間。我們假設每個樹的節點各自報告該 position 的使用空間。

◉ 樹的圓括號表示（Parenthetic Representations of a Tree）

若僅給予如圖 8.17a 所示前序序列元素，不可能重建一顆普通的樹。還必須有一些額外的資訊結構把樹給定義完整。使用縮格或編號標記就是一種重建樹所需的資訊，呈現的方式也非常具有人性化。但是，另有一種簡潔的字串表示法對電腦而言更加友好。

　　在本節中，將探索一個這樣的表示法：樹 T 的遞迴括號字串表法示 $P(T)$。如果 T 僅由單個 position p 組成，則 $P(T) = p.getElement( )$。否則，它被遞迴地定義爲：

$$P(T) = p.\text{getElement( )} + \text{"("} + P(T_1) + \text{", "} + \cdots + \text{", "} + P(T_k) + \text{")"}$$

其中 p 是 T 的根節點，而 T_1、T_2 … T_k 是以子節點作爲根的子樹，如果 T 是有序樹，則按順序列出。我們在這裡使用 " + " 表示字元串連接。舉個例子，圖 8.1 的遞迴括號字串表示將呈現如下（分行是爲美觀用）：

```
Electronics R'Us (R&D, Sales (Domestic, International (Canada,
S. America, Overseas (Africa, Europe, Asia, Australia))),
Purchasing, Manufacturing (TV, CD, Tuner))
```

雖然括號表示法本質上是一個前序遍訪，但我們無法使用正規的 preorder 方法，輕易地產生額外的標示符號。左括號剛好位在在 position 的子節點執行迴圈產生的結果之前，子節點之間以逗號分隔，迴圈完畢後緊隨右括號。程式 8.26 中的 Java 方法 parenthesize 是一個遍訪方法，以括號字串表示列印一棵樹。

```java
1  /** Prints parenthesized representation of subtree of T rooted at p. */
2  public static <E> void parenthesize(Tree<E> T, Position<E> p) {
3    System.out.print(p.getElement( ));
4    if (T.isInternal(p)) {
5      boolean firstTime = true;
6      for (Position<E> c : T.children(p)) {
7        System.out.print( (firstTime ? " (" : ", ") );    // determine proper punctuation
8        firstTime = false;                                 // any future passes will get comma
9        parenthesize(T, c);                                // recur on child
10     }
11     System.out.print(") ");
12   }
13 }
```

程式 8.26：以括號字串表示法列印一棵樹。

◉ 使用中序遍訪繪製樹（Using Inorder Traversal for Tree Drawing）

可以將中序遍訪應用於計算二元樹的圖形佈局運算問題，如圖 8.18 所示。我們做個電腦圖學常見的假設，x 座標從左到右遞增，y 座標從上到下遞增，原點位於圖形的左上角。

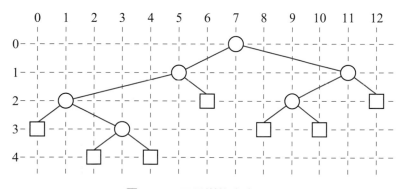

圖 8.18：二元樹的中序圖。

幾何依演算法而定，使用以下兩個規則為樹 T 的每個 position p 分配 x 座標和 y 座標：

- $x(p)$：以無序遍訪樹 T 時，在 p 之前走訪的 position 數。
- $y(p)$：是 p 在 T 的深度。

程式 8.27 提供了遞迴方法，以上述規則對樹的 position 分配 x 和 y 座標。深度資訊從遞迴的一個層級傳遞到另一個層級，和之前縮格範例類似。當遍訪程序開始，為了保持 x 座標的準確值，該方法必須保有當前子樹的最左邊的節點的 x 座標值，並且必須將適用於子樹右邊第一個節點的 x 值返回給父節點。

```java
1   public static <E> int layout(BinaryTree<E> T, Position<E> p, int d, int x) {
2     if (T.left(p) != null)
3       x = layout(T, T.left(p), d+1, x);              // resulting x will be increased
4     p.getElement( ).setX(x++);                        // post-increment x
5     p.getElement( ).setY(d);
6     if (T.right(p) != null)
7       x = layout(T, T.right(p), d+1, x);             // resulting x will be increased
8     return x;
9   }
```

程式 8.27：計算座標的遞迴方法，利用該左標繪出二元樹的 position。我們假設樹的元素型態支援 setX 和 setY 方法。初始呼叫應該是 layout(T, T.root( ), 0, 0)。

8.4.6　歐拉之旅（Euler Tours）

8.4.5 節描述的各種應用程式表明了遞迴樹遍訪的巨大優勢，但也顯示出不是每個應用程式都嚴格符合前序、後序或中序遍訪。我們可以將各種樹遍訪演算法統一以一個**歐拉旅遊遍訪**（***Euler tour traversal***）的單一架構來實現。歐拉旅行遍訪樹 T 可以非正式地定義為在 T 的周圍 " 行走 "。首先從根開始，然後走向最左邊的子節點，把 T 的邊看成是 " 牆壁 "，我們始終在牆的左邊緣行走（見圖 8.19）。

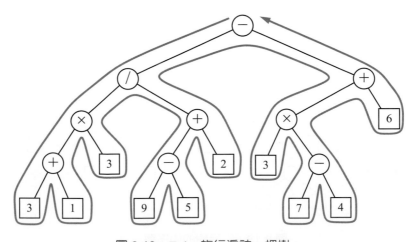

圖 8.19：Euler 旅行遍訪一棵樹。

對於具有 n 個節點的樹，步行的複雜度是 O(n)，樹有 $n - 1$ 個邊，走訪過程，每個邊會走過兩次，一次延邊向下走，一次延邊向上往回走。為了統一前序和後序遍訪的概念，我們可以看到，對每個 position p 有兩個顯著的 " 走訪 "：

- " 前訪 "(pre visit) 發生在第一次到達 position 時，即步行時，會經過節點的左邊。
- " 後訪 "(post visit) 發生在經過從該 position 向上回走時，即步行時，會經過節點的右邊。

歐拉之旅的過程可以自然地被視為一種遞迴。對某 position 的 " 前訪 " 和 " 後訪 " 之間的過程就是對此 position 的子樹做一次遞迴巡訪。以圖 8.19 為例，對節點 " / " 的子樹進行遍訪本身就是一個完整的的歐拉之旅。該巡程包含兩個連續的子旅程，一個遍訪該 position 的左子樹，另一個遍訪 position 的右子樹。

在二元樹的特殊情況下，在節點處是個 "中訪"（in visit）事件，必須發生在走訪左子樹（如果有的話）之後，走訪右子樹（如果有的話）之前。

對以 position p 為根節的子樹作歐拉旅程的虛擬程式碼列在程式 8.28 中。

Algorithm eulerTour(T, p)：
  perform the "pre visit" action for position p
  for each child c in T.children(p) **do**
    eulerTour(T, c)   { recursively tour the subtree rooted at c }
  perform the "post visit" action for position p

程式 8.28：在以 position p 為根節的子樹實現 eulerTouru 演算法。

歐拉旅行遍訪擴展了前序和後序遍訪，但它可以也執行其他種類的遍訪。例如，假設我們希望計算 n 個節點二元樹中每個 position p 的後代數量。我們以歐拉遍訪開始，並將一個計數器初始化為 0，然後對每個 position 的 " 前訪 " 增加計數值。為了確定一個 position p 的後代數量，我們計算前訪 p 時的計數值和後訪 p 實際數值之間的差值，並將此差值加 1（對 p）。這個簡單的規則，給了我們 p 的後代數量，因為以 p 為根的子樹中的每個節點的後代數量，都是在完成 p 的左邊走訪和 p 的右邊走訪後計算。所以計算每個節點的後代數量的執行時間是 O(n)。

對於二元樹的情況，我們可以明確定義 " 中訪 " 行為，如程式 8.29 所示。

Algorithm eulerTourBinary(T, p):
  perform the "pre visit" action for position p
  if p has a left child lc **then**
    eulerTourBinary(T, lc)   { recursively tour the left subtree of p }
  perform the "in visit" action for position p
  if p has a right child rc **then**
    eulerTourBinary(T, rc)   { recursively tour the right subtree of p }
  perform the "post visit" action for position p

程式 8.29：在以二元樹中 position p 為根節的子樹實現 eulerTourBinary 演算法。

例如，二元歐拉旅程可以為圖 8.19 的樹產生傳統的括號算術運算式 ((((3+1)x3) /
((9-5)+2))-((3x(7-4))+6))

- 前訪（Pre visit）動作：如果 position 是內部節點，列印 " ("。
- 中訪（In visit）動作：列印儲存在該 position 的運算子或運算元。
- 後訪（Post visit）動作：如果 position 是內部節點，列印 ") "。

8.5　習題

加強題

R-8.1　設計一顆樹，在執行 depth 演算法時有最差的效率。

R-8.2　證明定理 8.3。

R-8.3　在 position p 上呼叫 T.height(p) 時的執行時間為何，其中 p 不同於樹 T 的根？（見程式 8.5。）

R-8.4　描述一個只使用 BinaryTree 類別的演算法，計算二元樹中葉節點的數量，這些葉節點是父節點的左子節點。

R-8.5　T 是一個具有 n 個節點的二元樹，可能是顆不完全二元樹。描述如何用具有 $O(n)$ 個節點的完全二元樹 T' 來表示 T。

R-8.6　具有 n 個節點的不完全二元樹，內部和外部節點的最小和最大數量是多少？

R-8.7　回答以下問題，來證明定理 8.7

a. 一個高度為 h 的完全二元樹，外部節點的最小數量為何？證明你的答案。

b. 一個高度為 h 的完全二元樹，外部節點的最大數量為何？證明你的答案。

c. 令 T 為具有高度 h 和 n 個節點的完全二元樹。證明

$$\log(n + 1) - 1 \leq h \leq (n - 1)/2$$

d. 維持上列運算式為真的 n 和 h 的上限和下限值為何。

R-8.8　用歸納法證明定理 8.8。

R-8.9　找到與圖 8.5 二元樹中每個子樹相關聯的算術運算式。

R-8.10　繪製二元樹來表達下列算術運算式：

"(((5 + 2) * (2 − 1))/((2 + 9) + ((7 − 2) − 1)) *8)"。

R-8.11　證明表 8.2，列出鏈結結構樹的各方法執行時間，描述每種方法的實行方式並分析其執行時間。

R-8.12　令 T 為具有 n 個節點的二元樹，並且令 $f(\ )$ 為 T 中 position 的層級編號函數，如第 8.3.2 節所述

a 證明，對於 T 的每個 position p，$f(\mathrm{p}) \leq 2^n - 2$。

b 證明一個具有七個節點的二元樹，有某處的 position p，到達 $f(p)$ 的上限。

R-8.13　顯示如何使用歐拉旅行遍訪來計算層級編號 $f(p)$，$f(p)$ 在第 8.3.2 節中定義，P 是二元樹 T 中的每個 position。

R-8.14 令 T 是一個具有 n 個 position 的二元樹，以陣列 A 來實現，並且 $f(\ )$ 是 T 的 position 的層級編號函數，在第 8.3.2 節定義。對每個方法 parent、left、right、isExternal、和 isRoot 寫下虛擬程式碼。

R-8.15 在圖 8.2 的樹做前序遍訪，遍訪各 position 的順序為何？

R-8.16 在圖 8.2 的樹做後序遍訪，遍訪各 position 的順序為何？

R-8.17 令 T 是擁有超過一個節點的有序樹。試問 T 的前序遍訪有可能和 T 的後序遍訪以同樣的次序遍訪各節點嗎？如果答案是肯定的，請舉一個例子，否則請說明為什麼不可能發生這種情形。同樣地，T 的前序遍訪有可能和 T 的後序遍訪以相反的次序遍訪各節點嗎？如果答案是肯定的，請舉一個例子，否則請說明為什麼不可能發生這種情形。

R-8.18 當 T 是一個多節點完全二元樹時，回答上一個問題。

R-8.19 繪製同時滿足以下條件的二元樹 T：

- T 的每個內部節點儲存單個字元。
- T 的前序遍訪會產生 EXAMFUN。
- T 的中序遍訪產生 MAFXUEN。

R-8.20 考慮圖 8.14 廣度優先遍訪的例子。使用從該圖中標註的數字描述每次執行 while 迴圈前佇列的內容，見程式 8.14。第一次執行 while 迴圈前，佇列的內容為 {1}，第二次執行前的內容為 {2,3,4}。

R-8.21 對圖 8.2 的樹 T，寫下程式 8.26 中方法 parenthesize(T, T.root( )) 的輸出。

R-8.22 描述如何修改程式 8.26 中使用 String 類別 length( ) 方法的 parenthesize 方法，輸出樹的括號表示字串，當中必須添加換行符號，以便適合顯示在 80 個字元寬的視窗。

R-8.23 程式 8.26 中的方法 parenthesize(T, T.root( ))，對於具有 n 個節點的樹 T，執行時間是多少？

挑戰題

C-8.24 樹的**路徑長度**（*path length*）是 T 中所有 position 的深度之和。描述以線性時間方法來計算樹 T 的路徑長度。

C-8.25 定義樹 T 的**內部路徑長度**（*internal path length*），$I(T)$ 為樹 T 的所有內部節點（位置）深度之和。同樣，定義樹 T 的**外部路徑長度**（*external path length*），$E(T)$ 為樹 T 的所有外部節點（位置）深度之和。證明如果 T 是具有 n 個 position 的完全二元樹，則 $E(T) = I(T) + n - 1$。

C-8.26 令 T 是具有 n 個節點的（不一定是完全的）二元樹，並且令 D 為 T 的所有外部節點深度的總和。證明，如果 T 具有最少的外部節點數，則 D 為 $O(n)$，如果 T 有最多的外部節點數，則 D 為 $O(n\log n)$。

C-8.27 假設 T 是具有 n 個節點的（可能是不正確的）二元樹，並且令 D 為 T 的所有外部節點深度的總和。描述 T 的組態使得 D 是 $\Omega(n^2)$。這樣的樹對 heightBad 方法將具有是最壞的漸近執行時間（程式 8.4）。

C-8.28　對於樹 T，令 n_I 表示其內部節點的數量，並且令 n_E 表示其外部節點的數量。證明若 T 中的每個內部節點恰好有 3 個子節點，則 $n_E = 2n_I + 1$。

C-8.29　兩個有序樹 T' 和 T'' 被稱爲**同構**（***isomorphic***），若

- T' 和 T'' 都爲空。
- T' 和 T'' 都由單個節點組成。
- T' 和 T'' 的根具有相同的 $k \geq 1$ 的子樹，而 T' 的第 i 個子樹和 T'' 的第 i 個子樹同構，其中 $i =$ 的 1、...、k。

設計一個演算法，測試兩個給定的有序樹是否同構。演算法的執行時間是多少？

C-8.30　證明 n 個內部節點可構成 2^n 個不完全二元樹，當中而沒有任何兩顆樹是同構的（參見練習題 C-8.29）。

C-8.31　如果我們排除同構樹（見練習 C-8.29），那麼有多少顆二元樹正好有 4 個葉節點？

C-8.32　在 LinkedBinaryTree 中設計一個方法 pruneSubtree(p)，將以 p 爲根的子樹刪除，確定維持項目的計數值。你設計的方法需要多少的執行時間？

C-8.33　在 LinkedBinaryTree 中添加一個方法，swap(p, q)，具有重構樹的效果，使得由 p 參考的節點和由 q 參考的節點彼此交換。在相鄰節點情況下確保能正確處理。

C-8.34　如果我們使用一個標兵節點，可以簡化 LinkedBinaryTree 的部分實現。標兵節點是眞正根的父節點，根是標兵節點的左子節點。此外，若節點沒有這樣一個子節點，則用標兵節點取代 null，作爲左子節點或右子節點。對上述假設，更新 remove 和 attach 方法實作。

C-8.35　描述如何使用 attach 方法複製一個代表完全二元樹的 LinkedBinaryTree 實體物件。

C-8.36　描述如何使用 addLeft 和 addRight 方法複製一個代表二元樹（不要求一定要是完全二元樹）的 LinkedBinaryTree 實體物件。

C-8.37　修改 LinkedBinaryTree 類別以正式支援 Cloneable 介面，如第 3.6 節所述。

C-8.38　爲樹 T 的每個 position p 提供計算與列印功能，p 的元素後是 p 的子樹的高度。

C-8.39　設計一個演算法，使用 $O(n)$ 時間計算樹 T 的所有 position 的深度，其中 n 是 T 的節點數。

C-8.40　完全二元樹內部 position p 的**平衡因數**（***balance factor***）是 p 的左右兩子樹的高度差。顯示如何以 8.4.6 節的歐拉旅程遍訪列印完全的二元樹所有內部節點的平衡因數。

C-8.41　爲二元樹 T 的操作設計下列演算法：

- preorderNext(p)：對 T 做前序遍訪，返回在 p 之後走訪的 position（如果 p 是被走訪的最後一個節點，則返回 null）。
- inorderNext(p)：對 T 做中序遍訪，返回在 p 之後走訪的 position（如果 p 是被走訪的最後一個節點，則返回 null）。
- postorderNext(p)：對 T 做後序遍訪，返回在 p 之後走訪的 position（如果 p 是被走訪的最後一個節點，則返回 null）。

你設計的演算法最差執行時間爲何？

C-8.42　描述一個虛擬程式碼，使用非遞迴方法在線性時間述執行中序遍訪。

C-8.43 為了實現 AbstractTree 類別中的 preorder 方法，我們利用了快照建立的方便性。現在請重新實現 preorder，建立一個惰性迭代器（有關迭代器的討論，參見第 7.4.2 節。）

C-8.44 重複習題 C-8.43，實現 AbstractTree 類別的 postorder 方法。

C-8.45 重複習題 C-8.43，實現 AbstractBinaryTree 類別的的 inorder 方法。

C-8.46 演算法 preorderDraw 繪製二元樹 T，使用的方法是：對每個 position p 分配 x 和 y 坐標，其中 $x(p)$ 是前序遍訪時在 p 之前的節點數，$y(p)$ 是 p 在 T 的深度。

　　a. 由 preorderDraw 產生成 T 的的繪圖沒有兩個邊會有交錯

　　b. 使用 preorderDraw 重繪圖 8.18 的二元樹。

C-8.47 以 postorderDraw 演算法類別重做上題，其中 $x(p)$ 是後序遍訪時在 p 之前的節點數。

C-8.48 設計一種用於繪製一般樹的演算法，使用類似於中序遍訪方式繪製二元樹。

C-8.49 定義 position p 的 ***rank*** 值，在遍訪期間，第一個走訪的元素 rank 值為 1，第二個走訪的元素 rank 值為 2 等等。對樹 T 中的每個 position p，令 pre(p) 為前序遍訪中 p 的 rank 值，post(p) 為後序遍訪中 p 的 rank 值，depth(p) 為 p 的深度，desc(p) 是 p 的後代數，包括 p 本身。根據 desc(p)、depth(p) 和 pre(p)，導出 post(p) 的公式，其中 p 是 T 的每個節點。

C-8.50 令 T 是有個 n 節點的樹。這裡將兩個節點 v 和 w 之間的**最低共同祖先**（***LCA：lowest common ancestor***）定義為：在 T 中使 v 和 w 都成為其後代節點的最低節點（節點可以被視為它自己的後代節點）。給定兩個節點 v 和 w，試描述一個能找出 v 和 w 的 LCA 的有效率演算法。請問設計出來的演算法的執行時間為何？

C-8.51 假設二元樹 T 的每個 position p 在，用 $f(p)$ 值來標記，$f(p)$ 是 p 在 T 中的層級數。設計一種用於確定 $f(a)$ 的快速方法，a 是 T 中兩個 position p 和 q 的共同祖最低祖先，給定 $f(p)$ 和 $f(q)$ 值。你不需要找到 positiona，只計算 $f(a)$ 即可。

C-8.52 假設 T 是具有 n 個 position 的二元樹，並且對於 T 中的任何 position p，令 d_p 表示 p 在 T 中的的深度。T 中兩個 position p 和 q 之間的距離是 $d_p + d_q - 2d_a$，其中 a 是 p 和 q 的最低共同祖先（LCA）。T 的**直徑**（***diameter***）是 T 中兩個 position 之間的最大距離。描述一種用於查找 T 的直徑的有效演算法。你的演算法的執行時間為何？

C-8.53 如同習題 C-6.16 所提到的，**後置表示法**（***Postfix notation***）是一個不模稜兩可的方式，可以在不使用括號的情況下撰寫一個算術運算式。它的定義是：假如 "(exp_1)**op**(exp_2)" 是一個一般的（中序）括號表示式，**op** 是運算子，它的後置版本則為 "$pexp_1$ $pexp_2$ **op**"，其中 $pexp_1$ 是 exp_1 的後置版本，而 $pexp_2$ 是 exp_2 的後置版本。單一數字或變數的後置版本就是此數字或變數本身。例如 "((5 + 2)*(8 − 3))/4" 的後置版本是 " 5 2 + 8 3 *4 / "。請寫一個有效率的演算法，將算術運算式的中置表示式，轉換成相等的後置表示式。

專案題

P-8.54 使用第 8.3.2 節所描述的以陣列作為儲存體來實現二元樹 ADT。

P-8.55 使用第 8.3.3 節所描述的以鏈結結構來實現樹 ADT。

P-8.56 LinkedBinaryTree 類別記憶體使用可以藉由刪除每個節點的父參考來簡化，替代方案是使用 Position 物件維護一個串列來代表從根節點到該位置的路徑。使用此策略重新實現 LinkedBinaryTree 類別。

P-8.57 寫一個程式，用於將加上括號的完整算術運算式當作輸入，然後將它轉換成二元運算樹。讀者的程式必須用某種方式顯示出這棵樹，並且印出與根節點相關聯的值。為了要讓問題更具挑戰性，這裡允許樹葉儲存具有 x_1、x_2、x_3 等形式的變數，這些變數會初始化為 0，而且可以由你的程式藉由人機互動地更新它們的值，同時運算樹的根節點之值也會做相對應的更改，並且列印出來。。

P-8.58 寫一個程式，接受兩個參數，一個參數參考到一顆一般樹 T，另一個參數為 position p，將 T 轉換為具有相同 position 相鄰集合的另一棵樹，以 p 作為其根節點。

P-8.59 寫一個繪製二元樹的程式。

P-8.60 寫一個繪製一般樹的程式。

P-8.61 寫一個可以輸入和顯示一個人的家譜的程式。

P-8.62 寫一個程式，顯示完全二元樹的歐拉遍訪，其中包含節點到節點之間的移動，它們屬於來自左方、下方、和右方的遍訪。你的程式需要計算並顯示前序標籤、中序標籤、後續標籤，以及顯示樹中每個節點的祖先及後代個數（不需要全部同時顯示）。

後記

討論經典的前序、中序和後序樹遍訪方法，可參考 Knuth 的書籍 "*Fundamental Algorithms*" [60]。歐拉之旅遍訪技術來自平行演算法社群；它是由 Tarjan 和 Vishkin [89] 提出的，並由 JáJá [51] 和 Karp 和 *Ramachandran* [55] 進行深入討論。繪製樹的演算法通常被認為是圖形繪製演算法中 " 通俗 " 的部分。對圖形繪製感興趣的讀者可參考 Di Battista、Eades，Tamassia 和 Tollis [29] 的書，以及 Tamassia 和 Liotta [88] 的概論文獻。

Chapter

9

堆積和優先佇列

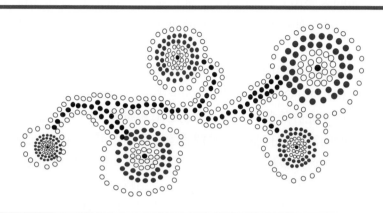

9.1 優先佇列抽象資料型態（The Priority Queue Abstract Data Type）

9.1.1 優先事項（Priorities）

在第 6 章中，我們引入了佇列 ADT 做為物件的群集，根據**先入先出（FIFO）**原則增加和刪除物件。一家公司的客服中心以 FIFO 模式進行服務，詢問電話將按照收到的順序進行回覆。在這種情況下，新的呼叫被添加到佇列的後面，排在佇列前面的顧客優先服務，服務完就離開佇列。

實際上，有很多應用程序使用了類似佇列的結構，管理必須以某種方式處理的物件，且這些物件的管理，僅使用 FIFO 是不夠的。例如空中交通管制中心必須做出決策，在眾多等待著陸的飛機中有哪些先允許降落。做出選擇前必須考慮很多因素，譬如，離跑道多遠、在空中盤旋了多久、剩餘的油量還有多少。飛機著陸決策不太可能純粹基於 FIFO 策略。

在一些情況下，" 先到先服務 " 的政策可能似乎合理，但還有其他優先事項必須考慮。拿另一家航空公司做比喻，假設一個航班在出發前一小時座位完全售完。但因為乘客可能取消訂位，航空公司維持一個備用佇列，讓旅客排隊分配空位。基本上以乘客登報到時間做為優先順序，但還有其他考慮因素要考量，例如：支付的票價和旅客的身份。因此，有可能後報到的旅客先登機。

在本章中，我們介紹一種新抽象資料型態稱為**優先佇列（*priority queue*）**。這是一個具有優先權元素的集合，允許任意元素插入，不以進入的先後取出元素，而是以每一個元素所賦予的優先權決定哪個元素先取出，先取出的元素具有第一優先權。當在優先佇列中添加一個元素時，用戶使用與其關聯的**鍵值（*key*）**來指定其優先權鍵值。具有最小鍵值的元素是下一個將要從佇列中取出的元素（因此，具有鍵值 1 的元素將優先於鍵值 2 的元素）。雖然用數值表達優先權是很常見的，但 Java 還可以用物件做為鍵值，只要存在有比較兩個物件實體 a 和 b 的方法即可，通常以鍵值的自然順序做比較。有了這樣的一般性，應用程序可以制定自己的優先等級概念。例如，不同的金融分析師對特定資產可分配不同的評級（即優先等級），如股票份額。

9.1.2 優先佇列 ADT（The Priority Queue ADT）

我們將元素及其鍵值優先權建模為一複合體，稱為**項目（*entry*）**。(但是，我們到第 9.2.1 節才會討論定義 Entry 型態所使用的技術）。

定義優先佇列 ADT 以支持以下方法：

Insert(k, v)：在優先佇列中建立具有鍵值 k 和值 v 的項目。

min( )：返回（但不刪除）具有最小鍵值的優先佇列項目 (k, v)；如果優先佇列為空，則返回 null。

removeMin( )：刪除並返回優先佇列中具有最小鍵值的項目 (k, v)；如果優先佇列為空，則返回 null。

size( )：返回優先佇列中的項目數量。

isEmpty( )：返回一個布林值，若佇列為空返回 true，否則返回 false。

優先佇列允許多個項目具有相同的鍵值，若這些相同鍵值恰好又是最小鍵值，在這種情況下方法 min 和 removeMin 方法可以在這些項目中任選一個。項目值可以是任何型態的物件。

在優先佇列的初始模型中，假設一個元素一旦被添加到優先佇列中，其鍵值就固定不變。在第 9.5 節，我們考慮一個擴展，允許用戶在優先佇列內更新元素的鍵值。

範例 9.1：下表顯示了在最初為空的優先佇列，執行一系列操作的效果。" 優先佇列內容 " 欄位有點不真實，因為顯示的內容是按鍵值排序。優先佇列不需要排序。

方法	回傳值	優先佇列內容
insert(5,A)		{ (5,A) }
insert(9,C)		{ (5,A), (9,C) }
insert(3,B)		{ (3,B), (5,A), (9,C) }
min( )	(3,B)	{ (3,B), (5,A), (9,C) }
removeMin( )	(3,B)	{ (5,A), (9,C) }
insert(7,D)		{ (5,A), (7,D), (9,C) }
removeMin( )	(5,A)	{ (7,D), (9,C) }
removeMin( )	(7,D)	{ (9,C) }
removeMin( )	(9,C)	{ }
removeMin( )	null	{ }
isEmpty( )	true	{ }

9.2　實施優先佇列（Implementing a Priority Queue）

在本節中，討論在 Java 中實行優先佇列 ADT 所涉及的幾個技術性問題，我們定義一個抽象基礎類別，當中有一些功能可讓本章中所有優先佇列實現共享。然後使用位置串列 L 做為儲存器，提供兩個具體的優先佇列實現（見第 7.3 節）。兩個具體實現的差別，在於優先佇列內的項目是否排序。

9.2.1　項目複合（The Entry Composite）

實施優先佇列的一個重要工作是必須同時維護項目中的元素及其鍵值，即使項目被重新定位在資料結構中。因此使用**組合設計模式**（*composition design pattern*），定義一類別，將鍵值 *k* 和元素值 *v* 配對成單一物件。依此原則，為了正式化，我們在程式 9.1 定義一個名為 Entry

的公共介面。

```
1    /** Interface for a key-value pair. */
2    public interface Entry<K,V> {
3      K getKey( );                      // returns the key stored in this entry
4      V getValue( );                    // returns the value stored in this entry
5    }
```

程式 9.1：Java 介面 Entry，用來儲存元素 - 鍵值資料對。

　　然後，在程式 9.2 中的優先佇列正式使用 Entry 介面型態。使得方法 min 和 removeMin 中可將鍵值和元素值配對成一個單一物件來返回。我們也定義了 insert 方法來返回一個項目；在更高階的**適應性優先佇列**（*adaptable priority queue*）（見第 9.5 節）中，該項目可以隨後更新或刪除。

```
1    /** Interface for the priority queue ADT. */
2    public interface PriorityQueue<K,V> {
3      int size( );
4      boolean isEmpty( );
5      Entry<K,V> insert(K key, V value) throws IllegalArgumentException;
6      Entry<K,V> min( );
7      Entry<K,V> removeMin( );
8    }
```

程式 9.2：優先佇列 ADT 的 Java 介面。

9.2.2　使用全序比較鍵值（Comparing Keys with Total Orders）

在定義優先佇列 ADT 時，可以將任何型態的物件當作鍵值，但是我們必須能夠以有意義的方式將鍵值相互比較，同時比較的結果不能是矛盾的。對於比較規則，我們用符號 "≤" 來表示，且必須具有自我一致性。因此，必須定義一個**全序**（*total order*）關係，也就是說，對於任何鍵值 k_1，k_2 和 k_3，必須滿足以下屬性：

- **可比較性**（**Comparability property**）：$k_1 \le k_2$ 或 $k_2 \le k_1$。
- **反對稱性**（**Antisymmetric property**）：如果 $k_1 \le k_2$ 和 $k_2 \le k_1$，則 $k_1 = k_2$。
- **遞移性**（**Transitive property**）：如果 $k_1 \le k_2$ 和 $k_2 \le k_3$，則 $k_1 \le k_3$。

可比較性意味著可針對每一對鍵值進行比較，此定義隱含下列性質：

- **反身性**（**Reflexive property**）：$k \le k$。

全序比較規則 ≤ 絕對不會導致矛盾。這樣的規則定義了一組鍵值之間的線性排序；因此，如果（有限）元素集合有一個定義的順序，然後就有最小鍵值 k_{min} 的概念可用，其中 $k_{min} \le k$ 的鍵值，k 是集合中的任何其他鍵值。

◉ 可比較的介面（The Comparable Interface）

Java 對物件型態之間的比較，提供了兩種方法。首先是所謂的**自然排序**（*natural*

ordering），參與自然排序的類別必須正式實現 java.lang.Comparable 介面，此介面只有一個方法：compareTo。敘述 a.compareTo(b) 必須返回整數 i，i 具有以下含義：

- $i < 0$ 表示 $a < b$。
- $i = 0$ 表示 $a = b$。
- $i > 0$ 表示 $a > b$。

例如，String 類別的 compareTo 方法以詞典形式，定義了字串自然排序，這是一個區分大小寫的擴展 Unicode 字母排序。

◉ 比較器介面（The Comparator Interface）

在某些應用中，除了自然的順序，我們可能會根據一些特定概念來比較物件。例如，我們可能關注在最短的字串，或是根據自己的經濟財務本質，定義股票優先權，判斷兩支股票中哪一種更有前景。為了支持通用性，Java 定義了 java.util.Comparator 介面。**比較器**是類別的外部物件，用來比較鍵值。比較器提供了一個方法，簽名為 compare(a,b)，返回一個與上述 compareTo 方法相似的整數。

舉一個具體的例子，程式 9.3 定義了一個基於字串長度的比較器（這不是它們的自然詞典順序）。

```
1    public class StringLengthComparator implements Comparator<String> {
2        /** Compares two strings according to their lengths. */
3        public int compare(String a, String b) {
4 i        if (a.length( ) < b.length( )) return –1;
5          else if (a.length( ) == b.length( )) return 0;
6          else return 1;
7        }
8    }
```

程式 9.3：一個基於長度來評估字串的比較器。

◉ 比較器和優先佇列 ADT（Comparators and the Priority Queue ADT）

對於一般和可重用的優先佇列，用戶可選擇任何的鍵值型態，並傳送適當的比較器實體參數給優先佇列的建構子。優先佇列將隨時使用該比較器比較兩個鍵值。

為方便起見，我們還允許預設優先佇列使用自然排序（假設這些鍵值來自可比較的鍵值類別）。在這種情況下，構建 DefaultComparator 類別的實例，如圖所示程式 9.4。

```
1    public class DefaultComparator<E> implements Comparator<E> {
2        public int compare(E a, E b) throws ClassCastException {
3            return ((Comparable<E>) a).compareTo(b);
4        }
5    }
```

程式 9.4：DefaultComparator 類別，根據元素型態的自然排序實現比較器。

9.2.3 AbstractPriorityQueue 基礎類別

為了管理所有優先佇列實現中常見的技術性問題，我們在程式 9.5 中定義一個名為 AbstractPriorityQueue 的抽象基礎類別。（有關抽象基礎類別的討論，請參見第 2.3.3 節）。這包括實現公共 Entry 介面的一個巢狀 PQEntry 類別。

　　抽象類別也宣告並初始化一個實例變數，comp，該變數儲存比較器，提供給優先佇列使用。然後提供一個保護等級的方法，compare，呼叫比較器，來比較兩個項目。

```
1   /** An abstract base class to assist implementations of the PriorityQueue interface.*/
2   public abstract class AbstractPriorityQueue<K,V>
3                                         implements PriorityQueue<K,V> {
4     //---------------- nested PQEntry class ----------------
5     protected static class PQEntry<K,V> implements Entry<K,V> {
6       private K k;          // key
7       private V v;          // value
8       public PQEntry(K key, V value) {
9         k = key;
10        v = value;
11      }
12      // methods of the Entry interface
13      public K getKey( ) { return k; }
14      public V getValue( ) { return v; }
15      // utilities not exposed as part of the Entry interface
16      protected void setKey(K key) { k = key; }
17      protected void setValue(V value) { v = value; }
18    } //----------- end of nested PQEntry class -----------
19
20    // instance variable for an AbstractPriorityQueue
21    /** The comparator defining the ordering of keys in the priority queue. */
22    private Comparator<K> comp;
23    /** Creates an empty priority queue using the given comparator to order keys. */
24    protected AbstractPriorityQueue(Comparator<K> c) { comp = c; }
25    /** Creates an empty priority queue based on the natural ordering of its keys. */
26    protected AbstractPriorityQueue( ) { this(new DefaultComparator<K>( )); }
27    /** Method for comparing two entries according to key */
28    protected int compare(Entry<K,V> a, Entry<K,V> b) {
29      return comp.compare(a.getKey( ), b.getKey( ));
30    }
31    /** Determines whether a key is valid. */
32    protected boolean checkKey(K key) throws IllegalArgumentException {
33      try {
34        return (comp.compare(key,key) == 0);            // see if key can be compared to itself
35      } catch (ClassCastException e) {
36        throw new IllegalArgumentException("Incompatible key");
37      }
38    }
39    /** Tests whether the priority queue is empty. */
40    public boolean isEmpty( ) { return size( ) == 0; }
41  }
```

程式 9.5：AbstractPriorityQueue 類別。提供了一個內部類別 PQEntry，將一個鍵值和一個元素值組成一個物件，以便於管理比較器。為了方便起見，我們還提供了 isEmpty 方法，使用前須先定義好 size 方法。

9.2.4　使用未排序的串列實現優先佇列（Implementing a Priority Queue with an Unsorted List）

第一個具體實現的優先佇列中，我們用鏈結串列做為項目儲存體。程式 9.6 介紹用 UnsortedPriorityQueue 類別做為 AbstractPriorityQueue 類別的子類別（來自程式 9.5）。對於內部儲存，鍵值 - 元素值資料對以複合體呈現，使用繼承而來的 PQEntry 類別。這些項目儲存在 PositionalList 中，PositionalList 是一個實例變數。我們假設位置串列是用雙向鏈結串列實現，如第 7.3 節所述，使 ADT 的所有操作的執行時間為 $O(1)$。

　　當構建新的優先佇列時，可以從空串列開始。在任何時間，串列的大小等於當前儲存在優先佇列的鍵值 - 元素值資料對。因此，我們的優先佇列的 size 方法只是返回內部串列的長度。通過 AbstractPriorityQueue 類別的設計，繼承了具體方法 isEmpty，該方法會呼叫我們定義的方法 size。

　　每當有鍵值 - 元素值資料對，藉由 insert 方法插入到優先佇列中時，我們為給定的鍵值和元素值建立一個新的 PQEntry 物件，並添加該項目物件到串列的末端。這樣的實現需要 $O(1)$ 執行時間。

　　其他要注意的是，當 min 或 removeMin 被呼叫時，我們必須定位最小的鍵值項目。因為項目沒有排序，我們必須檢查所有項目以找到最小的鍵值。為方便起見，定義一個私有的 findMin 實用程式，返回最小鍵值項目的位置。知道最小鍵值位置，讓 removeMin 方法在位置串列呼叫 remove 方法。min 方法只是使用位置來取出項目內的鍵值 - 元素值資料對，準備用來返回。由於必須以迴圈找到最小鍵值，所以 min 和 removeMin 方法都在 $O(n)$ 時間執行，其中 n 為優先佇列中的項目數。

　　UnsortedPriorityQueue 類別中各方法的執行時間，摘要在表 9.1 中。

方法	執行時間
size	$O(1)$
isEmpty	$O(1)$
insert	$O(1)$
min	$O(n)$
removeMin	$O(n)$

表 9.1：具有 n 個元素的優先佇列各方法的最糟執行時間，以未排序的雙向鏈結串列實現。空間需求為 $O(n)$。

```
1   /** An implementation of a priority queue with an unsorted list. */
2   public class UnsortedPriorityQueue<K,V> extends AbstractPriorityQueue<K,V> {
3     /** primary collection of priority queue entries */
4     private PositionalList<Entry<K,V>> list = new LinkedPositionalList<>( );
5
6     /** Creates an empty priority queue based on the natural ordering of its keys. */
7     public UnsortedPriorityQueue( ) { super( ); }
8     /** Creates an empty priority queue using the given comparator to order keys. */
9     public UnsortedPriorityQueue(Comparator<K> comp) { super(comp); }
10
11    /** Returns the Position of an entry having minimal key. */
12    private Position<Entry<K,V>> findMin( ) { // only called when nonempty
13      Position<Entry<K,V>> small = list.first( );
14      for (Position<Entry<K,V>> walk : list.positions( ))
15        if (compare(walk.getElement( ), small.getElement( )) < 0)
16          small = walk; // found an even smaller key
17      return small;
18    }
19
20    /** Inserts a key-value pair and returns the entry created. */
21    public Entry<K,V> insert(K key, V value) throws IllegalArgumentException {
22      checkKey(key); // auxiliary key-checking method (could throw exception)
23      Entry<K,V> newest = new PQEntry<>(key, value);
24      list.addLast(newest);
25      return newest;
26    }
27
28    /** Returns (but does not remove) an entry with minimal key. */
29    public Entry<K,V> min( ) {
30      if (list.isEmpty( )) return null;
31      return findMin( ).getElement( );
32    }
33
34    /** Removes and returns an entry with minimal key. */
35    public Entry<K,V> removeMin( ) {
36      if (list.isEmpty( )) return null;
37      return list.remove(findMin( ));
38    }
39
40    /** Returns the number of items in the priority queue. */
41    public int size( ) { return list.size( ); }
42  }
```

程式 9.6：使用未排序串列實現優先佇列。父類別 AbstractPriorityQueue 在程式 9.5 中，LinkedPositionalList 類別來自 7.3 節。

9.2.5　使用排序串列實現優先佇列（Implementing a Priority Queue with a Sorted List）

下一個優先佇列的實現也使用位置串列，各項目用鍵值做非遞減排序。這確保串列的第一個元素是具有最小鍵值項目。

　　SortedPriorityQueue 類別在程式 9.7 中。實現的 min 和 removeMin 相當簡單，串列的第一個元素就具有最小的鍵值。使用方法 first 取得串列中第一個項目的位置，remove 方法刪除串列中的項目。假設串列是用雙向鏈結串列來實現，min 和 removeMin 的執行時間為 $O(1)$。

　　這個好處是要付出代價的，插入元素時，要掃描串列，以找到插入新項目的適當位置。我們的實施從串列的末端開始，回頭走訪，直到新的鍵值比現有的項目小；在最壞的情況下，進展到串列前端。最壞情況下，insert 方法執行時間為 $O(n)$，其中 n 是當前優先佇列中的項目數。總而言之，當使用排序串列來實現優先佇列時，插入動作以線性時間執行，而找到和去除最小值項目可在固定時間內完成。

◉**比較兩個基於串列的實現**（Comparing the Two List-Based Implementations）

表 9.2 比較了以排序和未排序的串列實現優先佇列的執行時間。當我們使用串列來實現優先佇列 ADT，可以看到一個有趣的折衷。未排序的串列支持快速插入，但查詢和刪除的速度緩慢，而有序串列允許快速查詢和刪除，但插入速度緩慢。

方法	未排序串列	排序串列
size	$O(1)$	$O(1)$
isEmpty	$O(1)$	$O(1)$
insert	$O(1)$	$O(n)$
min	$O(n)$	$O(1)$
removeMin	$O(n)$	$O(1)$

表 9.2：大小為 n 的優先佇列各方法的最差執行時間，分別以未排序或排序的串列實現。我們假設串列由雙向鏈結串列實現。空間要求是 $O(n)$。

```
1   /** An implementation of a priority queue with a sorted list. */
2   public class SortedPriorityQueue<K,V> extends AbstractPriorityQueue<K,V> {
3       /** primary collection of priority queue entries */
4       private PositionalList<Entry<K,V>> list = new LinkedPositionalList<>( );
5
6       /** Creates an empty priority queue based on the natural ordering of its keys. */
7       public SortedPriorityQueue( ) { super( ); }
8       /** Creates an empty priority queue using the given comparator to order keys. */
9       public SortedPriorityQueue(Comparator<K> comp) { super(comp); }
10
11      /** Inserts a key-value pair and returns the entry created. */
12      public Entry<K,V> insert(K key, V value) throws IllegalArgumentException {
13          checkKey(key); // auxiliary key-checking method (could throw exception)
14          Entry<K,V> newest = new PQEntry<>(key, value);
15          Position<Entry<K,V>> walk = list.last( );
```

```
16       // walk backward, looking for smaller key
17       while (walk != null && compare(newest, walk.getElement( )) < 0)
18         walk = list.before(walk);
19       if (walk == null)
20         list.addFirst(newest);              // new key is smallest
21       else
22         list.addAfter(walk, newest);        // newest goes after walk
23       return newest;
24    }
25
26    /** Returns (but does not remove) an entry with minimal key. */
27    public Entry<K,V> min( ) {
28      if (list.isEmpty( )) return null;
29    return list.first( ).getElement( );
30    }
31
32    /** Removes and returns an entry with minimal key. */
33    public Entry<K,V> removeMin( ) {
34      if (list.isEmpty( )) return null;
35      return list.remove(list.first( ));
36    }
37
38    /** Returns the number of items in the priority queue. */
39    public int size( ) { return list.size( ); }
40  }
```

程式 9.7：使用排序串列實現優先佇列。父類別程式 AbstractPriorityQueue 在程式 9.5 中，
LinkedPositionalList 類別來自 7.3 節。

9.3　堆積（Heaps）

在上一節中實現優先佇列 ADT 的兩種策略呈現了有趣的權衡。當使用未排序的串列來儲存項目時，我們可以在 $O(1)$ 時間內執行插入，但是使用最小鍵值來尋找或移除元素需要 $O(n)$ 的時間以迴圈巡訪整個 collection。相對的，如果使用排序串列，我們可以在 $O(1)$ 時間輕鬆找到或移除最小元素，但是在佇列添加新元素可能需要 $O(n)$ 時間來維持順序

在本節中，我們提供一個更有效率的資料結構來實現優先佇列，這個資料結構稱為**二元堆積（*binary heap*）**。這個資料結構允許使用對數時間執行插入和刪除兩個操作，這比起第 9.2 節中討論的基於串列的實現有顯著改進。基本上堆積在效能上能有重大改進是因爲於使用了二元樹，在完全未排序和完美排序間取得平衡。

9.3.1　堆積資料結構（The Heap Data Structure）

堆積（見圖 9.1）是一個二元樹 T，在其位置上儲存項目，並滿足兩個附加屬性：(1) 儲存在 T 中的鍵值和 T 必保有某種關係；(2) 結構屬性由 T 本身形狀來定義。鍵值和 T 的關係如下：

> **堆積順序特性（*Heap-Order Property*）**：在堆積 T 中，對於根之外的每個位置 p，儲存在 p 中的鍵值大於或等於 p 的父位置的鍵值。

有了堆積順序特性這層關係，從 T 的根節點到 T 的葉節點的路徑上，每個節點鍵值必然小於等於子節點。所以，最小的鍵值是永遠儲存在 T 的根節點。這使得呼叫 min 或 removeMin 方法時，很容易找到最小鍵值項目，可以這麼說：最小鍵值項目就位在堆積的頂部（因此，才會用 " 堆積 " 代表此資料結構名稱）。順便一提，這裡定義的堆積和 Java 程式語言執行環境所用到的記憶體堆積（15.1.2 節）無關。

　　為了效率起見，稍後會變得更清楚，我們希望堆積 T 擁有盡可能小的高度。故定義一個 T 必須遵守的原則來滿足最小高度，稱此原則為**完全性**（*complete*）。

　　完整的二元樹屬性（*Complete Binary Tree Property*）：具有高度 h 的堆積 T 是完整的二元樹，其中 T 的階層 0,1,2,...h − 1，具有可能的最大節點數（即第 i 階層具有 2^i 個節點，$0 \le i \le h − 1$），在階層 h 的其餘節點位在左邊的位置。

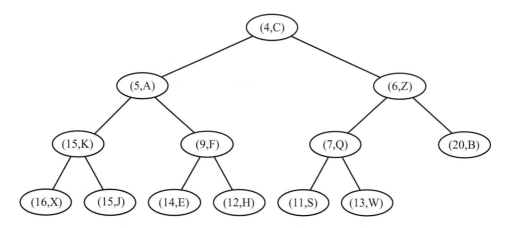

圖 9.1：堆積的範例，儲存 13 個整數鍵值項目。最後的位置儲存項目（13,*W*）。

　　圖 9.1 中的樹是完整的，因為第 0、1 和 2 層都是滿的，而第 3 層的第 6 個節點，位在該層盡可能靠左邊的位置。要如何來正式表達上述盡可能靠左邊的位置，可參考 8.3.2 節以陣列實現二元樹所用的**層級編號**（實際上，在 9.3.2 節也會討論用陣列實現堆積）一顆具有 n 個元素的完整二元樹具有水平置編號 0 到 $n − 1$。例如，以陣列實現上面的樹，13 個項目將從 A [0] 到 A [12] 連續儲存。也就是說，一顆具有 n 個元素的二元樹，若以基於陣列的方式實現，其元素能從索引 0 到索引 $n − 1$，連續儲存，那麼這顆完全二元樹的最底層（層級編號最高的那一層）元素就是盡可能靠左邊的位置排列。

◉ 堆積的高度（The Height of a Heap）

令 h 代表 T 的高度。因為 T 是完全的，所以具有定理 9.2 的性質。

定理 9.2：儲存 n 個項目的堆積 T 具有高度 $h = \lfloor \log n \rfloor$。

證明：從 T 是完全的事實，我們知道的從層級 0 道層級 $h − 1$，每一層的節點數正好是 $1 + 2 + 4 + ... + 2^{h−1} = 2^h − 1$，第 h 層的節點數量至少為 1，最多為 2^h。因此

$$n \ge 2^h − 1 + 1 = 2^h \text{ 和 } n \le 2^h − 1 + 2^h = 2^{h+1} − 1$$

在不等式 $n \geq 2^h$ 兩邊取對數，計算出高度 $h \leq \log n$。在不等式 $n \leq 2^{h+1} - 1$ 兩邊取對數，計算出 $h \geq \log(n+1) - 1$。由於 h 是一個整數，這兩個不等式意味著 $h = \lfloor \log n \rfloor$。　　　　■

9.3.2　使用堆積實現優先佇列（Implementing a Priority Queue with a Heap）

定理 9.2 有個重要的意涵，它意味著如果對堆積進行更新操作，所需的時間與其高度成正比，那麼進行這些操作將以對數時間執行。因此，讓我們看看怎麼使用堆積來有效地執行各種優先佇列方法的問題。

使用 9.2.1 節中的組合模式，儲存鍵值 - 數值「數對」做為堆積中的項目。size 和 isEmpty 方法可以對樹實施檢查來實現，min 操作就太簡單了，堆積的根元素就具有最小鍵值。比較需要關注的是如何實現 insert 和 removeMin 方法。

◉ 添加一個項目到堆積（Adding an Entry to the Heap）

讓我們考慮如何在使用堆積 T 實現優先佇列的環境下執行 insert(k, v)。我們在樹的新節點的項目中儲存「數對」(k, v)。為維持**完整的二元樹特性**（*complete binary tree property*），新節點放置的位置 p，應位在底層最右邊節點的旁邊，或者如果底層已滿（或者堆積為空），新節點位置就應放在新層級最左邊的節點。

◉ 插入後的氣泡上浮（Up-Heap Bubbling After an Insertion）

依上述方式執行此插入操作後，樹 T 保持完全，但可能會違反**堆積順序特性**（*heap-order property*）。因此，除非位置 p 是 T 的根（在插入之前優先佇列為空的），我們將 p 的鍵值與 p 的父節點 q 的鍵值進行比較。如果鍵值 $k_p \geq k_q$，則堆積順序特性一致，演算法終止。如果，$k_p < k_q$，那麼就需要恢復堆積順序特性，可以透過交換儲存在位置 p 和 q 處的項目來實現（見圖 9.2c 和 d）。這個互換使新項目向上移動一個級別。再次，若堆積順序特性還是不滿足，重複該過程。上浮程序持續在 T 中進行，直到滿足堆積順序特性（見圖 9.2e 和 h）。

通過互換將新插入的項目向上移動的過程，稱作**堆積氣泡上浮**（*up-heap bubbling*）。互換程序不是解決了堆積順序特性問題，就是將項目提升一層。在最壞的情況下，氣泡會一直上浮到堆積 T 的根。因此，在最壞的情況下，執行交換的次數等於 T 的高度。通過定理 9.2，上限是 $\lfloor \log n \rfloor$。

◉ 移除最小鍵值項目（Removing the Entry with Minimal Key）

現在回到優先佇列 ADT 的 removeMin 方法。我們知道最小鍵值項目儲存在 T 的根節點 r（即使有多個項目有最小鍵值）。但是，一般來說，我們不能簡單地刪除節點 r，因為這會留下兩個斷開的子樹。

為確保堆積的形狀，並維持**完整二元樹特性**（*complete binary treeproperty*），先刪除 T 的最後位置 p 處的葉節點，也就是樹的最底層最右邊的節點。不能只是刪除，還要將此項目複製到根節點 r（代替具有最小鍵值被移除的項目）。圖 9.3a 和 b 說明了這個範例步驟，最小項目（4, C）從根中刪除並以項目（13, W）替換。將樹的最後一個位置節點刪除。

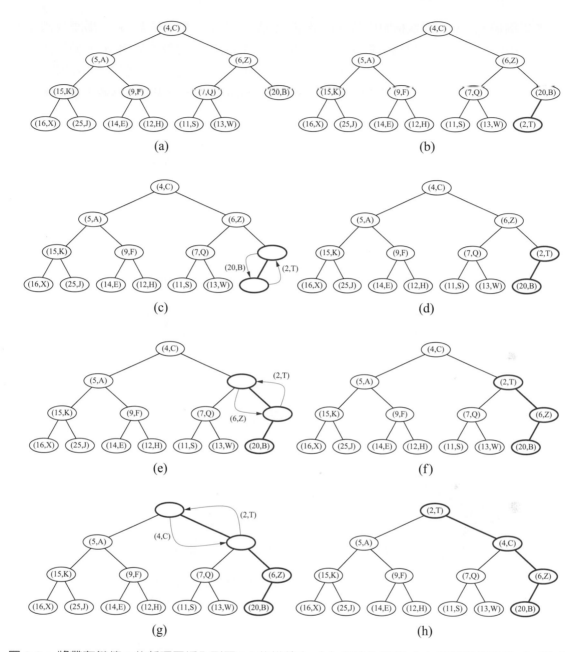

圖 9.2：將帶有鍵值 2 的新項目插入到圖 9.1 的堆積中：(a) 初始化堆積；(b) 添加新節點後；(c 和 d) 交換以恢復部分順序特性；(e 和 f) 另一次互換；(g 和 h) 最後互換。

◉ **移除後的氣泡下沉**（Down-Heap Bubbling After a Removal）

然而，即使保住完整二元樹特性，卻可能違反堆積的順序特性。如果 T 只有一個節點（根），那麼堆積順序特性一定滿足，演算法終止。否則，我們區分兩種情況，其中 p 最初表示 T 的根節點：

- 如果 p 沒有右子節點，讓 c 做為 p 的左子節點。
- 否則（p 有兩子節點），令 c 是 p 中具有最小鍵值的子節點。

如果鍵值 $k_p \le k_c$，則堆積順序特性被滿足，演算法終止。如果是 $k_p > k_c$，那麼我們需要恢復堆積順序特性。這可以藉由將 p 和 c 的項目互換來實現。（見圖 9.3c 和 d。）值得注意的是，當 p 有兩個子節點時，我們選取鍵值較小的子節點。c 的鍵值不僅要小於 p 的鍵值，c 至少與 c 的兄弟鍵值一樣小。較小鍵值項目向上提升到 p 節點，原先 p 節點較大鍵值項目下沉到 c 節點，至少在 p 節點維護了堆積順序特性。

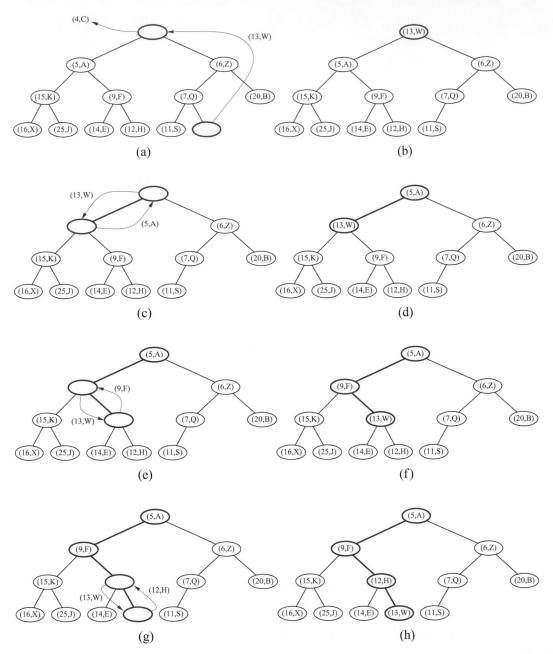

圖 9.3：從堆積中刪除具有最小鍵值的項目：（a 和 b）刪除最後一個節點，其項目存儲到根節點；（c 和 d）互換恢復本地堆積順序特性；（e 和 f）另一個互換；（g 和 h）最終互換。

已恢復節點 p 與其子節點的堆積順序特性，不表示 c 節點符合堆積順序特性；因此，可能需要繼續互換程序，直到沒有堆積順序特性違規（見圖 9.3e-h）。這種向下交換過程稱爲**堆積氣泡下沉**（*down-heap bubbling*）。互換程序不是解決了堆積順序特性問題就是將項目在堆積下沉一層。在最壞的情況下，項目一直向下移動到最底層。（見圖 9.3）因此，在最壞的情況下，執行交換的次數等於 T 的高度。由定理 9.2 得知，上限是 [log*n*]。

基於陣列的完整二元樹（Array-Based Representation of a Complete Binary Tree）

基於陣列的二元樹（第 8.3.2 節）特別適合一顆完整的二元樹。在這個實現過程，樹被儲存在基於陣列的串列 A 中，使得位置 p 處的元素是儲存在 A 中，索引值等於 p 的層級編號 $f(p)$，f 的定義如下：

- 如果 p 是根，則 $f(p) = 0$。
- 如果 p 是位置 q 的左子節點，則 $f(p) = 2\,f(p) + 1$。
- 如果 p 是位置 q 的右子節點，則 $f(p) = 2\,f(p) + 2$。

對於大小爲 n 的樹，元素具有連續索引值，範圍 $[0, n-1]$，最後一個位置總索引值爲 $n-1$。（見圖 9.4）

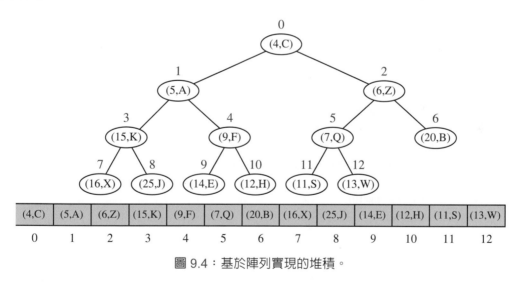

圖 9.4：基於陣列實現的堆積。

　　基於陣列的堆積實現避免了鏈結樹的一些複雜性結構體。具體來說，insert 和 removeMin 方法取決於定位堆積的最後一個位置。使用大小爲 n 基於陣列的堆積，最後一個位置只是索引 $n-1$。但要在鏈結式的樹狀結構定位堆積中的最後一個位置，就不是這麼簡單（見習題 C-9.32）。

　　如果無法預先知道優先佇列的大小，則使用基於陣列的實現，後來可能會有動態調整陣列大小的需求，就像使用 Java 的 ArrayList 一樣。適用這種基於陣列的結構來實現有 n 個節點的完全二元樹，需要的空間是 $O(n)$，執行元素的添加和刪除則必須以**攤銷**的方式，負擔陣列容量增長（見第 7.2.2 節）。

Java 堆積實現（Java Heap Implementation）

在程式 9.8 和 9.9 中，我們提供了基於堆積的 Java 實現的優先佇列。雖然我們認爲堆積是一顆二元樹，但是並沒有正式使用二元樹 ADT。我們喜歡使用更有效率的基於陣列實現的樹，維護由複合物件形成的 Java ArrayList。爲了讓我們使用的陣列結構仍能使用所謂的父節點、左子節點和右子節點，類別內定義了一些受保護的實用程序 (protected utility)，計算各個節點位置的層級編號（程式 9.8 的第 10-14 行）。在這個資料結構中，位置（position）指的就是陣列型串列中的整數索引值。

類別還定義了 swap、upheap、和 downheap 等方法，用來支援底層陣列型串列的項目移動。執行元素添加，先將新的元素添加到陣列型串列的末端，接著使用 upheap 方法維護堆積順序特性。執行元素移除，先移除最小鍵值項目（駐留在索引 0），接著將陣列型串列最後一個項目從索引 $n-1$ 移到索引 0 處，然後呼叫 upheap 方法維護堆積順序特性。

```
1   /** An implementation of a priority queue using an array-based heap. */
2   public class HeapPriorityQueue<K,V> extends AbstractPriorityQueue<K,V> {
3     /** primary collection of priority queue entries */
4     protected ArrayList<Entry<K,V>> heap = new ArrayList<>( );
5     /** Creates an empty priority queue based on the natural ordering of its keys. */
6     public HeapPriorityQueue( ) { super( ); }
7     /** Creates an empty priority queue using the given comparator to order keys. */
8     public HeapPriorityQueue(Comparator<K> comp) { super(comp); }
9     // protected utilities
10    protected int parent(int j) { return (j–1) / 2; }          // truncating division
11    protected int left(int j) { return 2*j + 1; }
12    protected int right(int j) { return 2*j + 2; }
13    protected boolean hasLeft(int j) { return left(j) < heap.size( ); }
14    protected boolean hasRight(int j) { return right(j) < heap.size( ); }
15    /** Exchanges the entries at indices i and j of the array list. */
16    protected void swap(int i, int j) {
17      Entry<K,V> temp = heap.get(i);
18      heap.set(i, heap.get(j));
19      heap.set(j, temp);
20    }
21    /** Moves the entry at index j higher, if necessary, to restore the heap property. */
22    protected void upheap(int j) {
23      while (j > 0) {                                    // continue until reaching root (or break statement)
24        int p = parent(j);
25        if (compare(heap.get(j), heap.get(p)) >= 0) break;          // heap property verified
26        swap(j, p);
27        j = p;                                          // continue from the parent's location
28      }
29    }
```

程式 9.8：使用基於陣列的堆積並擴展 AbstractPriorityQueue（見程式 9.5）。（1/2）

```
30    /** Moves the entry at index j lower, if necessary, to restore the heap property. */
31    protected void downheap(int j) {
32      while (hasLeft(j)) {                              // continue to bottom (or break statement)
33        int leftIndex = left(j);
34        int smallChildIndex = leftIndex;               // although right may be smaller
35        if (hasRight(j)) {
36          int rightIndex = right(j);
37          if (compare(heap.get(leftIndex), heap.get(rightIndex)) > 0)
38            smallChildIndex = rightIndex;              // right child is smaller
39        }
40        if (compare(heap.get(smallChildIndex), heap.get(j)) >= 0)
41          break; // heap property has been restored
42        swap(j, smallChildIndex);
43        j = smallChildIndex;                           // continue at position of the child
44      }
45    }
46
47    // public methods
48    /** Returns the number of items in the priority queue. */
49    public int size( ) { return heap.size( ); }
50    /** Returns (but does not remove) an entry with minimal key (if any). */
51    public Entry<K,V> min( ) {
52      if (heap.isEmpty( )) return null;
53      return heap.get(0);
54    }
55    /** Inserts a key-value pair and returns the entry created. */
56    public Entry<K,V> insert(K key, V value) throws IllegalArgumentException {
57      checkKey(key);                                   // auxiliary key-checking method (could throw exception)
58      Entry<K,V> newest = new PQEntry<>(key, value);
59      heap.add(newest);                                // add to the end of the list
60      upheap(heap.size( ) – 1);                        // upheap newly added entry
61      return newest;
62    }
63    /** Removes and returns an entry with minimal key (if any). */
64    public Entry<K,V> removeMin( ) {
65      if (heap.isEmpty( )) return null;
66      Entry<K,V> answer = heap.get(0);
67      swap(0, heap.size( ) – 1);                       // put minimum item at the end
68      heap.remove(heap.size( ) – 1);                   // and remove it from the list;
69      downheap(0);                                     // then fix new root
70      return answer;
71    }
72  }
```

程式 9.9：使用基於陣列的堆積實現優先佇列。（2/2）

9.3.3 基於堆積的優先佇列的分析（Analysis of a Heap-Based Priority Queue）

表 9.3 顯示了以堆積實現優先佇列 ADT，各方法的執行時間，假設進行鍵值比較的時間為 $O(1)$，且堆積 T 是用基於陣列或基於鏈結的方式實現。

簡而言之，每個優先佇列 ADT 方法都可以在 $O(1)$ 或在 $O(\log n)$ 時間執行，其中 n 是執行方法時的項目數量。方法的執行時間分析是基於以下幾點原則：

- 堆積 T 具有 n 個節點，每個節點儲存鍵值 - 元素值項目的參考。
- T 的高度為 $O(\log n)$，因為 T 是完全二元樹（定理 9.2）。
- min 操作以 $O(1)$ 時間執行，因為最小鍵值項目就位在樹的根節點。
- insert 和 removeMin 方法在基於陣列情況下需要在 $O(1)$ 時間內找出堆積的最後一個位置，若以鏈結串列實現，則需要 $O(\log n)$ 的執行時間（習題 C-9.32）。
- 在最糟糕的情況下，執行堆積上浮和堆積下沉需執行的互換動作次數等於 T 的高度。

方法	執行時間
size, isEmpty	$O(1)$
min	$O(1)$
insert	$O(\log n)$*
removeMin	$O(\log n)$*

* 攤銷，如果使用動態陣列

表 9.3： 用堆積實現的優先佇列的性能。n 是執行操作時優先佇列中的項目數，空間要求是 $O(n)$。執行 min 和 removeMin，由於會遇到容量不足，必須平均分攤調整的陣列大小所需的時間；這些臨界值在鏈結樹結構是最壞情況下才會出現。

由此得出結論，堆積是實現優先佇列 ADT 非常有效率的一種資料結構，和使用何種方式、鏈結或陣列，來實現堆積無關。使用堆積實現優先佇列可快速的執行插入和刪除動作，但若使用排序或未排序的串列，就無法快速執插入和刪除動作。

9.3.4 自下而上的堆積構造 ★（Bottom-Up Heap Construction）

如果從空的堆積開始執行 n 個連續 insert 操作，最壞的情況下在 $O(n\log n)$ 時間執行。但是，如果所有 n 個鍵值 - 元素值「數對」已經儲存在堆積裡面，那麼在第一階段的堆積排序演算法（在 9.4.2 節中介紹），就可使用另一種**自下而上（*bottom-up*）**以 $O(n)$ 時間執行的實現方法。

在本節中，我們將描述自下而上的堆積建構，並提供一個建構子可以使用的實現方法，這部份是基於以堆積實現優先佇列而設計的。

為了簡化說明，我們先說明由下而上的建構方式，假設整數 n 代表鍵值數量，並滿足 $n = 2^{h+1}-1$。也就是說，堆積是一個完整的二元樹，且樹的每個層級都是滿的，所以堆積的高度 $h = \log(n + 1)-1$。以非遞迴的方式看，由下而上的堆積的實現所需的步驟數為 $h + 1 = \log(n + 1)$：

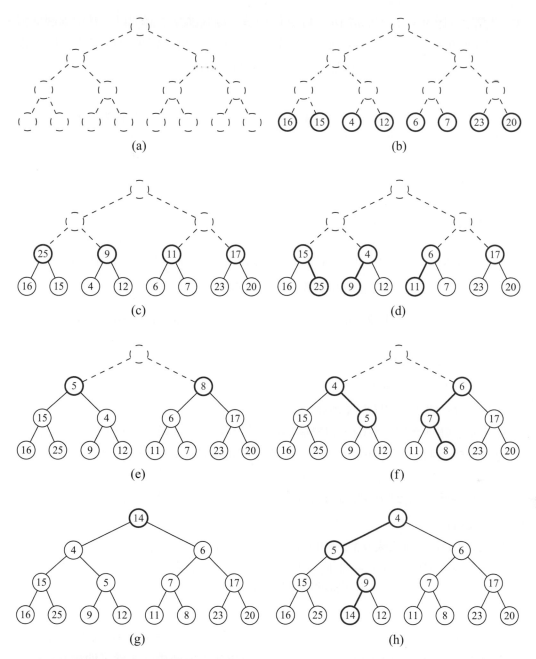

圖 9.5： 由下而上建立具有 15 個項目的堆積：(a 和 b) 我們先在底層建構只有 1 個項目的堆積；(c
和 d) 結合這些堆積形成有 3 個項目的堆積；(e 和 f) 我們建立有 7 個項目的堆積；(g 和 h)
我們建最後一個堆積。(d，f 和 h) 突顯堆積的氣泡下沉路徑。為簡化圖形，我們只顯示每個
節點內的鍵值而不是整個項目。

1. 步驟 1（圖 9.5b）：建立 $(n+1)/2$ 個基本堆積，每個儲存一個項目

2. 步驟 2（圖 9.5c-d）：，形成 $(n+1)/4$ 個堆積，每個儲存三個項目，其中兩個是基本
   堆積並添加一個新項目。新項目放在根目錄下，可能必須與子節點執行互換程序以
   保存堆積順序特性。

3. 步驟 3（圖 9.5e-f）：形成 $(n + 1)/8$ 個堆積，每個儲存 7 個項目，其中兩個堆積，各有 3 個項目（在上一步中構建），再加上一個新項目。新項目最初放在根目錄，可能必須與子節點執行互換程序以保存堆積順序特性。

⋮

步驟 i，其中 $2 \le i \le h$，形成 $(n + 1)/2^i$ 個堆積，每個儲存 $2^i - 1$ 個項目，其中包含兩個堆積（在上一步建立），各有 $(2^{i-1} - 1)$ 個項目，再加上一個新項目。新項目最初放在根目錄，可能必須與子節點執行互換程序以保存堆積順序特性。

⋮

步驟 $h + 1$. 最後步驟（見圖 9.5g-h）：形成最後的堆積，儲存所有的 n 個項目，其中包含兩個堆積（在上一步建立），各儲存 $(n - 1)/2$ 個項目，再加上一個新項目。新項目最初放在根目錄，可能必須與子節點執行互換程序以保存堆積順序特性。

圖 9.5 說明自下而上建構堆積的步驟，堆積的高度 $h = 3$。

◉ 用 Java 實現由下而上建構堆積（Java Implementation of a Bottom-Up Heap Construction）

有了 " 堆積下沉 " 實用程序，由下而上建立堆積是非常容易的。將位置 p 的兩個大小相等子樹 " 合併 "，可以用本節開頭所講述的只需透將 p 的項目執行進行 " 堆積下沉 " 即可完成。例如，圖 9.5（f）到（g）鍵值 14 所產生的流程。

若使用基於陣列實現的堆積，如果最初以無序隨意方式先儲存所有 n 個項目在陣列中，我們只要使用單個迴圈，對樹的每個節點位置呼叫 downheap 方法就可以實現自下而上的堆積建構，這些呼叫從樹的最深層次開始，然往樹的上層進行，最後到達根節點，建構完畢。事實上，這個循環可以從最深的內部節點開始，因為在外部節點位置呼叫 downheap 方法執行堆積下沉沒有任何效果。

在程式 9.10 中，從原來 9.3.2 節的 HeapPriorityQueue 類別增加一個功能，用初始數對群集自下而上建構堆積。引入一個非公用的實用方法，heapify，它會對每個非葉子節點位置呼叫 downheap 方法，從最深的節點開始直到樹的根為止。

增加一個建構子，接收兩個相同大小的陣列做為參數，一個陣列內容為鍵值序列，另一個陣列內容為元素值序列。接著建立新的項目，以兩個陣列同索引元素搭配產生鍵值 - 元素值，逐次產生「數對」。然後呼叫 heapify 實用程序來建立堆積排序。為了簡潔起見，我們省略了一個接受比較器的類似建構子，該比較器取代預設的優先佇列比較器。

```java
/** Creates a priority queue initialized with the given key-value pairs. */
public HeapPriorityQueue(K[ ] keys, V[ ] values) {
    super( );
    for (int j=0; j < Math.min(keys.length, values.length); j++)
        heap.add(new PQEntry<>(keys[j], values[j]));
    heapify( );
}
```

```
/** Performs a bottom-up construction of the heap in linear time. */
protected void heapify( ) {
  int startIndex = parent(size( )−1);        // start at PARENT of last entry
  for (int j=startIndex; j >= 0; j−−)         // loop until processing the root
    downheap(j);
}
```

程式 9.10：修改程式 9.8 和 9.9 的 HeapPriorityQueue 類別，支持以線性時間根據給予的鍵值 - 元素值建立堆積。

◉ 自下而上堆積積建構的漸近分析（Asymptotic Analysis of Bottom-Up Heap Construction）

自下而上建構大小為 n 的堆積，比逐次將 n 個元素插入堆積的建構速度來得快。根據觀察，我們在每個位置進行單一堆積下沉操作，而不是從每個位置進行單一堆積上浮操作。由於越靠近底部節點數比頂部更多，所以向下路徑的和是線性的，如下面的定理所示。

定理 9.3：具有 n 個項目的堆積，自下而上構造需要 $O(n)$ 時間，假設在 $O(1)$ 時間內可以比較兩個鍵值。

證明：實現成本主要來自於在每個非葉節點位置執行堆積下沉操作。令 π_v 表示 T 中從非葉節點到達其 "中序後繼" 葉節點的路徑，即從 v 開始的到 v 右子節點的路徑，然後向左邊行進，直到葉節點為止。雖然 π_v 不一定遵循氣泡堆積下沉路徑，所經過邊的數目 $\| \pi_v \|$ 和以 v 為根的子樹的高度成正比，從而限制了在 v 進行下堆積下沉操作的複雜度。所以，由下而上的堆積建構演算法的執行時間由總和 $\sum_v \| \pi_v \|$ 限制。直覺上，圖 9.6 以視覺方式做出了證明，每個邊以非葉節點 v 的標籤來標記，節點 v 的路徑 π_v 包含此邊。

我們聲稱所有非葉子節點 v 的路徑 π_v 其邊緣不會相交，因此路徑長度的和由樹的總邊數限定，為 $O(n)$。為了表明這一點，需要考慮我們所說的 "右傾"（"right-leaning）和 "左傾"（left-leaning）的邊緣（即從父節點往右子節點，然後分別往左子節點）。一個特定的右邊 e 只能做為父節點 v 的路徑 π_v 的一部分，v 在 e 的邊緣關係扮演父節點角色。左邊緣則繼續向左直到達到葉子節點。每個非葉節點只會在右子節點開始沿左邊緣行進直到葉子節點。因為每個非葉節點的右子節點都不相同，所以這些路徑不會有相同的左傾邊。我們得出結論：由下而上建構堆積 T，需要的時間為 $O(n)$。　■

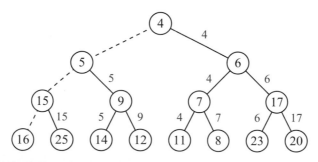

圖 9.6：由下而上以線性時間建構堆積的視覺化證明。每個邊以節點 v 的標籤來標記，節點 v 的路徑 π_v 包含此邊。

9.3.5 使用 java.util.PriorityQueue 類別

Java 沒有內建的優先佇列介面，但 Java 確實包含一個類別，java.util.PriorityQueue，它實現 java.util.Queue 介面。大多數佇列不使用標準的 FIFO 原則來添加和刪除元素，java.util.PriorityQueue 類別根據一個原則：佇列的 " 前端 " 始終是一個最小的元素。當中的優先權可以基於元素的自然排序，也可以在建構優先佇列時，傳送比較器物件來對元素排序。

java.util.PriorityQueue 類別和我們的佇列 ADT 之間最顯著的區別，是管理鍵值和元素值的模式。而我們的公共介面區分鍵值和元素值，而 java.util.PriorityQueue 類別的佇列只有單個元素值，元素值被視為鍵值。

如果用戶希望插入不同的鍵值和元素值，則用戶必須自行定義適當的組合物件，並確定可根據這些物件的鍵值進行比較。（Java 群集架構確實有包括它自己的項目介面，java.util. Map.Entry 和一個具體的實現 java.util.AbstractMap.SimpleEntry 類別；我們會在下一章討論 map ADT）。

表 9.4 將優先佇列 ADT 和 java.util.PriorityQueue 類別的方法做個比對。java.util. PriorityQueue 類別是用堆積實現的，因此它保證在 $O(\log n)$ 的時間執行 add 和 remove 方法，並以常數時間執行存取方法 peek、size 和 isEmpty。另外，java.util.PriorityQueue 類別還提供了一個參數化方法，remove(e)，從優先佇列中刪除特定的元素 e。但是，該方法執行時間為 $O(n)$，因為要對堆積內的元素執行循序搜索以定位元素 e。（在第 9.5 節中，我們將擴展基於堆積的優先佇列實現，以支援用更有效率的方式來移除任意元素或更新現有項目的優先權。）

我們的類別 Queue ADT	java.util.PriorityQueue Class
insert(k,v)	add(new SimpleEntry(k,v))
min( )	peek( )
removeMin( )	remove( )
size( )	size( )
isEmpty( )	isEmpty( )

表 9.4：我們的優先佇列 ADT 的方法和相應的 java.util.PriorityQueue 類別的方法。

9.4 使用優先佇列排序（Sorting with a Priority Queue）

優先佇列的一個應用是排序，在這裡給定一個可以根據全序關係進行比較的元素序列，我們想要按照遞增的順序重新排列（如果有等值元素，至少以非遞減順序排列）。用優先佇列 P 對序列 S 排序的演算法非常簡單，並使用以下兩個階段組成：

1. 在第一階段，將 S 的元素值做為鍵值，將每個一個元素透過一系列 n 個插入操作，插入到空的優先佇列 P 中。

2. 在第二階段，從 P 中以非遞減順提取元素，這部份是透過 n 個 removeMin 系列操作完成，以此順序將它們放回到 S 序列。

　　以 Java 實現此演算法的程式碼在程式 9.11 中，並假設序列儲存在位置串列中。(對於不同型態的 collection，譬如陣列或陣列型串列，程式碼是類似的。)

　　該演算法對於任何優先佇列 P 都能正常工作，和 P 是怎麼實現的無關。然而，演算法的執行時間由 insert 和 removeMin 兩個方法決定，這取決於 P 被實現的方式。事實上，pqSort 應該被認為是更具排序性質的排序 " 方案 " 而不是 " 演算法 "，因為它不用指定優先佇列 P 如何被實現。pqSort 方案是幾種流行排序演算法的範例，包括選擇排序（selection-sort），插入排序（insertion-sort）和堆積排序（heap-sor），這些將會在本節討論。

```
1   /** Sorts sequence S, using initially empty priority queue P to produce the order. */
2   public static <E> void pqSort(PositionalList<E> S, PriorityQueue<E,?> P) {
3     int n = S.size( );
4     for (int j=0; j < n; j++) {
5       E element = S.remove(S.first( ));
6       P.insert(element, null);                    // element is key; null value
7     }
8     for (int j=0; j < n; j++) {
9       E element = P.removeMin( ).getKey( );
10      S.addLast(element);                         // the smallest key in P is next placed in S
11    }
12  }
```

程式 9.11：實現以 pqSort 排序法對位置串列元素進行排序，使用空的優先佇列來產生排序。

9.4.1　選擇排序和插入排序（Selection-Sort and Insertion-Sort）

我們接下來示範當使用未排序或排序的串列做為優先佇列時，pqSort 方案如何導致兩種經典的排序算法。

		序列 S	優先佇列 P
Input		(7, 4, 8, 2, 5, 3, 9)	( )
Phase 1	(a)	(4, 8, 2, 5, 3, 9)	(7)
	(b)	(8, 2, 5, 3, 9)	(7, 4)
	⋮	⋮	⋮
	(g)	( )	(7, 4, 8, 2, 5, 3, 9)
Phase 2	(a)	(2)	(7, 4, 8, 5, 3, 9)
	(b)	(2, 3)	(7, 4, 8, 5, 9)
	(c)	(2, 3, 4)	(7, 8, 5, 9)
	(d)	(2, 3, 4, 5)	(7, 8, 9)
	(e)	(2, 3, 4, 5, 7)	(8, 9)
	(f)	(2, 3, 4, 5, 7, 8)	(9)
	(g)	(2, 3, 4, 5, 7, 8, 9)	( )

圖 9.7：對序列 $S = (7,4,8,2,5,3,9)$ 執行選擇排序。

◉ **選擇排序**（Selection-Sort）

在 pqSort 方案的階段 1 中，將所有元素插入優先佇列 P；在階段 2 使用 removeMin 方法，反覆刪除 P 中的最小元素。如果我們用未排序的串列實現 P，那麼 pqSort 在階段 1 需要 $O(n)$ 時間，因爲每個元素可以在 $O(1)$ 時間內插入。在階段 2，執行每個 removeMin 操作所需時間與 P 的大小成正比。因此，瓶頸運算發生在階段 2 中重複 " 選擇 " 最小元素。基於這個原因，這個演算法被稱爲**選擇排序**。（見圖 9.7）

　　如上所述，瓶頸在第二階段，我們反覆從優先佇列 P 刪除最小鍵值。P 的大小從 n 開始，隨著每次呼叫 removeMin 而遞減，直到它變爲 0。因此，第一個 removeMin 操作需要時間 $O(n)$，第二個需要時間 $O(n-1)$ 等等，直到最後一個（第 n 個) 操作需要時間 $O(1)$。因此，第二階段需要的總時間是

$$O(n+(n-1)+\cdots+2+1) = O\left(\sum_{i=1}^{n} i\right)$$

由定理 4.3，$\sum_{i=1}^{n} i = n(n+1)/2$，因此階段 2 需要的時間爲 $O(n^2)$，與整個選擇排序演算法一樣。

◉ **插入排序**（Insertion-Sort）

如果我們使用排序串列實現優先佇列 P，則執行階段 2 的時間改爲 $O(n)$，在 P 上執行 removeMin 操作需要的時間是（1）。但是，第一階段現在已成爲執行時間的瓶頸，因爲在最壞的情況下，每次執行 insert 操作需要的時間與 P 的大小成正比。因此，這個排序演算法被稱爲**插入排序法**（參見圖 9.8）。這種排序演算法中的瓶頸由重複在排序串列中的適當位置的 " 插入 " 新元素所造成。

		序列 S	優先佇列 P
Input		(7, 4, 8, 2, 5, 3, 9)	( )
Phase 1	(a)	(4, 8, 2, 5, 3, 9)	(7)
	(b)	(8, 2, 5, 3, 9)	(4, 7)
	(c)	(2, 5, 3, 9)	(4, 7, 8)
	(d)	(5, 3, 9)	(2, 4, 7, 8)
	(e)	(3, 9)	(2, 4, 5, 7, 8
	(f)	(9)	(2, 3, 4, 5, 7, 8)
	(g)	( )	(2, 3, 4, 5, 7, 8, 9)
Phase 2	(a)	(2)	(3, 4, 5, 7, 8, 9)
	(b)	(2, 3)	(4, 5, 7, 8, 9)
	⋮	⋮	⋮
	(g)	(2, 3, 4, 5, 7, 8, 9)	( )

圖 9.8： 在序列 S = (7,4,8,2,5,3,9) 上執行插入排序。在階段 1，我們反覆刪除 S 的第一個元素並將其插入到 P 中。在階段 2 中，我們在 P 上重複執行 removeMin 操作，並將最小鍵值元素添加到 S 後端。

分析插入排序階段 1 的執行時間，我們注意到

$$O(1 + 2 + ... + (n-1) + n) = O\left(\sum_{i=1}^{n} i\right)$$

再次，由定理 4.3 得知，階段 1 在 $O(n^2)$ 時間執行，這也是整個插入排序演算法的執行時間。

或者，我們可以更改插入排序的定義，在階段 1 從優先佇列串列的結尾開始插入元素，在這種情況下對已經排序的序列執行插入排序將在 $O(n)$ 時間執行。實際上，在這種情況下插入排序的執行時間是 $O(n + I)$，其中 I 是順序中的**反轉**次數，即輸入序列中第一個元素開始，順序錯誤的數量。

9.4.2　堆積排序（Heap-Sort）

正如之前觀察到的，實現具有堆積的優先佇列，優點是優先佇列 ADT 中的所有方法都以對數時間執行，甚至更好。因此，這種實現適用於那些想在所有優先佇列中挑選能快速執行的應用程式。所以，再思考一下 pqSort 方案，這次使用基於堆積的優先佇列實現。

在階段 1 期間，執行第 i 次插入操作所需時間為 $O(\log i)$，因為在執行此操作後堆積有 i 個項目。因此，這個階段需要 $O(n\log n)$ 時間。（可以通過第 9.3.4 節自下而上的堆積建構，改善到以 $O(n)$ 時間執行）。

在方法 pqSort 的第二階段，執行第 j 次 removeMin 操作，執行時間為 $O(\log(n - j + 1))$，因為在操作時，堆積有 $n - j + 1$ 個項目。對所有 j 作加總，這個階段需要 $O(n\log n)$ 時間。所以用堆積實現優先佇列，整體優先佇列排序演算法的執行時間為 $O(n\log n)$。這種排序算法被稱為**堆積排序法**，其性能總結如下。

定理 9.4：堆積排序演算法對 n 個元素的序列 S 進行排序，需要 $O(n\log n)$ 時間，假設 S 的兩個元素可以在 $O(1)$ 時間內進行比較。

讓我們強調堆積排序使用的 $O(n\log n)$ 執行時間，比選擇排序和插入排序的 $O(n^2)$ 執行時間好很多。

◉ 以原地置換實施堆積（Implementing Heap-Sort In-Place）

如果以基於陣列的序列儲存序列 S，例如 Java 的 ArrayList，我們可以藉由使用陣列本身的一部分來儲存堆積，加快堆積排序並減少一個常數因子的空間需求，從而避免使用輔助堆積資料結構。這必須藉由修改演算法來達成：

1. 我們重新將堆積操作定義為一個最大導向的堆積（*maximum-oriented heap*），每個堆積位置的鍵值至少與子節點一樣大。這可以通過重新設計演算法來完成，也可通過提供一個新的比較器來反轉每次比較的結果來完成。在執行演算法的任何時候，我們使用 S 的左邊部分，直到某個索引 $i - 1$，儲存堆積的項目，和 S 的右邊部分，從索引 i 到 $n - 1$ 儲存序列的元素。因此，S 的前 i 個元素（在索引 0、...、$i - 1$）提供堆積的陣列型串列表示。

2. 在演算法的第一階段，從一個空堆積開始，並將堆積和序列之間的邊界從左到右移動。在步驟 i 中，其中 $i = 1$、...、n，我們通過在索引 $i − 1$ 處添加元素來擴展堆積。

3. 在演算法的第二階段，我們從一個空序列開始，然後將堆積和序列之間的邊界從右到左移動，一次一個步驟。在步驟 i，其中 $i = 1$、...、n，我們從中刪除堆積最大元素，並將其儲存在索引 $n − i$。

一般來說，一個排序法使用的記憶體只比儲存原物件的資料結構多一點點的話，稱此排序為**原地排序演算法**。堆積排序的幾種變型符合原地排序演算法定義；不是先將元素移出序列，然後再移回來，我們只是原地重新排列。圖 9.9 為第二階段原地堆積排序。

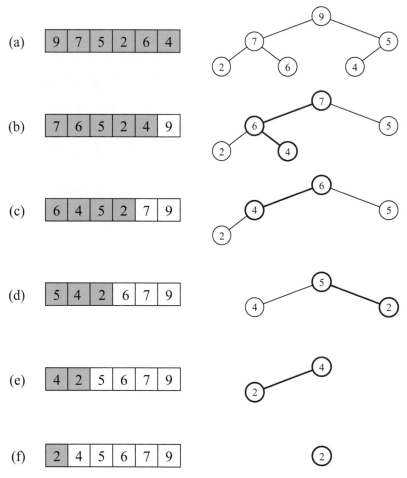

圖 9.9： 原地堆積排序的階段 2。每個序列的堆積部分以深色背景顯示。每個序列（隱含）表示的二元樹以最新的氣泡堆積下沉顯示。

9.5　適應性優先佇列（Adaptable Priority Queues）

第 9.1.2 節定義的優先佇列 ADT 方法，就可滿足優先佇列的最基本應用，如排序等。但在某些環境，其他的方法可能會更為適用。譬如，航空公司的乘客備用航線。

- 不耐久候的乘客可能厭倦排隊等待並決定離開，放棄該班機，要求將其從等待名單移除。因此，我們想從優先佇列中刪除與該乘客相關的項目。但是 removeMin 操作不適合執行該項工作，因為要離開的乘客不一定具有最大優先權。我們需要的是一個新的操作，remove，可以移除任意項目。
- 另一名待命乘客找到他的貴賓卡，並顯示給地面站經理看。因此，其優先權必須修改。要實現這個優先權的改變，我們需要一個新的操作，replaceKey，允許我們用新鍵值替換現有項目的鍵值。
- 最後，第三名待命乘客發現登機票卷上的姓名拼錯並要求更正。要執行此更改，我們需要更新乘客記錄。因此，我們需要一個新的操作，replaceValue，允許我們用新值替換現有項目的值。

◉ **適應性優先佇列 ADT**（The Adaptable Priority Queue ADT）

上述情況激發我們定義新的**適應性優先佇列 ADT**（*adaptable priority queueADT*）以附加功能擴展優先佇列 ADT。在第 14.6.2 和 14.7.1 節中，實現某些圖形演算法的時候，我們會看到適應性優先佇列的其他應用。

　　為了有效地實現方法 remove、replaceKey 和 replaceValue，需要一種在優先佇列中查找用戶元素的機制，最理想的方式是避免在整個集合中執行線性搜索。在優先佇列 ADT 的原始定義中，正式呼叫 insert(k, v) 會返回一個型態為 Entry 的實例給用戶。為了能夠在新的適應性優先佇列 ADT 中更新或移除項目，用戶必須保留該項目物件做為標記，然後將該標記當作參數來傳送，以識別相關的項目。適應性優先佇列 ADT 應包括以下方法（標準優先佇列所沒有的方法）：

Remove(e)：從優先佇列中刪除項目 e。

replaceKey(e, k)：用 k 替換現有項目 e 的鍵值。

replaceValue(e, v)：用 v 替換現有項目 e 的值。

如果參數 e 無效，則每種方法都會發生錯誤（例如，因為它已經從優先佇列中移除）。

9.5.1　位置感知項目（Location-Aware Entries）

為了要讓項目實例能對優先佇列內的位置進行編碼，我們擴展 PQEntry 類別（最初由 AbstractPriorityQueue 基礎定義類別），增加第三個欄位，在以陣列實現堆積的結構中指定項目中的當前索引值，如圖 9.10 所示。（這種方法類似於我們在第 7.3.3 節的建議，使用陣列實現位置串列抽象。）

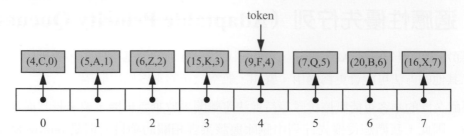

圖 9.10：使用位置感知型的陣列實現堆積。每個項目的第三個欄位是該項目對應到陣列內的索引。識別字 token 被認為是用戶範圍內的項目參考。

　　當對堆積執行優先佇列操作時，會導致項目在使用的結構中重新定位，必須確保更新每個受影響項目的第三個欄位反映其在陣列中的新索引。例如，圖 9.11 顯示呼叫 removeMin( ) 後堆積的狀態。堆操作導致最小項目 (4, C) 被移除，並且最後一個項目 (16, X) 從最後一個位置暫時移動到根位置，然後進入移除後的氣泡下沉階段。在堆積中，元素 (16, X) 與其左子節點，(5, A)，在串列的索引 1 處，進行交換，然後與其右子節點 (9, F) 交換，在串列索引 4 處。在最終配置中，所有受影響的項目的最後一個欄位已被修改，以反映它們的新位置。

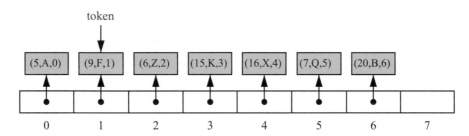

圖 9.11：在圖 9.10 最初的堆積上呼叫 removeMin( ) 的結果。標記繼續參考到相同項目，但該項目在陣列中的位置已經改變了，所以，第三個欄位也跟這變化。

9.5.2　實現適應性優先佇列（Implementing an Adaptable Priority Queue）

程式 9.12 和 9.13 提供了一個可適應優先佇列的 Java 實現，並做為第 9.3.2 節中 HeapPriorityQueue 類別的子類別。首先定義一個內部類別 AdaptablePQEntry（第 5-15 行），該類別繼承 PQEntry 類別，並增加了一個索引欄位。繼承的 insert 方法被覆蓋，所以我們建立和初始化一個 AdaptablePQEntry 類別實例（不是原始的 PQEntry 類別）。

　　我們設計的一個重要部分是原來的 HeapPriorityQueue 類別完全依賴於受保護的 swap 方法，用於所有 up-heap 或 down-heap 操作的低層級資料移動。 AdaptablePriorityQueue 類別覆蓋該實用程序，以便於對位置感知項目被重新定位時做第三個欄的索引更新（如前述）。

　　當項目做為參數發送以執行 remove、replaceKey 或 replaceValue 時，得依賴該項目的新索引欄位來定位該元素在堆積中的位置（一個很容易驗證的事實）。當現有項目的鍵值被替換，新鍵值也可能違反堆積順序特性，可能過大或過小。我們提供一個新的氣泡實用程序，確定是否要執行氣泡上浮或氣泡下沉動作。當刪除任意項目時，將其替換為堆積中的最後一個項目（以保持完整的二元樹屬性）並且執行氣泡移動步驟，因為移位的元件可能具有太大或太小的鍵值。

◉ **適應性優先佇列實現的性能**（Performance of Adaptable Priority Queue Implementations）

以位置感知堆積結構實現的應適性優先佇列效能，總結在表 9.5 中。新的類別和非適應版本提供了相同的漸近效率和空間使用，並對新的基於定位器的 remove 和 replaceKey 方法提供對數性能，以及為新的 replaceValue 方法提供恆定執行時間效能。

方法	執行時間
size, isEmpty, min	$O(1)$
insert	$O(\log n)$
remove	$O(\log n)$
removeMin	$O(\log n)$
replaceKey	$O(\log n)$
replaceValue	$O(1)$

表 9.5： 具有大小為 n 的適應性優先佇列各方法的執行時間，此優先佇列使用基於陣列的堆積來實現。空間要求是 $O(n)$。

```
1   /** An implementation of an adaptable priority queue using an array-based heap. */
2   public class HeapAdaptablePriorityQueue<K,V> extends HeapPriorityQueue<K,V>
3                                   implements AdaptablePriorityQueue<K,V> {
4
5     //---------------- nested AdaptablePQEntry class ----------------
6     /** Extension of the PQEntry to include location information. */
7     protected static class AdaptablePQEntry<K,V> extends PQEntry<K,V> {
8       private int index;                          // entry's current index within the heap
9       public AdaptablePQEntry(K key, V value, int j) {
10        super(key, value);                        // this sets the key and value
11        index = j;                                // this sets the new field
12      }
13      public int getIndex( ) { return index; }
14      public void setIndex(int j) { index = j; }
15    } //----------- end of nested AdaptablePQEntry class -----------
16
17    /** Creates an empty adaptable priority queue using natural ordering of keys. */
18    public HeapAdaptablePriorityQueue( ) { super( ); }
19    /** Creates an empty adaptable priority queue using the given comparator. */
20    public HeapAdaptablePriorityQueue(Comparator<K> comp) { super(comp);}
21
22    // protected utilites
23    /** Validates an entry to ensure it is location-aware. */
24    protected AdaptablePQEntry<K,V> validate(Entry<K,V> entry)
25                                    throws IllegalArgumentException {
26      if (!(entry instanceof AdaptablePQEntry))
27        throw new IllegalArgumentException("Invalid entry");
28      AdaptablePQEntry<K,V> locator = (AdaptablePQEntry<K,V>) entry;   // safe
29      int j = locator.getIndex( );
```

```
30        if (j >= heap.size( ) || heap.get(j) != locator)
31          throw new IllegalArgumentException("Invalid entry");
32        return locator;
33      }
34
35    /** Exchanges the entries at indices i and j of the array list. */
36    protected void swap(int i, int j) {
37        super.swap(i,j);                                          // perform the swap
38        ((AdaptablePQEntry<K,V>) heap.get(i)).setIndex(i);       // reset entry's index
39        ((AdaptablePQEntry<K,V>) heap.get(j)).setIndex(j);       // reset entry's index
40      }
```

程式 9.12：適應性優先佇列的實現。擴展了程式 9.8 和 9.9 的 HeapPriorityQueue 類別。（1/2）

```
41    /** Restores the heap property by moving the entry at index j upward/downward.*/
42    protected void bubble(int j) {
43        if (j > 0 && compare(heap.get(j), heap.get(parent(j))) < 0)
44          upheap(j);
45        else
46          downheap(j); // although it might not need to move
47      }
48
49    /** Inserts a key-value pair and returns the entry created. */
50    public Entry<K,V> insert(K key, V value) throws IllegalArgumentException {
51        checkKey(key); // might throw an exception
52        Entry<K,V> newest = new AdaptablePQEntry<>(key, value, heap.size( ));
53        heap.add(newest); // add to the end of the list
54        upheap(heap.size( ) – 1); // upheap newly added entry
55        return newest;
56      }
57
58    /** Removes the given entry from the priority queue. */
59    public void remove(Entry<K,V> entry) throws IllegalArgumentException {
60        AdaptablePQEntry<K,V> locator = validate(entry);
61        int j = locator.getIndex( );
62        if (j == heap.size( ) – 1) // entry is at last position
63          heap.remove(heap.size( ) – 1); // so just remove it
64        else {
65          swap(j, heap.size( ) – 1); // swap entry to last position
66          heap.remove(heap.size( ) – 1); // then remove it
67          bubble(j); // and fix entry displaced by the swap
68        }
69      }
70
71    /** Replaces the key of an entry. */
72    public void replaceKey(Entry<K,V> entry, K key)
73                              throws IllegalArgumentException {
74        AdaptablePQEntry<K,V> locator = validate(entry);
75        checkKey(key); // might throw an exception
76        locator.setKey(key); // method inherited from PQEntry
```

```
77        bubble(locator.getIndex( )); // with new key, may need to move entry
78      }
79
80      /** Replaces the value of an entry  */
81      public void replaceValue(Entry<K,V> entry, V value)
82                              throws IllegalArgumentException {
83          AdaptablePQEntry<K,V> locator = validate(entry);
84          locator.setValue(value); // method inherited from PQEntry
85      }
```

程式 9.13：適應性優先佇列的實現。（2/2）

9.6　習題

加強題

R-9.1　假設您將二元樹 T 的每個位置 p 的鍵值，設置為等於其前序級數（preorder rank）。
在什麼情況下 T 是一個堆積？

R-9.2　在優先佇列 ADT 執行以下操作，每個 removeMin 呼叫會返回甚麼？
insert(5, A), insert(4, B), insert(7, F), insert(1, D),removeMin( ), insert(3, J), insert(6,
L), removeMin( ),removeMin( ), insert(8, G), removeMin( ), insert(2, H), removeMin(
),removeMin( )？

R-9.3　機場正在開發一個處理空中交通管制的計算機模擬，諸如著陸和起飛等事件。每個
事件都有一個時戳表示事件發生的時間。模擬程序需要有效地進行並執行以下兩個
基本操作：
- 使用給定的時戳插入事件（即，添加未來的事件）。
- 用最小的時戳提取事件（即確定下一個要處理的事件）。
上述操作應使用哪種資料結構？為什麼？

R-9.4　UnsortedPriorityQueue 類別的 min 方法在 $O(n)$ 時間內，執行在表 9.2 中進行了分
析。將類別做一個簡單的修改，以便 min 在 $O(1)$ 時間內執行。解釋對類別其他方法
的必要修改。

R-9.5　可否調整你前一題的答案，使 UnsortedPriorityQueue 類別的 removeMin 方法可以在
$O(1)$ 時間執行？解釋你的答案。

R-9.6　說明下列輸入序列中選擇排序算法的執行情況：(22, 15, 36, 44, 10, 3, 9, 13, 29, 25)

R-9.7　針對前一題，說明插入排序演算法的執行情況。

R-9.8　用插入排序法對 n 個元素排序，給出一個最壞情況序列，並顯示插入排序法在這樣
的序列上以 $\Omega(n^2)$ 時間執行。

R-9.9　在堆積的哪個位置可能儲存第三個最小鍵值？

R-9.10　在堆積的哪個位置可能儲存最大的鍵值？

R-9.11　某使用者具有數值鍵值並希望優先佇列是最大值導向。請問一個標準（最小值導向）
的優先佇列如何滿足此需求？

R-9.12 說明原地堆積排序演算法對以下序列的執行情況：(2, 5, 16, 4, 10, 23, 39, 18, 26, 15)。

R-9.13 令 T 為一個完全的二元樹，其中位置 p 的鍵值為 $f(p)$，其中 $f(p)$ 是 p 的級數（見第 8.3.2 節）。樹 T 是堆積嗎？解釋為什麼？

R-9.14 解釋為什麼氣泡下沉不考慮位置 p 有一個右子節點，而不是一個左子節點。

R-9.15 是否有堆積 H 儲存七個具有不同鍵值的項目，以便以前序遍訪堆積時，維持遞減或遞增原則？中序遍訪呢？後序遍訪呢？如果能的話，給一個範例；如果沒有，說明為什麼。

R-9.16 H 是個有 15 個項目的堆積，並以陣列構成的完整二元樹做為儲存體。若以前序、中序和後序遍訪 H，索引序列為何？

R-9.17 顯示出現 $\sum_{i=1}^{n} \log i$ 在堆積排序分析中的總和是 $\Omega(n\log n)$。

R-9.18 Bill 聲稱，前序遍訪的堆積會以鍵值非遞減的順序走訪。畫出一個堆積範例，證明 Bill 錯了。

R-9.19 Hillary 聲稱，後序遍訪堆積會以鍵值非遞增的順序走訪。畫出一個堆積範例，證明 Hillary 錯了。

R-9.20 說明在適應性優先佇列對項目 e 呼叫 remove(e) 的有步驟，在圖 9.1 的堆積中，e 儲存的項目是 (16, X)。

R-9.21 說明在適應性優先佇列中呼叫 replaceKey(e, 18) 的所有步驟，在圖 9.1 的堆積中，e 儲存的項目是 (5, A)。

R-9.22 繪製一個堆積的範例，其鍵值為 1 到 59 之間的奇數（沒有重複），當插入帶有鍵值 32 的項目將導致氣泡式上浮直到根的一個子節點（以 32 替換該節點鍵值）。

R-9.23 證明在堆積連續執行 n 個插入動作需要 $\Omega(n\log n)$ 的時間。

挑戰題

C-9.24 顯示如何僅使用優先佇列和額外的整數實例變數來實現堆疊 ADT。

C-9.25 顯示如何僅使用優先佇列和額外的整數實例變數來實現 FIFO 佇列 ADT。

C-9.26 若對上一問題建議以下解決方案：每當一個項目插入到佇列中，將鍵值設為佇列的大小。請問這樣的策略是否會符合 FIFO？證明它是或提供一個反例。

C-9.27 使用 Java 陣列重新實現 SortedPriorityQueue。確保維護 removeMin 操做的的 $O(1)$ 執行時間。

C-9.28 重新使用遞迴實現 HeapPriorityQueue 的 upheap 方法（不用迴圈）。

C-9.29 重新使用遞迴實現 HeapPriorityQueue 的 downheap 方法（不用迴圈）。

C-9.30 假設我們使用鏈結結構實現完整二元樹 T，並且對該樹的最後一個節點有一個額外的參考。顯示在 $O(\log n)$ 時間執行完 insert 或 remove 操作後如何更新最後一個節點的參考，其中 n 是樹 T 的節點數目。一定要確定處理到所有可能的情況，如圖 9.12 所示。

C-9.31 當使用鏈結樹實現堆積時，有一個替代方法可以用來尋找最後節點，那就是在 T 的最後節點以及每個外部節點中，儲存指向其右方的外部節點之參考（將最右邊的外部節點與下一層中的第一個節點連在一起）。請說明在每個優先權佇 ADT 的運算中，如何以 $O(1)$ 時間維護此參考，假設 T 是以鏈結結構實作的。

C-9.32 我們可以使用二元字串來表示從二元樹的根節點到某個節點的路徑，其中 0 的意思是「走到左子節點」，而 1 的意思是「走到右子節點」。例如，在圖 8.12a 的堆積中，從根節點走到儲存 $(8,W)$ 的節點之路徑可表示爲 " 101 "。請設計一個 $O(\log n)$ 執行時間的演算法，尋找具有 n 個節點的完整二元樹之最後節點，並使用上述的表示法爲基礎。請使用鏈結結構，且不能記錄指向最後節點的參考，以完整二元樹來實作此演算法。

C-9.33 證明表 9.5 提出的時間限制。

C-9.34 給定堆積 H 和鍵值 k，設計一個演算法計算 H 中的所有小於或等於鍵值 k 的項目。例如，給定圖 9.12a 的堆積且 $k = 7$，則演算法應該用鍵值 2,4,5,6 和 7 回報項目（但不一定按照這個順序）。你的演算法執行時間應該和返回的項目數成正比，且不應該修改堆積。

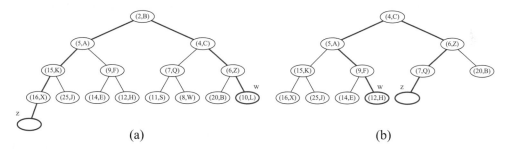

圖 9.12：在完成二元樹 insert 或 remove 操作之後更新最後一個節點的兩種情況。節點 w 是操作 insert 之前或 remove 之後的最後一個節點。節點 z 是操作 insert 後或操作 remove 前的最後一個節點。

C-9.35 藉由證明下列運算式的和爲 $O(1)$，其中 h 爲任何正整數，對自下而上的堆積建構進行另外的分析：

$$\sum_{i=1}^{h} (i/2^i)$$

C-9.36 假設兩個二元樹 T_1 和 T_2 持有的項目滿足堆積順序特性（但不一定是完整的二元樹）。描述一種方法用於將 T_1 和 T_2 組合成二元樹 T，其節點爲 T_1 和 T_2 中項目的聯集，並滿足堆積順序特性。你的演算法應該在 $O(h_1 + h_2)$ 時間內執行，其中 h_1 和 h_2 分別是 T_1 和 T_2 的高度。

C-9.37 Tamarindo 航空公司想要將特級優惠券贈與前 $\log n$ 最常搭機的旅客，這部份是以公里數累計來衡量，其中 n 爲滿足一定公里數的旅客數量。目前使用的演算法在 $O(n \log n)$ 時間執行，將旅客以飛行公里數排序，然後掃描排序串列，選擇前 $\log n$ 名乘客。描述個能在 $O(n)$ 時間標識前 $\log n$ 名旅客的演算法。

C-9.38 解釋如何用最大值導向的堆積以 $O(n + k \log n)$ 時間在 n 個無序群集中找出前 k 個最大元素。

C-9.39 解釋如何用 $O(k)$ 的輔助空間以 $O(n\log k)$ 時間在 n 個無序群集中找出前 k 個最大元素。

C-9.40 寫一個非負整數的比較器，以整數的二進位表示法中含 1 的位元數來做排序。當 $i < j$ 時，代表將 i 以二進位表示，其中含 1 的位元數少於 j 的二進位表示法中含 1 的位元數。

C-9.41 使用陣列元素爲泛型 E 的比較器實現 binarySearch 演算法（見第 5.1.3 節）。

C-9.42 給定一個類別 MinPriorityQueue，用來實現最小值導向優先佇列 ADT。請對 MinPriorityQueue 類別作一番調整，設計 MaxPriorityQueue 類別，提供最大值導向的抽象並含有 max 和 removeMax 方法。您的實施不應該對 MinPriorityQueue 類別的內部做任何假設，也不預設鍵值型態。

C-9.43 描述一個原地置換版本的陣列選擇排序演算法，除陣列之外，只使用 $O(1)$ 的額外記憶體空間。

C-9.44 假設排序問題的輸入在陣列 A 中給出，說明如何僅使用陣列 A 和最多 6 個額外（基本型）的變數來實現插入排序演算法。

C-9.45 使用標準的的最小值導向優先佇列重新描述原地堆積排序演算法（不是最大值導向的優先佇列）。

C-9.46 交易股票的線上計算機系統需要處理如下列形式的訂單 " 以每張 $\$x$ 元購買 100 股 " 或 " 以每股 $\$y$ 元賣 100 股 "。股價爲 $\$x$ 買單的中的只有在 $y \leq x$ 才成立，其中 $\$y$ 爲現有賣單的價格。同樣地，股價爲 $\$x$ 的賣單只有在 $y \leq x$ 才能被處理，其中 $\$y$ 爲現有買單的價格。如果買入或賣出的訂單已輸入但不能被處理，它必須等待，直到上述交易條件滿足。描述一種允許在 $O(\log n)$ 時間內輸入買單或賣單的方案，這部份和是否可以立即處理無關。

C-9.47 將解決方案擴展到以前的問題，以便用戶可以更新他們購買或出售尚未處理的訂單的價格。

專案題

P-9.48 實現原地堆積排序演算法。以實驗將它的執行時間與不在原地的標準堆積排序法做比較。

P-9.49 使用 Java 開發適應性優先佇列，以未排序串列做爲儲存體，並支持位置感知項目。

P-9.50 寫一個可以處理一系列股票買賣訂單的程式，細節在習題 C-9.46 中描述。

P-9.51 作業系統中，有一個重要的優先佇列應用 — CPU 的工作排程。在這個專案中，你要建立一個程式，模擬 CPU 工作的排程。你的程式中要執行一個迴圈，每一個迭代等於 CPU 的一個**時間片段**（*time slice*）。每一個工作都會被賦與一個優先權的值，它是一個介於（包含）-20（最高優先權）到 19（最低優先權）之間的整數。在所有等待執行的工作之中，CPU 必須先執行優先權最高的工作。在這個模擬中，每一個工作都會被賦與一個「**長度**」（*length*）值，它是介於（包含）1 到 100 之間的整數，用來表示執行這個工作所需的時間片段數量。爲了簡化，你可以假設工作不能被打斷，一旦它被排入 CPU 中，就必須執行等同於其長度的時間片段。你的模擬必須輸出每個時間片段中在 CPU 上執行的工作名稱，並處理一連串的命令，一個時間片段處理一個命令，其格式如下：「addjob name with length n and priority p」或「no new job this slice」。

P-9.52 令 S 為平面上 n 個點的一個集合，其中每個點都有不同的整數 x 和 y 座標。令 T 為完整二元樹，將 S 中的點儲存在它的外部節點中，並依 x 座標由左到右遞增排列。對 T 中的每一個節點 v 來說，令 $S(v)$ 表示 S 的子集合，其中包含了以 v 為根的子樹中所儲存的點。對 T 的根 r 來說，我們定義 $top(r)$ 為在 $S = S(r)$ 中 y 座標最大的點。對其他的每一個點來說，我們定義 $top(r)$ 為 $S(v)$ 中 y 座標最高的點，但不同時是 $S(u)$ 中 y 座標最高的點，其中 u 為 v 在 T 中的父節點（假如此點存在）。此種標示方法會將 T 轉成為**優先搜尋樹**（*priority search tree*）。描述一個線性時間的演算法，將 T 轉成優先搜尋樹。

P-9.53 請寫一個 applet 或獨立的圖形程式，以動畫的方式繪出堆積。讀者的程式必須支援所有優先佇列的運算，並且以視覺方式表現氣泡上浮和氣泡下沉過程（加強版：將由下而上堆積建構，也以視覺化方式表現出來）。

後記

Knuth 所著的排序和搜索的書 [61] 描述了選擇排序、插入排序和堆積排序演算法的動機和歷史。堆積排序演算法源起於 Williams[99]，線性時間堆積構造演算法源起於 loyd [36]。有關堆積演算法與分析和堆積排序法變體，可以在 Bentley [14]、Carlsson [21]、Gonnet 和 Munro [40]、McDiarmid 和 Reed [70]、Schaffer 和 Sedgewick [85] 中找到。

Memo

Chapter

10 雜湊表、MAP與跳躍串列

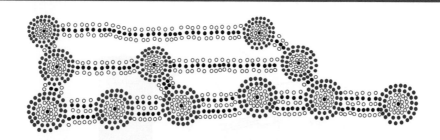

目錄

10.1 Map 抽象資料型態（The Map Abstract Data Type）

Map 是一種抽象資料型態，目的在藉由具有唯一識別性的**搜尋鍵值**（*search key*）對資料做有效儲存和檢索。具體來說，map 儲存鍵 - 值對 (k, v)，我們稱之為**項目**（*entries*），其中 k 是鍵值，v 是鍵值對應的項目值。鍵值必須具有唯一性，以便鍵與值的關聯形成一個對映。圖 10.1 使用檔案櫃來對 map 概念做比喻。另有一個更現代的比喻，網站就是一個 map，儲存的項目是網頁。網頁的鍵值是其網址（例如，http://datastructures.net/），其值是頁面內容。

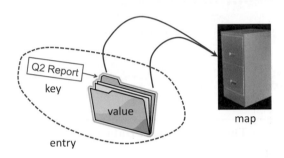

圖 10.1：map ADT 的概念圖。鍵值（標籤）被用戶貼到值（文件夾）上。產生的項目（有標籤的文件夾）被插入到 map（文件櫃）。鍵值可以隨後用於檢索或移除文件夾。

map 也稱為**關聯陣列**（*associative arrays*），因為項目的鍵值就像是嵌入在 map 的索引，幫助 map 有效定位相關聯的項目。但是，與標準陣列不同，map 的鍵值不必是數值，並且不直接指定結構中的位置。map 常見的應用包括：

- 大學教務資訊系統，用學生的學號做為鍵值，對應到該學生的相關資料記錄（如學生的姓名、地址和成績）做為項目值。

- 網域名稱系統（DNS），將主機名稱如 www.wiley.com，對應到互聯網協定（IP）的位址，例如 208.215.179.146。

- 社交媒體網站，通常以（非數字）用戶名稱做為鍵值，有效地對應到特定用戶的相關信息。

- 公司的客戶群可以用 map 來儲存，以客戶帳戶號碼或具唯一性的用戶 ID 做為鍵值，客戶的資訊記錄則當作項目值。有了 map 將允許使用鍵值快速存取客戶記錄資料。

- 計算機圖形系統可以用顏色名稱做對應，例如鍵值 " 青綠色 "（turquoise），對應到描述顏色的 RGB（紅 - 綠 - 藍）三元值：（64,224,208）。

10.1.1　Map ADT

由於 **map** 儲存物件的集合，因此應將其視為一個鍵 - 值對集合。map 抽象資料型態 M，支持以下方法：

size( )：返回 M 中的項目數。

isEmpty( )：返回一個布林值，表示 M 是否為空的 map。

get(k)：返回與鍵值 k 相關聯的值 v，如果項目存在；否則返回 null。

put(k, v)：如果 M 沒有鍵值等於 k 的項目，則添加項目 (k, v) 到 M 並返回 null；否則，用 v 替換現有的鍵值 k 對應的值，並返回舊值。

remove(k)：從 M 中移除鍵值等於 k 的項目，並返回值；如果 M 沒有這樣的項目，則返回 null。

keySet( )：返回一個儲存在 M 中所有鍵值的可迭代集合。

values( )：返回一個儲存在 M 中所有項目值的可迭代集合（如果多個鍵 map 到相同的值則重複儲存）。

entrySet( )：返回 M 中由所有鍵值 - 項目值構成的項目可迭代集合。

◉ **在 java.util 套件中的 map**（Maps in the java.util Package）

我們所定義的 map ADT 是 java.util.Map 介面的簡化版本。對於 entrySet 所返回的迭代元素，我們將使用第 9.2.1 節介紹的 Entry 複合介面（java.util.Map 使用 java.util.Map.Entry 介面，並以內部介面方式定義）。

注意，每個操作 get(k)、put(k, v) 和 remove(k)，如果 map 具有這樣的鍵值項目則返回與與鍵值 k 相關聯的現有值，否則返回 null。這在允許 null 的應用程序中會造成混淆，自然形成的值變成與鍵值 k 相關聯。也就是說，如果 map 中存在項目 $(k, null)$，那麼 get(k) 將返回 null，不是因為找不到鍵，而是因為找到了鍵值並返回其關聯的值。

java.util.Map 介面的一些實作明確禁止使用 null（和 null 鍵值）。但是，要解決允許 null 造成的混淆，介面包含一個布林方法，containsKey(k)，確定是否存在鍵值 k。（這個方法的實作留給習題）

範例 10.1：在下面，我們展示經過一系列操作後 map 的狀態，剛開始 map 是空的，每個項目的
鍵值為數值，對應的項目值則為單個字元。

方法	返回值	Map
isEmpty()	true	{}
put(5,A)	null	{(5,A)}
put(7,B)	null	{(5,A), (7,B)}
put(2,C)	null	{(5,A), (7,B), (2,C)}
put(8,D)	null	{(5,A), (7,B), (2,C), (8,D)}
put(2,E)	C	{(5,A), (7,B), (2,E), (8,D)}
get(7)	B	{(5,A), (7,B), (2,E), (8,D)}
get(4)	null	{(5,A), (7,B), (2,E), (8,D)}
get(2)	E	{(5,A), (7,B), (2,E), (8,D)}
size()	4	{(5,A), (7,B), (2,E), (8,D)}
remove(5)	A	{(7,B), (2,E), (8,D)}
remove(2)	E	{(7,B), (8,D)}
get(2)	null	{(7,B), (8,D)}
remove(2)	null	{(7,B), (8,D)}
isEmpty()	false	{(7,B), (8,D)}
entrySet()	{(7,B), (8,D)}	{(7,B), (8,D)}
keySet()	{7,8}	{(7,B), (8,D)}
values()	{B,D}	{(7,B), (8,D)}

◉ Map ADT 的 Java 介面（A Java Interface for the Map ADT）

程式 10.1 是 map ADT 的 Java 介面正式定義。使用泛型架構（第 2.5.2 節），其中 K 是鍵值
的型態，V 是項目值的型態。

```
1   public interface Map<K,V> {
2       int size( );
3       boolean isEmpty( );
4       V get(K key);
5       V put(K key, V value);
6       V remove(K key);
7       Iterable<K> keySet( );
8       Iterable<V> values( );
9       Iterable<Entry<K,V>> entrySet( );
10  }
```

程式 10.1：簡化版本 map ADT 的 Java 介面。

10.1.2　應用：計數單字頻率（Application: Counting Word Frequencies）

map 的應用案例研究：統計檔案中單字出現的頻率。這是一項針對檔案的標準統計分析。例如，將電子郵件或新聞分類。map 是做此類別統計應用一個理想的資料結構，因為可以使用單字做為鍵值，出現的頻率技術做為對應的值。我們在程式 10.2 中展示此應用程式。

　　從空的 map 開始，將單字對映到代表出現頻率的整數（我們將使用在 10.2.4 節中定義的 ChainHashMap 類別）。首先對輸入做掃描，相鄰的字母形成單字，然後將單字轉換為小寫。對於找到的每個單字，我們嘗試在 map 中使用 get 方法檢索其當前出現的頻率，尚未出現的單字頻率為零。然後，我們更改頻率值來反映單字出現的次數。處理整個輸入之後，我們以迴圈遍訪 entrySet( ) 以確定出現頻率最高的那個單字。

```java
1   /** A program that counts words in a document, printing the most frequent. */
2   public class WordCount {
3     public static void main(String[ ] args) {
4       Map<String,Integer> freq = new ChainHashMap<>( );      // or any concrete map
5       // scan input for words, using all nonletters as delimiters
6       Scanner doc = new Scanner(System.in).useDelimiter("[^a-zA-Z]+");
7       while (doc.hasNext( )) {
8         String word = doc.next( ).toLowerCase( );        // convert next word to lowercase
9         Integer count = freq.get(word);                  // get the previous count for this word
10        if (count == null)
11          count = 0;                                     // if not in map, previous count is zero
12        freq.put(word, 1 + count);                       // (re)assign new count for this word
13      }
14      int maxCount = 0;
15      String maxWord = "no word";
16      for (Entry<String,Integer> ent : freq.entrySet( ))           // find max-count word
17        if (ent.getValue( ) > maxCount) {
18          maxWord = ent.getKey( );
19          maxCount = ent.getValue( );
20        }
21      System.out.print("The most frequent word is '" + maxWord);
22      System.out.println("' with " + maxCount + " occurrences.");
23    }
24  }
```

程式 10.2：計算檔案中單字出現的頻率，列印出現最頻繁的單字。檔案使用 Scanner 類別進行解析，為此，我們將分隔符號更改為以非字母字元替代空格，同時也將單字轉換為小寫。

10.1.3 AbstractMap 基礎類別（An AbstractMap Base Class）

在本章的其餘部分，將以各種資料結構來實作 map ADT，每種實作都各有其優缺點。和前幾章中所做一樣，我們將抽象類別和具體類別組合，以取得最大的軟體再利用性。圖 10.2 提供了這些類別的預覽。

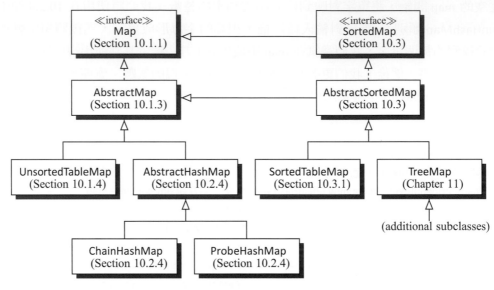

圖 10.2：我們的 map 形態層次結構（列出定義章節）

從本節開始，設計 AbstractMap 基礎類別，為所有的 map 實作提供共享功能。進一步來說，基礎類別（程式 10.3）提供以下功能：

- 實作 isEmpty 方法，假設已有 size 方法可用。
- 實作 MapEntry 類別，該類別實作 public Entry 介面，並提供由鍵值 - 項目值組成的項目複合物件，並儲存在 map 資料結構中。
- 實作 keySet 和 value 方法，當中會使用到 entrySet 方法。這樣，具體的 map 類別實作只需要實作 entrySet 方法就可提供所有三種形式的迭代。

我們使用第 7.4.2 節中介紹的技術實作迭代（從串列中所有位置的迭代提供由所有元素組成的位置串列的迭代）。

```
 1  public abstract class AbstractMap<K,V> implements Map<K,V> {
 2    public boolean isEmpty( ) { return size( ) == 0; }
 3    //---------------- nested MapEntry class ----------------
 4    protected static class MapEntry<K,V> implements Entry<K,V> {
 5      private K k; // key
 6      private V v; // value
 7      public MapEntry(K key, V value) {
 8        k = key;
 9        v = value;
10      }
11      // public methods of the Entry interface
```

```
12      public K getKey( ) { return k; }
13      public V getValue( ) { return v; }
14      // utilities not exposed as part of the Entry interface
15      protected void setKey(K key) { k = key; }
16      protected V setValue(V value) {
17        V old = v;
18        v = value;
19        return old;
20      }
21    } //----------- end of nested MapEntry class -----------
22
23    // Support for public keySet method...
24    private class KeyIterator implements Iterator<K> {
25      private Iterator<Entry<K,V>> entries = entrySet( ).iterator( );       // reuse entrySet
26      public boolean hasNext( ) { return entries.hasNext( ); }
27      public K next( ) { return entries.next( ).getKey( ); }               // return key!
28      public void remove( ) { throw new UnsupportedOperationException( ); }
29    }
30    private class KeyIterable implements Iterable<K> {
31      public Iterator<K> iterator( ) { return new KeyIterator( ); }
32    }
33    public Iterable<K> keySet( ) { return new KeyIterable( ); }
34
35    // Support for public values method...
36    private class ValueIterator implements Iterator<V> {
37      private Iterator<Entry<K,V>> entries = entrySet( ).iterator( );       // reuse entrySet
38      public boolean hasNext( ) { return entries.hasNext( ); }
39      public V next( ) { return entries.next( ).getValue( ); }             // return value!
40      public void remove( ) { throw new UnsupportedOperationException( ); }
41    }
42    private class ValueIterable implements Iterable<V> {
43      public Iterator<V> iterator( ) { return new ValueIterator( ); }
44    }
45    public Iterable<V> values( ) { return new ValueIterable( ); }
46  }
```

程式 10.3：AbstractMap 基礎類別的實作。

10.1.4　簡單的未排序 map 實作（A Simple Unsorted Map Implementation）

我們示範 AbstractMap 類別的應用，以一個非常簡單的方式具體實作 AbstractMap 類別，其中使用 Java 的 ArrayList 做爲儲存體，以任意順序儲存鍵值 - 項目值「數對」。這種型態的類別名爲 UnsortedTableMap，程式碼在程式 10.4 和 10.5 中。

　　每個基本方法 get(*k*)、put(*k, v*) 和 remove(*k*) 需要一次對陣列的初始掃描，以確定是否存在鍵值等於 *k* 的項目。因此，提供一個非公用實用程式 findIndex(key)，它返回所找到項目的索引，如果沒有找到這樣的項目，則返回 -1（見程式 10.4）。

　　實作的其餘部分則相當簡單的。值得一提的是，從陣列型串列中移除項目的方式。雖然可以使用 ArrayList 類別的 remove 方法，但這將導致不必要的循環，將所有後續項目轉移到左側。因為 map 是無序的，所以偏好將最後一個項目重新定位到該位置，來填充陣列的空格。這樣更新方式以常數時間執行。

　　不幸的是，UnsortedTableMap 類別整體上並不是很有效率。在具有 n 個項目的 map 上，每個基本方法在最壞情況下都需要 $O(n)$ 的執行時間，因為必須在搜尋某項目時掃描整個串列。幸運的是，我們會在下一節討論實施 map ADT 的其他方式，以取得更快的執行速度。

```java
1   public class UnsortedTableMap<K,V> extends AbstractMap<K,V> {
2     /** Underlying storage for the map of entries. */
3     private ArrayList<MapEntry<K,V>> table = new ArrayList<>( );
4
5     /** Constructs an initially empty map. */
6     public UnsortedTableMap( ) { }
7
8     // private utility
9     /** Returns the index of an entry with equal key, or −1 if none found. */
10    private int findIndex(K key) {
11      int n = table.size( );
12      for (int j=0; j < n; j++)
13        if (table.get(j).getKey( ).equals(key))
14          return j;
15      return −1;                          // special value denotes that key was not found
16    }
```

程式 10.4：以 Java ArrayList 做為未排序的串列實作 map。父類別 AbstractMap 在程式 10.3 中。（1/2）

```java
17    /** Returns the number of entries in the map. */
18    public int size( ) { return table.size( ); }
19    /** Returns the value associated with the specified key (or else null). */
20    public V get(K key) {
21      int j = findIndex(key);
22      if (j == −1) return null;                        // not found
23      return table.get(j).getValue( );
24    }
25    /** Associates given value with given key, replacing a previous value (if any). */
26    public V put(K key, V value) {
27      int j = findIndex(key);
28      if (j == −1) {
29        table.add(new MapEntry<>(key, value));         // add new entry
30        return null;
31      } else // key already exists
32        return table.get(j).setValue(value);           // replaced value is returned
33    }
34    /** Removes the entry with the specified key (if any) and returns its value. */
35    public V remove(K key) {
36      int j = findIndex(key);
37      int n = size( );
38      if (j == −1) return null;                        // not found
```

```
39        V answer = table.get(j).getValue( );
40        if (j != n − 1)
41          table.set(j, table.get(n−1));          // relocate last entry to 'hole' created by removal
42        table.remove(n−1);                        // remove last entry of table
43        return answer;
44      }
45      // Support for public entrySet method...
46      private class EntryIterator implements Iterator<Entry<K,V>> {
47        private int j=0;
48        public boolean hasNext( ) { return j < table.size( ); }
49        public Entry<K,V> next( ) {
50          if (j == table.size( )) throw new NoSuchElementException( );
51          return table.get(j++);
52        }
53        public void remove( ) { throw new UnsupportedOperationException( ); }
54      }
55      private class EntryIterable implements Iterable<Entry<K,V>> {
56        public Iterator<Entry<K,V>> iterator( ) { return new EntryIterator( ); }
57      }
58      /** Returns an iterable collection of all key-value entries of the map. */
59      public Iterable<Entry<K,V>> entrySet( ) { return new EntryIterable( ); }
60    }
```

程式 10.5：以 Java ArrayList 做為未排序串列實作 map。（2/2）

10.2　雜湊（Hashing）

在本節中，介紹一個最有效的資料結構來實作 map，此結構也常出現在其他的應用中，這個結構就是**雜湊表**（*hash table*）。

　　直覺上，一個 map，M，其鍵值的作用就像一個抽象化的 " 地址 "，幫助找到項目。正式講解前，先做個暖身活動。考慮一個限制性的環境，具有 n 個項目的 map 使用 0 到 $N − 1$ 範圍內的整數做為鍵值，其中 $N \geq n$。在這種情況下，我們可以使用長度為 N 的**檢索表**（*lookup table*）來表示 map，如圖 10.3 所示。

圖 10.3：長度為 11 的檢索表，包含項目 (1,D), (3,Z),(6,C) 和 (7,Q).

　　在該表示中，我們將鍵值 k 與檢索表的索引 k 相關聯（假設我們有一個明顯的方式來表示空槽）。基本 map 的操作如 get、put 和 remove 等，在最壞的情況下可以在 $O(1)$ 時間實作。

　　要將這個架構擴展到更一般的 map 環境中有兩個挑戰。首先，我們不希望陣列長度 N 遠大於項目個數 n，即 $N \gg n$。第二，我們通常不要求 map 的鍵值是整數。雜湊表的新概念是對 map 使用雜湊函數，將一般鍵值對應到索引值。理想情況下，鍵值將通過雜湊函數分佈在範圍 0 到 $N − 1$ 之間，但實際上可能會有兩個或更多個不同的鍵值對應到相同的索引值。因此，將我們的概念化做爲一個 **bucket array**（**桶陣列**），如圖 10.4 所示，其中每個 bucket 都可以通過雜湊函數管理，發送到特定索引的項目集合。（要節省空間，可以用 null 參考替換空 bucket。）

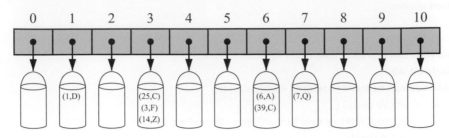

圖 10.4：容量爲 11 的 bucket 陣列，具有項目 (1,D), (25,C), (3,F), (14,Z),(6,A), (39,C) 和 (7,Q)，使用簡單的雜湊函數。

10.2.1　雜湊函數（Hash Functions）

雜湊函數 h 的目標是將每個鍵值 k 映射到 $[0,N-1]$ 範圍內的整數，其中 N 是雜湊表的 bucket 陣列的容量。配置這樣的一個雜湊函數，h，主要思維是使用雜湊函數值 $h(k)$ 做爲我們的陣列 A 中的索引值，而不是鍵值 k（鍵值可能不適合直接用作索引）。也就是說，將項目 (k, v) 儲存在 bucket 陣列 $A[h(k)]$ 中。

如果有兩個或更多個的鍵值具有相同雜湊值，那麼兩個不同項目將被對應到 A 中的相同的 bucket。在這種情況下，我們說一個**碰撞**（**collision**）已經發生了。只要有可能產生碰撞，就必須確定要有處理碰撞的方法，這部份稍後討論，但最好的策略是盡量避免碰撞。一個雜湊函數若能將碰撞機率降到最低，可說這是個優質的雜湊函數。實際應用上，我們希望使用快速易於計算的雜湊函數。

通常將雜湊函數 $h(k)$ 的執行分成兩部分來看：（1）**雜湊碼**（**hash code**），將鍵值 k 對應到一個整數（2）**壓縮函數**（**compression function**），將雜湊碼對應到一個 bucket 陣列索引範圍 $[0,N-1]$ 內的整數（見圖 10.5）。

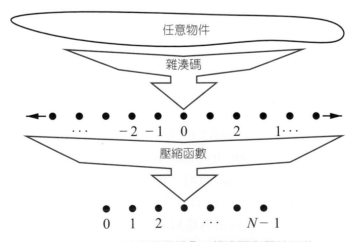

圖 10.5：雜湊函數的兩個部分：雜湊碼和壓縮函數。

將雜湊函數分為兩個這樣的組件，優點是雜湊碼的計算部分與特定的雜湊表尺寸無關。這允許為每個物件開發一個通用的雜湊碼，可適用在任何大小的雜湊表；只有壓縮函數取決於雜湊表的大小。這是特別方便的，因為底層的 bucket 陣列對於雜湊表可以根據目前存放在 map 上項目的數量動態地調整大小。（見 10.2.3 節）

雜湊碼（Hash Codes）

雜湊函數執行的第一個動作是在我們的 map 中提取任意鍵值 k，並計算 k 的整數雜湊碼；這個整數不需要限縮在 $[0, N-1]$ 範圍內，甚至可能為負數。我們希望這個對 map 中所有鍵值經計算產生的雜湊集合應盡可能避免碰撞。如果是我們的鍵值的導致雜湊碼產生碰撞，那麼壓縮函數就沒有辦法來避免它們。在本小節中，首先討論雜湊碼理論。接下來，討論以 Java 實際實作雜湊碼的運算。

◉ 將位元表示法以整數處理（Treating the Bit Representation as an Integer）

首先，可以注意到，對於任何資料型態 X，若所使用的位元數和我們的雜湊碼整數一樣多，可以簡單地將 X 的位元值解釋為一個整數來代表其雜湊碼。Java 使用 32 位元的雜湊碼，因此對於基本型態如 **byte**、**short**、**int** 和 **char**，只要透過轉型成 **int**，就可得到很好的雜湊碼。同樣，對於基本型態 float 的變數 x，我們可以使用 Float.floatToIntBits(x)，將 x 轉換為整數，然後將此整數用作 x 的雜湊碼。

對於一些位元數目多於雜湊碼的型態（例如，Java 的 **long** 和 **double**），上述方案不能立即適用。一種可能性是僅使用高 32 位元（或低位 32 位元）。這個雜湊碼會忽略原始鍵值中存在的一半訊息，如果 map 中的許多鍵值恰好只在這些被忽略的位元中不同，那麼使用這種簡單的雜湊碼運算，會使這些鍵值的雜湊碼相互碰撞。

更好的方法是以某種方式組合 64 位元鍵值的高位元和低位元部分來形成一個 32 位的雜湊碼，計算雜湊碼的過程使用到所有位元。一個簡單的實作是高位元和低位元兩個部分作加法（忽略溢出）形成一個 32 位元整數，或者將兩個部分作互斥或運算。這種組合資料的方式可以擴展到任何物件 x，把物件 x 看成是由 n 組 $(x_0, x_1, \ldots, x_{n-1})$ 的 32 位元數值所組成，接著執行 x 的雜湊碼運算：$\sum_{i=0}^{n-1} x_i$ 或 $x_0 \oplus x_1 \oplus \cdots \oplus x_{n-1}$，其中 $\oplus$ 符號為互斥或運算（Java 中運算子為 ^）。

◉ 多項式雜湊碼（Polynomial Hash Codes）

使用加法和互斥或運算來取得雜湊碼，對可用多元組（tuples）$(x_0, x_1, \ldots, x_{n-1})$ 表達的物件不是很好的選擇，其中 x_i 的順序是很重要的。例如，考慮一個字元字串 s 的 16 位元雜湊碼，此雜湊碼以 s 中 Unicode 字元相加而得。不幸的是這種方式產生的雜湊碼對一些常見的字串產生許多不必要的碰撞。其中 "temp01"、"temp10" 就產生碰撞，同樣地 "stop"、"tops"、"pots" 和 "spot" 也會產生碰撞。一個更好的雜湊碼應該以某種方式考慮到 x_i 的位置。一個產生雜湊碼的替代方案是先選擇一個非零常數，$a \neq 1$，用下列運算式產生雜湊碼

$$x_0a^{n-1} + x_1a^{n-2} + \cdots + x_{n-2}a + x_{n-1}$$

在數學上，這只是個多項式，以物件的多元組 $(x_0, x_1, ..., x_{n-1})$ 做為多項式的係數。因此這個雜湊碼稱為**多項式雜湊碼（*polynomial hash code*）**。根據霍納（Horner）的規則（見習題 C-4.49），這個多項式可以計算為：

$$x_{n-1} + a(x_{n-2} + a(x_{n-3} + \cdots + a(x_2 + a(x_1 + ax_0)) \cdots))$$

直觀地，多項式雜湊碼使用不同冪次的乘法，來分散物件中每個組件對雜湊碼所產生影響。

當然，在典型的計算機上，多項式運算可使用有限位元來表示，並做為雜湊碼；因此，該值用於整數，將周期性地溢出位元。因為我們只關注物件 x 本身的各部件相對於其他鍵值物件的散播，因此，忽略溢出的位元。我們還是應該注意，這種溢出的現象和選擇的常數有關，會產生有一些非零低階位元。即使會有溢出情況，仍有助於保留一些訊息內容。

我們已經做了一些實驗研究，表明將常數 a 設定為 33、37、39 和 41 對於使用英語單字的字元字串是特別好的選擇。實際上，在兩種 Unix 作業系統中，選取一個由五萬多個英文單字聯合組成的串列，若將 a 值設定為 33、37、39 或 41，在每種情況下產生的碰撞少於 7 次！

◉ 循環移位雜湊碼（Cyclic-Shift Hash Codes）

另有一種多項式雜湊碼的變體，部分和循環移位一定數量的位元來代替乘以 a 的冪次。例如，對一個 32 位元的值，<u>00111</u>101100101101010100010101000，作 5 位元的循環移位，將最左邊五個位元，循環移位到最右側，產生新的 32 為原值 101100101101010100010101000<u>00111</u>。雖然這個操作只具有很少的自然算術意義，但完成了對運算位元變換位置的目標。在 Java 中，可以使用逐位元移位運算子實作循環移位。

在 Java 中對字元字串執行循環移位計算來產生雜湊碼的程式碼如下：

```java
static int hashCode(String s) {
    int h=0;
    for (int i=0; i<s.length( ); i++) { h = (h << 5) | (h >>> 27);    // 5-bit cyclic shift of the running sum
        h += (int) s.charAt(i);                                       // add in next character
    }
    return h;
}
```

與傳統的多項式雜湊碼一樣，使用循環移位雜湊碼時需要做些微調，譬如，要移位幾個位元較為合適。我們在一個具有 23 萬個英文單字的環境，對不同的移位位元數做測試，並比較各種移位量產生碰撞的數量（見表 10.1）。

Shift	Collisions	
	Total	Max
0	234735	623
1	165076	43
2	38471	13
3	7174	5
4	1379	3
5	190	3
6	502	2
7	560	2
8	5546	4
9	393	3
10	5194	5
11	11559	5
12	822	2
13	900	4
14	2001	4
15	19251	8
16	211781	37

表 10.1：在 23 萬個英文單字環境下，使用不同位移量的循環移位雜湊碼產生碰撞的比較表。shift 欄位：代表不同的位移量。Total 代表至少產生一次碰撞的單字總數。Max 欄位：記錄一個雜湊碼所對應最多單字的數量。若位移量（shift）為 0，這個雜湊碼恢復到簡單地對所有單字求和。

◉ Java 中的雜湊碼（Hash Codes in Java）

雜湊碼的概念是組成 Java 語言的一部分。Object 類別是所有物件型態的祖先，Object 類別有一個預設的 hashCode( ) 方法，返回型態為 **int** 的 32 位元整數，用作物件的雜湊碼。Object 類別 hashCode( ) 所產生的整數雜湊碼，預設是由物件的記憶體位址所導出。

　　但是，如果依賴於預設版本的 hashCode( ) 來驗證一個類別。為了使雜湊方案可靠，任何兩個物件若被視為 " 相等 "，必然有相同的雜湊碼。這個原則非常重要，因為如果一個項目被插入到一個 map 中，而後來又以該項目的鍵值執行搜尋，若這兩個項目是等效的，map 必須回應這兩個鍵值相匹配（例如，參見程式 10.4 中 UnsortedTableMap.findIndex 方法）。因此，當使用雜湊表來實作時一個 map，我們希望等效的鍵值具有相同的雜湊碼，以保證它們 map 到同一個 bucket 陣列（圖 10.4）。更正式地，如果一個類別使用 equals 方法定義類別的等價關係（見第 3.5 節），那麼該類別也應該提供一個一致的 hashCode 方法的實作，這樣，如果 x.equals(y) 則 x.hashCode( )== y.hashCode( )。

　　舉個例子，Java 的 String 類別定義了 equals 方法，若兩個實例具有完全相同的字元序列，則他們是相等的。那類別也覆寫了 hashCode 方法，以提供一致的行為。事實上，實作 String 類別雜湊碼的演算法非常優秀。如果以 Java 的 String 類別重複上一頁的實驗，23 幾萬個單字，只會產生 12 次碰撞。 Java 的原始包裝類別（primitive wrapper classes）也使用第 10.2.1 節所述的技術定義雜湊碼。

要正確自行實作類別的 hashCode 方法，我們使用第 3 章的 SinglyLinkedList 類別。我們在第 3.5.2 節爲該類別定義了一個 equals 方法，如果兩個串列是等長的，而且對應的元素是等價的，則這兩個串列是相等的。我們可以先對串列元素執行互斥或運算，接下來再執行循環位移，來產生更強健的雜湊碼（見程式 10.6）。

```
1   public int hashCode( ) {
2       int h = 0;
3       for (Node walk=head; walk != null; walk = walk.getNext( )) {
4           h ^= walk.getElement( ).hashCode( );          // bitwise exclusive-or with element's code
5           h = (h << 5) | (h >>> 27);                     // 5-bit cyclic shift of composite code
6       }
7       return h;
8   }
```

程式 10.6：實作第 3 章 SinglyLinkedList 類別的 hashCode 方法，產生強健的雜湊碼。

壓縮函數（Compression Functions）

鍵值 k 的雜湊碼通常不適合立即用於 bucket 陣列，因爲整數雜湊碼可能是負值或可能超出陣列的容量。因此，一旦我們確定了一個鍵值物件 k 的整數雜湊碼，要找到一個方法將整數對應到範圍 $[0, N-1]$。這個計算被稱爲**壓縮函數**（*compression function*），整體雜湊函數的第二部分。一個優質的壓縮函式能對一組不同的雜湊碼產生最少的碰撞。

◉ 除法（The Division Method）

簡單的壓縮函數是除法，將整數 i 對應到

$$i \bmod N$$

其中 N 是固定的正整數，代表 bucket 陣列的大小。此外，如果 N 是質數，那麼這個壓縮函數有助於"擴展"雜湊值的分佈。的確，如果 N 不是質數，那麼由雜湊碼經由 mod 運算所產出雜湊值，會有很大的風險出現重複導致碰撞。例如，如果將具有湊碼 $\{200, 205, 210, 215, 220, ..., 600\}$ 的鍵值插入大小爲 100 的 bucket 陣列，然後每個雜湊碼將與其他三個相碰撞。但是如果使用大小爲 101 的 bucket 陣列，那麼就不會有碰撞。如果雜湊函數選擇得很好，那麼應該確保將兩個不同的鍵值加載到同一個儲存 bucket 的機率是 $1 / N$。選擇 N 爲質數並不總是滿足需求，譬如，對於幾個不同的數值 p，若雜湊值的形式爲 $pN + q$ 的話，還是會有碰撞。

◉ MAD 方法

有一個更複雜的壓縮函數，有助於消除在一組整數鍵值中重複的數值模式，這個函數稱作「乘法 - 加法 - 除法」（簡稱 MAD：*Multiply-Add-and-Divide*）。該函數將整數 i 對應到

$$[(ai + b) \bmod p] \bmod N$$

其中 N 是 bucket 陣列的大小，p 是大於 N 的質數，a 與 b 是從區間 $[0, p-1]$ 中隨機選取的整數，其中 $a > 0$。選擇這個壓縮函數目的在消除該雜湊碼集合中的重複模式，並讓我們更接近 " 優質 " 的雜湊函數，也就是兩個不同的鍵值碰撞的機率是 $1 / N$。這個好的行為是就好比將 " 均勻地 " 隨機鍵值投入到 bucket 陣列 A 中一樣。

10.2.2　碰撞處理方案（Collision-Handling Schemes）

雜湊表的主要思維是採用一個 bucket 陣列 A 和一個雜湊函數 h，用它們來實作 map。使用的方法是將每個項目 (k, v) 儲存在 "bucket" $A[h(k)]$（A 是 bucket 陣列，$A[h(k)]$ 是 bucket 陣列中的一個 bucket）中。然而，當我們有兩個不同的鍵值 k_1 和 k_2 時，使得 $h(k_1) = h(k_2)$ 時，這簡單的概念就受到挑戰。這種碰撞的存在，阻止了我們簡單地將新項目 (k, v) 直接插入到 bucket $A[h(k)]$ 中。這也使得插入、搜尋和移除操作的過程變得複雜。

◉ **單獨鏈結**（Separate Chaining）

處理碰撞的一個簡單有效的方法是讓每個 bucket $A[j]$ 儲存其所擁有的輔助容器，保存所有項目 (k, v)，其中 $h(k) = j$。以無序串列實作的小 map 做為輔助容器是自然的選擇，如第 10.1.4 節所述。這種**碰撞解析**（*collision resolution*）方案稱為**單獨鏈結**（*separate chaining*），如圖 10.6 所示。

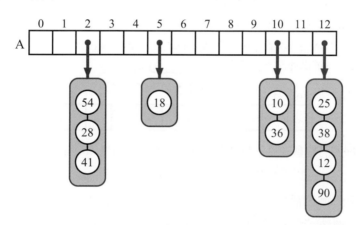

圖 10.6：一個大小為 13 的雜湊表，儲存 10 個具有整數鍵值的項目，透過單獨鏈結解決當中產生的碰撞。壓縮函數為 $h(k) = k \bmod 13$ 為了簡單起見，我們不顯示與鍵相關聯的值。

　　在最壞的情況下，單個 bucket 上的操作所需的時間與 bucket 的大小成正比。假設我們使用好的雜湊函數來對我們在 bucket 陣列（容量為 N）中 map 的 n 個項目製作索引，預期一個資料 bucket 的大小是 n / N，因此，如果給定一個很好的雜湊函數，則核心 map 操作將在 $O(\lceil n / N \rceil)$ 時間中執行。$\lambda = n / N$，稱為雜湊表的**負載因子**（*load factor*）。負載因子應該被限定為一個小常數，最好低於 1。只要 λ 值是 $O(1)$，在雜湊表的核心操作預期就是在 $O(1)$ 的時間內執行。

◉ 開放定址（Open Addressing）

單獨鏈結規則有許多很好的特性，例如提供簡單實作的 map 操作，但仍有一個小缺點：它需要使用輔助資料結構來保存具有碰撞鍵的項目。如果記憶體空間是非常重要的（例如，如果我們正在爲一個小型手持設備編寫程式），那麼可以將每個項目直接儲存在資料表的儲存格中。這種方法節省空間，因爲不必使用輔助結構，但它需要更多的複雜性才能正確處理碰撞。有幾種這種方法的變體，統稱爲**開放定址（open addressing）**方案。開放定址要求負載因子始終保持最多爲 1，並且項目直接儲存在 bucket 陣列的儲存格中。

◉ 線性探測及其變體（Linear Probing and Its Varian）

採用開放定址處理碰撞的一種簡單方法是**線性探測（linear probing）**。使用這種方法，如果我們嘗試將一個項目 (k, v) 插入已經存在且被佔用的 bucket $A[j]$ 中，其中 $j = h(k)$，則接下來嘗試 $A[(j + 1) \bmod N]$。如果 $A[(j + 1) \bmod N]$ 也被佔用，那麼嘗試 $A[(j + 2) \bmod N]$，等等，直到找到一個空的可以接受新項目的 bucket。一旦找到 bucket，就在該處插入項目。當然，這種碰撞解決策略要求我們改變現有搜尋鍵值的方法，如 get、put 和 remove。特別地，嘗試找到具有鍵值 k 的項目，我們必須檢查連續的插槽，從 $A[h(k)]$ 開始，直到找到具有相同鍵值的項目，或者找到一個空的 bucket。（見圖 10.7。）" 線性探測 " 這個名稱來自於存取 bucket 陣列儲存格的動作可以被視爲 " 探測 "，並且連續在相鄰儲存格中作探測（循環觀察時）。

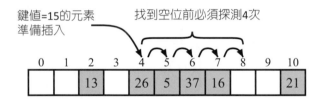

圖 10.7：使用線性探測將整數鍵插入雜湊表。使用的雜湊函數是 $h(k) = k \bmod 11$。與鍵相關的值未顯示。

　　要實作移除，我們不能簡單地將在陣列中插槽找到的項目移除。例如，插入鍵值 15 後（見圖 10.7），如果鍵值 37 的項目被移除，則後續搜尋 15 將會失敗，因爲搜尋將從索引 4，然後索引 5，然後索引 6，在此找到一個空儲存格。解決這個困難的典型方法是用特殊的 " 已停止 "（defunct）標記物件替換已移除的項目。有了這個可能佔據我們的雜湊表中空格的特殊標記，我們修改搜尋演算法，使得搜尋鍵值 k 時，將跳到已停止的標記繼續探測，直到達到所需的項目或空 bucket（或返回到開始的地方）。另外，我們的 put 的演算法應該記住在搜尋 k 期間遇到的已停止標記的位置，因爲這是一個可放置新項目 (k, v) 的位置，如果現存項目此在此位置外沒被找到。

　　雖然使用開放定址方案可以節省空間，線性探測也有其額外的缺點。它傾向於將 map 的項目叢集成連續位置，甚至可能重疊（特別是如果雜湊表超過一半的儲存格被佔用）。連續執行佔用雜湊儲存格，導致搜尋速度顯著下降。

另一種開放定址策略，稱為**二次探測 (*quadratic probing*)**，嘗試對 bucket $A[(h(k) + f(i))$ mod $N]$ 進行迭代，其中 $f(i) = i^2$，i=0、1、2、...，直到找到一個空 bucket。與線性探測一樣，二次探測使 remove 操作變得複雜，但它確實避免了線性探測中發生的叢集模式。然而，它造成自己所引起的叢集，稱為**二次叢集（*secondary clustering*）**，其中填充陣列儲存格仍具有不均勻模式，即使我們假設原始雜湊碼是均勻分佈的。當 N 是質數且 bucket 陣列小於半滿，二次探測策略保證能找到一個空位。但是，一旦陣列為半滿或者 N 不是質數，這個保證無效，習題（C-10.36）會探索這種叢集產生的原因。

有一種不會像線性探測或二次探測導致叢集現象的開放式定址策略，稱作**雙重雜湊（*double hashing*）**策略。在這種方法中，我們選擇輔助雜湊函數 h'，如果 h 的某些鍵值 k 對應到已經佔用的 bucket $A[h(k)]$，然後嘗試迭代下一個 bucket $A[(h(k) + f(i))$ mod $N]$，其中 $f(i) = i \cdot h'(k)$，$i = 1$、2、3、...，在這種方案中，輔助雜湊函數不允許值為零；常用的選擇是 $h'(k) = q - (k \bmod q)$，其中質數 $q < N$，N 也應該是質數。

避免開放定址產生叢集現象的另一種方法是嘗試迭代 bucket $A[(h(k) + f(i))$ mod $N]$，其中 $f(i)$ 是基於隨機亂數產生器，提供具重複性，但又有些隨意的後續序列探索，這部分取決於原始雜湊碼位元。

10.2.3　負載因子、重組和效率（Load Factors, Rehashing, and Efficiency）

在迄今描述的雜湊表方案中，重要的是，$\lambda = n / N$，保持在 1 以下。隨著單獨鏈結，當 λ 非常接近 1，碰撞的機率大大增加，這增加了操作的負擔，因為我們必須在具有碰撞的 bucket 中恢復為基於串列的線性時間方法。經由實驗和平均案例分析表明，對於具有單獨鏈結的雜湊表，我們應該保持 $\lambda < 0.9$。（預設情況下，Java 的單獨鏈結實作使用的 $\lambda < 0.75$。）

另一方面，隨著開放定址，負載因子增長超過 0.5 並開始接近 1，bucket 陣列中的項目也開始增長。這些叢集會使探測策略在 bucket 陣列 " 反彈 "（bounce around）許多次後才能找到一個空的插槽。在習題 C-10.36，我們探討當 $\lambda \geq 0.5$ 時二次探測的退化。實驗建議開放定址線性探測方案應該保持 $\lambda < 0.5$，只可能比其他開放式定址方案的值略高一些。

如果插入導致雜湊表的負載因子超過指定的邊界值，通常必須調整表的大小（以重新獲得指定的負載因子）並將所有物件重新插入到這個新表中。雖然我們不需要對每個物件重新定義雜湊碼，但是需要重新應用一個壓縮函數來反應新表的大小。重計算雜湊會使新的 bucket 陣列中的項目散亂。當要重新計算雜湊表時，表的大小最好是質數且為之前大小的兩倍。這樣做，重新雜湊新表時所需的時間可以和首次插入的時間進行攤銷（搭配動態陣列；見第 7.2.1 節）。

◉ 雜湊表的效率（Efficiency of Hash Tables）

雖然雜湊值平均案例分析的細節超出了本書的範圍，但其機率基礎相當直觀。如果我們的雜湊函數夠好，那麼我們希望這些項目能夠均勻地分佈在 bucket 陣列的 N 個儲存格中。因此，要儲存 n 個項目，bucket 中預期的鍵值數量將會是 $[n / N]$，如果 n 是 $O(N)$，則為 $O(1)$。

週期性重組雜湊的成本（偶爾執行插入或刪除後，調整雜湊表的大小）可以單獨核算，導致 put 和 remove 額外的 $O(1)$ 成本攤銷。

在最壞的情況下，一個糟糕的雜湊函數會將每個項目對應到同一個 bucket。這將導致單獨鏈結和核心 map 操作的執行效能為線性時間，或在任何開放定址模型，其中輔助探測序列僅依賴於雜湊碼。這些成本總結在表 10.2 中。

方法	未排序串列	雜湊表	
		預期狀況	最差狀況
get	$O(n)$	$O(1)$	$O(n)$
put	$O(n)$	$O(1)$	$O(n)$
remove	$O(n)$	$O(1)$	$O(n)$
size, isEmpty	$O(1)$	$O(1)$	$O(1)$
entrySet, keySet, values	$O(n)$	$O(n)$	$O(n)$

表 10.2：map 各方法的執行時間比較，map 以未排序串列（如第 10.1.4 節）或雜湊表實作。我們讓 n 表示在 map 中的項目數量，我們假設 bucket 陣列能維持雜湊表大小使其容量與 map 中的項目數量成正比。

◉ **關於雜湊和計算機安全的軼事**（An Anecdote About Hashing and Computer Security）

在 2003 年的學術論文中，研究人員討論利用雜湊表的最壞效能情況造成互聯網拒絕服務（DoS）攻擊的可能性。由於許多已發布的演算法使用確定性函數來計算雜湊碼，攻擊者可以預先計算非常多的中等長度字串，這些等長度字串都有完全相同的 32 位雜湊碼。（回想一下，任何一個我們描述的雜湊方案，除了雙雜湊，如果兩個鍵是對應到相同的雜湊碼，它們在碰撞解決方案中是不可分割的）。這引起了 Java 開發團隊和許多其他程式語言的關注，但當時認為所產生的風險微不足道（在 2003 年 Perl 團隊做了一些修復）。

2011 年底，另一個研究團隊展示了以此方式實施的攻擊。Web 伺服器允許在 URL 中嵌入一系列「鍵 - 值」參數，譬如？key1 = val1 & key2 = val2 & key3 = val3。這些鍵 - 值對是字串，一般的 Web 伺服器立即將它們儲存在雜湊 map 中。伺服器已經對參數長度和數量有限制，以避免過載，但他們假設總插入時間和項目數量呈線性關係，能在預期的恆定時間內操作。但是，如果所有的鍵值都產生碰撞，則插入到 map 中需要二次方時間，導致伺服器執行過多的工作量。

2012 年，OpenJDK 團隊宣布了以下決議：他們分發佈一個安全補丁，其中包括一個新的雜湊函數，引入隨機性質到雜湊碼的計算，使其不易使用逆向工程產生一套碰撞的字串。但是，為了避免破壞現有的程式，新功能在 Java SE 7 中預設是禁用的，並且僅當表格大小超過某個閾值時才啓用。Java SE 8 則無條件式的使用增強型雜湊。

10.2.4　Java 雜湊表實作（Java Hash Table Implementation）

在本節中，開發兩種實作雜湊表的方式，一個使用單獨鏈結，另一個使用開放定址型的線性探測。這兩者解決碰撞解決方法是截然不同的，但這兩種雜湊演算法有許多高層的共同點。因此，我們擴展 AbstractMap 類別（程式 10.3）定義一個新的 AbstractHashMap 類別（程式 10.7），提供實作兩個雜湊表所需的大部分功能。

我們將首先討論這個抽象類別不做什麼：不具體提供 bucket。對單獨鏈結，每個 bucket 以一個輔助 map 實作。對於開放定址，沒有 bucket 容器；bucket 隱身在交錯的探測序列中。在我們的設計中，AbstractHashMap 類別定義以下抽象方法，這部份由每個具體的子類別來實作：

createTable()：此方法應該建立一個初始的空表，大小由實例變數 capacity 指定。

bucketGet(h, k)：該方法應該模仿 public get 方法的語義，對鍵值 k，已知對應到 bucket h 的雜湊。

bucketPut(h, k, v)：這個方法應該模仿 public put 方法的語義，對鍵值 k，已知對應到 bucket h 的雜湊。

bucketRemove(h, k)：該方法應該模仿 public remove 方法的語義，對鍵值 k，已知對應到 bucket h 的雜湊。

entrySet()：此標準 map 方法遍訪 map 的所有項目。注意，不是遍訪 map 的所有 bucket，因為在公開尋址中的 "bucket" 並不是各個獨立相鄰的。

AbstractHashMap 類別提供雜湊壓縮函數在數學上使用隨機的乘法 - 加法 - 除法（MAD: Multiply-Add-and-Divide）公式，且當載入係數達到一定臨界值時，會自動調整底層雜湊表的大小。

hashValue 方法必須使用由 hashCode( ) 方法回傳原始鍵值的雜湊碼，其次是基於質數、scale 和 shift 的 MAD 壓縮函數，這部份在建構子中隨機產生。

為了管理負載因子，AbstractHashMap 類別宣告一個受保護的成員，n，代表當前 map 中的項目數；n 值是由子類別的方法 bucketPut 和 bucketRemove 來做更新。如果雜湊表的負載因子超過 0.5，我們要求一個更大的表（使用 createTable 方法），並將所有項目重新插入到新的表中。（為了簡單起見，這個實作使用的大小為 $2^k + 1$ 的表，儘管這個數值通常不是質數。）

```
1   public abstract class AbstractHashMap<K,V> extends AbstractMap<K,V> {
2     protected int n = 0;                      // number of entries in the dictionary
3     protected int capacity;                   // length of the table
4     private int prime;                        // prime factor
5     private long scale, shift;                // the shift and scaling factors
6     public AbstractHashMap(int cap, int p) {
7       prime = p;
8       capacity = cap;
9       Random rand = new Random( );
10      scale = rand.nextInt(prime−1) + 1;
```

```
11        shift = rand.nextInt(prime);
12        createTable( );
13      }
14      public AbstractHashMap(int cap) { this(cap, 109345121); }      // default prime
15      public AbstractHashMap( ) { this(17); }                        // default capacity
16      // public methods
17      public int size( ) { return n; }
18      public V get(K key) { return bucketGet(hashValue(key), key); }
19      public V remove(K key) { return bucketRemove(hashValue(key), key); }
20      public V put(K key, V value) {
21        V answer = bucketPut(hashValue(key), key, value);
22        if (n > capacity / 2)             // keep load factor <= 0.5
23          resize(2 * capacity - 1);       // (or find a nearby prime)
24        return answer;
25      }
26      // private utilities
27      private int hashValue(K key) {
28        return (int) ((Math.abs(key.hashCode( )*scale + shift) % prime) % capacity);
29      }
30      private void resize(int newCap) {
31        ArrayList<Entry<K,V>> buffer = new ArrayList<>(n);
32        for (Entry<K,V> e : entrySet( ))
33          buffer.add(e);
34        capacity = newCap;
35        createTable( );                    // based on updated capacity
36        n = 0;                             // will be recomputed while reinserting entries
37        for (Entry<K,V> e : buffer)
38          put(e.getKey( ), e.getValue( ));
39      }
40      // protected abstract methods to be implemented by subclasses
41      protected abstract void createTable( );
42      protected abstract V bucketGet(int h, K k);
43      protected abstract V bucketPut(int h, K k, V v);
44      protected abstract V bucketRemove(int h, K k);
45    }
```

程式 10.7：實作雜湊表的基礎類別，擴展程式 10.3 中的 AbstractMap 類別。

◉ **單獨鏈結**（Separate Chaining）

我們使用 10.1.4 節中 UnsortedTableMap 類別的簡單實例，當做單獨鏈結中的每個 bucket。當中用簡單解決問題的方案，建立一個新更先進的解決方案，這種技術被稱為**自我提升**（***bootstrapping***）。使用 map 來實作每個 bucket 的優點，是它變成以很容易的方式將頂級 map 操作的職責委託給適當的 bucket。

　　整個雜湊表然後以固定容量陣列 A 的次要 map 來表示。每個儲存格 $A[h]$ 最初都是 null；只有在項目第一次雜湊到一個特定的 bucket 時才會建立輔助 map。

　　遵循一般規則，我們通過呼叫 $A[h]$ .get(k) 來實作 bucketGet(h, k)。通過呼叫 $A[h]$ .put(k, v) 來實作 bucketPut(h, k, v)。通過呼叫 $A[h]$ .remove(k) 來實作 bucketRemove(h, k)。然而，有兩個原因使我們得特別留意。

　　首先，因爲我們選擇將表格儲存格設爲 null，直到需要輔助 map 爲止。所以，這些基本操作首先必須檢查看看 $A[h]$ 是否爲 null。在方法 bucketGet 和 bucketRemove 的情況下，如果 bucket 不存在，我們可以簡單地返回 null，因爲不會有任何項目可與鍵值 k 匹配。在 bucketPut 的情況下，必須插入一個新的項目，我們得先爲 $A[h]$ 實例化一個新的 UnsortedTableMap，才能繼續執行插入動作。

　　第二個問題是在 AbstractHashMap 架構中，當有項目插入或移除時，子類別有義務維護實例變數 n。記住當 put(k, v) 在 map 上呼叫時，如果鍵值 k 對於 map 是新的，則 map 的大小才會增加（否則，現有項目被重新設定）。類似地，呼叫 remove(k)，只當找到具有等於 k 的鍵值的項目時，才會減少 map 大小。在我們的實施中，需先確定是否有任何相輔助 map 的大小作更改，然後確定總體 map 大小的變化量。

　　程式 10.8 爲我們的 ChainHashMap 類別提供了一個完整的定義，實作單獨鏈結型的雜湊表。如果我們假設雜湊函數表現良好，具有 n 個項目的 map 和容量爲 N 的表，則預期 bucket 大小是 n/N（回想，這是負載因子）。所以即使各個 bucket 以 UnsortedTableMap 實例實作，也不是特別有效率，每個 bucket 大小都預期爲 $O(1)$，條件是 n 是 $O(N)$，如我們的實作。因此，對 map 的操作 get、put 和 remove 預期執行時爲 $O(1)$。 entrySet 方法（相關 keySet 和 values）在 $O(n+N)$ 時間執行，因爲它走訪了整張表（長度爲 N）和所有的 bucket（累積長度爲 n）。

```
1   public class ChainHashMap<K,V> extends AbstractHashMap<K,V> {
2     // a fixed capacity array of UnsortedTableMap that serve as buckets
3     private UnsortedTableMap<K,V>[ ] table;            // initialized within createTable
4     public ChainHashMap( ) { super( ); }
5     public ChainHashMap(int cap) { super(cap); }
6     public ChainHashMap(int cap, int p) { super(cap, p); }
7     /** Creates an empty table having length equal to current capacity. */
8     protected void createTable( ) {
9       table = (UnsortedTableMap<K,V>[ ]) new UnsortedTableMap[capacity];
10    }
11    /** Returns value associated with key k in bucket with hash value h, or else null. */
12    protected V bucketGet(int h, K k) {
13      UnsortedTableMap<K,V> bucket = table[h];
14      if (bucket == null) return null;
15      return bucket.get(k);
16    }
17    /** Associates key k with value v in bucket with hash value h; returns old value. */
18    protected V bucketPut(int h, K k, V v) {
19      UnsortedTableMap<K,V> bucket = table[h];
20      if (bucket == null)
21        bucket = table[h] = new UnsortedTableMap<>( );
22      int oldSize = bucket.size( );
23      V answer = bucket.put(k,v);
24      n += (bucket.size( ) – oldSize);                  // size may have increased
25      return answer;
```

```
26      }
27      /** Removes entry having key k from bucket with hash value h (if any). */
28      protected V bucketRemove(int h, K k) {
29        UnsortedTableMap<K,V> bucket = table[h];
30        if (bucket == null) return null;
31        int oldSize = bucket.size( );
32        V answer = bucket.remove(k);
33        n -= (oldSize - bucket.size( ));                    // size may have decreased
34        return answer;
35      }
36      /** Returns an iterable collection of all key-value entries of the map. */
37      public Iterable<Entry<K,V>> entrySet( ) {
38        ArrayList<Entry<K,V>> buffer = new ArrayList<>( );
39        for (int h=0; h < capacity; h++)
40          if (table[h] != null)
41            for (Entry<K,V> entry : table[h].entrySet( ))
42              buffer.add(entry);
43        return buffer;
44      }
45  }
```

程式 10.8：使用單獨鏈結的具體雜湊 map 實作。

◉ 線性探測（Linear Probing）

在程式 10.9 和 10.10 使用線性探測開放定址，實作 ProbeHashMap 類別。為了支持移除，我們使用 10.2.2 節中描述的技術，其中放置了一個特殊的標記在一個表格位置，該位置項目已被移除，以便與空的位置加以區分。為此，我們建立了一個固定項目實例，DEFUNCT，做為哨兵（忽略內部的任何鍵或值），並使用對該實例的參考來標記空儲存格。

開放定址最具挑戰性的部分有兩種情況：（1）執行項目搜尋時發生碰撞（2）插入新項目時發生碰撞。對這兩種情況必須對一系列的探索作正確追蹤。為此，三個主要的 map 操作都依賴一個實用程序，findSlot，在 bucketh 中搜尋鍵值 k 的項目（h 是雜湊函數對鍵值 k 作運算後返回的索引）。嘗試檢索與給定鍵值相關聯的值時，我們必須持續探索，直到找到鍵值，或直到我們到達具有 null 的雜湊表槽（table slot）。搜尋過程遇到 DEFUNCT 哨兵不能停止搜尋，因為它代表這個槽已經儲存過項目，只是目前被移除。

當一個鍵 - 值項目準備放置在 map 中時，首先必須先嘗試找到具有給定鍵值的現有項目，以便覆蓋其值。因此，在插入時，必須搜尋超出任何 DEFUNCT 哨兵外的雜湊表槽。但是，如果沒有找到匹配，首選的插入空槽是第一 DEFUNCT 哨兵所在的槽。如過沒有 DEFUNCT 哨兵佔據的空槽，findSlot 方法遵循此邏輯，繼續搜尋，直到找到一個真正的空槽，並返回第一個可用插槽的索引以進行插入。

當使用 bucketRemove 移除中現有項目時，根據我們的設計原則，在移除的槽中放入 DEFUNCT 哨兵。

```
1   public class ProbeHashMap<K,V> extends AbstractHashMap<K,V> {
2     private MapEntry<K,V>[ ] table;  // a fixed array of entries (all initially null)
3     private MapEntry<K,V> DEFUNCT = new MapEntry<>(null, null);  //sentinel
4     public ProbeHashMap( ) { super( ); }
5     public ProbeHashMap(int cap) { super(cap); }
6     public ProbeHashMap(int cap, int p) { super(cap, p); }
7     /** Creates an empty table having length equal to current capacity. */
8     protected void createTable( ) {
9       table = (MapEntry<K,V>[ ]) new MapEntry[capacity];  // safe cast
10    }
11    /** Returns true if location is either empty or the "defunct" sentinel. */
12    private boolean isAvailable(int j) {
13      return (table[j] == null || table[j] == DEFUNCT);
14    }
```

程式 10.9：具體實作 ProbeHashMap 類別，使用線性探測解決碰撞。（1/2）

```
15    /** Returns index with key k, or −(a+1) such that k could be added at index a. */
16    private int findSlot(int h, K k) {
17      int avail = −1;                            // no slot available (thus far)
18      int j = h;                                 // index while scanning table
19      do {
20        if (isAvailable(j)) {                    // may be either empty or defunct
21          if (avail == −1) avail = j;            // this is the first available slot!
22          if (table[j] == null) break;           // if empty, search fails immediately
23        } else if (table[j].getKey( ).equals(k))
24          return j;                              // successful match
25        j = (j+1) % capacity;                    // keep looking (cyclically)
26      } while (j != h);                          // stop if we return to the start
27      return −(avail + 1);                       // search has failed
28    }
29    /** Returns value associated with key k in bucket with hash value h, or else null. */
30    protected V bucketGet(int h, K k) {
31      int j = findSlot(h, k);
32      if (j < 0) return null;                    // no match found
33      return table[j].getValue( );
34    }
35    /** Associates key k with value v in bucket with hash value h; returns old value. */
36    protected V bucketPut(int h, K k, V v) {
37      int j = findSlot(h, k);
38      if (j >= 0)                                // this key has an existing entry
39        return table[j].setValue(v);
40      table[−(j+1)] = new MapEntry<>(k, v);      // convert to proper index
41      n++;
42      return null;
43    }
44    /** Removes entry having key k from bucket with hash value h (if any). */
45    protected V bucketRemove(int h, K k) {
46      int j = findSlot(h, k);
47      if (j < 0) return null;                    // nothing to remove
48      V answer = table[j].getValue( );
```

```
49        table[j] = DEFUNCT;                              // mark this slot as deactivated
50        n--;
51        return answer;
52      }
53      /** Returns an iterable collection of all key-value entries of the map. */
54      public Iterable<Entry<K,V>> entrySet( ) {
55        ArrayList<Entry<K,V>> buffer = new ArrayList<>( );
56        for (int h=0; h < capacity; h++)
57          if (!isAvailable(h)) buffer.add(table[h]);
58        return buffer;
59      }
60    }
```

程式 10.10：具體實作 ProbeHashMap 類別，使用線性探測解決碰撞。(2/2)

10.3　排序圖抽象資料型態（The Sorted Map Abstract Data Type）

傳統的 map ADT 允許用戶使用鍵值搜尋資料，但對該鍵值的搜尋用的是一種稱為**精確搜尋**的型式。在本節，我們將介紹一個 map 的擴展，稱為**已排序 map** ADT，當中包括標準 map 的所有行為，加上以下特有的方法：

firstEntry( )：返回具有最小鍵值的項目（如果 map 是空的，則返回 null）。

lastEntry( )：返回具有最大鍵值的項目（如果 map 是空的，則返回 null）。

ceilingEntry(k)：返回大於或等於 k 的最小鍵值項目（如果不存在這樣的項目，則返回 null）。

floorEntry(k)：返回小於或等於 k 的最大鍵值項目（如果不存在這樣的項目，則返回 null）。

lowerEntry(k)：返回大於 k 的最小鍵值項目（如果不存在這樣的項目，則返回 null）。

higherEntry(k)：返回鍵值嚴格大於 k 的最小項目（如果不存在這樣的項目，則返回 null。）

subMap(k_1, k_2)：返回鍵值大於或等於 k_1，但小於 k_2 的所有項目的迭代。

我們注意到上述方法包含在 java.util.NavigableMap 介面中（它擴展了更簡單的 java.util. SortedMap 介面）。

　　為了激勵使用已排序 map，請考慮用來維護事件信息資訊的計算機系統（如金融交易），當中使用**時戳**標記每個發生的事件。如果對於特定的系統，時戳是獨一無二的，我們可以組織一個 map，以時戳做為鍵值，以當時發生的事件記錄做為時戳鍵的對應值。特定的時戳可以做為事件的 ID，在這種情況下，我們可以快速從 map 中檢索有關該事件的信息。但是，

（未排序）map ADT 沒有提供任何方式來獲取以發生時間排序的所有事件串列，或者搜尋最接近特定時間發生的事件。實際上，基於雜湊實作的 map ADT 有意地分散鍵值，讓它們看起來彼此非常 " 接近 "，這樣更可以均勻地分佈在雜湊表中。

10.3.1 排序搜尋表（Sorted Search Tables）

有幾個資料結構可以有效地支持排序 map ADT，將會在第 10.4 節和第 11 章中檢視一些先進技術。在本節中，首先探索一個簡單的排序 map 的實作。我們將 map 項目儲存在陣列型串列 A 中，這些項目依鍵值遞增排序。（見圖 10.8。）我們將這個實作稱為已排序搜尋表。

0	1	2	3	4	5	6	7	8	9	10	11	12	13	14	15
2	4	5	7	8	9	12	14	17	19	22	25	27	28	33	37

圖 10.8：以排序搜尋表實作 map。我們只在 map 中顯示鍵值以突顯順序。

與 10.1.4 節的未排序表格 map 的情況一樣，排序搜尋表具有 $O(n)$ 的空間要求。這種表示法的主要優點和我們堅持 A 以陣列型態 來實作的理由是：允許我們使用**二元搜尋**演算法做各種有效率的操作。

◉ **二元搜尋和不精確搜尋**（Binary Search and Inexact Searches）

我們最初在 5.1.3 節中提出了二元搜尋演算法，把它當成一種工具：檢測給定目標是否儲存在排序序列中。在我們原來的程式（程式 5.3），一個 binarySearch 方法返回 true 或 false，代表是否找到所需目標。

重要的體認是，在執行二元搜尋時，我們可以改為返回目標的索引，或返回接近目標附近位置的索引。在成功搜尋的時候，標準實作是返回確定目標的精確索引。搜尋不成功時，雖然找不到目標，演算法會有效地返回兩個索引值，一個是小於目標的最大索引值，另一個是大於目標的最小索引值。

在程式 10.11 和 10.12 中，我們提供了 SortedTableMap 類別的完整實作，支持排序 map ADT。設計的最顯著特徵是包含了一個 findIndex 實用程序方法。這個方法使用遞迴二元搜尋演算法，但返回的是大於或等於鍵值 k 的最左側的索引；如果搜尋範圍沒有這樣一個鍵值項目，我們返回搜尋範圍結束之外的索引。按照慣例，如果有項目具有目標鍵值，則返回項目的索引。（記住鍵值在 map 中具有唯一性）。如果鍵值不存在，則該方法返回索引，在該索引處將插入帶有該鍵的新項目。

```
1   public class SortedTableMap<K,V> extends AbstractSortedMap<K,V> {
2       private ArrayList<MapEntry<K,V>> table = new ArrayList<>( );
3       public SortedTableMap( ) { super( ); }
4       public SortedTableMap(Comparator<K> comp) { super(comp); }
5       /** Returns the smallest index for range table[low..high] inclusive storing an entry
6           with a key greater than or equal to k (or else index high+1, by convention). */
7       private int findIndex(K key, int low, int high) {
8           if (high < low) return high + 1;                    // no entry qualifies
9           int mid = (low + high) / 2;
```

```
10      int comp = compare(key, table.get(mid));
11      if (comp == 0)
12        return mid; // found exact match
13      else if (comp < 0)
14        return findIndex(key, low, mid − 1);              // answer is left of mid (or possibly mid)
15      else
16        return findIndex(key, mid + 1, high);             // answer is right of mid
17    }
18    /** Version of findIndex that searches the entire table */
19    private int findIndex(K key) { return findIndex(key, 0, table.size( ) − 1); }
20    /** Returns the number of entries in the map. */
21    public int size( ) { return table.size( ); }
22    /** Returns the value associated with the specified key (or else null). */
23    public V get(K key) {
24      int j = findIndex(key);
25      if (j == size( ) || compare(key, table.get(j)) != 0) return null;        // no match
26      return table.get(j).getValue( );
27    }
28    /** Associates the given value with the given key, returning any overridden value.*/
29    public V put(K key, V value) {
30      int j = findIndex(key);
31      if (j < size( ) && compare(key, table.get(j)) == 0)                       // match exists
32        return table.get(j).setValue(value);
33      table.add(j, new MapEntry<K,V>(key,value));                              // otherwise new
34      return null;
35    }
36    /** Removes the entry having key k (if any) and returns its associated value. */
37    public V remove(K key) {
38      int j = findIndex(key);
39      if (j == size( ) || compare(key, table.get(j)) != 0) return null;        // no match
40      return table.remove(j).getValue( );
41    }
```

程式 10.11：SortedTableMap 類別的實作。AbstractSortedMap 基礎類別，提供實用方法，compare，基於給定的比較器。（1/2）

```
42    /** Utility returns the entry at index j, or else null if j is out of bounds. */
43    private Entry<K,V> safeEntry(int j) {
44      if (j < 0 || j >= table.size( )) return null;
45      return table.get(j);
46    }
47    /** Returns the entry having the least key (or null if map is empty). */
48    public Entry<K,V> firstEntry( ) { return safeEntry(0); }
49    /** Returns the entry having the greatest key (or null if map is empty). */
50    public Entry<K,V> lastEntry( ) { return safeEntry(table.size( )−1); }
51    /** Returns the entry with least key greater than or equal to given key (if any). */
52    public Entry<K,V> ceilingEntry(K key) {
53      return safeEntry(findIndex(key));
54    }
55    /** Returns the entry with greatest key less than or equal to given key (if any). */
56    public Entry<K,V> floorEntry(K key) {
```

```
57        int j = findIndex(key);
58        if (j == size( ) || ! key.equals(table.get(j).getKey( )))
59          j--; // look one earlier (unless we had found a perfect match)
60        return safeEntry(j);
61      }
62      /** Returns the entry with greatest key strictly less than given key (if any). */
63      public Entry<K,V> lowerEntry(K key) {
64        return safeEntry(findIndex(key) – 1);              // go strictly before the ceiling entry
65      }
66      public Entry<K,V> higherEntry(K key) {
67      /** Returns the entry with least key strictly greater than given key (if any). */
68        int j = findIndex(key);
69        if (j < size( ) && key.equals(table.get(j).getKey( )))
70          j++; // go past exact match
71        return safeEntry(j);
72      }
73      // support for snapshot iterators for entrySet() and subMap() follow
74      private Iterable<Entry<K,V>> snapshot(int startIndex, K stop) {
75        ArrayList<Entry<K,V>> buffer = new ArrayList<>( );
76        int j = startIndex;
77        while (j < table.size( ) && (stop == null || compare(stop, table.get(j)) > 0))
78          buffer.add(table.get(j++));
79        return buffer;
80      }
81      public Iterable<Entry<K,V>> entrySet( ) { return snapshot(0, null); }
82      public Iterable<Entry<K,V>> subMap(K fromKey, K toKey) {
83        return snapshot(findIndex(fromKey), toKey);
84      }
85    }
```

程式 10.12：SortedTableMap 類別的實作。（2/2）

◉ 分析（Analysis）

透過分析 SortedTableMap 類別的實作性能來做出結論。排序 map ADT 的所有方法（包括傳統 map 操作）的執行時間，摘錄在表 10.3 中。應該很清楚 size、firstEntry 和 lastEntry 方法在 $O(1)$ 時間執行，並且在表任何一個方向上對鍵值迭代，可以在 $O(n)$ 時間內執行。

　　對各種形式搜尋的分析都取決於在具有 n 個項目表上進行二元搜尋，在 $O(\log n)$ 時間內執行的事實。這部份在 5.2 節中的定理 5.2 證實過，這個分析顯然適用於我們 findIndex 方法。因此，我們聲稱於方法 get、ceilingEntry、floorEntry、owerEntry 和 higherEntry 最差的執行時間為 $O(\log n)$。這些方法中的每一個都要呼叫一次 findIndex，後面根據索引再進行幾個步驟確定適當答案。分析 subMap 有些有趣的地方。它以二元搜尋開始尋找第一個範圍內的項目（如果有的話）。之後，它執行一個需要 $O(1)$ 時間的循環迭代，以收集後續值，直到達到範圍結束。如果有是在該範圍內報告有 s 個項目，則總執行時間為 $O(s + \log n)$。

　　與有效的搜尋操作相反，為排序表作更新操作可能需要相當長的時間。雖然二元搜尋可以幫助識別更新發生的索引，插入和移除在最壞的情況下都需線性時間來移動元素，以便維護排序表的順序。特別是，put 方法內部會呼叫 table.add，remove 方法內部會呼叫 table.remove，最壞的情況下會導致 $O(n)$ 執行時間（見第 7.2 節中對 ArrayList 類別相關操作的討論。）

　　總之，排序表主要用在以搜尋爲主但較少更新的應用。

方法	執行時間
size	$O(1)$
get	$O(\log n)$
put	$O(n)$; $O(\log n)$ if map has entry with given key
remove	$O(n)$
firstEntry, lastEntry	$O(1)$
ceilingEntry, floorEntry, lowerEntry, higherEntry	$O(\log n)$
subMap	$O(s + \log n)$ where s items are reported
entrySet, keySet, values	$O(n)$

表 10.3：以 SortedTableMap 實作排序 map 的性能。n 代表執行操作時 map 中的項目數。空間要求是 $O(n)$。

10.3.2　排序 map 的應用（Applications of Sorted Maps）

在本節中，我們將探討使用排序 map 的應用程式所具有的特殊優勢，而不是傳統（未排序）的 map。應用排序 map，鍵值必須完全排序。此外，要採用排序 map 提供的不精確或範圍搜尋優點，應該要有一些理由說明，爲什麼要找鍵值附近的索引。

◉ 飛行資料庫（Flight Databases）

互聯網上有幾個允許用戶執行查詢航班資料庫的網站，可用來查找各個城市之間的航班，以便於購買機票。要進行查詢，用戶可指定起點、目的地城市、起飛日期和起飛時間。爲了支持這些查詢，我們將航班資料庫建模爲 map，其中鍵值是物件 Flight，包含與這四個參數對應的欄位。也就是說，一個鍵值是多元組

$$k = （起點，目的地，日期，時間）。$$

有關航班的其他信息，如航班編號，座位數仍然可以在 first(F) 和 coach(Y) 類別取得，飛行時間和票價，可以儲存在值物件（value object）中。

　　找到所需的航班不僅僅只是發出查詢，找到一個和問題完全匹配答案。儘管用戶通常希望能找到出發城市和目的地城市完全匹配的航班資訊，但出發日期未定，出發時間也未定，這部份在查詢時肯定會有一些靈活性。我們可以透過按字典順序排列鍵值來處理這樣的查詢。然後，一個有效率的排序 map 實作，將是滿足用戶查詢的好方法。例如，給定用戶查詢鍵值 k，我們可以呼叫 ceilingEntry(k) 來取得所需城市之間的第一航班，該航班的出發日期和時間匹配與查詢給予的鍵值相匹配。更好的是，使用良好的鍵值，我們可以使用

subMap(k_1, k_2) 查找給定範圍內的所有航班。例如，如果 k1 = (ORD, PVD, 05May, 09:30)，k2 =（ORD, PVD, 05May, 20:00），呼叫 subMap(k_1, k_2) 可產生以下的航班資訊：

> (ORD, PVD, 05May, 09:53)：(AA 1840, F5, Y15, 02:05, ¥251),
> (ORD, PVD, 05May, 13:29)：(AA 600, F2, Y0, 02:16, ¥713),
> (ORD, PVD, 05May, 17:39)：(AA 416, F3, Y9, 02:09, ¥365),
> (ORD, PVD, 05May, 19:50)：(AA 1828, F9, Y25, 02:13, ¥186)

10.4　跳躍串列（Skip Lists）

在 10.3.1 節中，我們看到一個排序的表，若使用二元搜尋演算法，則可在 $O(\log n)$ 時間執行搜尋。不幸的是，排序表上的更新操作由於需要移動元素，最差執行時間爲 $O(n)$。在第七章我們展示了鏈結串列能支持非常有效率的更新操作，因爲串列中的位置能被識別。但是我們不能快速對標準鏈結串列執行搜尋；例如，二元搜尋演算法需要一種以索引直接存取序列元素的有效手段。

有效實作排序 map ADT 的有趣資料結構是**跳躍串列**（*skip list*）。跳躍串列提供了一個聰明的妥協，可以有效地支持搜尋和更新操作；跳躍串列在 Java 中以 java.util.ConcurrentSkipListMap 類別實作。map M 的跳躍串列 S 由一系列串列 $\{S_0, S_1,...,S_h\}$ 組成。每個串列 S_i 儲存 M 項目的子集合，並以鍵值遞增排序，加上兩個哨兵（sentinel）項目，鍵值爲 $-\infty$ 和 $+\infty$，其中 $-\infty$ 小於一切可能可以插入 M 的鍵值，$+\infty$ 大一切可能可以插入 M 的鍵值。另外，S 中的串列滿足以下條件：

- 串列 S_0 包含 map M 的每個項目（加上哨兵 $-\infty$ 和 $+\infty$）。
- 對於 $i = 1,..., h - 1$，串列 S_i 隨機地包含串列 S_{i-1} 中項目的子集合（除了 $-\infty$ 和 $+\infty$）。
- 串列 S_h 只包含 $-\infty$ 和 $+\infty$。

跳躍串列的範例如圖 10.9 所示。跳躍串列 S 的底部是串列 S_0，往上依序是串列 $S_1,...,S_h$。h 是跳躍串列 S 的高度。

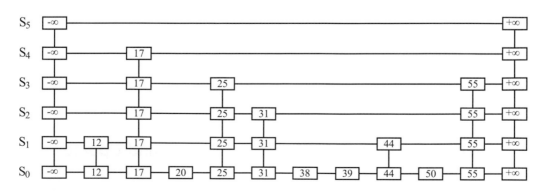

圖 10.9：儲存 10 個項目的跳躍串列範例。爲了簡單起見，我們只顯示項目的鍵值，而不是其關聯值。

　　直觀地，串列被設置為使得 S_{i+1} 大略包含 S_i 的一些項目。但是，從一個串列到下一個串列的項目數量的減半，不是跳躍串列的強制屬性；通常使用隨機化。如我們將在插入方法的細節中看到，S_{i+1} 中的項目是從 S_i 中的項目隨機選取，S_i 中的每個項目也在 S_{i+1} 中的機率是 1 / 2。也就是說，本質上，"S_i" 中項目的選取的機率就像 "丟硬幣"，如果硬幣出現正面（人像）則將該項目置於 S_{i+1} 中。因此，我們預期 S_1 有大約有 n / 2 個項目，S_2 有大約 n / 4 個項目，一般來說，S_i 有約 n / 2_i 個項目。因此，我們預計 S 的高度 h 將是 log$n$。

　　現代計算機中大多有產生隨機數值的功能，因為它們廣泛用於電腦遊戲、密碼學和計算機模擬。一些函數稱做**虛擬隨機數值產生器**（*pseudorandom number generators*），產生這樣的數字，從初始種子開始。（見第 3.1.3 節中的 java.util.Random 類別的討論）。也有些計算機使用硬體設備自然產生 " 真實 " 隨機數。無論如何，我們將假設計算機可以存取足夠隨機的數值進行分析。

　　在資料結構和演算法設計中，使用隨機化的優點是讓結構和方法可以簡單有效率。跳躍串列具有與二元搜尋演算法類似以對數時間作範圍，但在改進了執行插入和更新的執行效能。跳躍串列的臨界效能式可預期序的，而二元搜尋的的臨界效能法生在最壞情況。

　　跳躍串列以隨機選擇安排其結構，使得進行搜尋和更新時間平均為 $O(\log n)$，其中 n 為 map 中項目數量。有趣的是，這裡使用的平均時間複雜度的概念不是取決於輸入中鍵值的機率分佈。而是取決於執行插入時使用隨機數值產生器來幫助找到新項目插入的位置。執行時間是在插入項目時將所有可能產生的隨機數值執行時間取平均值而得。

　　與串列和樹的位置抽象一樣，我們把跳躍串列看成是一個二維位置集合，水平部分安排成「水平層級」（*levels*），垂直部分安排成「塔」（*towers*）。每個水平層級是一個串列 S_i，每個塔包含位置將相同項目儲存在連續的串列中。跳躍串列中的位置可以是使用以下操作來遍訪：

> next(*p*)：返回同一水平層級上 *p* 後面的位置。
>
> prev(*p*)：返回同一水平層級上 *p* 之前的位置。
>
> above(*p*): 返回同一塔中 *p* 上方的位置。
>
> below(*p*): 返回同一塔內 *p* 下方的位置。

　　假設若這些操作結果的位置不存在會返回 null。先不討論細節，我們注意到可以透過鏈結結構來輕鬆實作跳躍串列，只要給定一個跳躍串列位置 *p*，各個鏈結串列遍訪方法的執行時間為 $O(1)$。這種鏈結結構基本上是由 h 個雙向鏈結串列以塔的方式安排，塔也是雙向鏈接串列。

10.4.1 跳躍串列中的搜尋和更新操作（Search and Update Operations in a Skip List）

跳躍串列結構提供簡單的 map 搜尋和更新演算法。事實上，所有的跳躍串列的搜尋和更新演算法均使用優雅的 SkipSearch 方法，先取得鍵值 k，然後找到串列 S_0 中的項目位置 p，p 的鍵值為小於或等於 k（可能為 $-\infty$）的最大鍵值。

◉ **搜尋跳躍串列**（Searching in a Skip List）

假設我們想搜尋鍵值 k。SkipSearch 方法首先設定一個位置 p，p 位在跳躍串列 S 中最上面的最左邊的位置，p 稱作 S 的**開始位置**（*start position*）。也就是說，開始位置位在 S_h 水平層中鍵值為 $-\infty$ 的位置。然後我們執行以下步驟（見圖 10.10），其中鍵 (p) 表示位置 p 處項目的鍵值：

1. 如果 $S.below(p)$ 為 null，則搜尋結束，代表我們已在**底部**，且已在 S 中定位到一個項目，該項目的鍵值為小於或等於搜尋鍵值 k 的最大鍵值。如果不是的話，我們通過設置 $p = S.below(p)$ 下降到現在塔的下一個較低的水平層。

2. 從位置 p 開始，我們向前（右）移動 p，直到它位於當前水平層最右邊的位置，其中 $key(p) \le k$。我們稱此為**前進掃描**（*scan forward*）步驟。注意，這樣的位置總是存在的，因為每個水平層都包含鍵值 $+\infty$ 和 $-\infty$。這可能是我們在這個水平層執行前進掃描後，p 保留在它開始的地方。

3. 返回步驟 1。

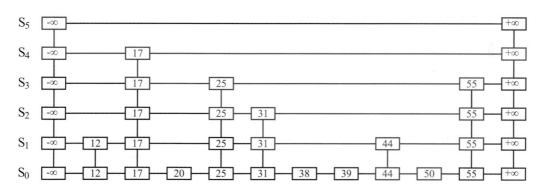

圖 10.10：跳躍串列中執行搜尋的範例。搜尋鍵值 50，搜尋中經過的位置以粗框顯示。

　　我們為跳躍串列搜尋演算法設計一個虛擬程式碼，SkipSearch，程式碼在程式 10.13 中。有了這種方法，我們執行 map 操作 get(k)，經由計算 p = SkipSearch(k) 並測試 key(p) = k 是否成立。如果兩個鍵值相等，則返回相對應的值，否則返回 null。

Algorithm SkipSearch(k):

　Input: A search key k

　Output: Position p in the bottom list S_0 with the largest key having key(p) $\le k$

　$p = s$ 　　　　　　　　　　　　　　　　　　　　　　　　　{begin at start position}

　while below(p) 6= null **do**

　　p = below(p) 　　　　　　　　　　　　　　　　　　　　　　{drop down}

　　while $k \ge$ key(next(p)) **do**

　　　p = next(p) 　　　　　　　　　　　　　　　　　　　　　{scan forward}

　return p

程式 10.13：在跳躍串列 S 中搜尋鍵值 k 的演算法。變數 s 持有 S 的起始位置。

事實證明，跳躍串列中的演算法 SkipSearch，預期執行時間是 $O(\log n)$，其中 n 是項目數。我們暫時不對此作證明，直到在跳躍串列討論實作更新方法後。由 SkipSearch(k) 識別的位置開始導航，可以很容易地在排序的 map ADT 中提供其他形式的搜尋（例如：ceilingEntry、subMap）。

◉ **跳躍串列中的插入**（Insertion in a Skip List）

要對 map 執行操作 put(k, v) 必須從呼叫 SkipSearch(k) 開始。SkipSearch 方法會給我們底層項目的位置 p，其中 p 的鍵值為小於或等於 k 的最大鍵值（注意，p 可以是鍵值 $-\infty$ 的特殊項目）。如果 key(p) = k，相關的值被 v 覆蓋，否則我們需要為項目 (k, v) 建立一個新的塔。我們在 S_0 中 p 之後的位置立即插入 (k, v)。將新項目插入底層後，我們使用隨機化來為新項目決定塔的高度。以 " 丟硬幣 " 的方式實行隨機化，如果非正面（無頭像），高度就停在此水平層，如果是正面（有頭像），我們進行到下一個水平層，並在該層適當的位置插入 (k, v)。我們再 " 丟硬幣 "；如果出現正面，進行到更高的層次，重複此動作。因此，我們繼續在串列中插入新項目 (k, v)，直到丟出反面。將所有新項目 (k, v) 鏈結起來以建立此項目的塔。可以使用 Java 的內置的虛擬隨機數產生器 java.util.Random 來模擬 " 丟硬幣 "，呼叫 nextBoolean( ) 方法，它返回 true 或 false 的機率是 1/2。

Algorithm SkipInsert(k, v):

  Input: Key k and value v

  Output: Topmost position of the entry inserted in the skip list

  p = SkipSearch(k)   {position in bottom list with largest key less than k}

  q = null   {current node of new entry's tower}

  i = -1 {current height of new entry's tower}

  repeat

    i = i +1   {increase height of new entry's tower}

    if $i \geq h$ **then**

      h = h +1   {add a new level to the skip list}

      t = next(s)

      s = insertAfterAbove(null, s, ($-\infty$,null))   {grow leftmost tower}

      insertAfterAbove(s, t, ($+\infty$,null))   {grow rightmost tower}

    q = insertAfterAbove(p, q, (k,v))   {add node to new entry's tower}

    while above(p) == null **do**

      p = prev(p)   {scan backward}

    p = above(p)   {jump up to higher level}

  until coinFlip( ) == tails

  n = n + 1

  return q {top node of new entry's tower}

程式 10.14：將項目 (k, v) 插入到跳躍串列，假設跳躍串列沒有鍵值 k 的項目。方法 coinFlip( ) 返回 " 頭 "(heads)或 " 尾 "(tails)，每個出現的機率為 1/2。實例變數 n、h 和 s 分別保存跳躍串列的項目數，高度和起始節點。

在程式 10.14 中定義跳躍串列 S 的插入演算法，並在圖 10.11 顯示插入程序。該演算法使用 insertAfterAbove(p, q, (k, v)) 方法，在位置 p 之後，位置 q 之上插入項目 (k, v)（和 p 在同一水平層），返回新位置 r（並設置內部參考，以便 next、prev、above 和 below 方法在位置 p、q 和 r 可正常工作）。在具有 n 個項目的跳躍串列中執行插入演算法，預期的執行時間為 $O(\log n)$，如第 10.4.2 節所示。

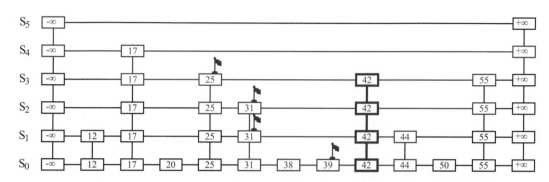

圖 10.11：使用方法 SkipInsert（程式 10.14），將帶有鍵值 42 的項目插入到圖 10.9 的跳躍串列中。假設隨機 " 丟硬幣 "，連續三次出現正面，接著是一次反面。走訪過的位置以綠色顯示。新項目的塔的位置（變數 q）以粗線顯示，各水平層找到的位置（變數 p）以旗標註記。

◉ **移除跳躍串列**（Removal in a Skip List）

像搜尋和插入演算法一樣，移除跳躍串列項目的演算法非常簡單。實際上，它比插入演算法更容易。執行 map 操作 remove(k)，要先執行 StartSearch(k) 方法。如果 StartSearch(k) 返回的位置 p 所儲存項目，其鍵值不同於 k，則 remove(k) 方法須返回 null。否則，我們移除 p 和 p 上面的所有位置，這部份很容易執行，只要呼叫 above 方法，就可找到 p 在這個項目塔上方的項目位置，執行移除動作。在移除塔的各水平層的同時，我們重新建立移除項目水平鄰居間的鏈結。移除演算法以圖示呈現在圖 10.12 中，詳細說明則留給習題（R-10.22）。下一小節中顯示，在具有 n 個項目的跳躍串列中執行移除操作，預計需要的時間是 $O(\log n)$。

然而，在給出這一分析之前，跳躍串列資料結構還有一些地方需要做改進。首先，在跳躍串列底層上的各水平層，不必儲存項目值參考。因為這些演算法對這些水平層用到的只有鍵值。其實我們可以更有效率地以一個物件來實作一個塔，物件只要儲存「鍵 - 值」數對，並且如果塔到達 S_j，則維護一個 j 的前一個參考和 j 的下一個參考。第二，對於水平軸，可以保持單向鏈結串列型態，僅儲存下一個項目參考即可。我們可以嚴格地以自上而下向前掃描的方式，執行插入和和移除。此最佳化的細節留給習題 C-10.47。這些最佳化措施對跳躍串列漸近性能的改善，不會超過一個常數因素。然而，些微的改進，在實行中是有意義的。事實上，實驗證據表明，最佳化的跳躍串列，在實行實時比 AVL 樹和其他平衡搜尋樹有更快的效能，這部份會再在第 11 章中討論。

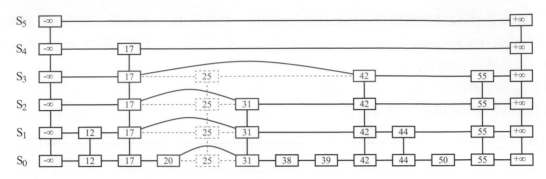

圖 10.12：從圖 10.11 的跳躍串列中移除帶有鍵值 25 的項目。在搜尋完 S_0 的位置之後，與移除項目有鏈結的項目以綠色顯示。移除的位置用虛線表示。

◉ **維持最高水平層級**（Maintaining the Topmost Level）

跳躍串列 S 必須以實例變數儲存起始位置（在 S 中最左上邊的位置），並且必須對任何插入的新元素有個能讓塔持續增長到 S 頂端的策略。有兩個可行的行動方案，兩者各有其優點。

一種可能性是限制最高層級數 h，維持在某固定值並做為 n 的函數，其中 n 是當前在 map 中的項目數量（從我們分析我們會看到 $h = \max \{10, 2[\log n]\}$ 是一個合理的選擇，若選擇 $h = 3[\log n]$ 會更安全）。實作這個選擇意味著我們必須修改插入演算法，一旦達到最高水平層級，就停止插入新位置（除非 $[\log n] < [\log(n + 1)]$，在這種情況下，我們可以至少再多一水平層級，因為高度上的限制正在增加）。

另一種可能性是讓物件的插入依隨機數產生器而定，出現正面值則持續讓塔生長，直到出現反面值。這就是程式 10.14 的演算法 SkipInsert 所採用的方法。根據我們對跳躍串列所作的分析，持續插入使水平層級超過 $O(\log n)$ 的機率非常低，所以這種設計選擇也應該起作用。

任何一種選擇仍然會導致預期的在 $O(\log n)$ 時間進行搜尋、插入和移除，將在下一節中證實。

10.4.2 跳躍串列的機率分析 *（Probabilistic Analysis of Skip Lists）

如上所示，跳躍串列為排序 map 提供了一個的簡單實作。然而，在最壞情況下，跳躍串列並不是一個優秀的資料結構。事實上，如果我們不正式阻止持續插入遠超過目前的最高水平層級，那麼插入演算法就可能進入幾乎無限循環（實際上並不是無限循環，因為對一個公平的硬幣投擲程序，重複出現正面的機率是 0）。此外，我們也無法無限制地放任將位置添加到串列中，記憶體容量總是有限的。無論如何，如果我們終止在最高水平層級 h 執行插入，然後在具有 n 個項目和高度 h 的跳躍串列 S 執行 get、put 和 remove 等 map 操作，最壞情況下的執行時間是 $O(n + h)$。最壞的情況發生在每個塔的項目都達到 $h - 1$ 水平層級時，其中 h 是 S 的高度。當然，這個情況發生的機率非常低。從此最糟糕的情況來做判斷，我們可能會得出結論，跳躍串列結構嚴格低於本章前面討論的其他 map 的實作。但這分析並不公平，過於高估最壞情況發生的機率。

註解：使用星號 (*) 來表示本節內容的深度，較本章其餘部分為深，初學的讀者可跳過本節內容。

◉ **限制跳躍串列的高度**（Bounding the Height of a Skip List）

因為插入步驟涉及隨機化，要更準確地分析跳躍串列會用到機率運算。起初，這似乎是一項重大的任務，一個完整和徹底的機率分析可能需要高深數學（事實上，在資料結構領域中已有幾篇這類深入分析研究的文獻）。幸運的是，要理解跳躍串列的預期漸近行為，不必用到高層次的數學分析。下面所使用的非正式和直觀的機率分析，僅使用到機率理論的基本概念。

我們首先確定有 n 個項目的跳躍串列 S，高度 h 的期望值為何（假設我們不人為提早終止插入）。給定項目，其塔的高度到達 i ($i \geq 1$) 的機率等於隨機投擲硬幣連續出先 i 個正面的機率，也就是說，這個機率是 $1 / 2^i$。因此，水平層級 i 至少有一個位置的機率 P_i 最多是

$$P_i \leq \frac{n}{2^i}$$

因為 n 個不同事件中任何一個事件發生的機率最多不超過發生機率的總和。

S 的高度 h 大於 i 的機率，等於水平層級 i 至少有一個位置的機率，也就是說，這個機率值不會超過 P_i。這意味著 h 大於 $3\log n$ 的機率最大為

$$
\begin{aligned}
P_{3\log n} &\leq \frac{n}{2^{3\log n}} \\
&= \frac{n}{n^3} = \frac{1}{n^2}.
\end{aligned}
$$

例如，如果 $n = 1000$，命中的機率是百萬分之。更多一般情況下，給定一個常數 $c > 1$，h 大於 $c\log n$ 的機率最大為 $1 / n^{c-1}$。也就是說，h 小於 $c\log n$ 的機率至少為 $1 - (1 / n^{c-1})$。因此，S 的高度 h 為 $O(\log n)$ 的機率非常高。

◉ **分析跳躍串列中的搜尋時間**（Analyzing Search Time in a Skip List）

接下來，考慮在跳躍串列 S 中進行搜尋的執行時間，並記住這樣一個搜尋涉及兩個巢狀 **while** 循環。內循環在 S 的水平層級進行向前掃描，只要下一個鍵值不大於搜尋鍵值 k 就持續掃描。外部迴圈則逐次下降水平層級，讓內迴圈重複向前迭代掃描。由於前述 S 的高度 h 是 $O(\log n)$ 的機率很高，所以，下降步驟的數量是 $O(\log n)$ 的機率很高。

我們還沒有約束在水平層級做向前掃描步驟的數量。令 n_i 代表在第 i 水平層級向前掃描時檢查的鍵值數量。觀察，在起始位置之後的鍵值，水平層級 i 中每個向前掃描的鍵值不能屬於第 $i + 1$ 水平層級。如果這些鍵中的任何一個都在上面水平層級，我們將在之前的向前掃描步驟遇到這些值。從而，在任何鍵值在 n_i 中計數的機率是 1/2。因此，n_i 的期望值等於投擲一個公平的硬幣出現正面前需投擲的次數。所以預期在任何水平層級上花費的掃描時間都是 $O(1)$。由於 S 有 $O(\log n)$ 個水平層級的機率很高，在 S 中執行搜尋取預期時間 $O(\log n)$。通過類別似的分析，我們可以顯示插入或移除的預期執行時間也是 $O(\log n)$。

◉ **跳躍串列中的空間使用**（Space Usage in a Skip List）

最後，我們來看一下具有 n 個項目的跳躍串列 S 的空間需求。和我們在上面觀察到的一樣，水平層級 i 級位置數量的期望值是 $n / 2^i$，這意味著預期 S 中的總位置數是

$$\sum_{i=0}^{h} \frac{n}{2^i} = n \sum_{i=0}^{h} \frac{1}{2^i}$$

使用定理 4.5 對幾何求和，可得

$$\sum_{i=0}^{h} \frac{1}{2^i} = \frac{\left(\frac{1}{2}\right)^{h+1} - 1}{\frac{1}{2} - 1} = 2 \cdot \left(1 - \frac{1}{2^{h+1}}\right) < 2 \quad \text{for all } h \geq 0.$$

因此，S 的預期空間要求爲 $O(n)$。

表 10.4 總結了由跳躍串列實作的排序 map 的性能。

方法	執行時間
size, isEmpty	$O(1)$
get	$O(\log n)$ expected
put	$O(\log n)$ expected
remove	$O(\log n)$ expected
firstEntry, lastEntry	$O(1)$
ceilingEntry, floorEntry lowerEntry, higherEntry	$O(\log n)$ expected
subMap	$O(s + \log n)$ expected, with s entries reported
entrySet, keySet, values	$O(n)$

表 10.4：使用跳躍串列實作排序 map 的性能。其中 n 是執行操作時 map 項目的數量。預期的空間要求是 $O(n)$。

10.5 Sets、Multisets、和 Multimaps

我們通過檢視幾個與 map ADT 密切相關的幾個抽象類別來總結本章內容，實作 map 資料結構也可用來實作這些些抽象類別。

- *set*（集合）：set 是一組無序元素的群集，不允許出現重複元素，支持有效的成員測試。實質上，set 的元素像是 map 中的鍵值，但沒有任何輔助值。
- *multiset*（多重集）：multiset 也稱爲 *bag*（包），類似於 set 容器，但允許重複值出現。
- *multimap*（多重 map）：與傳統 map 類似，將鍵值與值相關聯，然而 multimap 中，相同的鍵值可以對應到多個值。例如，本書的索引，將給定的術語對應到出現在本書的頁面。

10.5.1　Set ADT（The Set ADT）

Java Collections 架構定義了 java.util.Set 介面，其中包括以下基本方法：

add(e)：將元素 e 添加到 S（如果 e 尚未存在）。

remove(e)：從 S 中移除元素 e（如果 e 存在）。

contains(e)：返回 e 是否是 S 的元素。

iterator( )：返回 S 元素的迭代器。

　　java.util.Set 介面還支持傳統的數學集合操作，對兩個集合 S 和 T 執行聯集、交集和減集：

$$S \cup T = \{e : e \text{ 在 } S \text{ 中或 } e \text{ 在 } T \text{ 中} \}，$$
$$S \cap T = \{e : e \text{ 在 } S \text{ 中也在 } T \text{ 中} \}，$$
$$S - T = \{e : e \text{ 在 } S \text{ 中，} e \text{ 不在 } T \text{ 中} \}。$$

java.util.Set 介面透過以下操作提供這些方法，如果在集合 S 上執行：

addAll(T)：更新 S，讓 S 包含集合 T 的所有元素，等同於用 $S \cup T$ 替換 S。

retainAll(T)：更新 S，只保留那些也在 T 中的元素，等同於用 $S \cap T$ 替換 S。

removeAll(T)：更新 S，移除那些也在 T 中的元素，等同於用 $S-T$ 替換 S。

　　樣板方法模式（*template method pattern*）可用更基本的方法如 add、remove、contains 和 iterator 來實作方法 addAll、retainAll 和 removeAll。實際上，java.util.AbstractSet 類別提供了這樣的實作。為了示範此項技術，我們可以下列方式實作 set 類別的 addAll 方法：

```java
public void addAll(Set<E> other) {
    for (E element : other)        // rely on iterator( ) method of other
        add(element);              // duplicates will be ignored by add
}
```

removeAll 和 retainAll 方法可以用類似的技術實作，實行 retainAll 時需要多加注意，以避免迭代移除同一 set 元素（習題 C-10.50）。具體實作這些方法的效率將取決於他們所使用的基本方法。

◉Sorted Sets（排序集）

對於標準的 set 抽象類別，沒有明確定義鍵值的順序概念；所有這些都假設有個 equals 方法可以檢測元素的等值性。

　　然而，如果元素來自一個 Comparable 類別（或提供一個合適的比較器物件），我們可以擴展 set 的概念來定義 **Sorted Sets ADT**，包括以下附加方法：

first( )：返回 S 中的最小元素。

last( )：返回 S 中最大的元素。

ceiling(e)：返回大於或等於 e 的最小元素。

floor(e)：返回小於或等於 e 的最大元素。

lower(e)：返回嚴格小於 e 的最大元素。

higher(e)：返回嚴格大於 e 的最小元素。

SubSet($e1$, $e2$)：返回嚴格大於 e_1 但嚴格小於 e_2 之間所有元素的迭代。

pollFirst( )：返回並移除 S 中的最小元素。

pollLast( )：返回並移除 S 中的最大元素。

在 Java Collection 架構中，上述方法包含在 java.util.SortedSet 和 java.util.NavigableSet 介面中。

◉ **實作 set（Implementing Sets）**

雖然 set 是與 map 是完全不同的抽象類別，但實作此兩抽象所使用的技術相當類似。實際上，set 就是 map，只是這個 map 的鍵值沒有相關聯的對應值。

因此，可以用來實作 map 的任何資料結構，稍加修改就可以用來實作 set ADT，且保證具有類似的性能。調整 map 最簡單的方是把 set 的元素都以鍵值儲存，對應的值設為 null（無關緊要）值。當然，這樣的實作不必要的浪費一些空間，更有效的 set 現應該放棄使用 Entry 複合物件，直接將 set 元素儲存在資料結構中。

Java Collection 架構包括以下 set 的實作，類似的資料結構可用於 map：

● java.util.HashSet 提供雜湊表實作（無序）set ADT。

● java.util.concurrent.ConcurrentSkipListSet 提供跳躍串列實作 sortedset ADT。

● java.util.TreeSet 提供平衡搜尋樹實作 sortedset ADT。（搜尋樹是第 11 章的重點）

10.5.2　Multiset ADT

在討論多 multiset 抽象的模型之前，我們必須仔細考慮 " 重複 " 元素的概念。在整個 Java Collections 架構中，物件之間的等價性是基於 equal 方法的使用（見第 3.5 節）。例如，map 的鍵值必須是唯一的，但是唯一性的概念允許不同但具等價性的物件相匹配。這對於 map 的許多典型應用非常重要。例如，若以字元當作鍵值時，在插入項目時使用字串實體 "October"，後來在檢索存取關聯值時得到的 "October" 的實體可能和插入的實體不同。在這種情況下，呼叫 birthstones.get("October") 將會成功，因這字串實體被認為是彼此相等的。

在 multiset 的中，要呈現一個 collection $\{a,a,a,a,b,c,c\}$，我們必須決定是否需要在一個資料結構中明確地維護每個實例 a（因為每一個雖等價卻是不同實體），或只要能表現出有四個等價物件即可。實體存在或等價性存在，在任一情況下，multiset 都可藉由調整 map 來實作。我們可以使等價群組中的的一個元素值做為 map 中的鍵值，與鍵值相關聯的項目值可以是個第二容器，用來囊括其他等價元素，也可以只是等價元素出現的次數。注意我們 10.1.2 節中的單字出現頻率應用程式，就是這種 map 的應用，將字串與計數相關聯。

　　Java Collection 架構不包括任何形式的 multiset。然而，在幾個被廣泛使用的開源 Java collection 程式庫中，有提供 multiset。Apache Commons（Apache 軟體基金會的專案）定義了 Bag 和 SortedBag 介面，分別對應到未排序和排序的 multiset。Google 核心 Java 程式庫（名為 Guava），包括 Multiset 和 SortedMultiset 抽象介面。這兩個程式庫將 multiset 建模為由多重性元素組合而成的 collection，並且都使用標準資料結構提供了幾個具體的實作。在形式化抽象資料型態時，Guava 程式庫的 Multiset 介面包括以下行為（和更多）：

> add(e)：將單次出現的 e 添加到 multiset。
>
> contains(e)：如果 multiset 包含等於 e 的元素，則返回 true。
>
> count(e)：返回 multiset 中 e 出現的次數。
>
> remove(e)：從 multiset 中移除單個 e。
>
> Remove(e, n)：從 multiset 中移除出 n 個 e。
>
> size( )：返回 multiset 中的元素個數（包括重複元素）。
>
> iterator( )：返回 multiset 中所有元素的迭代（重複這些多重性大於 1 的元素）。

　　multiset ADT 還包括不可變項目的概念，代表一個元素和它的計數，而 SortedMultiset 介面包括額外的方法如 firstEntry 和 lastEntry。

10.5.3　Multimap ADT

像 map 一樣，multimap 儲存的是鍵 - 值（key-value）對 (k, v) 項目，其中 k 是鍵值，v 是對應的值。map 項目具有唯一的鍵值，而 multimap 允許多個項目具有相同的鍵值，很像英語字典，它允許同一個單字有多個意義。也就是允許 multiset 包含具有相同鍵值的項目，如 (k, v) 和 (k, v')。

　　有兩種標準的方法可用傳統的 map 變體來表示 multimap。一個是重新設計底層資料結構，以儲存諸如 (k, v) 和 (k, v') 的數對項目。另一個是將鍵值 k 對應到與該鍵值相關聯的次要容器內的所有值（例如，$\{v, v'\}$）。

　　就和 multiset 缺少正式的抽象介面一樣，Java Collection 架構不提供也沒有實作 multimap 介面。接著我們會說明，透過調整 java.util 其他 collection 類別的方式來呈現一個 multimap 類別。

　　為了形式化 multimap 抽象資料型態，我們考慮一個包含在 Google Guava 程式庫中簡化版本的 Multimap 介面。其中的方法如下：

get(*k*)：返回與鍵值字 *k* 相關聯的所有值的集合 multimap。

put(*k, v*)：在 multimap 添加一個新項目，鍵值為 *k* 對應值為 *v*，而不覆蓋現有任何鍵值 *k* 的對應值。

remove(*k, v*)：將鍵值為 *k* 對應值為 v 的項目從 multimap 中移除（如果存在）。

removeAll(*k*)：從 multimap 中將所有鍵值等於 *k* 的項目移除。

size( )：返回 multiset 的項目數（包括多個關聯）。

entries( )：返回 multimap 中所有項目的 collection。

keys( )：返回 multimap 中所有項目的鍵值的 collection（包括具有多個繫結的重複鍵值值）。

keySet( )：返回 multimap 中非重複鍵值的 collection。

values( )：返回 multimap 中所有項目值的 collection。

在程式 10.15 和 10.16 中，提供了 HashMultimap 類別的實作，使用 java.util.HashMap 將每個鍵值對應到第二容器 ArrayList 中，ArrayList 儲存所有與鍵值相關聯的值。為了簡潔起見，我們省略了 Multimap 介面的形式定義，並提供 entries( ) 方法做為唯一的迭代形式。

```java
1    public class HashMultimap<K,V> {
2      Map<K,List<V>> map = new HashMap<>( );         // the primary map
3      int total = 0;                                 // total number of entries in the multimap
4      /** Constructs an empty multimap. */
5      public HashMultimap( ) { }
6      /** Returns the total number of entries in the multimap. */
7      public int size( ) { return total; }
8      /** Returns whether the multimap is empty. */
9      public boolean isEmpty( ) { return (total == 0); }
10     /** Returns a (possibly empty) iteration of all values associated with the key. */
11     Iterable<V> get(K key) {
12       List<V> secondary = map.get(key);
13       if (secondary != null)
14         return secondary;
15       return new ArrayList<>( );                    // return an empty list of values
16     }
```

程式 10.15：調整 java.util 套件中的類別來實作 multimap。（1/2）

```java
17     /** Adds a new entry associating key with value. */
18     void put(K key, V value) {
19       List<V> secondary = map.get(key);
20       if (secondary == null) {
21         secondary = new ArrayList<>( );
22         map.put(key, secondary);                    // begin using new list as secondary structure
23       }
24       secondary.add(value);
25       total++;
26     }
27     /** Removes the (key,value) entry, if it exists. */
```

```
28    boolean remove(K key, V value) {
29      boolean wasRemoved = false;
30      List<V> secondary = map.get(key);
31      if (secondary != null) {
32        wasRemoved = secondary.remove(value);
33        if (wasRemoved) {
34          total--;
35          if (secondary.isEmpty( ))
36            map.remove(key);                    // remove secondary structure from primary map
37        }
38      }
39      return wasRemoved;
40    }
41    /** Removes all entries with the given key. */
42    Iterable<V> removeAll(K key) {
43      List<V> secondary = map.get(key);
44      if (secondary != null) {
45        total -= secondary.size( );
46        map.remove(key);
47      } else
48        secondary = new ArrayList<>( );       // return empty list of removed values
49      return secondary;
50    }
51    /** Returns an iteration of all entries in the multimap. */
52    Iterable<Map.Entry<K,V>> entries( ) {
53      List<Map.Entry<K,V>> result = new ArrayList<>( );
54      for (Map.Entry<K,List<V>> secondary : map.entrySet( )) {
55        K key = secondary.getKey( );
56        for (V value : secondary.getValue( ))
57          result.add(new AbstractMap.SimpleEntry<K,V>(key,value));
58      }
59      return result;
60    }
61  }
```

程式 10.16：調整 java.util 套件中的類別來實作 multimap。（2/2）

10.6 習題

加強題

R-10.1 使用 7.3 節 PositionalList 類別重新實作 UnsortedTableMap 類別，不使用 ArrayList 類別。

R-10.2 在 map 中使用 null 值是有問題的，因為沒有辦法區分呼叫 get(k) 返回的 null 是否是合法項目的值 (k,null)，或是未找到鍵值 k 返回的 null 值。java.util.Map 介面有一個返回布林值方法，containsKey(k)，可解析此類型的混淆。為 UnsortedTableMap 類別實作這種方法。

R-10.3 哪些雜湊表的碰撞處理方案可以容忍負載因素超過 1，哪些不能？

R-10.4 用來識別車牌號碼好的雜湊碼爲何？車牌號碼是由數字和字元組成的字串，如 "9X9XX99X9XX999999"，其中 "9" 表示數字，"X" 表示字母？

R-10.5 繪製有 11 個項目的雜湊表，雜湊函數 $h(i) = (3i + 5) \bmod 11$，鍵值爲 12、44、13、18、82、94、11、39、20、16 和 5，假設碰撞由鏈接處理。

R-10.6 延續上一題，假設用線性探測（linear probing）處理碰撞？

R-10.7 顯示 R-10.5 的結果，假設碰撞由二次方探測進行處理，直到方法失敗爲止。

R-10.8 當雙重雜湊處理碰撞時，習題 R-10.5 的結果如何？使用的第二個雜湊函數 $h'(k) = 7-(k \bmod 7)$？

R-10.9 將 n 個項目放入空雜湊表中最糟糕的時間是多少，使用鏈接 (chaining) 解決碰撞？最好的情況是什麼？

R-10.10 將如圖 10.6 所示的雜湊表重新做雜湊運算，新的雜湊表大小爲 19，新的雜湊函數 $h(k) = 3k \bmod 17$。

R-10.11 修改第 84 頁程式 2.15 中的 Pair 類別，以便提供一個 equals( ) 和 hashCode( ) 方法的自然定義。

R-10.12 考慮實作 ChainHashMap 類別時，程式 10.8 中的第 31-33 行。我們在呼叫 bucket.remove(k) 之前和之後使用不同大小的輔助 bucket 來更新變數 n。如果我們以下列程式取而 31-33 程式，類別是否可正常運作？說明。

```
V answer = bucket.remove(k);
if (answer != null)          // value of removed entry
   n−−;                      // size has decreased
```

R-10.13 AbstractHashMap 類別保持負載因子 $\lambda \leq 0.5$。重新實作該類別，允許用戶指定最大負載，並相應調整實體子類別。

R-10.14 描述插入雜湊表的虛擬程式碼，使用二次方探測解決碰撞，假設我們也使用具有特殊性的 " 可用 " 物件項目替換移除項目的技巧

R-10.15 修改我們的 ProbeHashMap 使用二次方探測。

R-10.16 解釋爲什麼雜湊表不適合實作排序的 map。

R-10.17 最壞情況下在 SortedTableMap 實體執行 n 個移除的漸近執行時間是多少？SortedTableMap 最初包含 $2n$ 個項？

R-10.18 實作 containKey(k) 方法，SortedTableClass 見習題 R-10.2。

R-10.19 描述使用排序串列實作雙向鏈結串列的方式是如何用來實作排序 map ADT。

R-10.20 考慮以下 SortedTableMap 類別的 findIndex 方法的變體，原始程式碼在程式 10.11 中：

```
1    private int findIndex(K key, int low, int high) {
2      if (high < low) return high + 1;
3      int mid = (low + high) / 2;
4      if (compare(key, table.get(mid)) < 0)
5        return findIndex(key, low, mid − 1);
6      else
7        return findIndex(key, mid + 1, high);
8    }
```

這和原始版產生的結果是否相同？證明你的回答。

R-10.21 繪製在圖 10.12 所示的跳躍串列中執行以下一系列操作後的結果。remove(38)、put(48, *x*)、put(24, *y*)、remove(55)。需要的話,可實際投擲硬幣產生隨機位元值(並報告您產生的隨機序列)。

R-10.22 寫出跳躍串列移除 map 操作的虛擬程式碼。

R-10.23 寫出在 set ADT 中實作 removeAll 方法的虛擬程式碼,只使用 set 的其他基本方法。

R-10.24 寫出在 set ADT 中實作 retainAll 方法的虛擬程式碼,只使用 set 的其他基本方法。

R-10.25 令 *n* 表示 set *S* 的大小,*m* 表示 set *T* 的大小,執行 *S*.addAll(*T*) 方法的執行時間為何?這部份和第 10.5.1 節的實作一樣,如果兩個 set 被實做為跳躍串列,執行 *S*.addAll(*T*) 方法的執行時間為何?

R-10.26 如果我們使 *n* 表示集合 *S* 的大小,並且 *m* 表示集合 *T* 的大小,若實作的方式和 10.5.1 節一樣,兩個集合都使用跳躍串列實作,*S*.addAll(*T*) 的執行時間為何?

R-10.27 如果我們讓 *n* 表示 set *S* 的大小,並且 *m* 表示 set *T* 的大小,那麼當兩個 set 使用雜湊實作時,執行 *S*.removeAll(*T*) 的執行時間為何?

R-10.28 如果我們用 *n* 表示 set *S* 的大小,*m* 表示 set *T* 的大小,那麼當兩個 set 使用雜湊實作時,執行 *S*.retainAll(*T*) 的執行時間為何?

R-10.29 請問要使用什麼抽象結構來管理朋友的生日資料庫以支持高效率的查詢,例如 " 找到今天生日的所有朋友 " 和 " 找到下一個做生日慶祝的朋友 " ?

創新題

C-10.30 描述如何重新設計 AbstractHashMap 架構來提供 containsKey 方法,如習題 R-10.2 中所述。

C-10.31 根據前題要求,修改 ChainHashMap 類別。

C-10.32 根據 C-10.30 中的要求,修改 ProbeHashMap 類別。

C-10.33 重新設計 AbstractHashMap 類別,以便當負載係數低於 0.25 時,將表的容量減半。您的解決方案不得對 ProbeHashMap 和 ChainHashMap 具體類別做任何更改。

C-10.34 java.util.HashMap 類別使用單獨鏈結,但未明確指定使用何種輔助結構。該表是一組項目陣列,每個項目都有一個 next 欄位,用來參考 bucket 中的另一個項目。在這種實作中,項目實例可以用單向鏈結串列來實作。依據上述,重新實作 ChainHashMap 類別。

C-10.35 描述如何從使用線性探測的雜湊表中執行移除以解決碰撞,我們不使用特殊標記來標識移除的元素。也就是說,我們必須重新排列內容,看起來就像從未插入先前移除的項目。

C-10.36 二次探測策略會發生項目叢集的問題,這種現象與碰撞發生時該策略尋找空槽來使用的方式有關。也就是,當碰撞發生在 bucket $h(k)$ 的時候,將檢查 $A[(h(k) + i^2) \bmod N]$, for $i = 1,2, \ldots ,N-1$。

    a. 試證明 $i^2 \bmod N$ 最多會採用 $(N+1)/2$ 個不同的值,其中是 N 質數,而 i 的範圍是從 1 到 $N-1$。做為證明的一部份,請注意,對所有的 i, $i^2 \bmod N = (N-i)^2 \bmod$

N。

b. 較佳的策略是選擇一個質數 N，使 N 除以 4 的餘數等於 3 ，然後檢查 bucket $A[(h(k) \pm i^2) \bmod N]$，其中 i 的範圍從 1 到 $(N-1)/2$ ，交替地出現於加、減之時。試證明這個交替的版本一定會去檢查 A 中的每一個 bucket。

C-10.37 重新設計 ProbeHashMap 類別，以便輔助探測的順序可以更容易制定解決碰撞的方案。示範你的新設計，對於線性探測和二次探測使用具體的子類別來實作。

C-10.38 java.util.LinkedHashMap 類別是標準 HashMap 類別的子類別，對一些主要的 map 操作保留了預期的 $O(1)$ 效能，並保證按照先進先出（FIFO）的原則迭代輸出 map 項目。也就是說，在 map 上最長時間的鍵值先輸出（當現有鍵值變更時，該順序不受影響）。描述實作這種性能方法的演算法。

C-10.39 開發位置感知版本的 UnsortedTableMap 類別，以便可以在 $O(1)$ 時間執行 remove(e) 操作。

C-10.40 對 ProbeHashMap 類別重複上一題的要求。

C-10.41 對 ChainHashMap 類別重複習題 C-10.39 的要求。

C-10.42 假設給定兩個排序搜尋表 S 和 T，每個都有 n 個項目（S 和 T 以陣列實做）。描述一個 $O(\log^2 n)$ 時間的演算法，分別從 S 和 T 中找出第 k 個最小鍵值（假設沒有重複）的聯集。

C-10.43 承上題，執行時間改為 $O(\log n)$。

C-10.44 以另一種方式實作 SortedTableMap 類別的 entrySet 方法，建立一個**惰性迭代器**（*lazy iterator*）而不是快照（見第 7.4.2 節討論的迭代器）。

C-10.45 對 ChainHashMap 類別，重複上一個練習題。

C-10.46 為 ProbeHashMap 類別重複練習題 C-10.44。

C-10.47 證明當我們使用跳躍串列來有效率地實作字典時，above(p) 和 prev(p) 函式其實並不需要。也就是，我們可以使用嚴格的由上而下和向前掃描方式，來實作跳躍串列中項目的插入和移除，而根本不必使用 above 或 before 函式。

C-10.48 描述如何修改跳躍串列結構，以便基於索引的操作，例如在索引 j 處檢索項目，可以預期的 $O(\log n)$ 時間執行。

C-10.49 假定一個 $n \times n$ 陣列 A 中的每一列都由 1 和 0 所組成，而且 A 的任何一列中所有的 1 都出現在 0 之前。假定已經在記憶體中，描述一個在 $O(n \log n)$ 時間內（而非 $O(n^2)$）計算 A 中 1 的個數的函式。

C-10.50 具體實作 set ADT 中的 retainAll 方法，只使用 set 的其他基本方法。假設底層的 set 使用 *fail-fast iterators* 來實作（見第 7.4.2 節）。

C-10.51 考慮 set A，其元素為 $[0，N-1]$ 範圍內的整數。一般大都使用布林陣列 B 來表示這種型態的 set 。若且為若 B $[x]$ = **true**，則 x 在 A 中。由於 B 的每個儲存格可以用單個位元來表示，B 有時被稱為**位元向量**（*bit vector*）。描述和分析執行 set ADT 方法的有效演算法，假設使用上述表示法。

C-10.52 **倒置檔**（*inverted file*）又稱索引檔，是為提高檢索速度而發展出的一種重要資料結構，可用來實作書本的索引或實作一個搜尋引擎。給定一個檔案 D，可以把 D 看作是無序的，編號的單字串列，倒置檔是有序的單字串列，L，對 L 中的每個單字 w，我們將儲存 w 出現在 D 中位置索引。設計一種從 D 構建 L 的有效演算法。

C-10.53 我們的 multimap ADT 中的方法 get(k)，負責返回一個與鍵值字 k 相關聯的所有值構成的 collection。設計一個二元搜尋變體，在包含重複值的的排序搜尋表上執行此 get(k) 操作，並且表明它是在時間 $O(s + \log n)$ 中執行，其中 n 是字典中元素的數量，s 是具有鍵值 k 的項目數量。

C-10.54 描述一個有效的 multimap 結構，用於儲存 n 個項目，其中一個關聯的 r 小於 n 鍵值，鍵值來自已排序序列。也就是說，有一組小於項目數 n 的鍵值。您的結構應該在 $O(\log r + s)$ 預期時間執行 getAll 操作，其中 s 是返回的項目數。在 $O(n)$ 時間內操作 entrySet( )。multimap ADT 的其餘操作預期在 $O(\log r)$ 時間執行。

C-10.55 描述一個有效的 multimap 結構，用於儲存 n 個項目，其 $r < n$ 鍵值有不同的雜湊碼。您的結構應該在 $O(1 + s)$ 預期時間執行 getAll 操作，其中 s 是返回的項目數。在 $O(n)$ 時間內操作 entrySet( )。multimap ADT 的其餘操作預期在 $O(1)$ 時間執行。

專案題

P-10.56 一個有趣的單獨鏈結雜湊策略被稱為 ***powerof-two-choices hashing***。當中每個鍵值以兩個獨立的雜湊函數計算，並且將新插入的元素放置在選取的 bucket 中。bucket 的選取過程為：先由上述產生的兩雜湊值各自導出 bucket，再由這兩個 bucket 中選取元素較少者做為新元素的目的 bucket。請根據此策略完整實作 map。

P-10.57 實作一個 LinkedHashMap 類別，如習題 C-10.38 所述，確保 map 的主要操作能在 $O(1)$ 預期時間執行。

P-10.58 執行一個比較性分析，藉此研究各種雜湊碼應用在字元字串時的碰撞率，例如隨著參數不同所得到的各種多項式雜湊碼。使用雜湊表來判斷碰撞，但是只計算不同字串映射到相同雜湊碼的碰撞（而非它們被映射到雜湊表中相同位置）。在網際網路上找一些文字檔來測試這些雜湊碼。

P-10.59 承上題，使用 10 位數的電話號碼代替字元字串，執行比較性分析。

P-10.60 對我們的 ChainHashMap 和 ProbeHashMap 類別進行測試評估其效率，使用隨機鍵值集，並對負載因子的變化做限制（見習題 R-10.13）。

P-10.61 設計一個實作跳躍串列資料結構的 Java 類別。使用這個類別完整實作排序 map ADT。

P-10.62 擴展上一個計劃，提供一個跳躍串列的圖形動畫。以視覺顯示在插入過程中如何在跳躍串列向上移動，在移除期間如何切斷鏈結。此外，在搜尋操作中，將前進掃描和下拉操作視覺化。

P-10.63 描述如何使用跳躍串列來實作陣列型串列 ADT，這樣就可以使用基於索引的插入和移除，兩者預期都以 $O(\log n)$ 時間執行。

P-10.64 寫一個 spell-checker 類別，將一個單字的詞典儲存在集合 W 中，並實作 check(s) 方法，對 W 中的單字執行拼寫檢查。如果 s 在 W 中，則呼叫 check(s) 返回一個僅包含 s 的串列，因爲在這種情況下，它被假定爲拼寫正確。如果 s 不在 W 中，那麼呼叫 check(s) 應返一個列表，列表中的單字來自 W 中，且可能是 s 的正確的拼寫。你的程式應該能夠處理所有可能的單字拼寫錯誤，包括：（1）單字中的相鄰字元錯位（2）在兩個相鄰字母間誤插入一個字元（3）從單字中漏寫某個字母（4）將某字母誤寫爲另一個字母。另有一個挑戰，抓出語音替代錯誤。

後記

雜湊（Hashing）是一種經過深入研究的技術。有興趣進一步學習的讀者，鼓勵參考 Knuth [61] 以及 Vitter 和 Chen [95] 的書。利用雜湊表最壞情況下的的性能來實施拒絕服務攻擊是由 Crosby 和 Wallach 首先描述 [27]。後來由 Klink and Wälde 證實 [58]。OpenJDK Java 團隊採用的補救措施在 [78] 中說明。

跳躍串列是由 Pugh 引入 [82]。我們對跳躍串列的分析是由 Motwani 和 Raghavan 發表的文獻 [77] 簡化而來。對於更深入的跳躍串列分析，請參閱出現在資料結構領域的跳躍串列的各種研究論文 [56,79,80]。習題 C-10.36 由 James Lee 提出。

Chapter

11

搜尋樹結構

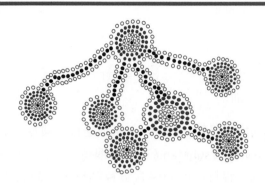

目錄

11.1 二元搜尋樹（**Binary Search Trees**）

在第 8 章中，介紹了樹狀資料結構，並展示了各式各樣的資料應用程式。其中一個重要的用途是**搜尋樹**（*search tree*）（如 8.4.3 節所述）。在本章中，使用搜尋樹結構來有效地實作排序 map。map 的三個最基本的方法（見第 10.1.1 節）：

get(k)：返回與鍵值 k 相關聯的值 v，如果這樣的資料項目存在的話；否則返回 null。

put(k, v)：將值 v 與鍵值 k 相關聯，如果 map 已經包含鍵值等於 k 的資料項目，則替換和返回任何現有的值。

remove(k)：刪除鍵值等於 k 的資料項目，如果存在的話，則返回其值；否則返回 null。

排序 map ADT 包括附加功能（見第 10.3 節），保證迭代以排序方式報告鍵值，並支持其他形式的搜尋，如 higherEntry(k) 和 subMap(k_1, k_2) 的搜尋。

二元樹是用於儲存 map 資料項目的優秀資料結構，假設我們已對鍵值定義了順序關係。在本章中，我們定義一個**二元搜尋樹**是一顆完全二元樹（見第 8.2 節），其中每個內部位置 p 儲存鍵值對 (k, v)，且具有下列性質：

- 儲存在 p 的左子樹中的鍵值小於 k。
- 儲存在 p 的右子樹中的鍵值大於 k。

圖 11.1 為一顆二元搜尋樹的範例。請注意樹的葉節點只作為 " 佔位區 "。它們僅做為哨兵節點，以簡化我們所定義的幾個搜尋和更新演算法。注意，在實作時，葉節點以 null 參考來引用，從而減少了一半節點的數量（因為在完全二元樹中葉節點比內部節點多）。

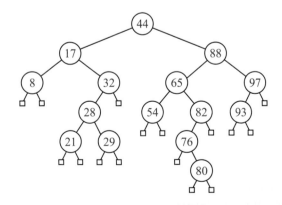

圖 11.1：具有整數鍵值的二元搜尋樹。本章不顯示關聯值，因為它們與搜尋樹的順序無關。

11.1.1　在二元搜尋樹中搜尋（Searching Within a Binary Search Tree）

二元搜尋樹的結構屬性最重要的特質是它的同名（namesake）搜尋演算法。我們可嘗試把二元搜尋樹作為一顆決策樹來找到特定鍵值（回顧圖 8.4）。在這種情況下，在每個內部位置 p 詢問的問題是所需的鍵值 k 是否少於、等於或大於儲存在位置 p 的鍵值，該鍵值以 key(p) 表示。如果答案是 " 小於 "，則搜尋繼續在左子樹進行。如果答案是 " 相等 "，則搜尋成功終止。如果答案是 " 大於 "，則搜尋繼續在右子樹進行。最後，如果我們達到葉節點，則搜尋失敗，終止搜尋程序（見圖 11.2）。

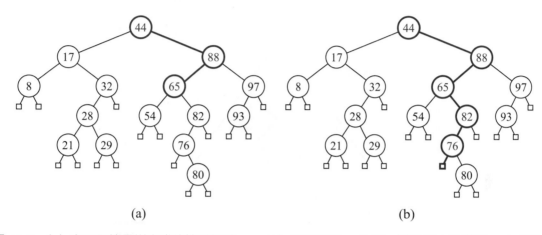

圖 11.2：（a）在二元搜尋樹中成功搜尋鍵值 65；（b）搜尋鍵值 68 失敗，搜尋終止於鍵值 76 左邊的葉節點。

　　我們在程式 11.1 中描述了這種方法。如果鍵值 k 出現在 p 的子樹，則呼叫 TreeSearch(p, k) 會回傳發現鍵值的位置。對於不成功的搜尋，TreeSearch 演算法返回搜尋路徑最後一個葉節點位置（這是稍後在搜尋樹中插入新資料項目的位置）。

Algorithm TreeSearch(p, k):

 if p is external **then**

  return p　　　　　　　　　　　　　　　　　　　　　　　{unsuccessful search}

 else if $k ==$ key(p) **then**

  return p　　　　　　　　　　　　　　　　　　　　　　　　{successful search}

 else if $k <$ key(p) **then**

  return TreeSearch(left(p), k)　　　　　　　　　　　　{recur on left subtree}

 else {we know that $k >$ key(p)}

  return TreeSearch(right(p), k)　　　　　　　　　　　{recur on right subtree}

程式 11.1：二元搜尋樹中的遞迴搜尋。

◉ **二元樹搜尋分析**（Analysis of Binary Tree Searching）

在二元搜尋樹 T 中搜尋，最差執行時間的分析很簡單。演算法 TreeSearch 是遞迴的，並對每個遞迴呼執行一個常數的基礎操作（primitive operations）。每次遞迴呼叫 TreeSearch 發生在前一個位置的子節點。也就是說，TreeSearch 的呼叫從根節點開始，沿 T 的路徑下降一個層級就呼叫一次。因此，這種位置的數量由 $h+1$ 界定，其中 h 是 T 的高度。

換句話說，由於我們在搜尋中遇到每個位置花費 $O(1)$ 時間，整個搜尋在 $O(h)$ 時間內執行，其中 h 是二元搜尋樹 T 的高度（見圖 11.3）

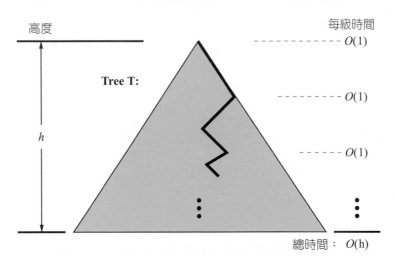

圖 11.3：說明在二元搜尋樹中搜尋的執行時間。使用二元搜尋樹標準視覺化的示意圖，大三角形呈現從根的路徑開始的之字形路徑。

在排序 map ADT 的環境中，搜尋將被用來當作實作 get、put 和 remove 方法的副程式，因這些方法首先嘗試使用給定的鍵值定位現有的資料項目。我們稍後將示範如何實作排序的 map 操作，並在執行標準搜尋之後在樹中巡訪，執行 lowerEntry 和 higherEntry。對於具有高度 h 的樹，所有這些操作，在最壞情況下以 $O(h)$ 時間執行。

誠然，T 的高度 h 有可能與資料項目數 n 一樣大，但是可預期，h 比 n 要小得多。本章稍後將展示各種策略，讓搜尋樹 T 的高度上限維持在 $O(\log n)$。

11.1.2　插入和刪除（Insertions and Deletions）

二元搜尋樹允許使用直接的演算法實作 put 和 remove 操作，雖然不是很容易。

◉ **插入**（Insertion）

映射操作 put(k, v) 開始於搜尋具有鍵值 k 的資料項目。如果找到，該資料項目的現有值被重新分配。否則，可透過將搜尋失敗到達底層的葉節點擴展爲內部節點，將新資料項目插入到樹中。二元搜尋樹的特性由此位置策略維持（請注意，它正好位於搜尋期望的位置）。讓我們假設一顆完全的二元樹支持以下更新操作：

expandExternal(p, e)： 將資料項目 e 儲存在外部位置 p，並將 p 擴展為在內部，子節點為兩個新的葉節點。

然後我們可在程式 11.2 中描述一個 TreeInsert 演算法的虛擬程式碼。圖 11.4 顯示在二元搜尋樹中執行插入的過程。

Algorithm TreeInsert(k, v):
  Input: A search key k to be associated with value v
  p = TreeSearch(root( ), k)
  if k == key(p) **then**
    Change p's value to (v)
  else
    expandExternal(p, (k,v))

程式 11.2：將鍵 - 值對插入到 map 中的演算法，map 以二元搜尋樹實作。

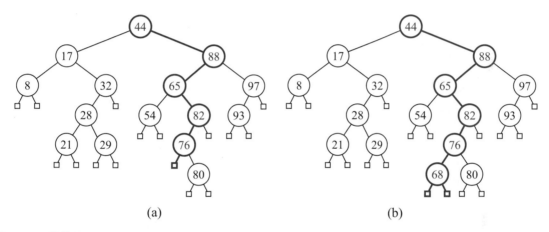

(a)   (b)

圖 11.4：將帶有鍵值 68 的資料項目插入到圖 11.2 的搜尋樹中。（a）顯示找到要插入的位置，結果顯示在（b）中。

◉ **刪除（Deletion）**

從二元搜尋樹中刪除資料項目比插入新資料項目稍微複雜一點，因為要刪除的資料項目的位置可能在樹中任何位置（插入總是在葉節點上執行）。要刪除一鍵值為 k 資料項目，我們首先得呼叫 TreeSearch(root( ), k) 來找到鍵值為 k（如果有）的儲存位置 p 的資料項目。如果搜尋返回一個外部節點，那麼就沒有要刪除的資料項目。否則，我們區分兩種情況（增加困難）：

- 如果位置 p 至少有一個子節點是內部的，則刪除位置 p 的項目很容易實作（參見圖 11.5）。令 r 為內部節點且是 p 的子節點（或任意子節點，如果兩個都是葉節點）。我們會刪除 p 和 r 的兄弟葉節點，同時將 r 向上提升到 p 的位置。我們注意到所有剩下節點的祖先 - 後代關係在操作後仍和操作前一樣留在樹上；因此，二元搜尋樹的屬性被維持下來。

- 如果位置 p 有兩個子節點，我們不能簡單地從樹中刪除節點，因為這將創造一個 " 洞 " 和兩個孤兒。就必須執行下列動作（見圖 11.6）：

  ◇ 定位具有最大鍵值項目的位置 r，鍵值嚴格小於位置 p 項目的鍵值（有序鍵值的前位項目）。那個前位項目將始終位於 p 的內部左子樹最右邊的位置。

  ◇ 使用 r 的資料項目替換被刪除的資料項目 p。因為 r 在 map 上有緊隨前面項目的鍵值，任何 p 的右子樹中的資料項目的鍵值大於 r，且 p 的左子樹資料項目的鍵值小於 r。因此，二元搜尋樹屬性在更換後滿足。

  ◇ 使用 r 的資料項目取代 p，然後刪除位置 r 的節點。幸運的是，由於 r 位於子樹中最右側的內部位置，r 沒有內部右子節點，因此可以使用第一種（和更簡單）方法將其刪除。

與搜尋和插入一樣，刪除演算法涉及到從根向下巡訪的單一路徑，可能在路經中的兩個位置之間移動一個資料項目，並從該路徑中刪除一個節點並將其子節點提升。因此，它在 $O(h)$ 時間內執行，其中 h 是樹的高度

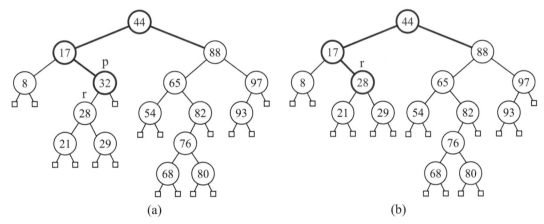

(a)　　　　　　　　　　　　　　(b)

圖 11.5：從圖 11.4b 的二元搜尋樹中執行刪除，要刪除的資料項目（鍵值 32）儲存在位置 p，r 是 p 的子節點：（a）刪除前（b）刪除後。

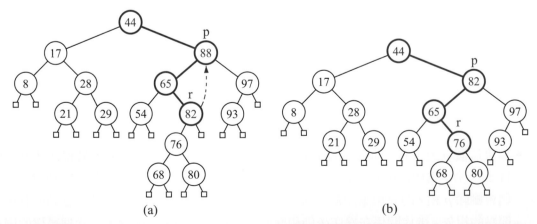

(a)　　　　　　　　　　　　　　(b)

圖 11.6：從圖 11.5b 的二元搜尋樹中執行刪除，其中要刪除的資料項目（鍵值 88）儲存在位置 p，p 有兩個子節點，並被後繼節點 r 取代：（a）刪除前（b）刪除後。

11.1.3 Java 實作（Java Implementation）

在程式 11.3 到 11.6 中，我們定義了一個 TreeMap 類別來實作排序 map ADT。 TreeMap 類別被宣告爲 AbstractSortedMap 基礎類別的子類別，從而繼承了：（1）物件比較的功能，這部份是由給定的（或預設）比較器進行比較；（2）內部 MapEntry 類別，用於儲存鍵 - 值對；（3）以及具體實作的方法 keySet 和值基於 entrySet 的方法 value。我們會提供自己的 value 方法。（有關我們整個 map 層次結構的概述，請參見圖 10.2）。

爲了表示樹狀結構，我們的 TreeMap 類別維護一個 8.3.1 節 LinkedBinaryTree 類別的子類別實例。在這個實作中，我們選擇將搜尋樹表示爲一顆完全二元樹，在二元樹中將有明確的葉節點以標兵節點作標示，只有在內部節點才儲存資料項目。（我們將具有更高空間效率的工作執行留給習題 P-11.53）

程式 11.1 將 TreeSearch 演算法實作爲私有的遞迴方法，treeSearch(p, k)。該方法會返回一個資料項目鍵值等於 k 的位置，或返回在搜尋路徑上走訪的最後一個位置。treeSearch 方法不僅用於所有主要的 map 操作如 get(k)、put(k, v) 和 remove(k)，也適用在大多數排序的 map 方法。不成功搜尋過程中，最後一個走訪的位置，其資料項目的鍵值不是小於 k 就是大於 k。

最後，請注意到，TreeMap 類別被設計爲可以被子類別化，用來實作各種形式的平衡搜尋樹。我們會在 11.2 節更全面討論平衡架構，但當中有兩個觀點會影響本節提供的程式。首先，我們的樹成員，在技術上被宣告爲一個 BalanceableBinaryTree 類別的實例，這是一個 LinkedBinaryTree 類別的一個特殊化；然而，我們本節只依賴於繼承的行爲。第二，我們的程式有時被稱爲是推定的方法，如 rebalanceAccess、rebalanceInsert 和 rebalanceDelete，這些方法在類別中不做任何事，但在後續的應用可將其依需求客製化。

我們將程式組織做個簡要概述。

程式 11.3：開始 TreeMap 類別，包括建構子、size 方法、expandExternal 和 treeSearch 實用程式。

程式 11.4：Map 操作 get(k)、put(k, v) 和 remove(k)。

程式 11.5：排序 map ADT 方法：lastEntry( )、floorEntry(k)、lowerEntry(k)、protected utility treeMax。和上述相對映的方法 firstEntry( )、ceilingEntry(k)、higherEntry(k) 和 treeMin，這些程式可上網取得。

程式 11.6：支持生成所有資料項目的迭代（方法 mapADT 和 entrySet）或選定的資料項目範圍（排序 map ADT 的方法 subMap(k_1, k_2)）。

```
1   /** An implementation of a sorted map using a binary search tree. */
2   public class TreeMap<K,V> extends AbstractSortedMap<K,V> {
3       // To represent the underlying tree structure, we use a specialized subclass of the
4       // LinkedBinaryTree class that we name BalanceableBinaryTree (see Section 11.2).
5       protected BalanceableBinaryTree<K,V> tree = new BalanceableBinaryTree<>( );
6
7       /** Constructs an empty map using the natural ordering of keys. */
```

```
8    public TreeMap( ) {
9        super( );                              // the AbstractSortedMap constructor
10       tree.addRoot(null);                    // create a sentinel leaf as root
11   }
12   /** Constructs an empty map using the given comparator to order keys. */
13   public TreeMap(Comparator<K> comp) {
14       super(comp);                           // the AbstractSortedMap constructor
15       tree.addRoot(null);                    // create a sentinel leaf as root
16   }
17   /** Returns the number of entries in the map. */
18   public int size( ) {
19       return (tree.size( ) – 1) / 2;         // only internal nodes have entries
20   }
21   /** Utility used when inserting a new entry at a leaf of the tree */
22   private void expandExternal(Position<Entry<K,V>> p, Entry<K,V> entry) {
23       tree.set(p, entry);                    // store new entry at p
24       tree.addLeft(p, null);                 // add new sentinel leaves as children
25       tree.addRight(p, null);
26   }
27
28   // Omitted from this code fragment, but included in the online version of the code,
29   // are a series of protected methods that provide notational shorthands to wrap
30   // operations on the underlying linked binary tree. For example, we support the
31   // protected syntax root() as shorthand for tree.root() with the following utility:
32   protected Position<Entry<K,V>> root( ) { return tree.root( ); }
33
34   /** Returns the position in p's subtree having given key (or else the terminal leaf).*/
35   private Position<Entry<K,V>> treeSearch(Position<Entry<K,V>> p, K key) {
36       if (isExternal(p))
37           return p;                          // key not found; return the final leaf
38       int comp = compare(key, p.getElement( ));
39       if (comp == 0)
40           return p;                          // key found; return its position
41       else if (comp < 0)
42           return treeSearch(left(p), key);   // search left subtree
43       else
44           return treeSearch(right(p), key);  // search right subtree
45   }
```

程式 11.3：基於二元搜尋樹，以 TreeMap 類別開始。

```
46   /** Returns the value associated with the specified key (or else null). */
47   public V get(K key) throws IllegalArgumentException {
48       checkKey(key);                         // may throw IllegalArgumentException
49       Position<Entry<K,V>> p = treeSearch(root( ), key);
50       rebalanceAccess(p);                    // hook for balanced tree subclasses
51       if (isExternal(p)) return null;        // unsuccessful search
52       return p.getElement( ).getValue( );    // match found
53   }
54   /** Associates the given value with the given key, returning any overridden value.*/
55   public V put(K key, V value) throws IllegalArgumentException {
56       checkKey(key);                         // may throw IllegalArgumentException
```

```
57      Entry<K,V> newEntry = new MapEntry<>(key, value);
58      Position<Entry<K,V>> p = treeSearch(root( ), key);
59      if (isExternal(p)) {                        // key is new
60        expandExternal(p, newEntry);
61        rebalanceInsert(p);                       // hook for balanced tree subclasses
62        return null;
63      } else {                                    // replacing existing key
64        V old = p.getElement( ).getValue( );
65        set(p, newEntry);
66        rebalanceAccess(p);                       // hook for balanced tree subclasses
67        return old;
68      }
69    }
70    /** Removes the entry having key k (if any) and returns its associated value. */
71    public V remove(K key) throws IllegalArgumentException {
72      checkKey(key);                              // may throw IllegalArgumentException
73      Position<Entry<K,V>> p = treeSearch(root( ), key);
74      if (isExternal(p)) {                        // key not found
75        rebalanceAccess(p);                       // hook for balanced tree subclasses
76        return null;
77      } else {
78        V old = p.getElement( ).getValue( );
79        if (isInternal(left(p)) && isInternal(right(p))) {   // both children are internal
80          Position<Entry<K,V>> replacement = treeMax(left(p));
81          set(p, replacement.getElement( ));
82          p = replacement;
83        } // now p has at most one child that is an internal node
84        Position<Entry<K,V>> leaf = (isExternal(left(p)) ? left(p) : right(p));
85        Position<Entry<K,V>> sib = sibling(leaf);
86        remove(leaf);
87        remove(p);                                // sib is promoted in p's place
88        rebalanceDelete(sib);                     // hook for balanced tree subclasses
89        return old;
90      }
91    }
```

程式 11.4：TreeMap 類別的主要 map 操作。

```
92     /** Returns the position with the maximum key in subtree rooted at Position p. */
93     protected Position<Entry<K,V>> treeMax(Position<Entry<K,V>> p) {
94       Position<Entry<K,V>> walk = p;
95       while (isInternal(walk))
96         walk = right(walk);
97       return parent(walk);                       // we want the parent of the leaf
98     }
99     /** Returns the entry having the greatest key (or null if map is empty). */
100    public Entry<K,V> lastEntry( ) {
101      if (isEmpty( )) return null;
102      return treeMax(root( )).getElement( );
103    }
104    /** Returns the entry with greatest key less than or equal to given key (if any). */
105    public Entry<K,V> floorEntry(K key) throws IllegalArgumentException {
```

```
106      checkKey(key);                                    // may throw IllegalArgumentException
107      Position<Entry<K,V>> p = treeSearch(root( ), key);
108      if (isInternal(p)) return p.getElement( );         // exact match
109      while (!isRoot(p)) {
110        if (p == right(parent(p)))
111          return parent(p).getElement( );               // parent has next lesser key
112        else
113          p = parent(p);
114      }
115      return null;                                       // no such floor exists
116    }
117    /** Returns the entry with greatest key strictly less than given key (if any). */
118    public Entry<K,V> lowerEntry(K key) throws IllegalArgumentException {
119      checkKey(key);                                     // may throw IllegalArgumentException
120      Position<Entry<K,V>> p = treeSearch(root( ), key);
121      if (isInternal(p) && isInternal(left(p)))
122        return treeMax(left(p)).getElement( );           // this is the predecessor to p
123      // otherwise, we had failed search, or match with no left child
124      while (!isRoot(p)) {
125        if (p == right(parent(p)))
126          return parent(p).getElement( );               // parent has next lesser key
127        else
128          p = parent(p);
129      }
130      return null;                                       // no such lesser key exists
131    }
```

程式 11.5：TreeMap 類別的排序 map 操作範例。對稱實用程式，treeMin、public 方法 firstEntry、ceilingEntry 和 higherEntry。這些程式可上網取得。

```
132    /** Returns an iterable collection of all key-value entries of the map. */
133    public Iterable<Entry<K,V>> entrySet( ) {
134      ArrayList<Entry<K,V>> buffer = new ArrayList<>(size( ));
135      for (Position<Entry<K,V>> p : tree.inorder( ))
136        if (isInternal(p)) buffer.add(p.getElement( ));
137      return buffer;
138    }
139    /** Returns an iterable of entries with keys in range [fromKey, toKey). */
140    public Iterable<Entry<K,V>> subMap(K fromKey, K toKey) {
141      ArrayList<Entry<K,V>> buffer = new ArrayList<>(size( ));
142      if (compare(fromKey, toKey) < 0)                   // ensure that fromKey < toKey
143        subMapRecurse(fromKey, toKey, root( ), buffer);
144      return buffer;
145    }
146    private void subMapRecurse(K fromKey, K toKey, Position<Entry<K,V>> p,
147                                  ArrayList<Entry<K,V>> buffer) {
148      if (isInternal(p))
149        if (compare(p.getElement( ), fromKey) < 0)
150          // p's key is less than fromKey, so any relevant entries are to the right
151          subMapRecurse(fromKey, toKey, right(p), buffer);
```

```
152        else {
153            subMapRecurse(fromKey, toKey, left(p), buffer);        // first consider left subtree
154            if (compare(p.getElement( ), toKey) < 0) {             // p is within range
155                buffer.add(p.getElement( ));                       // so add it to buffer, and consider
156                subMapRecurse(fromKey, toKey, right(p), buffer);   // right subtree as well
157            }
158        }
159    }
```

程式 11.6：TreeMap 操作可回傳整個 map 的迭代，或回傳給定鍵值範圍的部分 map 迭代。

11.1.4 　二元搜尋樹的效能（Performance of a Binary Search Tree）

表 11.1 列出我們的 TreeMap 類別的操作分析。幾乎所有操作都取決於 h 的最壞執行時間，其中 h 是當前樹的高度。這是因為大多數操作得依賴從樹的根節點開始的巡訪路徑，樹中的最大路徑長度與樹的高度成正比。最值得注意的是，我們 map 操作的實作如 get、put、remove 和大多數排序 map 的操作都以呼叫 treeSearch 實用程式啟始。類似的搜尋路徑也用在：（1）對子樹做最小或最大資料項目搜尋；（2）在刪除資料項目時查找替換位置；（3）在 map 中在刪除或查找 map 中的整體第一個或最後一個資料項目。整個 map 的迭代在 $O(n)$ 時間內對底層樹使用中序巡訪，以遞迴實作的 subMap 可以證實，在最壞情況下的執行時間為 $O(s + h)$，其中 s 是輸出資料項目數量（見習題 C-11.32）。

方法	執行時間
size, isEmpty	$O(1)$
get, put, remove	$O(h)$
firstEntry, lastEntry	$O(h)$
ceilingEntry, floorEntry, lowerEntry, higherEntry	$O(h)$
subMap	$O(s + h)$
entrySet, keySet, values	$O(n)$

表 11.1：TreeMap 操作的最差執行時間。h 是樹的當前高度，s 為 subMap 回傳的資料項目數。空間使用量是是 $O(n)$，其中 n 是儲存在 map 中的資料項目數。

　　因此，具有 n 個資料項目的二元搜尋樹 T，只有在高度很小的時候，才會有較佳的效能。在最好的情況下，T 的高度 $h = [\log(n + 1)] - 1$，這對於大多數 map 操作產生對數時間效能。然而，最壞的情況出現在 T 的高度為 n，在這種情況下，它的外觀和感覺就如用有序串列來實作 map。這種最壞情況的配置出現在，例如，將資料項目以鍵值遞增或遞減的順序插入（圖 11.7）。

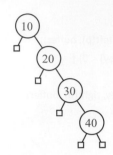

圖 11.7：線性高度的二元搜尋樹範例，按鍵值遞增順序插入所產生。

我們可以稍微安心的是，平均來說，以隨機方式對 n 個鍵值的二元搜尋樹執行插入和移除，預期的高度是 $O(\log n)$；證明這個高度值，超出本書的範圍，需要精確的數學和複雜的機率理論來定義所謂的隨機插入和刪除。

在應用環境，不能保證更新具有平滑的隨機性，最好是採用搜尋樹的變體，這會在本章後面介紹，保證在最壞情況下高度為 $O(\log n)$，從而保證在最壞的情況下，搜尋、插入和刪除的執行時間為 $O(\log n)$。

11.2　平衡搜尋樹（**Java Framework for Balancing Search Trees**）

在上一節的結尾，我們注意到，如果我們可以假設一個隨機系列的插入和刪除，標準二元搜尋樹對基本的 map 操作預期執行時間為 $O(\log n)$。但是，我們只能聲稱 $O(n)$ 最壞執行時間，因為一些操作序列可能導致一個不平衡樹，高度與 n 成正比。

在本章的其餘部分，我們將探討四種搜尋樹演算法，提供更強的性能保證。其中的三個資料結構（AVL tree、red-black tree 和 splay tree）是標準二元搜尋樹的擴展，偶爾有些操作會改變樹的造型，並降低其高度。

重新平衡二元搜尋樹的主要操作被稱為**旋轉**（*rotation*）。在旋轉過程中，如圖所示，我們將一個子節點 " 旋轉 " 到其父節點之上，如圖 11.8。

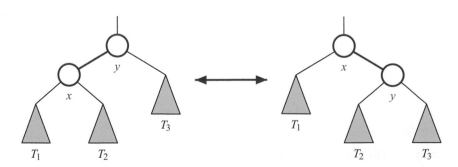

圖 11.8：二元搜尋樹中的旋轉操作。可以執行旋轉將左邊的層變成在右邊，或者將右邊的層變成在左邊。請注意，子樹 T_1 中的所有鍵值都具有小於位置 x 的鍵值，子樹 T_2 的所有鍵值介於於 x 的鍵值和 y 的鍵值之間，子樹 T_3 所的有鍵值大於位置 y 的鍵值。

　　為了通過旋轉維護二元搜尋樹屬性，我們注意到在旋轉前如果位置 x 是位置 y 的左子節點（因此，x 的鍵值小於 y 的鍵值），則旋轉 y 成為 x 的右子節點，反之亦然。此外，我們必須重新鏈接子樹的資料項目，這些項目的鍵值在兩個準備旋轉位置的鍵值之間。例如，在圖 11.8 中，標示 T_2 的子樹表示其資料項目的鍵值大於位置 x 的鍵值且小於位置 y 的鍵值。在該圖裡面的第一個配置，T_2 是位置 x 的右子樹；在第二配置，T_2 是位置 y 的左子樹。

　　因為單次循環修改了固定量的父子關係，鏈結的二元樹中執行旋轉時間為 $O(1)$。

　　在平衡樹演算法中，旋轉會改變樹的形狀，但仍保有搜尋樹的特性。如果好好地使用，可以避免執行操作過程產生高度不平衡的樹。例如圖 11.8 中將 T 的第一個樹型向右旋轉產生第二個樹型，旋轉後 T_1 中的每個節點的深度減少一，同時子樹 T_3 中的每個節點增加深度一（注意，子樹 T_2 中的節點的深度是不受旋轉影響）。

　　一個或多個旋轉可以組合在一起以提供更寬廣的平衡樹。一個這樣的複合操作，我們稱作是**三節點重構**（***trinode restructuring***）。三節點重構暫時將節點 x、y、z 更名為 a、b、c，所以在 T 的中序走訪當中，a 在 b 的前面，並且 b 在 c 的前面。這裡有四種可能的方法來將 x、y、z 對應到。a、b、c，如圖 11.9 所顯示的，經由重新標記我們可以將它們整合成一種。三節點重構接著將命名為 b 之節點取代 z，將這個節點的子節點設為 a 和 c，再將 a 和 c 的子節點設為 x、y、z 原本的四個子節點（不單是 x、y），同時保持 T 當中所有節點的中序關係。

Algorithm restructure(x):

　　Input: A position x of a binary search tree T that has both a parent y and a grandparent z

　　Output: Tree T after a trinode restructuring (which corresponds to a single or double rotation) involving positions x, y, and z

　　1: Let (a, b, c) be a left-to-right (inorder) listing of the positions x, y, and z, and let (T_1, T_2, T_3, T_4) be a left-to-right (inorder) listing of the four subtrees of x, y, and z not rooted at x, y, or z.

　　2: Replace the subtree rooted at z with a new subtree rooted at b.

　　3: Let a be the left child of b and let T_1 and T_2 be the left and right subtrees of a, respectively.

　　4: Let c be the right child of b and let T_3 and T_4 be the left and right subtrees of c, respectively.

程式 11.7：二元搜尋樹中的三節點重構操作。

　　在實作中，由三節點重構操作引起的樹 T 的修改，可以通過案例分析來實作，分別為單次旋轉（如圖 11.9a 和 b）和兩次旋轉（如圖 11.9c 和 d）。兩次旋轉發生在當位置 x 在三個相關的鍵值中居中的情況，然後 x 先越過父節點 y 旋轉，然後再越過祖父節點 z 旋轉。在任何的情況下，三節點重構執行時間為 $O(1)$。

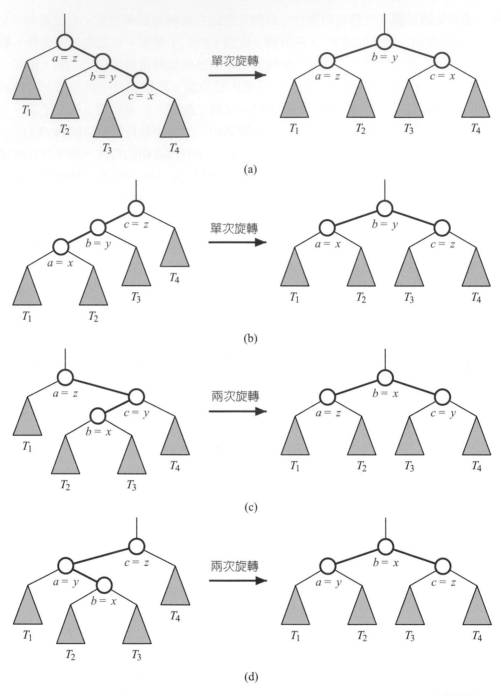

圖 11.9：三節點重構操作示意圖：（a 和 b）需要一次旋轉；（c 和 d）需要雙重旋轉。

11.2.1　用於平衡搜尋樹的 Java 架構（Java Framework for Balancing Search Trees）

TreeMap 類別（在 11.1.3 節中介紹）是一個功能齊全的 map 實作。但是，其執行時間取決於樹的高度，在最壞情況下，對於具有 n 個資料項目的 map，該高度可以是 $O(n)$。因此，我們刻意地將 TreeMap 類別設計成可以輕鬆擴展，以提供更高的平衡樹策略。在本章後面部分，我們將實作子類別 AVLTreeMap、RBTreeMap 和 SplayTreeMap。在本節中，我們將描述三種重要的策略，讓 TreeMap 可以支持這些子類別。

◉ **重新平衡操作技巧**（Hooks for Rebalancing Operations）

在 11.1.3 節中執行基本的 map 操作，包括策略性呼叫三種非公開方法，這些方法作為重新平衡演算法的技巧：

- 在 put 方法中插入一個新的節點到位置 p 後，put 方法會呼叫 rebalanceInsert(p)（程式 11.4 的第 61 行）。

- 在 remove 方法中刪除一個節點後，remove 方法呼叫 rebalanceDelete(p)（程式 11.4 的第 88 行）；位置 p 由被刪除節點的子節點升級取代。

- 執行 get、put、remove 的任何呼叫再呼叫 rebalanceAccess(p) 不會導致結構性變化。位置 p，可以是內部或外部節點，代表執行操作過程所走訪樹的最深節點。這個技巧是由 **伸展樹**（*splay tree*）專用（見第 11.6 節）來重構樹，以便最常存取的的節點更靠近根節點。

在 TreeMap 類別中，簡單的宣告這三個方法，主體程式無所作爲，如程式 11.8 所示。TreeMap 的一個子類別可以覆蓋這些方法來實作使樹平衡的行動。這是**模板方法設計模式**（*template method designpattern*）的另一個例子，如第 2.3.3 節所討論的。

```
protected void rebalanceInsert(Position<Entry<K,V>> p) { }
protected void rebalanceDelete(Position<Entry<K,V>> p) { }
protected void rebalanceAccess(Position<Entry<K,V>> p) { }
```

程式 11.8：簡單定 TreeMap 方法，沒有主體程式，把這些方法當成空無一物的技巧，想要執行再平衡者，可把相關程式掛上。也就是說，這些方法可被子類別覆蓋，以便進行適當的重新平衡操作。

◉ **旋轉和重構的方法**（Protected Methods for Rotating and Restructuring）

爲了支持常見的重構操作，TreeMap 類別將樹儲存爲一個巢狀類別 BalanceableBinaryTree（程式 11.9 和 11.10）的實例。BalanceableBinaryTree 類別是 8.3.1 節中的 LinkedBinaryTree 類別的特殊化。這個新類別提供保護存取等級（protected）的實用程式方法：rotate 和 restructure。rotate 用來實作一次旋轉，restructure 用來實作三節點重構（在 11.2 節開頭描述）。雖然這些方法不被標準的 TreeMap 操作呼叫，但包含這些方法可支持更深層程式重用性，可被所有平衡樹的子類別所使用。

這些方法在程式 11.10 中實作。爲了簡化程式，我們定義一個額外的實用程式 relink，將父節點和子節點正確彼此連接。rotate 方法的重點就是重新定義節點的父和子之間的關係，將旋轉的節點直接重新鏈接到其原始節點祖父節點，並在旋轉的節點之間轉移 " 中間 " 子樹（在圖 11.8 中標記為 T_2）。

對於三節點重構，我們得決定是執行一次旋轉還是兩次旋轉，如圖 11.9 所示。該圖中的四個案例示範向下的路徑 z 到 y 到 x，分別是右 - 右、左 - 左，右 - 左和左 - 右。前兩種模式，配合方向，保證單個旋轉將 y 向上移動，而最後兩個模式，與之相反方向，保證雙向旋轉將 x 向上移動。

◉ 輔助資料成員的專用節點（Specialized Nodes with an Auxiliary Data Member）

許多平衡樹的策略需要將某種形式的輔助 " 平衡 " 資訊儲存在樹的節點中。減輕平衡樹子類別的負擔，我們選擇為 BalanceableSearchTree 類別中的每個節點添加一個輔助整數值。因此，重新定義一個新的 BSTNode 類別來實作，它本身從巢狀的 LinkedBinaryTree.Node 類別繼承。新的類別宣告輔助變數，並提供方法來設定和取得此變數值。

請注意設計中的重要細節，包括原來的 LinkedBinaryTree 子類別。每當一個對底層鏈結樹的低層級的操作需要一個新節點時，我們必須確保正確的類別型態節點被建立。也就是說，對於我們的平衡樹，需要每個節點是一個 BTNode，BTNode 包括輔助欄位。但是，建立節點發生在原來的 LinkedBinaryTree 類別中對樹的低層操作，如 addLeft 和 addRight。

我們使用一種稱為**工廠方法設計模式**（*factory method design pattern*）的技術。該 LinkedBinaryTree 類別包含一個受保護的方法，createNode（程式 8.8 的第 30-33 行），它負責實例化一個適當類別型態的節點。該類別中的其餘程式確保當需要新節點時，始終使用 createNode 方法。

在 LinkedBinaryTree 類別中，createNode 方法返回一個簡單的 Node 實例。在新的 BalanceableBinaryTree 類別中，我們覆蓋了 createNode 方法（見程式 11.9 中的第 22-27 行），以便返回新的 BSTNode 類別實例。這樣就能有效地改變了在 LinkedBinaryTree 類別中低層操作的行為，因此，我們平衡樹中的每個節點都支持新的輔助欄位。

```
1    /** A specialized version of LinkedBinaryTree with support for balancing. */
2    protected static class BalanceableBinaryTree<K,V>
3                            extends LinkedBinaryTree<Entry<K,V>> {
4      //-------------- nested BSTNode class --------------
5      // this extends the inherited LinkedBinaryTree.Node class
6      protected static class BSTNode<E> extends Node<E> {
7        int aux=0;
8        BSTNode(E e, Node<E> parent, Node<E> leftChild, Node<E> rightChild) {
9          super(e, parent, leftChild, rightChild);
10       }
11       public int getAux( ) { return aux; }
12       public void setAux(int value) { aux = value; }
13     } //--------- end of nested BSTNode class ---------
14
15     // positional-based methods related to aux field
16     public int getAux(Position<Entry<K,V>> p) {
```

```
17        return ((BSTNode<Entry<K,V>>) p).getAux( );
18     }
19     public void setAux(Position<Entry<K,V>> p, int value) {
20        ((BSTNode<Entry<K,V>>) p).setAux(value);
21     }
22     // Override node factory function to produce a BSTNode (rather than a Node)
23     protected
24     Node<Entry<K,V>> createNode(Entry<K,V> e, Node<Entry<K,V>> parent,
25                           Node<Entry<K,V>> left, Node<Entry<K,V>> right) {
26        return new BSTNode<>(e, parent, left, right);
27     }
```

程式 11.9：BalanceableBinaryTree 類別，嵌套在 TreeMap 類別的定義中。（1/2）

```
28     /** Relinks a parent node with its oriented child node. */
29     private void relink(Node<Entry<K,V>> parent, Node<Entry<K,V>> child,
30                           boolean makeLeftChild) {
31        child.setParent(parent);
32        if (makeLeftChild)
33           parent.setLeft(child);
34        else
35           parent.setRight(child);
36     }
37     /** Rotates Position p above its parent. */
38     public void rotate(Position<Entry<K,V>> p) {
39        Node<Entry<K,V>> x = validate(p);
40        Node<Entry<K,V>> y = x.getParent( );           // we assume this exists
41        Node<Entry<K,V>> z = y.getParent( );           // grandparent (possibly null)
42        if (z == null) {
43           root = x;                                    // x becomes root of the tree
44           x.setParent(null);
45        } else
46           relink(z, x, y == z.getLeft( ));             // x becomes direct child of z
47        // now rotate x and y, including transfer of middle subtree
48        if (x == y.getLeft( )) {
49           relink(y, x.getRight( ), true);              // x's right child becomes y's left
50           relink(x, y, false);                         // y becomes x's right child
51        } else {
52           relink(y, x.getLeft( ), false);              // x's left child becomes y's right
53           relink(x, y, true);                          // y becomes left child of x
54        }
55     }
56     /** Performs a trinode restructuring of Position x with its parent/grandparent. */
57     public Position<Entry<K,V>> restructure(Position<Entry<K,V>> x) {
58        Position<Entry<K,V>> y = parent(x);
59        Position<Entry<K,V>> z = parent(y);
60        if ((x == right(y)) == (y == right(z))) {        // matching alignments
61           rotate(y); // single rotation (of y)
```

```
62        return y;                    // y is new subtree root
63      } else {                       // opposite alignments
64        rotate(x);                   // double rotation (of x)
65        rotate(x);
66        return x;                    // x is new subtree root
67      }
68    }
69  }
```

程式 11.10：BalanceableBinaryTree 類別，嵌套在 TreeMap 類別的定義中。(2/2)

11.3　AVL 樹（AVL Trees）

使用標準二元搜尋樹作為資料結構的 TreeMap 類別，應該是一個高效能的 map 資料結構，但它的最壞情況表現為各種操作都花費線性時間，因為有可能進行一系列的操作導致具有線性高度的樹。在本節中，我們描述一個簡單的平衡策略，保證所有 map 的基礎操作在最壞情況下能以對數時間執行。

◉ AVL 樹的定義（Definition of an AVL Tree）

這個簡單的修正就是加一個規則到二元搜尋樹的定義當中，使得樹保持在對數高度。回想一下，我們定義了以 p 為根節點的子樹的高度為從 p 到葉節點最長路徑的邊數（見第 8.1.2 節）。通過這個定義，葉節點位置高度為 0。

在本節中，考慮的是**高度平衡性質**（*height-balance property*），該規則以節點的高度來描述二元搜尋樹 T 的結構特性。

> **高度平衡性質**（*Height-Balance Property*）：對於 T 的每個內部位置 p，其子節點的高度最多只能相差 1。

任一個滿足高度平衡特性的二元搜尋樹 T 便稱為一個 AVL 樹，這是以它的發明者：Adel'son-Vel'skii 和 Landis 的名字縮寫所命名的。圖 11.10 顯示一顆 AVL 樹的範例。

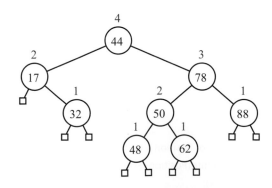

圖 11.10：AVL 樹的一個例子。每個項目的鍵值都顯示在節點之內，而節點的高度則顯示在節點旁邊。（所有葉子都有高度 0）。

　　高度平衡性質的立即結果是 AVL 樹的子樹本身也是 AVL 樹。高度平衡性質的另外一個重要性質是保持小的高度，如下列定理所述。

定理 11.1：儲存 n 個資料項目的 AVL 樹的高度是 $O(\log n)$。

證明：在此與其嘗試尋找 AVL 樹的高度上限，不如以「相反問題」來加以著手會比較容易，也就是對於一高度 h 的 AVL 樹，找出其最小內部節點個數 $n(h)$ 的下限。我們將會表現 $n(h)$ 至少會以指數速度成長。有了這個結果，要推導出儲存有 n 個鍵值的 AVL 樹的高度是 $O(\log n)$ 就變成了一個簡單的步驟。

我們注意到 $n(1) = 1$ 和 $n(2) = 2$，而且因為一顆高度為 1 的 AVL 樹必須至少有一個內部節點，而高度為 2 的 AVL 樹則必須至少有兩個內部節點。現在，當 h 大於等於 3 的時候，一顆高度為 h 而且具有最少節點個數的 AVL 樹的兩個子樹，也必須為有最少節點個數的 AVL 樹。其中一顆高度是 $h-1$，另外一顆高度是 $h-2$。如將根節點加入計算，我們可以得到下列公式，得出 $n(h)$ 和 $n(h-1)$ 與 $n(h-2)$ 的關係式，其中 $h \geq 3$：

$$n(h) = 1 + n(h-1) + n(h-2)。 \tag{11.1}$$

在這個時候，熟悉費氏級數（2.2.3 節和習題 5.5）特性的讀者應該已經看出 $n(h)$ 是一個 h 的指數函數。為使觀察形式化，我們將繼續推導。

公式 11.1 暗指 $n(h)$ 是一個 h 的嚴格遞增函式。由此，我們得知 $n(h-1) > n(h-2)$。將公式 10.1 中的 $n(h-1)$ 代換成 $n(h-2)$ 並且將 -1 捨棄，我們得到對 h 大於等於 3 時，

$$n(h) > 2 \cdot n(h-2). \tag{11.2}$$

公式 11.2 指出了在 h 每次遞增 2 時，$n(h)$ 至少會增加為兩倍，直觀的意思是 $n(h)$ 以指數的速度成長。為了以正規的方式表示出這個事實，我們重複套用公式 11.2，得到下面一系列的不等式：

$$
\begin{aligned}
n(h) &> 2 \cdot n(h-2) \\
&> 4 \cdot n(h-4) \\
&> 8 \cdot n(h-6) \\
&\cdots \\
&> 2^i \cdot n(h-2^i).
\end{aligned}
\tag{11.3}
$$

也就是說，對於任何整數 i，$n(h) > 2^i \cdot n(h-2i)$，使得 $h - 2i \geq 1$。既然我們已經知道 $n(1)$ 和 $n(2)$ 的值，我們選擇 i 使得 $h - 2i$ 等於 1 或 2。

那就是我們選擇

$$i = \left\lceil \frac{h}{2} \right\rceil - 1$$

將公式 11.3 中 i 的上述值代入，對於 $h \geq 3$，可得：

$$
\begin{aligned}
n(h) &> 2^{\left\lceil \frac{h}{2} \right\rceil - 1} \cdot n\left(h - 2\left\lceil \frac{h}{2} \right\rceil + 2\right) \\
&\geq 2^{\left\lceil \frac{h}{2} \right\rceil - 1} n(1) \\
&\geq 2^{\frac{h}{2} - 1}
\end{aligned}
\tag{11.4}
$$

將公式 11.4 的兩邊取對數，得到

$$
\log(n(h)) > \frac{h}{2} - 1,
$$

從中得到：

$$
h < 2\log(n(h)) + 2,
\tag{11.5}
$$

這意味著儲存 n 個資料項目的 AVL 樹的高度最多為 $2\log n + 2$。∎

通過定理 11.1 和 11.1 節中對二元搜尋樹的分析，在以 AVL 樹實作的 map 中執行 get 的操作的時間是 $O(\log n)$，其中 n 是 map 中的資料項目數。當然，我們還是要展示如何在插入或刪除後保持高度平衡性。

11.3.1 更新操作（Update Operations）

給定一顆二元搜尋樹 T，若某位置的子節點間高度差的絕對值小於 1，則該位置是**平衡的**（*balanced*），否則該位置就是**不平衡（*unbalanced*）**。因此，AVL 樹的高度平衡特性意味著每個位置都是平衡的。

AVL 樹的插入和刪除起始的操作類似於（標準）二元搜尋樹相應的操作，但具有後處理功能，恢復樹的任何部分的平衡性，因為，樹的平衡性有可能在操作過程受到不利影響。

◉ **插入（Insertion）**

假設樹 T 滿足高度平衡屬性，因此，在插入新資料項目之前是 AVL 樹。在二元搜尋樹中，如第 11.1.2 節所述插入新資料項目，導致葉位置 p 擴展成為有兩個新子節點的內部節點位置。這個行為可能違反了高度平衡屬性（參見圖 11.11a），但唯一可能會失去平衡的位置是 p 的祖先，因為子樹已經改變了。因此，得重構 T 以解決任何可能發生的不平衡。

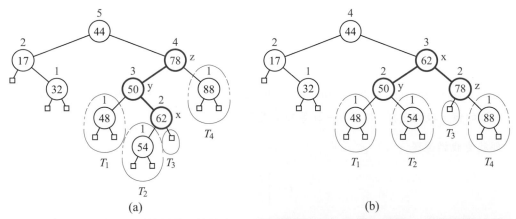

圖 11.11：在圖 11.10 的 AVL 樹中插入鍵值為 54 資料項目：(a) 在插入鍵值 54 的新節點之後，鍵值 78 和鍵值 44 的節點變得不平衡；(b) 三節點重構恢復高平衡屬性。我們在圖中顯示各節點的高度，並且標識參與三節點重構的節點 x、y 和 z，和子樹 T_1、T_2、T_3 和 T_4。

我們通過簡單的 " 搜尋修復 " 策略方式恢復二元搜尋樹 T 中的節點的平衡性。譬如，令 z 為從位置 p 向上升到 T 的根節點路徑中遇到的第一個不平衡節點（參見圖 11.11a）。此外，令 y 為 z 高度值較大的子節點（注意，y 必須是 p 的一個祖先節點）。最後，讓 x 成為 y 高度值較大的子節點（當中不會有和 x 和 p 而 x 又是 p 的祖先，除非 x 是 p 本身）。我們通過呼叫 11.2 節的 **三節點重構方法**，restructure(x)，來重新平衡以 z 為根的子樹。這種在 AVL 中插入後重構平衡性的流程描繪在圖 11.11 中。

接著說明上述程序在重新建立 AVL 高平衡屬性的正確性，思考 z 是插入 p 後離 p 最近然後變得不平衡，其中蘊含的意義為何。那一定是由於插入使得 y 的高度增加 1，現在它比它的兄弟節點大 2。由於 y 保持平衡，那一定是它之前的子樹有相同的高度，包含 x 的子樹將其高度增加了 1。子樹的高度會增加，有可能是因為 $x = p$，因此它的高度從 0 變到 1，或者因為 x 之前具有相等高度的子樹，而包含 p 的那個子樹高度增加了 1。讓 $h \geq 0$ 表示 x 最高子節點高度，此情況如圖 11.12 所示。

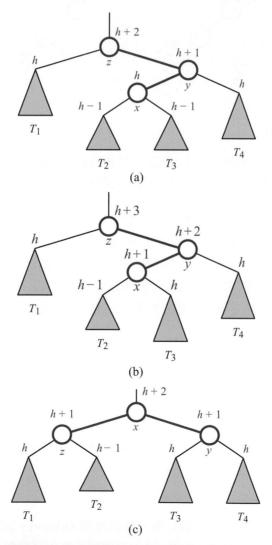

圖 11.12：在典型插入 AVL 樹期間重新平衡子樹：（a）插入前；（b）在子樹 T_3 插入後，導致 z 不平衡；（c）執行三節點重構回到平衡狀態。注意插入後子樹整體高度與插入之前相同。

經過三節點重構，x、y 和 z 中的每一個都是平衡的。此外，重構後子樹的根節點高度為 $h+2$，這正是 z 在插入新資料項目之前的高度。所以，任何 z 的祖先暫時變得不平衡然後再次回到平衡，而這一個重構目的在恢復**整體的**高平衡度。

◉ **刪除**（Deletion）

回想一下，從常規二元搜尋樹中刪除節點，會使得結構的一個節點變得沒有內部子節點，或只剩下一個內部子節點。這樣的改變可能會違反 AVL 樹中的高平衡度屬性。特別是，如果位置 p 是樹 T 中已刪除節點的（可能是外部的）子節點，那麼在 T 中從 P 到 T 根的路徑上可能會有不平衡的節點（見圖 11.13a）。事實上，最多可能有一個這樣的不平衡節點。（證明部分留給習題 C-11.39）

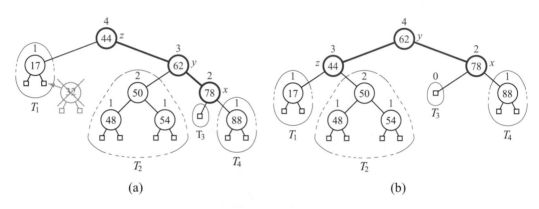

圖 11.13：從圖 11.11b 的 AVL 樹中刪除帶有鍵值 32 的資料項目：（a）在去除儲存鍵值 32 節點之後，根節點變得不平衡；（b）對 x、y 和 z 執行三節點重構後，恢復了高平衡性。

與插入一樣，我們使用三節點重構來恢復樹 T 中的平衡性。特別地，令 z 是從 p 向上升到 T 的根部第一個不平衡的位置，令 y 為 z 中較高的子節點，其高度（y 不會是 p 的祖先）。此外，令 x 是 y 的子節點，定義如下：如果 y 的一個子節點比另一個高，讓 x 是較高的那個子節點；其他狀況（y 的兩個子節點具有相同的高度），讓 x 作為與 y 的同一邊的子節點（即，如果 y 是 z 的左子節點，就讓 x 是 y 的左子節點，否則讓 x 是 y 的右子節點）。然後執行 restructure(x) 操作（見圖 11.13b）。

三節點重構程序中的中間節點 b，是重構子樹的根節點。高度平衡屬性保證在 b 的子樹內進行恢復（見習題 R-11.10 和 R-11.11）。不幸的是，這種三節點重構會使得以 b 為根節點的子樹高度降 1，導致 b 的祖先變得不平衡。所以，在對 z 重新平衡之後，我們繼續在 T 向上尋找不平衡的位置。如果我們找到另一個不平衡的位置，我們進行重構操作來恢復平衡，然後繼續前進到根節點。由定理 11.1 得知，T 的高度是 $O(\log n)$，其中 n 是資料項目的數量，$O(\log n)$ 次三節點重構足以恢復高平衡性。

◉ **AVL 樹的表現**（Performance of AVL Trees）

定理 11.1 保證具有 n 個資料項目的 AVL 樹，其高度為 $O(\log n)$。因為標準的二元搜尋樹各操作的執行時間依高度而定（見表 11.1），又因為維護平衡因子和對 AVL 樹重構所需的工作量，受限於樹中路徑長度，傳統的 map 若以 AVL 樹實作，最壞的執行時間是對數等級。我們將這些結果總結在表 11.2 中，並在圖 11.14 中展示操作性能。

方法	執行時間
size, isEmpty	$O(1)$
get, put, remove	$O(\log n)$
firstEntry, lastEntry	$O(\log n)$
ceilingEntry, floorEntry, lowerEntry, higherEntry	$O(\log n)$
subMap	$O(s + \log n)$
entrySet, keySet, values	$O(n)$

表 11.2：以排序 map 實作成 AVL 樹 T，各個操作的執行時間，其中 s 表示由 subMap 輸出的資料項目數。

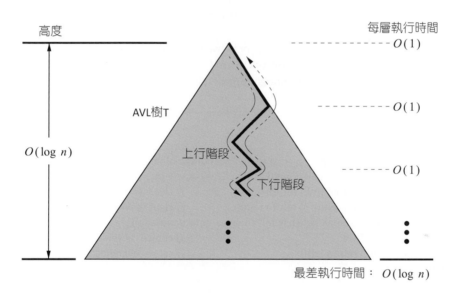

圖 11.14：說明 AVL 樹中搜尋和更新的執行時間。每層時間性能是 $O(1)$，分為上行和下行兩階段。下行階段通常用來搜尋，上行階段通常用來更新高度值，並執行區域性的三節點重構（旋轉）。

11.3.2　Java 實作（Java Implementation）

程式 11.11 和 11.12 中提供了 AVLTreeMap 類別的完整實作。它繼承自標準的 TreeMap 類別。並依賴第 11.2.1 節描述的平衡架構。我們強調實作的兩個重點。首先，AVLTreeMap 使用節點的輔助平衡變數來儲存以爲根的子樹的高度，葉節點預設情況下平衡因子爲 0。我們還提供了幾個和節點高度有關的公用程式（見程式 11.11）。

　　爲了實作 AVL 平衡策略的核心邏輯，我們定義一個實用程式，名爲 rebalance，在執行插入或刪除後呼叫 rebalance 就可以後恢復高平衡屬性（見程式 11.11）。雖然繼承的插入和刪除，其行爲完全不同，但 AVL 樹可以一致的方式作後處理。在這兩種情況下，從位置 p 處向上走訪，p 是發生變化的節點，重新根據子節點的高度計算每個節點位置的高度（更新）。如果走訪的節點不平衡，則執行三節點重構，直到上行走訪到樹的根（其中樹的總高

度增加 1）。爲了方便檢測停止條件，我們記錄位置在插入或刪除操作開始之前的 " 舊 " 高
度，並在可能的三節點重構執行完後，進行高度比較。

```
1    /** An implementation of a sorted map using an AVL tree. */
2    public class AVLTreeMap<K,V> extends TreeMap<K,V> {
3      /** Constructs an empty map using the natural ordering of keys. */
4      public AVLTreeMap( ) { super( ); }
5      /** Constructs an empty map using the given comparator to order keys. */
6      public AVLTreeMap(Comparator<K> comp) { super(comp); }
7      /** Returns the height of the given tree position. */
8      protected int height(Position<Entry<K,V>> p) {
9        return tree.getAux(p);
10     }
11     /** Recomputes the height of the given position based on its children's heights. */
12     protected void recomputeHeight(Position<Entry<K,V>> p) {
13       tree.setAux(p, 1 + Math.max(height(left(p)), height(right(p))));
14     }
15     /** Returns whether a position has balance factor between −1 and 1 inclusive. */
16     protected boolean isBalanced(Position<Entry<K,V>> p) {
17       return Math.abs(height(left(p)) − height(right(p))) <= 1;
18     }
```

程式 11.11：AVLTreeMap 類別。（1/2）

```
19     /** Returns a child of p with height no smaller than that of the other child. */
20     protected Position<Entry<K,V>> tallerChild(Position<Entry<K,V>> p) {
21       if (height(left(p)) > height(right(p))) return left(p);         // clear winner
22       if (height(left(p)) < height(right(p))) return right(p);        // clear winner
23       // equal height children; break tie while matching parent's orientation
24       if (isRoot(p)) return left(p);                                  // choice is irrelevant
25       if (p == left(parent(p))) return left(p);                       // return aligned child
26       else return right(p);
27     }
28     /**
29      * Utility used to rebalance after an insert or removal operation. This traverses the
30      * path upward from p, performing a trinode restructuring when imbalance is found,
31      * continuing until balance is restored.
32      */
33     protected void rebalance(Position<Entry<K,V>> p) {
34       int oldHeight, newHeight;
35       do {
36         oldHeight = height(p);                                        // not yet recalculated if internal
37         if (!isBalanced(p)) {                                         // imbalance detected
38           // perform trinode restructuring, setting p to resulting root,
39           // and recompute new local heights after the restructuring
40           p = restructure(tallerChild(tallerChild(p)));
41           recomputeHeight(left(p));
42           recomputeHeight(right(p));
43         }
44         recomputeHeight(p);
45         newHeight = height(p);
46         p = parent(p);
```

```
47        } while (oldHeight != newHeight && p != null);
48    }
49    /** Overrides the TreeMap rebalancing hook that is called after an insertion. */
50    protected void rebalanceInsert(Position<Entry<K,V>> p) {
51        rebalance(p);
52    }
53    /** Overrides the TreeMap rebalancing hook that is called after a deletion. */
54    protected void rebalanceDelete(Position<Entry<K,V>> p) {
55        if (!isRoot(p))
56            rebalance(parent(p));
57    }
58 }
```

程式 11.12：AVLTreeMap 類別。（2/2）

11.4　(2,4) 樹

在本節中，我們將討論一種稱爲 **(2,4)** 樹的資料結構。它是一個稱爲**多路搜尋樹**（*multiway search tree*）的更一般化結構，內部節點可能有兩個以上的子節點。其他形式的多路搜尋樹將在第 15.3 節中討論。

11.4.1　多路搜尋樹（Multiway Search Trees）

回想一下，一般樹的定義是內部節點可能有很多子節點。在本節中，我們將討論如何將一般樹用做多路搜尋樹。儲存在搜尋樹中的映射資料項目其形式爲 (k, v) 數對（pairs），其中 k 是關鍵值，v 是與鍵值相關聯的值。

◉ **多路搜尋樹的定義**（Definition of a Multiway Search Tree）

令 w 爲有序樹的節點。如果 w 有 d 個子節點，我們說 w 是一個 d- 節點。我們將多路搜尋樹定義爲具有以下特徵的有序樹 T，如圖 11.15a 所示：

- T 的每個內部節點至少有兩個子節點。也就是說，每個內部節點都是 d- 節點，其中 $d \geq 2$。
- T 的每個內部 d- 節點有子節點 c_1、...、c_d，每個子節點儲存一個有序集合，該有序集合由 $d - 1$ 個鍵值對 (k_1,v_1)、...、(k_{d-1},v_{d-1}) 構成，其中 $k_1 \leq ... \leq k_{d-1}$。
- 我們定義 $k_0 = -\infty$ 和 $k_d = +\infty$。對以 c_i，$i = 1$、...、d，爲根節點的子樹 w，w 的每一個節點儲存節點資料項目 (k, v)，我們有 $k_{i-1} \leq k \leq k_i$。

也就是，如果我們將儲存在 w 中的鍵值集合，想像成包含有特別的鍵值 $k_0 = -\infty$ 和 $k_d = +\infty$，那麼儲存在以子節點 c_i 爲根的 T 的子樹，必須「介於」w 的兩個鍵值之間。簡單的說：d- 節點儲存 $d - 1$ 個鍵值，而且它也形成了多路搜尋樹當中的搜尋演算法的基礎。

　　藉由前面的定義，多路搜尋樹的外部節點並不儲存任何項目，且作爲我們的慣例，如同二元搜尋樹一般（11.1 節），可以用 null 來標示。所以二元搜尋樹可視爲多路搜尋樹的一個特例，它的內部節點僅儲存一個項目，並有著兩個子節點。

然而，不論多元樹的內部節點是否具有兩個或多個子節點，多路搜尋樹的鍵 - 值 pair 資料項目個數與外部節點個數之間都存在著一個有趣的關係。

定理 11.2：一個有 n 個資料項目多路搜尋樹有 $n + 1$ 個外部節點。

我們將這個定理的證明留給習題（C-11.46）

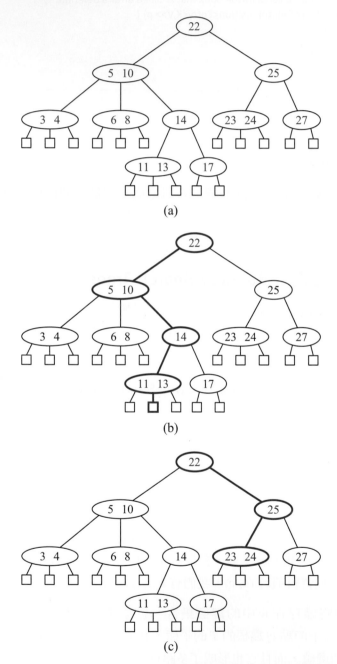

圖 11.15：（a）多路搜尋樹 T；（b）在 T 的搜尋路徑中找鍵值 12（不成功搜尋）；（c）在 T 的搜尋路徑中找鍵值 24（成功搜尋）。

◉ **在多元樹中搜尋**（Searching in a Multiway Tree）

在多路搜尋樹 T 中搜尋鍵值 k 的資料項目很簡單。我們從 T 的根節點開始的路徑來進行搜尋（見圖 11.15b 和 c）。當搜尋期間在一個 d 節點 w 時，我們將鍵值 k 與儲存在 w 的鍵值 k_1、...、k_{d-1} 進行比較。如果對某個 i 的 $k = k_i$，則搜尋成功完成。否則，我們繼續搜尋 w 的子節點 c_i，其中 $k_{i-1} < k < k_i$。（回想一下，我們通常定義 $k_0 = -\infty$ 和 $kd = +\infty$。）如果到達外部節點，表示在 T 中沒有鍵值 k 的資料項目，搜尋失敗終止。

◉ **用於表示多路搜尋樹的資料結構**（Data Structures for Representing Multiway Search Trees）

在第 8.3.3 節中，我們討論了用於實作一般樹的鏈結資料結構。該實作方式也可以用於多路搜尋樹。使用一般樹實作一個多路搜尋樹時，我們必須在每個節點儲存一個或更多的與該節點相關聯的鍵 - 值對。也就是說，我們需要在 w 儲存一參考，此參考指向由 w 資料項目組成的的集合物件。

　　在多路搜尋樹搜尋鍵值 k 時，主要操作在巡訪一個節點時，找到大於或等於 k 的最小鍵值。因此，一個很自然的方式是將節點塑模為一個排序的 map，這樣就可使用 map 中的 ceilingEntry(k) 方法。我們說這種模型是把 map 當作輔助資料結構來支援主資料結構，主資料結構由整個多路搜尋樹構成。這個推理可能起初似乎就像是一個循環論證，因為我們需要一個（次要的）有序的 map 來實作（主要的）有序 map。我們可以避免任何循環依賴，然而，通過使用 ***bootstrapping*** 技術，我們使用一個簡單解決問題的方案建立一個新的，更先進的解決方案。

　　在多路搜尋樹的環境中，很自然的選取 10.3.1 節的 SortedTableMap 做為輔助資料結構，用來實作每個節點。因為我們想找出與 k 相等的鍵值，若找不到，往下找子節點 c_i，條件是子節點的鍵值 k_i 滿足 $k_{i-1} < k < k_i$，我們建議每個鍵值 k_i 在二級結構中映射到對數 (v_i, c_i)。有了這樣一個實作多路搜尋樹 T，在搜尋 T 的資料項目鍵值 k 時，處理到 d 節點 w，可以使二元搜尋操作在 $O(\log d)$ 時間來執行令 d_{max} 表示 T 的任何節點的最大子節點數，h 表示 T 的高度。因此，多路搜尋樹中的搜尋時間為 $O(h\log d_{max})$。如果 d_{max} 為常數，則執行搜尋的執行時間為 $O(h)$。

　　多路搜尋樹的主要效率目標是保持高度盡可能的小。接下來我們將討論一個將 d_{max} 限制在 4 的策略，並保證高度為 $\log(n)$，其中 n 是 map 儲存的資料項目的總數。

11.4.2　(2,4) 樹操作（(2,4)-Tree Operations）

有一種資料結構，是多路搜尋樹的一種形式，其中每個節點使用小型輔助資料結構可保持樹的平衡，這個結構就是 **(2,4)** 樹，也稱為 2-4 樹或 2-3-4 樹。該資料結構通過維護兩個簡單的屬性實作了這些目標（見圖 11.16）：

大小屬性（*Size Property*）：每個內部節點最多有四個子節點。

深度屬性（*Depth Property*）：所有外部節點具有相同的深度。

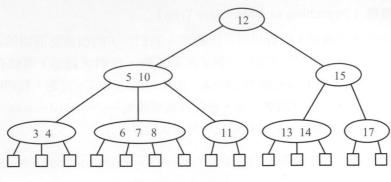

圖 11.16：A (2,4) tree。

再一次地，我們假設外部節點皆為空。為了簡單起見，我們描述搜尋與更新的作法時，都假設外部節點為實際存在的節點，即使這並不是個特別需要的性質。

強制 (2,4) 樹的大小性質，使得多路搜尋樹內的節點變得簡單。這也帶來了另一個名稱 "2-3-4 樹 "，藉以暗示出在樹中的每個內部節點有 2 個、3 個、或 4 個子節點。這個規則帶來的另一個寓意是：我們用一個無序的序列或是有序的陣列儲存每一個內部節點的輔助 map，同時還能為所有的操作維持 $O(1)$ 的時間效能（因為 $d_{max} = 4$）。從另一方面而言，深度性質則是強制給予 (2,4) 樹高度一個重要的界限。

定理 11.3：儲存有 n 個項目的 (2,4) 樹的高度是 $O(\log n)$。

證明：令 h 是儲存有 n 個項目的 (2,4) 樹 T 的高度。我們透過宣告以下敘述為真來證明這個定理

$$\frac{1}{2} \log(n + 1) \le h \le \log(n + 1) \tag{11.6}$$

要證明這個敘述，首先注意到大小性質，在深度 1 時我們最多有 4 個節點，在深度 2 時我們最多有 4^2 個節點，以此類推。所以 T 的外部節點的個數最多為 4^h。同樣，根據深度性質和 (2,4) 樹的定義，我們必須至少有 2 個節點在深度 1，至少有 2^2 個節點在深度 2，以此類推。因此在 T 中的外部節點個數至少有 2^h 個。除此之外，由定理 11.2 可知，在 T 中的外部節點個數為 $n+1$。所以我們得到

$$2^h \le n + 1 \le 4^h$$

對上述不等式各項取以 2 為底的對數，我們得到

$$h \le \log(n + 1) \le 2^h$$

重排各項，就證明了我們的宣告（11.6 不等式） ∎

定理 11.3 說明了大小和深度性質足夠用來保持多元樹的平衡。此外，這個定理指出在 (2,4) 樹執行一次搜尋會花費 $O(\log n)$ 的時間，而在節點所使用的輔助資料結構實作並不是重要的設計考量，因為子節點的最大數量 d_{max} 是常數。

保持這些性質，需要在 (2,4) 樹執行移除和插入之後做一些額外工作。我們接著討論相關的操作。

◉插入（Insertion）

插入鍵值為 k 的新項目 (k, v) 到 (2,4) 樹 T 時，我們要先搜尋 k。假設 T 當中沒有鍵值為 k 的元素，這個搜尋會在一個外部節點 z 不成功地結束。令 w 是 z 的父節點。我們插入一個新的項目到節點 w，並且增加 w 的新子節點 y（是一個外部節點）到 z 的左子樹上。

　　我們的插入方法能夠保存深度性質，是因為我們是在現有的外部節點的相同階層上插入新的外部節點。不過它有可能會違反大小性質。確實如此，如果節點 w 已經是 4- 節點的話，那麼在插入之後會成為 5- 節點，並且使得樹 T 不再是 (2,4) 樹。這種違反大小性質的型式被稱為在節點 w 的**溢位**（**overflow**），而且必須加以解決，以回復 (2,4) 樹的性質。令 c_1、...、c_5 是 w 的子節點，並且令 k_1、...、k_4，是儲存在 w 的鍵值。要補救在節點 w 的溢位，我們在 w 執行如下的分割操作（參考圖 11.7）：

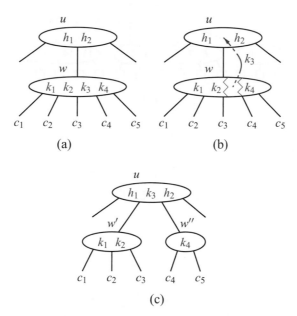

(a)　　　　　　　　　　　　　　(b)

(c)

圖 11.17：一個節點分割：(a) 5- 節點 w 溢出 (b) w 的第三個鍵插入父節點 (c) 節點 w 用 3- 節點 w' 和 2 節點 w'' 取代。

- 用 w' 和 w'' 兩個節點代替 w，其中

　◇ w' 是個 3- 節，子節點為 c_1、c_2、c_3，儲存的鍵值為 k_1 和 k_2。

　◇ w'' 是個 2- 節，子節點為 c_4、c_5，儲存的鍵值為 k_4。

- 如果 w 是 T 的根節點，建立一個新的根節點 u；否則，讓 u 成為 w 的父節點。

- 將鍵值 k_3 插入到 u 中，使 w' 和 w'' 成為 u 的子節點，如果 w 是 u 的第 i 個子節點，則 w' 和 w'' 成為 u 的第 i 和 $i + 1$ 個子節點。

　　在節點 w 執行分割操作的結果，可能會在 w 的父節 u 點出現溢出。如果發生溢出，它會依次觸發節點 u 的分割（見圖 11.18）。分割操作可以消除當前節點溢出，或將當前節點傳播到父節點。我們在圖 11.19 顯示 (2,4) 樹中的插入序列。

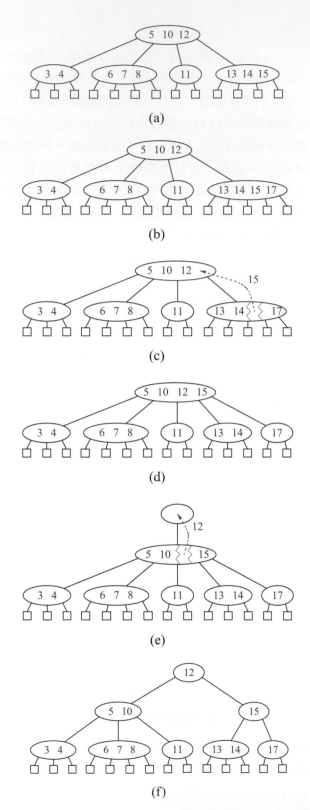

圖 11.18：在 (2,4) 樹中插入導致串聯分割：(a) 之插入前；(b) 插入 17，引起溢出；(c) 一個分割；(d) 分割後發生新的溢出；(e) 另一個分割，建立一個新的根節點；(f) 最後的樹。

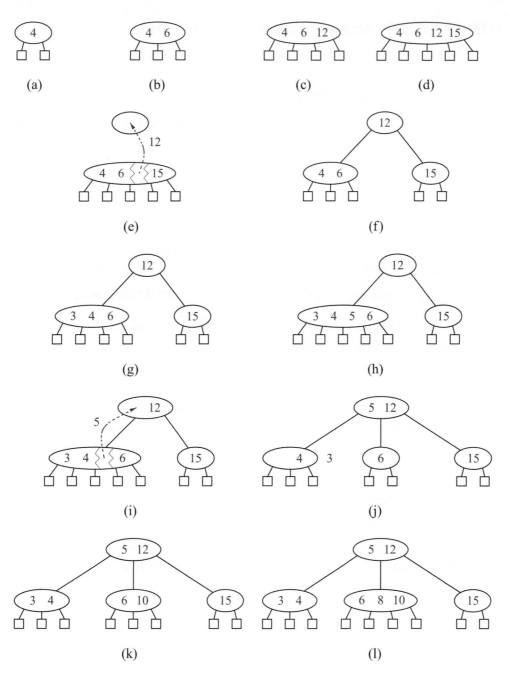

圖 11.19：在 (2,4) 樹中執行一系列的插入：(a) 初始的樹只有一個資料項目；(b) 插入 6；(c) 插入 12；(d) 插入 15，導致溢出；(e) 分割，導致建立一個新的根節點；(f) 分割後；(g) 插入 3；(h) 插入 5，導致溢出；(i) 分割 (j) 分割之後；(k) 插入 10；(l) 插入 8。

◉ **(2,4) 樹中插入的分析**（Analysis of Insertion in a（2,4）Tree）

因為 d_{max} 最多為 4，所以原始搜尋在每個水平層搜尋新的鍵值 k 使用的時間為 $O(1)$，因此整體時間為 $O(\log n)$，因為樹的高度根據定理 11.3 是 $O(\log n)$。

對單一節點插入新鍵值和子節點的更新，在每層以 $O(1)$ 時間執行，和單次分割操作一樣。串聯分割的操作數量由樹的高度界定，使這個階段的插入也是在 $O(\log n)$ 時間執行。因此，在 (2,4) 樹中執行插入的總時間是 $O(\log n)$。

◉ **刪除**（Deletion）

現在讓我們考慮從 (2,4) 樹 T 中刪除帶有鍵值字 k 的資料項。要刪除鍵值為 k 的項目，得先在 T 中搜尋此項目。從 (2,4) 樹當中移除這個項目，總是能將問題化簡成要移除的項目是儲存在節點 w，w 的子節點是外部節點。例如，假定我們要刪除的鍵值項目 k 是儲存節點 z 的第 i 個項目 (k_i, v_i)，節點 z 有內部子節點。在這種狀況下，我們依據下列步驟（參考圖 11.20d）將項目 (k_i, v_i) 與儲存在具有外部子節點的節點 w 中的適當項目做交換：

1. 我們在以 z 的第 i 個子節點作為根節點的子樹中，找出最右邊的內部節點 w 要注意的是節點 w 的子節點全部都是外部節點。

2. 將再 z 中的項目 (k_i, v_i) 和 w 中的最後一個項目做交換。

一旦我們確定要移除的項目是儲存在一個只具有外部子節點的節點 w 中，（因為它若不是本來就在 w 中，就是被我們交換到 w 中），我們只需從 w 中移除該項目（也就是從字典 $D(v)$ 中）並且移除外部節點，該節點是 w 的第 i 個子節點。

如上述，從節點 w 中移除項目（以及子節點）會保有深度性質，因為我們總是移除一個只有外部子節點的節點 w 的外部子節點。然而，移除這種外部節點的時候，我們可能會在節點 w 違反大小性質。確實如此，如果 w 本來是 2- 節點，那麼移除之後會變成沒有項目的 1- 節點（圖 11.20a 和 d），而這在 (2,4) 樹是不被允許的。這種違反大小性質的型式稱為在節點 w 的**欠位**（***underflow***）。為了補救欠位，我們檢查是否有緊鄰於 w 的兄弟節點是 3- 節點或 4- 節點。如果我們找到這樣的兄弟節點 s，那麼我們就執行**轉移**（***transfer***）操作，也就是移動 s 的一個子節點至 w，移動 s 的個一個鍵值到 u 和 w 的父節點，以及移動一個 u 的鍵值到 W。（參考圖 11.20b 和 d）如果 w 只有一個兄弟節點，或是與 w 緊鄰的兄弟節點都是 2- 節點，那麼我們就執行**合併**（***fusion***）操作，也就是將 w 與其兄弟節點合併產生新節點 w'，並且從 w 的父節點 u 移動鍵值到 w'。（參考圖 11.20e 和 f）。

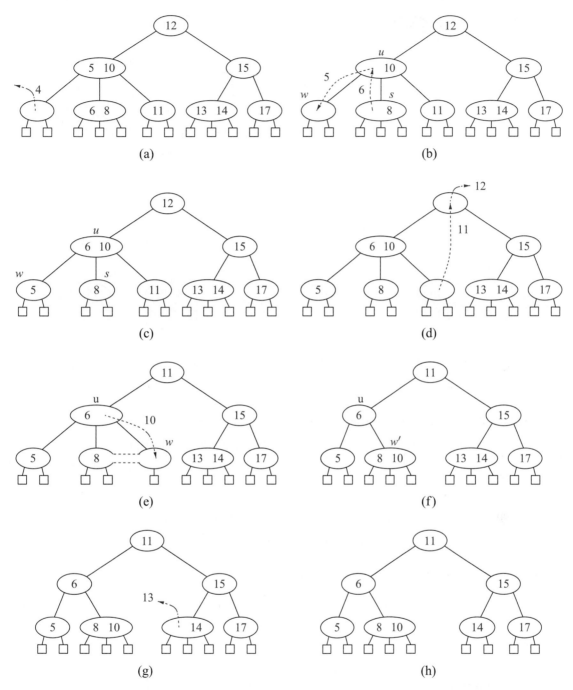

圖 11.20：(2,4) 樹的一系列刪除動作：(a) 刪除 4，導致欠位；(b) 轉移操作；(c) 轉移操作後；(d) 移除 12 造成欠位；(e) 合併操作；(f) 合併操作後；(g) 移除 13 份；(h) 移除 13 後。

在節點 v 的合併操作可能會在 w 的父節點 u 中造成新的欠位，這會依次引發在 u 上的轉移或是合併操作（請參看圖 11.21）。所以合併操作的個數是受限於樹的高度，由定理 11.3 可知其爲 $O(\log n)$。如果欠位的傳遞直達根節點，那麼根節點就會被刪除掉。（參考圖 11.21c 和 d）。

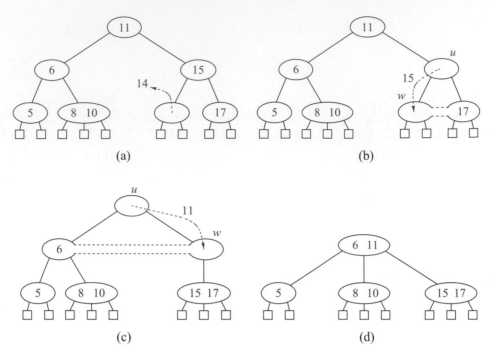

圖 11.21：(2,4) 樹中一系列的合併操作：(a) 移除 14，導致欠位；(b) 合併，導致另一個欠位；(c)
第二合併操作，導致根被去除；(d) 最後的樹。

◉ **(2,4) 樹的效能**（Performance of（2,4）Trees）

(2,4) 樹的漸近性能與 AVL 樹（以排序 map ADT 實作）的漸近性能相同（參見表 11.2），對
於大多數操作保證具有對數界限效能。對具有 n 個鍵值的 (2,4) 樹的時間複雜度分析是基於
以下幾點：

- 由定理 11.3，儲存 n 個資料項目的 (2,4) 樹的高度為 $O(\log n)$。

- 分割，轉移或合併操作需要的時間為 $O(1)$。

- 搜尋、插入或刪除資料項目將巡訪 $O(\log n)$ 個節點。

因此，(2,4) 樹提供快速 map 搜尋和更新操作。因此 (2,4) 樹對資料結構也有一個有趣的
關係，我們會在後面章節討論。

11.5 紅黑樹（**Red-Black Trees**）

雖然 AVL 樹和 (2,4) 樹有很多不錯的屬性，但它們也是有一些缺點。例如，AVL 樹在刪除
操作後，可能需要執行多次重構（旋轉），而 (2,4) 樹可能需要在插入或移除後，要執行許多
分割或合併操作。我們在本節討論的資料結構，紅黑樹，則沒有這些缺點；它在更新後使用
$O(1)$ 結構變化，以保持平衡。

正式定義：紅黑樹是具有紅色節點和黑色節點的二元搜尋樹（見第 11.1 節），滿足以下
屬性：

根屬性（*Root Property*）：根節點是黑色的。

外部屬性（*External Property*）：每個外部節點都是黑色的。

紅色屬性（*Red Property*）：紅色節點的子節點是黑色的。

深度屬性（*Depth Property*）：所有外部節點具有相同的**黑色深度**（*black depth*），黑色深度指的是節點的適當祖先（proper ancestors：不包括自己）數量，這些適當祖先也必須是黑色的。

紅黑樹的例子如圖 11.22 所示。

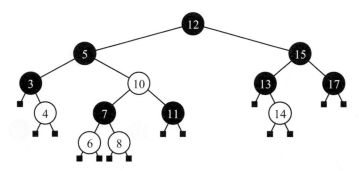

圖 11.22：一個紅黑樹的例子，以白色當作 "紅色" 節點。該這棵樹的共同黑色深度是 3。

若注意到紅黑樹與 (2,4) 樹之間的一個有趣的對應關係，則我們可以用更直覺的方式來看紅黑樹的定義。即，給定一棵紅黑樹，我們可以把它建構成對應的 (2,4) 樹。建構的方式是：

1. 將每一個紅色的節點 *w* 併入其父節點。

2. 將 *w* 的資料項目儲存在其父節點中。

3. *w* 的子節點成為父節點的有序子節點。

例如，在圖 11.22 中的紅黑樹對應到圖 11.16 中的 (2,4) 樹，如圖 11.23 所示。紅黑樹的深度屬性對應到 (2,4) 樹的深度屬性，因為紅黑樹黑色節點恰好與 (2,4) 樹的每個節點相對應。

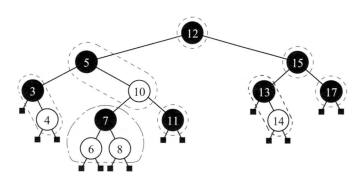

圖 11.23：示範圖 11.22 的紅黑樹如何轉換成圖 11.16 的 (2,4) 樹，紅色節點與黑色父節點合併成 (2,4) 樹節點，沒有紅色子節點的黑色節點獨立成為 (2,4) 樹的一個節點。

　　同樣地，我們也可以將任何的 (2,4) 樹變換成相應的紅黑樹，第一個動作是先將每個節點 w 塗成黑色，然後執行以下變換，如圖 11.24 所示。

- 如果 w 是 2- 節點，則保持 w 的（黑色）子節點。
- 如果 w 是 3- 節點，則建立一個新的紅色節點 y，將 w 的最後兩個（黑色）子節點給 y，並使 w 和第一個子節點和 y 成為 w 的兩個子節點。
- 如果 w 是 4- 節點，則建立兩個新的紅色節點 y 和 z，將 w 的前兩個（黑）子節點 y，w 的最後兩個（黑色）子節點給 z，並使 y 和 z 成為 w 的兩個子節點。

請注意，在這個結構中，一個紅色的節點總是有一個黑色的父節點。

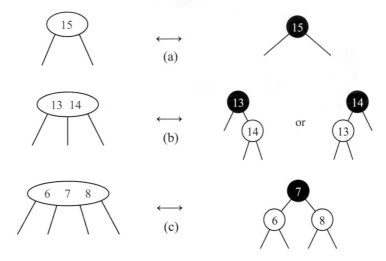

圖 11.24：(2,4) 樹和紅黑樹的節點之間的對應關係：（a) 2- 節點；（b) 3- 節點；（c) 4- 節點。

定理 11.4：儲存 n 個資料項目的紅黑樹，高度為 $O(\log n)$。

證明：令 T 是儲存有 n 個項目的紅黑樹，令 h 是 T 的高度。我們經由建立下述的事實來驗證這項定理：

$$\log(n+1) \le h \le 2\log(n+1)\text{。}$$

令 d 是 T 的所有外部節點的共同黑色深度。令 T' 是對應 T 的 (2,4) 樹，令 h' 是 T' 的高度。因為 (2,4) 樹和紅黑樹的對應關係，我們得知 $h' = d$。所以由定理 11.3，$d = h' \le \log(n+1)$。由紅節點性質，$h \le 2d$。所以我們得到 $h \le 2\log(n+1)$。另外一個不等式 $\log(n+1) \le h$，是由定理 8.7 以及 T 有 n 個內部節點的事實而得。　■

11.5.1　紅黑樹操作（Red-Black Tree Operations）

用於在紅黑樹 T 中搜尋的演算法與標準二元搜尋樹的演算法相同（第 11.1 節）。因此，在紅黑樹中搜尋需要時間與樹的高度成正比，由定理 11.4，搜尋為 $O(\log n)$。

　　(2,4) 樹和紅黑樹之間的對應關係提供一個很重要直覺，這將會用在紅黑樹的更新操作；事實上，若沒有這種直覺，紅黑樹的更新演算法看起來就有些神秘複雜。(2,4) 樹的分割和合併操作將用在紅黑樹相鄰節點變色。紅黑樹內的旋轉將用來改變如圖 11.24（b）所示在兩者間的 3 節點的方向。

◉ 插入（Insertion）

考慮將鍵值對 (k, v) 插入到紅黑樹 T 中，演算法最初如標準二元搜尋樹（11.1.2 節）那樣進行。也就是說，在 T 中搜尋 k，如果我們到達外部節點，我們將內部節點 x 替換此節點，儲存資料項目並具有兩個外部子節點。如果這是 T 中的第一個資料項目，因此 x 是根，我們將它們變黑。在其他所有情況下，將 x 塗成紅色。該動作對應於將 (k, v) 插入到 (2,4) 樹 T' 中的最低部水平層。插入動作維持住 T 的根節點和深度屬性，但有可能會違反紅色性質。的確，如果 x 不是 T 的根節點，而其父節點 y 為紅色，那麼會有一個父節點和子節點（即 y 和 x）都是紅色的狀態。注意，根據根節點性質，y 不能是 T 的根，且根據紅色屬性（以前是滿足的），y 的父節點 z 必須是黑色的。由於 x 和其父節點是紅色，但 x 的祖父節點 z 是黑色的，稱此紅色的違規為在 x 節點發生雙紅色（double red）。為了補救雙紅色，可以考慮兩種情況。

情況 1：y 的兄弟節點 s 是黑色（見圖 11.25）。在這種情況下，雙紅色表示我們已經將新節點添加到對應的 (2,4) 樹 T' 的 3- 節點，有效地建立了畸形的 4- 節點。這個構造有一個紅色節點 y，是另一個紅色節點 x 的父節點；但我們希望這兩個紅色節點形成兄弟節點。為了解決這個問題，我們進行**三節點重構**（***trinode restructuring***）。三節點重構（在第 11.2 節介紹）由操作 restructure(x) 完成，其中包括以下步驟（再次參見圖 11.25）：

- 取節點 x，父節點為 y，祖父節點為 z，並按照從左到右的順序臨時重新將它們標記為 a、b 和 c，所以 a、b 和 c 將按中序巡訪。

- 將祖父節點 z 以標有 b 的節點替換，並使節點 a 和 c 成為 b 的子節點，保持中序的關係不變。

進行 restructure(x) 操作後，我們將 b 塗成黑色，將 a 和 c 紅塗成紅色。因此，重構消除了雙紅色問題。重構後樹的黑色深度不受影響

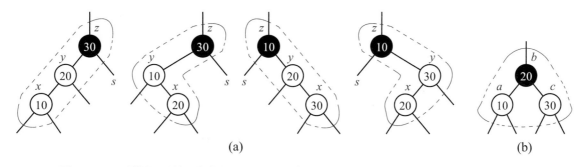

(a)　　　　　　　　　　　　　　　　　　　　　　　(b)

圖 11.25：重構紅黑樹，修復雙紅：（a）重構前的四種 x、y 和 z 配置；（b）重構後。

情況 2：y 的兄弟節點 s 是紅色的（見圖 11.26）。在這種情況下，雙紅色在 (2,4) 樹 T' 中的狀態就是溢出。為了解決這個問題，我們執行與 (2,4) 樹相對應的分割操作。也就是說，我們做一個改變：我們將 y 和 s 塗成黑色，父節點 z 塗成紅色（除非 z 是根節點，在此情況下，它保持黑色）。請注意，除非 z 是根節點，否則 z 的兩個路徑在變色後受影響部分恰好是一個黑色節點，所以樹的黑色深度不受變色的影響，除非 z 是根節點，在此情況下深度增加 1。

但是，這種雙紅色問題可能會再次出現，雖然在樹 T 的高處，但是 z 仍可能有一個紅色的父節點。如果雙紅色的問題在 z 出現，然後我們重複考慮在 z 可能出現的兩個情況。因此，變色可以消除在節點 x 處雙紅色問題，或是將雙紅色問題傳播到 x 的祖父節點 z。我們繼續向 T 的上方執行變色，直到我們終於解決雙紅色問題（最後執行變色或三節點重構）。因此，由插入引起的變色次數，不會超過樹 T 的高度的一半，也就是定理 11.4 的 $O(\log n)$。

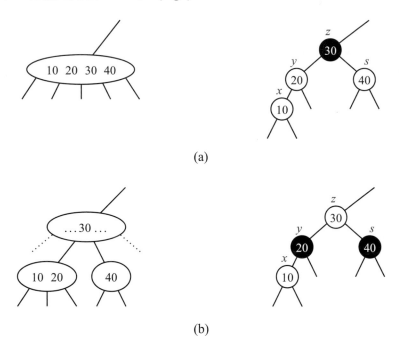

圖 11.26：使用變色來修復雙紅色問題。(a) 左圖：分割前的 (2,4) 樹中 5- 節點，右圖，變色之前的紅黑樹；(b) 左圖：分割後 (2,4) 樹，右圖：變色後的紅黑樹。

進一步的例子，圖 11.27 和 11.28 顯示在紅黑色樹上執行一系列插入操作。

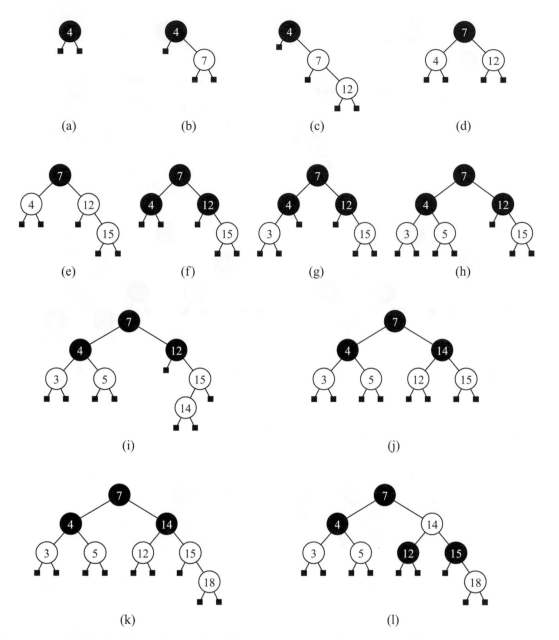

圖 11.27：紅黑樹中的插入序列：(a) 初始樹；(b) 插入 7；(c) 插入 12，導致雙紅色問題；(d) 重構後；(e) 中插入 15，造成雙紅色；(f) 變色後（根節點保持黑色）；(g) 插入 3；(h) 插入 5；(i) 插入 14，導致雙紅色 (j) 重構後；(k) 插入 18，導致雙紅色；(l) 變色後。(1/2)

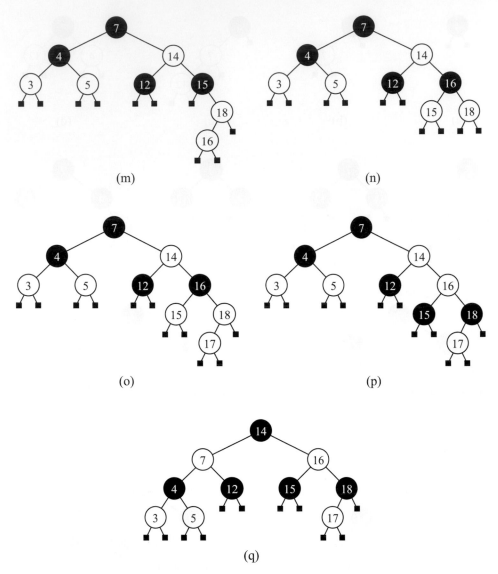

圖 11.28：紅黑樹中執行一系列的插入：(m) 插入 16，導致雙紅色；(n) 重構後；(o) 插入 17，造成雙紅色；(p) 再次出現了雙紅色，由重構處理；(q) 重構後。(2/2)

◉ **刪除（Deletion）**

從紅黑樹 T 中刪除鍵值 k 的資料項目 T，初始動作和在二元搜尋樹進行的一樣（第 11.1.2 節）。在結構上，該過程會移除內部節點（原先包含鍵值 k 的節點，或中序的前位節點（predecessor））和一個外部的子節點，其他子節點位置上升。

　　如果刪除的內部節點為紅色，則此結構變化不會影響樹中任何路徑的黑色深度，也不會引入任何紅色違規，所以刪除紅節點後的樹，仍然是一棵有效的紅黑樹。在相應的 (2,4) 樹 T' 中，這狀況表示 4- 節點或 3- 節點的收縮。如果刪除的內部節點是黑色，必須具有黑色高度 1，所以這個內部節點的兩個子節點都是外部節點，或有一個紅色內部子節點，該子節點具有兩個外部子節點。在後一種情況下，被去除的節點對應到 3- 節點的黑色部分，然後將上升的子節點塗為黑色，恢復紅黑樹的特性。

　　最複雜的情況是當被刪除的節點是黑色，並且具有兩個外部子節點時。在相應的 (2,4) 樹中，這表示從 2- 節點刪除資料項目。沒有重新平衡，這樣的變化導致一個缺點，由於被刪除節的子節點位置上升，該子節點的外部位置 p 也跟著上升，影響了 p 的黑色深度。為了保持深度屬性，我們暫時將一個虛構的**雙黑 (*double black*)** 節點分配給上升的葉節點。雙黑節點在相應的 (2,4) 樹 T' 代表缺位。要修改任意位置 p 的雙黑節點問題，我們會考慮三種情況。

情況 1：p 的兄弟節點是黑色且有一個紅子節點 x（見圖 11.29）。

　　我們執行三節點重構，如第 11.2 節所述。restructure(x) 中節點 x，其父節點為 y，祖父節點為 z，暫時將它們從左到右標記為 a、b 和 c，並將 z 以標記為 b 的節點取代，使其成為另外兩個節點的父節點。我們將 a 和 c 塗成黑色，將 b 塗成之前 z 的顏色。

　　請注意，重構後，p 的路徑包括一個額外的黑色節點，而路徑上的任何其他三個子樹黑色節點的數量保持不變，如圖 11.29 中所示。因此，將 p 塗回（正常）黑色，消除雙黑色問題。

　　解決這種情況對應於 (2,4) 樹 T' 中節點 z 的兩個子節點之間的轉移操作。事實上，y 有一個紅色的子節點，意味 y 是 3 節 - 點或 4- 節點。實際上，之前儲存在 z 的資料項目被降級成為一個新的 2- 節點來解決問題，同時，儲存在 y 或其子節點的資料項目被提升，代替以前儲存在 z 的資料項目。

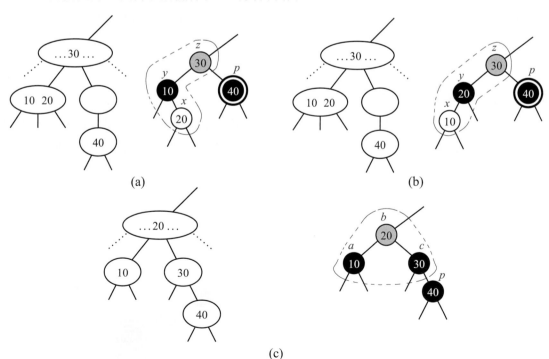

圖 11.29：重構紅黑樹以修復雙黑色問題：（a）和（b）重構前的配置，其中 p 是右子節點，在相應的 (2,4) 樹轉移前（另外兩個對稱配置，所以 p 是左子節點是可能的）；（c）重構後的配置，對應的 (2,4) 樹轉移後的相關節點。（a）和（b）中節點 z 的灰色部分和（c）中節點 b 的灰色部分表示這個節點可能是紅色或黑色的。

情況 2：*p* 的兄弟節點 *y* 是黑色，*y* 的兩個子節點都是黑色。

我們做一個變色，首先將 *p* 從雙黑變成黑色，*y* 從黑色變到紅色。這不會產生任何紅色違規，因為 *y* 的子節點都是黑色的。為修補穿過 *y* 或 *p* 的路徑黑色深度的降低，我們考慮 *p* 和 *y* 的共同父節點 *z*。如果 *z* 是紅色的，我們會把它塗成黑色，雙色問題就解決了（見圖 11.30a）。如果 *z* 是黑色，我們將其塗成雙黑色，從而將雙黑問題傳播到樹的上層（見圖 11.30b）。

解決這種情況，相當於在 (2,4) 樹 *T'* 中的合併操作，*y* 以 2- 節點表示。把雙色問題向上傳播，代表父節點 *z* 也是一個 2- 節點。

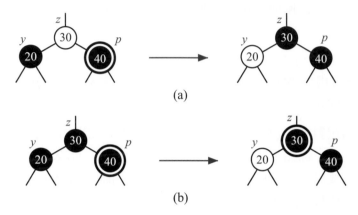

(a)

(b)

圖 11.30：重新著色操作，對一些路徑的黑色深度具自然效應：（a）當 *z* 最初是紅色時，這個變色解決了雙黑色問題，結束過程；（b）當 *z* 原來是黑色時，它變成雙黑色，需要串聯補救（cascading remedy）。

情況 3：*p* 的兄弟節點 *y* 是紅色（見圖 11.31）。

令 *z* 表示 *y* 和 *p* 的共同父節點，並注意到 *z* 必須是黑色，因為 *y* 是紅色的。*y* 和 *z* 的組合在 (2,4) 樹 T 中'代表一個 3- 節點。在這種情況下，我們對 *y* 和 *z* 進行旋轉操作，然後將 *y* 塗成黑色，*z* 塗成紅色。在 (2,4) 樹 *T'* 中代表一個 3- 節點重新定位。

經過以上旋轉和變色操作，現在重新考慮 p 的雙黑色問題。調整後，*p* 的兄弟節點是黑色的，可適用情況 1 或情況 2。此外，下一個應用程式將是最後一個應用程式，因為情況 1 總會結束，情況 2 在 p 的父節點現是紅色的情況下結束。

圖 11.31：在雙黑色問題下，紅色節點 y 和黑色節點 z 的旋轉和變色操作（對稱配置是可能的）。這相當於在 (2,4) 樹 3- 節點做方向變化。此操作不影響通過此處的任何路徑的黑色深度，執行此操作之後，當 *p* 的兄弟是黑色時，可使用其他解決雙黑色問題的方法。

　　在圖 11.32 中，我們在紅黑樹上顯示一系列的刪除操作。情況 1 的重構在（c）和（d）示範。情況 2 的變色在（f）和（g）示範。情況 3 的旋轉在（i）和（j）示範，最後在 (k) 以情況 2 的變色，結束示範。

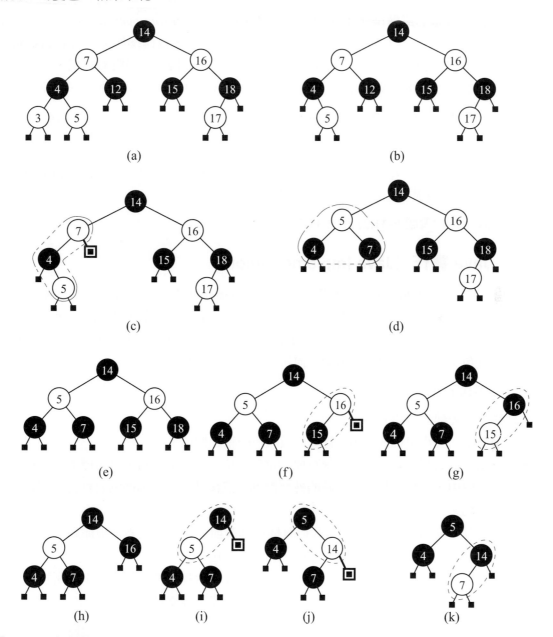

圖 11.32：紅黑樹的一系列刪除操作：(a) 初始樹；(b) 移除 3；(c) 移除 12，導致 7 右邊雙黑色（由重構處理）；(d) 重構後；(e) 移除 17；(f) 移除 18，造成 16 右邊雙黑色（由變色處理）；(g) 變色後；(h) 移除 15；(i) 移除 16，造成 14 右邊雙黑色（最初由旋轉處理）；(j) 旋轉後，雙黑色藉由變色處理 (k) 變色後。

◉ **紅黑樹的效能**（Performance of Red-Black Trees）

紅黑樹的漸近性能與 AVL 樹或 (2,4) 樹（以排序 map ADT 實作）的性能相同，對大多數操作保證具有對數時間效能（請參見表 11.2，有關 AVL 性能的摘要）。紅黑樹的主要優點是插入或刪除只需**常數量的重構操作**（*constant number of restructuring operations*）（這與 AVL 樹和 (2,4) 樹很不一樣，AVL 樹和 (2,4) 在最壞的情況下對 map 每個操作都需要有對數量的結構更改）。也就是說，在紅黑樹中的插入或刪除所要執行的搜尋只需對數時間，對變色可能引發的向上串聯也可能需要對數量的變色操作。我們將這些事實正規化成以下定理。

定理 11.5：將資料插入有 n 個資料項目的紅黑樹中，執行時間為 $O(\log n)$，並且需要執行 $O(\log n)$ 次變色，最多執行一次重構操作。

定理 11.6：從有 n 個資料項目的紅黑樹中刪除項目，執行的時間為 $O(\log n)$，並執行 $O(\log n)$ 次變色，最多執行兩次重構操作。

這些定理的證明留給習題 R-11.22 和 R-11.23。

11.5.2　Java 實作（Java Implementation）

在本節中，我們將實作 RBTreeMap 類別，RBTreeMap 繼承標準的 TreeMap 類別，並使用在 11.2.1 節描述的平衡架構。在該架構中，每個節點儲存一個輔助整數，該整數是維持平衡不可或缺的資訊。對於一棵紅黑樹，我們使用該整數來表示顏色，數值 0（默認）代表黑色，數值 1 代表紅色；遵循此慣例，在樹中任何新建立葉子節點將是黑色的。

　　實作從程式 11.13 開始：

- 建構子首先建立空的 map。
- 接下來是一些實用程式，用來管理代表顏色的輔助欄位。
- 接下來的程式是在執行插入後執行樹的重新平衡。當一個資料項目用標準搜尋樹演算法插入樹中，它會被儲存在當時的外部節點，然後轉換為內部節點並具有兩個新的外部子節點。
- 接下來執行 rebalanceInsert，讓我們有機會修改樹。除非新元素是根節點，我們會將新元素塗成紅色（該節點是葉節點時，顏色是黑色）。
- 然後檢視是否有紅色違規的可能性。resolveRed 實用程式使用第 11.5.1 節所述的案例分析，由於紅色違規行為會向上傳播，所以紅色違規經常會重複出現。

　　程式 11.14 接續程式 11.13：

- 執行刪除動作後，根據 11.5.1 敘述的原則管理重平衡程序。
- 若刪除的節點是紅色的，直接移除，沒有必要採取其他平衡行動。
- 若刪除的節點是黑色的，我們必須考慮一種恢復深度屬性的方法。另外有一點要注意的是，在呼叫 rebalanceDelete 方法的時候，一個節點已從樹中刪除（此方法在被刪除的子節點被提升的時候呼叫）。幸運的是，我們可以基於紅黑樹的性質推斷刪除的節點的屬性，這些性質在刪除之前是存在的。

- 令 p 表示被刪除節點的子節點，並且已經升級。如果有紅色子節點的黑色節點已被刪除，那麼 p 將是那個紅色子節點；補救措施是將 p 變為黑色。

- 如果 p 不是根節點，令 s 表示被刪除節點的兄弟節點（刪除變為 p 的兄弟節點）。如果刪除節點是黑色的且具有兩個黑色子節點，我們必須把 p 視為一個雙黑色節點，需要補救措施。

- 若且為若，如果只有兄弟節點的子樹內部有一個黑色，那就是上述雙黑節點情況（因為在刪除之前紅黑樹的深度屬性被滿足）。因此只要測試 s 是一個黑色的內部節點，還是一個有內部子節點（由於樹的紅色屬性，它必須是黑色的）的紅色內部節點，就可偵測雙黑問題。

- rebalanceDelete 方法會先以上述方式偵測雙黑色問題，然後遞迴呼叫 remedyDoubleBlack 方法來解決問題。

```
1   /** An implementation of a sorted map using a red-black tree. */
2   public class RBTreeMap<K,V> extends TreeMap<K,V> {
3     /** Constructs an empty map using the natural ordering of keys. */
4     public RBTreeMap( ) { super( ); }
5     /** Constructs an empty map using the given comparator to order keys. */
6     public RBTreeMap(Comparator<K> comp) { super(comp); }
7     // we use the inherited aux field with convention that 0=black and 1=red
8     // (note that new leaves will be black by default, as aux=0)
9     private boolean isBlack(Position<Entry<K,V>> p) { return tree.getAux(p)==0;}
10    private boolean isRed(Position<Entry<K,V>> p) { return tree.getAux(p)==1; }
11    private void makeBlack(Position<Entry<K,V>> p) { tree.setAux(p, 0); }
12    private void makeRed(Position<Entry<K,V>> p) { tree.setAux(p, 1); }
13    private void setColor(Position<Entry<K,V>> p, boolean toRed) {
14      tree.setAux(p, toRed ? 1 : 0);
15    }
16    /** Overrides the TreeMap rebalancing hook that is called after an insertion. */
17    protected void rebalanceInsert(Position<Entry<K,V>> p) {
18      if (!isRoot(p)) {
19        makeRed(p);                           // the new internal node is initially colored red
20        resolveRed(p);                        // but this may cause a double-red problem
21      }
22    }
23    /** Remedies potential double-red violation above red position p. */
24    private void resolveRed(Position<Entry<K,V>> p) {
25      Position<Entry<K,V>> parent,uncle,middle,grand;    // used in case analysis
26      parent = parent(p);
27      if (isRed(parent)) {                    // double-red problem exists
28        uncle = sibling(parent);
29        if (isBlack(uncle)) {                 // Case 1: misshapen 4-node
30          middle = restructure(p);            // do trinode restructuring
31          makeBlack(middle);
32          makeRed(left(middle));
33          makeRed(right(middle));
34        } else {                              // Case 2: overfull 5-node
```

```
35              makeBlack(parent);                          // perform recoloring
36              makeBlack(uncle);
37              grand = parent(parent);
38              if (!isRoot(grand)) {
39                makeRed(grand);                           // grandparent becomes red
40                resolveRed(grand);                        // recur at red grandparent
41              }
42            }
43          }
44      }
```

程式段 11.13：RBTreeMap 類別。（1/2）

```
45      /** Overrides the TreeMap rebalancing hook that is called after a deletion. */
46      protected void rebalanceDelete(Position<Entry<K,V>> p) {
47        if (isRed(p))                                     // deleted parent was black
48          makeBlack(p);                                   // so this restores black depth
49        else if (!isRoot(p)) {
50          Position<Entry<K,V>> sib = sibling(p);
51          if (isInternal(sib) && (isBlack(sib) || isInternal(left(sib))))
52            remedyDoubleBlack(p);                         // sib's subtree has nonzero black height
53        }
54      }
55
56      /** Remedies a presumed double-black violation at the given (nonroot) position. */
57      private void remedyDoubleBlack(Position<Entry<K,V>> p) {
58        Position<Entry<K,V>> z = parent(p);
59        Position<Entry<K,V>> y = sibling(p);
60        if (isBlack(y)) {
61          if (isRed(left(y)) || isRed(right(y))) {        // Case 1: trinode restructuring
62            Position<Entry<K,V>> x = (isRed(left(y)) ? left(y) : right(y));
63            Position<Entry<K,V>> middle = restructure(x);
64            setColor(middle, isRed(z));                   // root of restructured subtree gets z's old color
65            makeBlack(left(middle));
66            makeBlack(right(middle));
67          } else {                                        // Case 2: recoloring
68            makeRed(y);
69            if (isRed(z))
70              makeBlack(z);                               // problem is resolved
71            else if (!isRoot(z))
72              remedyDoubleBlack(z);                       // propagate the problem
73          }
74        } else {                                          // Case 3: reorient 3-node
75          rotate(y);
76          makeBlack(y);
77          makeRed(z);
78          remedyDoubleBlack(p);                           // restart the process at p
79        }
80      }
81    }
```

程式 11.14：支持在 RBTreeMap 類別中刪除。（2/2）

11.6 伸展樹（**Splay Trees**）

接下來要討論的的搜尋樹結構是一個被稱為**伸展樹**（*splay tree*）的結構。這個結構在概念上與我們所討論的其他平衡搜尋樹完全不同，伸展樹不嚴格執行對數上限高度（logarithmic upper bound）。伸展樹不用儲存額外的資訊如高度、平衡度或其他輔助資料來維持樹的平衡。

　　伸展樹的效率是由於某種移動到根的操作所達成，稱為**伸展**。在每次插入、刪除甚至搜尋期間，從最底部位置 p 處執行伸展。直覺上，伸展需要更頻繁巡訪元素以保持更接近根節點，從而降低搜尋時間。伸展最令人驚訝的是，它允許我們保證插入、刪除以及搜尋的攤銷執行時間為對數。

11.6.1 伸展（**Splaying**）

給定一個二元搜尋樹 T 的內部節點 x，我們經由一序列的結構重建，把 x 移動到 T 的根節點來對 x 作伸展。所執行的特別的結構重建是很重要的，因為只做任意的結構重建並不足以把 x 移動到根節點。我們所執行的是將 x 往上移動的動作，這動作和 x 的相對位置、父節點 y 以及祖父節點 z（如果存在的話）有關。可考慮三種狀況：

zig-zig：節點 x 以及它的父節點 y 兩者都是左或右子節點（請參看圖 11.33）。我們把 x 向上提昇，使 y 成為 x 的子節點，並使 z 成為 y 的子節點，同時維護著中序關係，也就是伸展前和伸展後，節點的中序順序不變。

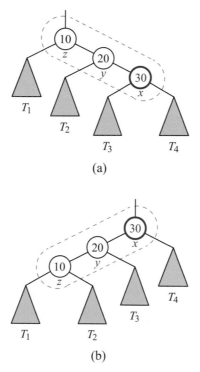

圖 11.33：Zig-Zig：（a）之前；（b）之後。另一種對稱的設定是當 x 和 y 為左子節點。

zig-zag：x 和 y 的其中之一是左子節點，另一個是一個正確的子節點（見圖 11.34）。在這種情況下，我們將 y 和 z 做為 x 的子節來提升 x，同時保持節點在 T 中的中序關係。

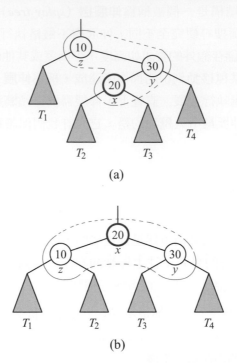

(a)

(b)

圖 11.34：Zig-zag（a）之前（b）之後。有另一種對稱的設定是當 x 為右子節點和 y 為左子節點。

zig：　X 沒有祖父節點（請參看圖 11.35）。在這個情況下，我們繞著 y 旋轉 x，使得 y 成爲 x 的子節點，同時維護在 T 之中節點相對中序關係。

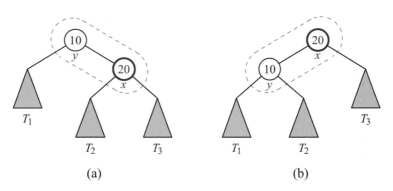

(a)　　　　　　　　　　　　　　　(b)

圖 11.35：Zig（a）之前（b）之後。有另一種對稱的設定，其中 x 原先是 y 的左子節點。

當 x 有個祖父節點時，我們進行一次 zig-zig 或是 zig-zag，而當 x 有個父節點，但沒有祖父節點峙，我們進行一次 zig。一次伸展樹步驟包含了在 x 上反覆結構重建，直到 x 成爲 T 的根節點。注意到這和一系列將 x 移動到根節點的簡單旋轉不同。在圖 11.36 和圖 11.37 中顯示了一個節點的伸展樹範例。

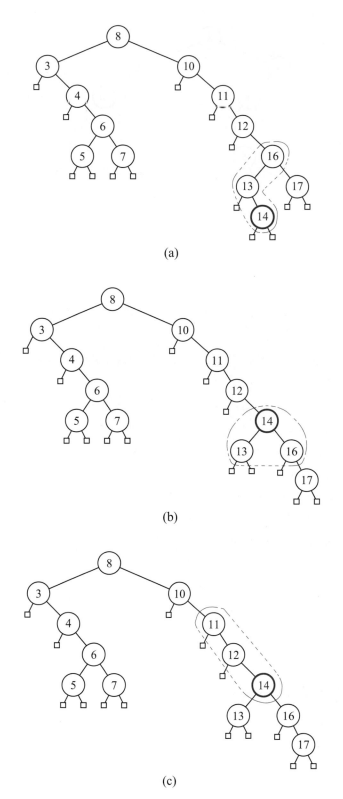

圖 11.36：伸展一個節點的範例：（a）以 zig-zag 對儲存 14 的節點做伸展；（b）zig-zag 之後；（c）下一步驟是 zig-zig。（1/2）

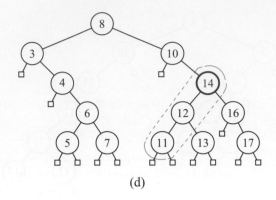

(d)

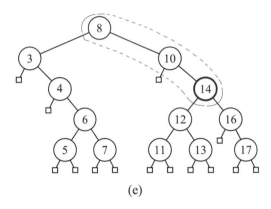

(e)

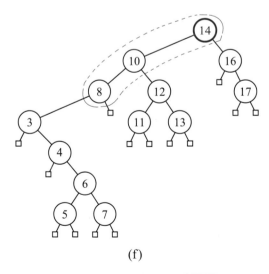

(f)

圖 11.37：伸展樹節點範例（d）zig-zig 之後；（e）下一步還是 zig-zig；（f）zig-zig 之後。（2/2）

11.6.2　何時伸展（When to Splay）

支配何時應當執行伸展樹的規則如下：

* 搜尋鍵值 k 的時候，若在位置 p 找到 k，就伸展 p ，不然我們就在伸展樹搜尋不成功地終止之處的外部節點之父節點。例如，圖 11.36 和 11.37 的伸展樹可以在搜尋鍵值 14 成功之後或是搜尋鍵值 15 失敗之後執行。

* 插入鍵值 k 時，我們就伸展樹插入 k 的所新產生的內部節點。例如，若 14 是新插入的鍵值。例如，在圖 11.36 與 11.37 中的伸展樹可以在當 14 是新插入的鍵值時執行。我們在圖 11.38 中顯示在一棵伸展樹中的插入序列。。

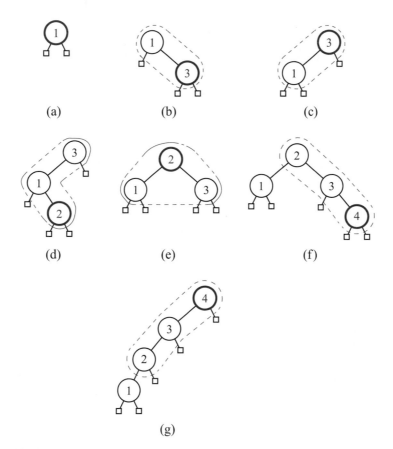

圖 11.38：在伸展樹執行一系列的插入操作：（a）原始的樹；（b）插入 3 之後，但在 zig 之前；（c）伸展之後；（d）插入 2 之後，但在 zig-zag 步驟之前；（e）伸展之後；（f）插入 4 之後，但在 zig-zig 步驟之前；（g）伸展之後。

● 當刪除鍵值 k 時，我們就伸展位置 p，p 是移除節點的父節點，回憶先前二元搜尋樹的移除演算法，刪除的節點可能原來包含鍵值 k，或有一個替換鍵值的後代節點。在刪除後執行伸展的範例如圖 11.39 所示。

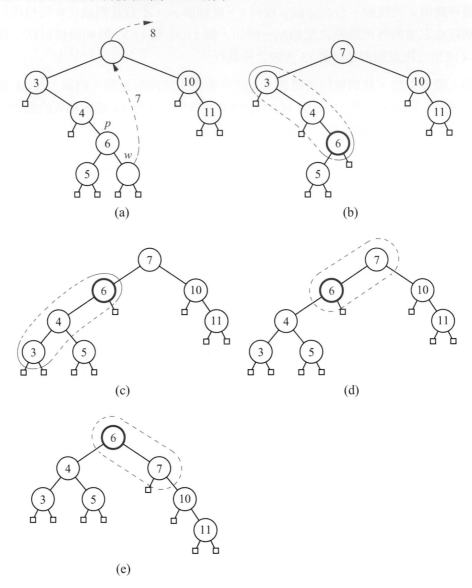

圖 11.39：從伸展樹中刪除：（a）從根節點刪除 8 的操作，透過將根節點的中序前節點 w 的鍵值移動到根節點來執行，刪除 w，並伸展 w 的父節點 p；（b）以 zig-zig 開始伸展 p；（c）之後 zig-zig；（d）下一步是 Zig；（e）Zig 之後。

11.6.3　Java 實作（Java Implementation）

雖然伸展樹的效能數學分析是複雜的（見第 11.6.4 節），但調整標準的二元搜尋樹來實現伸展樹卻相當簡單。程式 11.15 完整實作 SplayTreeMap 類別，使用的是基於底層的 TreeMap 類別，同時也使用第 11.2.1 節描述的平衡架構。注意原來的 TreeMap 類別不僅僅是從 get 方法內部呼叫 rebalanceAccess 方法，當修改相關的現有鍵值時，還可以在 put 方法內部呼叫 rebalanceAccess 方法。

```
 1   /** An implementation of a sorted map using a splay tree. */
 2   public class SplayTreeMap<K,V> extends TreeMap<K,V> {
 3     /** Constructs an empty map using the natural ordering of keys. */
 4     public SplayTreeMap( ) { super( ); }
 5     /** Constructs an empty map using the given comparator to order keys. */
 6     public SplayTreeMap(Comparator<K> comp) { super(comp); }
 7     /** Utility used to rebalance after a map operation. */
 8     private void splay(Position<Entry<K,V>> p) {
 9       while (!isRoot(p)) {
10         Position<Entry<K,V>> parent = parent(p);
11         Position<Entry<K,V>> grand = parent(parent);
12         if (grand == null)                              // zig case
13           rotate(p);
14         else if ((parent == left(grand)) == (p == left(parent))) {   // zig-zig case
15           rotate(parent);                               // move PARENT upward
16           rotate(p);                                    // then move p upward
17         } else {                                        // zig-zag case
18           rotate(p);                                    // move p upward
19           rotate(p);                                    // move p upward again
20         }
21       }
22     }
23     // override the various TreeMap rebalancing hooks to perform the appropriate splay
24     protected void rebalanceAccess(Position<Entry<K,V>> p) {
25       if (isExternal(p)) p = parent(p);
26       if (p != null) splay(p);
27     }
28     protected void rebalanceInsert(Position<Entry<K,V>> p) {
29       splay(p);
30     }
31     protected void rebalanceDelete(Position<Entry<K,V>> p) {
32       if (!isRoot(p)) splay(parent(p));
33     }
34   }
```

程式 11.15：SplayTreeMap 類別的完整實作。

11.6.4　伸展攤銷分析（Amortized Analysis of Splaying）＊

在一次 zig-zig 或 zig-zag 之後，p 的深度以二遞減，而在一次 zig 之後，p 的深度以一遞減。這樣，如果 p 有深度 d，伸展 p 包含 $\lfloor d / 2 \rfloor$ 次的 zig-zigs 及 / 或 zig-zags，如果 d 是奇數就再加上一次最後的 zig。因為單一個 zig-zig、zig-zag 或 zig 只影響到常數個數的節點，所以它可以在 $O(1)$ 時間內完成。所以，在二元搜尋樹當中伸展一個節點 x 要花費時間 $O(d)$，其中 d 是在 T 中 p 的深度。換句話說，對一個節點 p 執行伸展步驟的執行時間，與從 T 的根節點做由上至下（top-down）搜尋時，剛好到達該節點的時間相同。

◉ 最差執行時間（Worst-Case Time）

在最差狀況下，在一棵高度為 h 的伸展樹中，搜尋、插入或刪除的全部執行時間為 $O(h)$，因為我們伸展的節點可能就是樹的最深節點。而且如同在圖 11.38 中所顯示的，h 有可能會大到跟 n 一樣。因此，從最差狀況的觀點來看，伸展樹並不是一個吸引人的資料結構。

　　儘管伸展樹在最差狀況下的執行效率很糟，但是以攤銷的方式來看，伸展樹的表現還算不錯。也就是，在一序列混合的搜尋、插入以及刪除，每一個操作的平均花費是對數時間。我們透過記帳方式來對於伸展樹進行攤銷分析。

◉ 伸展樹的攤銷分析（Amortized Performance of Splay Trees）

對於我們的分析，請注意執行一次搜尋、插入或是刪除都是與相關的伸展動作所需時間成比例。所以我們僅考慮伸展的時間。

　　令 T 是具有 n 個鍵值的伸展樹，並且令 w 是 T 的節點。我們將 w 的大小定義成 $n(w)$，以 w 作為根節點的子樹的節點個數。注意到內部節點的大小比它兩個子節點的大小總和還要大一。我們將節點 w 的等級定義成 **rank** $r(w)$，以 2 為底的對數所表示 w 的大小，也就是 $r(w) = \log(n(w))$。很清楚的，T 的根節點具有最大的大小 n 以及最大的等級，$\log(n)$，而每一個外部節點則有著大小 1 以及等級 0。

　　使用網路幣來支付在樹 T 當中節點 p 的伸展所要執行的工作，並且假設一元網路幣可以支付一次 zig，而二元網路幣可以支付一次 zig-zig 或 zig-zag。所以，伸展一個深度為 d 的節點需要花費 d 個網路幣。在 T 中的每一個內部節點中保持一個虛擬帳戶以用來儲存網路幣。注意到這些帳戶只為了我們的攤銷分析而存在，並不需要被包含在實作伸展樹 T 的資料結構當中。

◉ 伸展的會計分析（An Accounting Analysis of Splaying）

當我們執行一次伸展操作時，會付出一些數量的網路幣（確實的值會在稍後決定）。我們分辨出三種狀況：

- 如果支付的款項相當於伸展工作，我們就將它全部用來支付伸展操作。

- 如果支付的款項大於伸展工作，就將超過的部分儲蓄在數個節點的帳戶當中。

- 如果支付的款項小於伸展工作，就從數個節點中的帳戶提領出來以補不足處。

後面會證明，對每個操作支付 $O(\log n)$ 元網路幣，足夠維持讓系統工作。也就是，確定了每一個節點都保持非負的帳戶平衡。

◉ 伸展會計不變量（An Accounting Invariant for Splaying）

使用一個在節點的帳戶之間轉帳的方案，來確保會有足夠的網路幣來支付我們所需的伸展操作。

為了使用會計方式來執行我們的伸展分析，我們維持下述的不變量：

伸展的前後，T 的每一個節點 w 都有 $r(w)$ 元網路幣。

這個不變量是 " 財務健全 " 的，因為它不需要為一個沒有鍵值的樹留下預備款項。

令 $r(T)$ 是 T 當中所有節點等級的總合。為了在伸展之後保持不變量，必須使支付的款項等於伸展工作加上在 $r(T)$ 中的所有改變。我們會以**子步驟**（*substep*）來稱呼在伸展樹中的單一個 zig 、zig-zig 或 zig-zag 操作。並且將一次伸展子步驟前後 T 的節點 w 的等級分別表示成 $r(w)$ 和 $r'(w)$。定理 11.7 給出了單一伸展子步驟所造成的 $r(T)$ 的改變的上限。我們將在對於從單一節點到根節點的一次完整伸展分析中，重複使用這個定理。

定理 11.7：令 δ 是 $r(T)$ 的變化量，由對 T 中的節點 x 做單一伸展子步驟（zig、zig-zig 或 zig-zag）所造成。我們有以下結果：

- $\delta \le 3(r'(x) - r(x)) - 2$，如果子步驟為 zig-zig 或 zig-zag 。
- $\delta \le 3(r'(x) - r(x))$ 如果子步驟為 zig 。

證明：我們根據這個事實，若 $a > 0$，$b > 0$，且 $c > a + b$

$$\log a + \log b < 2\log c - 2. \tag{11.7}$$

讓我們考慮每一種型式的伸展子步驟對 $r(T)$ 所造成的改變。

zig-zig：（回想圖 11.33）。因為每個節點的大小比它的兩個子節點的大小還要大一，注意到只有 x、y 和 z 的等級在 zig-zig 操作當中改變，其中 y 是 x 的父節點，而 z 是 y 的父節點。又 $r'(x) = r(z)$, $r'(y) \le r'(x)$, 和 $r(x) \le r(y)$

$$\begin{aligned}
\delta &= r'(x) + r'(y) + r'(z) - r(x) - r(y) - r(z) \\
&= r'(y) + r'(z) - r(x) - r(y) \\
&\le r'(x) + r'(z) - 2r(x)
\end{aligned} \tag{11.8}$$

觀察到 $n(x) + n'(z) < n'(x)$。所以，由公式 11.7，$r(x) + r'(z) < 2r'(x) - 2$,，可得：

$$r'(z) < 2r'(x) - r(x) - 2$$

這個不等式和公式 11.8 暗示了：

$$\begin{aligned}
\delta &\le r'(x) + (2r'(x) - r(x) - 2) - 2r(x) \\
&\le 3(r'(x) - r(x)) - 2
\end{aligned}$$

zig-zag：（回想圖 11.34）。再一次，由大小和 rank 的定義，只有 x、y 和 z 的 rank 值有改變，其中 y 表示 x 的父節點而 z 表示 y 的父節點。又 $r(x) < r(y) < r(z) = r'(x)$，因此

$$\delta = r'(x) + r'(y) + r'(z) - r(x) - r(y) - r(z)$$
$$= r'(y) + r'(z) - r(x) - r(y)$$
$$\leq r'(y) + r'(z) - 2r(x) \tag{11.9}$$

注意 $n'(y) + n'(z) < n'(x)$；所以，根據公式 11.7，$r'(y) + r'(z) < 2r'(x) - 2$。因此

$$\delta \leq 2r'(x) - 2 - 2r(x)$$
$$= 2(r'(x) - r(x)) - 2 \leq 3(r'(x) - r(x)) - 2$$

zig：（回想圖 11.35）。在這個狀況下，只有 x 和 y 的等級有改變，其中 y 表示 x 的父節點。又，$r'(y) \leq r(y)$ 且 $r'(x) \geq r(x)$。因此

$$\delta = r'(y) + r'(x) - r(y) - r(x)$$
$$\leq r'(x) - r(x)$$
$$\leq 3(r'(x) - r(x)) \qquad\blacksquare$$

定理 11.8：令 T 為具有根節點 t 的伸展樹，並令 是 $r(T)$ 的總變化量，這部分是由伸展深度 d 的節點 x 所造成的。因此

$$\Delta \leq 3(r(t) - r(x)) - d + 2$$

證明：伸展節點 x 包含 $c = \lceil d / 2 \rceil$ 次伸展子步驟，其中的每一次都是 zig-zig 或 zig-zag，除了最後一次，當 d 為奇數時是 zig。令 $r_0(x) = r(x)$ 是 x 的初始等級（rank），並且令 $r_i(x)$ 是 x 在第 i 次子步驟之後的等級，以及令 δ_i 是由第 i 次子步驟所造成 $r(T)$ 的變化量。根據定理 11.7，由伸展節點 x 所造成 $r(T)$ 的總變化量 Δ 為

$$\Delta = \sum_{i=1}^{c} \delta_i$$
$$\leq 2 + \sum_{i=1}^{c} 3(r_i(x) - r_{i-1}(x)) - 2$$
$$= 3(r_c(x) - r_0(x)) - 2c + 2$$
$$\leq 3(r(t) - r(x)) - d + 2 \qquad\blacksquare$$

根據定理 11.8，如果我們用 $3(r(t) - r(x))+2$ 元網路幣來支付節點 x 的伸展動，我們會有足夠的網路幣來維持不變量，並在 T 中的每一個節點 w 保持 $r(w)$ 元網路幣，我們也能夠支付 d 元網路幣完成整個伸展工作。因為根節點 t 的大小是 n，所以它的等級是 $r(T) = \log(n)$。給定 $r(x) \geq 0$，伸展所要支付的是 $O(\log n)$ 網路幣。為了完成我們的分析，我們必須計算在當節點插入或是刪除時，維護不變量所需要的花費。

當插入新的節點 w 到具有 n 個鍵值的伸展樹中時，所有 w 祖先節點的等級都會增加。也就是，令 w_0、w_i、$\ldots$、w_d 是 w 的祖先節點，其中 $w_0 = w$, 而 w_i 是 w_{i-1} 的父節點，並且 w_d 是根節點。對於 $i = 1$、$\ldots$、d，令 $n'(w_i)$ 和 $n(w_i)$ 分別是在插入之前和之後 w_i 的大小，並且令 $r'(w_i)$ 和 $r(w_i)$ 分別是的插入之前和之後 w_i 的等級大小。我們可以得到

$$n'(w_i) = n(w_i)+1$$

又 $n(w_i)+1 \leq n(w_{i+1})$，其中 $i = 0, 1, \ldots, d-1$，對範圍中的每一個 i 有以下的結果：

$$r'(w_i) = log(n'(w_i)) = log(n(w_i)+1) \leq log(n(w_i+1)) = r(w_i+1)$$

因此，由於插入所造成 $r(T)$ 的總變化量爲：

$$\sum_{i=1}^{d} \left(r'(w_i) - r(w_i) \right) \leq r'(w_d) + \sum_{i=1}^{d-1} (r(w_{i+1}) - r(w_i))$$
$$= r'(w_d) - r(w_0)$$
$$\leq \log n$$

如此，支付 $O(\log n)$ 元網路幣就足夠在插入新節點時維持不變量。

當從具有 n 個鍵值的伸展樹中刪除節點 w，所有 w 祖先節點的等級都會降低。所以，刪除對 $r(T)$ 所造成的變化量爲負值，故不需要支付任何款項來維持這個不變量。因此或許可將攤銷分析總結至下一定理（有時稱爲伸展樹的 " 平衡定理 "）：

定理 11.9：考慮在伸展樹上面一連串 m 個操作，而且每一個搜尋、插入或是刪除操作都是從一個空的，沒有任何鍵值的伸展樹開始。又，令 n_i 代表在操作之後樹的鍵值個數，n 是插入的總次數。執行這一系列操作所需的所有執行時間爲：

$$O\left(m + \sum_{i=1}^{m} \log n_i \right)$$

此即爲 $O(m\log n)$。

換句話說，在伸展樹中執行搜尋，插入或是刪除的攤銷執行時間是 $O(\log n)$，其中 n 是此時的伸展樹大小。這樣，伸展樹可以用來實作能夠達到對數時間攤銷效率的有序 map ADT。這個攤銷效率就能和 AVL 樹、(2,4) 樹與紅黑樹的最差狀況效率一樣。不過它只使簡單的二元樹就做到了，並且沒有在節點上儲存任何額外的平衡資訊。除此之外，伸展樹有其他的平衡樹所沒有的許多有趣性質。我們在以下的定理探索這樣的額外性質（這個定理有時候稱爲伸展樹的「靜態最佳化」定理）。

定理 11.10：考慮在伸展樹上一序列的 m 次操作，而且每一個搜尋、插入或是刪除運算都是從一個空的，沒有任何鍵值的伸展樹 T 開始。又，令 $f(i)$ 表示項目 i 在伸展樹中被存取的次數，也就是它的頻率，並且令 n 是項目的總個數。假設每一個項目都至少會被存取一次，則執行這一序列操作所需的全部執行時間爲：

$$O\left(m + \sum_{i=1}^{n} f(i) \log(m/f(i)) \right)$$

我們省略了這一定理的證明，但這並不是想像中那麼難以證明。關於這個定理值得注意的是，存取項目的攤銷執行時間是 $O(\log(m/f(i)))$。

11.7 習題

加強題

R-11.1 將一個帶有 30、40、24、58、48、26、11、13（按此順序）鍵值的項目，插入二元搜尋樹。每次插入後繪製樹的圖形。

R-11.2 有多少個不同的二元搜尋樹可以儲存鍵值 {1,2,3,4}？

R-11.3 Amongus 博士聲稱插入一組固定資料到二元搜尋樹中，項目的順序並不重要，每次都有相同的結果。給一個證明他錯了的小例子。

R-11.4 Amongus 博士聲稱插入一組固定資料到 AVL 樹中，項目的順序並不重要 - 每次都有相同的結果。給一個證明他錯了的小例子。

R-11.5 程式 11.3 中的 treeSearch 實用程式的實作得依賴遞迴。對於一個大的不平衡的樹，Java 的呼叫由於遞迴深度，堆疊可能達到極限。給出另一個實作方法，不依賴使用遞迴。

R-11.6 圖 11.11 中的三節點重構是否依賴於單旋轉或雙旋轉？圖 11.13 中的重構使用哪一種？

R-11.7 將帶有鍵值 52 的資料項目插入圖 11.13b 的 AVL 樹，請繪此圖。

R-11.8 將帶有鍵值 62 的資料項目從圖 11.13b 的 AVL 樹中刪除，請繪此圖。

R-11.9 解釋為什麼在使用第 8.3.2 節基於陣列來實作的 n 節點二元樹中執行旋轉所耗費的時間為 $\Omega(n)$。

R-11.10 考慮在 AVL 樹中刪除操作，若刪除的節點 y 有兩個子節點，且這兩個子節點具有相等高度的話，會觸發三節點重構。以圖 11.12 的樣式繪製原理圖，顯示刪除前和刪除後的樹。重新平衡操作對子樹高度的淨效應是多少？

R-11.11 循上題，考慮 y 的子節點具有不同高度的情況。

R-11.12 AVL 樹中刪除的規則，具體要求節點 y 的兩個子樹具有相等的高度，子樹 x 與 y 對齊（意思是：x 和 y 兩者都是左子節點，或兩者都是右子節點）。要更正確理解這個要求，重複習題 R-11.10，假設我們選擇的 x 沒和 y 對齊。為什麼選錯邊在恢復 AVL 平衡時可能會出現問？

R-11.13 圖 11.15（a）a(2,4) 的樹是搜尋樹嗎？為什麼或者為什麼不？

R-11.14 在 (2,4) 樹中的節點 w 處執行分割的另一種方法是分割 w 為 w' 和 w"，w' 為 2- 節點，w" 為 3- 節點。k_1、k_2、k_3 或 k_4 中哪個鍵值儲存在 w 的父節點？為什麼？

R-11.15 Amongus 博士聲稱在 (2,4) 樹儲中儲存一組資料項目將始終具有相同的結構，不管插入資料項目的順序。請證明他錯了

R-11.16 繪製四棵不同的紅黑樹，對應於相同的 (2,4) 樹。

R-11.17 考慮一組鍵值 K = {1,2,3,4,5,6,7,8,9,10,11,12,13,14,15}。

    a. 繪製一個 (2,4) 樹，使用最少數量的節點儲存 K 作為其鍵值。

    b. 繪製一個 (2,4) 樹，使用最多數量的節點儲存 K 作為其鍵值。

R-11.18 鍵值序列 (5,16,22,45,2,10,18,30,50,12,1)。插入這些鍵值（按照給定的順序），並將結果畫出來。

a. 最初是空的 (2,4) 樹。

b. 最初是空的紅黑樹。

R-11.19 以下是關於紅黑樹的敘述，證明敘述為真，若敘述不為真，舉個反例

a. 紅黑樹的子樹本身也是一棵紅黑樹。

b. 外部節點的兄弟節點會是外部節點或也可以是紅色節點。

c. 一顆紅黑樹有一顆唯一的 (2,4) 樹與其對應。

d. 一顆 (2,4) 樹有一顆唯一的紅黑樹與其對應。

R-11.20 考慮一顆儲存 100,000 個資料項目樹 T。下列環境中，T 的最差情高度為何？

a. T 是一棵二元搜尋樹。

b. T 是一棵 AVL 樹。

c. T 是一棵伸展樹。

d. T 是一顆 (2,4) 樹。

e. T 是一顆紅黑樹。

R-11.21 繪製一顆不是 AVL 樹的紅黑樹的例子。

R-11.22 證明定理 11.5。

R-11.23 證明定理 11.6。

R-11.24 如果伸展樹的資料項目按其鍵值以遞增順序走訪，它們會是什麼樣子？

R-11.25 在初始空的伸展樹中執行以下系列操作，繪出操作後的樹。

a. 按此順序插入鍵值 0、2、4、6、8、10、12、14、16、18。

b. 按此順序搜尋鍵值 1、3、5、7、9、11、13、15、17、19。

c. 按此順序刪除鍵值 0、2、4、6、8、10、12、14、16、18。

R-11.26 對於排序的 map 操作，伸展樹的性能不佳，因為這些方法沒有呼叫 rebalanceAccess 方法。重新實作 TreeMap 包含這樣的呼叫

創新題

C-11.27 解釋為什麼當一顆二元搜尋以 AVL 樹、伸展樹或紅黑樹方式維護時，以中序走訪會得到相同的輸出。

C-11.28 解釋如何使用 AVL 樹或紅黑樹對 n 個元素進行排序，在最壞的情況下執行時間為 $O(n\log n)$。

C-11.29 伸展樹在最壞的情況下是否可以 $O(n\log n)$ 時間對 n 個元素進行排序？為什麼或者為什麼不？

C-11.30 證明任何 n 節點二元樹都可以在 $O(n)$ 時間內使用旋轉，轉換為任何其他 n 節點二元樹。

C-11.31 對於在二元搜尋樹 T 中找不到的鍵值 k，證明小於 k 的最大鍵值和大於 k 的最小鍵值節點，都位在搜尋 k 的路徑上。

C-11.32 在第 11.1.4 節中，我們聲稱二元搜尋樹的 subMap 方法，在程式 11.6 中實作，在 $O(s + h)$ 時間執行，其中 s 是子圖中包含的資料項目數，h 是樹的高度。證明這個結果，考慮在未包含在子圖的位置，可以執行的大最遞迴子方法的次數。

C-11.33 考慮使用標準二元搜尋樹 T 實作的排序 map。描述執行 removeSubMap(k_1, k_2) 刪除所有鍵值落在子圖 (k_1, k_2) 內的資料項目，在最壞的情況下需要的時間是 $O(s + h)$，其中 s 是刪除的資料項目數，h 是 T 的高度。

C-11.34 循上題，使用 AVL 樹實作，執行時間為 $O(s\log n)$。為什麼前一題的解決方案無濟於 $O(s + \log n)$ AVL 樹的演算法？

C-11.35 假設我們希望支持一個新的方法 countRange(k_1, k_2) 來確定排序 map 中的多少個鍵值落在指定範圍內。我們可以清楚通過將我們的方法應用到 subMap，在 $O(s + h)$ 時間內實作。描述如何修改搜尋樹結構來支持 countRange，在最壞情況下的執行時間為 $O(h)$。

C-11.36 如果前一題中描述的方法作為 TreeMap 類別的部分實作，需要對子類別做什麼額外的修改（如果有的話），譬如 AVLTreeMap 以支持新方法？

C-11.37 繪製 AVL 樹的原理圖，以便單次刪除操作可以從葉到根節點使用 $\Omega(\log n)$ 次三節點重構（或旋轉）恢復高平衡度屬性。

C-11.38 證明在 AVL 樹期間執行插入引起的暫時不平衡節點，從新的節點到根節點的路徑上是非連續的。

C-11.39 證明在 AVL 樹中使用標準的移除 map 操作立即移除一個節點，最多只會導致一個節點的暫時不平衡。

C-11.40 在我們的 AVL 實作中，每個節點儲存其子樹的高度，即一個任意大的整數。若節點儲存的是平衡因子，則可以減少 AVL 樹的空間使用量，平衡因子的值被定義為左子樹的高度減去右子樹的高度。因此，一般狀況下，節點的平衡因子始終等於 -1、0 或 1，但插入或移除期間它可能暫時等於 -2 或 +2。重新實作 AVLTreeMap 類別，儲存平衡因子而不是子樹高度。

C-11.41 如果我們保留對二元搜尋樹最左端節點的位置參考，然後操作 firstEntry 可以在 $O(1)$ 時間內執行。描述其他 map 方法的實作需要做何修改才能維護最左邊位置的參考。

C-11.42 如果以上述問題中描述的方法是來作為 TreeMap 類別一部分的實現，需要對子類別（如果有的話）做什麼額外的修改，譬如 AVLTreeMap 類別，以保持最左邊位置的參考？

C-11.43 描述如何修改二元搜尋樹資料結構，以支持以下兩個基於索引對排序 map 的操作能在 $O(h)$ 時間內執行，其中 h 是樹的高度。

atIndex(i)：返回排序 map 在索引 i 處位置 p 的資料項目。

indexOf(p)：返回排序 map 在位置 p 處的資料項目索引 i。

C-11.44 讓 T 和 U 分別是儲存 n 個和 m 個資料項目的 (2,4) 樹，使得全部 T 中的資料項目的鍵值全都小於 U 中所有資料項目的鍵值。描述一個耗時 $O(\log n + \log m)$ 的方法，將 T 和 U 做聯集，T 和 U 中的所有資料項目儲存的單顆樹中。

C-11.45 T 爲一顆儲存 n 個資料項目的紅黑樹，k 是 T 中資料項目的鍵值。顯示如何在 $O(\log n)$ 時間，從 T 建構兩個紅黑樹 T' 和 T''，使 T' 包含 T 所有小於 k_2 的鍵值，T'' 包含 T 中所有大於 k 鍵值。這個操作破壞了 T。

C-11.46 證明具有 n 個項目的多路搜尋樹有 $n+1$ 個外部節點。

C-11.47 布林標記用來將紅黑樹中的節點標記爲 " 紅色 " 或 " 黑色 "，若鍵值無重複值，不嚴格要求一定要有布林標記。描述一個實作紅黑樹的方案，不會爲標準二元搜尋樹的節點添加任何額外的空間。

C-11.48 證明任何 AVL 樹 T 的節點可以被著色爲 " 紅色 " 和 " 黑色 " 使 T 成爲一顆紅黑樹。

C-11.49 繪製一顆伸展樹 T_1 與紅黑樹 T_2 的產生圖，產生程序是由一系列的更新操作造成，兩棵樹都以相同元素集合來建構，兩棵樹 T_1 和 T_2 會有相同前序巡訪順序。

C-11.50 標準伸展步驟需執行兩次，一次向下行進以找到節點 x 進行伸展，隨後向上傳播以伸展節點 x。描述一個向下搜尋和伸展 x 的方法。每個子步驟現在要求您考慮到 x 路徑中的下兩個節點，其中可能在最後進行 zig 子步驟。描述如何執行 zig-zig、zig-zag 和 zig 步驟。

C-11.51 考慮一個伸展樹的變體，稱爲**半伸展樹**（***half-splay trees***），一旦節點到達深度 $\lfloor d/2 \rfloor$，立刻停止。對半伸展樹執行攤銷分析。

C-11.52 描述對具有 n 個節點的伸展樹 T 做一系列存取動作，假設 n 是奇數，會導致 T 組成單節點鏈，使路徑向下移動會在 T 的左子樹和右子樹之間交替。

專案題

P-11.53 重新實作 TreeMap 類別，對樹的葉節點使用 null 來替代哨兵節點。

P-11.54 修改 TreeMap 實作以支持位置感知資料項目。提供方法 firstEntry( )、lastEntry( )、findEntry(k)、before(e)、after(e) 和 remove(e)，除了最後一個返回一個 Entry 實例之外，後三個方法接受資料項目 e 作爲參數。

P-11.55 進行實驗研究，針對 AVL 樹、伸展樹和紅黑樹的各種系列操作速度進行比較。

P-11.56 循上題，針對跳躍串列（見習題 P-10.61）。

P-11.57 使用 (2,4) 樹實作排序 map ADT。（見第 10.3 節）

P-11.58 設計一個 Java 類別，可以將任何的紅黑樹轉換爲相應的 (2,4) 樹，並且也可以將任何 (2,4) 樹轉換成對應的紅黑樹。

P-11.59 在 10.5.3 節中描述的 multimap 和 multiset 時，我們將描述一個一般方法，調整傳統 map，將重複的值儲存到輔助容器，把容器當作 map 中的一個值。給出另一個實作，使用二元搜尋樹實做 multimap，將每個資料項目儲存在 map 的不同節點中。由於存在重複值，我們重新定義搜尋樹屬性，使得具有鍵值 k 的位置 p 的左子樹中的所有資料項目，具有小於或等於 k 的鍵值，而 p 右子樹中的所有項具有大於或等於 k 的鍵值。使用 10.5.3 節的 public 介面。

P-11.60 使用習題 C-11.50 所述的由上而下的伸展來實作一顆伸展樹。請和本章所述的由下而上的伸展進行比較。

P-11.61 可合併堆積（*mergeable heap*）ADT 是優先佇列 ADT 的擴展，包含的操作有 insert(k, v)、min( )、removeMin( ) 和 merge(h)，其中 merge(h) 操作可合併堆積 h 與現有合併堆積做聯集，將所有資料項目併入當前的堆積，同時清空 h。描述一個具有 $O(\log n)$ 效能的可合併堆積實作，其中 n 表示合併操作後堆積的大小。

後記

本章討論的一些資料結構，在 Knuth 所著的書 *"Sorting and Searching"* 和 Mehlhorn [73]. 都可找到。AVL 平衡搜尋樹是由於 Adel'son-Vel'skii 和 Landis [2] 在 1962 年所發明。二元搜尋樹、AVL 樹和雜湊，在 Knuth 所著的書 *"Sorting and Searching"* [61] 有深入探討。二元搜尋樹的平均高度分析可參考 Aho, Hopcroft, Ullman [6] 和 Cormen, Leiserson, Rivest , Stein [25] 所著的書。Gonnet 和 Baeza-Yates [39] 的手冊包含了一些不同 map 實作之理論和實驗的比較。Aho，Hopcroft 和 Ullman [5] 討論 (2, 3) 樹，類似 (2,4) 樹。Bayer [10] 定義了紅黑樹。紅黑樹的的變體和一些有趣的特性可參考 Guibas andSedgewick 的一篇論文 [43]。有興趣學習有關不同平衡樹資料結構的讀者可參考 Mehlhorn [73] 、Tarjan [91]、Mehlhorn 與 Tsakalidis [75] 所著的書。Knuth [61] 對於早期平衡樹的方法有很優秀的探討。伸展樹是由 Sleator 和 Tarjan 所發明 [86]（另見 [91]）。

Chapter

12

字串與動態規劃

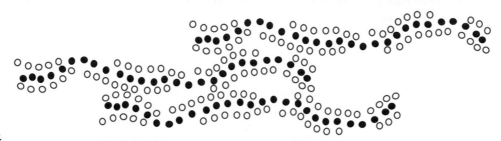

目錄

12.1　序言（**Preliminaries**）

儘管有豐富的多媒體資訊，文字處理仍然是電腦的主要功能中之一。電腦可用來編輯文件、儲存文件、顯示文件和通過互聯網傳輸文件。此外，數位系統可用於歸檔案各種文字資訊，並且新的資料迅速增長。一本大型文集庫可以輕易超過千兆位元組的資料（一百萬 GB）。普遍文字型式的數位典藏例子：

- 全球資訊網的快照，互聯網文件格式，如：HTML 和 XML 主要都是文字格式，可藉由標籤添加多媒體內容。
- 所有儲存在用戶電腦上的檔案。
- 電子郵件檔案。
- 彙編社交網站的狀態更新，如 Facebook。
- Twitter 和 Tumblr 等微博網站的資料。

這些收藏包括來自數百種國際語言的書面文字。此外，有大量的資料集（如 DNA）在運算上可將其視爲 " 字串 "，即使它們不是語言。

在本章中，將探討一些用於分析和處理大型文字資料集的有效率基本演算法。除了一些有趣的應用程式，文字處理演算法也突顯出一些重要演算法的設計樣式。

首先從在大量文字文件中搜尋一個子字串樣式（pattern）開始，在文件中搜尋單字。樣式 - 匹配問題導出了**暴力法（*brute-force method*）**，這是一個效率低但適用範圍廣的文字搜尋方法。我們後續會探討解決樣式 - 匹配問題更有效率的演算法，並研究幾個可更好組織文字資料的專用資料結構，以支持在更有效率的時間內完成查詢。

由於文字資料集非常的龐大，文字內容壓縮就變得非常重要，壓縮不但可使檔案縮小，適用於在互聯網傳送，同時對有長期儲存需求的文件歸檔也是非常有幫助的。對於文字壓縮，我們可以應用**貪婪法（*greedy method*）**，這通常允許我們用近似的解決方案應付困難的問題，對某些問題（如文字壓縮）則實際上產生最佳演算法來運算。

最後，我們介紹**動態規劃**：一種演算法技術，能在多項式時間內解決特定問題。動態規劃剛開始看起來像是以指數時間解決問題。本章用這個應用技術來解決字串之間部分匹配的問題，部分匹配指的是相似但不完全一致。部分匹配可應用在拼錯字時給出正確的建議，或打字時出現部分匹配單字。

12.1.1　文字字串符號（Notations for Character Strings）

當討論文字處理相關的演算法時，我們使用字串作爲文字模型。字串可以來自各種來源，包括科學、語言和互聯網應用。以下爲字串範例：

$$S = \text{"CGTAAACTGCTTTAATCAAACGC"}$$
$$T = \text{"http://www.wiley.com"}$$

第一個字串 S 來自 DNA 應用程式，第二個字串 T 是本書出版商的互聯網地址（URL）。

為了讓後續討論的演算法有一致的概念，我們假設成字串的字元來自一個已知的字母表，以符號 Σ 來表示字母表。例如，在 DNA 的環境中，有四個標準字母符號，所以 Σ = {A,C,G,T}。字母表 Σ 當然也可以是 ASCII 或 Unicode 字元集的子集合，但它也可能是更通用的物件。雖然我們假設字母表的字元有限，以 |Σ| 符號表示，但它的量值絕對是不可小覷，就像 Java 中的 Unicode 字母表，超過百萬以上不同字元。因此對文字處理演算法做漸近分析時，需考慮 |Σ| 的影響。

Java 的 String 類別提供**不可變**（*immutable*）字元序列的支持，StringBuilder 類別則支持**可變**（*mutable*）字元序列（見第 1.3 節）。在本章的大部分內容中，我們以更原始的方式將字串當作是由 **char** 組成的陣列，主要是因為陣列允許我們使用標準索引符號 $S[i]$，而不必使用 String 類別更麻煩的語法，$S.charAt(i)$。

為了討論字串程式，我們將具有 n 個字元的字串以 P 表示，P 的子字串形式為 $P[i]P[i+1]P[i+2] ... P[j]$，其中 $0 \le i \le j \le n-1$，但這種表示法太過繁瑣，為了簡化文章中引用這樣的子字串符號，我們以 $P[i..j]$ 表示 P 中從索引 i 到索引 j 的子字串。我們注意到一個字串在技術上來說是自己本身的子字串（取 $i=0$ 和 $j=n-1$），所以如果要統一字串的定義，我們必須將定義限制為**適當子字串**（*proper substring*），要求 $i>0$ 或 $j<n-1$。我們依循慣例，如果 $i>j$，則 $P[i..j]$ 等於 **null 字串**，其長度為 0。

另外，為了區分一些特殊的子字串，可將子字串 $P[0..j]$，其中 $0 \le j \le n-1$，稱為是 P 的**字首**（**prefix**）；子字串 $P[i..n-1]$，其中 $0 \le i \le n-1$，稱為是 P 的**字尾**（**suffix**）。例如，P 是上述給定的 DNA 字串，則 "CGTAA" 是 P 的字首，"CGC" 是 P 的字尾，"TTAATC" 是 P 的（適當）子字串。注意，空字串是任何其他字串的字首和字尾。

12.2　樣式 - 匹配演算法（**Pattern-Matching Algorithms**）

在經典**樣式 - 匹配**問題中，給定一個長度為 n 的**文字**字串，一個長度為 $m \le n$ 的**樣式**字串，必須確定樣式是否為文字的子字串。如果是，我們可能希望在文字中找到樣式在文字中的最低起始位置索引，或所有樣式開始的索引。

樣式 - 匹配問題是 Java 的 String 類別的許多行為所固有的，如 text.contains(pattern) 和 text.indexOf(pattern)，並且通常是更複雜字串操作的一個子任務，如 text.replace(pattern, substitute) 和 text.split(pattern)。

在本節中，提出三種樣式 - 匹配演算法，以簡單到複雜方式依序介紹。我們的實作會回報找到的第一個樣式的索引，如果有這個樣式的話。對於失敗的搜尋，我們採用 Java String 類別 indexOf 方法的慣例，返回 −1 做為搜尋失敗旗標。

12.2.1　暴力法（Brute Force）

當我們要搜尋或希望最佳化一些功能時，**暴力**（*brute force*）演算法設計樣式算是一個功能強大的技術。一般的情況下，當使用這個技術時，通常會列舉出所有包含輸入字串的可能結果，然後從中挑選出最佳的答案。

　　使用暴力樣式 - 匹配，我們可設計出一個相當直覺的演算法：直接在文字中測試所有可能樣式位置。程式 12.1 實現這個演算法。

```
1   /** Returns the lowest index at which substring pattern begins in text (or else –1).*/
2   public static int findBrute(char[ ] text, char[ ] pattern) {
3     int n = text.length;
4     int m = pattern.length;
5     for (int i=0; i <= n – m; i++) {          // try every starting index within text
6       int k = 0;                              // k is index into pattern
7       while (k < m && text[i+k] == pattern[k]) // kth character of pattern matches
8         k++;
9       if (k == m)                             // if we reach the end of the pattern,
10        return i;                             // substring text[i..i+m-1] is a match
11    }
12    return –1;                                // search failed
13  }
```

程式 12.1：暴力樣式 - 匹配演算法的實現（使用字元陣列而不是字串來簡化檢索）。

◉ **效能**（Performance）

暴力樣式 - 匹配演算法的分析不容易。它由兩個巢狀迴圈組成，外部迴圈遍歷所有可能是樣式起始字元的索引，內部迴圈檢視樣式中的每個字元是否和起始字元後的文字匹配。因此，暴力樣式 - 匹配演算法的正確性，立即從這種滴水不漏，耗盡力氣的搜尋方法得出。

　　在最壞的情況下，暴力樣式 - 匹配的執行時間效率不佳，然而，我們可以在文字中對每個候選字串執行多達 m 個字元比較。觀察程式 12.1，我們看到外部 **for** 迴圈最多執行 $n - m + 1$ 次，內部 **while** 迴圈最多執行 m 次。因此，暴力樣式 - 匹配演算法的最壞情況執行時間方法為 $O(nm)$。

範例 12.1：給定文字字串

$$text = \text{"abacaabaccabacabaabb"}$$

和樣式字串

$$pattern = \text{"abacab"}$$

圖 12.1 使用上述的文字和樣式，說明暴力樣式 - 匹配演算法。

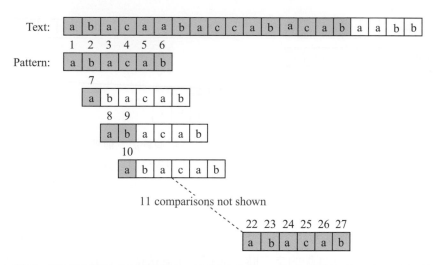

圖 12.1：暴力樣式 - 匹配演算法的執行範例。演算法執行 27 個字元的比較，字元上面的數值代表該字元在陣列中的索引值。

12.2.2　Boyer-Moore 演算法（The Boyer-Moore Algorithm）

剛開始看起來，為了在文字中定位樣式或判斷文字中是否含有這個樣式，需要對文檔中的每個字元一一比對。但情況並不總是這樣。本節將介紹 **Boyer-Moore** 樣式 - 匹配演算法，此演算法有時候可以避免檢查一大段文字中的字元。在本節中，我們將簡化由 Boyer 和 Moore 提出的原始版本演算法。

　　Boyer-Moore 演算法的主要思維是透過兩個潛在省時的啓發運算，改善暴力演算法效能。啓發運算大致如下：

鏡子法則（*Looking-Glass Heuristic*）：當在文字中測試樣式的可能位置時，從文字的右到左執行樣式比較。

字元跳躍法則（*Character-Jump Heuristic*）：當在文字中測試可能出現樣式位置時，發生配對錯誤的情況，text[i] = c，我們可以將相對應的樣式字元 pattern[k] 採取下列的方式處理。如果 *c* 與樣式字串中的任何一個字元都不相同，就將樣式完全滑動到 text[i] = c 之後。否則便將樣式逐字滑動，直到字元 *c* 處和 text[i] 對齊。

稍後會正式確定這些啓發式運算，但在直觀的層面上，啓發式運算就像團隊整合，讓我們避免在文件中與所有的字元群做比較。特別地，當在樣式的右端附近發現不匹配時，就停止對不匹配字元外的字元做比對，就無需再檢查不匹配之前的幾個字元。例如，圖 12.2 展示了這些啓發式的一些簡單應用。注意當時字元 e 和 i 在樣式最初擺放位置的最右端不匹配，我們滑動樣式繞過不匹配的字元，不用再檢查文件的前四個字元。

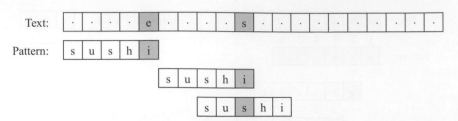

圖 12.2：一個簡單的例子，展示 Boyer-Moore 的樣式 - 匹配演算法。最初的比較首先發現字母 e 和文件不匹配。文字 e 未出現在樣式中，滑動樣式到原先位置之外。第二個比較也是不匹配，但不匹配的字元 s 位置在樣式的其他地方。於是滑動樣式直到樣式中的最後一個 s 與文件中的 s 對齊，匹配程序的其餘部分未示出。

圖 12.2 的範例是相當基本的，因爲它只涉及檢視樣式最後一個字元的不匹配。更一般地，當找到與最後一個字元匹配的字元時，演算法才繼續樣式中第二個字元到最後一個字元的匹配。這個過程繼續下去，直到整個樣式匹配，或者在某些樣式中發現不匹配位置。

如果發現不匹配，並且文件中不匹配字元沒有出現在樣式中，我們將整個樣式轉移到該位置之外，如圖 12.2 所示。如果不匹配的字元發生在樣式的其他地方，如圖 12.3 所示，我們必須考慮兩個可能的狀況，找出此字元是在樣式中不匹配字元（圖 12.3 中的位置索引 k）的前面還是後面。

在圖 12.3(b) 的情況下，僅將樣式滑動一個單元。也可以持續滑動，直到在樣式中出現另一個 text[i]，但我們不願意花時間去搜尋另外出現的位置。Boyer-Moore 演算法的效率依賴於快速在樣式其他地方確定發生不匹配字元的位置。特別地，我們定義一個函數 last(c)：

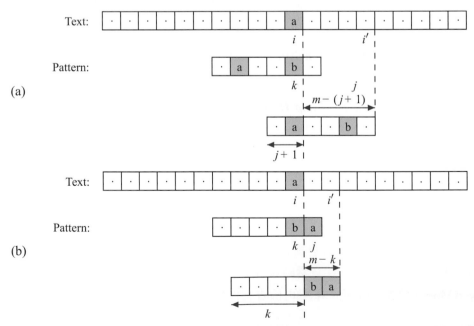

圖 12.3：Boyer-Moore 演算法中字元跳躍啓發運算的附加規則。令 i 表示在文件中不匹配的位置索引，k 表示在樣式中不匹配的位置索，j 表示字元 text[i] 出現在樣式最後位置的索引。我們區分兩種情況：(a) $j < k$，在這種情況下，我們將樣式滑動 $k-j$ 個單位，因此，索引 i 前進 $m-(j+1)$ 個單位；(b) $j > k$，在這種情況下，我們將樣式滑動一個單位，索引 i 前進 $m-k$ 個單位。

• 如果 c 在樣式中，則 last(c) 是 c 最後一個（最右邊）在樣式中出現的索引。否則，我
們定義 last(c) $= -1$。

如果我們假設字母表大小是固定且有限的，且字元可以轉換爲陣列的索引（例如，通過
使用字元編碼），last 函數可以很容易實作，使用查表方式，最壞情況執行時間爲 $O(1)$，取
得 last(c) 值。但是，表的長度有可能等於字母表大小（而不是樣式的大小），並且需要時間
初始化整個表。

我們傾向於使用雜湊表實作 last 函數，只有樣式中出現的字元才會放到雜湊 map 中。
這種方法所需的空間與樣式中出現的不同字母數量成比例，也就是所需的空間爲 $O(\max(m, |\Sigma|))$。預期的查找時間保持爲 $O(1)$（和最壞的情況，如果我們考慮 $|\Sigma|$ 爲一個常數）。程式
12.2 是完整實作 Boyer-Moore 樣式 - 匹配演算法的程式碼。

```
1   /** Returns the lowest index at which substring pattern begins in text (or else –1).*/
2   public static int findBoyerMoore(char[ ] text, char[ ] pattern) {
3     int n = text.length;
4     int m = pattern.length;
5     if (m == 0) return 0;                       // trivial search for empty string
6     Map<Character,Integer> last = new HashMap<>( ); // the 'last' map
7     for (int i=0; i < n; i++)
8       last.put(text[i], –1);                    // set –1 as default for all text characters
9     for (int k=0; k < m; k++)
10      last.put(pattern[k], k);                  // rightmost occurrence in pattern is last
11    // start with the end of the pattern aligned at index m–1 of the text
12    int i = m–1;                                // an index into the text
13    int k = m–1;                                // an index into the pattern
14    while (i < n) {
15      if (text[i] == pattern[k]) {              // a matching character
16        if (k == 0) return i;                   // entire pattern has been found
17        i––;                                    // otherwise, examine previous
18        k––;                                    // characters of text/pattern
19      } else {
20        i += m – Math.min(k, 1 + last.get(text[i])); // case analysis for jump step
21        k = m – 1;                              // restart at end of pattern
22      }
23    }
24    return –1;                                  // pattern was never found
25  }
```

程式 12.2：Boyer-Moore 演算法的實作。

Boyer-Moore 樣式 - 匹配演算法的正確性在於每當方法產生滑動操作時，都保證不會 "
跳過 " 任何可能的匹配。last(c) 是 c 出現在樣式的最後一個位置。在圖 12.4 中，我們說明了
Boyer-Moore 樣式 - 匹配的執行情形，輸入字串類似於範例 12.1。

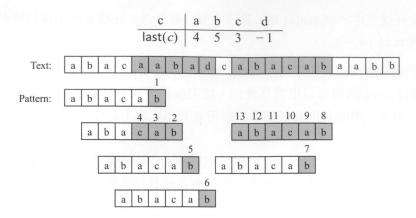

圖 12.4：Boyer-Moore 樣式 - 匹配演算法的圖示，包括對 last(c) 功能做個小摘要。該演算法執行 13 個
　　　　字元的比較，用數值標籤表示。

⊙ **效能**

如果使用傳統的查表，則 Boyer-Moore 演算法的最差執行時間爲 $O(nm + |\Sigma|)$。last 函數的計
算需要 $O(m + |\Sigma|)$ 時間，雖然依賴於 $|\Sigma|$，但若如果使用雜湊表，則和 $|\Sigma|$ 無關。實際上搜
尋樣式在最壞的情況下需時 $O(nm)$，與暴力演算法相同。實現 Boyer-Moore 演算法最壞情況
的一個例子是

$$
\begin{aligned}
\text{text} &= \overbrace{aaaaaa\cdots a}^{n} \\
\text{pattern} &= b\overbrace{aa\cdots a}^{m-1}
\end{aligned}
$$

然而，最糟糕的表現是不太可能出現在英文文件；在這種情況下，Boyer-Moore 演算法通常
能夠跳過大部分文字。實驗證實，對於含有五個字元的樣式字串，每個字元比較的平均數目
是 0.24。

　　實際上，我們提出的是 Boyer-Moore 演算法的一個簡化的版本。原始演算法的實現在最
壞情況下執行時間 $O(n + m + |\Sigma|)$，使用的是一個對部分匹配的文字使用另類的偏移啓發式
操作，該操作滑動樣式的量比角色跳躍啓發式更多。這個替代的移位啓發式是基於 Knuth-
Morris-Pratt 樣式 - 匹配演算法，我們在下面討論。

12.2.3　Knuth-Morris-Pratt 演算法

檢視暴力演算法和 Boyer-Moore 演算法在樣式 - 匹配對特定問題的最差效能表現，如範例
12.1 中，我們必須注意到一個主要低效率因素（至少在最壞的情況下）。對於某種樣式對齊，
如果找到幾個匹配的字元，但是之後檢測到不匹配，我們放棄所有成功比較獲得的資訊，滑
動樣式重新啓動比較程序。

　　本節討論的 Knuth-Morris-Pratt（簡稱 KMP）演算法避免了這種資訊的浪費，這麼做的
結果，執行時間變爲 $O(n + m)$，這算是漸近效能最佳化。也就是說，在最壞的情況下，任何
樣式 - 匹配演算法將必須對文件中的所有字元和樣式的所有字元，至少檢視一次。KMP 演

算法的主要思維是預先計算在樣式中前端和後端的重疊部分，使得當在一個位置發生不匹配時，我們馬上知道最大的樣式滑動量，以便繼續搜尋。圖 12.5 舉一個具啓發性範例：

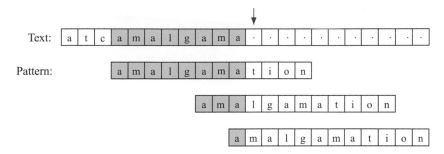

圖 12.5：Knuth-Morris-Pratt 演算法的啓發性範例。如果不匹配發生在指示位置，樣式可以滑動到第二個對齊位置，而不需要重新檢查與字首 ama 的部分匹配。如果不匹配的字元不是 l，那麼下一個可能的樣式對齊就是 a。

◉ **失敗函數**（The Failure Function）

爲了實現 KMP 演算法，我們必須預先計算**失敗函數**（*failure function*），f，用來在比較不匹配時計算樣式的正確滑動量。具體來說，故障函數 $f(k)$ 被定義爲該樣式的最長字首，且此字首是子字串 pattern[1..k] 的字尾（請注意，我們沒有包含樣式 [0] 在這裡，因爲我們會滑動至少一個單位）。這也描述了樣式內的部分匹配，表示樣式的頭部和尾部會有重複，$f(k)$ 指的就是每個位置 k 所有字首和所有字尾中，最常的共有元素。直觀地，如果我們在 pattern[k + 1] 發現字元不匹配的話，函數 $f(k)$ 告訴我們有多少個前面的字元可以重複使用，重新啓動樣式。範例 12.2 說明從圖 12.5 中的樣式產生的失敗函數值。

範例 12.2：考慮圖 12.5 中的樣式 P = "amalgamation"。對於該字串 P，Knuth-Morris-Pratt（KMP）失敗函數 $f(k)$ 如下所示下表：

k	0	1	2	3	4	5	6	7	8	9	10	11
$P[k]$	a	m	a	l	g	a	m	a	t	i	o	n
$f(k)$	0	0	1	0	0	1	2	3	0	0	0	0

◉ **實作**（Implementation）

程式 12.3 是我們實現 KMP 樣式 - 匹配演算法的程式碼。運算過程必須使用一個實用程式方法，computeFailKMP，用來計算失敗函數，這部份在後面詳述。

KMP 演算法的主要部分是其 **while** 迴圈，每次迭代將文件（text）中的索引 j 處的字元與樣式中的索引 k 處字元進行比較。如果這個比較的結果是匹配的，演算法滑動到兩者中的下一個字元（或者如果達到樣式結束點，則報告匹配）。如果比較失敗，則演算法洽詢失敗函式，在樣式中尋找新的候選字元，或者比較失敗出現在樣式的第一個字元，則從文件的下一個索引和樣式從索引 0 開始進行比較（因爲沒有任何內容可以重複使用）。

```
1   /** Returns the lowest index at which substring pattern begins in text (or else −1).*/
2   public static int findKMP(char[ ] text, char[ ] pattern) {
3       int n = text.length;
4       int m = pattern.length;
5       if (m == 0) return 0;                      // trivial search for empty string
6       int[ ] fail = computeFailKMP(pattern);     // computed by private utility
7       int j = 0;                                 // index into text
8       int k = 0;                                 // index into pattern
9       while (j < n) {
10          if (text[j] == pattern[k]) {           // pattern[0..k] matched thus far
11              if (k == m − 1) return j − m + 1;  // match is complete
12              j++;                               // otherwise, try to extend match
13              k++;
14          } else if (k > 0)
15              k = fail[k−1];                     // reuse suffix of P[0..k-1]
16          else
17              j++;
18      }
19      return −1;                                 // reached end without match
20  }
```

程式 12.3：KMP 樣式 - 匹配演算法的實現。computeFailKMP 實用程式方法的程式碼，程式 12.4 中給出。

◉ 構建 KMP 失敗函數（Constructing the KMP Failure Function）

要建構失敗函數，我們使用程式 12.4 中所示的方法，這是一個 " 自助 "(bootstrapping) 過程，它將樣式與自身進行比較，就像在 KMP 中一樣演算法。每次有兩個匹配的字元，我們設 $f(j) = k + 1$。注意，因爲在整個執行演算法中，有 $j > k$，所以當需要使用時，$f(k − 1)$ 總是已定義有值。

```
1   private static int[ ] computeFailKMP(char[ ] pattern) {
2       int m = pattern.length;
3       int[ ] fail = new int[m];                  // by default, all overlaps are zero
4       int j = 1;
5       int k = 0;
6       while (j < m) {                            // compute fail[j] during this pass, if nonzero
7           if (pattern[j] == pattern[k]) {        // k + 1 characters match thus far
8               fail[j] = k + 1;
9               j++;
10              k++;
11          } else if (k > 0)                      // k follows a matching prefix
12              k = fail[k−1];
13          else                                   // no match found starting at j
14              j++;
15      }
16      return fail;
17  }
```

程式 12.4：computeFailKMP 實用程式的實現，用來支持 KMP 樣式 - 匹配演算法。注意演算法如何使用前一個失敗函數的值，以有效計算新的值。

◉ **效能**（Performance）

若不將失敗函數的計算納入的話，KMP 演算法的執行時間與 **while** 迴圈的迭代次數成正比。為便於分析，定義 $s = j - k$。直觀地說，s 是樣式相對於文字滑動的總量。注意在整個演算法執行，$s \leq n$。在迴圈的每次迭代會發生以下三種情況之一。

- 如果 text[j] = pattern[k]，則 j 和 k 各增加 1，因此 s 不變。
- 如果 text[j] ≠ pattern[k]，且 $k > 0$，則 j 不改變，s 增加至少 1，因為在這種情況下，s 從 $j-k$ 變化到 $j-f(k-1)$；將變化後減去變化前，增量為 $k-f(k-1)$，由於 $f(k-1) < k$，增量為正值。
- 如果 text[j] ≠ pattern[k]，且 $k = 0$，則 j 增加 1，s 增加 1，因為 k 沒有改變。

因此，在迴圈的每次迭代中，j 或 s 將增加至少 1（可能 j 和 s 都增加）；因此，KMP 樣式 - 匹配演算法中 **while** 迴圈的總迭代次數最多為 $2n$。要得到這個效能，假定我們已經計算完樣式的失敗函數。

計算失敗函數的演算法執行時間為 $O(m)$。其分析類似於主 KMP 演算法，但具有長度 m 的樣式與本身相比。因此，我們有：

定理 12.3：Knuth-Morris-Pratt 演算法，長度為 n 的文件和長度為 m 樣式執行樣式 - 匹配，所需時間為 $O(n + m)$。

該演算法的正確性依循失敗函示的定義。跳過任何實際上並不需要的比較，失敗函式保證所有被忽略的比較都是多餘的，只是重新比較相同的匹配字元。

在圖 12.6 中，說明了 KMP 樣式 - 匹配演算法的執行情況，使用的輸入字串和範例 12.1 相同。注意在樣式 - 匹配使用失敗函式避免了樣式和文件間一個字元的重複比對。同時還要注意，KMP 演算法的總體執行時間較暴力演算法的窮舉方式效能要好很多（圖 12.1）。

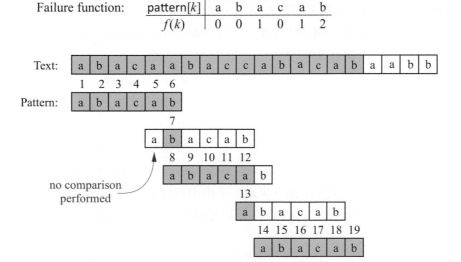

圖 12.6：KMP 樣式 - 匹配演算法的說明。演算法執行 19 次字元比較，用數字標示比較次數，藉此可看到每次式文件中的哪個字元和樣式的哪個字元做比較（需要一些額外時間來計算失敗函數）。

12.3　Tries 樹（Tries）

在 12.2 節所討論的樣式 - 匹配演算法，藉由預先處理樣式以加速對文件（text）的搜尋（計算 KMP 演算法的 failure 函數或是 BM 演算法的 last 函數）。在本節，我們介紹一個互補的方法，也就是一個預先處理文件（text）的字串搜尋演算法。這方法對一個固定文件（內容不做更改）執行一系列的查詢應用是有利的，因為在這樣的情況下，花在預先處理文件的時間就可因加速每一次附加的查詢而得到補償（例如，網站提供莎士比亞哈姆雷特的樣式 - 匹配或搜尋引擎提供哈姆雷特標題的網頁）。

　　trie（發音為可 "try"）是一個儲存資料串列以支援快速樣式 - 匹配的樹狀資料結構。trie 的主要應用在於資訊擷取。的確，"trie" 這個字來自「retrieval」。在資訊擷取的應用上，例如在遺傳基因資料庫搜尋某個特定的 DNA 序列，我們將字串 collection 裡的字串都定義在相同的字母表上。Trie 主要支援的查詢操作就是**樣式 - 匹配（*pattern matching*）**與**字首比對（*prefix matching*）**，後者的操作包括給定一字串 X，並在 S 的所有字串中尋找以 X 為字首字串。

12.3.1　標準 Tries 樹（Standard Tries）

假設 S 為由 s 個字串組成的字串集合，字串中每字母來自字母表 Σ，並且在 S 中沒有字串是另一個字串的字首。S 的一個**標準 trie** 是一個排序過的樹 T，並有著下列的屬性（參考圖 12 .7）：

- 除了根節點之外，T 的每個節點都以 Σ 中的一個字元做為標籤。
- T 內部節點的子節點有不同的標籤。
- T 有 s 個葉子節點，每個葉子節點都與字串集合 S 的字串相關聯，使得從根節點到葉子節點 v 的路徑上所連接節點的標籤產生與 v 相關聯的字串。

　　因此，trie T 從根節點到葉子節點的路徑，代表字串集合 S 中的字串。要注意的是，在字串集合 S 的字串裡，沒有一個字串是另一個字串的字首（或稱字首也可），這個假設有其重要性，確保每個在字串集合 S 的字串，在 T 中都有一個獨一無二的葉節點與其對應（這與第 12.4 節所述的霍夫曼編碼的字首限制相似）。我們總是可以在每一個字串末尾，藉由增加一個字母集 Σ 中沒有的特殊字元，來滿足這個假設。

　　標準 trie T 的內部節點擁有 1 至 $|\Sigma|$ 個子節點，其中 $|\Sigma|$ 是字母表中字元的個數。對於 S 集合中每個字串的的一個字元，在 T 中都會有一個根節點 r 到其中一個子節點的邊與其對應。此外，從根節點到深度為 k 的內部節點所構成的路徑，代表 S 中一個字串 X 的 k- 字元的字首，$X[0..k-1]$。事實上，對字串集 S 來說，字串中若有字元 c 接續著字首 $X[0 .. i-1]$，必然會有一個 v 的子節點被標示著 c。trie 便是以這種方式，簡明地儲存在一個集合中的字串共同字首。

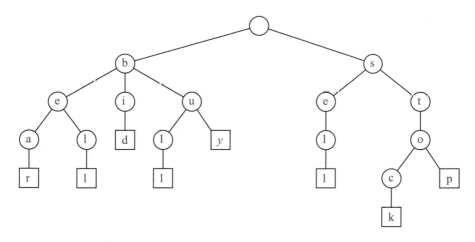

圖 12.7：標準 tries，具有字串 {bear, bell, bid, bull, buy, sell, stock, stop}。

有個特殊狀況，如果在字母表中只有兩個字元，那麼 trie 就是二元樹，雖然有些內部節點可能只有一個子節點（也就是說它可能是顆不完全二元樹）。一般來說，內部節點可能會有 |Σ| 個子節點，實際上這些節點的分支度（degree）都很小。例如，圖 12.7 所示的 trie，有數個內部節點僅有一個子節點。在較大規模的資料集合中，節點的平均分支度在越深的的節點小於節點的深度，因為只有少數的字串有共同的長字首，後續有此字首的單字就不多了。此外，在許多語言中，會有一些不太可能自然發生的字元組合。

下列定理提供了標準 trie 的重要結構特性：

定理 12.4：一個標準 trie 在集合（collection）S 中儲存 s 個字串，這些字串的總長度為 n，且字母表 Σ 有下列性質：

- T 的高度等同於 S 中最長字串的長度。
- T 的每個內節點最多有 $|\Sigma|$ 個子節點。
- T 有 s 個葉子節點。
- T 的節點數最多不超過 $n+1$。

當沒有兩個字串分享一個共同字首時，trie 節點數的最差情況便會發生；也就是說，除了根節點之外，所有內部節點都只有一個子節點。

一個包含字串集合 S 的 trie T 可被用來實現 set 或 map，而其鍵值便是 S 中的字串。也就是說，我們藉著在根節點追蹤由字串 X 的字元所構成的路徑來搜尋在 T 之中的字串。如果這條路徑可被追蹤並在一個葉子節點終止，那麼我們便知道 X 在 S 中。舉例來說，對圖 12.7 的 trie 追蹤 "bull"，會在葉子節點上結束。如果路徑無法追蹤或可被追蹤但在內部節點上終止，那麼 X 就不是 S 中的字串。在圖 12.7 的範例中，"bet" 的路徑無法追蹤，其中的路徑 "be" 在內節點上終止，這個單字也不在 map 之中。兩個字串都不在集合 S 中。

顯而易見，一個大小為 m 的字串其搜尋的執行時間為 $O(m \cdot |\Sigma|)$，因為我們在 T 中至多走訪了 $m+1$ 個節點。我們在每個節點上花了 $O(|\Sigma|)$ 的時間來決定下一個要走訪的子節點，即使這子節點未經過排序，因為每個節點最多有 $|\Sigma|$ 個子節點。我們或許能夠改善每個節點所花的時間，縮小成 $O(\log|\Sigma|)$ 或 $O(1)$，使用的手段是在每一個節點使用的二個搜尋表或雜

湊表，或在每個節點使用大小為 |Σ| 的檢索表，條件是 |Σ| 夠小（譬如 DNA 字串）。基於上述種種改善措施，搜尋長度為 m 的字串可期望在 $O(m)$ 時間完成。

　　從上述的討論，我們可以據此使用一個 trie 來演算一個特殊種類的樣式 - 匹配，稱為**單字比對**（*word matching*），單字比對是用來決定已知的樣式是否與文件中的某單字完全相符。單字比對不同於標準樣式 - 匹配，因為樣式無法比對文件中的任意子字串，只能在文件中的單字擇一比對。要做到這一點，每一個原始文件的單字必須添加到 trie（見圖 12.8）。一個簡單方案的擴展支持字首匹配查詢。然而，在文件中，若是樣式任意的出現便無法有效執行（例如，樣式為某個字或跨兩字的字尾）。

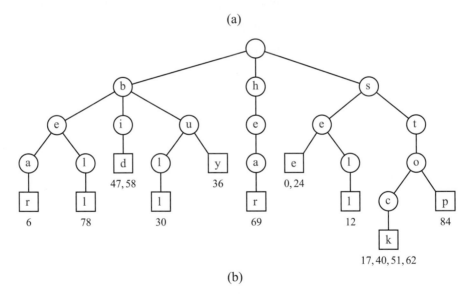

(a)

(b)

圖 12.8：標準 trie 中的單字比對：（a）要搜尋的文件（冠詞與介系詞是 *stop words*，因此排除在外，不予考慮）；（b）由文件中單字組成的標準 trie，從根到葉節點的路徑構成一個單字，將單字出現在文件中的啟始位置索引標示在葉子節點中。代表單字 "stock" 的葉節點，標示此單字處現在文件的位置索引值 17、40、51 和 62。

　　可使用增量演算法為字串集合 S 建構一個標準 trie，其作法為每次插入一個字串於 trie 中。記住這個假設：沒有任何一個 S 的字串是其他字串的字首。為了插入字串 X 到目前的 trie T，我們首先試著追蹤在 T 中與 X 有關聯的路徑，當追蹤停頓在某節點時，為 X 剩餘的字元新建一個由每個剩餘字元構成的鏈路。

插入長度爲 m 的字串 X，在最壞情況下花費的時間爲 $O(m \cdot |\Sigma|)$，若每個節點使用第二雜湊表的話，預期執行插入花費的時間爲的 $O(m)$。因此，建立整個 S 的 trie 花費的時間爲 $O(n)$，其中 n 爲 S 的字串總長度。

在標準 trie 中有潛在的空間無效率特性，因而促使了**壓縮 trie**（*compressed trie*）的發展，即所謂的 **Patricia trie**。亦即，在標準 trie 中可能有著許多的節點僅有單一子節點，而這種情況的出現是一種浪費。我們接著將討論壓縮 trie。

12.3.2　壓縮 tries（Compressed Tries）

壓縮 trie（*compressed trie*）類似標準的 trie，但它確保每個在 trie 的內部節點至少都有兩個子節點。它將單一子節點的鏈壓縮成單一的邊，來強制執行此規則（參考圖 12.9）。令 T 爲一顆標準的 trie，如果 T 的內部節點 v 只有一個子節點，而 v 又不是根節點時，我們稱 T 的內部節點 v 是**冗餘節點**（*redundant*），例如，圖 12.7 的 trie 有八個冗餘的節點。我們也定義一個有個 $k \geq 2$ 邊的鏈，

$$(v_0, v_1)(v_1, v_2) \cdots (v_{k-1}, v_k)$$

如果下列條件成立，則這個鏈便是冗餘的（redundant）：

- v_i 是冗餘的，其中 $i = 1$、$...$、$k-1$。
- v_0 和 v_k 不是冗餘的。

我們將 T 轉換成一壓縮 trie，藉由取代每個有 $k \geq 2$ 個邊的冗餘鏈 $(v_0, v_1) \cdots (v_{k-1}, v_k)$ 變成單一邊 (v_0, v_k)，並以節點 v_1、$\cdots$、v_k 的連續標籤來重新標示 v_k。

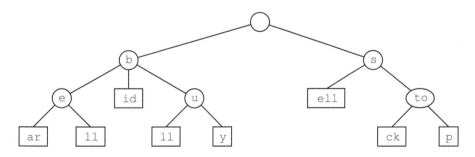

圖 12.9：壓縮 trie，其中字串爲 {bear,bell,bid,bull,buy,sell,stock,stop}（與圖 12.7 所示的標準 trie 進行比較）。請注意，在除了在葉子節點上的壓縮之外，標籤爲 "to" 的內部節點由單字 "stock" 和 "stop" 共用。

因此，在壓縮 trie 的節點將以字串標示，即集合中字串的子字串，而非單一字元。壓縮 trie 勝過標準 trie 的優勢，如下列定理所示（與定理 12.4 相較），在於壓縮 trie 的總節點數正比於字串個數，而非字串的總長度。

定理 12.5：S 是個有 s 個字串的集合，字串中的字元取自大小為 d 的字母表，則儲存 S 的壓縮 trie 有以下特性：

- T 的每個內部節點至少有兩個子節點，至多有 d 個子節點。
- T 有 s 個葉子節點。
- T 的節點數為 $O(s)$。

細心的讀者可能想知道路徑的壓縮是否提供了任何顯著的優勢，儘管它是藉由節點標籤的相關延伸性來抵銷。的確，壓縮 trie 只有在已經儲存於主結構的字串集合中，做為輔助索引結構時才有真正助益，且未被要求確實儲存所有集合中字串的字元。

例如，假設字串集 S 是一個字串陣列 $S[1], \ldots, S[s-1]$。與其明確地儲存一個節點的標籤 x，取而代之的是，我們改以三個整數 (i,j,k) 來表示，使 $X = S[i][j..k]$；亦即 X 是 $S[i]$ 中由第 j 個到第 k 個字元的子字串。（參考圖 12.10 範例。並比較圖 12.8 的標準 trie）。

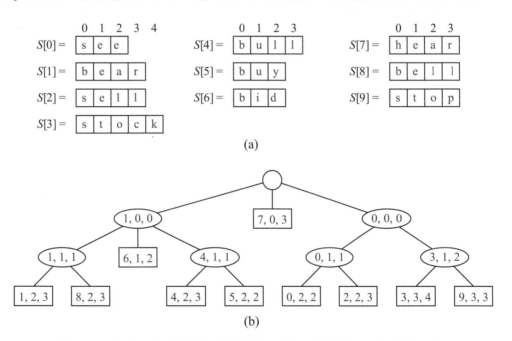

圖 12.10：(a) S 的字串儲存於陣列中；(b) S 的壓縮 trie 的密集圖示。

這個附加的壓縮方案使我們能縮小總空間，從佔用 $O(n)$ 的標準 trie 縮小到 $O(s)$ 的壓縮 trie ，其中字串集 S 中，字串總長度為 n，且 S 的字串個數為 s。當然，還是要在 S 儲存不同的字串，但我們縮小了 trie 的空間。在下一段落，我們介紹字串集合也能密集儲存的應用。

12.3.3　字尾 tries（Suffix Tries）

Trie 的主要應用之一就是當字串集合 S 的字串全部是字串 X 的字尾，這樣的 trie 稱為字串 X 的**字尾 trie**（也就是**字尾樹**或**定點樹**）。圖 12.11a 顯示了以字串「minimize」的八個字尾為例的字尾 trie。對一顆字尾 trie 而言，在先前段落中壓縮過的呈現都可以被進一步的簡化，也就是，每個頂點的標籤是數對 "$j..k$"，代表字串 $X[i \ .. \ j]$（參考圖 12.11b）。爲滿足沒有一個 X 的字尾是其他字尾的字首之條件，我們可以增加一個特殊字元，以 $ 表示。在原始的字母 表 中，它並不存在於 X 的末端（每個字尾也是這樣）。因此，如果字串 X 的長度爲 n，我們就爲字串 $X[j..n-1]$\$，建立一個 trie，其中 $j = 0, \ldots, n-1$。

◉ **節省空間**（Saving Space）

藉由使用數種空間壓縮技巧（包括在壓縮 trie 所用過的），字尾 trie 使我們能在標準 trie 節省空間。

對字尾 trie 而言，其密實表現的優勢變得顯而易見。因此，長度爲 n 的字串 X，其字尾的總長度爲

$$1 + 2 + \cdots + n = \frac{n(n+1)}{2}$$

而它清楚地儲存所有 X 的字尾會佔用 $O(n^2)$ 的空間。再者，字尾 trie 若模糊地呈現出這些字串，僅佔用 $O(n)$ 的空間，如下列定理所述。

定理 12.6：對一字尾 trie T 經壓縮後的呈現而言，長度爲 n 的字串 X 會使用 $O(n)$ 的空間。

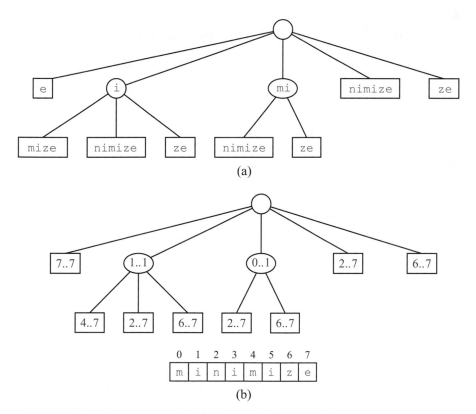

圖 12.11：（a）字串 X = "minimize" 的字尾 trie T；（b）壓縮後的 T，其中數對 (i,j) 代表 $X[i..j]$。

◉ **建構**（Construction）

我們以第 12.3.1 所示的遞增演算法，對長度為 n 的字串來建構其字尾 trie。此建構過程將花費 $O(|\Sigma|n^2)$ 的時間，因為字尾的總長度是 n 的二次方。然而，長度 n 的字串之（壓縮）字尾 trie 可以用一個特殊化的演算法來建構，只需花費 $O(n)$ 的時間，和普通的 trie 不同。但是，這個線性時間的建構演算法十分複雜，在此略而不提。但是，當我們要用字尾 trie 去解決其他問題時，使用這個快速的建構演算法確實是有許多好處的。

◉ **字尾 Trie 的應用**（Using a Suffix Trie）

字串 X 的字尾 trie T 能有效率在文件 X 執行樣式 - 匹配查詢，意即我們可藉由嘗試追蹤 T 中與 P 相關的路徑來決定樣式 P 是否為 X 的子字串。如果這樣的路徑可被追蹤到，那麼 P 就是 X 的子字串。此樣式 - 匹配演算法的細節在演算法 12.7，假設以下節點標籤的附加內容都在經壓縮過的字尾 trie 呈現：

> 若節點 v 有標籤 $j..k$，且長度為 y 的字串 Y 與根節點到 v（包括在內）的路徑相關，則 $X[k-y+1..k] = Y$。

該性質確保當發生匹配時，我們可在 $O(m)$ 時間計算樣式在文件中的起始索引。

12.3.4　搜尋引擎索引（Search Engine Indexing）

網際網路包含一個巨大的文字文件集合（網頁），這些網頁資料的集合是靠一個叫做**網路自動搜尋器**（*web crawler*）的程式，將這些資料儲存在特殊的 map 資料庫。網路**搜尋引擎**讓使用者在這資料庫中檢索相關資訊，從而在網路已包含的關鍵字中辨識出相關網頁。本小節，我們將介紹一個簡化的搜尋引擎模型。

◉ **倒置檔案**（Inverted Files）

搜尋引擎所儲存的核心資訊是一個 map 資料結構，稱做**倒置索引**或**倒置檔案**，儲存關鍵值數對 (w, L)，在此，w 是一個單字，而 L 是包含 w 的頁面。在這 map 資料結構中的 keys（words）被稱做**索引詞**（*index terms*），並且以一組字彙及適當的名詞的方式登錄。而 map 裡的元素叫做**出現名單**（*occurrence lists*），它們應該盡可能的涵蓋多數的網頁。

　　我們可以在包含以下條件的資料結構中有效地實作倒置索引：

1. 一個儲存詞彙出現的清單之陣列（無特定排序）。

2. 由索引詞的集合所構成的壓縮 trie，它的每個葉子節點會儲存相關詞彙的出現清單之索引。

將詞彙出現清單儲存在 trie 之外的理由，是為了維持 trie 的資料結構的大小，當它夠小才能儲存在內部記憶體。否則，由於它們的佔用的容量太大，該清單就必須儲存在磁碟裡了。

　　由於這樣的資料結構，關鍵單字的查詢便類似於單字比對查詢（參考第 12.3.1 節）。也就是說，我們在 trie 找到關鍵字後，便回到相關的出現清單裡。

當輸入多重關鍵字並希望能看見包含**所有**輸入關鍵字的網頁峙，我們使用 trie 取得每個關鍵字的出現清單並輸出它們的交集。為加速交集的計算，每個出現清單應該以位址的序列分類或以 map 的來執行（例如，在第 11.6 節所討論的通用合併計算）。

除了回到包含所輸入關鍵字的網頁名單這一基本任務外，搜尋引擎提供一個重要的附加功能：為**網頁排名**（*ranking*）。為搜尋引擎策劃快速並準確的排序網頁，對電腦研究者與電子商務公司是個重要的挑戰。

12.4 文字壓縮和貪婪法（Text Compression and the Greedy Method）

在這個小節，我們思考另一個文字處理應用，**文字壓縮**（*text compression*）。在這個主題中，我們考慮字串 X 的字元是在某些字母表裡，例如 ASCII 或 Unicode 字元集合，並希望有效地將 X 編碼成較小的二元串列 Y（僅使用字元 0 及 1）。文字壓縮在利用低頻寬的頻道通訊時很有用，例如一條較慢的數據線路或無線連接，當然我們希望文字傳輸所需的時間能減到最小。同樣地，文字壓縮在儲存大量文件上也更加有效率，使固定容量的儲存裝置能容納盡可能更多的文件。

在這小節要探討的文字壓縮方法是**霍夫曼編碼**（*Huffman code*）。標準的編碼法則是使用固定長度的二元字串來編碼（在傳統或擴展的 ASCII 系統中分別有 7 或 8 位元），Unicode 系統為 16 位元。儘管常用的一些字元，例如 ASCII 系統的字元組，可使用較少的位元編碼，但這不是最省空間的編碼方式。霍夫曼編碼使用可變換長度的編碼方式達到最佳化。我們根據每個字元被使用的頻率做為最佳化的標準，對每個字元 c 而言，在字串 X 中出現的次數以 $f(c)$ 計算。霍夫曼編碼藉由使用較短的字碼串列來編碼高出現頻率的字元，並使用較長的字碼串列來編碼低出現頻率的字元，使得它比固定長度的編碼方式更為節省空間。

為了將字串 X 編碼，我們轉換每個在 X 的字元，從固定長度的字碼變成可變長度的字碼，並且連結所有的字碼以產生出字串 X 的編碼 Y。為了避免模稜兩可的情況，我們堅持在編碼中沒有任一個字碼是另一個字碼的字首。這種編碼方式的碼稱為**字首碼**（*prefix code*），它簡化了 Y 的解碼過程，以便得到原字串 X（參考圖 12.12）。即便有這個限制，可變長度的字首碼所節省的空間仍相當大，特別是在字元出現頻率有大幅度變化的情況（如自然語言文字在幾乎所有口語語言中的例子）。

對 X 而言，產生最佳可變長度的字首碼的霍夫曼演算法，其基礎在於建構一個能呈現這些字碼的二元樹 T。除了根節點之外，每個在 T 的節點，都以字碼的一個位元來表示，而它的左子節點代表 0、右子節點代表 1。每個外部節點 v 都與特殊字元相關，因而每個字元的字碼定義為以 T 的根節點到 v 的路徑所代表的字元串列（參考圖 12.12）。每個葉節點 v 都有頻率值 $f(v)$，也就是在 X 中與 v 相關的該字元之出現頻率。此外，我們也給定 T 的每個內部節點 v 一個頻率 $f(v)$，代表所有以 v 為根的子樹的外部節點之頻率總和。

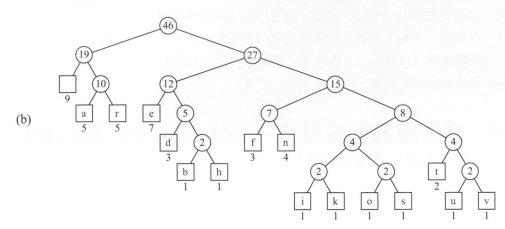

圖 12.12：霍夫曼編碼圖解範例。字串 X = "a fast runner need never be afraid of the dark"：(a) 每個 X 的字元之出現頻率 (b) 字串 X 的霍夫曼樹 T。追蹤 T 的根節點至外部節點字元 c 的路徑，遇左子節點代表編碼 0。而右子節點代表編碼 1，可知字元 c 的編碼方式。舉例來說，「r」的編碼是 011，而「h」的編碼是 10111。

12.4.1 霍夫曼編碼演算法（The Huffman Coding Algorithm）

霍夫曼編碼演算法從字串 X 中 d 個不同字元開始，以單一節點二元樹的根節點為首進行編碼。演算法將執行好幾回合，在每一回合，演算法取兩個最小頻率的二元樹，將它們合併成單一的二元樹。它會重複此步驟直到剩下一棵樹為止。（見程式碼 12.8）

在霍夫曼演算法中，每個 **while** 的迴圈藉由使用堆積來表示優先佇列（priority queue），可以 $O(\log d)$ 的時間來執行。此外，會在 while 的每個迭代（iteration）從 Q 取出兩個節點並加入一個，此程序會重複進行 $d-1$ 次，直到最後只剩一個節點。因此，這個演算法執行時間為 $O(n + d\log d)$。雖然這個演算法的正確性證明超出本書範圍，但我們注意到一個簡單直覺的想法：任何一個最佳化的字碼可被轉換為一個有兩個最低出現頻率字元的字碼，a 及 b，它們僅在最後一個位元有差別。重複此字元 c 取代 a 及 b 組成的字串的辯證如下：

定理 12.7：霍夫曼演算法建構一長度為 n，d 個不同字元的最佳化字首所需要的時間為 $O(n + d\log d)$。

Algorithm Huffman(X):

    Input: String X of length n with d distinct characters

    Output: Coding tree for X

    Compute the frequency f (c) of each character c of X.

    Initialize a priority queue Q.

    for each character c in X **do**

        Create a single-node binary tree T storing c.

        Insert T into Q with key f (c).

    while Q.size( ) > 1 **do**

Entry $e_1 = Q.removeMin(\ )$ with e_1 having key f_1 and value T_1.

Entry $e_2 = Q.removeMin(\ )$ with e_2 having key f_2 and value T_2.

Create a new binary tree T with left subtree T_1 and right subtree T_2.

Insert T into Q with key $f_1 + f_2$.

Entry c = Q.removeMin(\ ) with e having tree T as its value.

return tree T

程式 12.5：霍夫曼編碼演算法。

12.4.2　貪婪法（The Greedy Method）

霍夫曼演算法在建立最佳化編碼時，所使用的是一個被稱**貪婪法**（*greedy method*）的演算法設計模式。貪婪法設計模式常應用在最佳化問題上，當我們為了解決問題建立一些結構的同時，貪婪法將結構的一些特性最小化或最大化。

貪婪法設計模式的通用法則幾乎和暴力法一樣簡單，也就是說，為了使用貪婪法來解決最佳化問題，我們進行一連串的選擇來處理。這一系列選擇是由一些易於瞭解的起始環境開始，並計算初始狀態的成本。然後，該模式要求我們從目前可能的所有選擇方案中反覆地做出決策，已取得最佳的成本改進。這種作法並不是每次都可得到最佳解。

但在某些問題上，貪婪法相當適用。而這些問題都具備**貪婪選擇**（*greedy-choice*）的特性。其意義為在一個定義完善的情況下，藉由一連串的局部最佳化選擇（意即，在當時現有的可能性中的最佳選擇），來達成整體最佳化的前提。事實上，計算最佳化可變長度字首的問題，只是一個擁有貪婪性選擇特質的範例之一。

12.5　動態規劃（Dynamic Programming）

在本節中，我們將討論**動態規劃**（*dynamic-programming*）演算法設計模式。這種技術類似於分治法（divide-and-conquer）技術（第 13.1.1 節），因為它可以應用於各種不同的問題。動態規劃經常可以用來產生多項式時間的演算法，解決似乎需要指數時間才能解的問題。另外，由動態規劃應用程式產生的演算法通常很簡單，只要幾行程式就可用巢狀迴圈填滿一張表。

12.5.1　矩陣鏈乘法（Matrix Chain-Product）

暫時不費力解說動態規劃的一般組件，直接舉個經典的具體例子。給定一個由 n 個二維矩陣構成的集合，希望計算矩陣的數學乘積

$$A = A_0 \cdot A_1 \cdot A_2 \dots A_{n-1},$$

其中 A_i 是 $d_i \times d_{i+1}$ 矩陣，其中 $i = 0,1,2, \dots ,n-1$。在標準的矩陣乘法演算法（這是我們將要使用的），將一個 $d \times e$ 矩陣 B 乘以一個 $e \times f$ 矩陣 C，我們計算乘積 A

$$A[i][j] = \sum_{k=0}^{e-1} B[i][k] \cdot C[k][j]$$

這個定義意味著矩陣乘法具有結合性，意味著 $B \cdot (C \cdot D) = (B \cdot C) \cdot D$。因此，我們可以在運算式 A 中任意擺放括號，仍得到相同的答案。但是，我們沒必要在每個括號中執行等量的基本（即純量）乘法運算，如以下範例所示。

範例 12.8：令 B 為 2×10 矩陣，令 C 為 10×50 矩陣，令 D 為一個 50×20 矩陣。計算 $B \cdot (C \cdot D)$ 需要 $2 \cdot 10 \cdot 20 + 10 \cdot 50 \cdot 20 = 10400$ 乘法，而計算 $(B \cdot C) \cdot D$ 需要 $2 \cdot 10 \cdot 50 + 2 \cdot 50 \cdot 20 = 3000$ 乘法。

矩陣鏈乘法問題是確定括號位置，以最少量的純量乘法總數，計算矩陣 A。如上例所示，不同的括號有戲劇性的變化，找到好的解決方案可大大增加運算速度。

◉ 定義子問題（Defining Subproblems）

解決**矩陣鏈乘法**問題的一個方法是簡單地使用窮舉法，列舉所可能括號位置所需的乘法運算量。不幸的是，對運算式 A 的括號擺置用窮舉法造成的負擔，和建立有 n 個葉子節點的所有不同的二元樹是一樣的。這個負擔是 n 階指數等級。因此，這個窮舉（" 暴力 "）演算法以指數時間執行，具結合性的運算式，有高達指數量的不同結合方式。

對矩鏈乘法問題進行一些觀察，我們可以改善暴力演算法提供的效能。首先是把問題分為一些子問題。在這種情況下，我們可以定義一些不同的子問題，每個子問題都在對一些子運算式 $A_i \cdot A_{i+1} \cdots A_j$ 計算最佳括號位置。為便於說明，使用扼要符號，我們使用 $N_{i,j}$ 來表示計算子運算式 $A_i \cdot A_{i+1} \cdots A_j$ 所需的最小乘法數目。因此，原始矩陣鏈乘法問題可以特性化為計算 $N_{0,n-1}$ 的值。這個觀察是重要的，但我們還需要一個技術以應用動態規劃技術。

◉ 規劃最佳解決方案（Characterizing Optimal Solutions）

關於矩陣鏈乘法問題的另一個重要觀察是把問題分解成子問題，然後對這些子問題尋求最佳解決方案。我們稱這個性質為**子問題最佳化**（*subproblem optimality*）。

在矩陣鏈乘法問題的情況下，我們觀察到，無論我們如何在子運算式放置括號，最終仍必須執行矩陣乘法運算。也就是說，子運算式 $A_i \cdot A_{i+1} \cdots A_j$ 的完全括號其形式必須為 $(A_i \cdots A_k) \cdot (A_{k+1} \cdots A_j)$，其中 $k \in \{i, i+1, \ldots, j-1\}$，無論哪個 k 是正確的，乘法 $(A_i \cdots A_k)$ 和 $(A_{k+1} \cdots A_j)$ 也必須是最佳的。如果不是這樣，那麼會有一個整體最優的解，其中一個子問題有次佳解。但是這個是不可能的，因為我們可以用子問題的最佳解來替換當前子問題的解，從而減少了乘法運算的總數。這個觀察意味著以其他子問題最佳解決方案來明確為 $N_{i,j}$ 定義最佳化問題的方法。即，我們可以通過考慮把 k 放在每個不同位置，然後在該位置計算出 $N_{i,j}$，不同的 k 算出不同的 $N_{i,j}$，選取正確的 k，得到最佳的 $N_{i,j}$。

◉ 設計動態規劃演算法（Designing a Dynamic Programming Algorithm）

因此，我們可以開始規劃子問題最佳解決，$N_{i,j}$ 定義為

$$N_{i,j} = \min_{i \le k < j} \{N_{i,k} + N_{k+1,j} + d_i d_{k+1} d_{j+1}\}$$

其中 $N_{i,i} = 0$，因為單個矩陣不需要運算。那就是 $N_{i,j}$ 是最小化，對每個不同的 k 值所劃分的子運算式計算所需的乘法量，最後選取最佳的 k 值執行最後的乘法運算。

請注意，在計算所有子運算式時，當中會有**共享子問題**（*sharing of subproblems*）現象，阻止我們將問題分解爲完全獨立的子問題（如我們所需要的，以應用分治技術）。然而，我們正好可加以利用 sharing of subproblems 降低運算負擔。做法是使用 $N_{i,j}$ 方程式導出有效的演算法來計算 $N_{i,j}$ 值，使用由下而上的方式計算 $N_{i,j}$ 值，並將中間計算的 $N_{i,j}$ 值儲存在資料表中，免去後面的重覆運算，只須查表取值即可。從最簡單的 $N_{i,i}=0$ 開始，其中 $i = 0,1,\dots,n-1$。然後根據 $N_{i,j}$ 方程式用 $N_{i,i}$ 值計算 $N_{i,i+1}$ 值，由於我們只依賴 $N_{i,i}$ 和 $N_{i+1,i+1}$ 值。有了 $N_{i,i+1}$ 值，我們可以計算 $N_{i,i+2}$ 值等等。因此，我們可以從前面的運算得出 $N_{i,j}$ 值，直到最終計算出 $N_{0,n-1}$ 值，正是我們在尋找的數字。這個動態規劃的 Java 程式碼在程式 12.6 中，我們使用 3.1.5 節介紹的 Java 二維陣列技術。

```java
1   public static int[ ][ ] matrixChain(int[ ] d) {
2     int n = d.length – 1;                    // number of matrices
3     int[ ][ ] N = new int[n][n];             // n-by-n matrix; initially zeros
4     for (int b=1; b < n; b++)                // number of products in subchain
5       for (int i=0; i < n – b; i++) {        // start of subchain
6         int j = i + b;                       // end of subchain
7         N[i][j] = Integer.MAX VALUE;         // used as 'infinity'
8         for (int k=i; k < j; k++)
9           N[i][j] = Math.min(N[i][j], N[i][k] + N[k+1][j] + d[i]*d[k+1]*d[j+1]);
10      }
11    return N;
12  }
```

程式 12.6：以動態規劃演算解矩陣鏈乘法問題。

因此，我們可用一個有三個巢狀迴圈的演算法計算 $N_{0,n-1}$（第三個迴圈計算最小項）。每個迴圈每次最多執行 n 次遍歷，加上一些額外的常數工作量。因此，該演算法的總執行時間爲 $O(n^3)$。

12.5.2 DNA 和文字序列校對（DNA and Text Sequence Alignment）

遺傳與軟體工程中常見的文字處理問題，是測試兩個文字字串之間的相似性。在遺傳學應用中，兩個字串可以對應到兩串 DNA，計算其相似之處。同樣，在軟體工程應用中，兩個字串可能來自同一程式的兩個版本的原始碼，對此我們想確定從一個版本到下一個版本做了哪些更改。的確，確定兩個字串之間的相似性是非常常見的，Unix 和 Linux 操作系統有一個內置程式，命名爲 diff，用於比較文字文件。

給定字串 $X = x_0 x_1 x_2 \cdots x_{n-1}$，$X$ 的**子序列**是任何字串形式 $x_{i1} x_{i2} \cdots x_{ik}$，其中 $i_j < i_{j+1}$；也就是說，它是一系列的字元且不一定是連續的，但是依然從 X 依序取出。例如，字串 *AAAG* 是字串 *CGATAATTGAGA* 的子序列。

我們在這裡討論的 DNA 和文字相似性問題是**最長共同序列**（**LCS**：*longest common subsequence*）問題。在這個問題中，我們給定兩個字串，$x_0 x_1 x_2 \cdots x_{n-1}$ 和 $Y = y_0 y_1 y_2 \cdots y_{n-1}$，$y$ 取至某些字母表（如字母表 $\{A,C,G,T\}$ 在計算基因組學中常見），並被要求找到一個最長的字串 S，同時是 X 和 Y 的子序列。一種解決方法是窮舉法，找出列出所有的 X 子序列，取最大的同時也是 Y 的子序列。由於 X 的每個字元不是在序列內就是在序列外，所以 X 可能有 2^n 個不同的子序列，每個都需要 $O(m)$ 時間來確定它是否是 Y 的子序列。因此，這種暴力方法產生一個指數時間演算法 $O(2^n m)$ 時間，這效率是非常低的。幸運的是，LCS 問題可使用動態規劃來有效率解決。

◉ **動態規劃解決方案的組件**（The Components of a Dynamic Programming Solution）

如上所述，動態規劃技術主要用於**最佳化**（*optimization*）問題，我們希望找到 " 最好 " 的做法。可以應用動態規劃技術解決具有下列性質的問題。

> **簡單的子問題（Simple Subproblems）**：必須有一些方法，反覆將全局最佳化問題分割成許多局部最佳化子問題。而且，應該有辦法使用幾個索引如 i、j、k 等來參數化子問題。

> **子問題最佳化（Subproblem Optimization）**：全局最佳化問題的解決方案必須是子問題最佳化解決方案的組合。

> **子問題重疊（Subproblem Overlap）**：對不相關子問題的最佳化解，可以包含相同的子問題。

◉ **使用動態規劃解 LCS 問題**（Applying Dynamic Programming to the LCS Problem）

回想一下，在 LCS 問題中，我們給定兩個字串，X 和 Y，長度分別是 n 和 m，並要求找到最長字串 S，同時是 X 和 Y 的子序列。因為 X 和 Y 都是字元字串，我們可用一組自然索引值來定義子問題，對字串 X 和 Y 做索引。我們開始定義子問題，首先，定義 $L_{j,k}$：代表最長字串的長度，此字串是 X 中前 j 個字元的子序列，同時也是 Y 中前 k 個字元的子序列，也就是此字串是字首 $X[0..j-1]$ 和 $Y[0..k-1]$。如果 $j=0$ 或 $k=0$，則 $L_{j,k}$ 值定義為 0。

當 $j \geq 1$ 和 $k \geq 1$ 時，這個定義允許用最佳化子問題以遞迴方式重寫 $L_{j,k}$。正式定義取決於不同情況（見圖 12.13）

- $x_{j-1} = y_{k-1}$：在這情況中，我們在 $X[0..j-1]$ 的最後一個字元和 $Y[0..k-1]$ 的最後一個字元發現兩者相同，我們宣稱 $X[0..j-1]$ 及 $Y[0..k-1]$ 的子序列終止於此字元。為證實這個說法，我們假設它不成立，那必將有某個最長共同序列 $x_{a1}x_{a2} \ldots x_{ac} = y_{b1}y_{b2} \ldots y_{bc}$。若 $x_{ac} = x_{j-1}$ 或 $y_{bc} = y_{k-1}$，那麼設定 $a_c = j-1$ 及 $b_c = k-1$ 便能得到同樣的序列。或者，若 $x_{ac} \neq x_{j-1}$ 且 $y_{bc} \neq y_{k-1}$，我們可藉由增加 $x_{j-1} = y_{k-1}$ 於序列末尾，而得到更長的共同子序列。我們宣稱 $X[0..j-1]$ 和 $Y[0..k-1]$ 的子序列終止於字元 x_{j-1} 因此我們設定

$$L_{j,k} = 1 + L_{j-1,k-1} \quad \text{if } x_{j-1} = y_{k-1}$$

- $x_{j-1} \neq y_{k-1}$：在這情況中，我們無法找出一個共同子序列同時包含 x_{j-1} 和 y_{k-1}。也就是，我們可能有一個共同子序列是以 x_{j-1} 或 y_{k-1} 結尾（或是兩者皆非），但絕非兩者皆是。因此我們設定

$$L_{j,k} = \max\{L_{j-1,k}, L_{j,k-1}\} \quad \text{if } x_{j-1} \neq y_{k-1}$$

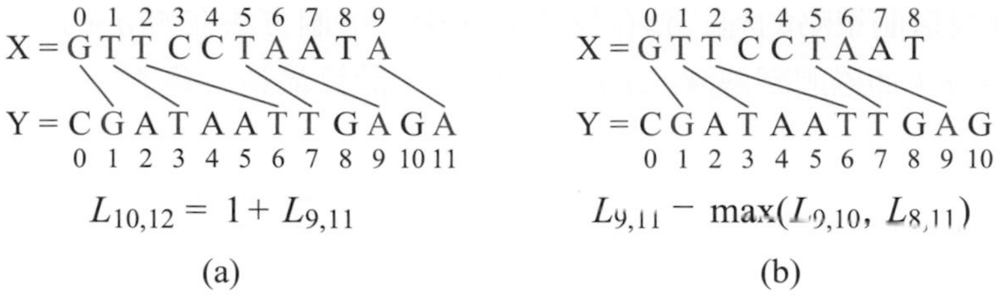

$$X = \begin{matrix} 0 & 1 & 2 & 3 & 4 & 5 & 6 & 7 & 8 & 9 \\ G & T & T & C & C & T & A & A & T & A \end{matrix}$$

$$Y = \begin{matrix} C & G & A & T & A & A & T & T & G & A & G & A \\ 0 & 1 & 2 & 3 & 4 & 5 & 6 & 7 & 8 & 9 & 10 & 11 \end{matrix}$$

$$L_{10,12} = 1 + L_{9,11}$$

(a)

$$X = \begin{matrix} 0 & 1 & 2 & 3 & 4 & 5 & 6 & 7 & 8 \\ G & T & T & C & C & T & A & A & T \end{matrix}$$

$$Y = \begin{matrix} C & G & A & T & A & A & T & T & G & A & G \\ 0 & 1 & 2 & 3 & 4 & 5 & 6 & 7 & 8 & 9 & 10 \end{matrix}$$

$$L_{9,11} = \max(L_{9,10}, L_{8,11})$$

(b)

圖 12.13：最長共同子序列演算法中計算 $L_{j,k}$ 的兩種情況當 $j, k \geq 1$ 時（a）$x_{j-1} = y_{k-1}$（b）$x_{j-1} \neq y_{k-1}$。

◉ LCS 演算法（The LCS Algorithm）

$L_{j,k}$ 的定義滿足子問題最佳化，因爲我們不能有一個最長的共同子序列，卻沒有子問題的最長共同子序列。此外，使用子問題重疊，因爲一個子問題的解決方案 $L_{j,k}$ 可以用於其他幾個問題（即問題 $L_{j+1,k}$，$L_{j,k+1}$，$L_{j+1,k+1}$）。將 $L_{j,k}$ 的這個定義轉化爲一個演算法很簡單。我們建立一個 $(n+1) \times (m+1)$ 陣列，其中 $0 \leq k \leq n$ 或 $0 \leq k \leq m$。我們將所有項目初始化爲 0，特別是形式爲 $L_{j,0}$ 和 $L_{0,k}$ 的所有項目爲零。然後，我們迭代地建立 L 中的值，直到我們有 $L_{n,m}$，這是 X 和 Y 的最長共同子序列。我們在程式 12.7 以 Java 實現該演算法。

```java
1   /** Returns table such that L[j][k] is length of LCS for X[0..j-1] and Y[0..k-1]. */
2   public static int[ ][ ] LCS(char[ ] X, char[ ] Y) {
3     int n = X.length;
4     int m = Y.length;
5     int[ ][ ] L = new int[n+1][m+1];
6     for (int j=0; j < n; j++)
7       for (int k=0; k < m; k++)
8         if (X[j] == Y[k])                    // align this match
9           L[j+1][k+1] = L[j][k] + 1;
10        else                                 // choose to ignore one character
11          L[j+1][k+1] = Math.max(L[j][k+1], L[j+1][k]);
12    return L;
13  }
```

程式 12.7：以動態規劃演算法解 LCS 問題的。

　　LCS 演算法的執行時間容易分析，因爲它主要由兩個巢狀 **for** 迴圈控制，外部迴圈迭代 n 次，內部迴圈迭代 m 次。由於 if 和指派敘述在迴圈內每個都需要 $O(1)$ 時間的基礎操作，該演算法執行時間爲 $O(nm)$。因此，動態規劃技術可以應用到最長共同問題，顯著改善以暴力法解決 LCS 問題帶來的指數時間效能。

　　程式 12.7 中的 LCS 方法計算最長公共序列的長度（儲存爲 $L_{n,m}$），但不是本身的子序列。幸好，如果經由 LCS 方法計算出的 $L_{j,k}$ 值組成一個完整的表，很容易提取最長公共序列。解決方案可以用逆向工程計算 $L_{n,m}$ 長度來重建。在任何位置 $L_{j,k}$，如果 $x_j = y_k$，則該長度是基於相關聯的共同子序列 $L_{j-1,k-1}$ 的長度，後面跟著通用字元 x_j。我們可以記錄 x_j 作爲序列的一部分，然後繼續從 $L_{j-1,k-1}$ 分析。如果 $x_j \neq y_k$，那麼我們可以滑動到較大的 $L_{j,k-1}$ 和 $L_{j-1,k}$。我們繼續這個過程，直到達到一些 $L_{j,k} = 0$（例如，如果 j 或 k 爲 0 作爲邊界情況）。以 Java 實現這個策略的程式碼在程式 12.8 中。這個方法在 $O(n + m)$ 時間建立最長公共子序列，因爲每次通過迴圈遞減 j 或 k（或兩者）。計算最長公共子序列演算法的說明如圖 12.14 所示。

```java
1    /** Returns the longest common substring of X and Y, given LCS table L. */
2    public static char[ ] reconstructLCS(char[ ] X, char[ ] Y, int[ ][ ] L) {
3      StringBuilder solution = new StringBuilder( );
4      int j = X.length;
5      int k = Y.length;
6      while (L[j][k] > 0)                        // common characters remain
7        if (X[j–1] == Y[k–1]) {
8          solution.append(X[j–1]);
9          j––;
10         k––;
11       } else if (L[j–1][k] >= L[j][k–1])
12         j––;
13       else
14         k––;
15     // return left-to-right version, as char array
16     return solution.reverse( ).toString( ).toCharArray( );
17   }
```

程式 12.8：重構最長的共同子序列

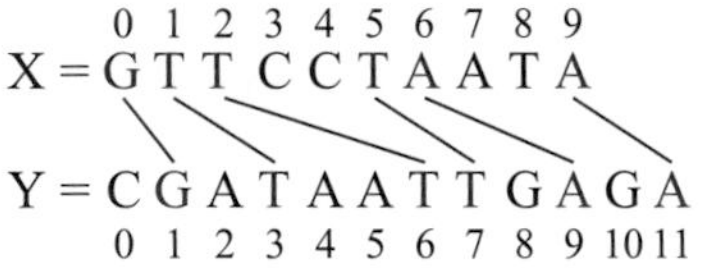

圖 12.14：由陣列 L 建構最長共同子序列的演算法圖示。深色顯式的對角線步驟代表使用一個共同的字元（該字元在序列中的索引值，在邊緣以深色顯示）。

12.6　習題

加強題

R-12.1　字串 "cgtacgttcgtacg" 的最長（正確）字首是什麼，同時也是這個字串的字尾？

R-12.2　繪製一個圖，說明以暴力樣式 - 匹配進行文字 "aaabaadaabaaa" 和樣式 "aabaaa" 比較。

R-12.3　對於 Boyer-Moore 演算法重複上述問題，不用計數比較計算 last(*c*) 函數。

R-12.4　針對 Knuth-Morris-Pratt 演算法重複習題 R-12.2，不用計數比較計算失敗函數。

R-12.5　計算一個 map，用來在 Boyer-Moore 樣式 - 匹配演算法中實作 last 函式，樣式字串為：

> "the quick brown fox jumped over a lazy cat"

R-12.6　計算一個表，代表 Knuth-Morris-Pratt 的失敗函數，樣式字串為："cgtacgttcgtac"。

R-12.7　繪製一顆標準的 trie，使用下列字串集合：

> {abab,baba,ccccc,bbaaaa,caa,bbaacc,cbcc,cbca}。

R-12.8　使用上一題的字串集合，繪製一顆壓縮的 trie。

R-12.9　繪製緊湊的字尾 trie，使用下列字串集合：

> "minimize minime"

R-12.10　使用下列字串集合，繪製字串出現頻率陣列和霍夫曼樹：

> "dogs do not spot hot pots or cats"

R-12.11　六個矩陣 A、B、C、D、E 為度分別是 10×5、5×2、2×20、20×12、12×4 和 4×60 最佳矩陣鏈乘法為何？顯示你的工作。

R-12.12　在圖 12.14 中，我們說明 GTTTAA 是字串 X 和 Y 的一個最長共同子序列，然而，這個答案不是唯一的。給出另一個 X 和 Y 的長度為 6 的共同子序列。

R-12.13　顯示下面兩個字串的最長公共子序列，兩個字串為

> X = "skullandbones"
> Y = "lullabybabies"

創新題

C-12.14　描述：長度為 n 的文字 T，長度為 m 的樣式 P，使得用暴力樣式 - 匹配演算法實現時，執行時間為 $\Omega(nm)$。

C-12.15　調整暴力樣式 - 匹配演算法，實現方法 findLastBrute(T, P) 返回樣式 P 在 T 中開始出現的最右邊索引值，如果 T 中有 P 的話。

C-12.16　循上題，調整 Boyer-Moore 樣式 - 匹配演算法，實現 findLastBoyerMoore(T, P)。

C-12.17 重做習題 C-12.15，調整 Knuth-Morris-Pratt 樣式 - 匹配演算法，適當地實現方法 findLastKMP(T, P)。

C-12.18 證明爲什麼使用 computeFailKMP 方法（程式 12.4）在長度爲 m 的樣式下以 $O(m)$ 的時間執行。

C-12.19 令 T 爲長度爲 n 的文字，令 P 爲長度爲 m 的樣式。描述一個時間 $O(n + m)$ 方法，用於查找 P 的最長字首作爲 T 的子字串。

C-12.20 藉由重新定義失敗函數，KMP 樣式比對演算法可利用二元串列的方式執行的更快速，新的失敗函數爲：

$$f(k) = 最大的 j < k 使得 P[0..j-1] \hat{p_j} 是 P[1..k] 的字尾$$

其中 $\hat{p_j}$ 表示 P 的第 j 個位元的補數。試敘述如何修正 KMP 演算法使其能在這新的失敗函數中得利，並舉一方法計算此失敗函數。說明此方法在本文與樣式間，至多有 n 次比較（與第 12.2.3 節所提的比較過 $2n$ 次之標準 KMP 演算法相反）。

C-12.21 使用從 KMP 演算法得來的觀念修正本章所介紹的簡化 Boyer-Moore 演算法，使其能在 $O(n + m)$ 時間內執行。

C-12.22 T 爲長度爲 n 的文字串。描述一個 $O(n)$ 時間方法來查找 T 的最長字首是 T 的逆轉子字串。

C-12.23 描述一個有效的演算法找到最長的迴文（palindrome），該迴文必須是 T 的字尾，T 的長度爲 n。回想一下，迴文是正讀反讀都一樣的字串。你的方法的執行時間是多少？

C-12.24 提供一種從標準 trie 刪除字串的有效演算法，並對執行時間進行分析。

C-12.25 提供一種從壓縮 trie 刪除字串的有效演算法，並對執行時間進行分析。

C-12.26 描述一個演算法，用於建構緊湊表示的字尾 trie，給出其非緊湊的表示法，並分析其執行時間。

C-12.27 建一個類別，爲一組字串實現標準 trie。此類別應該有一個建構子，以字串串列作爲參數，類別應該是有一個方法來測試給定的字串是否儲存在 trie 中。

C-12.28 建一個類別，爲一組字串實現壓縮 trie。此類別應該有一個建構子，以字串串列作爲參數，類別也應該有一個方法來測試給定的字串是否儲存在 trie 中。

C-12.29 建立一個實現字串字首 trie 的類別。該類別應該有一個以字串作爲參數的建構子，以及對字串做樣式 - 匹配的方法。

C-12.30 給定長度爲 n 的字串 X，長度爲 m 的字串 Y，描述一個 $O(n + m)$ 時間效能的演算法，找出 X 的最長字首，此字首是 Y 的字尾。

C-12.31 描述一個有效的貪婪演算法，使用最少數量的硬幣兌換幣值，假設硬幣有四個幣值面額（quarters、dimes、nickels、pennies），其值爲 25 美分、10 美分、5 美分、1 美分。解釋爲什麼你的演算法是正確的。

C-12.32 提出一個各種面額硬幣的例子，以便貪婪式零錢兌換演算法不會使用最少量的硬幣。

C-12.33 實現基於霍夫曼的壓縮和解壓縮的編碼方案。

C-12.34 為矩陣鏈乘法問題設計一個有效的演算法，輸出一個完全括號的運算式，使矩陣鏈以最少的乘法運算完成矩陣鏈乘法。

C-12.35 給定一個序列數字 $S = (x_0, x_1, \ldots, x_{n-1})$，描述一個 $O(n^2)$ 時間效能的演算法，找到的最長的子數字序列 $T = (x_{i0}, x_{i1}, \ldots, x_{ik-1})$，使得 $i_j < i_{j+1}$ 且 $x_{ij} > x_{ij+1}$。也就是說，T 是 S 中最長的遞減子序列。

C-12.36 設計一個有效率的演算法，確定樣式 P 是否是文字 T 的子序列（不是子字串），你的演算法的執行時間是多少？

C-12.37 分別在長度為 n 及 m 的兩字串 X 及 Y 間定義編輯距離，它是一個將 X 轉換成 Y 的所需的編輯數。一次編輯包含字元插入、字元刪除、或字元替代所構成。例如，字串 "algorithm" 和 "rhythm" 編輯距離為 6。試設計一個執行時間為 $O(nm)$ 的演算法來計算 X 及 Y 間的編輯距離。

C-12.38 寫一個需要兩個字元字串的程式（例如，DNA 鏈），並根據前一題的演算法練習，計算兩個字元的編輯距離。

C-12.39 讓 X 和 Y 分別是長度為 n 和 m 的字串。定義 $B(j, k)$ 為字尾 $X[n-j..n-1]$ 和字尾 $Y[M-k..m-1]$ 構成的最長相同子字串。設計一個 $O(nm)$ 時間演算法，用於計算 $B(j, k)$ 的所有值，其中 $j = 1、\ldots、n$ 和 $k = 1、\ldots、m$。

C-12.40 給定三個整數陣列 A，B 和 C，每個大小為 n。給定任意整數 k，設計一個 $O(n^2 \log n)$ 時間的演算法，確定是否存在數字 $k = a + b + c$，其中 a 在 A 中，b 在 B 中，c 在 C 中。

C-12.41 循上題，演算法時間為 $O(n^2)$。

專案題

P-12.42 對不同長度的樣式，使用暴力樣式 - 匹配演算法和 KMP 樣式 - 匹配演算法進行效率實驗分析（字元比較次數）。

P-12.43 對不同長度的樣式，使用暴力樣式 - 匹配演算法和 Boyer-Moore 樣式 - 匹配演算法進行效率實驗分析（字元比較次數）。

P-12.44 試做一個實驗性分析，比較暴力法、KMP 和 BM 樣式比對演算法的相對執行速度。紀錄在大型文件文對不同長度的樣式進行搜尋相對的執行時間。

P-12.45 用 Java 的 String 類別中有效率的 indexOf 方法做實驗，假設在樣式 - 匹配演算法上用 indexOf 方法。描述你的實驗和你的結論。

P-12.46 實現第 12.3.4 節所述的簡化搜尋引擎的小型網站。使用網站頁面中的所有單字作為索引詞，但排除在自然環境中出現頻率非常高，但是對文章或頁面的意義沒有實質影響的停止詞，如介詞、語氣助詞、連接詞等。

P-12.47 對小型網站設計一個搜尋引擎，加入排名特性來實做第 12.3.4 節中描述的簡化搜尋引擎。你的網頁排名特性應傳給用戶最切題的網頁。使用站台網頁的所有單字做為索引詞，排除介詞、語氣助詞、連接詞等沒有實質影響的停止詞。

P-12.48 使用 LCS 演算法在 DNA 字串間計算最佳序列比對，您可以從 GenBank 網站取得 DNA 字串。

後記

KMP 演算法由 Knuth，Morris 和 Pratt 在他們的期刊文章 [62] 中描述。Boyer 和 Moore 同年在該期刊論文中描述了他們的演算法 [17]。Knuth 等人 [62] 證明了 Boyer-Moore 演算法以線性時間執行。最近，Cole [23] 顯示了 Boyer-Moore 演算法在最壞的情況下，最多可以做出 $3n$ 個字元的比較，這個約束很嚴格。上述討論的所有演算法也在 Aho [4] 的書中討論過，儘管在更為理論的架構中，包括正則運算式的樣式匹配。有興趣進一步研究字串樣式 - 匹配演算法的讀者，可參考 Stephen [87]，Aho [4]，Crochemore 和 Lecroq [26] 所著的書。Trie 是由 Morrison[76] 發明的，並廣泛的在 Knuth [61] 的書 *Sorting and Searching* 中討論。名稱 "Patricia" 是 "Practical Algorithm to Retrieve Information Coded in Alphanumeric" 的縮寫 [76]。McCreight[68] 顯示如何在線性時間內構建字尾 trie。動態規劃在作業研究領域開發，由 Bellman 正式化 [12]。

Chapter
13

排序和選擇

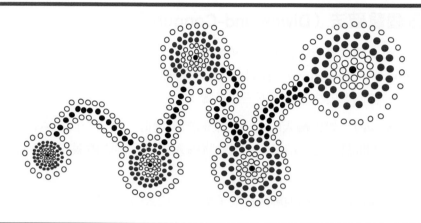

目錄

13.1 合併排序（Merge-Sort）

我們已經介紹了幾種排序演算法，包括插入排序（見第 3.1.2 和 9.4.1 節）；選擇排序（見第 9.4.1 節）；氣泡排序（請參閱習題 C-7.45）；和堆積排序（參見第 9.4.2 節）。在本章中，將介紹四個其他排序演算法，稱為**合併排序法**（*merge-sort*），**快速排序法**（*quick-sort*），**桶排序法**（*bucket-sort*）和**基數排序法**（*radix-sort*），然後在 13.4 節討論各種演算法的優缺點。

13.1.1 各個擊破法（Divide-and-Conquer）

在本章中描述的前兩種演算法：合併排序和快速排序，使用遞迴，在演算法設計模式中稱為**各個擊破法**（*divide-and-conquer*）。我們已在前面章節（第 5 章）看到遞迴以優雅的方式應用於各種演算法。各個擊破法分為以下三個步驟：

1. **分割**（*Divide*）：如果輸入的大小比某個門檻還低（例如一個或兩個元素），就直接用方法解決問題並返回結果。不然就將輸入資料分割成兩個或更多個互不相交的子集合。

2. **征服**（*Conquer*）：遞迴地解決這些子集合所代表的子問題。

3. **合併**（*Combine*）：將這些從子問題得到的答案「合併」成為原始問題的答案。

◉ **使用各個擊破法進行排序**（Using Divide-and-Conquer for Sorting）

首先，我們以高階方式描述合併排序演算法，暫不關注使用的資料結構是陣列還是鏈結串列。（我們很快會以各種資料結構來具體實現）。對一個含有 n 個元素的序列 s，使用各個擊破演算法執行合併排序的三個步驟如下：

1. **分割**（*Divide*）：如果序列 S 含零個或一個元素，則立刻傳回 S；它原本就是排序好的（否則，至少有兩個元素），將 S 中所有的元素移除，然後分別放到 S_1 與 S_2 這兩個序列中，每個序列中包含 S 一半的元素；也就是，S_1 包含了 S 的前 $\lfloor n / 2 \rfloor$ 個元素，而 S_2 包含了剩下的 $\lceil n / 2 \rceil$ 個元素。

2. **征服**（*Conquer*）：以遞迴方式排序 S_1 與 S_2 序列。

3. **合併**（*Combine*）：將 S_1 與 S_2 的排序結果合併為一個已排序序列，並將所有元素放回 S。

關於分割步驟，記得以符號 $\lfloor x \rfloor$ 表示小於 x 的最大整數，即最大的整數 k，使得 $k \leq x$。類似地，符號 $\lceil x \rceil$ 表示返回大於或等於 x 的最小整數，即最小整數 m，使得 $x \leq m$。

我們可以利用名為**合併排序樹**（*merge-sort tree*）的二元樹 T，將合併排序演算法的執行過程以視覺方式呈現。T 的每個節點表示合併排序演算法的一個遞迴呼叫。以 T 的每一個節點 v 代表處理序列的呼叫。v 的子節點則代表處理 S 之子序列 S_1 和 S_2 的遞迴呼叫。T 的外部節點則代表 S 的個別元素，對應於不使用遞迴呼叫演算法的實例。

　　圖 13.1 是合併排序演算法的摘要，顯示在合併排序樹的每個節點上，處理輸入與輸出序列的情形。而合併排序的步驟以圖 13.2 到圖 13.4 來做視覺化描述。

　　這種以視覺化來說明用合併排序樹表示的演算法，可幫助我們分析合併排序演算法的執行時間。特別是因為輸入序列的大小，在每一次合併排序的遞迴呼叫時大約減半，所以合併排序樹的高度大約為 $\log n$（請記得如果省略底數的話，則底數為 2）。

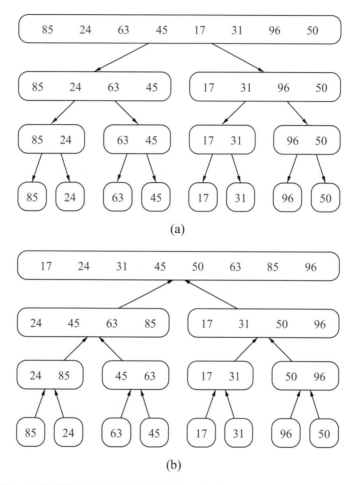

圖 13.1：合併排序樹 T 代表將合併排序演算法施行於一個有八個元素的序列上：（a）在 T 的每個節點中處理的輸入序列（b）在 T 的每個節點中產生的輸出序列。

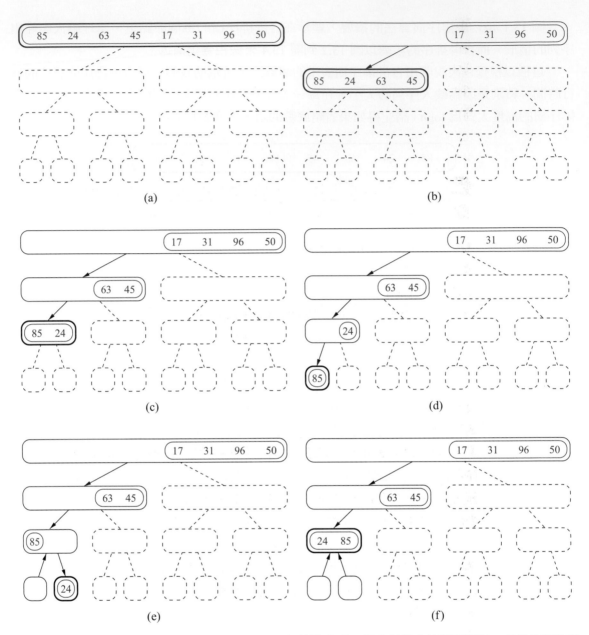

圖 13.2：視覺化合併排序的執行過程。樹的每一個節點表示一個合併排序的遞迴呼叫，虛線的節點表示尚未實作的呼叫，而粗實線的節點則表示目前的呼叫，細實線的空節點表示已完成的呼叫，其餘的節點（細實線而不為空的節點）則表示正等候子節點回傳的呼叫。（1/3）

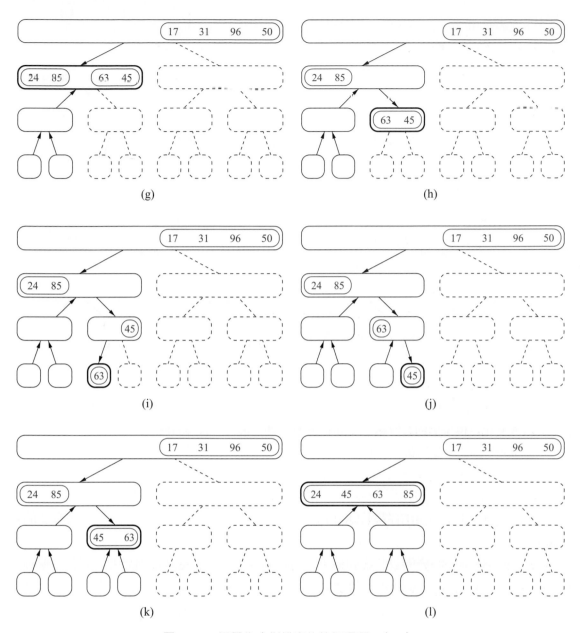

圖 13.3：視覺化合併排序的執行過程。（2/3）

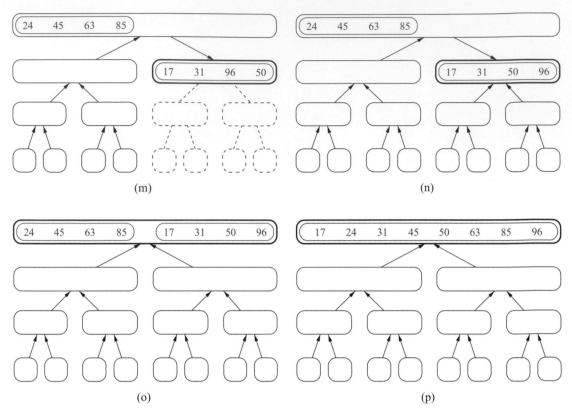

圖 13.4：視覺化合併排序的執行過程。（m）與（n）間的很多步驟被省略。注意在步驟（p）中合併各占一半的兩個節點。（3/3）

定理 13.1：在一個大小為 n 的序列上做合併排序的合併排序樹，其高度為 $[\log n]$。

　　將定理 13.1 的證明留給習題（R-13.1）。我們會用這個定理來分析合併排序演算法的執行時間。

　　在了解合併排序的概觀以及它如何工作的圖解後，讓我們更詳細地思考這個各個擊破演算法中的每一個步驟。合併排序演算法的分割與遞迴步驟是簡單的；分割大小為 n 的序列，作法是在索引為 $[n / 2]$ 之處將它分割，而遞迴呼叫則是將這些較小序列作為參數傳入。困難的步驟是將兩個排序過的序列合併成一個排序過的序列。然而，在我們描述合併排序的分析之前，必須先描述更多有關它是如何被執行的。

13.1.2　基於陣列的 Merge-Sort 實現（Array-Based Implementation of Merge-Sort）

首先關注的是用陣列實作一序列項目的情況。merge 方法（程式 13.1）負責的子任務是合併兩個先前排序的序列 S_1 和 S_2，並將輸出複製到 S。我們在 while 循環的每個迴圈複製一個元素，有條件地確定下一個元素應從 S_1 或 S_2 取得。各個擊破法合併排序演算法在程式 13.2 中。

　　圖 13.5 說明合併過程。在此過程中，索引 i 表示已經從 S_1 複製到 S 的元素數量，索引 j 表示已經從 S_2 複製到 S 的元素數量。假設 S_1 和 S_2 都至少有一個未被複製的元素，我們複製兩者中較小的元素。由於 $i+j$ 個物件之前已被複製，下一個元素被放置在 $S[i+j]$ 中（例如，當 $i+j$ 為 0 時，下一個元素被複製到 $S[0]$）。如果我們到達序列尾端，則下一個要複製的元素由另一個序列取得。

```java
1   /** Merge contents of arrays S1 and S2 into properly sized array S. */
2   public static <K> void merge(K[ ] S1, K[ ] S2, K[ ] S, Comparator<K> comp) {
3     int i = 0, j = 0;
4     while (i + j < S.length) {
5       if (j == S2.length || (i < S1.length && comp.compare(S1[i], S2[j]) < 0))
6         S[i+j] = S1[i++];              // copy ith element of S1 and increment i
7       else
8         S[i+j] = S2[j++];              // copy jth element of S2 and increment j
9     }
10  }
```

程式 13.1：以 Java 實作陣列的合併操作。

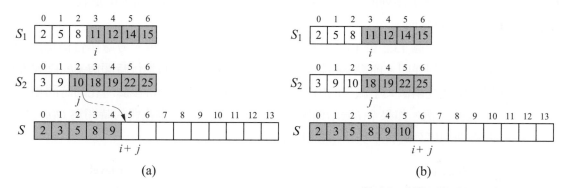

圖 13.5：合併兩個已排序陣列的步驟，其中 $S_2[j] < S_1[i]$。（a）顯示複製步驟之前的陣列（b）複製步驟之後的陣列。

```java
1   /** Merge-sort contents of array S. */
2   public static <K> void mergeSort(K[ ] S, Comparator<K> comp) {
3     int n = S.length;
4     if (n < 2) return;                          // array is trivially sorted
5     // divide
6     int mid = n/2;
7     K[ ] S1 = Arrays.copyOfRange(S, 0, mid);    // copy of first half
8     K[ ] S2 = Arrays.copyOfRange(S, mid, n);    // copy of second half
9     // conquer (with recursion)
10    mergeSort(S1, comp);                        // sort copy of first half
11    mergeSort(S2, comp);                        // sort copy of second half
12    // merge results
13    merge(S1, S2, S, comp);                     // merge sorted halves back into original
14  }
```

程式 13.2：對一個 Java 陣列實現遞迴合併排序演算法（使用在程式 13.1 中定義的 merge 方法）。

可注意到方法 merge 和 mergeSort 依賴於使用 Comparator 實例，來比較一對泛型物件，這些物件屬於全序關係（totalorder）。這和第 9.2.2 節我們在定義優先佇列和在第 10 章和第 11 章研究排序 map 使用得是相同的方法。

13.1.3 合併排序的執行時間（The Running Time of Merge-Sort）

本小節開始分析排序演算法的執行時間。令 n_1 與 n_2 分別爲 S_1 與 S_2 中的元素個數。while 迴圈內的每個循環很明顯的以 $O(1)$ 時間操作。主要觀察到，在一個循環裡的每個操作，一個元素從 S_1 或 S_2 複製到 S（且此元素不再被考慮）。因此，迴圈的循環次數是 $n_1 + n_2$。因此，merge 演算法的執行時間爲 $O(n_1 + n_2)$。

分析了合併演算法合併子問題的執行時間，讓我們分析整個合併排序演算法的執行時間，假設給定的是具有 n 個元素的序列。爲了簡化問題，我們限制 n 是 2 的冪次。雖做此假設，當 n 不是 2 的冪次時，分析結果也是一樣適用，這部分留給習題（R-13.2）。

在評估合併排序遞迴時，使用在 5.2 節介紹的分析技術。我們考慮在每個遞迴呼叫所花費的時間，但不包括任何花在等待連續遞迴呼叫終止的時間。在 mergeSort 方法的情況下，計算將序列分割成兩個子序列的時間，和將兩個排序序列合併的時間，但是我們排除了對 mergeSort 的兩個遞迴呼叫。

合併排序樹 T，如圖 13.2 至 13.4 所示，可以引導我們執行分析。考慮與合併排序樹 T 的節點 v 相關聯的遞迴呼叫。節點 v 的劃分步驟很簡單；這部分的執行時間與 v 的序列大小成正比，使用分割建立兩個大小減半的串列。我們已經觀察到，合併步驟所花的時間和合併序列的大小呈線性比例。如果令 i 表示節點 v 的深度，在節點 v 處花費的時間爲 $O(n / 2^i)$，因爲遞迴呼叫處理的序列的大小與 v 相關聯的部分是 $n / 2^i$。

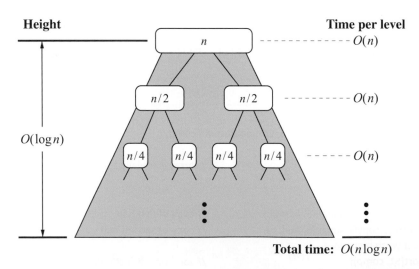

圖 13.6：對合併排序執行時間的視覺分析。每個節點代表在特定遞迴呼叫中花費的時間，每個節點標註其子問題大小。

更廣泛地來看顯示於圖 13.6 的樹，可以發現到，給定了「花費在一個節點的時間」的定義後，合併排序的執行時間等於花費在樹的節點的時間總和。觀察到 T 在深度 i 剛好有 2^i

個節點。這項簡單的觀察有著一個重要的結果，也就是它暗示了樹在深度 i 的全部節點所花費的全部時間為 $O(2^i \cdot n / 2^i)$，也就是 $O(n)$。由定理 13.1 可知，樹 T 的深度是 $\lceil \log n \rceil$。在樹中 $\lceil \log n \rceil + 1$ 個階層中的每一個所花的時間是 $O(n)$，我們可以得到如下的結論：

定理 13.2：假設 S 中任兩個元素作比較所花費的時間為 $O(1)$，則合併排序演算法排序一個大小為 n 的序列需要 $O(n \log n)$ 的時間。

13.1.4　合併排序和遞迴方程式（Merge-Sort and Recurrence Equations）

還有另一種方法，可證明合併排序演算法的執行時間是 $O(n \log n)$（定理 13.2）。也就是說，我們可以更直接地處理合併排序演算法的遞迴性質。在本節中，將介紹這種分析合併排序執行時間的方法，在執行過程，引入數學遞迴方程式（也稱為遞迴關係）的概念。

令函數 $t(n)$ 代表在最壞情況下，在容量為 n 的序列執行合併排序所花費的時間。由於 merge-sort 是遞迴的，我們可以用一個方程式來描述函數 $t(n)$，其中 $t(n)$ 可用自己以遞迴表達。為了簡化 $t(n)$，限制 n 是 2 的冪次（雖作此限制，得到的結論在一般狀況下也適用，這部分證明留給習題）在這種情況下，我們可以指定 $t(n)$ 的定義

$$t(n) = \begin{cases} b & \text{if } n \le 1 \\ 2t(n/2) + cn & \text{otherwise.} \end{cases}$$

上述運算式也稱為遞迴方程式，因為函數出現在等號的左右兩邊。雖然這樣的表達方式是正確和準確的，我們真正想要的是一個 big-Oh 型態，不涉及函數 $t(n)$ 本身。也就是，我們想要的是一個**封閉形式**（*closed-form*）的函數。

我們可以應用遞迴方程式的定義來獲得所需的封閉形式，假設 n 相對較大。例如，一個以上的應用程序，我們可以新的遞迴將 $t(n)$ 寫為

$$\begin{aligned} t(n) &= 2(2t(n/2^2) + (cn/2)) + cn \\ &= 2^2 t(n/2^2) + 2(cn/2) + cn = 2^2 t(n/2^2) + 2cn \end{aligned}$$

如果再次應用方程式，則得到 $t(n) = 2^3 t(n/2^3) + 3cn$。在這一點上，應該看到一個模式浮現，所以在應用這個方程式 i 次之後，得到

$$t(n) = 2^i t(n/2^i) + icn$$

那麼仍然存在的問題是：確定何時停止此過程。要了解何時停止，看看封閉函數 $t(n) = b$，其中 $n \le 1$，這發生在 $2^i = n$ 時。換句話說，當 $i = \log n$ 時會發生這種情況。做這個替代，產生

$$\begin{aligned} t(n) &= 2^{\log n} t(n/2^{\log n}) + (\log n)cn \\ &= nt(1) + cn \log n \\ &= nb + cn \log n \end{aligned}$$

從另一方面看，證明 $t(n)$ 是 $O(n \log n)$。

13.1.5　合併排序的另類實現（Alternative Implementations of Merge-Sort）

◉排序鏈結串列（Sorting Linked Lists）

合併排序演算法可以輕鬆地適應於使用任何形式的基本佇列作為容器類型。在程式 13.3 中，我們提供了這樣的一個實現，使用第 6.2.3 節中的 LinkedQueue 類別。從定理 13.2 得到合併排序的 $O(n\log n)$ 上限也適用於此實現，因為使用鏈結串列的每個基本操作在 $O(1)$ 時間內執行。在圖 13.7 中顯示此版本的合併演算法的執行範例。

```java
1   /** Merge contents of sorted queues S1 and S2 into empty queue S. */
2   public static <K> void merge(Queue<K> S1, Queue<K> S2, Queue<K> S,Comparator<K> comp) {
3
4       while (!S1.isEmpty( ) && !S2.isEmpty( )) {
5         if (comp.compare(S1.first( ), S2.first( )) < 0)
6           S.enqueue(S1.dequeue( ));              // take next element from S1
7         else
8           S.enqueue(S2.dequeue( ));              // take next element from S2
9       }
10      while (!S1.isEmpty( ))
11        S.enqueue(S1.dequeue( ));                // move any elements that remain in S1
12      while (!S2.isEmpty( ))
13        S.enqueue(S2.dequeue( ));                // move any elements that remain in S2
14  }
15
16  /** Merge-sort contents of queue. */
17  public static <K> void mergeSort(Queue<K> S, Comparator<K> comp) {
18      int n = S.size( );
19      if (n < 2) return;                         // queue is trivially sorted
20      // divide
21      Queue<K> S1 = new LinkedQueue<>( );        // (or any queue implementation)
22      Queue<K> S2 = new LinkedQueue<>( );
23      while (S1.size( ) < n/2)
24        S1.enqueue(S.dequeue( ));                // move the first n/2 elements to S1
25      while (!S.isEmpty( ))
26        S2.enqueue(S.dequeue( ));                // move remaining elements to S2
27      // conquer (with recursion)
28      mergeSort(S1, comp);                       // sort first half
29      mergeSort(S2, comp);                       // sort second half
30      // merge results
31      merge(S1, S2, S, comp);                    // merge sorted halves back into original
32  }
```

程式 13.3：使用基本佇列實現合併排序。

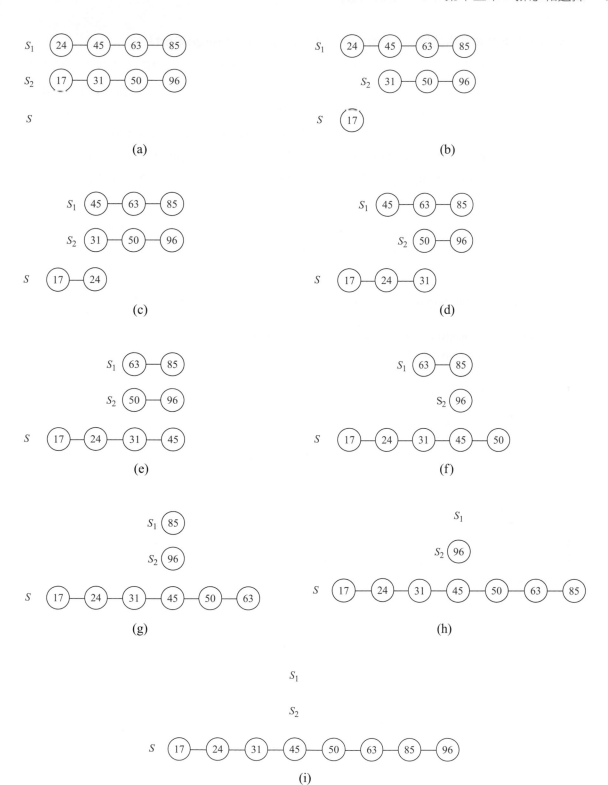

圖 13.7：執行合併演算法的範例，使用佇列實現的程式碼在程式 13.3 中。

◉ 自下而上非遞迴合併排序（A Bottom-UpNonrecursive Merge-Sort）

有一個基於陣列的非遞迴式合併排序版本，執行時間爲 $O(n\log n)$。這實際上比以串列爲主的遞迴式合併排序快一些，因爲它避免了多餘的遞迴呼叫和在每個層級的記憶體耗用。主要想法是使用由下而上的合併排序，一層一層在合併樹中向上執行合併動作。給定一組輸入陣列元素，第一回合：合併每一對元素，產生長度爲 2 的有序數對。第二回合：兩兩合併長度爲 2 的有序數對，產生長度爲 4 的有序數對。第三回合：兩兩合併長度爲 4 的有序數對，產生長度爲 8 的有序數對。重複此合併程序，一直到整個陣列都排序完成。爲了保持合理的空間使用，我們使用第二個陣列來儲存合併後的已排序的片段（在每個回合執行輸入陣列與輸出陣列的交換動作）。程式碼 13.4 以 Java 實作此合併程序，使用內建方法 System.arraycopy 在兩個陣列之間作複製。類似的自下而上方法可用於排序鏈結串列（見習題 C-13.29）。

```java
1   /** Merges in[start..start+inc−1] and in[start+inc..start+2*inc−1] into out. */
2   public static <K> void merge(K[ ] in, K[ ] out, Comparator<K> comp,int start, int inc) {
3
4     int end1 = Math.min(start + inc, in.length);          // boundary for run 1
5     int end2 = Math.min(start + 2 * inc, in.length);      // boundary for run 2
6     int x=start;                              // index into run 1
7     int y=start+inc;                          // index into run 2
8     int z=start;                              // index into output
9       while (x < end1 && y < end2)
10        if (comp.compare(in[x], in[y]) < 0)
11          out[z++] = in[x++];                 // take next from run 1
12        else
13          out[z++] = in[y++];                 // take next from run 2
14      if (x < end1) System.arraycopy(in, x, out, z, end1 − x);       // copy rest of run 1
15      else if (y < end2) System.arraycopy(in, y, out, z, end2 − y);  // copy rest of run 2
16  }
17  /** Merge-sort contents of data array. */
18  public static <K> void mergeSortBottomUp(K[ ] orig, Comparator<K> comp) {
19    int n = orig.length;
20    K[ ] src = orig;                          // alias for the original
21    K[ ] dest = (K[ ]) new Object[n];         // make a new temporary array
22    K[ ] temp;                                // reference used only for swapping
23    for (int i=1; i < n; i *= 2) {            // each iteration sorts all runs of length i
24      for (int j=0; j < n; j += 2*i)          // each pass merges two runs of length i
25        merge(src, dest, comp, j, i);
26      temp = src; src = dest; dest = temp;    // reverse roles of the arrays
27    }
28    if (orig != src)
29      System.arraycopy(src, 0, orig, 0, n);   // additional copy to get result to original
30  }
```

程式 13.4：非遞迴合併排序演算法的實現。

13.2 快速排序（Quick-Sort）

下一個要討論的排序演算法稱做**快速排序**（*quick-sort*）。就像合併排序一樣，這一個演算法也是基於典型的**各個擊破**（*divide-and-conquer*），不過，以某種角度看，它是以相反的手法來使用這個技術，也就是所有困難的工作都是在遞迴呼叫**之前**（*before*）就完成了。

◉**高階描述快速排序**（High-Level Description of Quick-Sort）

快速排序演算法使用簡單的遞迴方法來排序一個序列 S，主要的概念是利用各個擊破的技巧，將 S 切成多個子序列，然後分別去排序子序列，最後在將這些已排序的子序列合併，更明確地說，快速排序演算法包括了下列三個步驟（參考圖 13.8）：

1. 分割：如果 S 有至少兩個元素（當有零個或一個元素時，什麼都不需做），從 S 中挑出一個特定的元素 x，我們稱它為基準值（pivot）。在一般實務中，我們選擇 S 裡最後一個元素作為。將所有元素從 S 移除，並將它們放進三個序列：

    - L，儲存比 x 還要小的元素。
    - E，儲存和 x 相等的元素。
    - G，儲存比 x 還要大的元素。

    當然，如果整個 S 內的元素都不一樣，則 E 只含一個元素，就是基準值。

2. 遞迴：遞迴地排序 L 和 G 序列。

3. 合併：將所有元素放回 s，順序是先插入 L 之中的元素，然後是 E 中的元素，最後是 G 中的元素。

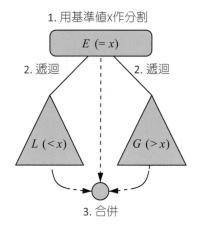

圖 13.8：快速排序演算法的視覺原理圖。

如同合併排序的作法，我們可以使用稱為**快速排序樹**（*quick-sort tree*）的二元樹 T，將快速排序演算法的執行過程以視覺化呈現。圖 13.9 是快速排序演算法的執行摘要，顯示在合併排序樹的每個節點上，處理輸入與輸出序列的情形。快速排序樹的詳細步驟展示在圖 13.10、13.11 與 13.12。

　　然而，與合併排序不同的是，代表快速排序執行的快速排序樹，其高度在最差狀況下仍是線性的。舉例而言，如果序列具有 n 個互不相同的元素而且已經排序過，就會發生這種現象。確實，在這種狀況下，基準值的標準值選到最大值元素，結果會產生一個大小為 $n-1$ 的子序列 L，同時子序列 E 的大小為 1 並且子序列 G 的大小為 0 。每次在序列 L 呼叫快速排序，元素個數每次會遞減 1 ，因此，快速排序樹的高度為 $n-1$。

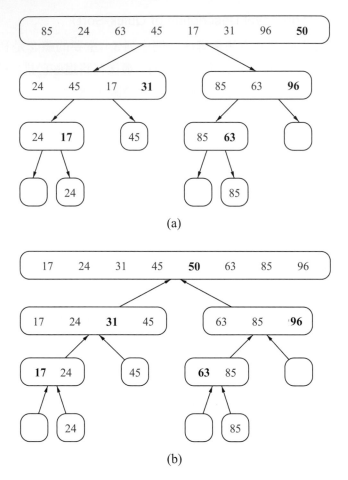

(a)

(b)

圖 13.9：快速排序樹 T，對一個內含八個元素的序列執行快速排序演算法的情形：（a）在每一個 T 的節點上處理的輸入序列（b）在每一個 T 的節點上產生的輸出序列。在遞迴的每一階層中所使用的基準值以粗體來表示。

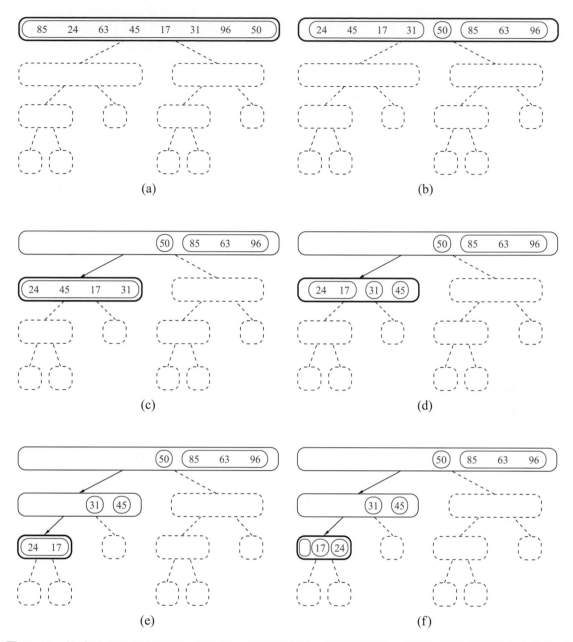

圖 13.10：快速排序的執行過程，樹的每一個節點表示一個遞回呼叫，虛線的節點表示尚未實作的呼叫。用粗線繪製的節點表示正在運行的呼叫。空的用細線繪製的節點表示終止的呼叫。剩餘的節點代表暫停的呼叫（即正在等待子呼叫返回的活動呼叫）。注意分割步驟在（b）、（d）、（f）執行。(1/3)

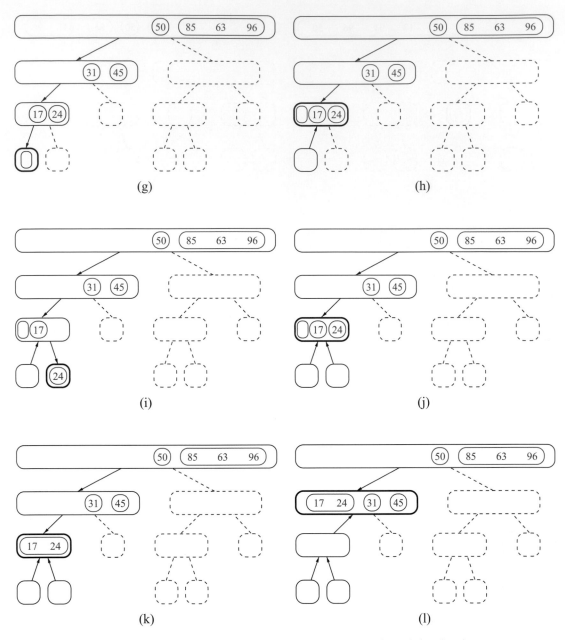

圖 13.11：快速排序的執行過程。注意合併步驟完成於（k）。（2/3）

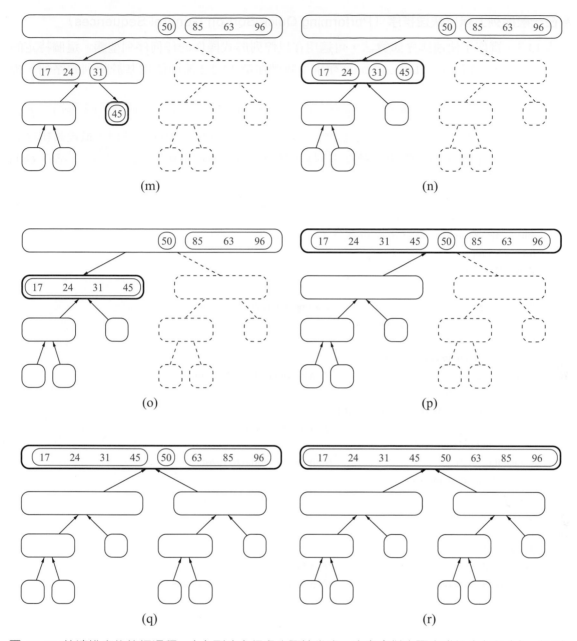

圖 13.12：快速排序的執行過程。(p) 到 (q) 很多步驟被省略，注意合併步驟完成於 (o) 和 (r)。(3/3)

◉ **在一般序列上執行快速排序**（Performing Quick-Sort on General Sequences）

程式 13.5，實作了快速排序演算法，可適用在以佇列形式操作的任何序列型態。這個特定的版本依賴於 6.2.3 節中的 **LinkedQueue** 類別；我們在第 13.2.2 節中使用基於陣列的序列，提供快速排序更加精簡的實現。

　　實現選擇佇列的第一項作為基準值（因為容易存取），然後將序列 S 分成佇列 L、E 和 G，其中元素分別小於、等於和大於基準值。然後在 L 和 G 串列上使用遞迴，最後將排序的串列 L、E、G 合併到 S。當使用鏈結串列實作時，所有的佇列操作在最壞情況下都在 $O(1)$ 時間執行。

```
1    /** Quick-sort contents of a queue. */
2    public static <K> void quickSort(Queue<K> S, Comparator<K> comp) {
3      int n = S.size( );
4      if (n < 2) return;                    // queue is trivially sorted
5      // divide
6      K pivot = S.first( );                 // using first as arbitrary pivot
7      Queue<K> L = new LinkedQueue<>( );
8      Queue<K> E = new LinkedQueue<>( );
9      Queue<K> G = new LinkedQueue<>( );
10     while (!S.isEmpty( )) {               // divide original into L, E, and G
11       K element = S.dequeue( );
12       int c = comp.compare(element, pivot);
13       if (c < 0)                          // element is less than pivot
14         L.enqueue(element);
15       else if (c == 0)                    // element is equal to pivot
16         E.enqueue(element);
17       else                                // element is greater than pivot
18         G.enqueue(element);
19     }
20     // conquer
21     quickSort(L, comp);                   // sort elements less than pivot
22     quickSort(G, comp);                   // sort elements greater than pivot
23     // concatenate results
24     while (!L.isEmpty( ))
25       S.enqueue(L.dequeue( ));
26     while (!E.isEmpty( ))
27       S.enqueue(E.dequeue( ));
28     while (!G.isEmpty( ))
29       S.enqueue(G.dequeue( ));
30   }
```

程式 13.5：對以佇列實現的序列 S 進行快速排序。

◉快速排序的執行時間（Running Time of Quick-Sort）

可以用第 13.1.3 節中，用在合併排序上的相同技術，分析快速排序的執行時間。也就是，找出在快速排序樹的每個節點上所花的時間，然後將全部節點的執行時間加總起來。

　　檢視程式碼 13.5，我們可以發現快速排序的分割步驟與最後的合併步驟可用線性時間來實作。因此，在 T 的節點 v 上花費的時間與 v 的**輸入大小** $s(v)$ 成止比，我們將 $s(v)$ 定義爲在節點 v 呼叫快速排序處理時的序列大小。因爲子序列 E 至少有一個元素（也就是基準值），所以 v 的子節點，其輸入大小總和最多爲 $s(v) - 1$

　　令 s_i 表示快速排序樹 T 中特定深度 i 處節點輸入大小的和。顯然，$s_0 = n$，因爲 T 的根 r 與整個序列相關聯。此外，$s_1 \leq n - 1$，因爲基準值不傳播到 r 的子節點。更一般來說，必須是 $s_i < s_i - 1$，因爲深度 i 的子序列的元素都來自深度爲 $i - 1$ 的不同子序列，至少有一個元素不會從深度 $i - 1$ 傳播到深度 i，因爲它在集合 E 中（實際上，一個深度 $i - 1$ 處的每個節點的元素不會傳播到深度 i）。

　　因此，我們可以限制快速排序的總體執行時間爲 $O(n \cdot h)$，其中 h 是執行時快速分類樹 T 的總體高度。不幸的是，在最壞的情況下，快速排序樹的高度是 $n - 1$，正如在第 13.2 節所觀察的。因此，快速排序在最壞情況下執行時間是 $O(n^2)$。矛盾的是，如果我們選擇基準值作爲序列的最後一個元素，最壞的情況反而發生在已排序排序，容易執行排序的情況。

　　以名稱來推斷，快速排序法應該能夠快速執行，實際執行速度也確如其名。最好情況發生在序列元素都不相同，子序列 L 和 G 具有大致相同的大小時。在這種情況下，類似 merge-sort，樹的高度爲 $O(\log n)$，因此快速排序在 $O(n \log n)$ 時間完成；我們將這個推論的證明留給習題（R-13.11）。更進一步，我們觀察到即使 L 和 G 之間的分割並不完美，仍能得到 $O(n \log n)$ 的執行時間。例如，每個劃分步驟所產生一個子序列擁有這些元素的四分之一，另一序列佔四分之三元素，樹的高度將保持爲 $O(\log n)$，整體性能保持在 $O(n \log n)$。

　　在下一節中可看到，以隨機方式選擇基準值，會使得快速排序法基本上平均執行時間的期望值爲 $O(n \log n)$。

13.2.1 　隨機快速排序（Randomized Quick-Sort）

分析快速排序的一般方法，是假設基準值總是能把序列幾乎相等地分割。這樣的假設預設了輸入的分布情形，但這項資訊一般來說是無法取得的。舉例來說，必須要假設我們很少會取得一個「幾乎」排序好的序列來排序，事實上在許多應用中，這種情況是常見的。幸運的是，我們不需要這種假設，也可以將直覺對應到快速排序的行爲。

　　一般來說，我們需要利用一些方法來使快速排序的執行時間可以接近最佳狀況，這方法就是在於基準值將輸入序列 S 幾乎相等地分割，如果這方法可以實現，那麼執行時間就可以與最佳狀況的執行時間近似一樣，也就是說，若基準值接近集合的 " 中間值 "，我們就將可以得到一個 $O(n \log n)$ 執行時間的快速排序。

◉ 隨機選擇基準值（Picking Pivots at Random）

因為快速排序方法的分割步驟目的是要取得幾乎相等大小的子序列，我們將隨機選擇的方法導入演算法，從輸入序列裡選擇一個**隨機元素**（*random element*）。也就是說，取代原本選擇 S 的最後一個元素當基準值，將在 S 中隨機的挑出一個元素當基準值，而演算法的其他部分則維持不變，這種變化的快速排序稱做**隨機快速排序**（*randomized quick-sort*）。在一個大小為 n 的序列上，隨機快速排序的期望執行時間為 $O(n\log n)$。這期望的執行時間，是基植於公平的的隨機選擇，不對輸入序列的分佈作任何假設。

定理 13.3：在一個大小為 n 的序列 S 上，隨機快速排序執行時間的期望值為 $O(n\log n)$。

證明：令 S 是一個有 n 個元素的序列，令 T 是與執行隨機快速排序相關聯的二元樹。首先，我們觀察到演算法的執行時間與執行的比較次數成比正比。我們考慮與 T 的節點相關聯的遞迴呼叫，並觀察在呼叫過程中，所有的比較都在基準值元素和另一個輸入元素之間執行。因此，我們可以評估演算法進行的比較的總數為 $\sum_{s \in S} C(x)$，其中 $C(x)$ 是比較的數量，x 為基準值元素。接下來，我們將證明對於每個元素 $x \in S$，$C(x)$ 的期望值為 $O(\log n)$。因為總和的期望值是各項期望值的總和，$C(x)$ 的期望值上限為 $O(\log n)$ 意味著隨機快速排序執行時間的期望值為 $O(n\log n)$。

為了證明對任何 x，$C(x)$ 的期望值是 $O(n\log n)$，我們不再把 x 當作任意元素，而是考慮與遞迴關聯的樹 T 中的節點的路徑，其中 x 是輸入序列的一部分（見圖 13.13）。根據定義，$C(x)$ 等於該路徑長度，x 將在樹的每個水平層級參與非基準值比較，直到它被選為基準值或是成為剩下的唯一的元素。

令 n_d 代表樹 T 在深度 d 處路徑的節點的輸入大小，其中 $0 \le d \le C(x)$。由於所有元素都在初始遞迴呼叫，所以 $n_0 = n$。我們知道，任何遞迴呼叫的輸入大小至少比其父節點少一，因此 $n_{d+1} \le n_d - 1$，其中 $d < C(x)$。在最壞的情況下，這意味著 $C(x) \le n-1$，遞迴過程因 $n_d = 1$，或者選擇 x 作為基準值而停止。

我們可以證明若在每個層級基準值的選定是隨機的，則 $C(x)$ 的期望值為 $O(\log n)$。在深度 d 的這個路徑的基準值的選擇若能滿足 $n_{d+1} \le 3n_d / 4$，則這個選擇被認為是好的。基準值的選擇是好的機率至少為 $1/2$，因為至少有 $n_d / 2$ 個元素輸入，如果選擇為基準值，將導致至少 $n_d / 4$ 個元素開始放置在每個子問題，從而將 x 放在一個最多具有 $3n_d / 4$ 個元素的群組中。

我們得出結論，在 x 被隔離之前最多可以有 $\log_{4/3} n$ 個好的樞紐選擇。由於好的選擇的機率至少為 $1/2$，在好的選擇達到之前 $\log_{4/3} n$ 預期的遞迴呼叫次數為 $2\log_{4/3} n$，這意味著 $C(x)$ 是 $O(\log n)$。 ∎

通過更嚴謹的分析，我們可以證明隨機快速排序的執行時間，有很高的機率是 $O(n\log n)$（見習題 C-13.54）。

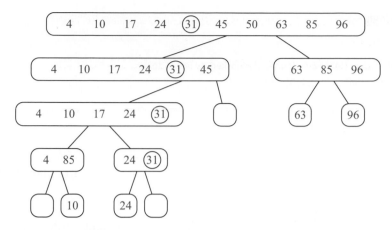

圖 13.13：執行隨機快速排序時說明定理 13.3 的分析。關注在元素值 $x = 31$ 時 $C(x) = 3$，在與 50,45 和 17 的比較時，不是基準值元素。按照我們的標記，$n_0 = 10$、$n_1 = 6$、$n_2 = 5$ 和 $n_3 = 2$，50 和 17 的基準值選擇是良好的。

13.2.2　快速排序的其他最佳化（Additional Optimizations for Quick-Sort）

一個演算法除了原本輸入使用的記憶體外，只使用少量的其他記憶體，則稱此演算為**原地演算法（in-place algorithm）**。我們在第 9.4.2 節實現的堆積排序就是一種原地排序演算法的例子。我們在程式 13.5 實作的快速排序，稱不上是原地排序，因為在每次遞迴對 S 做分割時，使用了額外的容器 L、E 和 G。若使用基於陣列的序列執行快速排序，則可以調適成原地排序，大多數實現的部署都使用這種最佳化。

　　要以原地方式執行快速排序演算法需要一點技巧。因為，我們必須使用輸入序列本身來儲存遞迴呼叫過程產生的所有子序列。程式 13.6 中用方法 quickSortInPlace 來執行基於陣列的原地快速排序。原地快速排序修改分割程序，使用序列元素交換，不再明確地建立子序列。替代方案是：輸入序列以隱藏的方式做劃分，以序列的某範圍當作子序列，以最左邊的索引 a 和最右邊的索引 b 來指定劃分位置。

```
1   /** Sort the subarray S[a..b] inclusive. */
2   private static <K> void quickSortInPlace(K[ ] S, Comparator<K> comp,int a, int b) {
3
4     if (a >= b) return; // subarray is trivially sorted
5     int left = a;
6     int right = b−1;
7     K pivot = S[b];
8     K temp; // temp object used for swapping
9     while (left <= right) {
10      // scan until reaching value equal or larger than pivot (or right marker)
11      while (left <= right && comp.compare(S[left], pivot) < 0) left++;
12      // scan until reaching value equal or smaller than pivot (or left marker)
13      while (left <= right && comp.compare(S[right], pivot) > 0) right−−;
14      if (left <= right) { // indices did not strictly cross
15        // so swap values and shrink range
16        temp = S[left]; S[left] = S[right]; S[right] = temp;
```

```
17          left++; right--;
18        }
19      }
20      // put pivot into its final place (currently marked by left index)
21      temp = S[left]; S[left] = S[b]; S[b] = temp;
22      // make recursive calls
23      quickSortInPlace(S, comp, a, left – 1);
24      quickSortInPlace(S, comp, left + 1, b);
25    }
```

程式 13.6：陣列 *S* 的原地快速排序。整個陣列以 quickSortInPlace(S, comp, 0, S.length−1) 來做排序。

　　分割的方式是對陣列 A 同時以兩個方向做掃描，過程中使用到兩個區域變數 left 和 right。演算法剛開始執行時 left = 0，指向陣列第一個元素；right = S.length − 2，指向陣列倒數第二個元素，陣列最後一個元素當作基準值，儲存在變數 pivot 中。起始時 left < right。若 A[left] < pivot 則遞增 left 值，此時稱 left 向前方移動，若 A[right] > pivot 則遞減 right 值，此時稱 right 向後方移動。這兩個方向的移動持續進行，直到 A[left] > pivot 和 A[right] < pivot 時，將陣列中位在索引 left 的值和索引 right 的值交換，上述移動和交換程序持續進行，直到 right < left。此時，就完成了分割。陣列的左半邊小於基準值，陣列的右半邊大於基準值。分割流程參見圖 13.14。接著對左右兩邊子序列遞迴執行 quickSortInPlace 方法。以這種方式實現，沒有明顯的合併程序，因為，分割的子序列原地儲存在原陣列當中，演算法執行完畢，排序的結過就在陣列中呈現。

　　值得注意的是，如果一個序列有重複的值，不是明確的建立三個子串列 *L*、*E* 和 *G*，如 13.2 節中所描述的快速排序演算法。替代方案是允許元素值等於基準值（基準值自己除外），並將這些相等的值分散在兩個子串列。習題 R-13.10 探討了重複值情況下實作的微妙之處。習題 C-13.33 描述了原地演算法的嚴格分割，將 *S* 分割為三個子串列 *L*，*E* 和 *G*。

　　雖然在本節中所描述的分割方式，原地將序列分為兩組子序列，我們注意到，完整的快速排序演算法所需要的堆疊的空間，與遞迴樹的深度成正比。在這種情況下，深度可以和 *n*− 1 一樣大。當然，預期堆疊深度為 *O*(log*n*)，與 *n* 相比較，相對小很多。然而，有個簡單的招數可讓我們保證堆疊大小為 *O*(log*n*)。主要思維是設計一個非遞迴版本的原地快速排序演算法，明確的使用堆疊，以迭代處理子問題（每個子問題用一對索引值，標記子問題邊界）。每次迭代 pop 出子問題，將其分為兩個子問題（如果它夠大），再將兩個新的子問題 push 到堆疊。訣竅在於當 push 新的子問題時，應該先 push 較大的子問題，然後才 push 較小的子問題。

　　以這種方式，子問題在往堆疊下方 push 時，其大小至少會增加一倍；因此，堆疊的深度至多為 *O*(log*n*)。將執行細節留給習題 P-13.58。

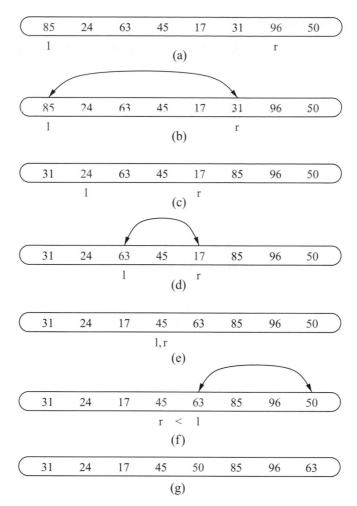

圖 13.14：原地快速排序的分割步驟。指標 *l* 從左到右掃描序，而指標 *r* 從右到左掃描序列。當 *l* 在一個大於基準值的元素上，而 *r* 在一個小於基準值的元素上時，就會執行交換。執行最後一次基準值交換時，參見圖（f），分割步驟就完成了。

◉ 基準值選擇（Pivot Selection）

在這個部分的實現，我們盲目地選擇最後一個元素作為每個層級快速遞迴排序的基準值。在最壞情況下，容易導致差勁的執行時間 $\Theta(n^2)$，尤其是當原始序列已經完成排序，不管是升冪或降冪排序。

如第 13.2.1 節所述，可以通過隨機選取基準值來做改進。在實作中，另一種常用的技術是選取三個數的值，以中間值來當作基準值，這三個值取序列的前端、中間和尾端。這三個啟發式中位數將有更大的機率選擇到好的基準值。比起隨機選取基準值，啟發式中位數耗用的運算資源較少。對於較大的資料集，不一定受限取三個值的中間值，由更多的候選值來做中位數選取，也是非常可行的。

◉ **混合方法**（Hybrid Approaches）

儘管快速排序在大型資料集上的表現非常好，但對較小的資料相對的開銷就顯得較高。例如，圖 13.10 至 13.12 所示的對八個元素序列執行快速排序，涉及相當多的簿記（bookkeeping）。在實際的施行中，一個簡單的演算法如插入排序法（3.1.2 節），在對短序列執行排序時就可執行得更快。

因此，在最佳化排序的實現中，使用混合系統是常見的方法，使用分治演算法，直到子序列的大小低於某個臨界值（或許有 50 個元素）；長度低於某個臨界值的序列直接以插入排序進行排序。在第 13.4 節比較各種排序演算法效能時，進一步討論各種該顧慮到的因素。

13.3 通過演算法特性研究排序（Studying Sorting through an Algorithmic Lens）

將討論過的排序方式在此作重點陳述，我們描述了一些對一個大小為 n 的序列做排序時，最差狀況或期望執行時間為 $O(n\log n)$ 的一些方法。這一些方法包含了這一章所描述的合併排序法、快速排序法以及在第 9.4.2 節描述的堆積排序法。在本節，在本節中，將針對排序演算法做些研究，提出排序演算法的一般解決方案。

13.3.1 排序的時間下限（Lower Bound for Sorting）

第一個自然的問題是，我們是否可以比 $O(n\log n)$ 時間更快。有趣的是，如果排序演算法使用的比較是針對兩個元素執行，我們能盡力而為得到最好的結果是：在最壞情況下執行時間的下限是 $\Omega(n\log n)$（回想 4.3.1 節介紹的符號 Ω）。重點關注在比較所花費的成本，我們只計算比較次數的下限。

假設排序的序列，$S = (x_0, x_1, \dots, x_{n-1})$，並且假設在 S 裡所有的元素是互不相同的（這並不是嚴格的假設，因為我們要的是下限）。我們不在意 S 是用陣列或鏈結串列實作，我們要的是下限，在意的是比較次數。每次排序演算法比較兩個元素 x_i 和 x_j（也就是，詢問 x_i 是否小於 x_j?），會有兩種結果：是或不是，依據這樣的比較結果，排序演算法可執行一些內部運算（在此不列入計算所耗費的資源），並且最終將會導致 S 的另兩個元素再做另一次比較，同樣的，也會產生兩種結果。因此，我們可以用決策樹 T（回憶範例 8.5）來表示一個比較排序演算法。也就是，在 T 裡的每個內部節點 v 代表一次比較，從節點 v 到它子節點的邊則代表比較結果為「是」或「否」。請注意，在討論中所假定的排序演算法，並沒有關於樹 T 的明確知識，這點很重要。該樹簡單地表示排序演算法的所有可能的比較序列，可能會從第一次比較開始（與根相關聯）以最後一次比較結束（與外部節點的父節點相關聯）。

初始序列順序和排列，都會使我們假想的排序演算法執行一系列的排序，並從 T 的根節點一路巡訪到外部節點。讓我們將 T 中的每個外部節點 v 作關聯，然後設定元素的排列，使得排序演算法在 v 節點終止。最重要的觀察就是在 T 中的每個外部節點 v，都可以用來表示至多一種的排列所呈現的比較序列 S。在我們的下限論證中最重要的觀察是：T 中的每個

外部節點 v 可代表一系列的比較，最多在 S 的一個排列。這項推論的驗證很簡單：如果 S 的兩個不同排列 P_1 和 P_2 都由同一個外部節點來代表，那麼最少有兩個物件 x_i 和 x_j，使得在 P_1 中 x_i 在 x_j 之前，在 P_2 中 x_i 在 x_j 之後。同時，與 v 相關聯的輸出必須是 S 特定的重新排序，其中 x_i 或 x_j 出現在另一個之前。但是如果 P_1 和 P_2 兩者都會造成排序演算法以這個順序輸出 S 的元素，那麼就暗示了存在一種方法可以讓演算法以錯誤的順序輸出 x_i 和 x_j。因為這不可能被一個正確的排序演算法所允許，因此在 T 裡的每個外部節點必定代表恰好一種 S 的排列。我們使用決策樹代表一個排序演算法的這個性質來證明以下的結果：

定理 13.4：用基於比較的排序演算法去排序一個含有 n 個元素的序列，執行時間在最差狀況下為 $\Omega(n \log n)$。

證明：基於比較的排序演算法的執行時間必須大於或等於代表這個演算法的決策樹 T 的高度，如之前所描述的（請參看圖 13.15）。根據上面的論述，每個在 T 中的外部節點必定代表 S 的一種排列。此外，S 的每種排列必能導出一個不同外部節點的 T。n 個物件排列的個數為 $n! = n(n-1)(n-2)\cdots 2\cdot 1$。因此，$T$ 必須最少有 $n!$ 個外部節點。由定理 8.7，T 的高度最少是 $\log(n!)$。這就立刻驗證了這個定理，因為在 $n!$ 乘積中至少有 $n/2$ 項會大於等於 $n/2$；所以，

$$\log(n!) \geq \log\left(\left(\frac{n}{2}\right)^{\frac{n}{2}}\right) = \frac{n}{2}\log\frac{n}{2}$$

也就是 $\Omega(n \log n)$。 ∎

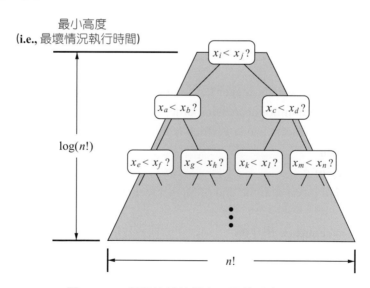

圖 13.15：基於比較的排序下限值示意圖。

13.3.2 線性時間排序：桶子排序和基數排序（Linear-Time Sorting: Bucket-Sort and Radix-Sort）

在前面一節，我們證明了使用比較式排序演算法排序 n 個元素的序列，在最差狀況下需要 $\Omega(n\log n)$ 的時間。接著我們很自然地會問，是否有其他不同類型的排序演算法，可以被設計爲漸近式執行時間比 $O(n\log n)$ 還快？有趣的是，這樣的演算法是存在的，但是要對所欲排序的輸入序列做一些特別的假設。即使如此，這種狀況在實務上經常出現，有必要加以討論。在這一節裡，我們考慮排序一個項目序列（sequence of entries）的問題，其中每個項目是一個鍵 - 值對。

◉ 桶子排序（Bucket-Sort）

考慮一個具有 n 個項目的序列 S，它們的鍵值是在 $[0,N-1]$ 範圍內的正整數，對於某些正整數 $N \geq 2$，並且假定序列 S 應該要根據項目的鍵值來排序。在這個狀況下，在 $O(n + N)$ 的時間裡排序是可能的。它看起來似乎令人驚訝，不過這暗示了，如果 N 是 $O(n)$，我們可以在 $O(n)$ 時間內排序 S。當然，重點在於，對元素格式做了限制性的假設，因此可以省去比較的動作。

主要的想法是使用一個叫做**桶子排序**（*bucket sort*）的演算法，它不是以比較作爲基礎的，而是使用鍵值作爲桶子陣列的索引，陣列儲存格的索引值從 0 到的 $N-1$ 欄位。一個具有鍵值 k 的項目會被放在「桶子」$B[k]$ 裡，它本身是一個序列（含有鍵值爲 k 的項目）。將輸入序列 S 的每一個項目插入到它的桶子之後，我們按照順序地列出桶子的內容 $B[0],B[1]$, $\ldots,B[N-1]$，依此排序過的順序將這些項目放回 S。程式 13.7 中描述桶子排序演算法。

Algorithm bucketSort(S):

  Input: Sequence S of entries with integer keys in the range $[0,N-1]$

  Output: Sequence S sorted in nondecreasing order of the keys

  let B be an array of n sequences, each of which is initially empty

  for each entry e in S **do**

    let k denote the key of e

    remove e from S and insert it at the end of bucket (sequence) $B[k]$

  for $i = 0$ to $n-1$ **do**

    for each entry e in sequence $B[i]$ **do**

      remove e from $B[i]$ and insert it at the end of S

程式 13.7：桶子排序。

我們可以很容易地看出桶子排序是在 $O(n + N)$ 時間內執行，並且使用了 $O(n + N)$ 的空間。因此，當鍵值的範圍 N 相對於序列大小 n 並不大時，例如 $N = O(n)$ 或是 $N = O(n\log n)$，此時桶子排序是有效率的。儘管如此，它的效率仍隨著 N 相對於 n 的成長而降低。

另外，桶子排序演算法的一個重要性質就是，即使有很多具有相同鍵值的不同元素，它也能夠正確地工作。確實，我們描述它的方式，就是預期到這種情況會發生。

◉ 穩定的排序（Stable Sorting）

當排序鍵值元素項目時，一個重要的議題就是如何應付相等的鍵值。設 $S = ((k_0, v_0), \ldots, (k_{n-1}, v_{n-1}))$，如果一排序演算法，對於 S 的任何兩個項目 (k_i, v_i) 和 (k_j, v_j)，其中 $k_i = k_j$（也就是 $i < j$），在排序前 (k_i, v_i) 在 S 中的 (k_j, v_j) 之前，並且在排序後 (k_i, v_i) 項目仍然在 (k_j, v_j) 之前，則我們說這一個排序演算法是穩定的（stable）。穩定性對一個排序演算法來說是重要的，因為應用可能會想要保存具有相同鍵值的元素的初始順序。

　　程式 13.7 中對桶子排序的非正式描述能保證穩定性。然而，這並不是桶子排序方法的天生特性，只要我們確保所有序列作為佇列，處理元素的方式是從序列的前面移除並從後面插入。也就是說，當最初將 S 的元素放入桶中，我們應該從前到後處理 S，並將每個元素添加到桶的末尾。隨後，將元素從桶傳送到 S 時，我們應該從前到後處理每個 $B[i]$，將這些元素添加到 S 的末尾。

◉ 基數排序（Radix-Sort）

一個穩定的排序如此重要的其中一個理由是，它允許桶子排序法可以用在比整數更一般化的內容。舉例而言，假定我們想要排序鍵值為數對 (k, l) 的項目，其中 k 與 l 是在範圍 $[0, N-1]$ 裡的整數，對於某個 $N \geq 2$ 的整數。在像這樣的情境中，很自然地可以使用辭彙編纂（lexicographic）慣例來為這些項目定義一個順序，如果 $k_1 < k_2$ 或 $k_1 = k_2$ 且 $l_1 < l_2$，則 $(k_1, l_1) < (k_2, l_2)$（9.2.2 節），這是辭彙編纂比較函數的「成對比較」版本，通常是應用到相同長度的字元字串上或長度為 d 的多元值上。

　　基數排序（radix sort）演算法排序數對序列 S 的方式，是以穩定桶子排序，對序列進行兩次排序；第一次排序時，使用數對中的一個數值作為順序鍵值，然後再使用第二個數值。但是哪一個順序才是正確的呢？我們應該先對鍵值 k（第一個數值）排序、然後再對值 l（第二個數值）排序呢，還是應該反過來呢？在回答這個問題之前，先考慮以下的範例：

範例 13.5：考慮下面的序列 S（我們只顯示鍵值）：

$$S = ((3,3), (1,5), (2,5), (1,2), (2,3), (1,7), (3,2), (2,2))$$

如果我們穩定地以第一個數值來排序，那麼會獲得序列

$$S_1 = ((1,5), (1,2), (1,7), (2,5), (2,3), (2,2), (3,3), (3,2))$$

如果接著穩定地以第二個數值來排列序列 $S_\top$，那麼會獲得序列

$$S_{1,2} = ((1,2), (2,2), (3,2), (2,3), (3,3), (1,5), (2,5), (1,7))$$

這並不確實是一個排序過的序列。另一方面，如果我們先使用第二個部位來穩定地排序，那麼會獲得序列

$$S_2 = ((1,2), (3,2), (2,2), (3,3), (2,3), (1,5), (2,5), (1,7))$$

如果接著使用第一個數值來穩定地排序序列，那麼會獲得

$$S_{2,1} = ((1,2), (1,5), (1,7), (2,2), (2,3), (2,5), (3,2), (3,3))$$

這就確實是一個按照辭彙編纂順序的序列。

所以，由這一個例子，我們被引導到相信要先使用第二個部位來排序，然後再使用第一個部位。這一個直覺確實是正確的。先使用第二個部位來排序，然後再使用第一個部位，如此可確保若第二次排序中（使用第一個組成）有兩個元素相等，則它們在初始時序列（使用第二個部位排序）中的相對順序會被保存。因此，結果序列可以保證每一次被排序都是依照辭彙編纂順序。至於如何將這個方法擴充到數值的三重值以及其他的重值，我們把它留給習題 R-13.18。可以總結本節如下：

定理 13.6：令 S 為一個具有 n 個鍵 - 值對的序列，每個項目有一個鍵值 $(k_1, k_2, \ldots, k_d)$，其中 k_i 是在範圍 $[0, N-1]$ 裡的整數，對於某個 $N \geq 2$ 的整數。我們可以使用基數排序，在 $O(d(n+N))$ 時間內依照辭彙編纂順序來排序 S。

和它本身一樣重要，排序並不是處理元素集合中全序關係唯一有趣問題。舉例而言，有些應用並不需要將整個集合的元素依序列出，而只要求關於集合的一部分順序資訊。在我們研究這樣的一個問題（稱為「選擇」）之前，讓我們回頭比較一下到目前為止所學過的全部排序演算法

13.4　比較排序演算法（**Comparing Sorting Algorithms**）

至此，回顧本書中所有已學過用來排序元素序列的演算法，可能會有幫助。

◉ 考慮執行時間與其他事實（Considering Running Time and Other Factors）

我們已學習一些方法，像插入排序和選擇排序，這些排序法在平均和最壞的狀況下執行時間為 $O(n^2)$。我們也學了很多需要 $O(n\log n)$ 時間的排序方法，像堆積排序、合併排序還有快速排序。最後，桶子排序還有基數排序，對於特定型態的鍵值在線性的時間執行。顯而易見，選擇排序演算法在任何的應用中不是好的選擇，因為它在最好的狀況下，甚至需要 $O(n^2)$ 的執行時間。但在其他的演算法之中，哪一種演算法是最好的？

和生活中的許多事物一樣，在各種排序方法中，很難定義所謂「最好」的排序演算法。但根據一些應用的特性，排序演算法會有最適合的一個應用。計算機語言和系統所使用的預設排序演算法隨著時間的推移有很大的進展。我們能基於排序演算法 " 好 " 的已知特性，提供一些指導和觀察。

◉ 插入排序（Insertion-Sort）

如果實作得好的話，**插入排序**（*insertion-sort*）的執行時間為 $O(n+m)$，其中是 m 倒置的次數（也就是，未按照順序的元素對的數目）。因此，在排序一個小的序列（像是元素個數小於 50）下，插入排序是一個很好的演算法，因為插入排序法的程式很簡單，小的序列只需要很少的倒置。在一個幾乎已經差不多排序過的序列中，插入排序法也相當地有效。我們所說的「幾乎」的意思是指倒置的個數很少。但是插入排序法的 $O(n^2)$ 時間效能，使得它在特別的情況之外變成很差的選擇。

◉ **堆積排序**（Heap-Sort）

堆積排序（*Heap-sort*）在最差狀況下的執行時間是 $O(n\log n)$，在比較式排序法中是最佳選擇。堆積排序可以簡單地被改成在原地執行。對於小型與中型序列，輸入資料可以被放進主記憶體，堆積排序是自然的選擇。一個標準的堆積排序不能提供穩定的排序，因為堆積排序使用到元素的交換。

◉ **快速排序**（Quick-Sort）

雖然最壞情況下 $O(n^2)$ 的時間效能使得快速排序法不適合即時應用程序，這些應用程序要求在一定時間內完成排序操作。我們期望快速排序的期望效能是 $O(n\log n)$，經過各種實驗研究表明，快速排序在許多測試環境優於堆積排序和合併排序。由於在分割程序中的元素交換，快速排序自然不會提供穩定的排序。

　　幾十年來，快速排序是通用領域與記憶體內排序演算法的預設選擇。快速排序在 C 語言庫中以 qsort 排序實用程序來提供，多年一值是 Unix 作業系統上的排序實用程序。快速排序長期以來也一直是 Java 中排序陣列和原生資料型態的標準演算法（後面會討論物件型態的排序）。

◉ **合併排序**（Merge-Sort）

合併排序最差狀況的執行時間為 $O(n\log n)$，要使合併排序法在陣列中以原地執行是很難的，實作合併排序需要額外的負擔來分配暫存陣列和在陣列間做複製，使它比起堆積排序和快速排序的原地實作較沒有吸引力，這些排序法可將排序資料完全放入電腦主記憶體內。儘管如此，實驗研究已經證明合併排序法仍是一個非常好的演算法，輸入可在計算機的各個記憶體階層上分層（快取、主記憶體、外部記憶體）。在這些狀況中，合併排序在長的合併串流中處理資料的方式，對於從磁碟中的一個區塊被帶進主記憶體的全部資料作出了最佳的使用。因此，減少了記憶體的轉移總數。

　　GNU 排序實用程序（以及多數最新版本的 Linux 作業系統）依賴於多路合併排序變體。**Tim-sort**（由 Tim Peters 設計）是一種混合的方法，結合了合併排序（merge-sort）和插入排序（insertion-sort）而得出的排序演算法。本質上是一種自下而上的合併排序，利用初始回合資料的優勢，使用插入排序來構建其他回合。自 2003 年以來，Tim-sort 一直是 Python 的標準排序演算法，它已經成為在陣列對物件型態排序的預設演算法，如 Java SE 7。

◉ **桶子排序與基數排序**（Bucket-Sort and Radix-Sort）

最後，如果我們的應用牽涉到以整數鍵值、字元字串、來自離散範圍的 d- 重值（d-tuples）鍵值來作排序的話，則桶子排序或是基數排序是非常好的選擇，因為執行時間為 $O(d(n + N))$，其中 $[0, N - 1]$ 是整數鍵值範圍（而且對於桶子排序，$d = 1$）。因此，如果 $d(n + N)$" 低於 "$n\log n$ 函數，則這種排序方法甚至比快速排序、堆積排序或合併排序快。

13.5　選擇（Selection）

同樣重要的是，排序不是處理一組元素總序順序關係上唯一有趣的問題，在某些應用中，我們會想以某個元素在整個集合中的順位別，來找出這個元素。找出最大或最小元素就是一個例子，但是我們可能也有興趣找出其他的元素，例如中間值（median）元素，也就是其他元素中的一半比它小，剩下來的一半則比它大。一般而言，以一個給定排名來詢問一個元素的查詢被稱為**順序統計**（*order statistics*）。

◉ 定義選擇問題（Defining the Selection Problem）

在這一節裡，討論一般順序統計問題，從一組未排序的 n 個可比較元素中，挑出第 k 小的元素。我們稱之為**選擇**（*selection*）問題。當然，也可以先排序這組元素，然後製作索引到排序過的序列中，直到順位索引是 $k-1$ 為止。使用最好的以比較為主的排序演算法，將花費 $O(n\log n)$ 的時間，尤其對於 $k=1$ 或 $k=n$（或 $k=2$、$k=3$、$k=n-1$、或 $k=n-5$）。因為對於這些 k 值，我們可以輕鬆的用 $O(n)$ 時間解決選擇問題。如此，會問到的一個很自然的問題是，我們是否可以對所有的 k 值達到 $O(n)$ 的執行時間（包括尋找中間值這個有趣狀況，此處 $k=\lfloor n/2\rfloor$）。

13.5.1　修剪和搜索（Prune-and-Search）

我們確實對於任何 k 值都能在 $O(n)$ 時間內解決選擇問題。而且，我們用來達到這個結果的技術，採用了一個有趣的演算法設計模式。這一個設計模式被稱為**修剪與搜尋**（*prune-and-search*）或是**減少與征服**（*decrease-and-conquer*）。應用這個設計模式，在給定的問題中具有 n 個物件的集合上，剪去部份物件，然後遞迴解決較小的問題。當最後把問題縮小到常數大小的物件集合時，就使用某個暴力方法來解決問題。當所有的遞迴呼叫都傳回時就完成了這個建構。在一些狀況下，我們可以避免使用遞迴，這樣只要反覆修剪與搜尋的縮減步驟，直到我們可以應用暴力方法並且停止為止。順帶一提，在 5.1.3 節中描述的二元搜尋方法是一個修剪與搜尋設計模式的例子。

13.5.2　隨機快速選擇（Randomized Quick-Select）

為了在具有 n 個元素的未排序序列中使用修剪與搜尋找出第 k 小的元素，我們設計一個簡單且實用的方法，稱為**隨機快速選擇**（*randomized quick-select*）。隨機快速選擇的期望執行時間為 $O(n)$，涵蓋演算法可能產生的所有隨機選擇，且這個期望值與任何關於輸入分配的隨機假設完全無關。我們注意到隨機快速選擇在最差狀況下執行時間為 $O(n^2)$，這部分驗證則留給習題 R-13.24。我們也在習題 C-13.55 提供**確定性**（*deterministic*）選擇演算法，最壞情況下能在 $O(n)$ 時間執行，此演算法是修改隨機快速選擇演算法而得。這個確定性演算法的存在，大部份是由於理論上的興趣，因為在這個狀況下隱藏在 big-Oh 標記裡的常數因子相對的大。

給定一個具有 n 個可比較元素的未排序的序列 S，以及一個整數 $k \in [1,n]$。在高階層，用快速選擇演算法在 S 中尋找第 k 小的元素，在結構上與第 13.2.1 節中所描述的隨機快速排序演算法類似。我們從 S 中隨機地挑出一個元素 x，並且將它當成是「基準值」值，用來將序列 S 分割成三個子序列 L、E 與 G，分別儲存比 x 小、相等於 x 以及比 x 大的 S 的元素。在修剪的步驟，根據 k 值和這些子集合的大小，確定這些子集合中包含所需的元素。然後對適當的子集合遞迴，注意子集合中所需的元素的等級（rank）可能與全集中的等級不同。隨機快速選擇的虛擬程式碼顯示在程式 13.8 中。

Algorithm quickSelect(S,k):

  Input: Sequence S of n comparable elements, and an integer $k \in [1,n]$

  Output: The kth smallest element of S

  if n == 1 **then**

    return the (first) element of S.

  pick a random (pivot) element x of S and divide S into three sequences:

    • L, storing the elements in S less than x

    • E, storing the elements in S equal to x

    • G, storing the elements in S greater than x

  if $k \leq |L|$ **then**

    return quickSelect(L,k)

  else if $k \leq |L|+|E|$ **then**

    return x {each element in E is equal to x}

  else

    return quickSelect($G,k-|L|-|E|$)   {note the new selection parameter}

程式 13.8：隨機快速選擇演算法。

13.5.3　分析隨機快速選擇（Analyzing Randomized Quick-Select）

如果想證明隨機快速選擇的執行時間為 $O(n)$，需要一個簡單的機率參數，這參數是基於**線性期望值**（*linearity of expectation*），即如果 X 與 Y 是隨機變數，且 c 是一個常數，則

$$E(X + Y) = E(X) + E(Y) \text{ 和 } E(cX) = cE(X)$$

其中我們用 $E(Z)$ 表示運算式 Z 的期望值。

令 $t(n)$ 表示在大小為 n 的序列上做隨機快速選擇的執行時間。因為這演算法依據隨機事件，它的執行時間 $t(n)$ 是一個隨機變數。我們想限制 $E(t(n))$，也就是 $t(n)$ 的期望值。如果隨機快速選擇的遞迴呼叫分割了 S，並且使得 L 和 G 的大小最多為 $3n/4$，則說它是一個「好的」呼叫。很清楚的，機率達 $1/2$ 的遞迴呼叫是一個好的呼叫。令 $g(n)$ 表示在獲得一個好的呼叫之前，須連續進行遞迴呼叫的次數（包括了目前的這一個）。則可以用下面的**遞迴方程式**（*recurrence equation*）特徵化 $t(n)$：

$$t(n) \leq bn \cdot g(n) + t(3n/4)$$

其中 $b \geq 1$ 是一個常數。對於 $n > 1$，我們用線性的期望可以得到

$$E(t(n)) \leq E(bn \cdot g(n) + t(3n / 4)) = bn \cdot E(g(n)) + E(t(3n / 4))$$

因為機率至少為 1/2 的遞迴呼叫是好的，並且一個遞迴呼叫好不好，與它的父呼叫好不好無關，$g(n)$ 的期望值與我們投擲一個硬幣出現正面所要投擲次數的期望值是一樣的。這暗示了 $E(g(n)) \leq 2$。因此，如果我們令 $T(n)$ 是 $E(t(n))$ 的一個簡單的表達方式，則可以把 $n > 1$ 的情況寫成

$$T(n) \leq T(3n / 4) + 2bn$$

為了轉換這關係成一種封閉型式，我們重複用這不等式，假設 n 很大。在兩次應用後可以得到

$$T(n) \leq T((3 / 4)^2 n) + 2b(3 / 4)n + 2bn$$

在這裡，我們可以看出一般化的狀況是

$$T(n) \leq 2bn \cdot \sum_{i=0}^{\lceil \log_{4/3} n \rceil} (3/4)^i$$

換句話說，期望執行時間最多是 $2bn$ 乘上幾何總和，其基數是小於 1 的正值。故由定理 4.5，$T(n)$ 是 $O(n)$。

定理 13.7：假設 S 內中任兩元素比較花費的時間為 $O(1)$，則在一個大小為 n 的序列 S，其隨機快速選擇（quick-select）的期望執行時間為 (n)。

13.6　習題

加強題

R-13.1 完整證明定理 13.1。

R-13.2 證明對 n 個元素的序列進行合併排序的執行時間是 $O(n\log n)$，即使 n 不是 2 的冪次。

R-13.3 我們在第 13.1.2 節中給出的基於陣列的 merge-sort 實現是否穩定？解釋為什麼或為什麼不。

R-13.4 我們的基於鏈結串列的合併排序（程式 13.3）的實現是否穩定？解釋為什麼或為什麼不。

R-13.5 一個演算法使用鍵值儲存鍵 - 值對被稱為是**散亂的**（*straggling*），若任何時間有兩個項目 e_i 和 e_j 其鍵值相同的話。在輸入中若 e_i 出現 e_j 之前，演算法在輸出中將 e_i 放置在 e_j 之後，描述如何修改 13.1 節的合併排序演算法，使其變為 straggling。

R-13.6 假設我們給出兩個具有 n 個元素的已排序序列 A 和 B，每個序列的元素都不相同，但兩個序列中可能有相同元素。描述一個 $O(n)$ 時間方法，對 $A \cup B$，作排序（與沒有重複值）。

R-13.7 對集合 (set) ADT 中的 setAll 和 removeAll 方法描述其虛擬程式碼，假設我們使用排序序列來實現集合。

R-13.8 假設修改快速排序演算法的確定性版本，不是選擇 n 元素序列中的最後一個元素作為基準值，而是選擇索引值為 ⌊n / 2⌋ 的元素。這個版本的執行時間是多少？對已經排序的序列進行快速排序？

R-13.9 考慮對快速排序演算法的確定性版本做修改，當中我們選擇索引 ⌊n / 2⌋ 的元素作為基準值。描述那種序列將導致此版本的快速排序，在 $\Omega(n^2)$ 時間內執行。

R-13.10 假設方法 quickSortInPlace 在具有重複元素的序列上執行。證明該演算法仍然正確排序輸入序列。在分區步驟中，當元素等於基準值，會發生些甚麼？如果所有輸入元素都相等，演算法的執行時間為何？

R-13.11 證明在大小為 n 的不同的元素序列中執行快速排序，最佳執行時間是 $\Omega(n\log n)$。

R-13.12 如果 quickSortInPlace 方法（程式 13.6 第 9 行）最外層的 while 迴圈被更改為使用條件 left <= right，會有缺陷。解釋缺此陷，並給出讓這種實現會失敗的特定輸入序列。

R-13.13 如果 quickSortInPlace 方法（程式 13.6 第 14 行）最外層的 while 迴圈被更改為使用條件 left < right 取代 left <= right，會有缺陷。釋缺此陷，並給出讓這種實現會失敗的特定輸入序列。

R-13.14 根據第 13.2.1 節中隨機快速排序的分析，證明給定輸入元素 x 屬於大小超過 $2\log n$ 子問題的機率至多為 $1 / n^2$。

R-13.15 基於比較的排序演算法其輸入有 n! 種可能，可以在 n 次比較就完成排序的最大數量的輸入為何？

R-13.16 Jonathan 有一個基於比較的排序的演算法在 $O(n)$ 時間內對大小為 n 的序列的首 k 個元素排序。給出 k 最大值的 big-Oh 表示法。

R-13.17 桶排序演算法是否是原地演算法？為什麼或者為什麼不？

R-13.18 描述使用字典順序排序的基數排序法，對序列中的三元組進行排序。三元組為 (k,l,m)，其中 k、l 和 m 是整數，範圍為 $[0，N-1]$，其中 $N \geq 2$。如何將此方案擴展到 d 元組 $(k_1, k_2, \dots, k_d)$ 的序列，其中每個 k_i 是範圍 $[0，N-1]$ 中的整數

R-13.19 假設 S 是具有 n 個值的序列，每個值為 0 或 1。用合併排序演算法對 S 進行排序需要多長時間？若用快速排序法需要多長時間？

R-13.20 假設 S 是具有 n 個值的序列，每個值為 0 或 1。使用桶子排序法對 S 穩定排序，需要多長時間序？

R-13.21 給定 n 個值的序列 S，每個值為 0 或 1，描述用於排序 S 的原地演算法。

R-13.22 給出一範例輸入，若用合併排序和堆積排序花費的時間是 $O(n\log n)$，但插入排序花費的時間是 $O(n)$。若反轉這個串列該怎麼辦？

R-13.23 對下列各種資料型態，最好的排序演算法為何：（1）一般可比較物件（2）長字元字串（3）32 位元整數（4）雙精度浮點數（5）位元組？證明你的答案。

R-13.24 證明在 n 個元素的序列上執行快速選擇，最壞情況執行時間是 $\Omega(n^2)$。

創新題

C-13.25 描述和分析從一個具有 n 個元素的集合中刪除所有重複項目的有效方法。

C-13.26 擴增 PositionalList 類別（見第 7.3 節）來支持一個名為 sort 的方法，此方法藉由重新鏈結現有節點來排序元素，你不用建立任何新節點，可以選用排序演算法。

C-13.27 Linda 聲稱有一個演算法能以具有 n 個元素的序列 S 做為輸入，將 S 排序完成後輸出到序列 T。

    a. 設計一個演算法 isSorted，如果 T 已排序，測試此方法在 $O(n)$ 時間內執行。

    b. 解釋為什麼演算法 isSorted 不足以證明一個特定的輸出 T 是用 Linda 的演算法對 S 排序。

    c. 描述 Linda 演算法還可以輸出哪些附加資訊，以便演算法的正確性可以在 $O(n)$ 時間內在任何給定的 S 和 T 上建立。

C-13.28 增加 PositionalList 類別（參見第 7.3 節）來支持一個名為 merge 的方法並具有以下行為。如果 A 和 B 是 PositionalList 實例，元素可以被排序，語法 A.merge(B) 應該將 B 的所有元素與 A 合併，使 A 保持排序，B 變為空。您的實施必須通過重新鏈結現有節點來完成合併；你不會建立任何新的節點。

C-13.29 透過將每個項目放置在自己的佇列中來實現自下而上的合併排序，然後反覆合併佇列中的項目對，直到所有項目都在單個佇列中排序為止。

C-13.30 將程式 13.6 的原地快速排序實現修改為隨機版本的演算法，如第 13.2.1 節所述。

C-13.31 考慮一個確定性快速排序的版本，在 n 個元素的輸入序列中選擇最後 d 個元素的中值做為基準值，d 是奇數常數值且 $d \geq 3$。在這種情況下快速排序的漸近最壞情況執行時間是多少？

C-13.32 分析隨機快速排序的另一種方法是使用**遞迴方程**（***recurrence equation***）。在這種情況下，我們令 $T(n)$ 表示隨機快速排序的預期執行時間，我們觀察到，因為最壞情況下的分割有好有壞，我們可以寫出

$$T(n) \leq \frac{1}{2}(T(3n/4) + T(n/4)) + \frac{1}{2}(T(n-1)) + bn$$

其中 bn 是下兩個項目耗用時間的和：（1）對給定基準值分割串列所需的時間（2）在遞迴呼叫返回後連接子序列所需的時間。用歸納法證，$T(n)$ 是 $O(n \log n)$。

C-13.33 我們對快速排序的描述說明了將元素分割成三組，L、E 和 G，分別具有小於，等於或大於基準值的值。但是，我們在程式 13.6 的即時快速排序實現，沒有將所有等於基準值的元素收集到集合 E 中。另一種原地方法分割三區的策略如下。以迴圈走訪元素，從左到右保持索引 a、b 和 c，將那些嚴格小於基準值得元素置於索引 i 中，其中 $0 \leq i < a$。將那些等於基準值得元素置於索引 i 中，其中 $a \leq i < b$。將那些嚴格大於基準值的元素置於索引 i 中，其中 $c \leq i < n$。每一次迴圈，對一個附加元素進行分類，執行常數次的交換。使用此策略實施原地快速排序。

C-13.34 給定一個具 n 個元素的序列 S，S 中的每個元素表示對總統選舉的票決，其中每張票以一個整數來表示一個特定的候選者，但是整數可能是任意大的（即使候選人數沒那麼多）。設計一個 $O(n\log n)$ 時間演算法，決定誰在 S 選票中勝選，假設獲得最多選票者為勝選人。

C-13.35 考慮習題 C-13.34 中的投票問題，但現在假設我們知道候選人數 $k < n$，即使是這些候選人的 ID 編號可以任意大。描述 $O(n\log k)$ 時間演算法，確定誰贏得選舉。

C-13.36 考慮習題 C-13.34 中的投票問題，但現在假設整數 1~k 用於識別 $k < n$ 個候選人。設計 $O(n)$ 時間演算法決定誰贏得選舉。

C-13.37 顯示任何基於比較的排序演算法都可以在不影響其漸近執行時間情況下穩定執行。

C-13.38 兩個序列 A 和 B 各有 n 個元素，當中可能有重複元素，已定義好總排序關係。描述一個有效的演算法，確定 A 和 B 是否包含相同的元素集合。這個方法的執行時間為何？

C-13.39 有 n 個整數的陣列 A，元素值範圍是 $[0, n^2 - 1]$。描述一個簡單的方法用於在 $O(n)$ 時間內排序 A。

C-13.40 令 $S_1, S_2, \ldots, S_k$ 代表 k 個不同的序列，其中元素具有整數鍵值，範圍 $[0，N-1]$，對於某些參數 $N \geq 2$。描述在 $O(n + N)$ 時間產生 k 個排序序列的演算法，其中 n 為那些序列大小的總和。

C-13.41 S 是具有 n 個元素的序列，已經定義好全序關係。描述一個演算法確定 S 中是否存在兩個相等元素。你的方法的執行時間是什麼？

C-13.42 S 是具有 n 個元素的序列，已經定義好總序關係。回想一下，S 中的 *inversion*（倒置）代表 S 中有一對元素 x 和 y，其中 x 出現在 y 之前，且 $x > y$。描述一個演算法，在 $O(n\log n)$ 時間內確定 S 中 *inversion* 的數目。

C-13.43 S 是具有 n 個整數的序列。描述一個方法，在 $O(n + k)$ 時間內列印 S 中所有 inversion 數對，其中 k 是 inversion 的數量。

C-13.44 令 S 為由 n 個不同整數隨機排列而成的序列。指出在 S 上插入排序的預期執行時間為 $\Omega(n^2)$。

C-13.45 A 和 B 是兩個具有 n 個整數的序列。給定一個整數 m，描述一個演算法，在 $O(n\log n)$ 時間內確定 A 中是否存在整數 a，B 中存在整數 b，使得 $m = a + b$。

C-13.46 A 和 B 代表兩個以排序序列，描述一個有效的演算法，用於計算 $A \oplus B$，它是 A 或 B 中的一組元素，但不同時在兩個序列中。

C-13.47 給定一組 n 個整數，描述和分析一個快速查找方法，找出 $\lceil \log n \rceil$ 個最接近中位數的整數。

C-13.48 Bob 有一組 n 個螺帽 A，和一組 N 個螺栓 B，使 A 中的每個螺帽在 B 中都有一個獨特螺栓與其匹配。不幸的是，A 中的螺帽都看起來一樣，而且 B 中的螺栓看起來也都一樣。鮑勃可以做的唯一比較使取一個螺帽螺栓對 (a,b)，a 在 A 中和 b 在 B 中，手動測試看兩者是否完美匹配。描述和分析一個有效的演算法，讓 Bob 匹配他的全部螺帽和螺栓。

C-13.49 我們的快速選擇可以用更加節省空間的方式來實現，在初始時僅計算 L，E 和 G 的計數，並僅建立需要遞迴的新子集合。實現這樣一個版本。

C-13.50 描述一個原地版本的快速選擇演算法虛擬程式碼，假設允許您修改元素的順序。

C-13.51 顯示如何使用確定性 $O(n)$ 時間選擇演算法，最差以 $O(n\log n)$ 時間對具有 n 個元素的序列進行排序。

C-13.52 給定一個具有 n 個可比較元素的未排序序列 S，一個整數 k，設計一個預期時間為 $O(n\log k)$ 的演算法，找出 $O(k)$ 個元素，其 rank 值為 $[n/k]$，$2[n/k]$，$3[n/k]$ 等等。

C-13.53 有一個名為 alienSplit 的方法，以具有 n 個元素的序列 S 當作輸入，可以在 $O(n)$ 時間內將 S 分割成子序列 $S_1,S_2, … ,S_k$，子序列最大為 $[n/k]$，使得 S_i 中的元素小於或等 S_{i+1} 中的元素，$i = 1,2, … ,k-1$，其中 $k < n$。顯示如何使用 alienSplit 以 $O(n\log n/\log k)$ 時間排序 S。

C-13.54 顯示隨機快速排序法至少有機率 $1-(1/n)$ 在 $O(n\log n)$ 時間內執行，也就是有高機率可快速執行，回答以下問題

a. 對於每個輸入元素 x，定義 $C_{i,j}(x)$ 為 0／1 隨機變。$C_{i,j}(x) = 1$，若且為若元素 x 是 $j+1$ 子問題中具有這樣的大小。說明 $(3/4)^{i+1}n < s \le (3/4)^i n$ 為什麼我們不需要為 $j > n$ 定義 $C_{i,j}$。

b. 令 $X_{i,j}$ 為獨立 0／1 的隨機變數。$X_{i,j} = 1$ 的機率為 $1/2^j$，令 $L = [\log_{4/3} n]$。說明 $\sum_{i=0}^{L-1} \sum_{j=0}^{n} C_{i,j}(x) \le \sum_{i=0}^{L-1} \sum_{j=0}^{n} X_{i,j}$。

c. 證明 $\sum_{i=0}^{L-1} \sum_{j=0}^{n} X_{i,j}$ 的預期值是 $(2 - 1/2^n)L$。

d. 證明 $\sum_{i=0}^{L} \sum_{j=0}^{n} X_{i,j} > 4L$ 的機率至多為 $1/n^2$，使用 **Chernoff bound**，意思是，如果 X 是有限獨立 0/1 隨機變數的和，具有預期值 $\mu > 0$，然後 $Pr(X > 2\mu) < (4/e)^{-\mu}$ 其中 $e = 2.71828128$。

e. 說明隨機快速排序在 $O(n\log n)$ 時間內執行的機率至少為 $1-(1/n)$。

C-13.55 我們可以通過在 n 元素序列選擇基準值來使快速選擇演算法具確定性：

> 將集合 S 分割為 $[n/5]$ 個群組，其中每個] 群組的大小為 5（其中可能有一群組除外）。排序每個小集合並且識別出在集合中的中間元素。從集合中 $[n/5]$ 個「baby」中間值，遞迴地應用選擇演算法找出這些 baby 中間值的中間值。使用這個元素作為基準值，之後的步驟與快速選擇演算法相同。

回答下列問題以證明這個決定式方法的執行時間為 $O(n)$（如果能簡化數學式的話，請忽略下限函數和上限函數，因為加了這兩種函數，漸近式仍是一樣的）：

a. 有多少個 baby 中間值比選擇的基準值小或是相等？有多少比基準值大或是相等？

b. 對於每個小於或相等於基準值 baby 中間值，有多少其他元素小於或相等於基準值？這個數目和相等於或大於基準值的一樣嗎？

c. 試辯證為何尋找決定基準值的方法，在使用它去分割 S 須花費 $O(n)$ 的時間。

d. 以這些判斷爲基礎，寫一個遞迴方程式來對這個選擇演算法表示出最差狀況的執行時間 $t(n)$，（注意在最差狀況下，有兩個遞迴呼叫，一個是找出 baby 中間值而另一個則是在較大的 L 與 G 上重複此作法）。

e. 使用此遞迴方程式，用歸納法證明 $t(n)$ 是 $O(n)$。

C-13.56 假設我們有興趣以動態方式維護集合 S 中的整數，S 最初是空的，同時支持以下兩個操作：

> add(v)：將值 v 添加到集合 S。
>
> median( )：返回集合的當前中值。對於於一個基數爲偶數的集合，我們將中位數定義爲最中心兩個值的平均值。

我們將把集合的每個元素儲存在兩個優先佇列之一中：一個是 min-oriented 優先佇列 Q^+，其中所有元素大於或等於當前中位數值，另一個是 max-oriented 的優先佇列 Q^-，其中所有元素小於當前中位數值。

a. 說明如何在 $O(1)$ 時間內執行上述的 median( ) 操做。

b. 說明如何在 $O(\log n)$ 時間中執行 S.add(k)，其中 n 爲當前集合的基數，同時保持上述的表示。

C-13.57 作爲上述問題的概括，重看習題 C-11.43，其中涉及對一組動態值進行一般選擇查詢。

專案題

P-13.58 如第 13.2.2 節結尾所描述的那樣，實現快速排序演算法的非遞迴原地版本。

P-13.59 以實驗比較原地快速排序和非原地快速排序的效能。

P-13.60 對合併排序和快速排序執行一系列基準值測試，以確定哪一個更快。你的測試應包括 " 隨機 " 序列以及 " 幾乎 " 排序序列。

P-13.61 實現確定性和隨機化版本的快速排序演算法，並執行一系列基準值測試，查看哪一個更快。你的測試應該包括非常 " 隨機 " 的序列以及 " 幾乎 " 排序序列。

P-13.62 實現原地版本的插入排序演算法和原地版本的快速排序演算法。執行基準值測試以確定在 n 值的範圍，快速排序平均要比插入排序來得好。

P-13.63 設計並實施用於對串列進行排序的的 bucket-sort 演算法，串列具有 n 個項目，整數鍵值範圍在 $[0，N-1]$ 之間，其中 $N \geq 2$。演算法應該在 $O(n + N)$ 時間內執行。

P-13.64 挑選一個本章所述的排序演算法，並用動畫呈現排序流程，以直觀的方式說明演算法的關鍵性質。

P-13.65 在 Java 中設計並實現兩個版本的 bucket-sort 演算法，一個用於排序 **byte** 值陣列，一個用於排序 **short** 值陣列。用實驗將你的實現和 java.util.Arrays.sort 做效能比較。

後記

Knuth [61] 描述了排序問題的歷史。Huang and Langston [50] 顯示如何以原地合併兩個排序串列。快速排序演算法是由 Hoare [46] 提出。 Bentley 和 McIlroy [15] 描述一些快速排序的最佳化。關於隨機演算法的更多資訊可以在 Motwani 和 Raghavan 的書中找到 [77]。我們的快速分析是先前分析和 [57] 中分析的組合。習題 C-13.32 的快速分析是由 Littman 所引介。Gonnet 和 Baeza-Yates [39] 提供排序演算法的比較。術語「prune-and-search」來自於計算幾何文獻（如 Clarkson [22] 和 Megiddo [71,72]）。術語「decrease-and-conquer」來自 Levitin [66]。

Chapter

14

圖

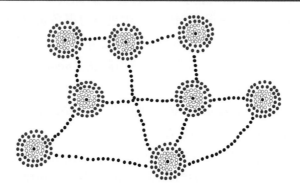

目錄

14.1　圖（Graphs）

圖（*graph*）是由一組物件所組成，用來表示兩個物件之間的關係。其中一個物件稱為頂點（vertice），另一個物件稱為邊（edge），邊用來連接兩個頂點。圖在不同的領域裡有不同的應用，這些領域包括映射（mapping）、運輸、電機工程以及電腦網路等。附帶一提，"圖"的概念不應該與條形圖和功能圖混淆，因為這些"圖"和本章的主題無關。

從抽象的角度來看，一個圖（*graph*）G 包含了**頂點**（*vertices*）所形成的集合 V，和由 V 中連接兩頂點的邊 E，V 中有很多頂點，E 中也就有很多**邊**（*edges*），兩者各形成群集（collection）。因此，圖是一種描述 V 中兩兩頂點間之關係的一種表示方式。附帶一提，有些書使用不同的術語來描述一個圖，最常見到使用**節點**（*nodes*）來稱呼我們所說的頂點，而我們所說的邊則使用 *arcs*（弧線）來稱呼。在本書中，使用「頂點」與「邊」這兩個術語。

一個圖的邊不是**有向的**（*directed*）便是**無向的**（*undirected*）。如果一對頂點 (u, v) 是有序的，則稱邊 (u, v) 是有向的，其中 u 在 v 的前面。如果一對頂點 (u, v) 是無序的，則稱邊 (u, v) 是無向的。有時我們會使用集合符號如 $\{u, v\}$ 來表示無向邊，因為集合的本質是無序的。但為了簡單起見，我們仍使用配對符號 (u, v) 來表示一個無向邊。請注意在無向邊的情況下，(u, v) 與 (v, u) 代表同一個邊。在畫出一個圖時，我們經常以橢圓型或長方形來代表頂點，而邊則以連接頂兩個頂點的線段或曲線來表示。以下幾個範例，說明了有向圖與無向圖。

範例 14.1：某一領域的研究者之間的合作關係，可以藉由建立一個圖將其視覺化，圖的頂點代表研究者，各邊所連接的一對頂點，代表兩位研究者有合著一篇論文或一本書（參考圖 14.1）這種邊是無向的，因為合著是一種對稱關係，也就是說，如果 A 與 B 有合著關係，那麼 B 與 A 也一定有合著關係。

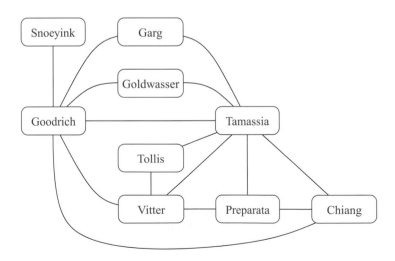

圖 14.1：某些作者之間的合著關係圖。

範例 14.2：我們可以將一個物件導向程式與圖聯繫起來，圖中的頂點代表程式中定義的類別，邊表示類別之間的繼承關係。若類別 v 繼承了類別 u 的，則有一個從頂點 v 到頂點 u 的邊。這樣的邊是有方向的，因為繼承的關係只有一個方向（也就是說它是非對稱的）。

　　如果一個圖中所有的邊都是無向的，則說這個圖是**無向圖**（*undirected graph*）。同樣地，如果所有的邊都是有向的，則稱爲**有向圖**（*directed graph* **或** *digraph*）。一個既有有向邊，又有無向邊的圖，通常稱爲混合圖（mixed graph）。值得注意的是，只要把無向邊 (u, v) 換成一對有向邊 (u, v) 和 (v, u)，就可以把無向圖或混合圖轉換成有向圖。然而，讓無向圖與混合圖保持原來的樣子，通常是很有用的，因爲這些圖有一些應用，如下列範例。

範例 14.3：市區地圖可塑模成圖，其中的頂點是十字路口或死巷，邊則是不含十字路口的街道。這個圖具有有向邊與無向邊，無向邊對應雙向道，有向邊對應單行道。因此，模擬市區地圖的圖是一個混合圖。

範例 14.4：圖的實際範例也可以在一棟建築物中的電源接線及配管網路中找到。此種網路可用圖做爲模型，其中的接頭、設備或電源插座可視爲頂點，每一段連續的電線或水管可視爲邊。這樣的圖其實是某個更大的圖（例如當地的電力與自來水分配網路）的一個部分。原則上，水可以沿著水管雙向流動，電流也可以沿著電線雙向流通，因此可以把它們的邊視爲無向或有向，端視我們對這些圖的哪些方面有興趣而定。

　　由邊連接兩個頂點稱作此邊的**終端頂點**（*end vertices*）又稱**端點**（*endpoints*）。如果邊是有向的，則第一個端點稱爲**起點**（*origin*），另一個稱爲**終點**（*destination*）。一個邊上的兩個端點 u 與 v 則我們稱這兩個點 u 與 v **相鄰**（*adjacent*）。如果一個頂點是某個邊的端點之一，則稱這個邊**入射**（*incident*）至該頂點。一個頂點的**離開邊**（*outgoing edges*）是以該頂點爲起點的有向邊。一個頂點的**進入邊**（*incoming edges*）是以該頂點爲終點的有向邊。頂點 v 的**分支度**（*degree*）是指與該頂點 v 相連接的邊數，記爲 deg(v)。頂點 v 的**向內分支度**（*in-degree*）與**向外分支度**（*out-degree*）是 v 的進入邊與離開邊的數目，分別記爲 indeg(v) 與 outdeg (v)。

範例 14.5：研究航空運輸時，可以建立一個叫做**航線網**（*flight network*）的圖 G，其中 G 的頂點與機場有關，邊則與航班有關（參考圖 14.2）均在圖 G 中，邊是有向的，因爲已知的任何航班都具有特定的行進方向（從起點機場到目的地機場）。圖 G 中，邊 e 的端點分別對應於航班的起點與終點。如果有一航班在兩個機場之間飛行，則這兩個機場相鄰；如果邊 E 的航班飛往頂點 v 的機場或從該處起飛，則稱邊 e 連接至頂點 v。頂點 v 的離開邊對應於從 v 的機場出發的航班，進入邊則對應於返回 v 的機場的航班。最後，G 中頂點 v 的向內分支度對應於返回機場 v 的航班數目，向外分支度則對應於從 v 的機場出發的航班數目。

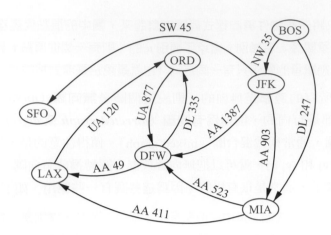

圖 14.2：代表航線網路的有向圖範例，邊 UA 120 的端點為 LAX 和 ORD：因此 LAX 與 ORD 相鄰。
　　　　DFW 的向內分支度為 3，向外分支度為 2。

　　圖的定義把所有的邊放在**群集**（*collection*），而不是集合內，因此允許兩個無向邊擁有相同的端點，也允許兩個有向邊擁有相同的起點與終點。這樣的邊稱為**平行邊**（*parallel edges*）或**多重邊**（*multiple edges*）。平行邊可能存在於航線網中（範例 14.5），在這種情況下，同一對頂點之間的多重邊，表示同一天的不同時段在同一航線上飛行的航班。另一種特殊的邊將頂點連接到自己。在這種情況下，如果一個邊（不論無向或有向）的兩個端點重合，則我們說這個邊是一個**自我迴路**（*self-loop*）。自我迴路可能出現在與市區地圖（範例 14.3）有關的圖中，它對應於一個「圓」（一條回到起點的彎曲街道）。

　　除了上述少數幾個例外情況，一般而言，圖都不會有（或不允許有）平行邊或自我迴路。這樣的圖我們稱為**簡單的**（*simple*）。在這個假設前提下，我們便可以說一個簡單圖的邊是由頂點配對所構成的一個集合，（而非只是 collection）。從現在起，除非特別聲明，我們將只會考慮**簡單圖**（*simple graphs*）。

　　一條**路徑**（*path*）乃是一個頂點與邊交錯（alternating）的序列（sequence），從某個頂點開始，到某個頂點結束，而中間的每一個邊均連接了（incident to）緊鄰在它之前與之後的頂點。如果一條至少包含一個邊的路徑，其開始與結束的頂點為同一個頂點的話，則稱該路徑為一個**迴路**（*cycle*）。如果某條路徑所有的頂點均是不同的，稱為**簡單路徑**（*simple path*）。對迴路而言，如果該迴路上除了開始頂點與結束頂點之外的所有的頂點均是不同的，我們稱為簡單迴路（simple cycle）。當路徑上所有的邊均為有向邊，且所有的邊的方向與我們走訪的方向一致，我們稱為**有向路徑**（*directed path*）。**有向迴路**（*directed cycle*）也可以使用類似的方法來定義。例如，在圖 14.2 中的（B0S，NW35，JFK，AA 1387，DFW）是一條有向簡單路徑；而（LAX，UA 120，ORD，UA 877，DFW，AA 49，LAX）則是一條有向簡單迴路。注意，有向圖可以在兩個相同的頂點由具有由相反方向的兩個邊組成迴路，例如圖 14.2 中（ORD，UA 877，DFW，DL 335，ORD）。如果沒有有向迴路，有向圖是**非迴路的**（*acyclic*）。例如，如果我們從圖 14.2 中刪除邊 UA 877，剩下的圖是非迴路的。如果圖很簡單，在描述路徑 P 或迴路 C 我們可以忽略邊，因為這些都被很好地定義，在這種情況下，P 是相鄰頂點構成的串列，C 是相鄰頂點構成的迴路。

範例 14.6：已知一個代表都市地圖的圖 G（參考範例 14.3），我們可以用走訪圖 G 中的一條路徑做為模型，描述從家裡開車到推薦餐廳用晚餐的一對夫婦。如果他們知道路怎麼走，也不曾無意間經過相同的十字路口兩次，那他們就走訪了 G 中的一條簡單路徑。同樣地，我們可用迴路做為模型，描述這對夫婦從家裡前往餐廳再返回的整個行程。如果他們從餐廳返家時走的路與他們前往餐廳時完全不同，且不曾經過相同的十字路口兩次，那麼整個來回行程就是一個簡單迴路。最後，如果他們是沿著單行道完成整個旅程，則可把他們的夜間外出描述為有向迴路。

給定（有向）圖 G 的頂點 u 和 v，如果 G 具有從 u 到 v 的（有向）路徑，則稱 v 可以從 u 到達，也可稱從 u 到達 v。在無向圖中，**可達性**（*reachability*）的概念是對稱的，也就是說，u 到達 v，若且為若 v 到達 u。在有向圖中，u 可能到達 v 但 v 不能到達 u，因為有向路徑必須根據相應邊的方向遍訪。如果任何兩個頂點都有路徑，稱此圖為**連通圖**（*connected graph*）。若對於有向圖 $\vec{G}$ 中任意兩個不同的頂點 u 和 v，都存在從 u 到 v 以及從 v 到 u 的路徑，則稱 $\vec{G}$ 是**強連通圖**（*Strongly Connected Graph*）（有些例子見圖 14.3）。

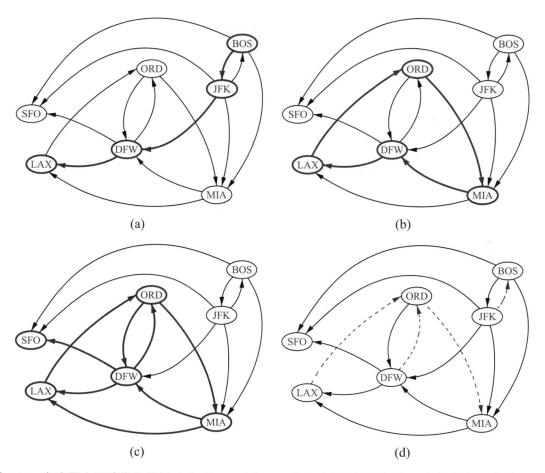

(a)　　　　　　　　　　(b)

(c)　　　　　　　　　　(d)

圖 14.3：有向圖中可達性的範例：(a) 從 BOS 到 LAX 的有向路徑以深色顯示；(b) 有向迴路（ORD，MIA，DFW，LAX，ORD）以深色顯示；其頂點行成一個強連通子圖；(c) 由 ORD 可達的頂點和邊構成的子圖，以深色顯示；(d) 刪除虛線導致有向無環圖。

　　若圖 H 的頂點與邊分別為圖 G 的頂點與邊的子集合，則稱圖 H 為圖 G 的**子圖**（*subgraph*）。G 的**生成子圖**（*spanning subgraph*）是包含 G 中所有頂點的子圖。如果一個圖中的任何兩個頂點之間都存在有一路徑，則該圖為連通（connected）。圖 G 若不是連通圖，則它的最大連通子圖稱為 G 的**連通組件**（*connected components*）。**森林**（*forest*）是指沒有迴路的圖。樹則是連通的森林，亦即沒有迴路的連通圖。圖的**生成樹**（*spanning tree*）是一個子圖，同時是一棵樹。（請注意，這裡的樹定義與第 8 章不同，不一定要指定根）。

範例 14.7：目前大家談論最多的圖可能是網際網路。它可以視為一個圖，頂點是電腦，（無向）邊則是網際網路上兩臺電腦之間的連線。單一網域（例如 wiley.com）內的電腦及它們之間的連線形成網際網路的子圖。若該子圖為連通，則網域內任何兩臺電腦的使用者可以互相傳送電子郵件，而不需讓他們的資訊封包離開該網域。假設子圖的邊形成一生成樹。這表示即使單一連線故障（例如有人把此網域內某一臺電腦後面的通訊電纜線拔掉），則該子圖便不再連通了。

　　在隨後的定理中，我們探索圖的幾個重要性質。

定理 14.8：如果 G 是具有 m 個邊和頂點集合 V 的圖，則

$$\sum_{v \, in \, V} deg(v) = 2m$$

證明：邊 (u, v) 在上面的求和運算式中被計算了兩次；一次是從端點 u，一次是從端點 v。因此所有邊對分支度的貢獻為邊數的兩倍。　■

定理 14.9：若 G 為一具有 m 個邊的有向圖，則

$$\sum_{v \, in \, V} indeg(v) = \sum_{v \, in \, V} outdeg(v) = m$$

證明：在一個有向圖中，邊 (u, v) 貢獻一單位給起點 u 的向外分支度，也貢獻一單位給終點 v 的向內分支度。因此，各邊對頂點向外分支度的總貢獻等於邊數；同理，向內分支度亦然。　■

　　接下來我們將證明一個有 n 個頂點的簡單圖有 $O(n^2)$ 的邊。

定理 14.10：令 G 為一有 n 個頂點和 m 個邊的簡單圖。若 G 為無向圖，則 $m \leq n(n-1)/2$，若 G 是有向圖，則 $m \leq n(n-1)$。

證明：假設 G 為無向圖。因為沒有任何兩個邊可以擁有相同的端點，也沒有自我迴路，故圖 G 中頂點的最大分支度為 $n-1$。因此，根據定理 14.8，$2m \leq n(n-1)$。現在假設 G 為有向。因為沒有任何兩個邊可以擁有相同的啟點和終點，也沒有自我迴路，故圖 G 中頂點的最大向內分支度為 $n-1$。因此根據定理 14.9，$m \leq n(n-1)$　■

　　另外還有許多和樹、森林和連通圖相關的簡單屬性。

定理 14.11：令 G 具有為 n 個頂點和 m 個邊的無向圖。

- 如果 G 是連通圖，則 $m \geq n-1$。
- 如果 G 是樹，則 $m = n-1$。
- 如果 G 是森林，則 $m \leq n-1$。

我們將這這些定理的證明留給習題（C-14.34）。

14.1.1　圖 ADT（The Graph ADT）

圖是頂點和邊的集合。我們將抽象模型化爲三種資料型態的組合：頂點、邊和圖。頂點是一個輕量級的物件，儲存用戶提供的任意元素（例如，機場代碼）；我們假設可以使用 getElement( ) 方法擷取元素。邊儲存相關聯的物件（例如，航班編號、飛行距離、費用），可以使用 getElement( ) 方法擷取這些資訊。

圖的主要抽象是 Graph ADT。我們假設一個圖可以是無向圖或有向圖，此性質在宣告建立圖物件時指定。之前說過，混合圖可以用有向圖來表示，將邊 $\{u, v\}$ 以一對有向邊 (u, v) 和 (v, u) 來建立。圖 ADT 包括以下方法：

numVertices( )：返回圖的頂點數。

vertices( )：返回圖的所有頂點的迭代 (iteration)。

numEdges( )：返回圖的邊數。

edges( )：返回圖的所有邊的迭代。

getEdge(u, v)：返回從頂點 u 到頂點 v 的邊，如果存在的話：否則返回 null。對於無向圖，沒有 getEdge(u, v) 和 getEdge(v, u) 之間的區別。

endVertices(e)：返回陣列，包含邊 e 的兩個端點頂點。如果是有向圖，則第一個頂點是源點，第二個頂點是目的地。

Opposite(v, e)：對於和頂點 v 相連的邊 e，返回 e 的另一個頂點，如果 e 並未和 v 相連，則會發生錯誤。

outDegree(v)：返回頂點 v 中離開邊的各數。

inDegree(v)：返回頂點 v 中進入邊的個數。對無向圖，inDegree(v) 和 outDegree(v) 返回相同的值。

outgoingEdges(v)：返回頂點 v 中所有離開邊的迭代。

incomingEdges(v)：返回頂點 v 中所有進入邊的迭代。對無向圖，outgoingEdges(v) 和 incomingEdges(v) 返回相同的 collection。

InsertVertex(x)：建立並返回一個儲存元素 x 的新頂點。

InsertEdge(u, v, x)：建立並返回一個從頂點 u 到頂點 v 的新的邊，果已這個邊已經存在，則會出現錯誤。

removeVertex(v)：從圖中刪除頂點 v 及其所有相連的邊。

RemoveEdge(e)：從圖中刪除邊 e。

14.2 圖的資料結構（Data Structures for Graphs）

在本節中，我們介紹四個用來實作圖的資料結構。每一個實作維護一個群集來儲存頂點。然而，這四種實作方式在組織邊的方式差別很大。

- **邊串列**（*edge list*）：由所有邊組成的無序串列，這是最低限度，但是沒有有效的方法可以找到一個特定的邊 (u, v)，或者和 v 相連所有邊。
- **鄰接串列**（*adjacency list*）：另外為每個頂點維護一個單獨的串列，每個串列包含連接到到頂點的邊。這種組織模式，讓我們可以很有效率地找到和某頂點相連的所有邊。
- **鄰接 map**（*adjacency map*）：類似於鄰接串列，但是儲存和頂點相連的所有邊的第二容器，被組織為一個 map，而不是一個串列，以相鄰頂點作為鍵值。這種組織模式，讓我們可以很有效率地存取一個特定的邊 (u, v)，譬如使用雜湊可在 $O(1)$ 時間完執行存取動作。
- **鄰接矩陣**（*adjacency matrix*）：對有 n 個頂點的圖，維護一個 $n \times n$ 矩陣，在最壞情況下，提供在 $O(1)$ 時間內存取特定的邊。矩陣的每個位置儲存特定邊 (u, v) 的參考。頂點 u 和 v 間沒有邊連接，該位置儲存 null。

表 14.12 對這些結構的性能做個摘要。

方法	邊串列	鄰接串列	鄰接 map	鄰接矩陣
numVertices( )	$O(1)$	$O(1)$	$O(1)$	$O(1)$
numEdges( )	$O(1)$	$O(1)$	$O(1)$	$O(1)$
vertices( )	$O(n)$	$O(n)$	$O(n)$	$O(n)$
edges( )	$O(m)$	$O(m)$	$O(m)$	$O(m)$
getEdge(u, v)	$O(m)$	$O(\min(d_u,d_v))$	$O(1)$ exp.	$O(1)$
outDegree(v) inDegree(v)	$O(m)$	$O(1)$	$O(1)$	$O(n)$
outgoingEdges(v) incomingEdges(v)	$O(m)$	$O(dv)$	$O(dv)$	$O(n)$
insertVertex(x)	$O(1)$	$O(1)$	$O(1)$	$O(n^2)$
removeVertex(v)	$O(m)$	$O(d_v)$	$O(d_v)$	$O(n^2)$
insertEdge(u, v, x)	$O(1)$	$O(1)$	$O(1)$ exp.	$O(1)$
removeEdge(e)	$O(1)$	$O(1)$	$O(1)$ exp.	$O(1)$

表 14.1：圖 ADT 各種方法的執行時間效能摘要，使用本節所討論的資料結構。令 n 代表頂點數目、m 代表邊數目、d_v 代表頂點 v 的分支度。鄰接矩陣使用 $O(n^2)$ 空間，而所有其他結構使用 $O(n+m)$ 空間。

14.2.1　邊串列結構（Edge List Structure）

邊串列結構可能是最簡單的，儘管不是實作圖 G 的最有效率結構。所有頂點物件對儲存在無序串列 V，所有邊物件儲存在無序串列 E 中。我們在圖 14.4 中舉例說明 G 的邊串列結構。

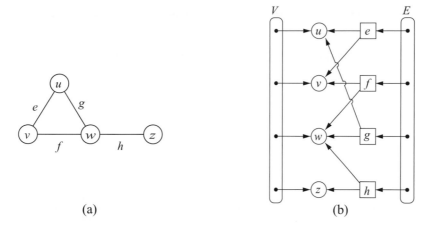

圖 14.4：(a) 圖 G (b) 圖 G 的邊串列結構的示意圖，請注意，邊物件參考到兩個頂點物件，這兩個頂點是邊的端點。但是頂點參考到連接的邊。

　　爲了支持圖 ADT 的許多方法（第 14.1 節），我們假設邊串列具有下列附加功能。群集 V 和 E 使用第 7 章討論過的雙鏈結串列 LinkedPositionalList。

◉ **頂點物件**（Vertex Objects）

頂點 v 的頂點物件儲存的元素 x 具有以下實例變數：

- 對元素 x 的參考，有 getElement( ) 方法可用。
- 在串列 V 中，頂點 v 實例的位置參考，若將 v 從圖中刪除，形同將 v 從 V 中刪除。

◉ **邊物件**（Edge Objects）

邊 e 的邊物件儲存的元素 x 具有以下實例變數：

- 對元素 x 的參考，有 getElement( ) 方法可用。
- 對頂點 e 相關連端點的物件參考，提供常數時間方法 endVertices(e) 和 opposite(v, e)。
- 對串列 E 中邊的位置的實例的參考，若將 e 從圖中刪除，形同將 e 從 E 中刪除

◉ **邊串列結構的效能**（Performance of the Edge List Structure）

邊串列結構的效能滿足在表 14.2 中總結的圖 ADT 效能。首先討論空間使用情況，具有 n 個頂點和 m 個邊的圖，所需的空間量是 $O(n + m)$。每個單獨的頂點或邊使用 $O(1)$ 空間，串列 V 和 E 所使用空間和頂點及邊的數量成正比。

　　在執行時間方面，邊串列結構也可報告頂點或邊的數量，或產生頂點或邊的迭代。個別查詢串列 V 或 E，numVertices 和 numEdges 方法在 $O(1)$ 時間執行。遍訪相應的串列，方法 vertices 和 edges 和邊分別在 $O(n)$ 和 $O(m)$ 時間內執行。

邊串列結構的最大限制，特別是在和其他圖的表示做比較，方法 getEdge(u, v)、outDegree(v) 和 outgoingEdges(v) 在 $O(m)$ 的時間執行（相應的方法 inDegree 和 incomingEdges）。問題出在這些方法必須走訪無序串列 E 圖中的所有邊，才能回答這些查詢。

最後，我們考慮更新圖的方法。很容易以 $O(1)$ 時間在圖中添加新的頂點和新的邊。例如，要在圖中增加一個新的邊，可建立一個新的 Edge 實例，然後把它當資料般儲存，將該實例添加到位置串列 E 中，並記錄 E 內的 Position 做為屬性之一。此屬性稍後可在 $O(1)$ 時間內定位該邊並從 E 中和移除，從而協助實做方法 removeEdge(e)。

為什麼 removeVertex(v) 方法具有執行時間 $O(m)$ 這點是值得討論。如圖 ADT 所示，當從圖中刪除頂點 v 時，全部和 v 相連的邊也必須被刪除（否則我們會有矛盾的邊，參考到不屬於圖的頂點）。為定位頂點的連接邊，我們必須檢查 E 的所有邊。

方法	執行時間
numVertices( ), numEdges( )	$O(1)$
vertices( )	$O(n)$
edges( )	$O(m)$
getEdge(u, v), outDegree(v), outgoingEdges(v)	$O(m)$
insertVertex(x), insertEdge(u, v, x), removeEdge(e)	$O(1)$
removeVertex(v)	$O(m)$

表 14.2：使用邊串列結構實做圖時，各方法的執行時間。使用的空間量是 $O(n + m)$，其中 n 是頂點的數量，m 是邊的數量。

14.2.2 鄰接串列結構（Adjacency List Structure）

圖的鄰接串列結構在邊串列結構中添加一些額外的信息，可直接存取每個頂點（從而支持相鄰頂點）連接的邊。具體來說，對於每個頂點 v，我們維護集合 $I(v)$，稱為 v 的**連接邊群集**（*incidence collection*），群集儲存的項目是連接到 v 的邊。在有向圖的情況，離開邊和進入邊可以分別儲存在兩個單獨的集合，$I_{out}(v)$ 和 $I_{in}(v)$ 中。傳統上，頂點 v 的連接邊群集 $I(v)$ 是一個串列，這也就是為什麼稱這種圖的表示方式稱為**鄰接串列**（*adjacency list*）結構。

我們要求鄰接串列的主要結構維護該集合 V 的頂點，以便對於給定的頂點 v 可在 $O(1)$ 時間找到二級結構 $I(v)$。這可以通過使用位置串列來代表 V，每個頂點實例保持連接邊群集 $I(v)$ 的直接參考，在圖 14.5 舉例說明圖的這種鄰接串列結構。如果頂點可以從 0 到 $n-1$ 唯一編號，我們可以改為使用基於陣列的主結構來存取適當的二級結構串列。

鄰接串列的主要優點是連接邊群集 $I(v)$（或更多具體來說，$I_{out}(v)$）恰好含包 outgoingEdges(v) 方法應該返回的那些邊。因此，我們可以在 $O(\deg(v))$ 時間內，通過迭代 $I(v)$ 的邊來實現這個方法的，其中 $\deg(v)$ 是頂點 v 的分支度。

對任何圖的輸出表示方式，這是最佳的結果，因為有 $\deg(v)$ 個邊要報告。

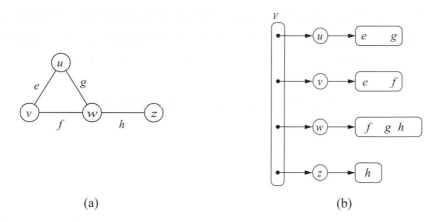

(a)　　　　　　　　　　　　　　　　　(b)

圖 14.5：（a）無向圖 G（b）G 的鄰接串列結構示意圖。群集 V 是頂點的主要串列，每個頂點具有相關的連接串列。雖然沒有圖示，我們假設圖的每個邊都使用唯一的 Edge 實例來表示，Edge 實例由邊的參考構成，並且 E 是所有邊構成的串列。

◉ **鄰接串列結構的性能**　　　　　（Performance of the Adjacency List Structure）

表 14.3 總結了用鄰接串列結構實現圖的性能表，假設主要群集 V 和 E，以及所有的二次群集 $I(v)$ 用雙向鏈結串列實現。

　　漸近地，鄰接串列的空間要求和邊串列結構是相同的，對於具有 n 個頂點和 m 個邊的圖，空間需求為 $O(n + m)$。很明顯，頂點和邊的主要串列使用 $O(n + m)$ 空間。此外，所有第二串列的長度之和為 $O(m)$，這在定理 14.8 和 14.9 中證實。簡而言之，一個無向的邊 (u, v) 在 $I(u)$ 和 $I(v)$ 中都被引用，但是它在圖中的存在，僅使用到恆定量的額外空間。

　　我們已經注意到，若有 $I(v)$ 可用，outgoingEdges(v) 方法可以在 $O(\deg(v))$ 時間實現。對有向圖，若使用 $I_{out}(v)$ 執行時間為 $O(outdeg(v))$。圖 ADT 的 outDegree(v) 方法可以在 $O(1)$ 時間執行，假設集合 $I(v)$ 可以在類似的時間內報告其大小。要找到一個特定的邊來實現 getEdge(u, v)，我們可以搜尋 $I(u)$ 和 $I(v)$（對有向圖，$I_{out}(u)$ 或 $I_{in}(v)$）。通過選擇兩者較小的一個，我們可得到 $O(\min(\deg(u),\deg(v)))$ 的執行時間。

方法	執行時間
numVertices( ), numEdges( )	$O(1)$
vertices( )	$O(n)$
edges( )	$O(m)$
getEdge(u, v)	$O(\min(\deg(u),\deg(v)))$
outDegree(v), inDegree(v)	$O(1)$
outgoingEdges(v), incomingEdges(v)	$O(\deg(v))$
insertVertex(x), insertEdge(u, v, x)	$O(1)$
removeEdge(e)	O(1)
removeVertex(v)	O($\deg(v)$)

表 14.3：使用鄰接串列結構實作圖時，各方法的執行時間。空間使用量是 $O(n + m)$，其中 n 是頂點的數量，m 是邊的數量。

表 14.3 中的其餘部分的效能要額外小心。爲了有效地支持邊的刪除，邊 (u, v) 將需要維護在 $I(u)$ 和 $I(v)$ 維護位置的參考，以便可在 $O(1)$ 時間中刪除這些群集。要刪除頂點 v，我們還必須刪除任何連接的邊，但至少可在 $O(\deg(v))$ 時間定位這些邊。

14.2.3　鄰接 Map 結構（Adjacency Map Structure）

在鄰接串列結構中，我們假設二次連接群集合以無序鏈結串列實作。這樣的群集 $I(v)$ 使用空間和 $O(\deg(v))$ 成正比，允許在 $O(1)$ 時間內添加或去除邊，並且允許在 $O(\deg(v))$ 時間內，產生頂點 v 的所有連接邊的迭代。然而，getEdge(u, v) 的最佳實現需要 $O(\min(\deg(u), \deg(v)))$ 時間，因爲我們必須搜尋 $I(u)$ 或 $I(v)$。

我們可以通過使用基於雜湊的 map 實現每個頂點 v 的 $I(v)$ 來提高性能。對於每個頂點 v。具體來說，我們讓每個連接邊的另一端點作爲 map 中的鍵值，邊結構作爲對應的值。我們稱這種圖的結構爲鄰接 map（見圖 14.6）。鄰接 map 使用的空間保持在 $O(n + m)$，因爲 $I(v)$ 爲每個頂點 v 使用了 $O(\deg(v))$ 的空間，與鄰接串列一樣。

鄰接 map 相對於鄰接串列的優點在於 getEdge(u, v) 方法可以透過在 $I(v)$ 中搜尋頂點 u 作爲鍵值，預期在 $O(1)$ 時間內實現，反之亦然。這提供了可能的改進，同時在最壞情況下，保留 $O(\min(\deg(u)，\deg(v)))$ 的界限。

將鄰接 map 的性能與其他結構進行比較（見表 14.1），我們發現它基本上以最佳執行時間實現了所有方法的，使其成爲圖結構的絕佳選擇。

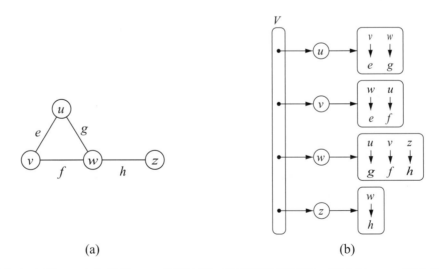

(a)　　　　　　　　(b)

圖 14.6：(a) 無向圖 G；(b) 鄰接 map 的示意圖。每個頂點都保留一個二次 map，其中相鄰頂點作為鍵值，連接邊作為關聯值。與鄰接串列一樣，我們假設 E 是由所有 Edge 實例所組成。

14.2.4　鄰接矩陣結構（Adjacency Matrix Structure）

圖 G 的鄰接矩陣結構使用矩陣 A 擴增邊串列結構（即，一個二維陣列，如第 3.1.5 節所述），這允許我們在最差情況下，以常數時間定位兩頂點之間的邊。在鄰接矩陣中，頂點是整數集合 $\{0, 1, \ldots, n-1\}$，並且邊是整數對。這允許我們在二維 $n \times n$ 陣列 A 的儲存格中儲存邊的參考。具體來說，儲存格 A [i] [j] 保存邊 (u, v) 的參考，如果邊存在的話，則其中 u 是具有索引 i 的頂點，v 是具有索引 j 的頂點。如果沒有這樣的邊，那麼 A [i] [j] = null。我們注意到，如果圖 G 是無向的，那麼陣列 A 是對稱的，也就是，對於所有的 i 和 j，A [i] [j] = A [j] [i]。（見圖 14.7）

　　鄰接矩陣最顯著的優點是任何邊 (u, v) 在最壞情況下可以在 O(1) 時間存取；記得鄰近 map 支持在 O(1) 預期時間內的操作。然而，鄰接矩陣有幾個效率較低的操作。例如，要找頂點 v 的連接的邊，我們必須檢查與 v 相關的列中所有 n 個項目；回想一下鄰接串列或 map 可以將這些邊以 O(deg(v)) 最佳時間定位。添加或從圖中刪除頂點是有問題的，因為矩陣大小必須做調整。

　　此外，鄰接矩陣的 $O(n^2)$ 的空間使用，遠比其他結構所需的 O(n + m) 空間要差。雖然，在最壞的情況下，密集圖中的邊數將與 n^2 成正比，大多數眞實世界的圖都是稀疏的。在這種情況下，使用鄰接矩陣的效率低下。然而，如果一個圖是密集的，那麼鄰接矩陣的常數比例可以小於鄰接串列或鄰接 map。其實如果邊沒有輔助資料，使用布林鄰接矩陣即可，矩陣的每個儲存格只用掉一個位元，代表一個邊。A [i] [j] = true，若且維若 (u, v) 是一個邊。

圖 14.7：（a）無向圖 G；（b）圖 G 的鄰接矩陣結構示意圖，其中 n 個頂點映射到索引 0 到 n − 1。雖然沒有圖示，假設每個邊有一個獨特的 Edge 實例，並且它保持對其端點頂點的參考。還假設有一個輔助邊串列（未繪製），以允許具有 m 個邊的圖的 edge( ) 方法在 O(m) 時間執行。

14.2.5　Java 實現（Java Implementation）

在本節中，以 Java 來實作圖 ADT，這個圖 ADT 的結構爲鄰接 map，如第 14.2.3 節所述。我們使用位置串列來表示每個主串列 V 和 E，如最初所述的邊串列結構。另外，對於每個頂點 v，我們使用基於雜湊的 map 代表輔助結構 map I(v)。

　　爲了優雅地支持無向和有向的圖，每個頂點都保持著兩個不同的 map 參考：傳出和傳入。在有向圖中，這些被初始化爲兩個不同的 map 實例，分別是 $I_{out}(v)$ 和 $I_{in}(v)$。在無向圖的情況下，我們以用 outgoing 和 incoming 作爲一個 map 實例的別名。

　　我們的實作組織如下。對於 Vertex、Edge 和 Graph 介面，限於篇幅，沒有在書中定義（可在網站取得）。然後定義一個具體的 AdjacencyMapGraph 類別，該類別中內部類別 InnerVertex 和 InnerEdge，用來實現頂點和邊。這些類別使用泛型參數 V 和 E，指定儲存在頂點和邊的元素資料型態。

從程式 14.1 開始，其中包含 InnerVertex 和 InnerEdge 類別（雖然在實際中，這些定義應該嵌套在遵循 AdjacencyMapGraph 類別）。注意 InnerVertex 的建構子根據是否初始化傳出和傳入的實例變數總體圖是無向或直向的。

程式 14.2 和 14.3 包含 AdjacencyMapGraph 類別的核心實現。圖的實例保有頂點串列和邊串列，並維護一個布林變數，表示是否是有向圖。有些方法，限於篇幅，其程式碼未列在書中的程式，但可從網站下載，譬如私有的 validate 方法的實現，用來在 public Vertex、Edge 介面和具體類別 InnerVertex 和 InnerEdge 間執行類別型態轉換。這種設計類似於 LinkedPositionalList 類別的 validate 方法（見 7.3.3 節的程式 7.10），將向外位置轉換為該類別的基礎節點型態。

最複雜的方法是修改圖的方法。當呼叫 insertVertex 方法，我們必須建立一個新的 InnerVertex 實例，將該頂點添加到頂點串列中，並記錄其在該串列中的位置（以便如果從圖中刪除頂點，我們可以從串列中有效地刪除）。插入邊時 (u, v)，我們也須建立一個新的實例，將其添加到邊串列中，並記錄其位置。但是我們還必須為頂點 v 將新邊添加到外向鄰接 map。程式 14.3 包含 removeVertex 方法；不包括 removeEdge 的實現，但可在網站取得程式碼。

```java
1   /** A vertex of an adjacency map graph representation. */
2   private class InnerVertex<V> implements Vertex<V> {
3     private V element;
4     private Position<Vertex<V>> pos;
5     private Map<Vertex<V>, Edge<E>> outgoing, incoming;
6     /** Constructs a new InnerVertex instance storing the given element. */
7     public InnerVertex(V elem, boolean graphIsDirected) {
8       element = elem;
9       outgoing = new ProbeHashMap<>( );
10      if (graphIsDirected)
11        incoming = new ProbeHashMap<>( );
12      else
13        incoming = outgoing;                // if undirected, alias outgoing map
14    }
15    /** Returns the element associated with the vertex. */
16    public V getElement( ) { return element; }
17    /** Stores the position of this vertex within the graph's vertex list. */
18    public void setPosition(Position<Vertex<V>> p) { pos = p; }
19    /** Returns the position of this vertex within the graph's vertex list. */
20    public Position<Vertex<V>> getPosition( ) { return pos; }
21    /** Returns reference to the underlying map of outgoing edges. */
22    public Map<Vertex<V>, Edge<E>> getOutgoing( ) { return outgoing; }
23    /** Returns reference to the underlying map of incoming edges. */
24    public Map<Vertex<V>, Edge<E>> getIncoming( ) { return incoming; }
25  } //------------ end of InnerVertex class ------------
26
27  /** An edge between two vertices. */
28  private class InnerEdge<E> implements Edge<E> {
29    private E element;
30    private Position<Edge<E>> pos;
```

```
31    private Vertex<V>[ ] endpoints;
32    /** Constructs InnerEdge instance from u to v, storing the given element. */
33    public InnerEdge(Vertex<V> u, Vertex<V> v, E elem) {
34      element = elem;
35      endpoints = (Vertex<V>[ ]) new Vertex[ ]{u,v};              // array of length 2
36    }
37    /** Returns the element associated with the edge. */
38    public E getElement( ) { return element; }
39    /** Returns reference to the endpoint array. */
40    public Vertex<V>[ ] getEndpoints( ) { return endpoints; }
41    /** Stores the position of this edge within the graph's vertex list. */
42    public void setPosition(Position<Edge<E>> p) { pos = p; }
43    /** Returns the position of this edge within the graph's vertex list. */
44    public Position<Edge<E>> getPosition( ) { return pos; }
45  } //------------ end of InnerEdge class ------------
```

程式 14.1：InnerVertex 和 InnerEdge 類別（嵌套在 AdjacencyMapGraph 類別內），介面 Vertex<V> 和 Edge<E> 未顯示。

```
1   public class AdjacencyMapGraph<V,E> implements Graph<V,E> {
2     // nested InnerVertex and InnerEdge classes defined here...
3     private boolean isDirected;
4     private PositionalList<Vertex<V>> vertices = new LinkedPositionalList<>( );
5     private PositionalList<Edge<E>> edges = new LinkedPositionalList<>( );
6     /** Constructs an empty graph (either undirected or directed). */
7     public AdjacencyMapGraph(boolean directed) { isDirected = directed; }
8     /** Returns the number of vertices of the graph */
9     public int numVertices( ) { return vertices.size( ); }
10    /** Returns the vertices of the graph as an iterable collection */
11    public Iterable<Vertex<V>> vertices( ) { return vertices; }
12    /** Returns the number of edges of the graph */
13    public int numEdges( ) { return edges.size( ); }
14    /** Returns the edges of the graph as an iterable collection */
15    public Iterable<Edge<E>> edges( ) { return edges; }
16    /** Returns the number of edges for which vertex v is the origin. */
17    public int outDegree(Vertex<V> v) {
18      InnerVertex<V> vert = validate(v);
19      return vert.getOutgoing( ).size( );
20    }
21    /** Returns an iterable collection of edges for which vertex v is the origin. */
22    public Iterable<Edge<E>> outgoingEdges(Vertex<V> v) {
23      InnerVertex<V> vert = validate(v);
24      return vert.getOutgoing( ).values( );              // edges are the values in the adjacency map
25    }
26    /** Returns the number of edges for which vertex v is the destination. */
27    public int inDegree(Vertex<V> v) {
28      InnerVertex<V> vert = validate(v);
29      return vert.getIncoming( ).size( );
30    }
31    /** Returns an iterable collection of edges for which vertex v is the destination. */
32    public Iterable<Edge<E>> incomingEdges(Vertex<V> v) {
33      InnerVertex<V> vert = validate(v);
```

```
34        return vert.getIncoming( ).values( );      // edges are the values in the adjacency map
35      }
36      public Edge<E> getEdge(Vertex<V> u, Vertex<V> v) {
37      /** Returns the edge from u to v, or null if they are not adjacent. */
38        InnerVertex<V> origin = validate(u);
39        return origin.getOutgoing( ).get(v);        // will be null if no edge from u to v
40      }
41      /** Returns the vertices of edge e as an array of length two. */
42      public Vertex<V>[ ] endVertices(Edge<E> e) {
43        InnerEdge<E> edge = validate(e);
44        return edge.getEndpoints( );
45      }
```

程式 14.2：AdjacencyMapGraph 類別定義。validate(v) 和 validate(e) 方法可在網站取得。（1/2）

```
46      /** Returns the vertex that is opposite vertex v on edge e. */
47      public Vertex<V> opposite(Vertex<V> v, Edge<E> e)
48                                             throws IllegalArgumentException {
49        InnerEdge<E> edge = validate(e);
50        Vertex<V>[ ] endpoints = edge.getEndpoints( );
51        if (endpoints[0] == v)
52          return endpoints[1];
53        else if (endpoints[1] == v)
54          return endpoints[0];
55        else
56          throw new IllegalArgumentException("v is not incident to this edge");
57      }
58      /** Inserts and returns a new vertex with the given element. */
59      public Vertex<V> insertVertex(V element) {
60        InnerVertex<V> v = new InnerVertex<>(element, isDirected);
61        v.setPosition(vertices.addLast(v));
62        return v;
63      }
64      /** Inserts and returns a new edge between u and v, storing given element. */
65      public Edge<E> insertEdge(Vertex<V> u, Vertex<V> v, E element)
66                                                    throws IllegalArgumentException {
67        if (getEdge(u,v) == null) {
68          InnerEdge<E> e = new InnerEdge<>(u, v, element);
69          e.setPosition(edges.addLast(e));
70          InnerVertex<V> origin = validate(u);
71          InnerVertex<V> dest = validate(v);
72          origin.getOutgoing( ).put(v, e);
73          dest.getIncoming( ).put(u, e);
74          return e;
75        } else
76          throw new IllegalArgumentException("Edge from u to v exists");
77      }
78      /** Removes a vertex and all its incident edges from the graph. */
79      public void removeVertex(Vertex<V> v) {
80        InnerVertex<V> vert = validate(v);
81        // remove all incident edges from the graph
82        for (Edge<E> e : vert.getOutgoing( ).values( ))
```

```
83        removeEdge(e);
84      for (Edge<E> e : vert.getIncoming( ).values( ))
85        removeEdge(e);
86      // remove this vertex from the list of vertices
87      vertices.remove(vert.getPosition( ));
88    }
89  }
```

程式 14.3：AdjacencyMapGraph 類別定義，為了簡潔起見，省略了 removeEdge 方法。（2/2）

14.3　圖的遍訪（Graph Traversals）

希臘神話講述了一個故事，精心設計一個迷宮，裡面一頭半人半牛的奇異牛頭怪。這個迷宮很複雜，進入的野獸和人都不能逃脫。直到希臘英雄，特修斯，在國王的女兒阿里亞德納的幫助下，決定實施圖的遍訪演算法。特修斯把一團絲線固定在迷宮門上沿路佈下絲線，穿過扭曲的路境尋找怪物。特修斯顯然知道好的演算法設計，在找到之後，擊敗野獸。然後，特修斯輕易地循著絲線從迷宮走出來，回到愛人阿里亞德的身邊。

　　回到現實，遍訪是個系統程序，藉由遍訪所有頂點和邊來探索圖。如果走訪所有頂點和邊花費的時間與其數量成正比，也就是線性時間，則遍訪是有效率的。

　　遍訪圖的演算法是回答許多基本問題的關鍵動作，同時涉及圖的可達性概念，即確定如何從一個頂點行進到另一個頂點，同時遵循圖的路徑。處理無向圖 G 的可達性問題包括：

- 計算從頂點 u 到頂點 v 的路徑，或報告沒有這樣的路徑存在。
- 給定 G 的起始頂點 s，對於 G 的每個頂點 v，計算 s 和 v 之間具有最小邊數的路徑，或者報告沒有這樣的路徑存在。
- 測試 G 是否具有連通性。
- 如果 G 具連通性，則計算 G 的生成樹。
- 計算 G 的連接組件。
- 識別 G 中的迴圈，或報告 G 沒有迴圈。

在有向圖 G 中處理可達性的有趣問題包括以下：

- 計算從頂點 u 到頂點 v 的有向路徑，或報告沒有這樣的路徑存在。
- 找出在 $\vec{G}$ 中所有可從頂點 s 到達的頂點。
- 確定 $\vec{G}$ 是否是有向無環圖。
- 確定 $\vec{G}$ 是否是強連通圖。

在本節的其餘部分，我們將介紹兩個有效率的圖遍訪演算法，分別稱為**深度優先搜尋**（*depth-first search*）和**廣度優先搜尋**（*breadth-first search*）。

14.3.1　深度優先搜尋（Depth-First Search）

我們考慮的第一個走訪演算法是無向圖的**深度優先搜尋**（DFS：*depth-first search*）。深度優先搜尋對於用來測試圖的很多特性是有用的，例如某個圖上是否存在一條從一個頂點到另外一個頂點的路徑，或是一個圖是否為一個連通圖。

　　無向圖 G 中的深度優先搜尋類似於在迷宮中帶著細繩和一桶油漆漫遊，而不會迷路。我們從 G 中某個特定的啟始頂點 s 開始，把繩子的一端繫在頂點 s，並將它著色成「已走訪」。頂點 s 現在是「目前」的頂點，把目前的頂點稱為 u。然後遍訪 G，考慮與目前頂點 u 相連的任何邊 (u, v)。如果邊 (u, v) 帶領我們到一個已經走訪過的頂點 v（亦即已著色），則忽略此邊，立刻回溯到頂點 u。另一方面，如果 (u, v) 通往一個尚未走訪過的頂點 v，則解開繩子，並走到頂點 v。然後將 v 塗成「已走訪」，讓它成為目前的頂點，並重複上面的計算。最後，會走到某個目前頂點 v，所有與 v 相連的邊均通往已經走訪過的頂點，也就是「死巷」。因此，採取任何一條與 u 相連的邊都會讓我們回到 u。為了打破僵局，我們把繩子捲起來，回溯到先前走訪過的頂點 u。然後把 u 當做目前的頂點，並針對任何與 u 相連，且先前尚未走訪過的邊重複上面的計算。如果所有與頂點 u 相連的邊均通往已經走訪過的頂點，就再把繩子捲起來，並返回到我們來到的頂點 v，然後在該頂點重複整個程序。因此，我們繼續沿著到目前為止追蹤的路徑回溯，直到找到的頂點還有尚未走訪過的邊，此時採取這樣的一個邊，然後繼續走訪。當回溯過程帶我們回到啟始頂點 s，且與 s 相連的邊均已走訪過時，這個程序才停止。

　　用於從頂點 u 開始的深度優先搜尋遍訪的虛擬程式碼（見程式 14.4）遵循我們線和油漆的類比。我們使用遞迴實現線的類比，並假設有一個機制（油漆類比）確定某些頂點或邊是否已在之前走訪過。

Algorithm DFS(G, u):

　　Input: A graph G and a vertex u of G

　　Output: A collection of vertices reachable from u, with their discovery edges

　　Mark vertex u as visited.

　　for each of u's outgoing edges, $e = (u,v)$ **do**

　　　　if vertex v has not been visited **then**

　　　　　　Record edge e as the discovery edge for vertex v.

　　　　　　Recursively call DFS(G, v).

程式 14.4：DFS 演算法。

◉ 用 DFS 分類圖的邊（Classifying Graph Edges with DFS）

深度優先搜尋的執行可用來分析圖的結構，至於如何分析，端視遍訪期間走訪邊的方式。
DFS 顧名思義，在走訪過程造就一顆以起始點 s 為根節點的深度優先搜尋樹。在程式 14.4
的 DFS 演算法中，每當邊 e = (u, v) 用於發現新的頂點 v 期間，該邊被稱為**發現邊**（*discovery
edge*）或**樹邊**（*tree edge*），方向從 u 到 v。所有其他在 DFS 執行其間的邊被稱為非樹邊，
會將我們帶回之前走訪的頂點，在無向圖的情況下，我們會發現所有非樹邊是將當前頂點連
接到 DFS 樹中的祖先節點。把這個邊稱為**反向邊**（*back edge*）。在有向圖執行 DFS 時，有
三種可能的非樹邊：

- **反向邊**（*back edges*），將頂點連接到 DFS 樹中的祖先

- **正向邊**（*forward edges*），將頂點連接到 DFS 樹中的後代

- **交錯邊**（*cross edges*），頂點連接到既不是其 DFS 樹中的祖先也不是其後代的頂點

　　在有向圖上執行 DFS 演算法的範例應用如圖 14.8 所示，並展示每種類型的非樹邊。圖
14.9 顯示在無向圖中執行 DFS 演算法的範例。

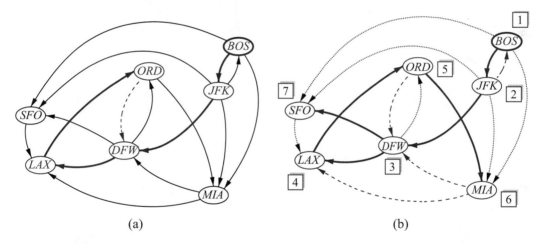

|(a)|(b)|

圖 14.8：在有向圖執行 DFS 的範例，從頂點（BOS）開始：(a) 中間步驟，第一次，循著邊已經走
　　　　訪到頂點（DFW）；(b) 完成 DFS 程序。樹的邊以厚綠色線條顯示；反向邊用綠色虛線顯
　　　　示；正向邊和交叉邊以黑色虛線顯示。頂點走訪的順序，由每個頂點旁的數值標籤指示。邊
　　　　（ORD,DFW）是反向邊，但（DFW,ORD）是正向邊。（BOS,SFO）是正向邊，（SFO,LAX）
　　　　是一個交錯邊。

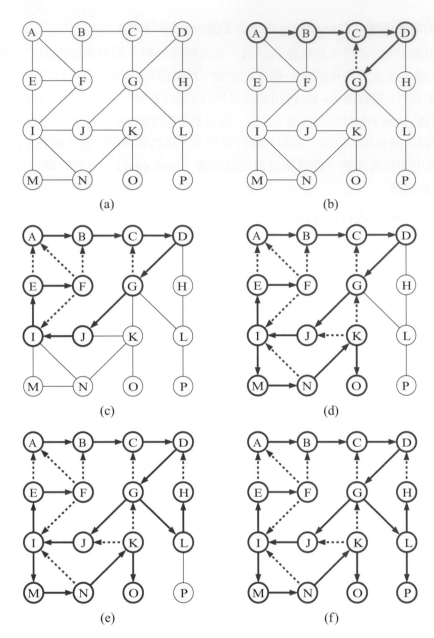

圖 14.9：在無向圖中執行深度優先搜尋遍訪，以頂點 A 作為起始點。我們假設頂點的鄰接按字母順序考量。走訪過的頂點和邊屬於樹的部分以粗體實線表示，非樹（反相）邊以虛線表示：(a) 輸入圖；(b) 樹邊的路徑，從 A 開始到反向邊（G,C）；(c) 到達 F，這是一個死胡同；(d) 在回溯到 I 之後，用邊（I,M）恢復，並在 O 遇到另一個死胡同；(e) 回溯到 G 後，繼續沿（G,L）前進，並在 H 處遇到另一個死胡同；(f) 最終結果。

◉ **深度優先搜尋的性質**（Properties of a Depth-First Search）

我們可以對深度優先搜尋演算法做出幾個重要觀察，其中許多源自於 DFS 演算法，將圖 *G* 的邊分割成好幾組。我們將從最重要的性質開始。

定理 14.12：令 G 為無向圖，執行 DFS 遍訪，以頂點 s 作為起始點。然後遍訪與 s 連接所有頂點，並且發現邊形成一顆生成樹構成 s 的連接組件。

證明：假設 s 連接組件中至少有一個頂點 w 尚未走訪，並且令 v 是從 s 到 w 的某個路徑上的第一個未走訪的頂點（我們可以有 $v = w$）。由於 v 是此路徑上第一個未走訪的頂點，因此它有個已被走訪的鄰居 u。但是當我們走訪 u 時，必須考慮邊 (u, v)；因此，v 沒有被走訪是不正確的。所以在 s 的連接組件中沒有未被走訪的頂點。

因為我們只跟隨樹來到一個未走訪的頂點，所以永遠不會在這樣的邊形成迴圈。因此，樹邊形成一個沒有迴路的連通子圖，因此是一棵樹。而且，這是一棵生成樹，因為我們剛剛看到，深度優先走訪每個頂點 s 的連接組件。 ∎

定理 14.13：令 $\vec{G}$ 為有向圖。在 $\vec{G}$ 執行由頂點 s 開始的深度優先搜尋，會走訪在 $\vec{G}$ 中所有可從 s 到達的頂點。另外，DFS 樹包含從 s 到從 s 可到達的每個頂點的有向路徑。

證明：令 V_s 為 $\vec{G}$ 的頂點的子集合，我們要證明 V_s 包含 s 和每個從 s 到達的頂點。假設個矛盾狀態，存在一從 s 可到達的頂點不在 V_s 中。考慮從 s 到 w 的有向路徑，並且 (u, v) 成為這樣一條路徑上的第一個邊，把我們趕出了 V_s，也就是說，u 是在 V_s 中但 v 不在 V_s 中。當 DFS 到達 u 時，它會探測 u 的所有離開邊，因此一定也可以透過 (u, v) 達到頂點 v。因此，v 應該在 V_s 中，我們又得到一個矛盾狀態。因此，V_s 必定包含從 s 可走訪的每個頂點。

透過對演算法的步驟進行歸納，證明了第二個事實。我們聲稱每當發現一個樹邊 (u, v) 時，在 DFS 樹中就存在一條從 s 到 v 的有向路徑。由於 u 在之前已被走訪，所以存在從 s 到 u 的路徑，所以通過將邊 (u, v) 附加到該路徑，我們有一個從 s 到 v 的有向路徑。 ∎

請注意，由於反向邊總是將頂點 v 連接到先前走訪過的頂點 u，每個反向邊意味著 G 中的一個迴圈，包含從 u 到 v 的樹邊加上反向邊 (u, v)。

◉ 深度優先搜尋的執行時間（Running Time of Depth-First Search）

在執行時間方面，深度優先搜尋是遍訪圖的一種有效率的方法。請注意，DFS 在每個頂點最多被呼叫一次（因為在走訪時被標記），因此對於無向圖每個邊最多被檢視兩次，每個終端頂點一次，起始點頂點一次。對於有向圖中每個邊最多被走訪一次，從它的起始頂點開始。如果讓 $n_s \leq n$ 代表頂點 s 可達的頂點數，和 $m_s \leq m$ 是這些頂點的入射邊數，則從 s 開始執行的 DFS 如果滿足以下條件，其執行時間為 $O(n_s + m_s)$：

- 圖以一種資料結構表示，使得可在 $O(deg(v))$ 時間內執行 outgoingEdges(v) 方法建立迭代，以 $O(1)$ 時間執行 opposite(v, e) 方法。鄰接串列就是一種這樣的結構，但鄰接矩陣結構不是。
- 有一種方式來 " 標記 " 走訪過的頂點或邊，並在 $O(1)$ 時間內測試一個頂點或邊已經被走訪過。在下一節討論實作 DFS 的方式以達到此一目標。

基於上述假設，我們可以解決一些有趣的問題。

定理 14.14：令 G 為具有 n 個頂點和 m 個邊的無向圖。對 G 的 DFS 遍訪可以在 $O(n + m)$ 時間內執行，且可以用 $O(n + m)$ 時間解決以下問題：

- 計算 G 的兩個給定頂點之間的路徑，若存在的話。
- 測試 G 是否具連通性。
- 如果 G 具有連通性，則計算 G 的生成樹。
- 計算 G 的連接組件。
- 計算 G 中的迴圈，或報告 G 沒有迴圈。

定理 14.15：令 $\vec{G}$ 是一個具有 n 個頂點和 m 個邊的有向圖。在 $\vec{G}$ 的 DFS 遍訪可以在 $O(n + m)$ 時間內執行，且可以在 $O(n + m)$ 時間內解以下問題：

- 計算 $\vec{G}$ 的兩個給定頂點之間的有向路徑，如果存在的話。
- 計算 $\vec{G}$ 中給定的頂點 s 能到達的的頂點的集合。
- 測試 $\vec{G}$ 是否具有強連通性。
- 計算 $\vec{G}$ 中的有向迴路，或者報告 $\vec{G}$ 是非迴路的。

定理 14.14 和 14.15 的證明是基於稍微修改 DFS 演算法作為副程式而得到的。我們會在本節剩餘部分走訪當中的一些擴展。

14.3.2　DFS 的實施和擴展（DFS Implementation and Extensions）

首先將提供深度優先搜尋演算法的 Java 實作。我們已在程式 14.4 中以虛擬程式碼描述 DFS 演算法。為了實作 DFS，必須有一個機制追蹤哪些頂點已被走訪，並用於記錄產生的 DFS 樹邊。對於這種記錄，我們使用兩個輔助資料結構。首先維護一個名為 know 的集合，包含已被走訪的頂點。第二，維護一個名為 forest 的 map，與一個頂點 v 相關聯，即圖的邊 e，用來發現 v（如果有的話）。DFS 方法在程式 14.5 中。

```
 1  /** Performs depth-first search of Graph g starting at Vertex u. */
 2  public static <V,E> void DFS(Graph<V,E> g, Vertex<V> u,
 3                          Set<Vertex<V>> known, Map<Vertex<V>,Edge<E>> forest) {
 4    known.add(u);                         // u has been discovered
 5    for (Edge<E> e : g.outgoingEdges(u)) {   // for every outgoing edge from u
 6      Vertex<V> v = g.opposite(u, e);
 7      if (!known.contains(v)) {
 8        forest.put(v, e);                   // e is the tree edge that discovered v
 9        DFS(g, v, known, forest);           // recursively explore from v
10      }
11    }
12  }
```

程式 14.5：遞迴執行圖的深度優先搜尋，從指定的頂點 u 開始。作為呼叫的輸出結果，走訪過的頂點添加到 known 集合中，並將樹邊添加到森林中。

　　我們的 DFS 方法不會對 Set 或 Map 實例的實現做出任何假設；然而，在前一節的 $O(n +$ $m)$ 執行時間分析中卻要求在 $O(1)$ 時間 " 標記 " 頂點的狀態。如果我們使用基於雜湊實現集合 map 結構，那麼所有操作都會在 $O(1)$ 預期的時間內執行，總體演算法有非常高的機率在 $O(n+m)$ 時間內執行。在實作中，這個是我們願意接受的妥協。

　　如果頂點可以從 0、...、$n-1$ 編號（圖演算法的通用假設），則集合 map 可以更直接地以檢索表來實作，以容量為 n 的陣列索引值作為頂點的標籤。在這種情況下，必要的集合和 map 操作，在最壞情況下以 $O(1)$ 時間執行。或者，我們可以利用額外的輔助信息 " 裝飾 " 每個頂點，裝飾的方式是對存在每個頂點的元素使用泛型或重新設計 Vertex 型態來儲存額外的資訊欄位。這將使標記操作在 $O(1)$ 時間中執行，不用做出任何頂點被編號的假設。

◉ **重建從 u 到 v 的路徑**（Reconstructing a Path from u to v）

我們可以使用基本的 DFS 方法作為工具來識別從頂點 u 到 v 的（有向）路徑，如果 v 可以從 u 到達。這條路徑可以輕鬆地藉由在 DFS 執行期間，記錄在森林的樹邊來重建。程式 14.6 提供了第二個方法來產生從 u 到 v 的有序串列路徑，如果給定的 map 用原始 DFS 方法計算樹邊。

　　要重建路徑，從路徑的最後端開始，檢查森林中的樹邊，以確定哪個邊用於達到頂點 v。然後確定該邊的相對頂點，重複該過程以確定什麼邊被用來到達 v。我們可以繼續這個過程直到到達 u，建構整個路徑。假設在 forest map 中定時查找，路徑重構需要的時間與路徑長度成正比，因此，它在 $O(n)$ 時間內執行（除了呼叫 DFS 的時間之外）。

```
1   /** Returns an ordered list of edges comprising the directed path from u to v. */
2   public static <V,E> PositionalList<Edge<E>>
3   constructPath(Graph<V,E> g, Vertex<V> u, Vertex<V> v,
4                 Map<Vertex<V>,Edge<E>> forest) {
5     PositionalList<Edge<E>> path = new LinkedPositionalList<>( );
6     if (forest.get(v) != null) {                  // v was discovered during the search
7       Vertex<V> walk = v;                         // we construct the path from back to front
8       while (walk != u) {
9         Edge<E> edge = forest.get(walk);
10        path.addFirst(edge);                      // add edge to *front* of path
11        walk = g.opposite(walk, edge);            // repeat with opposite endpoint
12      }
13    }
14    return path;
15  }
```

程式 14.6：從 u 到 v 重建有向路徑的方法，從起始點 u 開始執行 DFS 尋找樹邊。該方法返回一個由路徑上所有頂點構成的有序串列。

◉ **連接測試**（Testing for Connectivity）

我們可以使用基本的 DFS 方法來確定圖是否連通。在無向圖的情況下，我們只需在任意起始頂點，執行深度優先搜尋，然後判斷 known.size( ) 是否等於 n。如圖是連通的，根據定理 14.12，所有頂點都將被發現；相反，如果圖是非連通的，則至少有一個頂點 v 不能從 u 那裡到達，該頂點不會被發現。

對於有向圖 $\vec{G}$，我們希望測試其是否爲強連通，也就是說，對於每一對頂點 u 和 v，u 可到達 v，v 也可到達 u。要是我們從每個頂點開始獨立呼叫 DFS，我們可以確定是否是強連通，但組合的 n 個呼叫，執行的時間爲 $O(n(n + m))$。然而，還有更快的方法來確定 $\vec{G}$ 是否爲強連通，只需要執行兩次深度優先搜尋即可。

首先從任意頂點 s 開始對有向圖 $\vec{G}$ 執行深度優先搜尋。如果在遍訪過程在 $\vec{G}$ 當中有任何頂點未被走訪，不能從頂點 s 到達，則 $\vec{G}$ 不是強連通圖。如果第一次深度優先搜尋到 $\vec{G}$ 的每一個頂點，然後需要檢查是否可從所有其他頂點到達 s。從概念上講，我們可以做到這一點，實行的方式是複製 $\vec{G}$，並將所有的邊反向。然後從任意頂點 s 開始對反向圖執行深度優先搜尋。實際上，還有一個比製作新反向圖更好的方法，那就是稍微修改 DFS 方法，在迴圈中遍訪所有到達當前節點的進入邊，而不是遍訪從當前節點出發的所有離開邊。所以，這個演算法只需對 $\vec{G}$ 執行兩次 DFS 遍訪，執行時間爲 $O(n + m)$。

◉ 計算所有連接的組件（Computing All Connected Components）

當圖未連通時，我們的下一個目標是識別無向圖所有連通組件，或有向圖的所有強連通組件。我們首先討論無向圖的情況。

如果對 DFS 的初始呼叫無法到達圖的所有頂點，我們可對未走訪到的頂點重新啓動 DFS。這樣的一個實現在 DFSComplete 方法中施行，程式碼可參考程式 14.7。DFSComplete 方法返回一個代表整個圖的 DFS 森林 map。我們說這是一個森林而不是一棵樹，因爲圖可能不具連通性。

作爲森林內 DFS 樹的根頂點，將不會有發現邊不作爲返回 map 的鍵值。因此，圖 g 的連接組件數量等於 g.numVertices( ) 等同於 forest.size( )。

```
1    /** Performs DFS for the entire graph and returns the DFS forest as a map. */
2    public static <V,E> Map<Vertex<V>,Edge<E>> DFSComplete(Graph<V,E> g) {
3      Set<Vertex<V>> known = new HashSet<>( );
4      Map<Vertex<V>,Edge<E>> forest = new ProbeHashMap<>( );
5      for (Vertex<V> u : g.vertices( ))
6        if (!known.contains(u))
7          DFS(g, u, known, forest);                   // (re)start the DFS process at u
8      return forest;
9    }
```

程式 14.7：頂層方法返回整個圖形的 DFS 森林

我們可以進一步確定哪個頂點在哪個組件中，使用的方法是檢查返回的森林結構，或對核心的 DFS 方法進行小的修改，在頂點第一次被發現時，以組件編號做標記。（見習題 C-14.41）

雖然 DFSComplete 方法會對原始 DFS 方法進行多次呼叫，呼叫 DFSComplete 花費的總時間爲 $O(n + m)$。對於無向圖，之前討論分析過，從頂點 s 開始單次呼叫 DFS 執行時間爲 $O(n_s + m_s)$，其中 n_s 是從 s 可達到的頂點數，m_s 是這些頂所連接邊的數量。因爲每次呼叫 DFS 走訪不同的組件，$n_s + m_s$ 的和可用 $n + m$ 取代。

在有向圖找到強連通組件的情況就更爲複雜。呼叫 DFSComplete 的 $O(n + m)$ 範圍也同樣適用，因爲在重新啓動 DFS 過程時，我們執行的對像是現有的已知頂點集合。這樣可以確保 DFS 子程序在每個頂點上被呼叫一次，因此在整個過程，每個離開邊只會被走訪一次。

舉例說明，再次考慮圖 14.8 中的圖。如果我們從頂點 ORD 開始原始的 DFS 方法，已知的頂點即將變爲 {ORD,DFW,SFO,LAX,MIA}。如果在頂點 BOS 重新啓動 DFS 方法，頂點 SFO 和 MIA 的離開邊不會導致進一步的遞迴，因爲這些頂點被標記爲已知的。

但是，通過單次呼叫 DFSComplete 返回的森林不表示圖中強連通的組件。有一種方法可在 $O(n + m)$ 時間內計算這些組件，利用兩次呼叫 DFSComplete，但細節超出了本書的範圍。

◉ 用 DFS 檢測迴圈（Detecting Cycles with DFS）

對於無向圖和有向圖，有迴圈存在，若且爲若當執行 DFS 遍訪有反向邊存在。很容易看到，如果一個反向邊存在，透過反向邊將後裔連到祖先會形成一個迴圈，循著樹邊追溯到後代。相反，如果一個迴路存在於圖中，相對於 DFS，一定有一個反向邊（儘管我們在這裡沒有提出證明）。

從理論上講，在無向圖的情況下檢測反向邊是很容易的，因爲所有邊不是樹邊就是反向邊。在有向圖的情況下，得對核心 DFS 演算法進行些微修改，才能對反向邊和樹邊做正確分類。當以走訪過的頂點作爲起始點的有向邊被走訪時，我們必須識別該頂點是否是當前頂點祖先。這部分是可以完成的，使用的手段是維護另一個集合，當中的所有頂點是在遞迴呼叫 DFS 時處於活動狀態的頂點。我們留下細節給習題 C-14.40。

14.3.3 寬度優先搜索（Breadth-First Search）

如前所述，深度優先搜索的前進和向後追溯部分，定義的遍訪可以一個人走訪圖來完成。在本節中，我們將考慮另一種用於遍訪圖的連通組件的演算法：**寬度優先搜索（BFS：*breadth-first search*）**。BFS 演算法類似於在各個方向出發，許多探險者以協調的方式共同繪製圖形。

BFS 進行第一輪巡訪，並將頂點細分爲**層級（*levels*）**。BFS 在頂點 s 啓動，s 位在層級 0。在第一輪巡中，我們將與起始頂點相鄰的所有頂點標記爲 " 已走訪 "，這些頂點與起始點 s 差一個層級，起始點位在層級 0，標記爲已走訪的頂點位在層級 1。第二輪尋訪的頂點與起始點距離 2 個層級，也標記爲 " 已走訪 "。此過程持續進行，直到在某一層級沒有找到新頂點時終止。

BFS 的 Java 實作在程式 14.8 中給出。我們遵循著類似於 DFS 的慣例（程式 14.5），維護一個名爲 known 的集合，並將 BFS 樹邊儲存在 map 中。我們在圖 14.10 中說明一個 BFS 遍訪。

```
1   /** Performs breadth-first search of Graph g starting at Vertex u. */
2   public static <V,E> void BFS(Graph<V,E> g, Vertex<V> s,
3                   Set<Vertex<V>> known, Map<Vertex<V>,Edge<E>> forest) {
4     PositionalList<Vertex<V>> level = new LinkedPositionalList<>( );
5     known.add(s);
6     level.addLast(s);                        // first level includes only s
7     while (!level.isEmpty( )) {
8       PositionalList<Vertex<V>> nextLevel = new LinkedPositionalList<>( );
9       for (Vertex<V> u : level)
```

```
10              for (Edge<E> e : g.outgoingEdges(u)) {
11                Vertex<V> v = g.opposite(u, e);
12                if (!known.contains(v)) {
13                  known.add(v);
14                  forest.put(v, e);                 // e is the tree edge that discovered v
15                  nextLevel.addLast(v);             // v will be further considered in next pass
16                }
17              }
18            level = nextLevel;                      // relabel 'next' level to become the current
19          }
20        }
```

程式 14.8：在圖中進行廣度優先搜尋，從指定的頂點 *s* 開始。

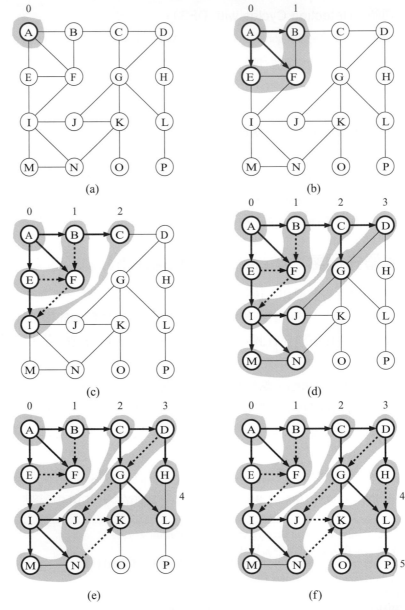

圖 14.10：寬度優先搜尋遍訪的範例，與頂點連接的邊，以字母順序考慮相鄰的頂點。樹邊用實線表示，非樹（交錯）邊以虛線顯示：(a) 在 A 開始搜尋；(b) 走訪層級 1；(c) 走訪層級 2；(d) 走訪層級 3；(e) 走訪層級 4；(f) 走訪層級 5。

在討論 DFS 時，我們描述了一非樹的邊可分成三類：

1. **反向邊**（*back edges*）：將頂點連接到其祖先之一。

2. **正向邊**（*forward edges*）：將頂點連接到其後代之一。

3. **交錯邊**（*cross edges*）：將頂點連接到另一個不是其祖先也不是其後代的頂點。

對於一個無向圖的 BFS，所有非樹邊都是交錯邊（見習題 C-14.44）對於有向圖的 BFS，所有非樹邊不是反向邊就是交叉邊（習題 C-14.45）。

BFS 遍訪演算法有一些有趣的屬性，其中一些我們下面的定理中探索。最值得注意的是，一個以頂點 s 為根的廣度優先搜尋樹，從 s 到樹的任何頂點 v 的路徑保證是最短路徑，也就是從 s 到 v 經過最少的邊數。

定理 14.16：令 G 為無向或有向圖，以頂點 s 作為起始點在 G 中已執行 BFS。然後

- 遍訪 G 中所有可從 s 到達的頂點。

- 對於層級 i 的每個頂點 v，BFS 樹 T 中 s 和 v 之間的的路徑「正好」有 i 個邊，對於 G 中的任何其他從 s 到 v 的路徑「至少」有 i 個邊。

- 如果 (u, v) 是不在 BFS 樹中的邊，則 v 的層數最多比 u 的層級數多 1。

我們將這個定理的證明留給習題 C-14.47。

對 BFS 的執行時間分析與 DFS 相似，BFS 演算法的執時間行為 $O(n + m)$，或更精確說，其執時間行為 $O(n_s + m_s)$，其中 n_s 是可從頂點 s 到達的頂點數，m_s 是這些頂點連接的邊數，且 $m_s \leq m$。要遍訪整個圖，此程序可以在另一個頂點重新啟動，類似於程式 14.7 的 **DFSComplete** 方法。從頂點 s 到頂點 v 的實際路徑，可以使用程式 14.6 中的 constructPath 方法。

定理 14.17：令 G 為具有 n 個頂點和 m 個邊的圖，以鄰接串列結構實作。G 的 BFS 遍訪使用時間為 $O(n + m)$。

雖然在程式 14.8 中實現 BFS 的方式是以逐層級方式進行，BFS 演算法也可以使用單個 FIFO 佇列來實現，代表當前啟動的搜尋。從佇列中的頂點開始，我們不斷從佇列前端刪除頂點，並在佇列後端插入任何與刪除頂點相鄰但尚未走訪的頂點。（見習題 C-14.48）

在比較 DFS 和 BFS 的功能時，兩者都可以有效地找到從給定的頂點可達的所有頂點，並確定這些頂點構成的路徑。但是，BFS 保證這些路徑使用盡可能少的邊。對於無向圖，兩種演算法都可用於測試連通性，識別連接的組件，或識別是否有迴圈（路）。對於有向圖，DFS 演算法更適合某些任務，例如查找圖中的有向迴圈，或識別強連通性組件。

14.4　遞移封閉（Transitive Closure）

我們已經看到，在有向圖中遍訪可以用來回答基本的可達性問題。特別是，如果我們有興趣知道是否在圖中有從頂點 u 到頂點 v 的路徑，可以執行 DFS 或 BFS 從 u 開始遍訪，觀察是否發現 v。如果使用鄰接串列或鄰接 map 來代表圖的話有，我們可以在 $O(n + m)$ 時間內回答對於 u 到 v 之間的可達性問題（見定理 14.15 和 14.17）。

在某些應用中，可能希望能更有效率地回答可達性問題，也可事先計算更方便的圖來表示可達性。例如，規劃行車路線的第一步是先評估從起點到目的地的可到達性。同樣，在一個電力網路中，我們也希望能夠快速確定電流是否從一個特定頂點流向另一個頂點。受這些應用的驅動，我們引入以下定義。有向圖 $\vec{G}$ 的 ***transitive closure***（**遞移封閉**）本身是有向圖 $\vec{G}^*$，使得 $\vec{G}^*$ 的頂點與 $\vec{G}$ 的頂點相同，且只要 $\vec{G}$ 具有有從 u 到 v 的有向路徑（包括 $\vec{G}$ 的一個邊 (u, v)），$\vec{G}^*$ 就有邊 (u, v)。

如果圖以鄰接串列或鄰接 map 實作，我們可使用 n 次圖的遍訪在 $O(n(n + m))$ 時間內計算 ***transitive closure***，每個頂點起始一次遍訪。例如，從頂點 u 開始的 DFS 可確定從 u 可達到的所有頂點，由頂點 u 到這些可達頂點所構成邊的群集就構成部分的 transitive closure。

在本節的其餘部分，我們將探討使用其他的技術來計算有向圖的 transitive closure，此技術特別適用在能以 $O(1)$ 時間使用 getEdge(u, v) 方法查找的資料結構（例如，鄰接矩陣結構）。令 $\vec{G}$ 是具有 n 個頂點和 m 個邊的有向圖，我們在好幾回合的輪巡中計算 transitive closure。初始時 $\vec{G}_0 = \vec{G}$。對 $\vec{G}$ 的頂點隨意編號，如 $v_1, v_2, \ldots, v_n$。然後開始各回合的輪巡計算，從第 1 回合開始。假設套到第 k 回合，我們建構有向圖 $\vec{G}_k$，從 $\vec{G}_k = \vec{G}_{k-1}$ 開始，若 $\vec{G}_{k-1}$ 中有邊 (v_i, v_k) 和 (v_k, v_j)，則將有向邊 (v_i, v_j) 加入到 $\vec{G}_k$。這樣，我們就可將一個簡單的規則，納入定理 14.18 中。

定理 14.18：對於 $i = 1$、$\ldots$、n，有向圖 $\vec{G}_k$ 具有邊 (v_i, v_j)，若且為若，$\vec{G}$ 中有從 v_i 到 v_j 的有向路徑，其中間頂點（如果有的話）位於集合 $\{v_1, \ldots, v_k\}$. 裡。特別是 $\vec{G}_n$ 等於 $\vec{G}$，的 transitive closure $\vec{G}^*$。

定理 14.18 提出了一種用於計算 $\vec{G}$ 的 transitive closure 的簡單演算法，使用一系列的回合輪巡來計算每個 $\vec{G}_k$，這個演算法被稱為 ***Floyd-Warshall*** 演算法，其虛擬程式碼在程式 14.9 中。我們在圖 14.11 舉例說明 Floyd-Warshall 演算法的一個例子。

```
Algorithm FloydWarshall(G⃗):
    Input: A directed graph G⃗ with n vertices
    Output: The transitive closure G⃗* of G⃗
    let v₁,v₂, … , vₙ be an arbitrary numbering of the vertices of G⃗
    G⃗₀ = G⃗
    for k = 1 to n do
        G⃗ₖ = G⃗ₖ₋₁
        for all i, j in {1, … , n} with i ≠ j and i, j ≠ k do
            if both edges (vᵢ,vₖ) and (vₖ,vⱼ) are in G⃗ₖ₋₁ then
                add edge (vᵢ,vⱼ) to G⃗ₖ (if it is not already present)
    return G⃗ₙ
```

程式 14.9：Floyd-Warshall 演算法的虛擬程式碼。這個演算用來計算 $\vec{G}$ 的 transitive closure $\vec{G}^*$，使用的方式是計算一系列的圖 $\vec{G}_1$、$\vec{G}_2$、$\ldots$、$\vec{G}_n$。

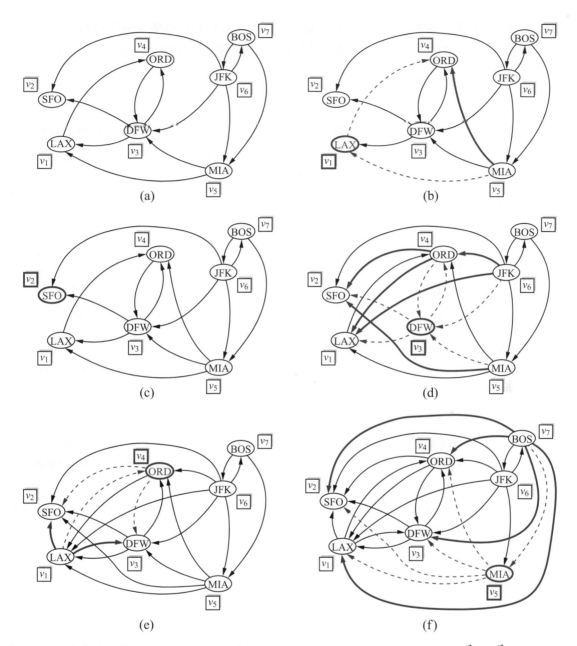

圖 14.11：在有向圖使用 Floyd-Warshall 演算法做一系列的運算：(a) 初始有向圖 $\vec{G}_0 = \vec{G}$ 並將頂點編
　　　　號；(b) 有向圖 $\vec{G}_1$；(c) 有向圖 $\vec{G}_2$；(d) 有向圖 $\vec{G}_3$；(e) 有向圖 $\vec{G}_4$；(f) 有向圖 $\vec{G}_5$。注
　　　　意有向圖 $\vec{G}_5 = \vec{G}_6 = \vec{G}_7$。如果有向圖 $\vec{G}_{k-1}$ 在圖中具有邊 (v_i, v_k) 和 (v_k, v_j) 但不是邊 (v_i, v_j)，在顯
　　　　示有向圖 $\vec{G}_k$ 時以虛線顯示 (v_i, v_k) 和 (v_k, v_j)，以粗實線顯示 (v_i, v_j)。例如在 (b) 中存在（MIA，
　　　　LAX）和（LAX，ORD）導致產生新的邊（MIA,ORD）。

　　從這個虛擬程式碼，我們可以很容易的分析 Floyd-Warshall 演算法，假設代表 G 的資料
結構支持在 $O(1)$ 時間執行方法 getEdge 和 insertEdge。主迴路執行 n 次，內迴路考慮 $O(n^2)$
個頂點對中的每一個，每一次以一個恆定的時間執行。因此，Floyd-Warshall 演算法的總執
行時間是 $O(n^3)$。從上面的描述和分析可以立即得出以下定理。

定理 14.19：令 $\vec{G}$ 是一個有 n 個頂點的有向圖，並且實作 $\vec{G}$ 的資料結構支持在 $O(1)$ 時間內查詢和更新鄰接信息。則 Floyd-Warshall 演算法可在 $O(n^3)$ 時間內計算 $\vec{G}$ 的 transitive closure $\vec{G}^*$。

◉ Floyd-Warshall 演算法的效能

漸近地，Floyd-Warshall 演算法的 $O(n^3)$ 執行時間，並沒有比反覆執行 DFS，每個頂點執行一次來計算可達性來得更好。當圖是密集圖時，Floyd-Warshall 演算法與反覆執行 DFS 的漸近效能相當，或當圖是稀疏圖且以鄰接矩陣實作 Floyd-Warshall 演算法與反覆執行 DFS 的漸近效能類似（見習題 R-14.13）。

Floyd-Warshall 演算法的重要性在於它比重複的執行 DFS 更容易實現，在實際執行時速度也快上許多，因爲有相對算少的幾個低階運算隱藏在漸近運算內。演算法是特別適合於使用鄰接矩陣，單個位元可以用於指定在 transitive closure 中爲邊 (u, v) 建立可達性。

但是，請注意，當圖是處於稀疏狀態並且使用鄰接串列或鄰 map 實作時，重複呼叫 DFS 會有更好的漸近校能。在這種情況下，單個 DFS 在 $O(n + m)$ 時間執行，因此 transitive closure 可在 $O(n^2 + nm)$ 時間內計算，優於 Floyd-Warshall 演算法的 $O(n^3)$ 時間效能。

◉ Java 實現（Java Implementation）

我們將以 Java 實現來結束 Floyd-Warshall 演算法的討論，程式碼在程式 14.10 中。雖然演算法的虛擬程式碼描述了一系列有向圖 $\vec{G}_0$、$\vec{G}_1$、...、$\vec{G}_n$，在執行 Floyd-Warshall 演算法進行輪巡時，我們直接修改原來的圖，重複將新的邊加入到 closure 中。

此外，演算法的虛擬程式碼描在迴圈中將頂點從 0 到 $n-1$ 編號。但在我們的圖 ADT 中，我們偏好在圖的頂點使用 Java 的 for-each 迴圈敘述。因此，在程式中 14.10，變數 i、j 和 k 是對頂點的參考，而不是頂點的整數序列索引。

最後，我們對 Java 實作進行一個額外的最佳化，相當於在虛擬程式碼中，不要麻煩地迭代 j 的值，除非我們已驗證邊 (i,k) 存在於當前版本的 closure 中。

```java
1  /** Converts graph g into its transitive closure. */
2  public static <V,E> void transitiveClosure(Graph<V,E> g) {
3    for (Vertex<V> k : g.vertices( ))
4      for (Vertex<V> i : g.vertices( ))
5        // verify that edge (i,k) exists in the partial closure
6        if (i != k && g.getEdge(i,k) != null)
7          for (Vertex<V> j : g.vertices( ))
8            // verify that edge (k,j) exists in the partial closure
9            if (i != j && j != k && g.getEdge(k,j) != null)
10             // if (i,j) not yet included, add it to the closure
11             if (g.getEdge(i,j) == null)
12               g.insertEdge(i, j, null);
13 }
```

程式 14.10：Floyd-Warshall 演算法的 Java 實現。

14.5　有向無環圖（**Directed Acyclic Graphs**）

不含有向迴路的有向圖常會在許多應用中遇到。這種有向圖通常稱為**有向無環圖**（*directed acyclic graph*），或簡寫為 DAG。這種圖的應用有：

- 學位課程之間的先修關係。
- 物件導向程式類別間的繼承關係。
- 專案中各項工作之間的排程限制。

範例 14.20：為了管理大型專案，如果把它分解成一組規模較小的工作，則甚為方便。然而各項工作很少是獨立的，因為它們之間有排程限制。（例如在蓋房子的專案中，「訂購釘子」很明顯地必須在「將木瓦釘在屋頂平臺上」之前）排程限制顯然不能有迴路，因為迴路性將使專案無法完成。（例如，為了得到一份工作，你需要有工作經驗，然而為了得到工作經驗，你需要有一份工作）排程限制讓工作執行的順序有所限制。也就是說，如果一項限制規定工作 a 必須在工作 b 開始之前完成，則 a 的執行順序必須在 b 前面。所以，如果我們建立有向圖模型，把一組可行的工作當做有向圖的頂點，若工作 u 必須在工作 v 之前執行，我們就加上從 u 到 v 的有向邊，那麼我們就定義了一個有向無環圖

14.5.1　拓樸排序（**Topological Ordering**）

上面這個範例激發了下面的定義。令 $\vec{G}$ 是一個具有 n 個頂點的有向圖。$\vec{G}$ 的拓樸排序（topological ordering）是 $\vec{G}$ 中所有頂點的一種次序 $v_1, \dots , v_n$，使得對於 $\vec{G}$ 的每一個邊 (v_i, v_j)，其中 $i < j$ 均成立。也就是說，拓樸次序可使 $\vec{G}$ 的任何有向路徑，均依照漸增次序走訪各頂點。（參考圖 14.12）請注意，一個有向圖的拓樸次序可能不止一種。

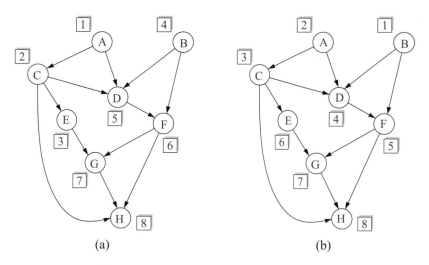

圖 14.12：一個有向無環圖的兩個拓樸排序

定理 13.21：有向圖 $\vec{G}$ 具有拓樸次序，若且唯若，該圖為有向無環圖。

證明：必要性（若 $\vec{G}$ 具有拓樸次序，則該圖為有向無環圖）很容易證明。假設 $\vec{G}$ 具有拓樸次序。
假設 $\vec{G}$ 包含一個由邊 (v_{i_0}, v_{i_1})、(v_{i_1}, v_{i_2})、...、$(v_{i_{k-1}}, v_{i_0})$ 組成的迴路。由於拓樸次序，$i_0 < i_1 < ... < i_{k-1} < i_0$。這顯然是不可能的。因此 $\vec{G}$ 必定為無迴路。

現在證明充分性部分（若 $\vec{G}$ 為有向無環圖，則該圖具有拓樸次序）。假設 $\vec{G}$ 無迴路，必須設計一個演算法用來對 $\vec{G}$ 建立拓樸次序，因為 $\vec{G}$ 無迴路，所以 $\vec{G}$ 必須有一個沒有進入邊的頂點（也就是說，in-degree 為 0），令此頂點為 v_1。如果 v_1 不存在，則從任一起始點追蹤一個有向路徑，可能會遇到之前走訪過的頂點，因此，$\vec{G}$ 沒有迴路則產生矛盾，如果我們把 v_1 以及它的離開邊從 $\vec{G}$ 移除後，產生的有向圖仍然是無迴路。因此，所產生的有向圖也有一個頂點沒有進入邊，令此頂點為 v_2。重複這做法一直到這有向圖為空，我們可以得到 $\vec{G}$ 上頂點的一個順序 $v_1, ... , v_n$，因為使用以上的建構方式，如果 (v_i, v_j) 是 $\vec{G}$ 的一個邊，v_i 必須在 v_j 之前刪除，可得 $v_i < v_j$。因此 $v_1, ... , v_n$ 是個拓樸排序。

定理 14.21 的證明過程使用了一種計算有向圖拓樸次序的演算法，我們稱之為拓樸排序（topological sorting）。程式 14.11 以 Java 實現此技術，圖 14.13 用來示範演算法。程式中使用一個名為 inCount 的 map，將每個頂點 v 映射到此頂點進入邊的數量計數值，不包括已添加到拓樸順序的頂點。和我們對圖的遍訪一樣，只有基於雜湊的 map 能在 $O(1)$ 期望時間存取項目，而不是最糟狀況的執行時間。如果頂點可用 0 到 $n-1$ 做索引，這可以很容易地轉換成最壞情況，或者我們將計數值儲存為頂點實例的一個欄位。

程式 14.11 的拓樸排序演算法有個副作用，測試給定的有向圖 $\vec{G}$ 是否為非迴路。的確，如果演算法終止而不排序所有的頂點，未排序頂點構成的子圖一定包含有向迴路。

```java
1  /** Returns a list of verticies of directed acyclic graph g in topological order. */
2  public static <V,E> PositionalList<Vertex<V>> topologicalSort(Graph<V,E> g) {
3    // list of vertices placed in topological order
4    PositionalList<Vertex<V>> topo = new LinkedPositionalList<>( );
5    // container of vertices that have no remaining constraints
6    Stack<Vertex<V>> ready = new LinkedStack<>( );
7    // map keeping track of remaining in-degree for each vertex
8    Map<Vertex<V>, Integer> inCount = new ProbeHashMap<>( );
9    for (Vertex<V> u : g.vertices( )) {
10     inCount.put(u, g.inDegree(u));              // initialize with actual in-degree
11     if (inCount.get(u) == 0)                    // if u has no incoming edges,
12       ready.push(u);                            // it is free of constraints
13   }
14   while (!ready.isEmpty( )) {
15     Vertex<V> u = ready.pop( );
16     topo.addLast(u);
17     for (Edge<E> e : g.outgoingEdges(u)) {      // consider all outgoing neighbors of u
18       Vertex<V> v = g.opposite(u, e);
19       inCount.put(v, inCount.get(v) – 1);       // v has one less constraint without u
20       if (inCount.get(v) == 0)
```

```
21          ready.push(v);
22      }
23    }
24    return topo;
25 }
```

程式 14.11：拓樸排序演算法的 Java 實現（我們在圖 14.13 中圖示演算法執行流程）。

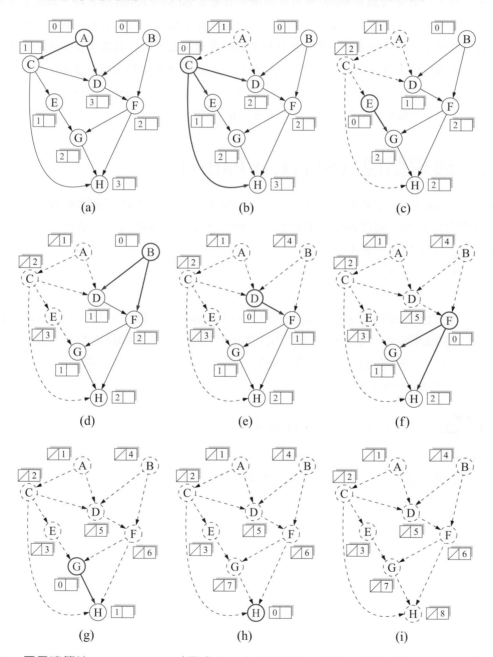

(a) (b) (c)

(d) (e) (f)

(g) (h) (i)

圖 14.13：圖示演算法 topologicalSort（程式 14.11）執行程序。頂點附近的標籤左邊為當前 inCount 值，右邊為其拓樸走訪順序。粗體圓圈代表頂點當前的 inCount 值等於零，這將成為拓樸順序中的下一個頂點。虛線表示已經被檢查的邊，不會影響 inCount 值。

定理 14.22：令 $\vec{G}$ 為一棵具有 n 個頂點和 m 個邊的有向圖。拓樸排序演算法可在時間 $O(n + m)$ 內執行，額外使用到的空間量為 $O(n)$，能計算出 $\vec{G}$ 的拓樸次序，或是無法將某些頂點編號（表示含有有向迴路）。

證明：一開始使用 inDegree 方法花費 $O(n)$ 時間計算 n 個頂點的向內分支度。拓樸排序演算法執行過程將走訪過的頂點從 reday 序列中刪除。只有當 inCount.get(u) 為 0 時，頂點 u 才能被走訪，這意味著它的所有前輩（射入到 u 的所有頂點）已被走訪。因此，任何在有向迴圈中的頂點將永遠不會被走訪，其他的任何其頂點將被走訪一次。該演算法對每個已走訪頂點的所有離開邊走訪一次，所以它的執行時間與走訪的頂點的輸出邊數量成正比。根據定理 14.9，執行時間為 $(n + m)$。關於空間使用情況，請注意容器 topo、ready 和 inCount 每個頂點最多有一個項目，因此使用的空間量為 $O(n)$。∎

14.6　最短路徑（Shortest Paths）

正如我們在第 14.3.3 節中看到的，可以使用廣度優先搜尋策略，在有向圖中查找從一些起始頂點到每個其他頂點，邊盡可能少的路徑。這種方法在每個邊都很好的情況下是有意義，但在很多情況下，這種方法是不合適的。

例如，我們可能想使用圖來表示城市之間的道路，可能有興趣找到最快捷的旅行方式。在這種情況下，所有邊彼此相等可能不適用，對於一些城市間的距離可能會比其他地方更大。同樣，我們可能使用圖來表示電腦網路（如 Internet），所關注的是找到最快的路由，將封包在兩台電腦間傳送。再次，彼此相等的邊可能不適用，電腦網路中的某些連接比其他連接快得多（例如，一些邊可能代表低帶寬連接，而其他可能代表高速光纖連接）。很自然的，考慮具有不同加權值邊的圖。

14.6.1　加權圖（Weighted Graphs）

加權圖（***weighted graph***）是具有數值標籤 $w(e)$ 的圖（例如，整數），$w(e)$ 與每個邊 e 相關聯，稱為邊 e 的權重。對於 $e = (u, v)$，我們令符號 $w(u, v) = w(e)$。在圖 14.14 中顯示一個加權圖的例子。

◉ **定義加權圖中的最短路徑**（Defining Shortest Paths in a Weighted Graph）

令 G 為加權圖。路徑的長度 P（或權重）是邊的權重值的總和。也就是說，如果 $P = ((v_0, v_1), (v_1, v_2), \ldots, (v_{k-1}, v_k))$，，則長度 P，以 $w(P)$ 表示，定義為

$$w(P) = \sum_{i=0}^{k-1} w(v_i, v_{i+1})$$

在 G 中，從頂點 u 到頂點 v 的距離以 $d(u, v)$ 表示，是從 u 到 v 的最小長度路徑（也稱為最短路徑），如果這樣的路徑存在。

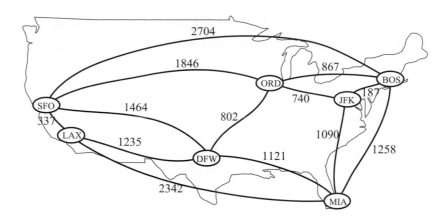

圖 14.14：一個加權圖，頂點代表美國主要機場，邊權重值代表距離（單位為英哩）。圖中有一條從 JFK 到 LAX 的路徑（經過 ORD 和 DFW），其總權重為 2,777。這是本圖中從 JFK 到 LAX 具有最小權重的路徑。

　　如果沒有任何路徑從 u 到 v，經常使用 $d(u, v) = \infty$ 來表示。如果有一個迴路，總權重值為負值，則從 u 到 v 的距離不被定義。例如，假設 G 中的頂點代表城市，以及邊的權重代表從一個城市到另一個城市的通車費。如果有人願意支付從 JFK 到 ORD 的車費，邊 (JFK,ORD) 的車費將變為負數。如果有人願意支付從 ORD 到 JFK 的車費，則在 G 中會有負權重迴路，距離將不再被定義。也就是說，任何人現在都可以在 G 中建立從任何城市 A 到另一個城市 B 的路徑（包含迴路），首先去 JFK，在 JFK 和 ORD 之間繞行多次，然後再去 B。這樣的路徑的存在，將允許我們建立任意低的負值交通費路徑（在這種情況下，於過程中發財）。但距離不能是任意低的負數。因此，任何時候我們使用邊權重來表示距離，我們必須小心不要引入任何負權重迴路。

　　假設給定一個加權圖 G，要求在 G 中找到從某個頂點到另一個頂點的最短路徑，將邊上的權重當作距離。在本節中，我們探討有效率的方法來尋找所有最短有效路徑，如果存在的話。我們討論的第一個演算法是簡單但常見的，當 G 中的所有邊權均為非負值時（即，$w(e) \geq 0$）；因此，預先知道在 G 中沒有負權重迴路。當所有權重相等時，可使用第 14.3.3 節中介紹的 BFS 遍訪演算法計算最短路徑。

　　貪婪設計模式中有一個有趣的方法可來解決這個單一來源問題（第 12.4.2 節）。在這種模式下，每次迭代中我們通過反覆選擇其中可用的最佳者來解決問題。這種模式經常用於在一物件群集中嘗試將成本函數最佳化的情況。我們可以一次一個，在尚未被選中的物件，挑選下一個能滿足最佳化的物件，然後，將物件添加到群集中。

14.6.2　Dijkstra 演算法（Dijkstra's Algorithm）

將貪婪演算法模式應用於單一源點最短路徑問題時，主要的想法是執行加權的廣度優先搜尋，源點為 s。更明確地說，可以用貪婪方法來發展演算法，這個演算法會反覆地將一「頂點群」由 s 往外擴展，且這些頂點會按照它們的距離依序進入該群。因此，在每一個回合中，選擇的下一個頂點是在該群之外最靠近 s 的頂點。當這個頂點群外面再也沒有頂點時，演算法就停止，這時我們就得到從 s 到其他各頂點的最短路徑。貪婪演算法模式雖簡單但很有效率。應用貪婪法來解決單源點最短路徑問題，產生一個知名的演算法，稱爲 ***Dijkstra*** 演算法。

◉ 邊放鬆（Edge Relaxation）

讓我們爲 V 的每一個頂點 v 定義一個標籤 $D[v]$，用來近似 G 中從 s 到 v 的距離。這些標籤的意思是：$D[v]$ 總是儲存著到目前爲止所找到從 s 到 v 的最短路徑的長度。剛開始的時候，$D[s] = 0$，$D[v] = \infty$，其中 $v \neq s$ 同時定義由定點構成的集合 C，稱 C 爲雲團，演算法起始時雲團是空的，內部沒有任何頂點。在演算法的每一個回合，我們選擇一個不在 C 裡面且 $D[u]$ 值最小的頂點頂點 u，將 u 拉進 C 內。在第一個回合，當然會把 s 放在 C 裡面。一旦有新的頂點 u 被拉進 C 內，我們就針對每一個與 u 相鄰，且在 C 之外的頂點 v，而更新其標籤 $D[v]$，以反映也許有一條更好的新路徑，可以經由 u 到 v 去的事實。此一更新運算就叫做**放鬆**（***relaxation***）程序，因爲它會檢查舊的估計值，看看它能不能改進，而變得更接近實際的數值。邊長放鬆運算的明確步驟如下：

邊放鬆：

$$\textbf{if } D[u] + w(u,v) < D[v] \textbf{ then}$$
$$D[v] = D[u] + w(u,v)$$

◉ 演算法描述和範例（Algorithm Description and Example）

我們在程式 14.12 中列出 Dijkstra 演算法的虛擬程式碼，並在圖 14.15 至 14.17 中對 Dijkstra 演算法進行了幾次迭代。

Algorithm ShortestPath(G, s):

  Input: A directed or undirected graph G with nonnegative edge weights, and a
    distinguished vertex s of G.

  Output: The length of a shortest path from s to v for each vertex v of G.

  Initialize $D[s] = 0$ and $D[v] = \infty$ for each vertex $v \neq s$.

  Let a priority queue Q contain all the vertices of G using the D labels as keys.

  while Q is not empty **do**

    {pull a new vertex u into the cloud}

    u = value returned by Q.removeMin( )

    for each edge (u,v) such that v is in Q **do**

      {perform the relaxation procedure on edge (u,v)}

      if $D[u] + w(u,v) < D[v]$ **then**

        $D[v] = D[u] + w(u,v)$

        Change the key of vertex v in Q to $D[v]$.

  return the label $D[v]$ of each vertex v

程式 14.12：Dijkstra 演算法的虛擬程式碼，解決無向圖或有向圖單源點最短路徑問題。

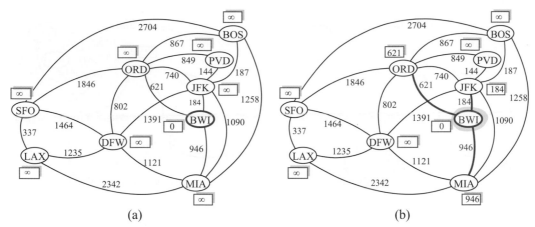

圖 14.15：在加權圖套用 Dijkstra 最短路徑演算法的例子。起始頂點是 BWI。每個頂點 v 旁邊的一個框儲存標籤 D[v]。與 v 相鄰且在 " 雲團 " 之外頂點構成的邊用粗線表示，最短路徑的邊以粗箭頭繪製。（1/3）

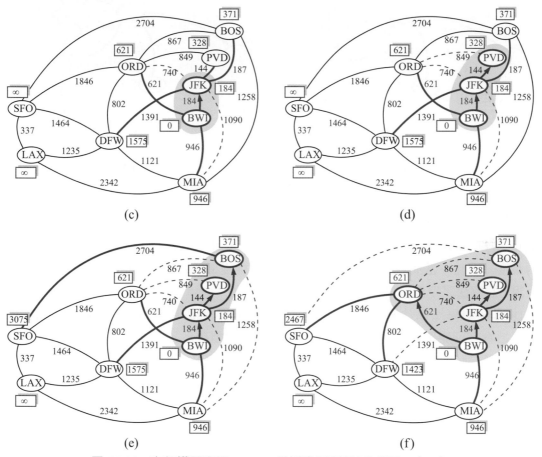

圖 14.16：在加權圖套用 Dijkstra 最短路徑演算法的例子。（2/3）

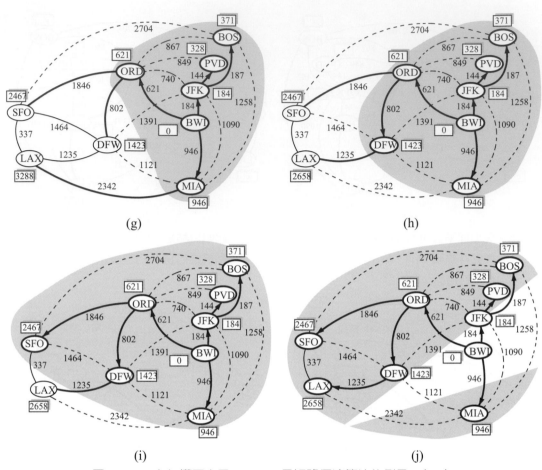

圖 14.17：在加權圖套用 Dijkstra 最短路徑演算法的例子。(3/3)

◉ 工作原理（Why It Works）

Dijkstra 演算法的有趣概念，是在當前將頂點 u 置入 C 中，其標籤 $D[u]$ 儲存從 v 到 u 最短路徑的長度。因此，當演算法終止時，它將計算 G 中從 s 到的每個頂點的最短路距徑離。也就是說，它解決了單源點最短路徑問題。

　　Dijkstra 演算法為什麼能正確地找到從起始頂點 s 到圖中其他頂點 u 的最短路徑的原因，開始看來可能不是很明顯。為什麼從 s 到 u 的距離等於頂點 u 從優先佇列 Q 中刪除並添加到雲團 C 時的標籤值 $D[u]$？這個問題的答案取決於圖中沒有負權重邊，它允許貪婪方法正常工作，如定理 14.23 所述。

定理 14.23：在 Dijkstra 的演算法中，每當頂點 v 被拉入雲團，標籤 $D[v]$ 等於 $d(s,v)$，從 s 到 v 的最短路徑長度。

證明：假設 V 中的有一些頂點 v，$D[v] > d(s,v)$，並且令 z 為演算法拉入雲團 C 的第一個頂點（即從 Q 中刪除），使得 $D[z] > d(s,z)$。有從 s 到 z 的最短路徑 P（否則的話 $d(s,z) = \infty = D[z]$）。因此，讓我們考慮一下 z 被拉入 C 的時刻，並且令 y 是當時在 P 中（當從 s 到 z 時）不在 C 內的第一個頂點。令 x 是路徑 P 中 y 的前位定點（注意，可以有 $x = s$）。（見圖 14.18）可以知道，選擇 y 時，x 已經在 C 中了。

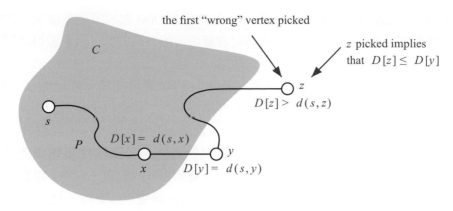

圖 14.18：定理 14.23 的示意圖。

此外，$D[x] = d(s,x)$，因為 z 是第一個不正確的頂點。當 x 被拉進入 C，我們測試（並可能更新）$D[y]$，此時

$$D[y] \leq D[x] + w(x,y) = d(s,x) + w(x,y)$$

但是由於 y 是從 s 到 z 的最短路徑上的下一個頂點，這意味著

$$D[y] = d(s,y)$$

但是現在正在選擇 z 而不是 y 加入 C；因此，

$$D[z] \leq D[y]$$

由於最短路徑的子路徑本身是最短路徑。因此，由於 y 在從 s 到 z 的最短路徑上

$$d(s,y) + d(y, z) = d(s, z)$$

此外，$d(y,z) \geq 0$，因為沒有負權重邊。因此，

$$D[z] \leq D[y] = d(s,y) \leq d(s,y) + d(y, z) = d(s, z)$$

但這與 z 的定義相矛盾；因此，這樣的頂點 z 不存在。∎

◉ Dijkstra 演算法的執行時間（The Running Time of Dijkstra's Algorithm）

在本節中，分析 Dijkstra 演算法的時間複雜度。其中 n 和 m 分別是圖 G 的頂點和邊的數量。假設邊的權重可以在常數時間內被添加和比較。由於在程式 14.12 中只為 Dijkstra 演算法提出了高層描述，要分析其執行時間，需要提供更多的實作細節。具體來說，我們應該指定使用何種資料結構和如何實作。

首先假設使用鄰接串列或鄰接 map 結構來實作圖 G。這個資料結構使我們能夠在鬆弛程序中讓尋找相鄰的頂點的時間與相鄰的頂點量成正比。因此，花在巢狀 for 迴圈的時間和迴圈的迭代數量是

$$\sum_{u \text{ in } V_G} \text{outdeg}(u)$$

根據定理 14.9，加總結果為 $O(m)$。外部 **while** 迴路執行 $O(n)$ 次，因為在每次迭代期間將新的頂點添加到雲團中。然而這樣仍然沒有確定演算法中所有的細節，我們還得詳細地說明如何實作優先佇列 Q。

　　參考程式 14.12 在優先佇列執行尋找操作，我們發現最初將 n 個頂點插入到優先佇列中；因為這些是唯一的插入，佇列的最大容量是 n。在 **while** 的 n 個迭代中，每次呼叫 removeMin 來提取最小 D 標籤的頂點 u。然後，對於 u 的每個鄰居 v，我們執行邊鬆弛，並且可能更新佇列中 v 的鍵值。因此，實際上我們需要的是**適應性優先佇列**（*adaptable priority queue*，第 9.5 節），使用 replaceKey(e,k) 改變頂點 v 的鍵值，其中 e 是與頂點 v 相關聯的優先佇列項目。在最壞的情況下，可能要對圖的每個邊進行更新。總的來說，Dijkstra 演算法的執行時間為下列的總和：

- 在 Q 做 n 次插入。

- 在 Q 中呼叫 removeMin 方法 n 次。

- 在 Q 中呼叫 replaceKey 方法 m 次。

如果 Q 是一個適應性優先佇列，以堆積實現，則上述每個操作以 $O(\log n)$ 時間執行，因此 Dijkstra 演算法的整體執行時間是 $O((n + m)\log n)$。請注意，如果我們希望將執行時間表示為 n 的函數，那麼最壞情況下的執行時間是 $O(n^2 \log n)$。

　　現在讓我們考慮使用未排序的序列，來實做另一個適應性優先佇列 Q（見習題 P-9.49）。此結構需要花費 $O(n)$ 時間來提取最小元素，但提供了非常快速的鍵值更新，Q 支持位置感知項目（第 9.5.1 節）。需要關注的是，可以在放鬆步驟中以 $O(1)$ 時間更新鍵值，一旦在 Q 中找到要更新的項目，我們只需更改鍵值。因此，該實現的執行時間為 $O(n^2 + m)$，這可以簡化為 $O(n^2)$，因為 G 的結構很簡單。

◉ **比較兩個實作**（Comparing the Two Implementations）

有兩種方式可使用具有位置感知項目的適應性優先佇列，來實作 Dijkstra 演算法。（1）以堆積實作：執行時間為 $O((n + m)\log n)$。（2）以未排序的序列實作：執行時間為 $O(n^2)$。既然這兩個實現都相當簡單，在程式部分，他們所需的程序設計上也是類似的。這兩個實現在最糟糕的情況下執行時間均為常數因素。若只看最壞情況，當邊的數量較少時（$m < n^2 / \log n$），我們傾向於使用堆積實作。當邊的數量較多時（$m > n^2 / \log n$），我們傾向於使用序列實作。

定理 14.24：給定具有 n 個頂點和 m 個邊的加權圖 G，每個邊的權重是非負值，並且對 G 的任一頂點 s，Dijkstra 的演算法可計算從 s 到 G 的所有其他頂點的距離，使用的時間比 $O(n^2)$ 或 $O((n + m)\log n)$ 更好。

　　我們注意到一個更進步的優先佇列實作，**斐波納契**（*Fibonacci*）堆積，可以在 $O((n + m\log n)$ 時間內實現 Dijkstra 演算法。

◉ 用 Java 實作 Dijkstra 演算法 (Programming Dijkstra's Algorithm in Java)

有了 Dijkstra 演算法的虛擬程式碼，現在準備用 Java 實作 Dijkstra 演算法。假設邊的權重值是非負整數。我們演算法是以 shortPathLengths 方法來實作，此方法有兩個參數，分別代表欲運算的圖和起點（見程式 14.13）。返回一個名為 cloud 的 map，儲存每個頂點 v 的最短路徑距離 $d(s,v)$，當然，每個頂點可從來源到達。我們使用的資料結構為 9.5.2 節中討論的適應性優先佇列 HeapAdaptablePriorityQueue。

正如在本章中所實作的其他演算法一樣，我們依賴基於雜湊的 map 來儲存輔助資料（在這種情況下，將 v 映射到其距離 $D[v]$，這是一個適應性優先佇列的可調項目）。預期的 $O(1)$ 時間存取這些字典元素，可以轉換成最壞情況的界限。作法是：將頂點從 0 到 $n-1$ 編號，當作是陣列中的索引，或將資訊儲存在每個頂點元素內。

Dijkstra 演算法的虛擬程式碼開始時，除來源頂點外，先對每一個頂點 v 設定 $D[v] = \infty$；我們使用 Java 中的特殊值 MAX VALUE 來模擬 " 無限遠 "。但是，避免將距離 " 無限遠 " 的頂點包括在返回的雲團中。通過等待直到邊放鬆後，將頂點加入優先佇列，可以完全避免 " 無限遠 " 數值（習題 C-14.59）。

```
1   /** Computes shortest-path distances from src vertex to all reachable vertices of g. */
2   public static <V> Map<Vertex<V>, Integer>
3   shortestPathLengths(Graph<V,Integer> g, Vertex<V> src) {
4       // d.get(v) is upper bound on distance from src to v
5       Map<Vertex<V>, Integer> d = new ProbeHashMap<>( );
6       // map reachable v to its d value
7       Map<Vertex<V>, Integer> cloud = new ProbeHashMap<>( );
8       // pq will have vertices as elements, with d.get(v) as key
9       AdaptablePriorityQueue<Integer, Vertex<V>> pq;
10      pq = new HeapAdaptablePriorityQueue<>( );
11      // maps from vertex to its pq locator
12      Map<Vertex<V>, Entry<Integer,Vertex<V>>> pqTokens;
13      pqTokens = new ProbeHashMap<>( );
14
15      // for each vertex v of the graph, add an entry to the priority queue, with
16      // the source having distance 0 and all others having infinite distance
17      for (Vertex<V> v : g.vertices( )) {
18          if (v == src)
19              d.put(v,0);
20          else
21              d.put(v, Integer.MAX VALUE);
22          pqTokens.put(v, pq.insert(d.get(v), v));        // save entry for future updates
23      }
24      // now begin adding reachable vertices to the cloud
25      while (!pq.isEmpty( )) {
26          Entry<Integer, Vertex<V>> entry = pq.removeMin( );
27          int key = entry.getKey( );
28          Vertex<V> u = entry.getValue( );
29          cloud.put(u, key);                              // this is actual distance to u
30          pqTokens.remove(u);                             // u is no longer in pq
31          for (Edge<Integer> e : g.outgoingEdges(u)) {
```

```
32              Vertex<V> v = g.opposite(u,e);
33              if (cloud.get(v) == null) {
34                // perform relaxation step on edge (u,v)
35                int wgt = e.getElement( );
36                if (d.get(u) + wgt < d.get(v)) {            // better path to v?
37                  d.put(v, d.get(u) + wgt);                 // update the distance
38                  pq.replaceKey(pqTokens.get(v), d.get(v)); // update the pq entry
39                }
40              }
41            }
42          }
43        return cloud;                                    // this only includes reachable vertices
44      }
```

程式 14.13：Dijkstra 演算法的 Java 實現，計算單個源點的最短距離路徑。我們假設對邊 e 執行 e.getElement( ) 可取得該邊的權重。

◉ **重建最短路徑樹**（Reconstructing a Shortest-Path Tree）

Dijkstra 演算法的虛擬程式碼在程式 14.12 中，以 Java 實作的程式碼在程式 14.13 中，計算每個頂點的 $D[v]$ 值，這是從源點到 v 的最短路徑的長度。但是，這些形式的演算法不會明確地計算實際路徑長度。幸運的是，可以用**最短路徑樹**（*shortest-path tree*）來呈現從源點 s 到每個可達頂點的最短路徑。這是可能的，因為如果從 s 到 v 的最短路徑得通過中間頂點 u，那麼這一定是從 s 到 u 的最短路。

我們接下來證明，可以在 $O(n + m)$ 時間內，重構從源點 s 作爲根節點的最短路徑樹，當中使用 Dijkstra 演算法產生 $D[v]$ 值。就像我們在呈現 DFS 和 BFS 樹時一樣，將每個頂點 $v \neq s$ 映射到父節點 u（可能 $u = s$），使得從 s 到 v 最短路徑中 u 緊接在 v 之前。如果 u 從 s 到 v 最短路徑中緊接在 v 之前的頂點，必滿足下列方程式：

$$D[u] + w(u,v) = D[v]$$

相反，如果上述方程滿足，則跟隨 s 到 u 的最短路徑的 (u,v) 路徑，構成從 s 到 v 的最短路徑。

我們在程式 14.14 中基於此邏輯實作重建了一棵樹，測試每個頂點 v 的進入邊，尋找滿足關鍵方程式的 (u,v)。執行時間爲 $O(n + m)$，因爲我們考慮每個頂點和這些頂點的進入邊。（見定理 14.9。）

```
1    /**
2     * Reconstructs a shortest-path tree rooted at vertex s, given distance map d.
3     * The tree is represented as a map from each reachable vertex v (other than s)
4     * to the edge e = (u,v) that is used to reach v from its parent u in the tree.
5     */
6    public static <V> Map<Vertex<V>,Edge<Integer>>
7    spTree(Graph<V,Integer> g, Vertex<V> s, Map<Vertex<V>,Integer> d) {
8      Map<Vertex<V>, Edge<Integer>> tree = new ProbeHashMap<>( );
9      for (Vertex<V> v : d.keySet( ))
```

```
10          if (v != s)
11            for (Edge<Integer> e : g.incomingEdges(v)) {          // consider INCOMING edges
12              Vertex<V> u = g.opposite(v, e);
13              int wgt = e.getElement( );
14              if (d.get(v) == d.get(u) + wgt)
15                tree.put(v, e);                                    // edge is is used to reach v
16            }
17      return tree;
18    }
```

程式 14.14：基於最短路徑距離的資訊，重建單源點最短路徑樹的 Java 方法。

14.7　最小生成樹（Minimum Spanning Trees）

假設希望以最少電纜數量連接一個新辦公大樓的所有電腦，我們可以使用無向權重圖來模擬這個問題。圖 G 的頂點代表電腦，圖的邊表示電腦 (u,v) 的連線，$w(u,v)$ 是邊 (u,v) 的權重，相當於將電腦 u 連接到電腦 v 所需的電纜數量。我們不再著力於從某個特定頂點 v 出發，計算最短路徑樹。我們關注的是找到一顆包含 G 的所有頂點並具有最小權值的樹 T。找到這樣一棵樹的演算法是本節的重點。

◉ **問題定義**（Problem Definition）

給定一個無向加權圖 G，想找到一顆包含 G 中的所有頂點樹 T，並最小化下列總和：

$$w(T) = \sum_{(u, v) \text{ in } T} w(u, v)$$

這樣的一棵包含連接圖 G 的所有頂點的樹，稱作是**生成樹**（*spanning tree*），而計算具有最小總權重生成樹 T 的問題，稱作是（***MST : minimum spanning tree***）問題。

開發最小生成樹的高效演算法，早於現代電腦科學概念。在這一節，我們討論解決 MST 問題的兩種經典演算法。這些演算法都是貪婪法的應用，這部分已在前面章節討論，在最小化一些成本函式的原則下，迭代選擇加入物件，使某物件群集不斷增長。我們討論的第一個演算法是 Prim-Jarník 演算法，它從單個根節點開始增長 MST，與 Dijkstra 的最短路徑演算法類似。第二個討論的演算法是 Kruskal 演算法，將圖中所有的邊按權值從小到大排序，再依序加入權重最小的邊，過程中避開形成迴路的邊，直到形成一顆生成樹。

爲了簡化演算法的描述，我們假設在下面討論中，輸入的圖 G 是無向的（即它的所有邊都是無向邊）和簡單的（即沒有迴路也沒有並行邊）。因此，我們以無序頂點對 (u,v) 作爲 G 的邊。

然而，在討論這些演算法的細節之前，讓我們討論一個關於最小生成樹至關重要的性質，這部分形成演算法的基礎。

◉ **關於最小生成樹的關鍵性質**（A Crucial Fact about Minimum Spanning Trees）

討論的兩個 MST 演算法是基於貪婪法，在這方面情況很大程度取決於以下性質。（見圖 14.19）

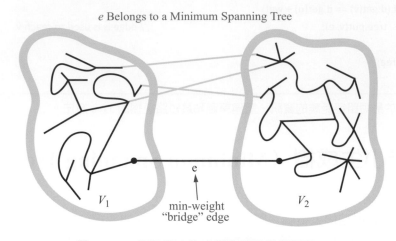

圖 14.19：關於最小生成樹的關鍵性質說明。

定理 14.25：令 G 為加權連通圖，並使 V_1 和 V_2 將 G 的頂點分割成兩個不相交的非空集合。此外，令 e 為 G 中具有最小權重的邊，其中，e 的一個端點在 V_1，另一個端點在 V_2。則最小生成樹 T 中有 e 作為樹的邊。

證明：令 T 為 G 的最小生成樹。如果 T 不包含邊 e，將 e 添加到 T 必然形成一個迴路。因此，這個迴路有些邊 $f \neq e$，一個端點在 V_1，另一個端點在 V_2。此外，選擇 e 的原則使得 $w(e) \leq w(f)$，如果我們從 $T \cup \{e\}$ 中移除 f，所得到生成樹的總權重值不會比之前高。因為 T 是一顆生成樹，這棵新樹也必定是最小生成樹。∎

實際上，如果 G 中的權重值都不相同，那麼最小生成樹就具有唯一性；我們將這個不是那麼重要事實的證明，留給習題（C-14.60）。另外，請注意，即使圖 G 包含負權重邊或負權重迴路，定理 14.25 仍然有效，這部分與我們最短路徑演算法不同。

14.7.1 Prim-Jarník 演算法

在 Prim-Jarník 演算法中，我們從一個只包含 "根" 頂點的群集開始，產生一顆最小的生成樹。主要思維與 Dijkstra 演算法類似。我們將從一些頂點開始，定義初始的 "雲團"。然後，在每次走訪中，選擇最小權重的邊 $e = (u,v)$，其中 u 在雲團內，v 在雲團外。然後將頂點 v 置入雲團。重複此過程，形成的生成樹就是最小生成樹。再次，關於最小生成樹的關鍵性質發揮作用，因為總是選擇一個頂點在 C 中，另一個頂點不在 C 中的最小權重邊，我們有信心總是向 MST 添加一個有效的邊。

為了有效地實施這種方法，我們可以從 Dijkstra 演算法取得一些線索。我們為雲團 C 外的每個頂點 v 保留一個標籤 $D[v]$，$D[v]$ 儲存的值用作將 v 加入雲團 C 的依據（在 Dijkstra 的演算法中，該標籤測量從起始點 s 到頂點 v 的全路徑長度，包括邊 (u,v)，u 在 S 中）這些標籤作爲優先佇列的鍵值，用於決定哪一個將是下一個加入雲團的頂點。程式 14.15 是我們爲此設計的虛擬程式碼。

Algorithm PrimJarnik(G):

    Input: An undirected, weighted, connected graph G with n vertices and m edges

    Output: A minimum spanning tree T for G

    Pick any vertex s of G

    $D[s] = 0$

    for each vertex $v \neq s$ **do**

      $D[v] = \infty$

    Initialize $T = \emptyset$.

    Initialize a priority queue Q with an entry $(D[v],v)$ for each vertex v.

    For each vertex v, maintain connect(v) as the edge achieving $D[v]$ (if any).

    while Q is not empty **do**

      Let u be the value of the entry returned by Q.removeMin( ).

      Connect vertex u to T using edge connect(e).

      for each edge e' = (u,v) such that v is in Q **do**

        {check if edge (u,v) better connects v to T}

        if $w(u,v) < D[v]$ **then**

          $D[v] = w(u,v)$

          connect(v) = e'.

          Change the key of vertex v in Q to $D[v]$.

    return the tree T

程式 14.15：用於 MST 問題的 Prim-Jarník 演算法。

◉ 分析 Prim-Jarník 演算法（Analyzing the Prim-Jarník Algorithm）

Prim-Jarník 演算法的實現類似於 Dijkstra 演算法，依賴於適應性優先佇列 Q（見 9.5.1 節）。最初在 Q 中執行 n 個插入，稍後執行 n 次 extract-min（提取最小值 min）操作，並且可能執行 m 次優先更新，作爲演算法的一部分。這些步驟對總體執行時間都有影響。使用基於堆積的優先佇列，每個操作在 $O(\log n)$ 時間執行，演算法的整體時間是 $O((n + m)\log n)$。對連通圖，整體執行時間是 $O(m \log n)$。

此外，若使用未排序的串列作爲優先佇列來實現，整體執行時間是 $O(n^2)$。

◉ 說明 Prim-Jarník 演算法（Illustrating the Prim-Jarník Algorithm）

在圖 14.20 和 14.21 中說明 Prim-Jarník 演算法。

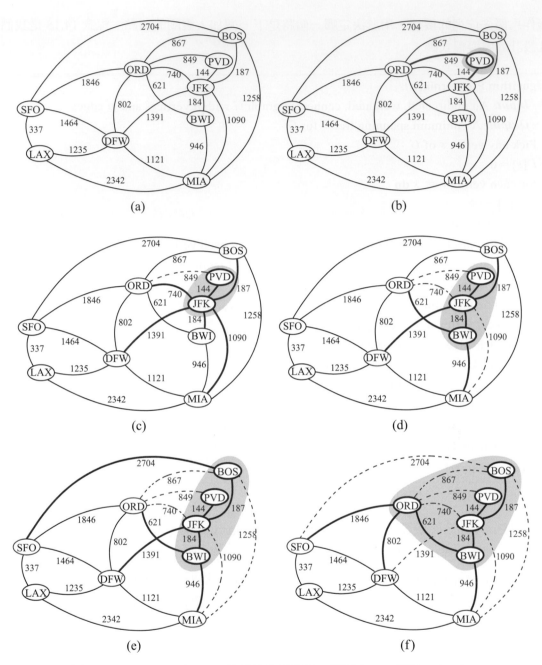

圖 14.20：Prim-Jarník MST 演算法的示意圖，從頂點 PVD 開始。（1/2）

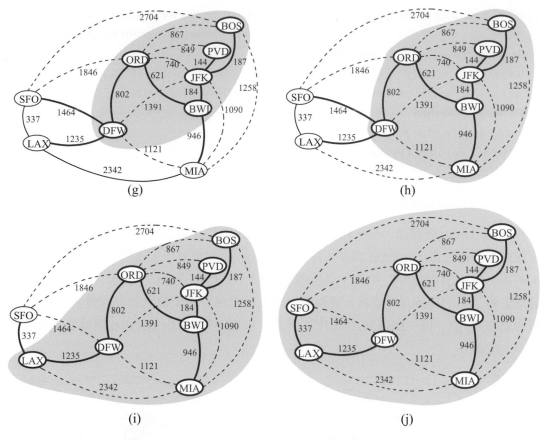

圖 14.21：Prim-Jarník MST 演算法的示意圖。（2/2）

14.7.2　Kruskal 演算法

在本節中，將介紹 Kruskal 演算法來建構最小生成樹。Prim-Jarník 演算法建了 MST 樹的方式是只建構單一顆樹，讓樹成長，直到跨越整張圖。Kruskal 的演算法在森林中保留了許多較小的樹，反覆組合樹，直到跨越整張圖。

　　最初，每個頂點都在自己的群集中。該演算法然後從最小權重邊開始，依序選取邊。如果邊 e 連接兩個不同的頂點群集，則 e 被添加到最小生成樹的群集，兩棵樹合併加上 e，另一方面，如果 e 連接同一個群集中的兩個頂點，則 e 被丟棄。一旦演算法已經添加了足夠的邊，形成生成樹，則演算法停止執行，並輸出此樹作為最小生成樹。

　　在程式 14.16 中列出 Kruskal 的 MST 演算法的虛擬程式碼。並在圖 14.22、14.23 和 14.24 顯示該演算法的執行流程。

Algorithm Kruskal(G):

　　Input: A simple connected weighted graph G with n vertices and m edges

　　Output: A minimum spanning tree T for G

for each vertex v in G **do**

　　Define an elementary cluster $C(v) = \{v\}$.

Initialize a priority queue Q to contain all edges in G, using the weights as keys.

$T = \emptyset$ {T will ultimately contain the edges of an MST}

while T has fewer than $n-1$ edges **do**

  (u,v) = value returned by Q.removeMin( )

  Let C(u) be the cluster containing u, and let C(v) be the cluster containing v.

  if $C(u) \neq C(v)$ **then**

    Add edge (u,v) to T.

    Merge C(u) and C(v) into one cluster.

return tree T

程式 14.16：以 Kruskal 演算法解 MST 問題。

和 Prim-Jarník 演算法一樣，Kruskal 演算法的正確性是基於定理 14.25 所論述的關於最小生成樹的關鍵性質。Kruskal 演算法每次將邊 (u,v) 添加到最小生成樹 T 中，我們可以將頂點 V 的區分為兩個集合，V_1 和 V_2（見定理 14.25）。使 V_1 包含 v，V_2 則包含 V 的其餘頂點。這清楚定義了 V 的兩個互斥集合，更重要的是，我們在 Q 中依權重值提取邊 e，條件是 e 的一個端點在 V_1 中，另一個端點在 V_2 中。因此，根據定理 14.2，Kruskal 演算法最終產生一顆最小生成樹。

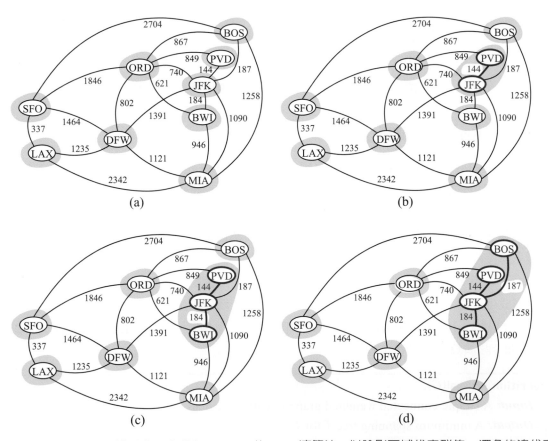

圖 14.22：在具有整數權重的圖上執行 Kruskal 的 MST 演算法。以陰影區域代表群集，深色的邊代表在每次迭代被考慮的邊。（1/3）

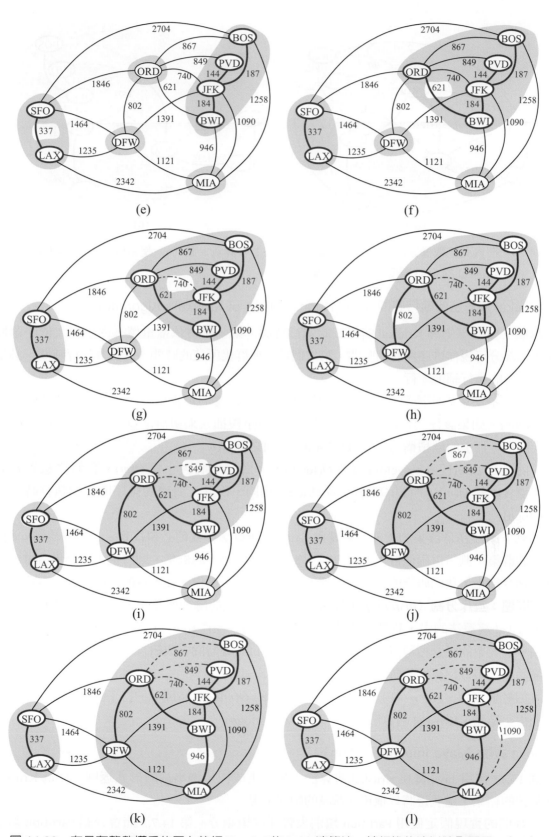

圖 14.23：在具有整數權重的圖上執行 Kruskal 的 MST 演算法。被拒絕的邊以陰影顯示。（2/3）

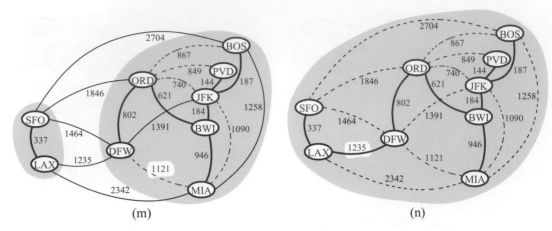

圖 14.24：在具有整數權重的圖上執行 Kruskal 的 MST 演算法。圖（n）是合併最後兩個群集，也是 Kruskal 的 MST 演算法執行的結果。（3/3）

◉ Kruskal 演算法的執行時間（The Running Time of Kruskal's Algorithm）

有兩個主要運算主導 Kruskal 演算法的執行時間。第一個得依權重值，從小到大依序選取邊，這部分可視作排序所花的時間。第二個是管理群集所花的時間。分析其執行時間，必須提供更多的施行細節才行。

不管是使用排序演算法還是使用優先佇列 Q，以邊的權重值排序，需要的運算時間為 $O(m\log m)$。如果該佇列是用堆積來實現，若使用重複插入來初始化 Q，則需時 $O(m\log m)$，若使用自下而上的堆積構造（見第 9.3.4 節），則需時 $O(m)$。

隨後每次執行 removeMin 需時 $O(\log m)$，因為佇列的大小為 $O(m)$。我們注意到對於簡單圖，m 是 $O(n^2)$，所以 $O(\log m)$ 與 $O(\log n)$ 相同。因此，對邊的排序所需的執行時間為 $O(m\log n)$。

剩下的任務是群集的管理。要實作 Kruskal 演算法，我們必須找到 e 的兩個端點 u 和 v 構成的群集，測試這兩個群集是否不同，如果的確分屬不同群集，則將這兩個群集合併成一個。迄今為止，我們研究的資料結構都不是很適合這項工作。在本章的最後一節，我們正視這個問題：**互斥分割**（*disjoint partitions*），並引入高效的聯合搜尋（union-find）資料結構。在 Kruskal 演算法的中，我們最多執行 $2m$ 次 "搜尋" 操作和 $n-1$ 次 "聯集" 操作。我們會看到一個簡單的聯合搜尋資料結構可以在 $O(m + n\log n)$ 時間完成組合操作（定理 14.26），更先進的結構可以以更快的時間完成。

對於連通圖，$m \geq n-1$；因此，花在排序邊的 $O(m\log n)$ 時間，把持了管理群集的時間。我們得出結論，Kruskal 演算法的執行時間為 $O(m\log n)$。

◉ Java 實現（Java Implementation）

程式 14.17 使用 Java 實現 Kruskal 演算法。最小生成樹以邊串列的形式返回。作為 Kruskal 演算法的結果，這些邊將以權重非遞減的順序呈現。

我們的實現假定使用 Partition 類別來管理群集劃分。第 14.7.3 節會介紹 Partition 類別的實現。

```
1   /** Computes a minimum spanning tree of graph g using Kruskal's algorithm. */
2   public static <V> PositionalList<Edge<Integer>> MST(Graph<V,Integer> g) {
3     // tree is where we will store result as it is computed
4     PositionalList<Edge<Integer>> tree = new LinkedPositionalList<>( );
5     // pq entries are edges of graph, with weights as keys
6     PriorityQueue<Integer, Edge<Integer>> pq = new HeapPriorityQueue<>( );
7     // union-find forest of components of the graph
8     Partition<Vertex<V>> forest = new Partition<>( );
9     // map each vertex to the forest position
10    Map<Vertex<V>,Position<Vertex<V>>> positions = new ProbeHashMap<>( );
11
12    for (Vertex<V> v : g.vertices( ))
13      positions.put(v, forest.makeCluster(v));
14
15    for (Edge<Integer> e : g.edges( ))
16      pq.insert(e.getElement( ), e);
17
18    int size = g.numVertices( );
19    // while tree not spanning and unprocessed edges remain...
20    while (tree.size( ) != size − 1 && !pq.isEmpty( )) {
21      Entry<Integer, Edge<Integer>> entry = pq.removeMin( );
22      Edge<Integer> edge = entry.getValue( );
23      Vertex<V>[ ] endpoints = g.endVertices(edge);
24      Position<Vertex<V>> a = forest.find(positions.get(endpoints[0]));
25      Position<Vertex<V>> b = forest.find(positions.get(endpoints[1]));
26      if (a != b) {
27        tree.addLast(edge);
28        forest.union(a,b);
29      }
30    }
31
32    return tree;
33  }
```

程式 14.17：Java 實現 Kruskal 演算法來解最小生成樹問題。第 14.7.3 節討論 Partition 類別。

14.7.3　不相交的分區和聯合查找結構（Disjoint Partitions and Union-Find Structures）

在本節中，我們考慮用於管理將元素劃分為不相交群集的資料結構。最初的動機是支持 Kruskal 的最小生成樹演算法，過程中維護不相交樹組成的森林，偶爾合併鄰近的樹。更一般地說，不相交的分區問題可以應用於各種離散增長模型（models of discrete growth）。

我們使用以下模型來形式化問題。分區資料結構用來管理組織成不相交集的元素（即，元素屬於這些集合中的一個且僅能一個）。不同於 Set ADT，我們不期望能夠遍訪一個集合的內容，也不期望能有效地測試給定的集合是否包含給定的元素。為避免與這種概念與集合混淆，將分區集合稱為**叢集**（*clusters*）。但是，不會明確定義每個叢集的資料結構，而是讓叢集組織隱式存在。為了區分不同叢集，我們假定在任何時間點，每個群集都有一個指定的元素作為群集的先導。

正式地，我們使用位置來定義分區 ADT（***partition ADT***），每個位置儲存一個元素 x。分區 ADT 支持以下方法。

> makeCluster(x)：建立一個包含新元素 x 的單一叢集，並返回其位置。
>
> Union(p,q)：合併包含位置 p 和 q 的叢集。
>
> Find(p)：返回包含位置 p 的叢集的先導位置。

◉ 序列實現（Sequence Implementation）

使用群集序列（collectionof sequences）來簡單實作總共含有 n 個元素的分區，每個叢集使用一個 collection，其中叢集 A 的序列儲存元素位置。每個位置物件儲存其關聯元素 x 的參考，和儲存 p 的序列的參考，因為該序列表示叢集包含 p 的元素（見圖 14.25）。

有了這個表示法，我們可以輕鬆地在 $O(1)$ 時間執行執行 makeCluster(x) 和 find(p)，允許將序列中的第一個位置作為 " 先導者 "。union(p,q) 操作要求我們將兩個序列合併成一個，更新兩者之一的叢集位置參考。我們的操作，選擇較小尺寸的序列並從中刪除所有位置，然後將刪除的位置插入到較大尺寸的序列中。每次我們從較小的群集 A 中取出位置，並將其插入到較大的群集 B 中，我們更新該位置的群集引用，現在指向 B。因此，union(p,q) 操作需要時間 $O(\min(n_p,n_q))$，其中 n_p（相當於 n_q）是包含位置 p（或 q）的群集的基數（cardinality）。顯然，如果分區有 n 個元素，這個時候的基數是 $O(n)$。接下來我們提供攤銷分析，表明這種實現要比最壞情況分析好得多。

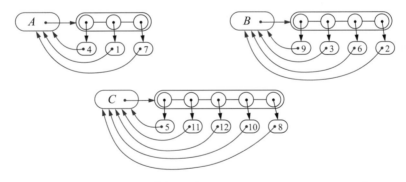

圖 14.25：基於序列的分區實現，由三個叢集組成：$A = \{1,4,7\}$，$B = \{2,3,6,9\}$ 和 $C = \{5,8,10,11,12\}$。

群集包含位置 p（或 q）。顯然，如果有 n 個元素在總分區中，這個時候是 $O(n)$。然而，我們接下來提供攤銷分析這表明這種實現要比這種最壞情況好得多。

定理 14.26：使用基於序列的分區實現時，在初始為空，最多不超過 n 個元素的分區，執行 k 次系列的 makeCluster、union, 和 find 操作，需要的時間為 $O(k + n\log n)$。

證明：我們使用會計方法，假設一個網路幣可以支付 find 操作、makeCluster 操作，或在 union 將位置物件從一個序列移動到另一個序列的操作所需的執行時間。在 find 或 makeCluster 操作的情況下，我們收取 1 元網路幣。對於 union 操作，我們假設用 1 元網路幣來支付比較兩個序列大小的常數時間，用 1 元網路幣來支付將位置從較小叢集移動到較大叢集。顯然，1 元網路幣可用來支付 find 和 makeCluster 操作，加上每個 union 操作先支付 1 元網路幣，總共需要 k 元網路幣。

接下來，考慮 union 操作移動位置的支付。重要的觀察是，每次將一個位置移動到另一個叢集，該位置的叢集的大小至少要加倍。從而，將每個位置從一個叢集移動到另一個叢集，最多可以支付 $O(\log n)$ 次。因為假設分區最初是空的，在給定的系列中引用了 $O(n)$ 個不同的元素操作，這意味著在 union 操作期間移動元素的總時間是 $O(n\log n)$。　　■

● 基於樹的分區實現 （A Tree-Based Partition Implementation）

用於表示分區的另一個資料結構，使用一個樹的群集（collection）來儲存 n 個元素，其中每個樹與不同的叢集相關聯。具體來說，用鏈節的資料結構來實現每顆樹，樹的節點作為位置物件（見圖 14.26）。將每個位置 p 視為一個節點，具有一個實例變數 element 用來參考到素 x，也有一個實例變數 parent，用來參考到父節點。按照慣例，如果 p 是樹的根，我們設置 p 的 parent 參考到自己。

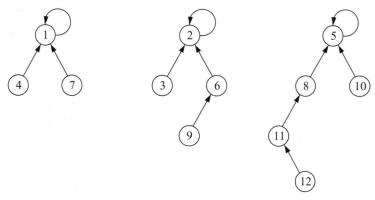

圖 14.26：基於樹的實現，由三個叢集組成的分區的：$A = \{1,4,7\}$，$B = \{2,3,6,9\}$ 和 $C = \{5,8,10,11,12\}$。

　　這種分區資料結構，通過 find(p) 操作，從位置 p 向上行走到樹的根，在最壞的情況下執行時間為 $O(n)$。union(p, q) 的操作，可以透過使一棵樹成為另一顆樹的子樹來實現。要完成這個操作，首先得定位兩個根節點，然後在 $O(1)$ 時間，將一顆樹根節點的 parent 參考到另一顆樹的根節點。有關這兩個操作，參見圖 14.27。

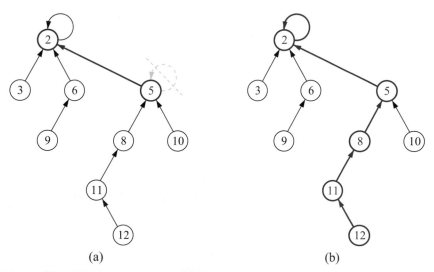

(a)　　　　　　　　　　　　　　(b)

圖 14.27：使用樹來實現分區：(a) union(p, q) 操作；(b) find(p) 操作，其中 p 代表元素 12 的位置物件。

起初，這個實現看起來不會比使用序列的資料結構來得好，但我們添加以下兩個簡單的啓發式方法，使其執行更快。

按大小聯集（Union-by-Size）：對於每個位置 p，儲存以 p 爲根的子樹的元素數量。在 union 操作中，將較小叢集的根節點變爲另一個根的子節點，並更新較大根的大小欄位。

路徑壓縮（Path Compression）：在 find 操作中，對於 find 巡訪的每個位置 q，將 q 的 parent 重新設置爲根（見圖 14.28）。

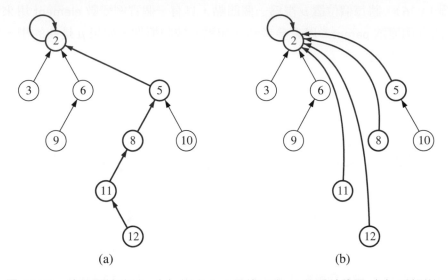

(a)　　　　　　　　　　　　(b)

圖 14.28：路徑壓縮啓發：（a）經由 find 尋找元素 12 的遍訪路徑（b）重組樹。

這個資料結構令人驚訝的屬性：當使用按大小聯集和路徑壓縮兩個啓發式方法，執行涉及 n 個元素的一系列的 k 個操作，需時 $O(k\log*n)$，其中 $\log*n$ 是 *log-star* 函數，這是**連續冪次二（*tower-of-twos*）**函數的反函數。直觀地，$\log*n$ 是對 n 連續迭代取對數（基數 2）直到結果小於 2 所迭代的次數。表 14.4 顯示了幾個範例值。

minimum n	2	$2^2 = 4$	$2^{2^2} = 16$	$2^{2^{2^2}} = 65,536$	$2^{2^{2^{2^2}}} = 2^{65,536}$
$\log^* n$	1	2	3	4	5

表 14.4：Some values of log* n and critical values for its inverse

定理 14.27：當使用基於樹的分區，並使用按大小聯集和路徑壓縮兩個啓發式方法，在初始爲空，最多 n 個元素的分區，執行一系列 k 個 makeCluster、union 和 find 操作，花費的時間爲 $O(k\log*n)$。

雖然對這種資料結構的分析相當複雜，但實現很簡單。我們使用 Java 實現此結構做個總結，程式碼在程式 14.18 中。

```
1   /** A Union-Find structure for maintaining disjoint sets. */
2   public class Partition<E> {
3     //--------------- nested Locator class -------------
4     private class Locator<E> implements Position<E> {
5       public E element;
6       public int size;
7       public Locator<E> parent;
8       public Locator(E elem) {
9         element = elem;
10        size = 1;
11        parent = this; // convention for a cluster leader
12      }
13      public E getElement( ) { return element; }
14    } //--------- end of nested Locator class ---------
15    /** Makes a new cluster containing element e and returns its position. */
16    public Position<E> makeCluster(E e) {
17      return new Locator<E>(e);
18    }
19    /**
20     * Finds the cluster containing the element identified by Position p
21     * and returns the Position of the cluster's leader.
22     */
23    public Position<E> find(Position<E> p) {
24      Locator<E> loc = validate(p);
25      if (loc.parent != loc)
26        loc.parent = (Locator<E>) find(loc.parent); // overwrite parent after recursion
27      return loc.parent;
28    }
29    /** Merges the clusters containing elements with positions p and q (if distinct). */
30    public void union(Position<E> p, Position<E> q) {
31      Locator<E> a = (Locator<E>) find(p);
32      Locator<E> b = (Locator<E>) find(q);
33      if (a != b)
34        if (a.size > b.size) {
35          b.parent = a;
36          a.size += b.size;
37        } else {
38          a.parent = b;
39          b.size += a.size;
40        }
41    }
42  }
```

程式 14.18：以 Java 實現使用 union-by-size 和 Path Compression 的分區。由於空間限制，我們省略了 validate 方法。

14.8　習題

加強題

R-14.1 如果 G 是具有 12 個頂點和 3 個連通分量的簡單無向圖，它可能有的最大邊數量是多少？

R-14.2 令 G 為 n 個頂點和 m 個邊的簡單連通圖。解釋為什麼 $O(\log m)$ 為 $O(\log n)$。

R-14.3 繪製圖 14.1 無向圖的鄰接矩陣表示圖。

R-14.4 繪製圖 14.1 無向圖的鄰接串列表示圖。

R-14.5 繪製一個簡單的，連通的，有 8 個頂點和 16 個邊的有向圖，每個頂點的向內分支度和向外分支度都是 2。顯示當中有一個單一的（非簡單）迴路，包括圖的所有邊。也就是，你可以在各自的方向追蹤所有的邊，而不用提起你的筆（這樣一個迴路稱為歐拉之旅）。

R-14.6 假設圖 G 具有 n 個頂點和 m 個邊，以邊串列結構體實作。為什麼在這種情況下，insertVertex 方法在 $O(1)$ 時間內執行，removeVertex 方法執行在 $O(m)$ 時間執行？

R-14.7 給出在 $O(1)$ 時間內執行 insertEdge(u, v, x) 操作的虛擬程式碼，使用鄰接矩陣表示。

R-14.8 承上題，以鄰接串列表示。

R-14.9 是否可以從鄰接矩陣表示中省略邊串列 E，但仍保有表 14.1 給出的時間上限？為什麼或為什麼不？

R-14.10 是否可以從鄰接串列表示中省略邊串列 E，但仍保有表 14.3 給出的時間上限？為什麼或為什麼不？

R-14.11 針對以下每種情況，您將使用鄰接矩陣結構或鄰接串列結構？證明你的選擇。

    a. 具有 10,000 個頂點和 20,000 個邊的圖，重要是要盡可能減少使用空間。

    b. 具有 10,000 個頂點和 20,000,000 個邊的圖，重要是要盡可能減少使用空間。

    c. 需要盡可能快地回答查詢 getEdge(u, v)，不論你使用了多少空間。

R-14.12 為了驗證所有的非樹邊都是反向邊，請重新繪製圖從圖 14.8b，使 DFS 樹邊用實線繪製且面向下，像一棵樹的標準描繪，所有非樹邊用虛線繪製。

R-14.13 說明為什麼用鄰接矩陣結構來表示具有 n 個頂點簡單圖的 DFS 遍訪，可在 $O(n^2)$ 時間內執行。

R-14.14 一個簡單的無向圖是完整圖，條件是每對頂點都有邊來連接，完整圖的深度優先搜尋樹的外觀看起來是什麼樣子？

R-14.15 根據習題 R-14.14 完整圖的定義，完整圖的寬度優先搜尋的外觀看起來是什麼樣子？

R-14.16 計算圖 14.3d 用實心邊繪製的有向圖的拓樸順序。

R-14.17 繪製有向圖的 transitive closure，如圖 14.2 所示。

R-14.18 如果圖 14.11 中圖的頂點被排列為（JFK, LAX, MIA,BOS, ORD, SFO, DFW），在 Floyd-Warshall 演算法執行期間，各邊會以什麼順序添加到 transitive closure？

R-14.19 由具有 n 個頂點的簡單有向圖組成的 transitive closure 有多少個邊？

R-14.20 給定一個具有 n 個節點完整二元樹 T，以給定的位置做爲根節點。考慮一個有向圖 $\vec{G}$ 以 T 的節點作爲其頂點。對 T 中的每個父 - 子節點對，在 $\vec{G}$ 中建立由父節點到子節點的有向邊。證明 $\vec{G}$ 的 transitive closure 具有 $O(n\log n)$ 個邊。

R-14.21 繪製一個簡單的，連通的加權圖，每個圖有 8 個頂點和 16 個邊，每個邊具有爲一的權重。將一個頂點標識爲 " 起點 "，並說明在該圖上執行 Dijkstra 演算法。

R-14.22 顯示如何修改 Dijkstra 演算法的虛擬程式碼，該圖爲有向圖，並且我們想要計算從源頂點到所有其他頂點的最短有向路徑。

R-14.23 繪製一個具有 8 個頂點和 16 個邊的簡單連通無向加權圖，每個邊具有唯一權重。說明 Prim-Jarník 演算法的執行情況，用於計算該圖的最小生成樹。

R-14.24 承上題，使用圖 14.8。說明 Kruskal 演算法的執行情況。

R-14.25 說明圖 14.9 所展示 DFS 遍訪圖的觀念。粗線代表什麼意思？箭頭代表什麼意思？虛線代表什麼意思？

R-14.26 重複習題 R-14.25，圖 14.8，說明有向圖 DFS 遍訪。

R-14.27 重複習題 R-14.25，圖 14.10，說明 BFS 遍訪。

R-14.28 重複習題 R-14.25，圖 14.11，說明 Floyd-Warshall 演算法。

R-14.29 對圖 14.13 的重複習題 R-14.25，說明拓樸分類演算法。

R-14.30 對圖 14.15 和 14.16 重複習題 R-14.25，說明 Dijkstra 演算法。

R-14.31 對圖 14.20 和 14.21 重複習題 R-14.25，說明 Prim-Jarník 演算法。

R-14.32 對圖 14.22 至 14.24 的重複習題 R-14.25，說明 Kruskal's 演算法。

R-14.33 喬治聲稱他在分區結構中有一個快速的路徑壓縮方式，從位置 p 開始。他把 p 放入串列 L，並開始跟隨父節點指標。每當遇到一個新的位置 q 時，他都會把 q 加到 L 中，並更新 L 中的每個節點的父節點的指標，將其指向 q 的父節點。證明喬治的演算法在長度爲 h 的路徑上以 $\Omega(h^2)$ 時間執行。

創新題

C-14.34 證明定理 14.11。

C-14.35 使用 Java 實作第 14.2.5 節鄰接 map 的 removeEdge(e) 方法，確保您的實作可用在有向圖和無向圖，你的方法應該在 $O(1)$ 的時間內執行。

C-14.36 假設我們希望使用邊串列結構來表示一個具有 n 個頂點圖 G，假設我們使用集合 $\{0, 1, \dots, n-1\}$ 中的整數來識別頂點。描述如何實作群集 E，以支持在 $O(\log n)$ 時間內執行 getEdge(u, v) 方法。在這個要求下，你如何實作這個方法？

C-14.37 令 T 是在無向連通圖 G，以啓始節點當作根節點，實施深度優先搜尋形成的生成樹。指出爲什麼 G 中不在 T 的每個邊，都有一個來自 T 中頂點頂點到其中一個祖節點的路徑，也就是說，它是一個反向邊。

C-14.38 程式 14.6 中報告從 u 到 v 的路徑的解決方案可用更高效能實踐，條件是一旦發現 v，就結束 DFS 程序。描述如何修改我們的程式來實現這個最佳化。

C-14.39 令 G 為具有 n 個頂點和 m 個邊的無向圖。描述 $O(n + m)$ 時間演算法，在每個方向精確地遍訪 G 的每個邊一次。

C-14.40 實現一個在有向圖 $\vec{G}$ 中返回迴路的演算法，如果迴路存在的話。

C-14.41 在無向圖 G 中，寫一個方法 components(G)，返回字典，將每個頂點映射到一個整數，作為連接元件的識別碼。也就是說，兩個頂點應該映射到相同的識別碼，若且為若，僅當它們連接在相同的組件中時。

C-14.42 如果迷宮有一條從起點到終點的路徑，且沒有迴路出現在迷宮的任何地方，則這個迷宮稱為是**正確地構建**（*constructed correctly*）。在 $n \times n$ 網格中繪製有一個迷宮，如合確認此迷宮是正確地構建？此確認演算法的執行時間為何？

C-14.43 電腦網路應避免免單點故障，如網路故障，網路頂點可以斷開連接。我們說一個無向圖是**雙連接的**（*biconnected*），條件是不包含特殊頂點，若移除此頂點，會將 G 劃分成兩個或更多連接組件。設計一個演算法，最多將 n 個邊加入到具 n 個頂點和 m 個邊的連通圖 G 中，其中 $n \geq 3$ 和 $m \geq n - 1$，保證 G 是雙連接的。您的演算法應在 $O(n + m)$ 時間內執行。

C-14.44 解釋為什麼所有非樹邊都是交叉邊，相對於在無向圖建構 BFS 樹。

C-14.45 解釋為什麼沒有正向非樹邊，相對於在無向圖建構 BFS 樹。

C-14.46 顯示如果 T 是為連接圖 G 產生的 BFS 樹，對每個在層級 i 的頂點 v，在 s 和 v 之間的 T 的路徑具有 i 個邊，以及任何在 G 的在 s 和 v 之間的其他路徑至少有 i 個邊。

C-14.47 證明定理 14.16。

C-14.48 使用 FIFO 佇列實現 BFS 演算法，不用逐層制定，管理已發現的頂點，直到他們的鄰居被考慮的時候。

C-14.49 如果 G 的頂點可以分為兩組 X 和 Y，使得 G 中的每個邊，有一個端部頂點在 X 中，另一個頂點則在 Y 中，則圖 G 是個二分圖（bipartite graph）。設計並分析用於確定無向圖 G 是否為二分圖的有效演算法（事先不知道集合 X 和 Y）。

C-14.50 具有 n 個頂點和 m 個邊的有向圖 $\vec{G}$ 的歐拉之旅是一個迴路，根據其方向，精確地遍訪 $\vec{G}$ 的每個邊一次。如果 $\vec{G}$ 是連通圖，這樣的旅遊始終存在，並且 $\vec{G}$ 中每個頂點的內向分支度等於外向分支度。描述在這樣的有向圖 $\vec{G}$ 中以 $O(n + m)$ 時間查找歐拉之旅的演算法。

C-14.51 RT&T 公司有一個網路，網路中 n 有個交換站，由 m 個高速通訊連結連接。每一位顧客的電話均直接連接到當地的交換站。RT&T 的工程師已經開發出影像電話系統的雛型，兩位顧客打電話時，可以彼此看到對方。然而為了獲得滿意的影像品質，雙方之間用來傳輸影像信號的連結數不得超過 4 。假設我們以圖表示 RTT 的網路，設計一個有效率的演算法，為每一個交換站計算，使用 4 個以內的連結可以連接到的所有交換站。

C-14.52 長途電話的時間延遲可由電話網路上發話者與收話者之間的通訊連結數乘上一個固定的小常數來決定。假設 RT&T 公司的電話網路為一自由樹。RT&T 工程師想要計算長途電話可能遇到的最長時間延遲。給定一顆樹 T，T 的直徑定義為 T 中任何兩個節點之間的最長距離。提出一個有效率的演算法,計算 T 的直徑。

C-14.53 如果有某個方法可以對 $\vec{G}$ 的頂點編號,從 0 到 $n-1$ 的整數,而滿足 $\vec{G}$ 包含邊 (i, j) 若且為若對於所有介於 0 與 $n-1$ 之間的 i 與 j 滿足 $i < j$,則我們可以說這,具有個 n 頂點的有向無迴圈圖 G 是 compact 。如果 $\vec{G}$ 是 compact,給一個複雜度為 $O(n^2)$ 的演算法來偵測它。

C-14.54 假設 $\vec{G}$ 是一個具有 n 個頂點的有向圖。請設計一個 Floyd-Warshall 演算法的更正版, 來計算從每一個頂點到其他每一個頂點的最短路徑長度,且其時間複雜度為 $O(n^3)$。

C-14.55 設計一個有效的演算法,從一個沒有迴路具有權重值的圖 $\vec{G}$ 中,找出一個從頂點 s 到一個頂點 t 的最長有向路徑。並指出圖所使用的表示法,還有使用到的輔助資料 結構。此外,分析一下你的演算法的時間複雜度。

C-14.56 無向圖 $G = (V,E)$ 的獨立集是一個 V 的子集合 I,其中 I 的任何兩個頂點均不相 鄰。也就是說,如果 u 和 v 在 I 中,則 (u, v) 不在 E 中。**最大獨立集** M(***maximal independent set***)是一個獨立集,若在 M 中加入任何一個頂點,均使其不再為獨 立。每一個圖都有一個最大獨立集。(你看得出來嗎?這個問題雖然不是習題的一 部分,但值得思考。)提出一個有效率的演算法,計算圖 G 的最大獨立集。這個方 法的執行時間為何?

C-14.57 舉出一個有 n 個頂點的簡單圖 G 的例子,如果使用堆積來實作,將使 Dijkstra's 演 算法的執行時間變成 $(n^2 \log n)$。

C-14.58 舉出一個加權有向圖 G 的例子,圖中有權重為負值的邊,但不含權重為負值的迴 路,使得 Dijkstra 演算法計算出從某個啟始頂點 v 開始的最短路徑距離,但這個距 離是不正確的。。

C-14.59 我們在程式 14.13 中實現了最短路徑長度,其中依賴於使用"無窮遠"作為數值, 表示尚位之有從源點到達的路徑。重新實現該方,不使用哨兵節點,所以除源點之 外,其他頂點若沒有明確從源點可達的路徑,則不會添加到優先佇列。

C-14.60 顯示如果所連接的加權圖 G 中的所有權重都不同,則 G 正好有一個最小生成樹。

C-14.61 一個舊有的 MST 方法,稱做 Barůvka 演算法,工作如下:(假設作用在一個具有 n 個頂點與 m 個邊的圖形 G 之下,且每一個權重質都不相同)讓 T 為 G 的一個子圖, 一開始只包含 Y 中的頂點。

Let T be a subgraph of G initially containing just the vertices in V.

while T has fewer than $n-1$ edges **do**

    for each connected component C_i of T **do**

        Find the lowest-weight edge (u,v) in E with u in C_i and v not in C_i.

        Add (u,v) to T (unless it is already in T).

return T

證明為甚麼這個演算法是正確的,且證明為甚麼它的執行時間為 $O(m \log n)$。

C-14.62 令 G 是具有 n 個頂點和 m 個的圖,使得在 G 中所有邊權重值是 [1,n] 範圍內的 整數。給出一個在 in $O(m \log^* n)$ 時間內找到 G 的最小生成樹的演算法。

C-14.63 假設你有一張電話網路圖，這個電話網路是一個圖 G，頂點代表交換中心，邊則代表兩個交換中心之間的通訊線路。每一個邊都標記有各自的頻寬，且一條路徑的頻寬是這條路徑的邊的頻寬之中最小的頻寬值。試提出一個演算法，當我們輸入一個圖和兩個交換中心 a 和 b 時，將輸出 a 和 b 間之路徑的最大頻寬。

C-14.64 美國太空總署想用通訊頻道來連結散佈在全國的 n 個站台。每兩個站台之間的可用頻寬都不相同，而且是事先就知道的。美國太空總署希望選擇 $n-1$ 個頻道（可能的最小值），讓所有的站都由頻道連結，且總頻寬（定義爲個別頻道之頻寬總和）爲最大值。試針對這個問題，提出一個有效的演算法，並決定最差情況下的時間複雜度。考慮加權圖 $G = (V,E)$，其中 V 爲站的集合，E 爲各站台之間的頻道的集合。將邊的權重 $w(e)$ 定義爲對應頻道的頻寬。

C-14.65 在城堡的後面有一個迷宮，迷宮的每個走道中都有一袋金幣。每一袋的金幣數量都不同。你將有一個機會在迷宮中行走，並拾取金幣袋。你只可以從標示 "ENTER" 的地方進入迷宮，且只可以從標示"EXIT"的地方離開，在迷宮裡，你不能往回走。迷宮裡的每個走道都有一個畫在牆上的箭頭。你只能依循箭頭所指的方向走下去。在迷宮裡無法走訪一個「迴路」。你將得到一張迷宮的地圖，包含金幣的數量與每一個轉角的方向，請描述一個演算法來幫助你取回最多的金幣。

C-14.66 Karen 在基於樹的聯合／查找資料結構分區中，有新的方法從位置 p 開始作路徑壓縮。她把從 p 到根節點路徑中所有的位置都放在集合 S 中。然後她掃描 S，並將每個位置的 parent 指標設定爲父節點的 parent 指標（記住根節點的 parent 指標指向自己）。如果這次掃描改變了任何位置的 parent 指標，然後重複這個過程，並繼續重複掃描 S，直到沒有任何位置的 parent 值被改變。證明 Karen 演算法的正確性，並分析路徑長度爲 h 的執行時間。

專案題

P-14.67 使用鄰接矩陣來實現支持簡化圖 ADT 的類別，不包括更新方法。你的類別應該包括一個建構子，接受兩個 collection 參數，一個是由頂點組成的 collection，另一個是由頂點對也就是邊組成的 collection，產生這兩個 collection 所代表的圖 G。

P-14.68 執行習題 P-14.67 中描述的簡化圖 ADT，使用邊串列結構。

P-14.69 擴展習題 P-14.68 的類別，以支持圖 ADT 的更新方法。

P-14.70 執行習題 P-14.67 中描述的簡化圖 ADT，使用鄰接串列結構。

P-14.71 擴展習題 P-14.70 的類別，以支持圖 ADT 的更新方法。

P-14.72 設計實驗來比較兩個演算法：（1）重複 DFS 遍訪（2）FloydWarshall 演算法，用於計算有向圖的 transitive closure。

P-14.73 使用 Java 實現 Prim-Jarník 演算法，計算圖的最小生成樹。

P-14.74 對本章討論的兩個最小生成樹演算法進行實驗比較（Kruskal 和 Prim-Jarník）。開發一組泛用的實驗隨機圖來測試這些演算法的執行時間。

P-14.75 建構迷宮的一個方法是從 $n \times n$ 的格子（宮格）開始，每一宮格是由四個單位長度的牆建立起來。有兩個宮格只有兩個單位的牆，這兩個宮格當作入口與出口使用。其他單位長度牆的都不在邊界上，我們設定一個隨機值並建立一個圖 G，稱做 *dual*，當中每一個宮格是 G 中的一個點，且兩個宮格構成的頂點有一個邊相連接，若且為若，這兩個宮格共用同一面牆。每一個邊的權重是相對於牆的權重，我們藉由在 G 中找出最小生成樹 T 來建立這迷宮，且移除相對於 T 中所有邊的牆。使用這個演算法，寫一個程式去產生迷宮，然後從入口到出口找出可行路徑。最低限度下，你的程式需要畫出這迷宮，理想情況是把入口到出口的可行路徑也畫出來。

P-14.76 寫一個程式，為電腦網路中的節點建立路由表，基於最短路徑路由，其中路徑距離以跳數（hop count）來計數，跳數等同於路徑中的邊數。這個問題的輸入是網路中所有節點的連接資訊，如下所示例：

$$241.12.31.14：241.12.31.15 \; 241.12.31.18 \; 241.12.31.19$$

表示連接到 241.12.31.14 的三個網路節點，也就是距離 241.12.31.14 一跳的三個節點。在位址 A 節點的路由表以一組節點（B,C）表示，代表要將訊息從 A 送到 B，下一個要送到的節點是 C（從 A 到 B 的最短路徑）。你的程式需要輸出網路中每一個點的路由表，給出一個以節點構成的連接串列，每個串列與法如上述，每行一個路由表。

後記

深度優先搜尋方法是電腦科學領域中的通俗學科的一部分。Hopcroft 和 Tarjan [47，90] 首先提出用這些方法來解決一些圖的問題。Knuth [60] 討論了拓樸排序問題。我們提出用於確定有向圖是否是強連通的簡單線性時間演算法，這部分是根據 Kosaraju 的研究而得。Floyd-Warshall 演算法出現在 Floyd [35] 的一篇論文中，奠基於 Warshall [98] 的定理。

第一個知名的最小生成樹演算法出現在 Barůvka [9]，在 1926 年發表。Prim-Jarník 演算法首先由 Jarník[52] 在 1930 年以捷克語出版，1957 年由 Prim [81] 以英語出版。 Kruskal 在 1956 年 [63] 發表了他的最小生成樹演算法。對最小生成樹問題有進一步興趣的讀者可參考 Graham 和 Hell [42] 的論文。當前漸近最快的最小生成樹演算法是一種隨機的方法，由 Karger，Klein 和 Tarjan [54] 提出，其執行期望時間為 $O(m)$。Dijkstra [30] 在 1959 年發表他的單源點最短路徑演算法。Prim-Jarník 演算法的執行時間，也就是 Dijkstra 演算法，實際上可以改進到 $O(n\log n + m)$，實施的方式是使用兩個更複雜的資料結構中的任一個來實現佇列 Q，這兩個複雜的資料結構分別 "bonacci Heap" [37] 和 "Relaxed Heap" [32].

要了解和圖相關的不同演算法，可考參考：Tamassia 和 Liotta [88] 相關章節、Di Battista，Eades 的教科書、Tamassia 和 Tollis 的書 [29]。對圖演算法有進一步研究興趣的讀者可參考 Ahuja 的書籍、Magnanti 和 Orlin [7]、Cormen，Leiserson，Rivest 和 Stein [25]、Mehlhorn [74]、Tarjan [91] 和 van Leeuwen 的書 [93]。

Memo

Chapter
15

記憶體管理與範圍樹
（Memory Management and Range Tree）

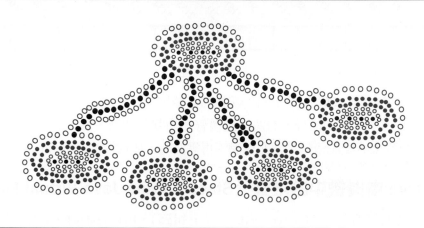

目錄

15.1 記憶體管理（**Memory Management**）

計算機記憶體被組織成一系列的**字組**（**word**），每個字組通常都是由 4、8 或 16 個位元組（byte）組成（取決於計算機）。這些記憶體字組從 0 到 N − 1 編號，其中 N 是電腦上可用的記憶體字組數。與每個記憶體字組相關聯的數字被稱爲記憶體位址。因此，計算機中的記憶體可以被視爲是由大量的記憶字組構成的陣列，如圖 15.1 所示。

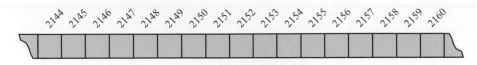

圖 15.1：記憶體位址

　　爲了執行程式和儲存資訊，計算機的記憶體必須被妥善管理，以便確定哪些資料儲存在哪些記憶體單元中。在這個部分，討論記憶體管理的基礎知識，譬如在 Java 程式中，以應用程式的各種目的來分配記憶體，當記憶體不再需要時，如何取消分配和回收記憶體。

15.1.1 Java 虛擬機中的堆疊（Stacks in the Java Virtual Machine）

Java 程序通常被編譯爲一序列的 byte codes（位元組碼），byte codes 的作用類似 " 機器 " 指令，byte codes 構成了 Java 虛擬機器（**JVM：Java Virtual Machine**）的基礎。JVM 就是整個 Java 語言的核心。不同於一般語言會把程式碼編譯爲屬於某個特定 CPU 的機械碼，Java 的做法是將程式碼編譯爲 Java 虛擬機器的 byte codes，所以 Java 程式可在任何能夠模擬 Java 虛擬機器的個人電腦或伺服器上執行。堆疊對 Java 程式的執行環境有重要的應用。每個正在執行中的 Java 程式（更精確的說，一個執行中的 Java 執行緒）都有一個私人堆疊，稱作 **Java 方法堆疊**（**Java method stack**）或簡稱 **Java 堆疊**（**Java stack**）。這個堆疊是用來追蹤程式執行時，紀錄呼叫的各個區域變數或其他的重要資訊。（參考圖 15.2）

　　更精確的來說，在一個 Java 程式執行的過程中，Java 虛擬機器（JVM）會維護一個堆疊結構，用來儲存現行呼叫方法的描述器（descriptor），這些描述器也稱爲**框架**（**frames**）。譬如，在方法 fool 的框架中儲存了這個方法目前的區域變數及參數，以及要傳回給呼叫 fool 的 cool 方法的資訊。

◉ 追蹤程式計數器（Keeping Track of the Program Counter）

在 JVM 中會保存一個特殊的變數，稱爲**程式計數器**（**program counter**），它會記錄目前 JVM 中正在執行的指令位址。當方法 cool 呼叫另一個方法 fool 時，cool 目前的指令位址會被放到堆疊中（如此一來 JVM 才知道 fool 執行完之後，要回到什麼位址繼續執行接下來的指令）。儲存在堆疊最上面的是正在**執行中的方法**（**running method**），而在這之下的都稱爲**暫停中的方法**（**suspended method**），也就是說，這些暫停中的方法呼叫了別的方法，而它們必須等待它所呼叫的方法執行完畢並傳回才能繼續執行。這些堆疊元素的順序就代表了當前活動中的方法被呼叫的順序。當一個方法被呼叫時，它會被 push 到堆疊中，執行結束後會從堆疊中 pop 出來，接下來 JVM 會繼續執行上一個被暫停的方法。

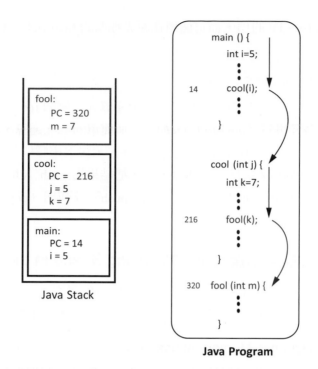

圖 15.2：Java 方法堆疊的範例：fool 方法被 cool 方法呼叫，而 cool 先前也被 main 方法呼叫，請注意程式計數器的值，還有那些儲存在堆疊框架中的參數及變數，當 fool 的呼叫中止後，cool 會回到 217 行繼續執行，這個數字是由程式計數器的值加 1 後得到。

◉ 實作遞迴（Implementing Recursion）

使用堆疊來實作方法呼叫的其中一個好處是，可讓程式作出遞迴結構。也就是說，允許方法呼叫「自己」，就如同第五章所討論的，我們在該章節中大略地描述了堆疊和框架的概念。另外，很有趣的是，許多早期的程式語言，利如 Cobol 或 Fortan，原本都沒有使用堆疊來實作方法或程序呼叫，但由於遞迴非常的簡潔及有放率，所以所有近代的程式語言，包含 Cobol 及 Fotran 的新版本，都改為使用堆疊來實作方法及程序呼叫。

在一個遞迴方法執行的過程中，Java 方法堆疊的每一個框架就代表一次遞迴呼叫。也就是說，這個 Java 方法堆疊的內容就代表著這個遞迴方法從一開始到目前的遞迴呼叫串列。

為了能更好的表達出如何以堆疊做出遞迴呼叫，讓我們用 Java 來實作一個經典的遞迴應用案例，階乘函數。

$$n! = n(n-1)(n-2) \ldots 1$$

程式碼出現在程式 5.1 中，堆疊追蹤呈現在圖 5.1 中。第一次呼叫 factorial(n) 方法時，它的堆疊框架會引入一個區域變數 n。這個方法會不斷的遞迴呼叫自己來計算 $(n-1)!$，這個動作會將一個新的框架 push 到堆疊中。再來它又會呼叫一次自己來計算 $(n-2)!$。以此類推，隨著不斷的遞迴呼叫，到最後堆疊會成長為大小 $n+1$，由於最後一個被呼叫的是 factorial(0)，所以它不會再呼叫自己，而是傳回 1。這種堆疊式的結構允許多個 factoial 方法同時存在。每個框架中 n 的值就是它所傳回的數值。最後，當第一個被遞迴呼叫的 factorial( )

結束之後，它會傳回 $(n-1)!$ 的值，而這個值在原先呼叫的 factorial 中會被乘上 n 之後得到 $n!$ 的值。

◉ **運算元堆疊**（The Operand Stack）

很有趣地，在另一個地方 Java 也會用到堆疊：算數運算式。例如 $((a + b)*(c + d)) / e$，在運算的過程中會用到**運算元堆疊**（*operand stack*）。一個簡單的二元運算，例如 $a + b$ 其運算過程如下，首先把 a push 到堆疊中，再把 b 也 push 進去，接下來呼叫指令 pop 出堆疊最上面的兩個元素，並對這兩個元素執行二元運算，最後把結果再 push 入堆疊中。同樣的，寫入及讀取記憶體的指令也會用到運算元堆疊的推入（push）及彈出（pop），所以 JVM 利用堆疊來處理 Java 中的運算式。

15.1.2　在記憶體堆中分配空間（Allocating Space in the Memory Heap）

先前已經討論過（15.1.1 節），JVM 如何在堆疊的架構中配置方法的區域變數到 Java 執行期堆疊上的方法框架中。但 Java 堆疊不是 Java 程式資料可用的唯一記憶體。

◉ **動態記憶體配置**（Dynamic Memory Allocation）

在某個方法的執行過程中，也可以使用 **new** 運算子來動態的配置記憶體給物件。舉例來說，以下這行 Java 指令會用變數 k 來決定所配置的整數陣列大小。

    int[ ] items = new int[k];

所以這個陣列的大小只有在執行期間才能決定，除此之外，這個陣列也許在創造它的那個方法執行結束之後，還必須繼續存在。所以，配置這個陣列的記憶體不能放在堆疊之中。

◉ **記憶體堆積**（The Memory Heap）

除了使用堆疊中的記憶體之外，Java 還能從另一種儲存體中得到記憶體，稱之爲**記憶體堆積**（*memory heap*）（請不要把它與第 9 章提到的堆積資料結構混爲一談）。在圖 15.3 之中，我們把它與 JVM 中其他的記憶體區塊一起比較。在記憶體堆積中的可用空間會被分爲許多**區塊**（*blocks*），也就是許多連續且固定大小的記憶體叢集。

　　爲了便於說明，先假設在這個記憶體堆積中的所有區塊大小皆爲 1024 位元組，並且一個區塊的大小就夠放任何一個我們所建立的物件（如何有效的處理它的一般化案例，其實是個非常有趣的研究方向）。

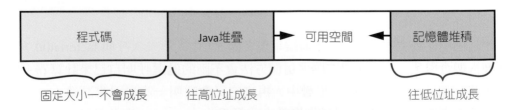

圖 15.3：Java 虛擬機器中的記憶體配置概念圈。

◎記憶體配置演算法（Memory Allocation Algorithms）

在 JVM 的定義中，要求記憶體堆積能夠快速的配置記憶體給新的物件，但並沒有明確的指定要用何種資料結構來達到這個目的。其中一個比較常見的做法，是使用一個雙向鏈結串列來串起記憶體中散佈的可用空間，稱之為**空閒串列**（*free list*）。這些空閒之間的鏈結就儲存在這些空閒之中，因為這些空閒的記憶體並沒有被使用。當記憶體在被配置及釋放的過程中，就會使得空閒串列的鏈結發生改變，未使用的空間會被許多已配置使用的區塊分隔開來，稱為**記憶體碎片**（*fragmentation*）。當然，我們會希望能盡可能減少碎片的發生。

記憶體碎片可分為兩種，當某個已被配置的空間並沒有完全被使用，此時就會發生**內部碎片**（*Internal fragmentation*），例如，某個程式要求配置一個大小為 1000 的陣列，但實際上只用了前 100 個元素。目前還沒有什麼執行環境能有效的減少內部碎片的發生。**外部碎片**（*External fragmentation*）則是發生在當許多已配置的區塊之間穿插著許多未配置的空間。因為執行環境有能力控制當程式要求空間時（例如在 Java 中使用 **new** 指令）要配置在記憶體中的哪裡，所以應該要盡量想辦法去減少外部碎片的發生。

有許多可減少外部碎片的記憶體配置方法曾經被提出來，*best-fit* 演算法會依所要求的空間大小在記憶體之中尋找最剛好的空洞來配置。*first-fit* 演算法會搜尋記憶體，遇上第一個可容下所要求大小的空洞來配置。*next-fit* 演算法與前者有點類似，不過它會從找到的第一個可容得下所要求大小的空洞位址開始，重新開始尋找下個容得下的空洞，並將空閒串列視為環狀串列（參考 3.3 節）來搜尋。*worst-fit* 演算法會搜尋空閒串列把要求的空間配置在最大的記憶體空洞中，如果以優先佇列（參考第 9 章）來管理空閒串列時，可以比搜尋整個串列快上許多。以上這些程式碼在空閒串列找到記憶體空洞後，會將它減去所需配置的大小，然後剩下的部份再還回空閒串列。

儘管表面上看起來不錯，但其實 best-fit 演算法會產生很糟的記憶體碎片，因為它所留下來的記憶體空洞是最小的。first-fit 演算法雖然搜尋速度較快，但它會在空閒串列的前面部分留下大量的外部碎片，進而使得未來搜尋的速度變慢。next-fit 演算法能讓碎片平均分部在整個空閒串列中，保持搜尋時間不會太高，但會較難滿足配置大空間的要求，然而，worst-fit 演算法能盡量保持未配置空間的連續性，進而避免這個問題。

15.1.3　垃圾收集（Garbage Collection）

在某些程式語言中，例如 C 及 C++，程式設計師必須明確的釋放物件所使用的空間，新手常常忽略這項必要的動作，即使是有經驗的老手也會發生這種令人沮喪的錯誤。但使用 Java 的設計師可以完全把這項工作交給 Java 執行環境。

如同先前所提到的，對任何一個執行中的執行緒而言，物件的記憶體是從記憶體堆積中配置而來，Java 程式中的實體變數是放在方法的堆疊裡（基本上本書中的範例都只會用到一個執行緒）。因為方法堆疊中的實體變數有能力參考到記憶體堆積中的物件，因此所有在執行緒中 Java 堆疊的變數及物件就稱為**根物件**（*root objects*）。而從根物件開始，追蹤其參考，能連結到的任何物件稱為**活物件**（*live objects*）。活物件就代表目前所有執行中的程式，它們正用到的物件；它們不能被釋放掉。舉例來說，一個 Java 程式可能會將一個參考儲存在變數中，它參考到某個雙向鏈結串列 S。而這個存放參考的變數就是根物件，而 S 就是所謂的活物件。同樣的，在這個鏈結串列的每個節點可能都會參考到另一個物件，也可稱其為活物件。

有些時候，JVM 可能會發現記憶體堆積中的可用空間變得越來越少。這時 JVM 會決定回收那些已配置空間但沒被任何人參考的物件，並將回收的空間還回空閒串列。這個動作就被稱為資源回收。目前有許多程式碼可以做這個動作，其中最常用方法為 **mark-sweep** 演算法。

◉ mark-sweep 演算法（The Mark-Sweep Algorithm）

在 mark-sweep 驗算法之中，會給所有物件一個標記位元，這個位元用來表示這物件是否"活著"。當資源回收機制啟動時，會暫停所有執行緒的執行，並清空所有已配置在記憶體堆積中物件的標記位元。接下來一一將所有執行緒的 Java 堆疊中的物件標記為活著。然後再由所有根物件開始追蹤所有活著的物件。

為了能夠有效率的完成這些工作，可以使用有向圖版本的深度優先搜尋（參考 14.3.1 節）。在這之中所有記憶體堆積中的物件都被視為有向圖中的一個頂點（Vertex），而由一個物件參考到另一個物件就被視為一個邊（Edge）。只要從每個根物件開始，做深度優先搜尋，就能夠正確的找出並標記每個活著的物件，這個步驟就被稱為「標記階段」（mark phase）。

以上階段完成後，接下來就掃瞄整個記憶體堆積，將沒有被標記的物件收回。在這個階段還可以順便將堆積中已配置的空間結合成一個單一區塊。因此可減少目前的外部碎片。這個掃瞄並回收的動做就稱為「清除階段」（sweep phase），當這個階段結束後，回復執行原先被暫停的執行緒。因此，mark-sweep 垃圾收集演算法會及時回收未使用的空間。回收空間的大小與活著的的物件及其參考的數量成正比，在加上堆積記憶體。

◉ 原地執行深度優先搜尋（Performing DFS In-Place）

雖然 mark-sweep 法能夠正確的回收記憶體堆積中未被使用的空間，但在其標記階段仍有一個很重要的地方要注意。因為我們只有在記憶體剩餘空間很少時才會執行回收動作，所以必須要注意在資源回收的過程中不能使用太多記憶體。但問題是深度優先搜尋是一個遞迴式的程式碼（參考 14.3.1 節），所需的記憶體與圖中的頂點數呈正比。在執行資源回收時，頂點數就是記憶體堆積中的物件數；所以，很可能我們會沒有足夠的空間容納所有的頂點。替代方案就是用原地執行的深度優先搜尋來取代遞迴式的方法，如此我們可以用固定大小的記憶體完成深度優先搜尋。

原地執行深度優先搜尋的主要的概念是，利用圖中的邊（在資源回收的例子中邊代表物件間的參考）來模擬遞迴堆疊。當我們走訪一個從已走訪節點 v 到新頂點 w 的邊，我們就將深度優先搜尋樹中的邊 (v, w) 改為指回 v 的父節點。當以後我們再次走到 v 時（模擬在 w 呼叫遞迴返回動作），此時再將原本的邊改回指向 w。當然，我們必須要有方法辨識哪個邊要被改回來。其中一個可用的方法是，將從 v 中出來的參考都標上號碼，例如 1, 2 …等等，配合原先的標記位元（原先用在深度優先搜尋中標記 " 已走訪 " 的節點）。加上一個計數識別碼（count identifier）來表示哪些邊被改過。

　　為了加入計數識別字，我們必須在每個物件中加入一個額外字組（word）的儲存空間。在某些實作方法中，可以省掉這一個字組的花費。例如，在不少 JVM 的實作版本中，物件的表達方式為一個包含型態識別字（用來表示這個物件為一個整數或其他的型態）的參考的結合體，用來做為其他物件或資料欄位的參考。所以在這種實作方法中可以假設型態參考是物件中的第一個元素，當我們由物件 v 離開到下個物件 w 時，可以利用這個參考來，" 標記 " 這個邊是否被改過。只要將 v 之中原本對 v 型態的參考與對 w 型態的參考互相交換，等將來我們再次回到 v 時，就能夠快速的判斷 (v, w) 邊是否被改過，因為這個參考會被放在 v 中第一個參考的位置，並且所有對 v 型態的參考出現的位置，可以告訴我們這些邊應該出現在 v 的相臨串列中的哪個位置。

15.2　記憶體層次結構和快取（**Memory Hierarchies and Caching**）

隨著計算機在社群中的使用的增加，軟體應用程序必須進行管理非常大的資料集。這樣的應用程序包括在線處理財務交易，資料庫的組織和維護以及分析客戶的購買歷史和偏好。資料量可以是這麼大，有時候演算法和資料結構的整體性更多是依賴於資料存取的時間，而不是 CPU 的速度。

15.2.1　記憶體系統（**Memory Systems**）

為了容納並處理大量的資料，各種不同類型的記憶體，根據距離 CPU 的遠近與容量大小，形成了不同**層級**（*hierarchy*）。最靠近 CPU 的記憶體為 CPU 內部所使用的暫存器（registers）。這些暫存器的資料可以被非常快速地存取，但相對而言，暫存器的總容量非常的小。第二層則為**快取記憶體**（*cache memory*），這一層記憶體的容量會比暫存器來得大，但存取資料會花比較長的時間（甚至可以擁有多重快取記憶體，但存取速度則會更慢）。第三層稱之為**內部記憶體**（*internal memory*），也就是俗稱的**主記憶體**（*main memory*）或**核心記憶體**（*core memory*）。內部記憶體的容量遠大於快取記憶體，但也需要更多的時間來進行資料存取的動作。最後一層的記憶體為**外部記憶體**（*external memory*），通常包含了硬碟機、CD、DVD 讀寫機、甚至是磁帶機等。這一層的記憶體容量通常非常的大，但是存取的速度也非常的慢。資料通過外部網路來儲存，可以被視為該層次結構中的另一個級別，具有更高存儲容量。因此，電腦的記憶體層級可以看成五個階層，每一層的容量都比前一層來得大，但存取速度則比前一層來得慢（請參考圖 15.4）。在程序執行期間，資料通常從層次結構的一個層次被複製到相鄰層次，這些傳輸可能成為運算瓶頸。

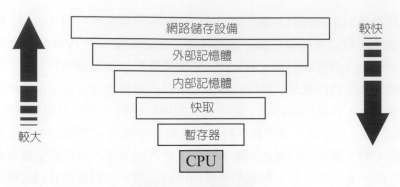

圖 15.4：記憶體階層。

15.2.2 快取策略（Caching Strategies）

記憶體層次對程式性能的重要性，很大程度上是取決於我們試圖解決問題的大小和計算機系統的特點。通常，瓶頸出現在記憶體層次架構的兩個層級之間，可以容納所有資料的層級和該層級之下的相鄰層級。對於一個可以完全置入主記憶體的問題，兩個最重要的級別是高速快取和內部記憶體。內部記憶體的存取時間比快取記憶體可以慢到 10 到 100 倍。因此，期望大多數的記憶體存取能在快取中完成。對於一個不能完全置入主記憶體的問題，兩個最重要的層次變成是內部記憶體和外部記憶體。這裡的差異更具戲劇性，通用的外部儲存設備磁碟機，其存取時間比內部記憶體可以慢到 10 萬到 100 萬倍。

為能更清楚地了解後者的資料差異有多大，想像一下在巴爾的摩有一個學生，想要寄一封要零用錢的訊息給遠在芝加哥的父母。如果這個學生寄了一封電子郵件。這封信件大約可在五秒內寄達家裡的電腦。如果這個代表內部記憶體的速度，假設一個外部記憶體的存取時間是這個的 500,000 倍，就如同這個學生親自走路到芝加哥送這封信。如果他一天能走 30 公里的路，大概需要一個月的時間才能送到。因此，我們應當盡量減少對外部記憶體的存取。

大多數程式碼並非為記憶體階層所設計，更別說考慮到不同階層間存取時間的巨大差異。的確，本書之前所描述的所有程式碼分析，都假設記憶體存取時間全都是相同的。這個假設乍看之下似乎是很大的疏忽，而且我們僅在最後一章加以處理。然而有兩個基本的理由可以說明，為何這仍是合理可行的假設。

第一個理由是，我們常常必須假設所有記憶體都有相同的存取時間，因為有關記憶體大小的裝置相關資料很難取得。舉例來說，一個設計在不同電腦平台上執行的 Java 程式，不能夠用某種特定的電腦架構組態來定義。當然如果有的話，我們還是可以使用特定架構的資訊（本章稍後也將會告訴你如何利用這些資訊）。然而一旦將軟體為特定的架構最佳化，我們的軟體就不再是與裝置無關的了。幸運地，我們不會永遠需要這種最佳化，主要是因為第二個理由：記憶體存取時間相同。

◉ 快取與區塊（Caching and Blocking）

第二個理由是假設記憶體存取時間是相同的，能有這樣的假設在於作業系統的設計者已然開發出一般性機制，讓大多數記憶體存取能夠快速進行。這些機制建立在兩種重要的**局部性參考**（*locality-of-reference*）性質上，大多數軟體都會呈現這兩種性質：

- **時間局部性**（**Temporal locality**）：如果某個程式存取了某個記憶體位址，這個程式近期內很有可能再次存取這個位址。舉例來說，在多個不同的運算式中使用計數變數的值，譬如增量計數值。事實上，有一則在電腦設計師間廣為流傳的格言，「程式會花百分之九十的時間，在百分之十的程式碼上」。

- **空間局部性**（**Spatial locality**）：如果某個程式存取了某個記憶體位址，則這個程式接著很有可能會存取附近的位址。舉例來說，使用陣列的程式可能會依序或幾乎依序地存取其陣列的每個位址。

電腦學家及工程師已進行過大量的軟體分析實驗，並證實大多數軟體都會呈現這兩種局部性。舉例來說，一個用來掃瞄整個陣列的 for 迴圈，便會同時呈現這兩種局部性。

　　時間與空間的局部性分別給兩層式電腦記憶體系統，兩個基本設計上的選擇。（可以是快取記憶體與內部記憶體，或內部記憶體與外部記憶體）

　　第一個設計選擇稱為**虛擬記憶體**（*virtual memory*）。此概念在於，提供和次要層記憶體相同大小的定址空間，要處理放置於次要層的資料時，將之搬移到主要層記憶體中。虛擬記憶體不會將程式設計者限制在僅能使用內部記憶體的大小。將資料搬移到主要記憶體的概念稱為快取，發自時間地域性。藉由將最近存取的資料搬移至主要記憶體，我們希望這些資料能很快地再次被存取，如此就能快速地回應近期內對此資料的要求。

　　第二個設計選擇則發自空間地域性。確切來說，如果放置在次要記憶體位置 ℓ 的資料被存取，則我們將附近一塊包含 ℓ 的連續位置，都搬到主要記憶體中（見圖 15.5）。此概念被稱為區塊存取，發自於預期 ℓ 附近其他的次要記憶體位置，也會馬上被存取。在快取記憶體與內部記憶體間，這種區塊通常被稱做**快取行**（*cache lines*）；而在內部記憶體與外部記憶體間，這種區塊則通常被稱做**分頁**（*pages*）。

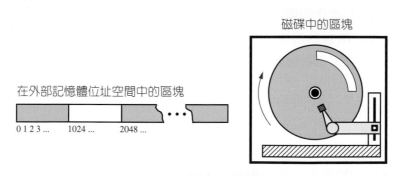

圖 15.5：外部記憶體區塊。

　　因此，實作快取與區塊存取後，虛擬記憶體技術通常能使我們感覺次要記憶體的速度比實際要來得快。然而，仍有一個問題存在。主要記憶體遠比次要記憶體來得小。而且，因為記憶體系統使用區塊存取技術，任何程式實體都可能會碰上當它想要從次要記憶體要求資料，主要記憶體卻已塞滿區塊的情形。為了滿足這些要求並維護快取及區塊的使用，就必須從主要記憶體中移出某些區塊，以便挪出空間給從次要記憶體中搬來的新區塊。因此，決定哪些區塊該被回收處理就成為資料結構及程式碼設計之中一個很有趣的問題。

◉ 在 Web 瀏覽器中快取（Caching in Web Browsers）

有了動機，我們將考慮相關問題，其中一個就是呈現在網頁中的資訊。為了利用參考的時間局部性，將 Web 頁面複製到高速快取是很好的做法，當這些頁面被再次請求時可快速反應。這有效地創造了兩個層次的記憶體結構，快取用作較小較快的內部記憶體，網路則是外部記憶體。精確地說，如果快取記憶體有 m 個「槽」可以存放網頁。假設某個網頁可以放在快取記憶體的任何一個槽中。這稱做**完全關聯**（*fully associative*）快取。

　　瀏覽器執行時，會要求許多不同的網頁。每當瀏覽器要求某個網頁 p 時，它會偵測 p（快速地測試）是否未曾改變且現存於快取中。如果 p 存在快取中，則瀏覽器利用快取中的副本來回應網頁要求。如果不在快取中，則瀏覽器會透過網路要求並將之存放到快取中。如果快取還有 m 個槽可用，瀏覽器會把 p 放到其中一個空槽中。然而一旦所有個 m 個槽都被佔滿了，則電腦就必須決定哪個之前看過的網頁，必須在 p 搬進來前讓出空間。當然，有許多不同的策略可以決定要哪個網頁讓出空間。

◉ 分頁替換演算法（Page Replacement Algorithms）

下列是一些比較有名的網頁替換策略（參看圖 15.6）：

- **先進先出（FIFO）**：將存在快取中最久，即把最早被放入快取中的網頁移出。
- **最久未用（LRU）**：將最久沒被要求的網頁移出。

此外，我們可以考慮一個簡單、完全隨機的策略：

- **隨機**：從快取中隨機選出一個網頁移出。

　　隨機策略是最容易實作的策略，因為只需要一個亂數或虛擬亂數產生器。實作此策略，每次網頁替換會增加 $O(1)$ 的額外工作量。此外，每次網頁要求並不會增加額外的工作量，除了判斷被要求的網頁是否在快取中以外。然而，這個策略並未試圖利用任何使用者瀏覽時呈現的時間或空間地域性。

　　實作 FIFO 策略相當簡單，只需要一個佇列 Q 儲存快取中所有網頁的參考。當某個網頁被瀏覽器存取時，網頁內容存到快取，網頁參考存到佇列。當我們需要移出網頁時，電腦只需要對佇列 Q 執行移出的操作，以決定哪個網頁需被移出。因此，此策略對於每次網頁替換同樣需要 $O(1)$ 的額外工作量。同樣的，FIFO 策略不會增加網頁要求的額外工作量。此外，它還會試圖利用時間局部性。

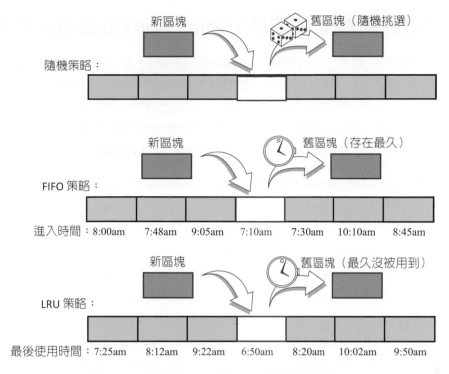

圖 15.6：隨機、FIFO 及 LRU 分頁替換策略。

　　LRU 比 FIFO 更先進且很明確的利用時間局部性所帶來的好處。它會選擇回收最久沒被使用的分頁，從策略觀點來看，這是絕佳的做法，但從實務觀點來看，它的成本相當高。也就是說，LRU 盡量利用時間與空間地域性的做法成本太高了。實作 LRU 需要一個支援搜尋動作的網頁優先佇列，比如使用特別的指標或「定位器」，如果我們用已排序過的序列 Q 鏈結串列來實作，則每次網頁要求及網頁替換的額外工作量都是 $O(1)$。每當我們加入一個網頁到 Q 或更新其鍵值，這個網頁會被賦予 Q 中最高的鍵值，並放到串列的最末端，這可以在 $O(1)$ 時間內完成。即便如此，使用上述的實作方法，LRU 策略還是會帶來常數時間的額外工作量，而此常數係數牽涉到額外的時間和額外的空間需求，以存放優先佇列 Q，使得這個策略從實用觀點來看較不吸引人。

　　由於這些不同的網頁替換策略在實作難度及對於地域性的利用度上，有不同的代價，很自然地我們會要求對這些方法進行某種比較性分析，看看哪一種才是最好的策略。

　　從最糟狀況的觀點來看，FIFO 和 LRU 策略都有相當不吸引人的競爭性特性。舉例來說，假設有一組存有個 m 網頁的快取，有某個程式會循環地要求 $m+1$ 個不同的網頁，考慮此情況下 FIFO 和 LRU 執行網頁替換的狀況。FIFO 和 LRU 在這種網頁要求序列下，都表現的很差，因為它們必須在每次網頁要求時，都必須執行網頁替換。因此，從最糟狀況的觀點來看，這些策略都幾乎是所能想像最糟糕的策略。它們在每次網頁要求時都需要做網頁替換。

　　不過，最糟狀況的分析是有些太過悲觀的，因為它只針對一串最不好的網頁要求所呈現的行為。理想的分析將這些方法與所有可能的頁面請求序列進行比較。當然，我們不可能徹底地測試所有可能出現的串列，但已有大量的實驗，模擬過真實程式可能出現的網頁要求串列。基於這些實驗發現，LRU 通常會略優於 FIFO，而 FIFO 又會略優於隨機策略。

15.3 外部搜尋和 B 樹(External Searching and B-Trees)

考慮一個情形，如果要維護一個大群集（collection）的項目，而這群集大到無法整個放入主記憶體中。在這種情況下，我們引用輔助記憶體區塊作為磁碟區塊。同樣地，把次要記憶體與主要記憶體間的區塊傳輸稱做磁碟傳輸。回想一下主記憶體與硬碟存取間巨大的時間差異，在外部記憶體中維護一份 map 的主要目的，在於盡量減少在進行查詢或更新時，所需磁碟傳輸的次數。我們用一個類似演算法中常用的名詞來稱呼它，**I/O 複雜度**（*I/O complexity*）。

◉ **幾種效率較差的外部記憶體呈現方式**（Some Inefficient External-Memory Representations）

我們希望支持的典型操作是在 map 中搜索關鍵字。要是將 n 個無序項目儲存在雙向鏈結串列中，尋找串列中一個特定的關鍵字，在最壞的情況下需要進行 n 次傳輸。因為每個鏈結都跳過我們在鏈節串列上執行可能存取不同的記憶體區塊。

我們可以通過將序列儲存在陣列來減少區塊傳輸的數量。由於空間的局部性，可以僅使用 $O(n / B)$ 塊來執行陣列的一系列的搜索，其中 B 表示適合區塊元素的數量。這是因為存取陣列第一個元素引起的區塊傳輸，實際上會存取第一個 B 元素，依此類推每個連續的區塊。值得注意的是 $O(n / B)$ 轉移這個上限，只有在 Java 中使用原生值陣列才能做到。對於物件陣列，陣列儲存一序列的參考；參考到的實際物件不一定要儲存在彼此靠近的記憶體中，因此在最壞的情況下可能存在 n 個不同的區塊轉移。

如果循序實作效率不佳，或許該考慮對數時間複雜度的內部記憶體策略，使用平衡二元樹（如 AVL 樹或紅黑樹），或其他對查詢及更新在平均狀況有對數時間表現的搜尋結構（如 skip list 或 splay 樹）。這些方法會把 map 項目存在二元樹或圖的頂點上。在最糟狀況下，一次查詢或更新所有要存取的節點都在不同區塊內。因此，這些方法在最糟狀況都需要 $O(\log_2 n))$ 次傳輸。這個結果還不錯，但我們可以做的更好。在某些特定情況下，我們可以執行 map 查詢及更新，只需 $O(\log_B n) = O(\log n / \log B)$ 次傳輸。

15.3.1 (a, b) 樹

為了減少搜尋上內外部記憶體存取的效能差異，我們可以將 map 用多路搜尋樹（第 11.4.1 節）來表示。這個方法為 (2,4) 樹資料結構的一般化結構，稱做 (a,b) 樹。

(a,b) 樹是一棵多路搜尋樹，每個節點有 a 到 b 個子節點，儲存的項目數量為 $a-1$ 到 $b-1$ 個。在 (a,b) 樹的搜尋、插入及移除為相對 (2,4) 樹直接的一般化。將 (2,4) 樹一般化為 (a,b) 樹的好處在於，參數化的樹類別可提供較有彈性的搜尋結構，其節點大小與各種 map 操作的執行時間，取決於參數 a 及 b。考量磁碟區塊大小以適當設定及的大小，可以得到一個效能不錯的外部記憶體資料結構。

◉ **(a,b) 樹的定義**（Definition of an (a, b)Tree）

在 (a,b) 樹中，參數 a 和 b 是整數，其中 $2 \leq a \leq (b +1) / 2$，是一顆多路搜尋樹，具有下列額外限制：

大小性質（*Size Property*）：除根節點外，每個內部節點都至少有 a 個子節點。至多有 b 個子節點。

深度性質（*Depth Property*）：所有外部節點都有相同的深度

定理 15.1：一個存有 n 個項目的 (a,b) 樹，其高度為 $\Omega(\log n / \log b)$ 及 $O(\log n / \log a)$。

證明：令 T 為存有 n 個元素的 (a,b) 樹，並令 h 為 T 之高度。我們藉由建立下列的界限 h，以說明此定理。

$$\frac{1}{\log b}\log(n+1) \le h \le \frac{1}{\log a}\log\frac{n+1}{2}+1$$

從大小及深度性質可知，T 的外部節點數 n'' 至少是 $2a^{h-1}$，至多是 b^h。由定理 11.2 可知，$n'' = n+1$。所以

$$2a^{h-1} \le n+1 \le b^h$$

對不等式兩邊取以 2 為底的對數，我們得到

$$(h-1)\log a + 1 \le \log(n+1) \le h\log b$$

稍加對這些不等式做代數處理就完成了證明。　∎

◉ 搜尋及更新操作（Search and Update Operations）

我們想起在多路搜尋樹 T 中，每個節點 w 都包含次層結構 $M(w)$，本身也是 map（第 11.4.1 節）。如果 T 為 (a,b) 樹，那麼 $M(w)$ 儲存最多 b 個項目。令 $f(b)$ 表示在 map $M(w)$ 中進行搜尋的時間。(a,b) 樹的搜尋演算法與第 11.4.1 節的多路搜尋樹之類。因此，對有 n 個項目的 (a,b) 樹 T 執行搜尋需花費的時間爲 $O(\frac{f(b)}{\log a}\log n)$。注意，如果 b 被認爲是常數（a 也是如此），則搜尋時間爲 $O(\log n)$。

　　(a,b) 樹的主要應用就是儲存在外部記憶體的 map。換句話說，爲了盡量減少磁碟存取，我們選擇參數 a 及 b，使得每個節點剛好使用一個磁碟區塊（如此一來 $f(b) = 1$，如果我們只想簡單地計算區塊傳輸的次數）。在這種情況下，提供正確的 a 與 b 便形成一種叫做 B 樹的資料結構，我們將簡短地介紹 B 樹。然而在描述此結構之前，可先討論一下如何處理 (2, 4) 樹的插入及移除。

　　(a,b) 樹的插入演算法和 (2,4) 樹類似。當一個項目被插入到 b- 節點 v 時，會發生溢位，造成不合法的 $(b+1)$- 節點。（回想一下，在多路搜尋樹中 d- 節點有 d 個子節點）。爲了解決溢位，我們將 w 節點拆開，將 w 的中位項目移動到 w 的父節點上，並以 $\lfloor(b+1)/2\rfloor$- 節點和 a $\lfloor(b+1)/2\rfloor$- 節點取代 w。現在可以瞭解爲何 (a,b) 樹的定義中需要 $a \le (b+1)/2$。注意到由於拆開節點的關係，我們必須建立次層結構 $M(w')$ and $M(w'')$。

　　從 (a,b) 樹中移除一個項目也和 (2,4) 樹相似。當某個鍵值被從非根節點的 a- 節點 w 移除時，則會發生欠位（underflow），使 w 變成不合法的 $(a-1)$ 節點。爲了解決欠位，我們可以跟非 a- 點的鄰節點執行轉移動作，或跟是 v 節點的相鄰的 a- 節點執行合併動作。結合後的新節點成爲一個 $(2a-1)$ - 節點 w'，這也是未何定義中要限制 $a \le (b+1)/2$ 的另一個用意。在表 15.1 中可看到以 (a,b) 樹所實作出來的 map 的效能。

方法	執行時間
get	$O\left(\frac{f(b)}{\log a}\log n\right)$
put	$O\left(\frac{g(b)}{\log a}\log n\right)$
remove	$O\left(\frac{g(b)}{\log a}\log n\right)$

表 15.1：由 (a,b) 樹 T 實作的 n- 項目 map 的執行時間。我們假設 T 的節點的次級結構可支援在 $f(b)$ 時間內執行搜尋，在 $g(b)$ 時間內執行分割或融合。如果我們只計算磁碟傳輸次數的話，某些 $f(b)$ 和 $g(b)$ 函數可在 $O(1)$ 時間內完成。

15.3.2　B 樹

某個 (a,b) 樹的版本，也是一個最廣為人知的維護外部記憶體方法，稱為 "B-tree"（參考圖 15.7）。所謂 d 級 B- 樹，便是 $a = [d/2]$ 和 $b = d$ 的 (a,b) 樹。由於前面已討論過 (a,b) 樹傳統的 map 查詢及更新方法，在此只討論 B- 樹的外部記憶體效能。

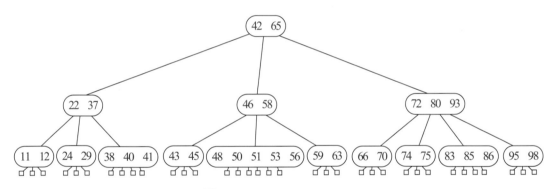

圖 15.7：A B-tree of order 6

　　B- 樹的其中一個重要的性質就是，可以選擇 d 的大小，使得 d 個子節點參考加上 $d-1$ 個鍵值剛好可以存放在一個磁碟區塊中，意味著 d 與 B 成正比。此選擇同樣意味著可以在分析 B 樹的搜尋及更新操作時，假設 a 和 b 與 B 成正比。其中 $f(b)$ 和 $g(b)$ 兩者均為 $O(1)$，因為每次存取節點以執行搜尋或更新操作時，只需執行一次磁碟傳輸。

　　正如之前觀察到的，每次搜尋或更新時，每層最多只需檢驗 $O(1)$ 個節點。在 B- 樹上的任何 map 的搜尋或更新動作只需 $O(\log_{[d/2]}n)$，也就是 $O(\log n / \log B)$ 次的磁碟傳輸。舉例來說，插入操作會在樹內向下前進，以找到插入新物件的節點位置。如果該節點會因為此插入而溢位（擁有 $d+1$ 個子節點），則此節點被分成兩個擁有 $[(d+1)/2]$ 和 $[(d+1)/2]$ 個子節點的節點。這個步驟會向上一層再次進行，並且會繼續最多 O(logB n) 層。

　　同樣的，如果有節點發生欠位（意即出現 $[d/2]-1$ 個子節點），則從兄弟節點中搬來參考項使其至少有 $[d/2]+1$ 個子節點，或是必須與其兄弟項目進行結合的動作（這動作在父節點會再度被執行），與插入操作相同，此操作會在樹中繼續往上最多 $O(\log_B n)$ 層。每個內部節點至少有 $[d/2]$ 個子節點的需求，代表每個用來構成樹的磁碟區塊都至少是半滿的。因此，我們得到以下定理：

定理 15.2：一個含有 n 個資料項目的 B- 樹，其執行搜尋或更新動作時 I／O 複雜度為 $O(\log_B n)$，這個 B- 樹會用到 $O(n／B)$ 個磁碟區塊，其中 B 為一個區塊的大小。

15.4 外部記憶體排序（External-Memory Sorting）

除了資料結構，如 map，需要在外部記憶體中實作外，還有許多演算法需要在一些資料進行操作，但不能完全放進內部記憶體。在這種情況下，我們的目標是盡量減少解決演算問題所需的區塊傳輸。此類外部記憶體演算法中，最典型的領域為排序問題。

◉ 多路合併排序（Multiway Merge-Sort）

一個有效率地將外部記憶體中含有 n 個物件的集合 S 排序的方法，是我們所熟悉的合併搜尋演算法的一個簡單的外部記憶體變形版本。此版本背後主要的概念在於，一口氣合併多個遞迴排序好的串列，以減少遞迴的層數。具體來說，對此**多路合併排序**（*multiway merge-sort*）的高階描述為將 S 分成 d 個大小約略相等的 $S_1, S_2, \ldots, S_d$，對每個子集合遞迴排序，然後同時合併所有 d 個排序好的串列，成為一份排序過的 S。如果我們能夠只用 $O(n／B)$ 個磁碟傳輸執行合併程序，則執行此程式碼總共需要的傳輸數目滿足以下的遞迴函數：

$$t(n) = d \cdot t(n／d) + cn／B$$

為一常數 $c \geq 1$。當 $n \leq B$ 時，就可以停止遞迴，因為此時我們可以執行單一的區塊傳輸，就能把所有物件都放入內部記憶體中，並使用有效率的內部記憶體程式碼將這些資料排序。因此 $t(n)$ 的停止條件為

$$t(n) = 1 \; if \, n／B \leq 1$$

這代表 $t(n)$ 的封閉形式為 $O((n／B) \log_d(n／B))$，即

$$O((n／B) \log(n／B)／\log d)$$

所以，如果將 d 設定為 $\Theta(M／B)$，則就算是最差情況下，這個多路合併排序所需的磁碟傳輸次數也相當的低。選擇

$$d = (M／B)-1$$

這個程式碼現在剩下一點要說明，便是如何只使用 $O(n／B)$ 次區塊傳輸，就能進行 d 路合併。

15.4.1 多路合併（Multiway Merging）

在標準合併排序（第 13.1 節）中，合併過程將兩個排序序列結合成一個，使用的方式是反覆在兩個序列的前端選取較小項目。在 d 路合併中，反覆在 d 個序列的前端尋找最小的項目，並將其作為合併序列的下一個元素，持續此過程，直到包括所有元素。

在外部記憶體排序演算法的環境中，如果主記憶體具容量為 M，每個區塊的大小為 B，在任何給定的時間最多可以在主記憶體儲存 $M／B$ 個區塊。我們特別選擇 $d = (M／B)-1$，以便隨時可以在記憶體對每個輸入序列保持一個區塊，並有一個額外的區塊用作合併序列的緩衝區（見圖 15.8）。

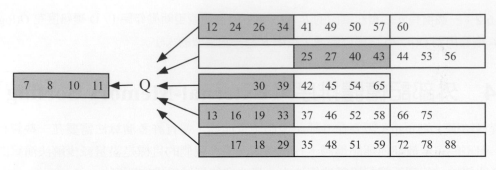

圖 15.8：$d = 5$ 和 $B = 4$ 的 d 路合併。當前在主記憶體的區塊以深色表示。

在主記憶體維護每個輸入序列中最小的未處理元素，當前一個區塊已經用盡，則在序列中請求下一個區塊。類似地，我們使用一區塊的內部記憶體來緩衝合併序列，當區塊滿的時候將該區塊刷新到外部記憶體。通過這種方式，在單路合併期間執行的傳輸總數為 $O(n/B)$，因為對串列 S_i 的每個區掃描塊一次，並且對合併串列 S 的每個區快寫出一次。在計算時間方面，選擇最小的 d 值可以使用 $O(d)$ 個簡單操作執行。如果我們願意投入 $O(d)$ 量的內部記憶體，我們可以維護一個優先佇列，確定來自每個序列的最小元素，從而在 $O(\log d)$ 時間內執行每個合併，的每個合併步驟通過刪除最小元素，並以相同的序列的下一個元素將其替換。因此，d 路合併的內部時間是 $O(n\log d)$。

定理 15.3：給定一個以陣列為基礎儲存在外部記憶體中包含 n 個元素的序列 S，我們可用 $O((n/B)\log(n/B)/\log(M/B))$ 次磁碟傳輸及 $O(n\log n)$ 的內部 CPU 時間內完成排序，其中 M 為內部記憶體的大小，B 為一個磁碟區塊的大小。

15.5　範圍樹（Range Trees）

多維資料出現在許多不同的應用中，並且在很多情況下，不同的維度最自然的是以數值來表示，而不用一些字母表的字元。在這樣的應用中，關鍵在一個 d 維向量：

$$(x_0, x_1, \ldots, x_{d-1})$$

其中每個坐標 x_i 被稱為**屬性**（*attribute*）。這樣的資料可以來自業務應用，其中每個向量表示產品或人員的各種屬性。例如，電子產品目錄中的電視機很可能具有不同的價格、螢幕尺寸、重量、高度、寬度和屬性值深度。多維資料也可以來自科學應用，其中每個向量表示各個實驗或觀察的屬性。例如，天文天空中的天體調查可能會有不同的屬性值，如亮度（或視在幅度）、直徑、距離和在天空的位置（本身就是二維的）。在這些應用中，屬性是數值，要執行的自然查詢是**範圍搜尋**（*range-search*）。

◉ **範圍搜尋查詢**（Range-Search Queries）

範圍搜尋查詢是在多維度群集中查詢各屬性滿足鍵值範圍內的所有項目。例如，希望購買新電視的消費者，可以從商店的電子目錄查詢尺寸在 80 到 100 公分之間，且價格在 ¥2400 到 ¥4800 之間的所有螢幕。或者，天文學家感興趣在研究小行星時，可能會要求所有在遠處的天體 1.5 和 10 個天文單位、視星等（apparent magnitude）在 +1 和 +15 之間、直徑在 0.5 到 1000 公里之間的所有星體。我們在本節討論的範圍樹資料結構，就可以用於回答這樣的查詢。

　　爲了簡化討論，我們專注於二維範圍搜尋查詢。之後將說明，如何將二維範圍樹資料結構擴展到更高維度。**二維字典**（***two-dimensional dictionary***）D 是一個用於儲存鍵值 - 元素（key-element）項目的 ADT，每個項目有一個由數對 (x,y) 構成的鍵值，稱爲元素的坐標。一個二維字典支持以下操作：

findAllInRange(a,b,c,d): 使用坐標 (x, y) 返回 D 的所有元素，其中 $a \leq x \leq b$ 且 $c \leq y \leq d$。

insert(x,y,o): 將元素 o 插入到 D 的坐標 (x, y) 處。

remove(x,y): 從 D 移除坐標 (x, y) 的元素。

操作 findAllInRange 是範圍搜尋查詢的報告版本，因爲它要求滿足範圍的所有物件的列舉。另外還有一個範圍查詢的功能版本：

applyToRange(a,b,c,d,f): 返回 D 內，坐標 (x, y)，其中 $a \leq x \leq b$ 和 $c \leq y \leq d$ 範圍內的元素套用函數 f 後的值。

applyToRange 函式中常見的函數 f 有 *count* 函數：簡單的計數範圍內元素。*sum* 函數：將範圍內元素相加（假設它們爲數值元素）。*max*：返回範圍中所有的最大值元素（假設項目型態已定義好順序關係）。由於任何執行標準 findAllInRange 方法可以立即轉換爲一個實現 applyToRange 方法，我們將集中在 findAllInRange 方法。

　　在本節的後續部分提出實現二維字典的資料結構。我們僅僅簡單地討論插入和刪除方法的操作，省略對這些方法的分析，這部分超出了本書的範圍。

15.5.1　一維範圍搜尋（One-Dimensional Range Searching）

在繼續之前，我們先討論在有序字典鍵值中某一維度範圍的元素報告。這個問題稱做**一維範圍搜尋**（***one-dimensional range searching***）。給定一個有序的字典 D，要執行以下操作：

FindAllInRange(k_1,k_2)：返回 D 中具有鍵值 k，範圍 $k_1 \leq k \leq k_2$ 內所有元素的列舉。

此操作對資料庫和統計應用很有幫助。例如，爲營銷目的，可能想在大型資料庫中過濾出某年齡範圍的潛在買家。

　　讓我們討論如何使用二元搜尋樹 T 代表 D 來執行 findAllInRange(k_1,k_2) 操作。該演算法相當簡單。我們用一個以範圍爲參數的遞迴方法 treeRangeSearch，範圍由參數 k_1 和 k_2 指定，另有一個參數是 T 中的節點 v。如果節點 v 是外部節點則執行完畢。如果 v 是內部節點，但是 v 的鍵值在 $[k_1,k_2]$ 範圍之外，那麼我們再次對 v 的子節點遞迴，v 的子節有可能在此範圍內。另一方面，如果 v 是內部節點而鍵值 key(v) 在範圍 $[k_1,k_2]$ 內，那麼再次對 v 的兩個子節點遞迴。

在程式 15.1 列出該演算法的虛擬程式碼，並在圖 15.9 進行說明。可以藉由呼叫 treeRangeSearch(k_1, k_2, T.root( )) 來實現 findAllInRange(k_1, k_2) 方法。

Algorithm treeRangeSearch(k_1, k_2, v):

    Input: Search keys k_1 and k_2, and a node v of a binary search tree T

    Output: The elements stored in the subtree of T rooted at v, whose keys are

        greater than or equal to k_1 and less then or equal to k_2

    if v is an external node **then**

        return the empty set

    if $k_1 \leq$ key(v) $\leq k_2$ **then**

        E_L = treeRangeSearch(k_1, k_2, T.left(v))

        E_R = treeRangeSearch(k_1, k_2, T.right(v))

        return E_L $\cup$ {element(v)} $\cup$ E_R

    else if key(v) $< k_1$ **then**

        return treeRangeSearch(k_1, k_2, T.right(v))

    else if $k_2 <$ key(v) **then**

        return treeRangeSearch(k_1, k_2, T.left(v))

程式 15.1：二元搜尋樹中的範圍搜尋。

演算法 treeRangeSearch 的執行時間與走訪的節點量成正比。我們將證明 treeRangeSearch 最多走訪 $2h + 2s + 1$ 個節點，其中 h 是 T 的高度，s 是元素的數量。這個上限將確定 treeRangeSearch 的執行時間為 $O(h + s)$。建立這個上限，我們將 T 的每個節點 v 標識為屬於相對於範圍 $[k_1, k_2]$ 的三個群組之一：

- v 是一個**外部節點**（*outside node*），如果以 v 為根節點的子樹只包含鍵值超出範圍 $[k_1, k_2]$ 的項目。

- v 是一個**內部節點**（*insid node*），如果以 v 為根節點的子樹只包含鍵值在範圍 $[k_1, k_2]$ 內的項目。

- v 是一個**邊界節點**（*boundary node*），如果以 v 為根節點的子樹包含的項目，有的鍵值在範圍 $[k_1, k_2]$ 內，有的鍵值在範圍 $[k_1, k_2]$ 外。

請注意，根據其可能後代，來識別節點在範圍內的項目，而不是實際的後代，因為以自上而下的方式走訪節點。當來到一個節點，我們還不知道它的子節點儲存的是甚麼。

考慮對 treeRangeSearch 方法特定呼叫的執行。從 T 的根節點 r 開始，我們遍訪路徑的邊界節點，直到我們來到 $[k_1, k_2]$ 範圍內的第個一邊界節點 w（可以是根節點）。在這種情況下，遞迴搜尋 w 的子節點。這是 T 中唯一有兩個子節點被搜尋的邊界節點。實際上，節點 w 是兩個路徑最底層的公共節點，分別由 get(k_1) 和 get(k_2) 追蹤。對於從這一點上走訪的每個邊界節點 v，我們將會在 v 的一個子節點進行單次呼叫，這也是一個邊界節點，或者對 v 的一個子節點進行呼叫，該子節點是一個邊界節點而另一個子節點是內部節點。一旦走訪問了一個內部節點，我們將走訪它的所有後代（內部節點）。永遠不會走訪外部節點。因此，對 T 中每個節點花費了常數量的工作，可以透過計算走訪的節點數來計算花費的時間。

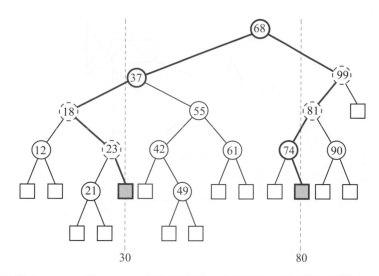

圖 15.9：二元搜尋樹中 $k_1 = 30$ 和 $k_2 = 80$ 的範圍搜尋。走訪過的節點以綠色繪製，外部節點以黑色繪製。邊界節點是在搜尋鍵值 k_1 和 k_2 時位於從根節點到外部節點的路徑上（邊界節點用粗線繪製，不在範圍內的邊界節點以虛線表示）。不在這兩個路徑的內部節點是 10 個綠色節點。

接下來考慮走訪節點數量。我們走訪 0 個外部節點，最多 $2h$ 個邊界節點，其中 h 是 T 的高度，因為邊界節點位在 T 中對 k_1 和 k_2 的搜尋路徑上。這些邊界節點中的一些可能儲存範圍 $[k_1,k_2]$ 內的項目，但讓我們忽略這種可能性（因為我們正在考慮最壞的情況）。每次走訪內部節點 v 時，我們走訪整個以 v 為根節點的子樹 $T(v)$。由於，v 是內部節點，所以對 $T(v)$ 的遍歷將導致將儲存在 $T(v)$ 的內部節點的項目添加到列舉當中，這些項目都在 $[k_1,k_2]$ 的範圍內。因此，如果 $T(v)$ 持有 sv 個項目，則我們走訪 $T(v)$ 的 $2s_v + 1$ 個節點（要看到這一點，請注意，$T(v)$ 的中序遍歷在內部節點和外部節點之間交替）。增加所有內部節點走訪的成本，我們看到我們走訪的節點總數最多為 $2h + 2s + 1$。因此，findAllInRange 的操作時間為 $O(h + s)$。

為了效率，我們選擇一顆 AVL 樹或一些其他平衡的二元搜尋樹，而不是通用的二元搜尋樹來實現 T。所以，如果我們在 T 中儲存 n 個項目，則 T 的高度為 $O(\log n)$。因此，一維範圍搜尋在具有 n 個項目的字典中，可以在 $O(\log n + s)$ 時間內實現，其中 s 是範圍內元素的數量。

15.5.2 二維範圍樹（Two-Dimensional Range Trees）

二維範圍樹(圖 15.10)是實現二維字典 ADT 的一種資料結構。二維範圍樹含有一個主結構，主結構是由二元搜尋樹以及一些較小的輔助結構組成。特別是，如下所述，主結構 T 中的每個內部節點儲存相關輔助結構的參考。

主結構是二元搜尋樹 T，建構時假設以項目的 x 坐標作為唯一的鍵值。對於 T 的節點 v，我們用 key(v) 表示儲存在 v 中項目的 x 坐標。另外，T 的每個節點 v 儲存一個區間 $[min_x(v),max_x(v)]$，其中 $min_x(v)$ 是以 v 為根節點的子樹中，儲存所有項目中最小的 x 坐標值（包括 v 本身），$max_x(v)$ 則是相對應的最大 x 坐標值。

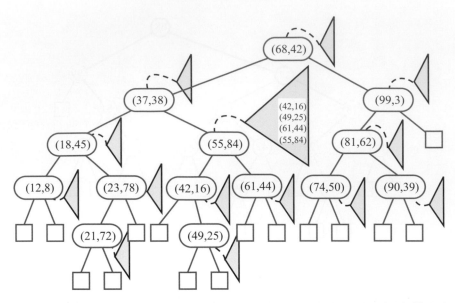

圖 15.10：二維範圍樹。以三角形代表輔助結構，我們還顯示其中一個輔助結構的內容。

在 T 的節點儲存這些附加資訊並不會造成很大的額外運算負擔。因爲，在元素集的 x 坐標上建立一個標準的二元搜尋樹 T，所有的 $\min_x$ 和 $\max_x$ 可以在線性時間內計算。我們把計算細節留給習題。

爲了保證插入和刪除能以有效率的時間執行，主要結構 T 必須是所謂的 $BB[\alpha]$-tree，這是一種高階型態的平衡搜尋樹，其描述超出了本書的範圍。我們以主要樹 T 的高度來描述範圍樹方法的執行時間，以 $h(T)$ 來表示。在範圍搜尋查詢中會遇到各種情況，但 $h(T)$ 始終是 $O(\log n)$。例如，如果預先知道所有節點的 x 坐標，則樹 T 可以靜態的建立且具有對數高度。或者，如果插入和移除點可以視爲隨機過程，則 T 的預期高度爲 $O(\log n)$，其中 n 是二維字典中點的數目。因此，$h(T)$ 在許多情況下可以簡單地看成是 $O(\log n)$。

爲了也支持使用 y 坐標搜尋，我們使用輔助資料結構的群集，它們本身就是一維範圍樹，使用 y 坐標作爲其鍵值。具體來說，T 的每個內部節點 v 保持一顆一維範圍樹 $T(v)$，儲存的項目和 T 中以 v 爲根（包含 v 本身）節點的子樹相同，但使用 y 坐標作爲鍵值。每顆一維範圍樹 $T(v)$ 完全按照前面章節的描述來實現。也就是說，它是一顆平衡的二元搜尋樹，如 AVL 樹或紅黑樹。主要結構 T 和所有輔助結構使用的總空間超過線性量，但對總空間的影響不是很大，如下面的定理顯示。

定理 15.4：儲存 n 個項目的範圍樹 T 使用 $O(nh(T))$ 空間，$h(T)$ 是 T 的高度。

證明：本證明是基於一個簡單的計數論證。令 o 是儲存在範圍樹中的某些項目。項目 o 首先儲存在主樹 T 中的某個節點 v，這需要 $O(1)$ 空間。此外，o 儲存在 $T(v)$ 和每個輔助樹 $T(u)$，使得 u 是 v 的祖先。在最壞的情況下，v 有 h 個祖先（包括自己）；因此，在最壞的情況下有 $h(T)$ 份的 o 儲存在範圍樹中。因此，範圍樹所需的總空間是 $O(nh(T))$。∎

因此，如果主要結構 T 是平衡的，且範圍樹以 T 作爲其主要結構，則所使用的總空間是 $O(n\log n)$。

15.5.3　二維範圍搜尋（Two-Dimensional Range Searching）

假設現在給出四個參數 a、b、c 和 d，並要求返回具有坐標 (x,y) 的元素，使得 $a \leq x \leq b$ 且 $c \leq y \leq d$。那就是我們要求返回所有點，其 x 坐標落在範圍 $[a,b]$ 和 y 坐標落在範圍 $[c,d]$，可以將其視作幾何問題，決定由頂點 (a,c)、(a,d)、(b,c) 和 (b,d) 所圍成矩形中的所有點。

用於回答二維範圍搜尋查詢的演算法，本質上始於在土結構 T 執行一維範圍搜尋查詢，使用 a 和 b 來指定 x 坐標的一維範圍。回想一下，執行這樣的一維範圍查詢涉及沿著邊界節點執行搜尋，並走訪內部在範圍 $[a,b]$ 內節點。調整這個演算法以適用在二維範圍搜尋，我們仍然遍訪 T 搜尋內部節點。我們做一個重要的修改。一旦意識到在 T 的一個節點 v，使得以 v 為根節點的子樹只包含 x 坐標在 $[a,b]$ 範圍內的元素，那麼，不是返回所有這些元素，而是以 $T(v)$ 的一維範圍搜尋查詢代替，也就是 v 的輔助結構。程式 15.2 提供方法 2DTreeRangeSearch(a,b,c,d,v) 的虛擬程式碼，執行這樣的搜尋；初始的時候以 2DtreeRangeSearch(a,b,c,d,T.root( )) 來呼叫（見圖 15.11）。

Algorithm 2DTreeRangeSearch(a,b,c,d,v):

　Input: Search keys a, b, c, and d, and node v in a range tree T

　Output: The elements stored in the subtree of T rooted at v whose keys are in

　　the x-range $[a,b]$ and the y-range $[c,d]$

　if v is an external node **then**

　　return the empty set

　if $[\min_x(v),\max_x(v)] \subseteq [a,b]$ **then**

　　return $T(v)$.findAllInRange(c,d)

　else if $a \leq \text{key}(v) \leq b$ **then**

　　EL = 2DTreeRangeSearch(a,b,c,d,T.left(v))

　　ER = 2DTreeRangeSearch(a,b,c,d,T.right(v))

　　return $E_L \cup \{\text{element}(v)\} \cup E_R$

　else if key(v) $< a$ **then**

　　return 2DTreeRangeSearch(a,b,c,d,T.right(v))

　else if $b <$ key(v) **then**

　　return TreeRangeSearch(a,b,c,d,T.left(v))

程式 15.2：二維範圍樹中的二維範圍搜尋。

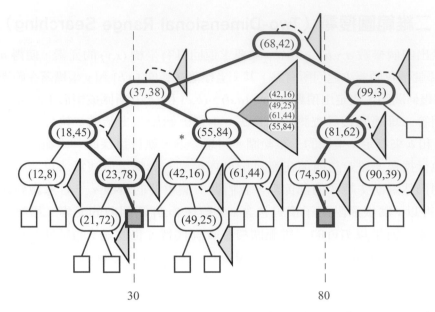

圖 15.11：二維範圍搜尋範例，範圍 [30,80]×[20,50]。走訪過的邊以粗體顯示，以星號（*）標記在
輔助結構中執行範圍搜尋的節點。另外以綠色突顯邊界節點中的包括在範圍內的兩個元素。

我們在下列定理總結二維範圍搜尋算演法的性能。

定理 15.5：儲存 n 個項目的二維範圍樹 T，在時間 $O(h(T)\log n + k)$ 內執行二維範圍搜尋查詢，其
中 k 是返回的元個數，$h(T)$ 是主樹 T 的高度。

證明：我們已經提到一維範圍查詢，可以使用以平衡二元搜尋樹實現的一維範圍樹在 $O(\log n + k)$
時間內完成運算，其中以 AVL 樹或紅黑樹做為樹假輔助的結構。聲稱的上限隨之而來，由
觀察結果來看，主結構 T 中任何二維範圍搜尋查詢會走訪 $O(h(T))$ 個內部節點，範圍內的每
個項目輸出一次。 ∎

因此，假設一級結構的高度爲 $O(\log n)$，那麼可以在 $O(\log^2 n + k)$ 時間內對二維範圍搜尋
查詢做出回應。

15.5.4　插入和刪除（Insertion and Deletion）

假設現在給定一個具有鍵值對 (x,y) 的物件 o，想要將此物件插入範圍樹。進行此插入的方法
自然而然從二維範圍樹的定義開始。

首先先將 x 插入到主結構中，也就是二元搜尋樹 T 中。例如，假設 T 是標準的（不平
衡）二元搜尋樹，我們可以使用二元搜尋樹的插入方法。回想一下，該方法將新項目 o 放在
外部節點 v 中，然後爲外部節點添加外部子節點，使 v 變爲內部節點。如果我們簡單的在二
元搜尋樹執行插入，和如何在主結構 T 中插入新項目的方式無關，這部分就在此完成。但
在我們的情況下，這個插入簡單地設置了主結構 T，我們仍必須更新輔助結構。具體來說，
爲了保有 T 中的每個節點 u 的性質，輔助樹 $T(u)$ 在以 u 爲根節點的子樹保存所有物件，然
後將新物件 o 插入到每個輔助樹 $T(u)$，使得 u 是 v 的祖先。我們可將從節點 v 向上巡訪過程

遇到的每個節點 u 使用平衡二元搜尋樹的插入方法來完成上述操作（見圖 15.12）。由於在平衡搜尋樹執行插入可在 $O(\log n)$ 時間內完成，該插入演算法的執行時間為 $O(h(T)\log n)$，其中 $h(T)$ 表示 T 的高度（通常是 $O(\log n)$）。

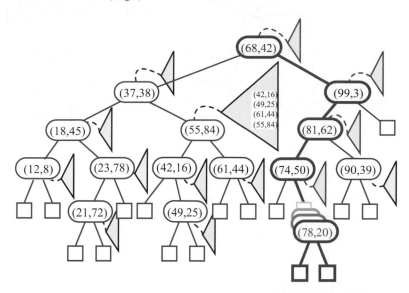

圖 15.12：在二維範圍樹中執行插入。要插入的新元素鍵值為 (78,20)，以綠色顯示，每個要執行新元素插入的輔助結構以深綠色顯示。

◉ **刪除（Deletion）**

現在假設希望刪除一些已經存在範圍樹中的物件 o，物件 o 的鍵值為 (x,y)。與物件插入一樣，從更改主要結構 T 開始，和插入一樣，我們使用標準二元搜尋樹刪除物件的方法。首先得在 T 中找到持有物件 o 的頂點 v（使用搜尋方法或使用定位器）。

有兩種情況。

情況 1. 節點 v 有一個外部子節點 u。

在這種情況下，我們只是用 u 的兄弟節點 w 替換 v。這具有從樹 T 中去除頂點 v（物件 o）的效果。這麼做不會改變不包括的節點 v 的其他節點間祖先 - 後代關係。因此，我們需要改變的唯一輔助樹位在從老節點 v（現在是 w，u 先前的兄弟節點）到根節點的路徑中，唯一要做的改變就只有刪除物件 o。因此我們將從 w 到根節點在 T 中向上巡訪，從路徑中的每個節點 z 的輔助結構 $T(z)$ 中移除物件 o。（見圖 15.13）

由於每個這樣的刪除可以在 $O(\log n)$ 時間內實現，在這種情況下，從範圍樹中移除物件 o，最壞的情況的執行時間為 $O(h(T)\log n)$。

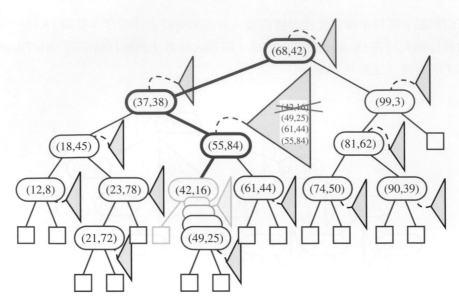

圖 15.13：從二維範圍樹中移除物件。要移除的物件鍵值為 (42,16)，需要從中刪除這個元素的輔助結構以綠色顯示。

情況 2. **節點 v 沒有外部子節點。**

在這種情況下，我們發現外部節點 u 的父節點 w 是無序串列 v 的直接繼任者。然後我們將儲存在 w 中的物件 p 移動到 v，然後以 u 的兄弟節點替換 w。這有效地更新了主要結構 T。為了更新需要改變的所有輔助結構，從老節點 w（之前是 u 的兄弟節點）向上巡訪。當在 T 中向上移動時。將 p 搬到了頂點 v，從每個節點的輔助樹中刪除 p，直到我們到達節點 v。一旦我們到達 v，則在 T 中剩下的巡訪，從每個輔助樹中刪除物件 o。

定理 15.6：我們可以在具有 n 個元素以二元搜尋樹 T 做為主要結構的二維範圍樹中，在 $O(h(T) \log n)$ 時間內執行物件的插入和刪除，$h(T)$ 是 T 的高度。

正如之前觀察到的，如果我們對應用領域有其他相關的知識，對於高度為 $h(T)$ 的範圍樹執行時間為 $O(\log n)$，則這意味著我們可以在 $(\log^2 n)$ 時間內執行物件插入和刪除。這執行時間最初看來對任何二維樹似乎是最好的，但在某些情況下，還可以做得更好。可討論一個這樣的情況。

15.5.5　優先搜尋樹（Priority Search Trees）

在本小節中，我們將討論優先搜尋樹的資料結構。在這個小節中，將做簡單的假設，物件的 x 坐標是預先知道的。這將使我們能在 $O(\log n + k)$ 時間內回答範圍查詢。

優先搜尋樹資料結構的設計是為回答**三面**（*three-sided*）或**半無限**（*semi-infinite*）的範圍搜尋：

> threeSidedRange(a,b,c)：返回當前集合中所有物件的列舉，其鍵值坐標為 (x,y)，且 $a \leq x \leq b$ 和 $c \leq y$。

幾何上，這個範圍查詢要求我們返回兩個垂直線之間的所有的點（$x = a$ 和 $x = b$）並且高於水平線（$y = c$）。我們也可以考慮其他變體，當然我們可用數值 a、b 和 c 來定義和範圍查詢中與四邊界不同的三邊界。

◉ 優先搜尋樹定義（Priority Search Tree Definition）

為了具體化，我們使用上述用的三面體範圍查詢定義，記住為這種三面體範圍設計的任何資料結構查詢，可以輕鬆地轉換為任何其他類型的三面體的資料結構範圍查詢。

用於回答三面查詢的優雅資料結構為**優先搜尋樹**（*prioritysearch tree*）。該資料結構類似於範圍樹，使用二元搜尋樹 T 作為主要結構，用 x 坐標作為鍵值。正如我們已經觀察到的，這樣的樹可輕鬆回應涉及 x 坐標的一維範圍查詢。為了執行三面範圍查詢，需添加到 T 的資訊比範圍樹要添加的簡單得多。具體來說，對於 T 中的每個內部節點 v，我們添加一個參考 high_y，指向儲存在以 v 為根節點（包括 v 本身）的子樹中的物件，這些物件具有最高的 y 坐標，並且尚未被祖先節點 v 所參考。如果沒有這樣的物件（因為在 v 子樹中的所有物件都已經被 v 的祖先節點參考），則 high_y 指向 null 物件。可能不是立即那麼明顯，但這些簡單的規則意味著 high_y 值滿足 T 中節點堆積順序屬性。也就是說，具有父節點的任何儲存 high_y 值的節點，絕不會比存在父節點的 high_y 值高。事實上，這個簡單的屬性激發了 " 優先搜尋樹 "。這個簡單屬性也意味著持有 n 個物件的優先搜尋樹所需的總空間是 $O(n)$（見圖 15.14）。

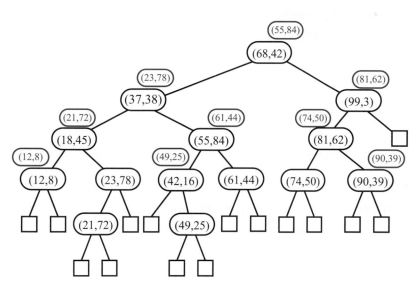

圖 15.14：優先搜尋樹的範例。如果一個節點有非 null 的 high_y 值參考，我們在節點旁顯示該參考的鍵值 (x, y)。

◉ 構建和使用優先搜尋樹（Constructing and Using a Priority Search Tree）

要將任何二元搜尋樹 T 轉換為優先搜尋樹是相當容易的。要這麼做，我們採用二元搜尋樹 T 並檢視其根節點 r。如果 r 未持有有物件，那麼我們設置 high_y 指向 null 物件，就此完成。另外，如果 r 本身擁有一個物件，但沒有後代持有物件，那麼我們只需定義 high_y = r，就此完成。否則，對 r 的兩個子節點 u 和 v，遞迴地形成優先搜尋樹。在遞迴呼叫返回 r 的子節點後，必須為 r 設置 high_y 的參考。

為此，我們比較 r.element、u.high_y 和 v.high_y，並設定 r.high_y 具有最大 y 坐標。如果我們在這種情況下設置 r.high_y = r.element，那麼我們完執行完畢。但是，如果我們將 r.high 設置為 r 的一個子節點的 high_y 參考，那麼剛剛違反了該子節點的優先搜尋屬性。為不失一般性，讓我們假設是 r 是從節點 v 取得 high_y 參考，所以我們現在在節點 v 違反了優先搜尋樹規則，v 的祖節點不能和 v 一樣有相同的 high_y 參考。為了修復這種情況，我們執行一種向下堆積冒泡動作來恢復每個節點 high_y 的正確性。

與堆積建構算法中的向下堆積冒泡動作不同，在這種情況下，我們在結構中將 " 空 " 槽向下冒泡。將這個修改後的堆積冒泡的方法稱之為 FixHighY，在程式 15.3 中，在節點 v 將其 high_y 丟失到 r 呼叫此方法。

Algorithm FixHighY(v):
  Let *u* and *w* denote *v*'s children.
  if $y(v.\text{high\_}y) > y(v.\text{element})$ **then**
    $C = \{v.\text{element}, u.\text{high\_}y, w.\text{high\_}y\}$
    {*C* is a set of candidate replacements for *v*.high_y}
  else
    $C = \{u.\text{high\_}y, w.\text{high\_}y\}$
  Set *v*.high_y to point to the element in *C* with largest *y*-coordinate.
  if *v*.high_y == *w*.high_y ≠ **null then**
    Call FixHighY(w).
  else if *v*.high_y == *u*.high_y ≠ **null then**
    Call FixHighY(*u*).
  else
    return   {for we are done fixing high y references}

程式 15.3：在優先搜尋樹中將堆積順序屬性恢復到 high_y 值。我們使用 *y(p)* 來表示 *p* 的 *y* 坐標。

FixHighY 修復方法最初在 r 的子節點 v 中呼叫，並繼續遞迴地下降到樹 *T*，直到到達外部節點或用完可用物件。因此，更新操作在 *O*(log*n*) 時間執行（請記住我們是假設我們預先知道集合中元素對的所有 x 坐標，這意味著我們可以不使用旋轉，從頭開始將 *T* 建構為一顆平衡樹）。這完成了將平衡二元搜尋樹 *T* 轉換成為優先搜尋樹的演算法。使用一個攤銷參數，就像使用由下而上的堆積構造分析一樣，可以證明將具有 *n* 個節點的平衡搜尋樹轉換為優先搜尋樹，執行時間是 *O*(*n*)。

令 *a*、*b* 和 *c* 是三個參數，其中我們希望確定在目前群集中 (*x*,*y*) 鍵值對滿足不等式 $a \le x \le b$ 和 $c \le y$ 的所有物件。要回答這個查詢，我們向下遍訪主要結構 *T* 類，似於以參數 *a* 和 *b* 在 x 坐標執行一維範圍搜尋查詢的方式。

然而，一個重要的區別是，如果當前節點的 high_y 參考值其 y 坐標至少和 c 一樣大，我們只是繼續搜尋子樹。我們還檢查這個參考是否滿足範圍搜尋查詢，如果滿足的話，我們把它添加到輸出。另外，如果當前節點的元素滿足查詢的話，而且之前沒有被輸出（因為

它是其他節點的 high_y），那麼我們也輸出這個元素。然後，我們會根據需要遞迴。在程式
15.4 列出此方法的虛擬程式碼，描述一個方法 3SideTreeRangeSearch(a,b,c,v)，呼叫時傳遞三
個參數 a、b 和 c，以及優先搜尋樹 T 的根節點（見圖 15.15）。

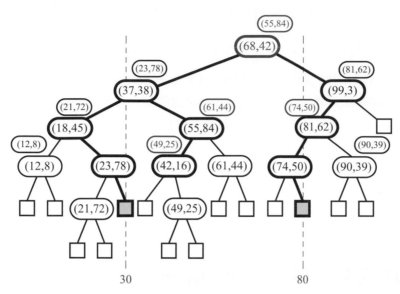

圖 15.15：優先搜尋樹中的三面範圍搜尋查詢。我們展現要輸出的元素，我們以粗體繪製每個邊和走
　　　　訪的節點。

Algorithm 3SideTreeRangeSearch(a,b,c,v):

   Input: Search range [a,b] of x-coordinates, lower bound c on y-coordinates,
     and a node v of a priority search tree T
   Output: The elements stored in the subtree of T rooted at v with x-coordinates
     in [a,b] and y-coordinates at least c
   if v.high_y == **null** or y(v.high_y) $< c$ **then**
     return the empty set
   if x(v.high_y) $\in$ [a,b] **then**
     $C = \{v\text{.high\_y}\}$ {we should output v.high_y}
   else
     $C = \emptyset$
   if $a \le$ key(v) $\le b$ **then**
     $E_L =$ 3SideTreeRangeSearch(a,b,c,T.left(v))
     $E_R =$ 3SideTreeRangeSearch(a,b,c,T.right(v))
     if y(v.high y) $>$ y(v.element) **then**
       return $C \cup E_L \cup \{v\text{.element}\} \cup E_R$
     else
       return $C \cup E_L \cup E_R$ {v.element has already been output}
   else if key(v) $< a$ **then**
     return 3SideTreeRangeSearch(a,b,c,T.right(v))
   else if $b <$ key(v) **then**
     return 3SideTreeRangeSearch(a,b,c,T.left(v))

程式 15.4：優先搜尋樹中的三面搜尋。

讓我們以分析優先搜尋樹執行時間的方式，來回答範圍搜尋查詢。將使用基於會計的攤銷參數方法。每次我們走訪一個優先搜尋樹的節點時，得支付一個網路幣。由於我們走訪問一個節點花費的時間為 $O(1)$，這個收費方案足以支付所有需要回答三面範圍查詢的運算。如果我們走訪的是相對於 x 範圍 $[a,b]$ 的邊界節點，然後我們收取走訪節點的費用。假設，在另一方面，我們走訪的是相對於 x 範圍 $[a,b]$ 的內部節點。如果此節點持有我們需要輸出的元素，則我們對這個元素收取一個網路幣。否則，如果此節點不產生輸出，那麼為同樣的事情收取一個網路幣，我們對這個節點的父節點收取網路幣。就不會對以後的情況重複收費，我們知道每個輸出元素最多收費三次（一次由節點，每個子節點最多一次），每個邊界節點最多收費兩次（一次自己，內部子節點最多只有一次）。

因此，對具有 n 個物件的優先搜尋樹執行三面範圍查詢所需的總時間是 $O(\log n + k)$，其中 k 是在列舉中的元素數量（當然得假設樹 T 是平衡的）。以定理 15.7 做個總結：

定理 15.7：具有 n 個物件的優先搜尋樹，可使用平衡二元搜尋樹在 $O(n)$ 時間內以 $O(n)$ 空間建構，執行三面範圍查詢所需的時間為 $O(\log n + k)$，其中 k 是返回的元素個數。

15.5.6　優先範圍樹（Priority Range Trees）

優先搜尋樹可以用來加快標準四面二維範圍查詢的執行時間。所用的資料結構被稱為優先範圍樹，實際上是相當巧妙的，因為它使用優先搜尋樹作為輔助結構和傳統的範圍樹使用相同的空間。

令 T 為給定的平衡二元搜尋樹，由具有鍵值 (x,y) 的一組物件的 x 坐標建構。要將 T 轉換為優先範圍樹，簡單地走訪 T 中除根節點外的每個內部節點 v，並為 v 建構像輔助結構的優先搜尋樹 $T(v)$。如果 v 是左子節點，那麼建構 $T(v)$ 以回答形式為 $a \le x$，$c \le y \le d$ 的三面範圍查詢，參數 a，c 和 d 是查詢的三個參數。如果 v 是一個右子節點，那麼我們建構 $T(v)$ 以回答形式為 $x \le b$，$c \le y \le d$ 的三面範圍查詢，參數 b、c 和 d 是查詢的三個參數。因此，對於 T 中的任何內部節點 u，u 的左子節點可以快速回應由右側開啟的三面範圍查詢，而 u 的右子節點可以快速回答左側開啟的三面範圍查詢。這個預處理步驟需要 $O(n\log n)$ 的時間和空間才能完成。

假設現在給定四個參數 a、b、c 和 d，並要求在我們群集中的所有物件建立列舉，這些物件具有鍵值 (x,y)，其中 $a \le x \le b$，$c \le y \le d$。要回答這個查詢，我們向下搜尋搜樹 T，直到來到第一個頂點 v，使得儲存在 v 的元素 o 具有的 x 座標落在分為 $[a,b]$ 之間。然後要求 v 的左子節點回應三面範圍查詢，返回所有物件，這些物件的 值 (x,y) 滿足 $a \le x$ 和 $c \le y \le d$（假設 v 的左子節點是內部節點）。接下來，我們要求 v 的右邊子節點回應三面範圍查詢，返回所有物件，這些物件的 值 (x,y) 滿足 $x \le b$ 和 $c \le y \le d$（假設 v 的右子節點是內部節點）。到此，完成了演算法。

◉ **演算法工作原理**（The Reason it Works）

這個演算法的工作原理是，在 T 向下搜尋中，每個繞過的節點保證其持有的物件超出指定的 x 範圍，直到我們到達節點 v。該節點可能具有子節點物件落在搜尋的範圍內。然而，我們不是繼續穿越 T，而是在 v 的子節點執行兩個三面範圍查詢。

這些查詢返回指定四面的範圍的物件，因為子樹中的物件，以 v 的左子節點做為根節點，其 x 坐標必須小於或等於 o，而這又小於或等於 b。同樣，因為子樹中的物件，以 v 的左右節點做為根節點，其 x 坐標必須大於或等於 o，而這又大於或等於 a。執行此搜尋的總執行時間為 $O(\log n + k)$。所以可以總結如下：

定理 15.8：優先範圍樹可以由具有 n 個元素的二元搜尋樹在 $O(n \log n)$ 時間和空間建構。它可以在 $O(\log n + k)$ 時間中回答（四面）二維範圍查詢，其中 k 是答案的數量。

◉ **高維度搜尋範圍**（Higher-Dimensional Range Searching）

我們一直在把注意力限制在二維範圍查詢上，但是使用輔助結構的方法自然可延伸到較高的維度。譬如，要建構三維範圍樹，我們可以進行二元搜尋樹 T，並在 T 的每個節點附加一個二維範圍的輔助樹。這將導致可以回答三維的 $O(n \log^2 n)$ 空間資料結構，並在 $O(n \log^2 n)$ 時間回答範圍搜尋查詢。進一步擴展到 $d \geq 1$ 維，對於某些固定常數 d，導致使用的資料結構需要 $O(\log^{d-1} n)$ 空間，並在 $O(\log^d n + k)$ 時間內回答 d 維範圍查詢。如果我們在某資料結構回答二維範圍查詢時利用優先範圍樹，則執行時間將可以稍微改善為 $O(\log^{d-1} n + k)$。這些結果是相當令人印象深刻的，但是要付出一些代價。要是我們事前先知道一套坐標，否則不容易實現綜合對數查詢時間。更重要的是，這些結果要求允許使用超線性的空間量。在事實上，高維空間的空間使用量顯著增加。

15.6　習題

加強題

R-15.1　考慮一個由四頁組成最初為空的記憶體快取。LRU 演算法在以下頁面請求序列：$(2,3,4,1,2,5,1,3,5,4,1,2,3)$ 會導致多少頁面未命中？

R-15.2　考慮一個由四頁組成最初為空的記憶體快取。FIFO 演算法在以下頁面請求序列：$(2,3,4,1,2,5,1,3,5,4,1,2,3)$ 會導致多少頁面未命中？

R-15.3　考慮一個由四頁組成最初為空的記憶體快取。隨機演算法在以下頁面請求序列：$(2,3,4,1,2,5,1,3,5,4,1,2,3)$ 會導致最多未命中頁面是多少？顯示在這種情況下，演算法可做的所有隨機選擇。

R-15.4　詳細描述在 (a,b) 樹將項目添加或刪除的演算法。

R-15.5　假設 T 是一個多路樹，其中每個內部節點至少有五個和最多八個子節點。對於甚麼 a 和 b 值，使 T 是有效的 (a,b) 樹？

R-15.6　承上題，什麼 d 值使 T 是一顆 d 階 B- 樹？

R-15.7 繪製插入到最初爲空的 d 階 B- 樹的結果，項目鍵值順序爲（4,40,23,50,11,34,62,78,66,22,90,59,25,72,64,77,39,12）。

R-15.8 如果我們改變主意，並嘗試用平衡二元搜尋樹作爲範圍樹 T 的主資料結構，爲什麼將 T 保持作爲紅黑樹會比 AVL 樹更好？

R-15.9 證明優先搜尋樹中的 high_y 值滿足堆積順序屬性。

R-15.10 指出用在優先搜尋樹回答三面範圍搜尋查詢的演算法是正確的。

創新題

C-15.11 描述一個外部記憶體資料結構來實做堆疊 ADT，使得處理一序列的 k 個 push 和 pop 所需的磁碟傳輸總數是 $O(k / B)$。

C-15.12 描述一個外部記憶體資料結構來實做佇列 ADT，使得處理一序列的 k 個 push 和 pop 所需的磁碟傳輸總數是 $O(k / B)$。

C-15.13 描述 PositionalList ADT 的外部記憶體版本（第 7.3 節），區塊大小爲 B，使得在長度爲 n 的串列迭代。最壞的情況下使用 $O(n / B)$ 轉送，並且 ADT 的所有其他方法只需要 $O(1)$ 轉送。

C-15.14 修改定義紅黑樹的規則，使每個紅黑樹 T 都有一個對應 (4,8) 樹，反之亦然。

C-15.15 描述 B-tree 插入演算法的修改版本，以便每次我們因爲對節點 w 的分割導致溢出時，可對 w 的所有兄弟節點重新分配鍵值，使得每個兄弟節點擁有數量大致相同的鍵值（可能串連分裂到 w 的父代）。每個區塊始終可以用此方式填充的最小分數爲何？

C-15.16 另一種可能的外部記憶體字典實作，是利用忽略清單（skip list）。在忽略清單的每一層，對個別區塊收集連續 $O(B)$ 個節點。明確地說，我們定義一階 d 的忽略清單結構爲 ***order-dB skiprist***，每個區塊最少有 [d / 2] 個，最多有 d 個清單節點。在此讓我們選擇 d 爲從忽略清單某一層，最多能塞進單一區塊的清單節點數量。試描述要如何爲忽略清單修改插入與移除程式碼，使得此結構的高度期望值爲 $O(\log n / \log B)$。

C-15.17 描述如何使用 B 樹實現 Partition ADT（第 14.7.3 節），使得 union 和 find 操作最多使用 $O(\log n / \log B)$ 磁碟傳輸。

C-15.18 給定具有 n 個元素的序列 S，每個元素具有整數鍵值，S 中的一些元素著色爲 " 藍色 "，S 中的某些元素爲 " 紅色 "。另外，假設一個紅色元素 e 與藍色元素 f 配對，如果它們有同樣的鍵值。描述一個有效的外部記憶體演算法來查找 S 中的所有紅 - 藍元素對？你的演算法要執行多少個磁碟傳輸？

C-15.19 考慮頁面快取問題，其中記憶體快取可以容納 m 頁，我們在有 $m + 1$ 個可能頁面的池中獲取的 n 個請求的序列 P。描述離線演算法的最優策略，並顯示它最多導致 $m + n / m$ 頁錯誤，從空的快取開始。

C-15.20 描述一個有效的外部記憶體演算法，用於確定有 n 個整數的陣列包含出現次數大於 $n / 2$ 的值。

C-15.21 考慮基於最不常用的頁面快取策略（LFU）規則，其中已經存取的快取中的頁面，最少有一個是當請求新頁面時被逐出。如果有碰撞，LFU 會逐出快取中最常使用的最長頁面。顯示有 n 個請求的序列 P，導致 LFU 錯過 $\Omega(n)$ 次有 m 頁的快取，而最優的演算法只會錯過 $O(m)$ 次。

C-15.22 假設在 orderdB-tree T 中不具有節點搜尋函數 $f(d) = 1$，我們的 $f(d) = \log d$。在 T 中執行搜尋的漸近執行時間現在變成了多少？

C-15.23 證明定理 11.10。證明這個定理的一個方法是注意到我們可以將節點的 " 大小 " 重新定義。將節點的大小定義為其子節點被存取次數的總和，證明定理 11.8 若用新的節點大小定義依然可行。

C-15.24 設計一個演算法的虛擬程式碼，在平面的 n 個點建立範圍樹。你的演算法執行時間是多少？

C-15.25 描述一種有效的資料結構，用於儲存具有 n 個項目的集合 S，S 具有有序鍵值，可支持 rankRange(a,b) 方法。rankRange 方法列舉所有的項目，其鍵值的 **rank** 在 S，在 $[a,b]$ 的範圍內，其中 a 和 b 是 $[0,n-1]$ 間的整數。描述物件插入和刪除的方法，以及描述這些方法和 rankRange 方法的執行時間。

C-15.26 設計靜態資料結構（不支持插入和刪除），用來儲存二維集合 S 中的 n 個點，並且可以在 $O(\log^2 n)$ 時間內回答查詢。查詢型式為 countAllInRange(a,b,c,d)，返回 S 中的點，這些點的 x 坐標落在範圍 $[a,b]$ 內，y 坐標落在 $[c,d]$ 範圍內。這個結構使用的空間是多少？

C-15.27 假設給我們一個範圍搜尋資料結構 D，用來回答範圍搜尋查詢，查詢的對象是 d- 維空間中的 n 個點，d 是固定為度（如 8、10 或 20），使用的時間是 $O(\log^d n + k)$，其中 k 答案的個數。顯示如何使用 D 來回答以下查詢，查詢對象是在平面中有 n 個矩形的集合 S。

findAllContaining(x,y)：返回 S 中包含點 (x,y) 的所有矩形的列舉。

findAllIntersecting(a,b,c,d)：返回 x- 範圍 $[a,b]$ 和 y- 範圍 $[c,d]$ 相交的所有矩形列舉。回答每個這些查詢所需的執行時間是多少？

C-15.28 令 S 是形式為 $[a,b]$ 的一組 n 個間隔，其中 $a < b$。設計一個高效率的資料結構，可以在 $O(\log n + k)$ 時間內回答 contains(x) 型式的查詢，要求在 S 中所有包含 x 的所有間隔的列舉，其中 k 是這樣的間隔的數量。你設計的的資料結構的空間使用情況如何？

C-15.29 描述一個有效的方法，將物件插入到（平衡）優先搜尋樹。這個方法的執行時間是多少？

C-15.30 設計一個資料結構，在 $O(\log n)$ 時間內回答 countAllInRange 查詢（如以前的練習）。

專案題

P-15.31 設計一個 Java 類別，模擬 best-fit、worst-fit、first-fit、和 next-fit 演算法用於記憶體管理。通過實驗確定哪種方法在各種記憶體請求序列下是最好的。

P-15.32 設計一個 Java 類別，以 (a,b) 樹實做排序 map ADT 的所有方法，其中 a 和 b 是整數常數，作爲建構子的參數。

P-15.33 實現 B-tree 資料結構，假設區塊大小爲 1024 並具有整數鍵值。測試處理一系列 map 所需的 " 磁碟傳輸 " 操作數量。

P-15.34 使用範圍樹資料結構，實做支持範圍搜尋查詢的類別。

P-15.35 使用優先範圍樹資料結構，實做支持範圍搜尋查詢的類別。

後記

對分層記憶體系統架構研究感興趣的讀者，可參考 Burger 等人的書籍 [20] 或 Hennessy 和 Patterson 的書籍 [45]。我們描述的 mark-sweep 垃圾收集方法是執行垃圾收集眾多不同的演算法之一。鼓勵對進一步垃圾收集研究感興趣的讀者可以參考 Jones 和 Lins [53] 的這本書。Knuth [61] 對外部記憶體排序和搜尋有非常好的討論。Gonnet 和 Baeza-Yates [39] 這本書比較了一些不同排序演算法的效能，其中許多是外部記憶體演算法。B 樹首先由 Bayer and McCreight [11] 提出，Comer [24] 則對 B 樹這個資料結構提供了一個非常好的概述。Mehlhorn [73] 和 Samet [84] 的書對 B 樹及其變體也有很好的討論。Aggarwal 和 Vitter [3] 研究了排序的 I/O 複雜性相關問題，建立上下限。 Goodrich 等人 [41] 對幾個運算幾何問題研究其 I/O 複雜度。對 I/O 效率演算法感興的讀者鼓勵參考 Vitter 的調查報告 [94]。

多維度搜尋樹相關的書籍可參考 Samet [83, 84] 和 Wood [100]。這些書詳細討論多維搜尋樹的歷史，包括用於解答範圍查詢的各種資料結構。優先搜尋樹是由 McCreight [69] 首先提出，儘管 Vuillemin [97] 更早以 "Cartesian trees" 引入了這種結構。Edelsbrunner [33] 顯示如何使用優先搜尋樹回答二維範圍查詢。

索引

中文

英文

歡迎加入 **全華會員**

● 會員獨享

會員享購書折扣、紅利積點、生日禮金、不定期優惠活動⋯⋯等。

● 如何加入會員

填妥讀者回函卡直接傳真 (02) 2262-0900 或寄回，將由專人協助登入會員資料，待收到
E-MAIL 通知後即可成為會員。

如何購買 **全華書籍**

1. 網路購書

全華網路書店「http://www.opentech.com.tw」，加入會員購書更便利，並享有紅利積點
回饋等各式優惠。

2. 全華門市、全省書局

歡迎至全華門市（新北市土城區忠義路 21 號）或全省各大書局、連鎖書店選購。

3. 來電訂購

(1) 訂購專線：(02) 2262-5666 轉 321-324

(2) 傳真專線：(02) 6637-3696

(3) 郵局劃撥（帳號：0100836-1　戶名：全華圖書股份有限公司）

※ 購書未滿一千元者，酌收運費 70 元。

OpenTech.com.tw
全華網路書店

全華網路書店 www.opentech.com.tw
E-mail: service@chwa.com.tw

※ 本會員制如有變更則以最新修訂制度為準，造成不便請見諒。

讀者回函卡

填寫日期： ／ ／

姓名： 生日：西元 年 月 日 性別：□男 □女

電話：（ ） 傳真：（ ） 手機：

e-mail： (必填)

註：數字零，請用 Φ 表示，數字1與英文L請另註明並書寫端正，謝謝。

通訊處：□□□□□

學歷：□博士 □碩士 □大學 □專科 □高中‧職

職業：□工程師 □教師 □學生 □軍‧公 □其他

學校/公司： 科系/部門：

‧需求書類：

□A. 電子 □B. 電機 □C. 計算機工程 □D. 資訊 □E. 機械 □F. 汽車 □I. 工管 □J. 土木
□K. 化工 □L. 設計 □M. 商管 □N. 日文 □O. 美容 □P. 休閒 □Q. 餐飲 □B. 其他

‧本次購買圖書為： 書號：

‧您對本書的評價：

封面設計：□非常滿意 □滿意 □尚可 □需改善，請說明
內容表達：□非常滿意 □滿意 □尚可 □需改善，請說明
版面編排：□非常滿意 □滿意 □尚可 □需改善，請說明
印刷品質：□非常滿意 □滿意 □尚可 □需改善，請說明
書籍定價：□非常滿意 □滿意 □尚可 □需改善，請說明
整體評價：請說明

‧您在何處購買本書？

□書局 □網路書店 □書展 □團購 □其他

‧您購買本書的原因？（可複選）

□個人需要 □幫公司採購 □親友推薦 □老師指定之課本 □其他

‧您希望全華以何種方式提供出版訊息及特惠活動？

□電子報 □DM □廣告 (媒體名稱)

‧您是否上過全華網路書店？ (www.opentech.com.tw)

□是 □否 您的建議

‧您希望全華出版那方面書籍？

‧您希望全華加強那些服務？

～感謝您提供寶貴意見，全華將秉持服務的熱忱，出版更多好書，以饗讀者。

全華網路書店 http://www.opentech.com.tw 客服信箱 service@chwa.com.tw

2011.03 修訂

親愛的讀者：

感謝您對全華圖書的支持與愛護，雖然我們很慎重的處理每一本書，但恐仍有疏漏之處，若您發現本書有任何錯誤，請填寫於勘誤表內寄回，我們將於再版時修正，您的批評與指教是我們進步的原動力，謝謝！

全華圖書 敬上

勘 誤 表

書 號		書 名	作 者
頁 數	行 數	錯誤或不當之詞句	建議修改之詞句

我有話要說： (其它之批評與建議，如封面、編排、內容、印刷品質等‧‧‧)